[식육] [처리] 기능사

한권으로 끝내기

시대에듀

머리말

식육처리기능사 자격은 노력 여하에 따라 단기간에도 취득할 수 있기 때문에 식육 관련업을 준비하는 이들은 물론 대형 유통업체나 식품업체 구직자에게도 차별화된 전문자격증으로 주목받고 있다.

식육처리기능사는 식육 원료의 전문지식을 바탕으로 식육가공에 관한 숙련기능을 가지고 식육의 분할, 골발, 정형작업과 관련된 업무를 HACCP 기준에 의거하여 위생적으로 처리하며, 그 원료육으로 육제품의 제조, 유통, 판매에 이르는 일련의 과정에서 부가가치를 창출하는 직무를 수행한다.

국민소득이 증대됨에 따라 축산물 소비량도 점차 증가하고 있으며, 특히 캐나다, 호주, 미국 등으로 취업이민이 가능한 인기자격증으로 급부상하고 있어 식육처리기능사의 전망은 매우 밝다. 이에 식육처리기능사 자격시험에 효과적으로 대비할 수 있도록 다음과 같은 특징을 가진 도서를 출간하게 되었다.

> 본 도서의 특징
> ① 적중률 높은 100문 100답 '빨리보는 간단한 키워드'를 수록하여 시험 전 중요 개념의 키워드만 빠르게 확인할 수 있다.
> ② 시험에 꼭 나오는 핵심이론만을 엄선하여 수록하였으며, 더 알아보기를 통해 중요 출제포인트를 파악할 수 있다.
> ③ 적중예상문제 + 실전모의고사를 통해 공부한 내용을 점검하고, 부족한 부분은 상세한 해설을 통해 보충학습할 수 있다.
> ④ 과년도 + 최근 기출복원문제의 풍부한 문제풀이를 통해 단기간에 효과적인 실전 대비가 가능하다.

끝으로 본서가 식육처리기능사 시험에 뜻을 둔 수험생 여러분에게 훌륭한 합격의 길잡이가 되어 전문가로 성장하는 데 도움이 될 수 있기를 진심으로 바란다.

편저자 올림

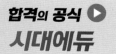

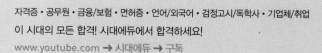

자격증 · 공무원 · 금융/보험 · 면허증 · 언어/외국어 · 검정고시/독학사 · 기업체/취업
이 시대의 모든 합격! 시대에듀에서 합격하세요!
www.youtube.com → 시대에듀 → 구독

시험안내

개 요

축산물 시장의 개방으로 인한 국제가격경쟁력 강화와 축산물 유통구조 개선의 일환으로 통일된 지육의 골발, 정형의 업무를 수행할 식육처리 인력을 양성하기 위하여 자격제도를 제정하였다.

수행직무

식육처리에 관한 숙련기능을 가지고 식육의 분할, 골발, 정형작업과 관련된 업무를 신속, 정확, 안전하고 위생적으로 처리한다.

진 로

식육처리에 관련된 도축, 가공, 판매업체 및 육가공공장, 백화점이나 슈퍼마켓 등의 유통업체에 진출할 수 있으며 자영업을 하기도 한다.

시험일정

구 분	필기원서접수 (인터넷)	필기시험	필기합격 (예정자)발표	실기원서접수	실기시험	최종 합격자 발표일
제1회	1월 초순	1월 하순	1월 하순	2월 초순	3월 중순	4월 초순
제2회	3월 중순	3월 하순	4월 중순	4월 하순	6월 초순	6월 하순
제4회	8월 중순	9월 초순	9월 하순	9월 하순	11월 초순	12월 초순

※ 상기 시험일정은 시행처의 사정에 따라 변경될 수 있으니, www.q-net.or.kr에서 확인하시기 바랍니다.

시험요강

❶ 시행처 : 한국산업인력공단
❷ 응시 수수료 : 필기 14,500원 / 실기 87,100원
   ※ 금액은 변경될 수 있습니다.
❸ 시험과목
   ㉠ 필기 : 식육학개론, 식육위생학, 식육가공 및 저장
   ㉡ 실기 : 식육의 부위별 골발 및 정형작업
❹ 검정방법
   ㉠ 필기 : 객관식 4지 택일형, 60문항(60분)
   ㉡ 실기 : 작업형(1시간 30분 정도)
❺ 합격기준 : 100점 만점에 60점 이상

시험안내

INFORMATION

출제기준[필기]

필기 과목명	주요항목	세부항목
식육학개론 · 식육위생학 · 식육가공 및 저장	식육자원	• 소, 돼지, 닭의 품종　• 식육 이용 현황
	식육의 성상	• 근육조직 • 근육의 구성성분 및 식육의 영양적 특성
	원료육의 생산	• 생축의 도축 전 취급 • 도축공정 및 품질관리 • 지육의 관리 • 지육의 분할 • 지육의 품질 • 식육의 부위별 수율 및 용도
	식육의 사후변화	• 사후경직과 숙성　• 육색 및 보수력 • 비정상육
	식육유통	• 식육의 구매　• 국산 및 수입식육의 유통 • 부산물의 유통
	식육 및 육가공품 관련 미생물	• 식육 및 육가공품 관련 미생물
	식육의 품질변화	• 식육의 품질변화
	식육 관련 식중독과 기생충	• 식중독　• 기생충
	식육생산 공장 및 공정의 안전 · 위생관리	• 생축의 위생관리 • 식육의 위생관리 • 작업장 및 작업자의 안전 · 위생관리 • 축산물위생 관련 법규
	원료육의 가공 특성	• 원료육의 이화학적 특성
	식육가공	• 단계별 식육가공 공정 • 식육 및 육제품의 포장 • 육가공 부재료 • 식육가공제품
	식육가공제품	• 포장육　• 양념육류 • 분쇄가공품　• 건조저장육류 • 햄 류　• 소시지류 • 베이컨　• 식육부산물
	식육의 저장 및 품질관리	• 원료육 및 식육제품의 저장　• 품질관리의 개요
	판 매	• 판 매

출제기준[실기]

실기 과목명	주요항목	세부항목
식육의 부위별 골발 및 정형작업	식육가공원료	• 1차 분할하기 • 2차 분할하기 • 발골하기 • 부위별 정형하기 • 육분류하기 • 식육의 부위별 특성 파악하기 • 부분육 냉장 · 냉동 저장하기
	식육 및 부분육 판정하기	• 식육 식별하기
	육제품 가공	• 원료육의 이화학적 특성 파악하기
	양념육류 가공	• 양념육류 원 · 부재료 준비하기 • 양념육류 원 · 부재료 양념 제조하기 • 양념육류 원 · 부재료 양념 배합 · 숙성하기 • 양념육류 열처리 · 냉각하기 • 양념육류 검사 · 포장하기
	분쇄 성형육 가공	• 분쇄 성형육제품 원료육 준비하기 • 분쇄 성형육제품 원료육 분쇄하기 • 분쇄 성형육제품 원료육 혼합하기 • 분쇄 성형육제품 성형하기 • 분쇄 성형육제품 열처리 · 냉동하기 • 분쇄 성형육제품 검사 · 포장하기
	포장육 가공	• 포장육 해체 · 발골하기 • 포장육 정형하기 • 포장육 소분하기 • 포장육 검사 · 포장하기
	위생관리	• 작업자 개인위생관리 • 식육의 위생적인 취급 • 작업장 및 작업도구의 위생적인 관리
	처리 시 안전성	• 안전보호장구 착용 • 안전한 작업자세 및 작업도구의 사용 • 작업도구 및 작업장의 안전관리

소고기 등급판정기준

근내지방도 : 배최장근단면에 나타난 지방분포 정도

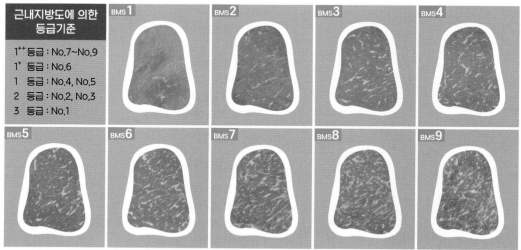

근내지방도에 의한 등급기준
1++ 등급 : No.7~No.9
1+ 등급 : No.6
1 등급 : No.4, No.5
2 등급 : No.2, No.3
3 등급 : No.1

BMS 1 BMS 2 BMS 3 BMS 4
BMS 5 BMS 6 BMS 7 BMS 8 BMS 9

※ 각 번호별 근내지방도는 최소 기준에 해당된다.

육색 : 배최장근단면의 고기 색깔

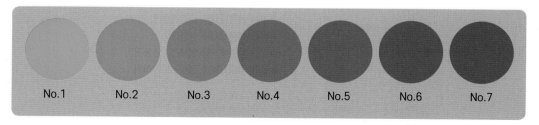

No.1 No.2 No.3 No.4 No.5 No.6 No.7

지방색 : 배최장근단면의 근내지방, 주위의 근간지방과 등지방의 색깔

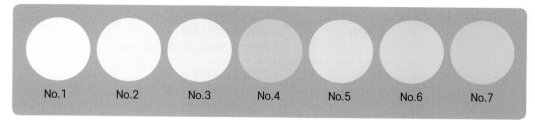

No.1 No.2 No.3 No.4 No.5 No.6 No.7

조직감 : 배최장근단면의 보수력과 탄력성

성숙도 : 왼쪽 반도체 척추 가시돌기에서 연골의 골화 정도

돼지고기 등급판정기준

근내지방도에 의한 등급기준

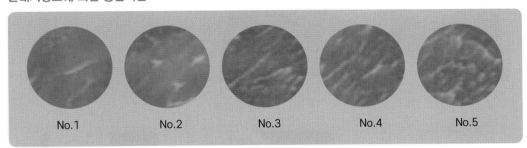

돼지도체의 육색기준

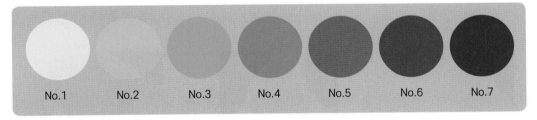

돼지도체 1차 등급판정기준

1차 등급	탕박도체		박피도체	
	도체중(kg)	등지방두께(mm)	도체중(kg)	등지방두께(mm)
	이상 미만	이상 미만	이상 미만	이상 미만
1⁺등급	83 ~ 93	17 ~ 25	74 ~ 83	12 ~ 20
1등급	80 ~ 83	15 ~ 28	71 ~ 74	10 ~ 23
	83 ~ 93	15 ~ 17	74 ~ 83	10 ~ 12
	83 ~ 93	25 ~ 28	74 ~ 83	20 ~ 23
	93 ~ 98	15 ~ 28	83 ~ 88	10 ~ 23
2등급	1⁺ · 1등급에 속하지 않는 것		1⁺ · 1등급에 속하지 않는 것	

축산물 유통과정

INFORMATION

소고기 유통과정

축산물품질평가원 www.ekape.or.kr

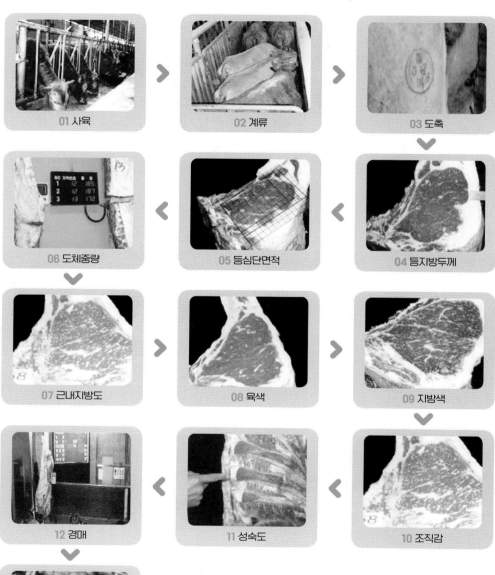

01 사육 > 02 계류 > 03 도축

06 도체중량 < 05 등심단면적 < 04 등지방두께

07 근내지방도 > 08 육색 > 09 지방색

12 경매 < 11 성숙도 < 10 조직감

13 판매

돼지고기 유통과정

축산물품질평가원 www.ekape.or.kr

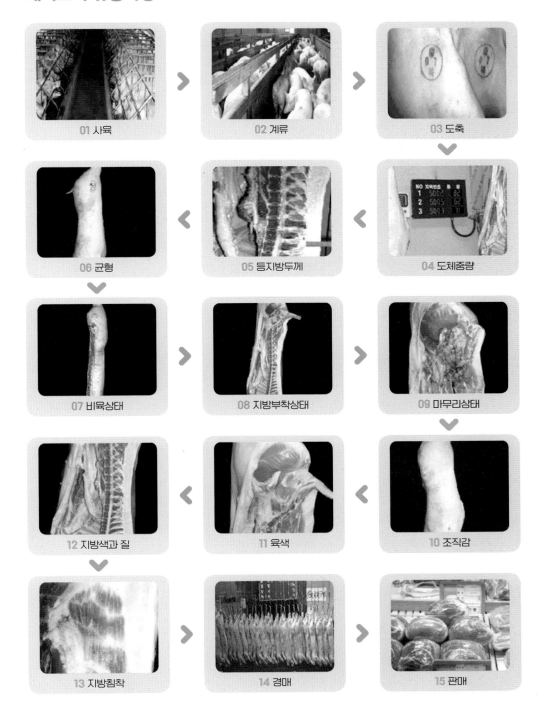

01 사육

02 계류

03 도축

06 균형

05 등지방두께

04 도체중량

07 비육상태

08 지방부착상태

09 마무리상태

12 지방색과 질

11 육색

10 조직감

13 지방침착

14 경매

15 판매

축산물 유통과정

닭고기 유통과정

축산물품질평가원 www.ekape.or.kr

01 사육

02 계류

03 도축

06 로트 구성

05 선발 및 정선작업

04 중량선별

07 표본추출

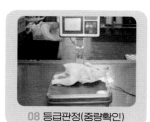

08 등급판정(중량확인)

09 등급판정(품질검사)

12 등급표시(등급인날인)

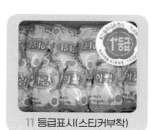

11 등급표시(스티커부착)

10 포장

13 출고

14 판매

계란 유통과정

축산물품질평가원 www.ekape.or.kr

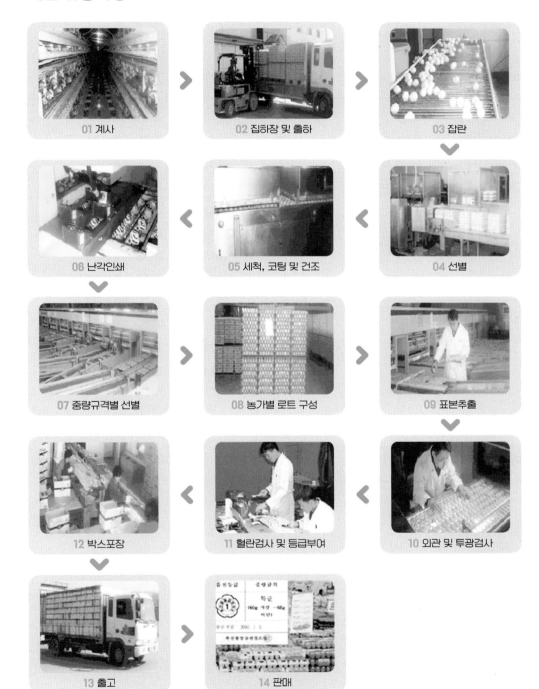

01 계사   >   02 집하장 및 출하   >   03 잡란

06 난각인쇄   <   05 세척, 코팅 및 건조   <   04 선별

07 중량규격별 선별   >   08 농가별 로트 구성   >   09 표본추출

12 박스포장   <   11 혈란검사 및 등급부여   <   10 외관 및 투광검사

13 출고   >   14 판매

목 차

빨리보는 간단한 키워드

빨리보는 간단한 키워드

빨간키

#합격비법 핵심 요약집　　　#최다 빈출키워드　　　#100문 100답

001 도축 후 소나 돼지의 도체에서 통상적으로 제거되지 않는 것은?

▶ 신장

002 부분육의 장기 저장을 위한 포장 방법의 종류는?

▶ 진공 포장, 가스치환 포장, 수축 포장 등

003 쇠고기 부위 중 구이나 스테이크용으로 가장 적합한 것은?

▶ 등심

004 티본(T-bone) 스테이크 요리에 이용되는 쇠고기 부위는?

▶ 안심, 채끝

005 돼지의 품종 중 등심이 굵고 햄 부위가 충실하며 근내지방의 침착이 우수하여 육량과 육질이 좋기 때문에 3원교잡종의 생산 시 부계(父系)용으로 많이 이용되는 것은?

▶ 듀록(Duroc)종

006 곡류 단백질에는 부족하지만 식육 단백질에 그 함량이 풍부한 아미노산은?

▶ 라이신(Lysine)

007 돼지고기의 대분할(→ 소분할) 부위명은?

▶ 대분할 7개 부위, 소분할 25개 부위
- 안심(→ 안심살)
- 등심(→ 등심살, 알등심살, 등심덧살)
- 목심(→ 목심살)
- 앞다리(→ 앞다리살, 앞사태살, 항정살, 꾸리살, 부채살, 주걱살)
- 뒷다리(→ 볼깃살, 설깃살, 홍두깨살, 보섭살, 도가니살, 뒷사태살)
- 삼겹살(→ 삼겹살, 갈매기살, 등갈비, 토시살, 오돌삼겹)
- 갈비(→ 갈비, 갈비살, 마구리)

008 쇠고기의 대분할(→ 소분할) 부위명은?

▶ 대분할 10개 부위, 소분할 39개 부위
- 안심(→ 안심살)
- 등심(→ 윗등심살, 꽃등심살, 아랫등심살, 살치살)
- 채끝(→ 채끝살)
- 목심(→ 목심살)
- 앞다리(→ 꾸리살, 부채살, 앞다리살, 갈비덧살, 부채덮개살)
- 설도(→ 보섭살, 설깃살, 설깃머리살, 도가니살, 삼각살)
- 우둔(→ 우둔살, 홍두깨살)
- 사태(→ 앞사태, 뒷사태, 뭉치사태, 아롱사태, 상박살)
- 양지(→ 양지머리, 차돌박이, 업진살, 업진안살, 치마양지, 치마살, 앞치마살)
- 갈비(→ 본갈비, 꽃갈비, 참갈비, 갈비살, 마구리, 토시살, 안창살, 제비추리)

009 쇠고기 분할 정형기준 중 '대분할된 등심부위에서 제5등뼈(흉추)와 제6등뼈(흉추) 사이를 2분체 분할정중선과 수직으로 절단하여 제1등뼈(흉추)에서 제5등뼈(흉추)까지의 부위를 정형한 것'은 어느 부위에 대한 설명인가?

▶ 윗등심살

010 쇠고기, 돼지고기, 닭고기 중 사후경직이 가장 늦게 시작되는 것은?

▶ 쇠고기

011 국내 도축장에서 가축 기절에 사용되는 도살방법은?

▶ 소·말·양·돼지 등 포유류(토끼는 제외)의 도살은 타격법, 전살법, 총격법, 자격법, 또는 CO_2 가스법을 이용하여야 하며 닭·오리·칠면조 등 가금류는 전살법, 자격법, CO_2 가스법을 이용하여야 한다.

012 식육의 보수성(保水性)이란?

▶ 식육의 내외적 환경 변화에 대해 자체 수분을 유지하려는 성질

013 고기의 pH가 낮아 보수성이 적고 유화성이 떨어지며, 가공적성이 부적합한 것은?

▶ PSE육

014 신선육의 단면색은?

▶ 표면은 밝은 적색, 내부상층은 갈색, 내부심층은 적자색

015 가축을 도축한 후 고기가 질겨지는 근육 수축과 가장 관계가 큰 금속 이온은?

▶ 칼슘(Ca)

016 동결저장 중 지속적으로 일어나는 변화가 아닌 것은?

▶ 해동

017 30℃ 이하에서 훈연하는 방법으로 훈연 시간이 길어 중량의 감소가 크다는 결점이 있으나 훈연 중 건조, 숙성이 일어나 보존성이 좋고 풍미가 뛰어난 방법은?

▶ 냉훈법

018 식육 염지의 효과는?

▶ • 육제품의 색을 아름답게 한다.
• 육제품의 풍미를 증진시킨다.
• 세균 성장을 억제한다.
• 염지육의 저장성을 증가시킨다.

019 소시지 제조 시 충전에 사용되는 기계는?

▶ 스터퍼(Stuffer)

020 프레스 햄의 제조공정 순서는?

▶ 원료육 → 염지 → 혼합 → 충전 → 훈연 → 가열 → 냉각 → 포장 → 냉장

021 쇠고기를 절단하여 1시간 정도 공기 중에 방치한 후 나타나는 절단면의 육색은?

▶ 선홍색

022 DFD(Dark, Firm, Dry : 암적색육)육의 특징은?

▶ • 보수력이 높다.
• 소에서 많이 발생된다.
• 조직이 단단하다.
• 미생물에 의한 부패가 빠르게 일어날 수 있다.

023 연도의 증진을 위해 사용되는 신선육의 가공방법은?

▶ 기계적 연화법, 도체고온조절법, 전기자극법

024 햄, 소시지 제조에 있어 고기 입자 간의 결착력에 영향을 미치는 요인은?

▶ 원료육의 보수력과 유화력, 혼합 시간과 온도, 인산염의 사용 여부

025 고기 단백질 중에서 식육제품의 조직형성이나 유화에 주로 관여하는 것은?

▶ 염용성 단백질

026 염용성 단백질의 종류는?

▶ 액틴, 마이오신, 액토마이오신, 트로포닌

027 식육의 연화제로 주로 사용되는 효소는?

▶ 파파인(Papain)

028 돼지고기를 잘 익히지 않고 먹을 때 감염되는 기생충은?

▶ 선모충

029 독소형 식중독은?

▶ 포도상구균 식중독, 보툴리누스 식중독, 바실러스 식중독 등

030 가축의 사육, 축산물의 원료관리, 처리·가공·포장 및 유통의 전 과정에서 위해물질이 해당 축산물에 혼입되거나 오염되는 것을 사전에 방지하기 위하여 각 과정을 중점적으로 관리하는 기준은?

▶ HACCP

031 우리나라 쇠고기 도체등급의 육질등급 판정기준은?

▶ 근내지방도, 육색, 지방색, 조직감, 성숙도

032 폐수의 오염지표 중 화학적 산소요구량을 나타내는 것은?

▶ COD

033 폐수의 오염지표 중 생물학적 산소요구량을 나타내는 것은?

▶ BOD

034 돼지고기에 가장 많이 함유되어 있는 비타민은?

▶ 비타민 B군

035 그람양성의 편성혐기성 간균으로 아포를 형성하며 통조림, 식육, 소시지 등이 원인 식품인 식중독균은?

▶ 보툴리눔균

036 고기를 훈연하는 목적은?

▶ 풍미 증진, 색택 증진, 저장성 증진

037 공정의 상태를 나타내는 특성치에 관한 그래프로서 공정을 안정상태로 유지하기 위하여 사용되는 것은?

▶ 관리도

038 육조직 중의 결체조직인 콜라겐은 가열에 의해 무엇으로 변하는가?

▶ 젤라틴

039 수분활성도(Aw ; Water activity)가 가장 낮은 경우에도 자라는 미생물은?

▶ 곰팡이(Mold)

040 손이나 그릇의 소독 시 적합한 소독제는?

▶ 역성비누

041 식육의 부패 정도를 알기 위해서 실시하는 분석방법은?

　▶ 휘발성 염기질소 측정

042 햄버거패티의 저장방법은?

　▶ 분쇄가공육제품으로 냉장(-2~5℃) 또는 냉동 저장

043 일반적으로 신선육 상태에서 정상 돈육의 최적 pH는?

　▶ pH 5.6~6.2

044 소의 품종은?

　▶ 홀스타인, 저지, 건지, 에어셔, 앵거스, 한우 등

045 돼지의 품종은?

　▶ 랜드레이스, 듀록, 요크셔, 햄프셔, 버크셔 등

046 닭의 품종 중 난용종으로 적당한 것은?

　▶ 레그혼종, 안달루시안 등

047 닭고기 생산을 위한 육용종(肉用種) 닭의 품종은?

　▶ 코니시(Cornish)종, 코친(Cochin)종, 브라마(Brahma)종 등

048 제품의 보존에 있어 가장 중요한 공정은?

　▶ 살균 공정

049 분쇄가공품의 종류는?

　▶ 햄버거패티, 살라미, 프레스 햄 등

050 지방이 근육이나 근속 사이에 침착된 상태를 말하는 것으로, 비육이 잘된 쇠고기에 잘 나타나는 것은?

　▶ 상강육(마블링)

051 소를 도살한 후 지육을 냉각시킬 때 지육의 온도를 너무 급속히 저하시키면 근육이 강하게 수축되어 그 이후의 숙성에 의해서도 충분히 연화되지 않는 경우가 있는데, 이러한 현상은?

　▶ 저온단축

052 미생물에 의한 부패 시 생성되어 육색을 저하시키는 물질은?

　▶ 황화수소(H_2S)

053 일반적으로 제품을 만들기 위해 케이싱이 반드시 필요한 것은?

　▶ 유화형 소시지

054 육제품 훈연 시 훈연 성분이 침투할 수 없는 케이싱은?

　▶ 염화비닐라이덴(PVDC) 케이싱

055 랩으로 포장된 포장육이 시간이 경과함에 따라 갈색으로 변하는 주요 원인은?

　▶ 포장 내부의 산소분압 저하

056 햄의 제조 시 염지를 하기 전에 예비염지 (Precuring)를 하는 이유는?

▶ 고기 중의 잔존혈액을 제거하기 위해

057 생육의 육색 및 보수력과 가장 관계가 깊은 것은?

▶ pH

058 쇠고기가 가장 질겨져서 육질이 나빠지는 시기는?

▶ 도축 후 1~2일

059 신선육의 변색을 촉진시키는 것은?

▶ 신선육의 진열장에 백열등 사용

060 식육매장 및 도구의 소독, 살균방법은?

▶ 스팀 세척, 자외선 조사, 차아염소산나트륨 분무 등

061 식육의 지방성분이 분해되어 불쾌한 자극취를 일으키는 현상은?

▶ 산패

062 등심 부위를 가공한 햄류는?

▶ 로인 햄(Loin Ham)

063 식육 냉동이나 해동 시 쉽게 파괴되어 육즙의 유출 원인이 됨으로써 냉동육 품질저하의 원인이 되는 고기 구성요소는?

▶ 형질막

064 식육이 질겨지는 원인인 결합조직은?

▶ 교원섬유, 세망섬유, 탄성섬유

065 가축을 도축할 때 방혈과정에서의 가축의 변화는?

▶ 모세혈관 수축, 혈액의 체외 배출, 혈관 내 혈압 저하

066 식품위생에서 오염의 지표세균은?

▶ 대장균

067 근육이 움직일 때 신속히 분해되어 에너지원이 되는 것은?

▶ 글리코겐(Glycogen)

068 알레르기성 식중독의 원인 물질은?

▶ 히스타민(Histamine)

069 미생물의 생육단계 중 미생물수가 가장 급증하는 단계는?

▶ 대수기

070 염지육 부패에 관한 다음 내용에 알맞은 것은?

염지육에는 그람 (   ) 세균보다 그람 (   ) 세균이 더 잘 자라는 경향이 있다.

▶ 음성, 양성

071 식육의 숙성이란?

▶ 근육의 장력이 떨어지고 육질이 유연해지는 과정

072 육제품의 포장재로 이용되는 셀로판의 특징은?

▶ 광택이 있고 투명함, 기계적 작업성이 우수함, 인쇄성이 좋음

073 숙성기간이 가장 짧은 축육은?

▶ 닭고기

074 원가 계산의 목적은?

▶ 재무제표의 작성, 판매가격의 계산, 원가의 관리

075 세균의 분류 시 이용되는 기본 성질은?

▶ 세포의 형태, 포자의 형성 유무, 그람 염색성

076 미생물의 생육 및 증식에 크게 영향을 미치는 요인은?

▶ 수분, 온도, pH

077 육가공품 제조 시 스타터(Starter) 미생물이란?

▶ 젖산균의 일종으로 발효 미생물이다.

078 제품 표면에 연기가 침착되는 정도에 영향을 미치는 인자는?

▶ 훈연실 내의 연기 농도, 훈연실 내의 공기 순환속도, 훈연실 내의 상대습도, 훈연 제품의 표면 상태

079 가축의 도축 전 취급과정 중 가해진 자극 (Stress)의 해소에 가장 중요한 단계는?

▶ 계류

080 비정상육의 발생을 억제하는 방법은?

▶ • 도축 전에 적정 시간 계류시킨다.
  • 도축 후 지육의 예랭을 실시한다.
  • 수송 시 적절한 수송밀도를 지킨다.
  • 스트레스에 강한 품종을 개발한다.
  • 높은 환경온도, 밀집한 돈사에서 사육하지 않는다.

081 고기의 보수성과 관련하여 가장 결합력이 강한 수분의 형태는?

▶ 결합수

082 신선육을 절단, 정형한 후 랩이나 포장지에 포장하는 이유는?

▶ 감량의 발생을 줄이고, 변색의 발생과 미생물의 오염 증식을 억제하기 위해서이다.

083 육제품 제조 시 염지 촉진법은?

▶ 염지액 주사법, 텀블링법, 마사지법

084 일반적으로 보수성이 우수하여 육가공제품의 원료육으로 많이 사용되는 고기는?

▶ 돼지고기

085 소, 돼지의 도축 전에 행하는 작업은?

▶ 계류, 절식, 생체검사

086 식육가공 시 발색제로 사용하는 것은?

▶ 아질산나트륨

087 비포장 식육의 냉장저장 중에 일어날 수 있는 변화는?

▶ 육색의 변화, 지방산화, 감량

088 골격근의 근원섬유 중에서 굵은 필라멘트를 구성하는 주요 단백질은?

▶ 마이오신

089 식육으로부터 유래되는 인수공통감염병은?

▶ 결핵, 탄저병, 브루셀라병 등

090 지육으로부터 뼈를 분리한 고기를 일컫는 용어는?

▶ 정육

091 포장재로서 요구되는 성질은?

▶ 방습성, 내열성, 기체차단성 등

092 식육의 동결저장 중 동결속도가 빠를수록 나타나는 현상은?

▶ 해동 시 분리육즙이 적다.

093 고깃덩어리(육괴) 간의 결착력에 가장 큰 영향을 미치는 식육 성분은?

▶ 단백질

094 소의 부위 중 생산수율(중량비율)이 가장 낮은 것은?

▶ 안심

095 가축의 도축 시 인체에 대한 위생적 위해 여부를 확인하기 위한 검사방법은?

▶ 생체검사와 해체검사

096 쇠고기의 색을 선홍색으로 나타나게 하는 성분은?

▶ 옥시마이오글로빈

097 식품공전상 포장육의 정의는?

▶ 판매를 목적으로 식육을 절단(세절 또는 분쇄를 포함)하여 포장한 상태로 냉장 또는 냉동한 것으로서 화학적 합성품 등 첨가물 또는 다른 식품을 첨가하지 아니한 것(육함량 100%)

098 독소를 생산하는 식중독의 원인균은?

▶ 황색포도상구균

099 식육의 풍미에 영향을 미치는 요인은?

▶ 품종, 연령, 사료

100 식품첨가물의 LD_{50}값이 높다는 것은 무엇을 의미하는가?

▶ 독성이 낮다.

PART 01

핵심요약

식육학개론

01 | 식육자원

식육(Meat)이란, 식품으로 이용될 수 있는 모든 동물의 조직(Animal Tissues)을 말하는 것으로 넓은 의미의 식육은 근육조직(Musle Tissue)뿐만 아니라 간(Liver), 심장(Heart), 신장(Kidney), 뇌(Brain) 등의 가식부위 부산물(By-product)도 포함한다. 또한 쇠고기의 갈비, 사골, 꼬리뼈 등이나 돼지고기의 갈비나 족발 등에 존재하는 뼈도 식육의 일부분으로 유통되고 있어 이 또한 식육의 범주에 포함한다.

1. 소의 품종

(1) 품종의 분류

① 육용종(고기소) : 헤리퍼드종, 에버딘 앵거스종, 쇼트혼종, 샤롤레이종, 브라만종, 리무진종 등이 있다.

② 유용종(젖소) : 홀스타인종, 저지종, 건지종, 에어셔종, 브라운 스위스종 등이 있다.

(2) 소의 구분

소는 육용종, 유용종, 역용종, 겸용종으로 구분된다. 여기에서는 주로 사육되고 있는 육용종과 유용종의 특징만 살펴보기로 한다.

① 고기소(육용종)

㉠ 한 우

- 원산지 : 한우는 우리나라를 대표하는 소의 품종으로 역용종이었으나 육용종으로 개량되었다.
- 종류 : 한우, 제주흑우, 칡한우로 구분한다.
- 피모색 : 대부분 황갈색이며 호반모, 흑갈색, 흑색인 것도 있다.
- 체격 및 체중 : 수소는 체고 130~140cm, 흉위 180~190cm이고, 암소는 체고 110~130cm, 흉위 160~170cm이며 체중은 암소와 수소(거세숫소)가 각기 550~600kg과 650~700kg 정도이다.

- 특 징
  - 한우는 체질이 강건하고 기후에 대한 적응력이 우수하다.
  - 성질이 온순해서 사육관리가 쉬우며 인내심과 지구력이 좋아 일을 잘한다.
  - 비육 시 일당 증체량은 암소가 0.8~1.1kg, 수소는 1.0~1.2kg이 된다.
  ⓒ 헤리퍼드종(Hereford)
  - 원산지 : 영국의 헤리퍼드주이다.
  - 피모색 : 진한 적갈색이나 머리, 가슴, 하복부, 발굽 등이 흰 특징을 가지고 있다.
  - 체격 및 체중 : 체중은 암소 500~550kg, 수소는 850~950kg 정도로서 알맞은 체구를 가지며, 비육성도 좋고 성장률도 적당하다.
  - 특 징
    - 전형적인 육용종으로 체질이 강건하여 넓은 초원에서 방목하는 데 적합하다.
    - 일당 증체량은 0.83~1.1kg이고, 도체율은 62~65% 내외이다.
  ⓒ 앵거스종(Angus)
  - 원산지 : 영국의 스코틀랜드의 북동부 지역인 애버딘 앵거스주가 원산지이다.
  - 피모색 : 진한 흑색이고 뿔이 없다.
  - 체형 및 체중 : 일반적인 체형은 장방형이며, 다리가 짧아서 땅딸막한 인상을 준다. 성숙한 암소는 체중이 500~550kg 정도이다.
  - 특 징
    - 조숙성의 품종으로서, 도체의 지방발달이 다른 품종에 비해 월등히 높다.
    - 일당 증체량은 대체로 0.8kg이고, 도체율은 65~72%이며, 뼈가 12.8%로 적어서 정육률이 높다.
  ⓔ 샤롤레이종(Charolais)
  - 원산지 : 프랑스의 샤롤레이 지방이다.
  - 피모색 : 흰색에서 크림색에 이르기까지 다양하며 비경과 뿔은 밝은 빛을 띠고 있다.
  - 체격 및 체중 : 성빈우는 체고가 135~140cm, 체중은 600~700kg 정도이며, 종모우의 체고는 141~145cm, 체중은 1,000~1,400kg 정도이다.
  - 특 징
    - 도체율이 67~69%로 우수하며, 육량이 풍부하다.
    - 다른 품종에 비하여 난산의 빈도가 높다.
    - 종모우는 성장률과 산육성이 좋아 실용축 생산에 많이 이용되고 있다.
  ⓜ 리무진종(Limousin)
  - 원산지 : 프랑스의 리무진 지방이다.
  - 피모색 : 단일 황색으로 눈언저리 부위가 분홍빛인 특징을 가지고 있어 한우와 비슷한 모양새를 갖추고 있다.

- 체격 및 체중 : 성빈우의 체고는 130~135cm, 체중은 600~700kg 정도이며, 종모우는 체고가 140~150cm, 체중은 950~1,100kg 정도이다.
- 특 징
  - 고기소 중에서 산육성이 가장 높다.
  - 도체율이 69~71%이며 뼈가 굵지 않아 정육률도 매우 높다.
  - 연간 1,200~1,400kg의 우유를 생산하며 송아지가 크지 않아 번식 시 난산이 별로 없다.
- ⓗ 쇼트혼종(Shorthorn)
  - 원산지 : 영국 북동부 지역이다.
  - 피모색 : 적색에서부터 밤색, 백색 등 여러 가지가 조합되어 있다.
  - 체격 및 체중 : 성빈우는 체고가 128~132cm, 체중은 500~700kg 정도이며 종모우는 체고가 135~145cm, 체중은 900~1,100kg 정도이다.
  - 특 징
    - 성질이 온순하여 다루기가 쉬우며 어미로서 자질도 우수하다.
    - 암소는 송아지 생산에 이용되고 수소는 교잡종 생산에 많이 이용된다.
- ② 젖소(유용종)
  - ㉠ 홀스타인종(Holstein)
    - 원산지 : 네덜란드와 독일이며, 국내 젖소의 99%를 차지하고 있다.
    - 피모색 : 흑색이 많은 흑백반 또는 백색이 많은 백흑반이며, 얼룩무늬의 정도는 개체나 계통에 따라 차이가 있다.
    - 평균 생체중 : 암컷은 600kg 내외, 수컷은 약 1,000kg 정도이다.
    - 기타 : 초산월령은 평균 25~28개월이고, 임신기간은 279일이며, 송아지의 생시체중은 40~45kg으로 비교적 무거운 편이다.
  - ㉡ 저지종(Jersey)
    - 원산지 : 영국령의 저지섬이 원산지이다. 프랑스 재래종 브레톤과 노르만디종의 교배로 만들어진 품종으로 전해진다.
    - 피모색 : 단색으로 담갈, 회갈, 농갈색 등 여러 가지가 있으며, 몸의 아랫부분과 다리의 안쪽은 빛깔이 연하나 검은 점, 소백반이 있는 것도 있다.
    - 체격 및 체중 : 젖소 중 체격이 가장 작다. 체고는 암소 120~125cm, 수소는 130~145cm이며, 체중은 암소가 350~405kg, 수소가 550~700kg 정도 된다.
    - 특 징
      - 유량보다 유질이 우수하고 유지율은 4.5~6.5%로 젖소 중 가장 높다.
      - 비유능력은 초산유기에 연간 3,000kg가량이고, 성년기에는 3,500~4,000kg 정도로 적은 편이다.

ⓒ 건지종(Guernsey)
- 원산지 : 영국령의 건지섬이 원산지이다. 프리다니종과 노르만디종을 교배하여 만들어진 품종이다.
- 피모색 : 담황색 또는 적색 바탕에 크기가 일정하지 않은 흰 무늬가 있고, 특히 얼굴, 다리, 옆배, 꼬리털에는 흰 무늬가 많이 나타난다.
- 체격 및 체중 : 체격은 저지종보다 약간 큰 편이며 체고는 암소 125cm, 수소 137cm가량이고, 체중은 암소 400~450kg, 수소 600~700kg 정도이다.
- 특 징
  - 산유량은 연간 4,000~4,500kg으로 많은 편은 아니다.
  - 유지율은 평균 5.0% 내외로 높은 편이며 지방의 빛깔이 황색인 것이 특징이다.
ⓔ 에어셔종(Ayreshire)
- 원산지 : 영국 스코틀랜드의 에어셔가 원산지이다.
- 피모색 : 털빛은 적갈색과 흰색의 얼룩무늬이다.
- 체격 및 체중 : 체고는 암소 130cm, 수소 145cm이고, 몸무게는 암소 450kg, 수소 800kg 정도이다.
- 특징 : 추위에 강해 북유럽이나 캐나다에서 많이 사육된다.
ⓜ 브라운 스위스종(Brown Swiss)
- 원산지 : 스위스 북동부가 원산지이며, 우유 · 고기 · 일의 3가지를 겸용하는 품종이다.
- 피모색 : 털빛은 회갈색이다.
- 체격 및 체중 : 체고는 암소 125cm, 수소 140cm이고, 몸무게는 암소 550kg, 수소 700kg 정도이다.
- 특징 : 성질이 온순하고, 기후풍토에 대한 적응성도 강해 원산지 이외에서도 널리 사육된다.

2. 돼지의 품종

(1) 품종의 분류

① 고기형(Pork Type, Meat Type) : 등이 위로 휘고, 햄이 발달하고, 앞다리와 뒷다리의 간격이 좁고, 목이 짧다. 로인이 두꺼우며, 베이컨이 적고, 등지방이 얇다. → 대요크서, 듀록, 햄프셔 등
② 가공형(Bacon Type) : 가운데 몸통이 길고 햄이 풍부하며, 특히 베이컨이 잘 발달되어 있다. → 랜드레이스
③ 지방형(Lard Type) : 중 · 소형인 것이 많고, 전체적으로 살이 쪘다. 머리, 목, 어깨가 두꺼우나, 허리와 다리가 짧으며 근육보다 지방이 많다. → 버크셔, 폴란드차이나 등

(2) 돼지의 품종

① 랜드레이스종(Land Race)
- ㉠ 덴마크가 기원이며, 덴마크의 백색 토산종에 요크셔종을 도입하여 지방층이 넓은 베이컨형으로 개량하였으며 1895년에 품종으로 인정되었다.
- ㉡ 몸은 백색이고 머리는 비교적 작으며 귀는 크고 앞으로 늘어져 있다.
- ㉢ 성숙 시 체중은 암컷이 250kg, 수컷이 300~350kg 정도이다.
- ㉣ 번식능력과 비유능력이 우수하여 어미돼지로 널리 이용되고 있다.

② 대요크셔종(Large Yorkshire)
- ㉠ 영국의 요크셔 지방 및 그 부근인 서포크 지방과 랑카스터 지방이 원산지이다.
- ㉡ 대형 백색종으로 얼굴은 곧고 뺨은 가벼우며 콧등은 굽지 않았다. 귀는 곧고 얇으며 앞을 향해 있다. 가슴은 깊고 넓으며 등은 길고 평평하여 폭이 있고 근골도 잘 발달되어 있다.
- ㉢ 영국, 덴마크 등 유럽에서 특히 많이 사육되고 이외에 미국, 일본, 대만 등 세계 각국에서 널리 사육되고 있으며 우리나라에도 도입되어 환영을 받고 있다.

③ 버크셔종(Berkshire)
- ㉠ 영국이 원산지이고, 검은 피모색에 6군데의 흰 부위를 가지고 있는 품종이다.
- ㉡ 귀는 바로 서 있고 얼굴은 위로 구부러져 있다. 네 다리는 비교적 짧고 흉부가 충실하다.
- ㉢ 성숙 시의 체중은 200~250kg 정도로 중간 정도이고 체질은 강건하고 조사료의 이용성도 비교적 양호하다.

④ 탬워스종(Tamworth)
- ㉠ 원산지는 영국 탬워스 부근이며 세계에서 가장 오래된 품종의 하나이다.
- ㉡ 체형은 대요크셔종과 유사하며 털색은 농담의 차이는 있으나 적색에 가깝다.
- ㉢ 체질은 강건하고 성질은 온순하며 야산 방목에 알맞은 품종이다.
- ㉣ 성숙 시의 체중은 암컷이 250~300kg, 수컷이 300~350kg 정도이다.

⑤ 듀록종(Duroc)
- ㉠ 미국 뉴저지와 뉴욕주가 원산지로, 뉴저지주에 있었던 적색대형종 저지레드종과 뉴욕주에 있었던 적색돈 듀록종을 1860년경부터 조직적으로 교잡하여 성립되었다.
- ㉡ 털 색깔은 담홍색에서 농적색까지 농담의 차이가 있다. 얼굴은 곧은 편이고 체구가 길고 두껍다. 귀는 앞을 향해 있고 끝 부분이 약간 굽었다.
- ㉢ 기후풍토에 대한 적응성이 강하고 더운 기후에도 잘 견딘다.
- ㉣ 번식능력과 포유능력은 중등 정도로 랜드레이스종이나 대요크셔종에 비하여 떨어진다.
- ㉤ 일당 증체량과 사료 이용성이 양호하여 1대 잡종이나 3대 교잡종의 생산을 위한 부돈(父豚)으로 널리 이용되고 있다.

⑥ 햄프셔종(Hampshire)

　㉠ 미국 켄터키주 분지방에서 성립된 품종이다.

　㉡ 검은색 바탕에 어깨와 앞다리에 10~30cm 폭의 흰 띠를 두르고 있는 것이 특징이다.

　㉢ 체질이 강건하며, 귀는 서 있지만 나이가 들면서 약간 구부러지는 경우가 있고 얼굴이 곧다.

⑦ 폴란드차이나종(Poland China)

　㉠ 미국 오하이오주가 원산지이다.

　㉡ 근년에 와서는 이 품종도 다른 품종에서와 같이 육용형으로 개량하고 있다.

　㉢ 성숙 시 체중은 암컷이 230~320kg, 수컷이 390~450kg 정도이다.

⑧ 스포티드종(Spotted)

　㉠ 털색은 흑색반점이 각각 50%씩 있는 것이 이상적이다.

　㉡ 생존수와 비유능력도 양호하며 성질이 온순하다.

⑨ 체스터화이트종(Chester White)

　㉠ 미국 펜실베니아주의 체스터 지방이 원산지이다.

　㉡ 몸은 백색이고 머리는 중등 정도의 크기이며, 귀가 약간 내려드리운 것이 요크셔종과 다르다.

　㉢ 어미품종으로 이용된다.

　㉣ 성숙 시 체중은 암돼지가 210kg, 수돼지가 270kg 정도이다.

3. 닭의 품종

(1) 가금의 분류

① 원산지별 분류

　㉠ 동양종 : 브라마종, 코친종, 랑샨종, 말레이종, 오골계종, 장미계종 등

　㉡ 미국종 : 플리머스록종, 로드아일랜드레드종, 뉴햄프셔종, 와이안도트종 등

　㉢ 영국종 : 오스트랄로프종, 코니시종, 도킹종, 오핑톤종, 서섹스종, 햄버그종, 잉글리시게임종 등

　㉣ 지중해연안종 : 레그혼종, 미노르카종, 안달루시안종, 안코나종, 스페니시종 등

② 용도별 분류

　㉠ 난용종 : 레그혼, 미노르카, 안달루시안, 햄버그, 캠파인, 안코나 등

　㉡ 육용종 : 브라마, 코친, 도킹, 코니시 등

　㉢ 난육겸용종 : 플리머스록, 뉴햄프셔, 로드아일랜드레드, 오스트랄로프, 오핑톤, 와이안도트 등

　㉣ 애완용종 : 폴리시, 장미계, 오골계, 반탐 등

(2) 닭의 품종

① 레그혼종 : 이탈리아 원산으로, 여러 내종 중 단관 백색 레그혼종이 가장 널리 사육된다.

　　㉠ 귓불과 깃털이 흰색이고, 볏은 홑볏, 피부와 정강이는 노란색이다.

　　㉡ 표준 몸무게는 암컷이 2kg, 수컷이 2.7kg이고, 초산일령은 150~170일, 연간 산란수는 평균 250개, 알 무게는 평균 60g 정도이다.

　　㉢ 동작이 활발하고 체질이 강건하지만, 취소성은 없다.

② 코니시종 : 영국이 원산지이다.

　　㉠ 꼬리는 짧은 깃털이 촘촘하게 나 있으며, 정강이는 노란색이다. 볏은 세 줄기의 작은 완두볏이고 가슴이 넓다.

　　㉡ 표준 몸무게는 암컷이 3.6kg, 수컷이 4.8kg이고 연간 평균 산란수는 100개 정도이며, 알 무게는 55~60g이다.

　　㉢ 발육이 잘되며, 육질이 매우 좋다.

③ 플리머스록종 : 원산지는 미국이며 깃털 색깔에 따라 황반 플리머스록과 백색 플리머스록이 있다.

　　㉠ 볏은 홑볏이고, 귓불은 붉은색이다. 피부는 노란색이지만, 정강이 색깔은 노란색 바탕에 검은 무늬가 있다.

　　㉡ 표준 몸무게는 암컷이 3.4kg, 수컷이 3.9kg이고, 초산일령은 180일 정도이며 연간 산란수는 200개 정도이다.

　　㉢ 성질이 온순하고 체질이 강건하다.

④ 뉴햄프셔종 : 미국이 원산지이며 난육 겸용이다.

　　㉠ 깃털은 적갈색이고, 볏은 홑볏이다. 귓불의 색깔은 붉고, 피부와 정강이는 노란색이다.

　　㉡ 표준 몸무게는 암컷이 2.9kg, 수컷이 3.9kg, 초산일령은 200일 전후, 연간 산란수는 200개, 알 무게는 55~60g이다.

　　㉢ 알껍데기 색깔은 갈색이며, 취소성은 없다.

4. 식육이용 현황(출처 : 축산물품질평가원)

(1) 식육생산의 특징

① 소(한・육우)

　　㉠ 사육 현황

구 분		단 위	2019년	2020년	2021년	2022년	2023년
소 (한우)	사육두수	천 두	3,237	3,395	3,589	3,727	3,648
	농장수	천 농장	94.0	93.2	93.8	91.5	87.1

※ 한우농장에서 육우를 복합사육할 수 있음

ⓛ 연도별 등급판정결과 추세

　　　　• 등급판정두수는 2023년 기준 전년 대비 5.0% 증가한 1,061,509두

　　　　• 한우의 1$^+$등급 이상 출현율은 2023년 기준 전년 대비 0.8%p 감소한 50.1%

　② 돼 지

　　㉠ 사육 현황

구 분		단 위	2019년	2020년	2021년	2022년	2023년
돼 지	사육두수	천 두	11,280	11,078	11,217	11,124	11,089
	농장수	농 장	6,133	6,078	5,942	5,695	5,634

　　ⓛ 연도별 등급판정결과 추세

　　　　• 등급판정두수는 2023년 기준 전년 대비 1.2% 증가한 18,758,976두

　　　　• 돼지의 1$^+$등급은 0.4%p 감소, 1등급, 2등급은 각각 0.2%p 증가

　③ 산란계

　　㉠ 사육 현황

구 분		단 위	2019년	2020년	2021년	2022년	2023년
산란계	사육수수	천 수	72,701	72,580	72,612	74,188	77,202
	사육 가구수	호	963	936	946	937	944

　　ⓛ 계란생산량 및 등급판정 비율

　　　　• 계란생산량(추정)은 2023년 기준 전년 대비 4.5% 증가한 17,143,323천개

　　　　• 등급판정 비율은 2023년 기준 전년 대비 0.1%p 증가한 6.9%

　④ 닭

　　㉠ 사육 현황

구 분		단 위	2019년	2020년	2021년	2022년	2023년
닭	사육수수	천 수	88,738	94,835	93,604	88,713	94,115
	사육 가구수	호	1,508	1,597	1,584	1,454	1,546

　　ⓛ 도계수수 및 등급판정 비율

　　　　• 도계수수는 2023년 기준 전년 대비 1.3% 감소한 1,011,490천수

　　　　• 등급판정 수수는 2023년 기준 전년 대비 8.6% 감소한 103,983천수(육계의 등급판정 비율은 13.5%로 전년 대비 0.9%p 감소)

(2) 축산물 소비량 및 자급률

(단위 : kg, 개, 천 톤, %)

구 분			2019년	2020년	2021년	2022년	2023년
1인당 소비량		육류(kg)	54.6	52.5	56.1	59.8	60.5
		쇠고기	13.0	12.9	13.9	14.9	14.7
		돼지고기	26.8	27.1	27.6	30.1	30.1
		닭고기	14.8	12.5	14.6	14.8	15.7
		계란(kg)	12.8	12.9	14.0	14.2	14.3
		(개)	282	281	281	278	-
총 소비량		쇠고기(천톤)	672	668	716	767	757
		국내산	245	249	264	290	303
		수입산	426	420	453	477	454
		(자급률, %)	36.5	37.2	36.8	37.8	40.0
		돼지고기	1,390	1,302	1,430	1,655	1,642
		국내산	969	991	1,097	1,107	1,157
		수입산	421	311	333	442	485
		(자급률, %)	69.7	74.1	75.1	72.5	73.2
		닭고기	815	781	765	830	838
		국내산	637	642	622	614	607
		수입산	178	139	176	216	231
		(자급률, %)	78.4	88.0	87.4	82.8	77.0
		계란(국내산)	658.9	722.3	684.9	706.9	735.9

1. 근육조직

(1) 근육조직의 구조

① **근육조직** : 주로 근세포, 즉 근섬유로 되어 있다. 이 근섬유는 근원섬유의 모임인데, 그 종류에 따라 횡문근섬유와 평활근섬유가 있으며, 이들은 뼈에 부착되어 있는 골격근, 내장과 혈관을 구성하고 있는 평활근, 그리고 심장에만 존재하며 독특한 형태를 가지고 있는 심근의 3종류로 나눌 수 있다.

② **상피조직** : 동물체 내에 존재하는 네 가지의 조직형태 중에서 상피조직이 양적으로 가장 적다. 상피조직은 동물체 및 조직의 내외부 표면의 기저를 이루며, 도살 가공과정에서 일반적으로 제거되나 껍질 등은 중요한 부산물이 된다.

③ **신경조직** : 고기 중 아주 소량(1% 이내)이지만 도살 전 또는 도살과정에 있어서 이들의 기능이 그 후의 고기의 질에 미치는 영향은 크다. 신경조직은 중추신경계와 말단신경계로 나뉘는데, 중추신경계는 뇌와 척수로 되어 있고, 말단신경계는 주로 몸 각 부분의 신경섬유로 구성되어 있다.

④ **결합조직** : 체내의 여러 조직을 연결하고 유지하는 조직으로 골격의 구성분이다. 기관, 혈관, 림프관의 외곽구조로서, 그리고 건(힘줄), 근육, 신경섬유, 근섬유 등의 주위구조로서 몸 전체에 광범위하게 분포되어 있다.

(2) 근육의 수축 · 이완작용

① **근육의 수축** : 골격근의 수축에는 4개의 근원섬유 단백질, 즉 마이오신, 액틴, 트로포마이오신, 트로포닌이 직접 관여한다. 액틴과 마이오신은 수축단백질로서 근원섬유의 액틴 필라멘트와 마이오신 필라멘트를 형성한다.

② **근육의 이완** : 근육의 이완에 있어서는 이완인자가 작용하게 된다. 즉, 근소포체는 칼슘이온을 받아들이며 그 농도를 저하시키고 다시 마그네슘−ATP를 형성하여 마이오신−ATPase의 활성은 저지되고, 액토마이오신을 액틴 필라멘트와 마이오신 필라멘트로 해리시킨다.

(3) 쇠고기의 조직

① **횡문근** : 수축과 이완을 통하여 운동을 하는 기관인 동시에 이에 필요한 에너지를 저장한다. 다수의 근섬유와 소량의 결합조직, 지방세포, 건, 혈관, 신경섬유로 되어 있다.

② **상강육과 상강도** : 근주막 사이의 느슨한 망에 부착된 지방을 근내지방육 또는 상강육이라 하고, 근육 내 지방의 침착도를 나타내는 용어를 근육지방도 또는 상강도라 한다.

③ 지방의 중요성

    ㉠ 고기의 맛과 풍미에 기여한다.

    ㉡ 보수성을 유지시켜 부드러운 고기가 되게 한다.

    ㉢ 소비자의 구매욕을 증진시킬 수 있다.

2. 근육의 구성성분 및 식육의 영양적 특성

(1) 고기의 화학적 조성

① 의의 : 고기의 성분은 수분을 제외하면 거의 단백질이고, 그 외 지방, 탄수화물, 무기물과 미량성분으로 구성되어 있다. 화학적 조성은 동물의 종류, 품종, 성별, 특히 영양상태에 따라 차이가 있다.

② 수분 : 70~75%의 수분이 들어 있으며, 육질에 대한 영향이 크다.

③ 단백질 : 고기에는 약 20%의 단백질이 들어 있으며, 고형분의 약 80%를 차지한다. 근육조직의 단백질은 그 기능이나 구성 위치 또는 용해도의 차이에 따라 근원섬유 단백질과 육기질단백질, 근장단백질의 세 가지로 나눌 수 있다.

④ 지방 : 고기성분 중 가장 함량 변동이 크고, 그 성질도 동물의 종류, 조직의 차이, 연령, 영양조건, 도체 부위 등에 따라 다르다. 동물체의 지방은 피하, 근육간, 신장주위, 망막 등의 지방에 존재하는 축적지방과 근육, 장기 등의 조직에 있는 조직지방으로 대별한다.

⑤ 탄수화물 : 동물체에 들어 있는 탄수화물은 소량이며 대부분이 근육과 간장에 존재한다. 탄수화물은 소량이지만 체구성 조직과 에너지대사에 매우 중요한 기능을 가진다.

⑥ 무기질 : 동물체의 약 96%는 산소, 탄소, 수소, 질소로 되어 있고, 근육의 무기질 함량은 1% 내외이며, 비교적 양적 변동이 적은 성분이다.

(2) 영양적 가치

① 고기는 영양적으로 매우 우수한 식품이지만 그 영양가가 인간에게 효과를 가져오려면 소비가 이루어져야 한다.

② 고기는 양질의 단백질, 상당량의 비타민 B군(티아민, 리보플라빈, 나이아신, 피리독신, 코발라민) 그리고 철분과 아연의 우수한 급원이다.

1. 생축의 도축 전 취급

(1) 도축검사

① 생체검사

㉠ 식육생산에 있어서 도축검사는 위생적으로 안전한 고기를 얻기 위하여 반드시 필요한 것으로, 모든 식육은 도축검사관의 검사를 받아 생산되고 있다.

㉡ 도살 전 검사는 생체검사를 말하며, 도살 전 2시간 이내에 도축장에 마련된 생체검사장에서 실시한다.

② 도체검사 : 도살 해체된 후에 도체와 내장 등을 검사하여 식용으로 적당하지 못한 것은 폐기처분되고 적당한 것만 검인을 받아 통과된다.

(2) 살수·세척

① 동물의 피모에 붙어 있는 오물과 진애물 등은 도살 해체 중 고기에 오염되어 품질을 저하시킬 수 있으므로 도살 전에 깨끗이 씻어주는 것이 바람직하다.

② 더운 경우에는 살수에 의하여 물로 세척해 줌으로써 더위를 방지해 주는 효과도 있다.

(3) 생체중 측정

① 도살 전의 생체중은 도살 해체 후에 정육량을 알기 위하여 반드시 필요하다.

② 정육량은 보통 도체율 또는 지육률로 표시되며, 이는 생체중을 기준으로 하여 계산한다.

2. 도축공정

(1) 생체의 세척

① 청결한 지육을 얻기 위하여 계류시키는 동안 가축을 세척시킨다.

② 안개 샤워시설을 설치하여 미세한 물방울로 장시간 세척하면 매우 청결한 생축이 된다.

(2) 도 살

① 도살 전에 가축의 몸 표면에 묻어 있는 오물을 제거한 후 깨끗하게 물로 씻어야 한다.

② 도살은 타격법·전살법·충격법·자격법 또는 CO_2 가스법을 이용하여야 하며, 방혈 전후 연수 또는 척수를 파괴할 목적으로 철선을 사용하는 경우 그 철선은 스테인리스 철재로서 소독된 것을 사용하여야 한다.

(3) 방 혈

① 방혈은 목동맥을 절단하여 실시한다.

② 목동맥 절단 시에는 식도 및 기관이 손상되어서는 아니 된다.

③ 방혈 시에는 뒷다리를 매달아 방혈함을 원칙으로 한다.

④ 도살 후의 방혈은 근육 내 출혈에 의한 혈반 형성 방지를 위하여 가능한 빨리 실시하여야 한다.

⑤ 방혈도 강한 스트레스의 요인으로 방혈 속도는 사후근육 내 해당작용 및 육질을 조절하는 데 중요하다.

(4) 해 체

① 소

㉠ 방혈이 끝나면 다리, 배 등의 순으로 박피를 하고 지단과 두부는 절단, 분리한다.

㉡ 박피가 끝나면 다음은 복벽을 절개하고 내장을 적출하게 된다.

② 돼 지

㉠ 기절, 방혈한 후 박피를 하거나 탈모를 한다. 박피를 할 경우에는 피하지방이 붙지 않고, 또 상처를 주지 않도록 주의하여, 복부와 네 다리 부근의 일부를 손으로 박피한 다음 나머지 부분을 박피기에 물려 박피한다.

㉡ 탈모하는 경우에는 탕침하여 탈모하는 탕박을 수행하고 있다.

㉢ 탈모와 수세가 끝난 것은 뒷다리의 아킬레스건에 개장기를 끼우고 거꾸로 매달아 내장적출을 한다.

③ 닭

㉠ 기절시켜 도살한 후 방혈을 한다.

㉡ 탕적과 털 뽑기를 한 후 머리를 제거한다.

㉢ 무릎관절을 절단하고 닭을 이동시킨다.

㉣ 발우된 도체로부터 목, 머리, 미지선, 내장, 소낭과 허파를 제거함으로써 내장적출이 이루어지며 통닭 형태로 준비된다.

3. 지육의 관리

(1) 지육의 냉각

① 소

ㄱ 도살 해체 후 도체는 신속히 냉각하여 냉장함으로써 선도를 유지해야 한다.

ㄴ 냉각 전의 온도체는 중심온도가 3℃ 내외이며, 도체는 급속냉각실에서 중심온도가 5℃ 이하로 될 때까지 냉각한다. 냉각실의 온도는 지육을 넣기 전에는 0.5~1℃, 냉각 중의 표준온도는 0℃이며, 냉각 중의 최고온도는 2~3℃가 이상적이다.

② 돼 지

ㄱ 돼지의 도체는 특히 탕침, 탈모처리에 의하여 온도가 높으며, 표면이 습윤되어 있어 보다 신속한 냉각과 표면건조가 필요하다.

ㄴ 급속냉각실의 표준수용량은 3.3m²당 10마리이며, 도체수용 전의 냉각실 온도는 -5℃, 수용 중의 표준온도는 -1~3℃, 냉각 중의 최고온도는 0℃가 바람직하다.

ㄷ 냉각실의 관계습도는 초기에는 95% 이상까지 가능하나, 나중에는 85~90%가 적당하다.

ㄹ -30~-20℃에서 1~2시간 동안 급속냉각을 시킨 후 냉각실에서 정상적으로 냉각을 수행하는 방법이 유럽에서 많이 사용된다.

(2) 지육의 저장

① 지육은 냉각 후 저장온도에 따라서 냉장육과 냉동육으로 나눌 수 있다.

② 냉장육은 일반적으로 동결되지 않는 저온에서 저장하는 것으로 대체로 0~10℃에서 취급하는 것을 말한다. 특히 신선육을 빙점에 가까운 -1~1℃의 조건으로 저장하는 것을 Super Chilled Meat라고 한다.

③ 냉동육은 빙결점 이하의 저온에서 동결한 것으로 관능적으로 동결상태의 것을 말한다.

④ -10~-5℃에서 동결하는 경우도 있으나 일반적으로 -18℃ 이하의 저온에서 동결하는 경우가 많으며, 반냉동육은 -3~-2℃의 저온에서 저장하는 경우이다.

4. 지육의 분할

(1) 쇠고기의 부위별 분할정형기준(소·돼지 식육의 표시방법 및 부위 구분기준 별표 3)

① 안심 : 허리뼈(요추골) 안쪽의 신장지방을 분리한 후 두덩뼈(치골) 아랫부분과 평행으로 안심머리 부분을 절단한 다음, 엉덩뼈(장골) 및 허리뼈(요추골)를 따라 장골허리근(엉덩근), 작은허리근(소요근) 및 큰허리근(대요근)을 절개하고 지방덩어리를 제거 정형한다.

② 등심 : 도체의 마지막 등뼈(흉추)와 제1허리뼈(요추) 사이를 직선으로 절단하고, 등가장긴근(배최장근)의 바깥쪽 선단 5cm 이내에서 2분체 분할정중선과 평행으로 절개하여 갈비부위와 분리한 후, 등뼈(흉추)와 목뼈(경추)를 발골하고 제7목뼈와 제1등뼈(흉추) 사이에서 2분체 분할정중선과 수직으로 절단하여 생산한다. 어깨뼈(견갑골) 바깥쪽의 넓은등근(광배근)은 앞다리부위에 포함시켜 제외시키고, 과다한 지방덩어리를 제거 정형하며 윗등심살, 꽃등심살, 아랫등심살, 살치살이 포함된다.

③ 채끝 : 마지막 등뼈(흉추)와 제1허리뼈(요추) 사이에서 제13갈비뼈(늑골)를 따라 절단하고 마지막 허리뼈(요추)와 엉덩이뼈(천추골) 사이를 절개한 후 엉덩뼈(장골)상단을 배바깥경사근(외복사근)이 포함되도록 절단하며, 제13갈비뼈(늑골) 끝부분에서 복부 절개선과 평행으로 절단하고, 등가장긴근(배최장근)의 바깥쪽 선단 5cm 이내에서 2분체 분할정중선과 평행으로 치마양지부위를 절단·분리해내며, 과다한 지방을 제거 정형한다.

④ 목심 : 제1~제7목뼈(경추)부위의 근육들로서 앞다리와 양지부위를 제외하고, 제7목뼈(경추)와 제1등뼈(흉추) 사이를 절단하여 등심부위와 분리한 후 정형한다. 항인대(떡심)를 기준으로 바깥쪽의 마름모근(멍에살)도 분리하여 목심으로 분류한다.

⑤ 앞다리 : 상완뼈(상완골)를 둘러싸고 있는 상완두갈래근(상완이두근), 어깨 끝의 넓은등근(광배근)을 포함하고 있는 것으로 몸체와 상완뼈(상완골) 사이의 근막을 따라서 등뼈(흉추) 방향으로 어깨뼈(견갑골) 끝의 연골부위 끝까지 올라가서 넓은등근(활배근) 위쪽의 두터운 부위의 1/3 지점에서 등뼈(흉추)와 직선되게 절단하고, 발골하여 사태부위를 분리해내어 생산하며 과다한 지방을 제거 정형하고, 꾸리살, 부채살, 앞다리살, 갈비덧살, 부채덮개살이 포함된다.

⑥ 우둔 : 뒷다리에서 넓적다리뼈(대퇴골) 안쪽을 이루는 내향근(내전근), 반막모양근(반막양근), 치골경골근(박근), 반힘줄모양근(반건양근)으로 된 부위로서 정강이뼈(하퇴골) 주위의 사태부위를 제외하여 생산하며 우둔살, 홍두깨살이 포함된다.

⑦ 설도 : 뒷다리의 엉치뼈(관골), 넓적다리뼈(대퇴골)에서 우둔부위를 제외한 부위이며 중간둔부근(중둔근), 표층둔부근(천둔근), 대퇴두갈래근(대퇴이두근), 대퇴네갈래근(대퇴사두근) 등으로 이루어진 부위로서 인대와 피하지방 및 근간지방덩어리를 제거 정형하며 보섭살, 설깃살, 설깃머리살, 도가니살, 삼각살이 포함된다.

⑧ 양지 : 뒷다리 하퇴부의 뒷무릎(후슬)부위에 있는 겸부의 지방덩어리에서 몸통피부근(동피근)과 배곧은근(복직근)의 얇은 막을 따라 뒷다리 대퇴근막긴장근(대퇴근막장근)과 분리하고, 복부의 배바깥경사근(외복사근)과 배가로근(복횡근)을 후4분체에서 분리하여 치마양지부위를 분리한다. 전4분체에서 갈비연골(늑연골), 칼돌기연골(검상연골), 가슴뼈(흉골)를 따라 깊은흉근(심흉근), 얕은흉근(천흉근)을 절개하여 갈비부위와 분리하고, 바깥쪽 목정맥(경정맥)을 따라 쇄골머리근(쇄골두근), 흉골유돌근을 포함하도록 절단하여 목심부위와 분리시켜 지방덩어리를 제거 정형하여 생산하며 양지머리, 차돌박이, 업진살, 업진안살과 채끝부위에 연접되어 분리된 복부의 치마양지, 치마살, 앞치마살이 포함된다.

⑨ 사태 : 앞다리의 전완뼈(전완골)과 상완뼈(상완골) 일부, 뒷다리의 정강이뼈(하퇴골)를 둘러싸고 있는 작은 근육들로서 앞다리와 우둔부위 하단에서 분리하여 인대 및 지방을 제거하여 정형하며 앞사태, 뒷사태, 뭉치사태, 아롱사태, 상박살이 포함된다.

⑩ 갈비 : 앞다리 부분을 분리한 다음 갈비뼈(늑골) 주위와 근육에서 등심과 양지부위의 근육을 절단 분리한 후, 등뼈(흉추)에서 갈비뼈(늑골)를 분리시킨 것으로서 갈비뼈(늑골)를 포함시키고, 과다한 지방을 제거 정형하며 본갈비, 꽃갈비, 참갈비, 갈비살, 마구리를 포함한다. 대분할 구분의 특성상 토시살, 안창살, 제비추리도 동 부위에 포함하여 분류한다.

(2) 돼지고기의 부위별 분할정형기준(소ㆍ돼지 식육의 표시방법 및 부위 구분기준 별표 3)

① 안심 : 두덩뼈(치골) 아랫부분에서 제1허리뼈(요추)의 안쪽에 붙어 있는 엉덩근(장골허리근), 큰허리근(대요근), 작은허리근(소요근), 허리사각근(요방형근)으로 된 부위로서 두덩뼈(치골) 아랫부위와 평행으로 안심머리부분을 절단한 다음 엉덩뼈(장골) 및 허리뼈(요추)를 따라 분리하고 표면지방을 제거하여 정형한다.

② 등심 : 제5등뼈(흉추) 또는 제6등뼈(흉추)에서 제6허리뼈(요추)까지의 등가장긴근(배최장근)으로서 앞쪽 등가장긴근(배최장근) 하단부를 기준으로 등뼈(흉추)와 평행하게 절단하여 정형한다.

③ 목심 : 제1목뼈(경추)에서 제4등뼈(흉추) 또는 제5등뼈(흉추)까지의 널판근, 머리최장근, 환추최장근, 목최장근, 머리반기시근, 머리널판근, 등세모근, 마름모근, 배쪽톱니근 등 목과 등을 이루고 있는 근육으로서 등가장긴근(배최장근) 하단부와 앞다리 사이를 평행하게 절단하여 정형한다.

④ 앞다리 : 상완뼈(상완골), 전완뼈(전완골), 어깨뼈(견갑골)를 감싸고 있는 근육들로서 갈비[제1갈비뼈(늑골)에서 제4갈비뼈(늑골) 또는 제5갈비뼈(늑골)까지]를 제외한 부위이며 앞다리살, 앞사태살, 항정살, 꾸리살, 부채살, 주걱살이 포함된다.

⑤ 뒷다리 : 엉치뼈(관골), 넓적다리뼈(대퇴골), 정강이뼈(하퇴골)를 감싸고 있는 근육들로서 안심머리를 제거한 뒤 제7허리뼈(요추)와 엉덩이사이뼈(천골) 사이를 엉치뼈면을 수평으로 절단하여 정형하며 볼깃살, 설깃살, 도가니살, 홍두깨살, 보섭살, 뒷사태살이 포함된다.

⑥ 삼겹살 : 뒷다리 무릎부위에 있는 겸부의 지방덩어리에서 몸통피부근과 배곧은근의 얇은 막을 따라 뒷다리의 대퇴근막긴장근과 분리 후, 제5갈비뼈(늑골) 또는 제6갈비뼈(늑골)에서 마지막 요추와(배곧은근 및 배속경사근 포함) 뒷다리 사이까지의 복부근육으로서 등심을 분리한 후 정형한다.

⑦ 갈비 : 제1갈비뼈(늑골)에서 제4갈비뼈(늑골) 또는 제5갈비뼈(늑골)까지의 부위로서 제1갈비뼈(늑골) 5cm 선단부에서 수직으로 절단하여 깊은 흉근 및 얕은 흉근을 포함하여 절단하며 앞다리에서 분리한 후 피하지방을 제거하여 정형한다.

5. 지육의 품질

(1) 고기 구입 시 고려 항목

① 육색 : 쇠고기의 경우 밝은 선홍색, 돼지고기는 핑크빛 선홍색이 좋다.

② 조직감 : 조직감은 절단면이 단단하고 근섬유가 촘촘하여 드립(Drip, 고기에서 나오는 육즙)이 없는 것이 좋다.

③ 지방 : 지방의 색은 유백색이 좋고, 피하지방은 적고 근내지방은 풍부해야 한다.

④ 위생상태 : 미생물의 증식으로 인한 부패취나 변색이 발생한 고기는 구입을 피한다.

⑤ 기타 : 식육 내 잔류하는 미량성분의 함량(농약, 항생제, 호르몬제 등)

(2) 기능적 가공 특성

① 보수성
  ㉠ 식육이 수분을 잃지 않고 보유하는 능력
  ㉡ 보수성은 제품의 생산량, 조직, 기호성에 영향을 줌 → 가열, 훈연 중 감량을 적게 하여 생산량을 높이고 저장 중에 육즙의 분리를 최소화하기 위해서는 보수성이 높아야 한다.

② 결착력
  ㉠ 결착력은 육괴(작게 잘린 고깃덩어리)가 서로 결착하는 능력으로 본리스 햄(Boneless Ham), 프레스 햄(Press Ham), 로스트 비프 등의 제조에 있어서 고깃덩어리 간의 결착력은 제품의 외관, 제품을 얇게 썰 때의 난이도에 영향을 준다.
  ㉡ 결착력의 효율성을 결정해 주는 요인
    • 단백질 추출
      − 온도 : −5~2℃에서 최대 추출(조건 − 소금 농도 3.9%, 추출시간 30분, 물 : 고기 = 2 : 1)
      − 추출시간 : 15시간까지는 추출시간을 연장할수록 단백질 추출은 증가
      − 경직완료 후 고기보다 경직 전 고기에서 약 50% 이상의 단백질 추출량이 증가
      − 소금 농도 : 소금 농도 10%에서 최대 추출됨
    • 기계적 처리 : 혼합, 마사지, 텀블링, 기계적 연화작업 등
      − 고기입자를 작게 할수록 추출되는 염용성 단백질량은 증가하며, 추출된 단백질량이 증가할수록 제품의 결착력은 증가
      − 기계적 처리시간을 적정 시간 이상으로 증가시켰을 때는 결착력 감소
    • 염의 존재 및 농도 : 소금은 추출 단백질량을 증가시키고, 이온 강도 및 pH를 변화시켜 단백질 기질(Matrix) 가열 시 응집력 있는 3차원 구조를 형성
    • 가열 온도 : 고깃덩어리끼리의 결착은 가열에 의해 이루어진다. 가열은 사전에 용해된 단백질들을 재배열시켜 이들이 고기 표면에 있는 불용성 단백질들과 반응하여 점착력 있는 조직을 형성하게 한다.

③ 유화성
  ㉠ 육단백질이 지방과 함께 유화물을 형성하는 능력을 말한다.
  ㉡ 유화성의 구분
    • 유화능 : 원료육 단위 무게당 또는 단백질 단위 그램당 유화할 수 있는 지방의 양을 말한다.
    • 유화 안정성 : 형성된 유화조직을 가열처리할 때 지방과 수분이 분리되는 정도를 말한다.
  ㉢ 원료육에 따른 유화성
    • 근원섬유 단백질이 높고 결체조직이 적은 신선한 살코기일수록 유화성이 우수하다.
    • 지방이 많은 고기일수록 단위 무게당 단백질량이 적어 살코기에 비해 유화성이 떨어진다.
    • pH가 낮은 PSE근육은 단백질 변성이 많고 단백질 용해도가 떨어져 pH가 높은 DFD근육이나
      정상근육에 비해 유화성이 떨어진다.
    • 사후경직 전 고기는 사후경직 후 고기에 비하여 유화성이 25% 정도 우수하다.
    • 기계적 발골육은 수동 발골육에 비해 지방이 많고 결체조직이 높아 유화성이 떨어진다.
    • 저장조건이 좋지 않은 상태에서 장기간 보존된 고기는 단백질 변성이나 분해로 인하여 유화성
      이 크게 저하된다.
④ 젤 형성력
  ㉠ 육단백질이 물, 지방과 함께 젤을 형성하는 능력을 말한다.
  ㉡ 특 성
    • 콜라겐(Collagen)은 동물 체내에서 가장 풍부한 단백질이며, 식육 연도에 매우 큰 영향을
      준다. → 콜라겐은 결합조직의 주요한 구조 단백질이며, 건・인대 그리고 뼈와 연골의 주요성
      분이다.
    • 콜라겐 섬유는 대개 56~62℃의 온도에서 수축되어 길이가 1/3로 줄어든다. → 콜라겐의
      용해성 증가, 연도 증가를 초래하나 70℃ 이상의 온도에서는 수분 분리를 초래하여 고기를
      질기게 한다.
    • 수분이 있는 상태에서 가열하면 콜라겐이 가수분해되어 젤라틴(Gelatin)으로 변해 더욱 연해
      진다.

6. 식육의 부위별 수율 및 용도

(1) 도체율

지육률이라고도 하며 도체중의 생체중에 대한 비율을 말한다. 즉, 생체중 100kg에 대하여 몇 kg의 도체가 생산되었는가를 표시한다.

$$도체율(\%) = \frac{도체중}{생체중} \times 100$$

(2) 정육률

정육률은 정육의 생체 또는 도체로부터의 고기생산량을 백분율(%)로 표시한 것이다.

$$정육률(\%) = \frac{도체중량 - 뼈중량 = 정육중량}{생체중량(또는 도체중량)} \times 100$$

04 | 식육의 사후 변화

1. 사후경직과 숙성

(1) 사후경직

① 근육은 도축 후 시간이 경과함에 따라 물리적, 화학적 성질이 크게 변하는데, 도축 직후 근육은 부드럽고 탄력성이 좋고 보수력도 높으나 일정 시간이 지나면 굳어지고 보수성도 크게 저하되는 사후경직이 일어난다.

② 평상시 가축은 뇌의 신경신호 전달로 근육이 수축되나 도축이 되면 호흡정지에 의하여 여러 기전을 거쳐 액틴, 마이오신 사이에 교차가 형성되어 사후경직이 개시된다.

③ 동물의 연령이 높을수록 또는 도축 전 스트레스(운반, 급수, 소음 등)에 의한 고밀사일수록 강도가 높고 경직 개시가 빨라진다.

④ 도축방법에 따라 차이가 있으며 근육의 부위에 따라 골격근이 빠르고 내장근은 큰 영향이 없다.

⑤ 근육의 온도가 낮은 부위부터 개시되며 쇠고기, 양고기의 경우 6~12시간, 돼지고기는 1/4~3시간, 칠면조 고기는 1시간 이내, 닭고기는 1/2시간 등 많은 변이를 보이고 있다.

⑥ 사후경직으로 인한 반응

    ㉠ 근육이 굳어진다.

    ㉡ pH 하락으로 근육이 산성화가 된다. 도축 전 중성의 pH 7에서 근육 내 해당작용으로 pH 5.2~5.4까지 하락한다.

⑦ pH 변화와 사후경직과의 관계

    ㉠ 사후 pH 저하가 거의 없거나, pH 저하가 급속한 두 극단의 경우에는 사후경직의 개시와 완료가 빨리 오게 된다.

        • 사후 pH 저하가 거의 없는 경우 심한 피로나 스트레스에 의해 근육 내 글리코겐이 도살 전에 거의 고갈된 상태이므로 사후 해당작용이 미미하고 ATP 생성이 적어서 경직이 빨리 오게 된다.

        • 사후 pH 저하가 급속한 경우에는 근육 내 글리코겐이 사후 단시간 내에 급속히 분해되어 일찍 고갈되거나, 젖산의 축적으로 pH가 낮아져 해당작용이 억제되므로 ATP 생성이 장시간 지속되지 못하고 일찍 고갈되어 경직이 빨리 오게 된다.

    ㉡ 정상적인 pH의 변화를 보이는 근육은 사후경직의 개시 및 완료가 보다 장시간에 걸쳐 서서히 일어난다.

(2) 경직의 해제와 숙성

① 의 의

    ㉠ 경직의 해제와 숙성은 비슷한 말로서 사후경직에 의하여 신전성을 잃고 경직된 근육이 시간이 지남에 따라 점차 장력이 떨어지고 유연해지는 현상을 말한다.

    ㉡ 보통 숙성은 0~5℃에서 냉장하여 행한다. 같은 경우 고온숙성(15~40℃)도 이용되나 미생물에 의한 변질이 문제가 된다.

② 숙성 중에 일어나는 변화

    ㉠ 연도의 개선

    ㉡ 보수력(보수성)의 향상

    ㉢ 풍미의 증진

③ 고기의 숙성기간 : 육축의 종류, 근육의 종류, 숙성온도 등에 따라 다르다. 일반적으로 쇠고기나 양고기의 경우 4℃ 내외에서 7~14일의 숙성기간이 필요하나 10℃에서는 4~5일, 16℃의 높은 온도에서는 2일 정도에서 숙성이 완료된다. 돼지고기는 4℃에서 1~2일, 닭고기는 8~24시간이면 숙성이 완료된다.

2. 육색 및 보수력

(1) 육 색

① 의 의

- ㉠ 육색은 고기의 질적인 면보다는 미적인 면을 대표한다. 비록 고기의 색이 육질과는 상관이 없다는 것이 밝혀졌지만, 육색은 소비자가 고기를 선택하는 데 가장 크게 영향을 미치는 요소 중의 하나이다.
- ㉡ 신선육의 색은 주로 마이오글로빈(미오글로빈)에 의해서 좌우되는데, 이 마이오글로빈의 함량은 동물의 종류, 연령, 근육의 부위 및 성별에 따라 다르다.

② 육색소

- ㉠ 육색소 중에 가장 중요한 두 색소는 헤모글로빈과 마이오글로빈이다.
- ㉡ 헤모글로빈은 혈액의 색소이고 마이오글로빈은 근육의 색소이다.
- ㉢ 방혈이 잘된 식육이라면 식육의 마이오글로빈의 함량은 전 색소의 65~95%(평균 80~90%)이다.

③ 변 색

- ㉠ 의 의
  - 변색이란 육색이 밝은 적색이나 적자색이 아닌 비정상의 색깔(갈색 등)을 보이는 것을 말한다.
  - 변색은 글로빈의 변성, 환원기전의 존재 유무, 산소압의 정도, 온도, pH, 수분함량, 미생물의 존재, 금속이온, 광선, 그리고 산화제 등에 의해 영향을 받는다.
- ㉡ 변색의 유형
  - 온도에 의한 변색
  - 산소압에 의한 변색
  - 산화제에 의한 변색
  - 습기에 의한 변색
  - 광선에 의한 변색

더 알아보기 PLUS ONE

전형적인 육색
- 쇠고기 : 선홍색
- 말고기 : 암적색
- 돼지고기 : 회홍색
- 송아지 : 갈홍색
- 어류 : 흰회색에서 암적색
- 양고기 : 밝은 적색에서 벽돌색
- 닭고기 : 흰회색에서 어두운 적색

---

(2) 보수력

① 의의 : 식육의 보수력이란 식육이 물리적 처리(절단, 열처리, 세절, 압착 등)를 받을 때 수분을 잃지 않고 보유할 수 있는 능력을 말한다.

② 보수력에 영향을 미치는 요인
    ㉠ 사후 해당작용의 속도와 정도
    ㉡ 근원섬유 단백질의 전하와 구조 변화
    ㉢ 식육의 이온 강도
    ㉣ 온도

3. 비정상육

(1) 돼 지

① PSE육

    ㉠ 정의 : 색이 창백하고(Pale), 염용성 단백질인 근원섬유 단백질의 변성으로 조직은 무르고 (Soft), 육즙이 많이 나와 있는(Exudative) 고기를 말한다.

    ㉡ PSE육의 발생
        • 돼지가 도살되기 전에 흥분하거나 스트레스를 받으면 도체 내에 젖산의 축적속도가 빨라진다. 이러한 현상은 도살 전의 근육 내에 글리코겐이 충분히 남아 있는 돼지에서만 발생한다.
        • 젖산의 축적에 의한 낮은 pH는 근육온도가 높은 상황에서 근육의 근형질단백질을 변성시켜 PSE육을 발생시킨다.

② DFD육

    ㉠ 도살 전 가축이 오랫동안 스트레스를 받으면 체내의 글리코겐이 고갈되어 도살 시 근육에 글리코겐이 거의 남아 있지 않게 된다. 따라서 도살 후 근육 내에 젖산의 축적이 적게 되어 pH는 높고 근육단백질은 부풀게 된다.

    ㉡ 보수력은 PSE육이나 정상육보다 높아 표면은 건조하고(Dry), 조직은 촘촘해져(Firm) 산소의 침투가 힘들고 빛의 산란도 적어 색깔은 짙게 된다(Dark).

    ㉢ DFD육은 pH가 높기 때문에 가공육제품의 원료로서는 매우 바람직하지만, 신선육으로는 미생물 발육이 촉진되므로 저장성이 떨어지는 단점이 있다.

(2) 소

① 소는 스트레스 상황이나 심한 운동에 의해 근육 내의 글리코겐이 고갈되어 회복될 충분한 시간을 주지 않는 한 색깔이 짙은 쇠고기를 생산한다. 이를 Dark Cutter(DFD육)라고 한다.

② 소는 사후 해당작용 속도가 느리기 때문에 낮은 pH와 높은 온도의 조건이 발생하지 않아 PSE육의 발생은 거의 없고 도살 전에 근육의 글리코겐이 고갈되어 발생하는 DFD육이 주된 문제이다.

05 | 식육유통

1. 식육의 등급 및 규격

(1) 도체 품질과 식육 품질

① 도체 품질

    ㉠ 최근에는 지방이 적고 살코기가 많은 도체를 추구하기 때문에 품질에서는 도체율보다 도체구성, 조직분포 및 도체 형태가 더 중요성을 가진다.

    ㉡ 도체 품질은 주로 육량등급에서 고려되어 판매 가능한 정육량 및 고가 부위의 수율 등을 예측하기 위해 이용되고 있다.

② 식육 품질

    ㉠ 식육품질은 소비자를 위해 정부가 기대되는 신선육 품질에 근거하여 설정한 식육의 여러 가지 품질기준에 기초하여 식육을 분류한 것이다.

    ㉡ 등급제도에서의 육질은 신선육 소비 시의 품질인 육질과 동일한 것이 아니고 추정된 소비 시 품질의 지표일 따름이다.

(2) 등급에서 고려되는 요인

① 축종

② 성숙도

③ 성(性)

④ 도체중량

⑤ 지방부착도 및 색깔

⑥ 판매가능한 정육수율

⑦ 체형 및 품종

⑧ 최종 용도

⑨ 육색

⑩ 단단함

⑪ 근내지방도

(3) 축산물 등급판정 세부기준 [시행 2023.12.27.]

① 소

ⓐ 소도체의 육량등급 판정기준(제4조)

품 종	성 별	육량지수		
		A등급	B등급	C등급
한 우	암	61.83 이상	59.70 이상~61.83 미만	59.70 미만
	수	68.45 이상	66.32 이상~68.45 미만	66.32 미만
	거 세	62.52 이상	60.40 이상~62.52 미만	60.40 미만
육 우	암	62.46 이상	60.60 이상~62.46 미만	60.60 미만
	수	65.45 이상	63.92 이상~65.45 미만	63.92 미만
	거 세	62.05 이상	60.23 이상~62.05 미만	60.23 미만

※ 단, 젖소는 육우 암소 기준을 적용한다.

ⓑ 소도체의 육량등급판정을 위한 육량지수는 소를 도축한 후 2등분할된 왼쪽 반도체에 마지막등뼈(흉추)와 제1허리뼈(요추) 사이를 절개한 후 등심 쪽의 절개면(등급판정부위)에 대하여 다음의 항목을 측정하여 산정한다.

• 등지방두께 : 등급판정부위에서 배최장근단면의 오른쪽 면을 따라 복부쪽으로 3분의 2 들어간 지점의 등지방을 mm 단위로 측정한다. 다만, 등지방두께가 1mm 이하인 경우에는 1mm로 한다.

• 배최장근단면적 : 등급판정부위에서 가로, 세로가 1cm 단위로 표시된 면적자를 이용하여 배최장근의 단면적을 cm² 단위로 측정한다. 다만, 배최장근 주위의 배다열근, 두반극근과 배반극근은 제외한다.

• 도체중량 : 도축장경영자가 측정하여 제출한 도체 한 마리 분의 중량을 kg 단위로 적용한다.

ⓒ ⓐ에 따라 구분된 소도체의 육량등급이 다음의 하나에 해당하는 경우에는 육량등급을 낮추거나 높여 최종 판정한다.

• 도체의 비육상태가 매우 나쁜 경우에는 산출된 등급에서 1개 등급을 낮춘다.

• 도체의 비육상태가 매우 좋은 경우에는 산출된 등급에서 1개 등급을 높인다.

육량지수 산정(소수점 셋째자리 이하를 절사하여 둘째자리까지 산정)

품 종	성 별	육량지수 산식
한 우	암	[6.90137 − 0.9446 × 등지방두께(mm) + 0.31805 × 배최장근단면적(cm^2) + 0.54952 × 도체중량(kg)] ÷ 도체중량(kg) × 100
	수	[0.20103 − 2.18525 × 등지방두께(mm) + 0.29275 × 배최장근단면적(cm^2) + 0.64099 × 도체중량(kg)] ÷ 도체중량(kg) × 100
	거 세	[11.06398 − 1.25149 × 등지방두께(mm) + 0.28293 × 배최장근단면적(cm^2) + 0.56781 × 도체중량(kg)] ÷ 도체중량(kg) × 100
육 우	암	[10.58435 − 1.16957 × 등지방두께(mm) + 0.30800 × 배최장근단면적(cm^2) + 0.54768 × 도체중량(kg)] ÷ 도체중량(kg) × 100
	수	[−19.2806 − 2.25416 × 등지방두께(mm) + 0.14721 × 배최장근단면적(cm^2) + 0.68065 × 도체중량(kg)] ÷ 도체중량(kg) × 100
	거 세	[7.21379 − 1.12857 × 등지방두께(mm) + 0.48798 × 배최장근단면적(cm^2) + 0.52725 × 도체중량(kg)] ÷ 도체중량(kg) × 100

※ 단, 젖소는 육우 암소의 산식을 적용한다.

㉣ 소도체의 육질등급 판정기준(제5조)[1]

- 근내지방도 : 등급판정부위에서 배최장근단면에 나타난 지방분포 정도를 부도 4의 기준과 비교하여 해당되는 기준의 번호로 판정하고, 다음과 같이 등급을 구분한다.

근내지방도	등 급
근내지방도 번호 7, 8, 9에 해당되는 것	1^{++}등급
근내지방도 번호 6에 해당되는 것	1$^+$등급
근내지방도 번호 4, 5에 해당되는 것	1등급
근내지방도 번호 2, 3에 해당되는 것	2등급
근내지방도 번호 1에 해당되는 것	3등급

- 육색 : 등급판정부위에서 배최장근단면의 고기색깔을 부도 5에 따른 육색기준과 비교하여 해당되는 기준의 번호로 판정하고, 다음과 같이 등급을 구분한다.

육 색	등 급
육색 번호 3, 4, 5에 해당되는 것	1^{++}등급
육색 번호 2, 6에 해당되는 것	1$^+$등급
육색 번호 1에 해당되는 것	1등급
육색 번호 7에 해당되는 것	2등급
육색에서 정하는 번호 이외에 해당되는 것	3등급

---

1) 편집자 주 : 등급판정기준과 관련한 컬러사진 자료는 본서의 가이드에 제시되어 있다.

- 지방색 : 등급판정부위에서 배최장근단면의 근내지방, 주위의 근간지방과 등지방의 색깔을 부도 6에 따른 지방색기준과 비교하여 해당되는 기준의 번호로 판정하고, 다음과 같이 등급을 구분한다.

지방색	등급
지방색 번호 1, 2, 3, 4에 해당되는 것	1^{++}등급
지방색 번호 5에 해당되는 것	1^{+}등급
지방색 번호 6에 해당되는 것	1등급
지방색 번호 7에 해당되는 것	2등급
지방색에서 정하는 번호 이외에 해당되는 것	3등급

- 조직감 : 등급판정부위에서 배최장근단면의 보수력과 탄력성을 조직감 구분기준에 따라 해당되는 기준의 번호로 판정하고, 다음과 같이 등급을 구분한다.

조직감	등급
조직감 번호 1에 해당되는 것	1^{++}등급
조직감 번호 2에 해당되는 것	1^{+}등급
조직감 번호 3에 해당되는 것	1등급
조직감 번호 4에 해당되는 것	2등급
조직감 번호 5에 해당되는 것	3등급

- 성숙도 : 왼쪽 반도체의 척추 가시돌기에서 연골의 골화 정도 등을 별표 2에 따른 성숙도 구분기준과 비교하여 해당되는 기준의 번호로 판정한다.

ⓜ 소도체의 육질등급판정은 규정에 따른 근내지방도, 육색, 지방색, 조직감을 개별적으로 평가하여 그중 가장 낮은 등급으로 우선 부여하고, 성숙도 규정을 적용하여 별표 3 규정에 따라 최종 등급을 부여한다. 다만 다음의 어느 하나에 해당하는 경우에는 그러하지 아니한다.
- 육색 등급과 지방색 등급이 모두 2등급인 경우에는 육질등급을 3등급으로 한다.
- 근내지방도와 육색·지방색·조직감의 평가결과가 2개 등급 이상 차이나는 경우 성숙도를 적용하지 않고 최저 등급을 최종 등급으로 한다.

ⓗ 소도체의 등외등급 판정기준(제6조) : 소도체가 다음의 하나에 해당하는 경우에는 육량등급과 육질등급에 관계없이 등외등급으로 판정한다.
- 성숙도 구분기준 번호 8, 9에 해당하는 경우로서 늙은 소 중 비육상태가 매우 불량한(노폐우) 도체이거나, 성숙도 구분기준 번호 8, 9에 해당되지 않으나 비육상태가 불량하여 육질이 극히 떨어진다고 인정되는 도체
- 방혈이 불량하거나 외부가 오염되어 육질이 극히 떨어진다고 인정되는 도체
- 상처 또는 화농 등으로 도려내는 정도가 심하다고 인정되는 도체
- 도체중량이 150kg 미만인 왜소한 도체로서 비육상태가 불량한 경우
- 재해, 화재, 정전 등으로 인하여 특별시장·광역시장 또는 도지사가 냉도체 등급판정방법을 적용할 수 없다고 인정하는 도체

Ⓢ 소도체의 등급표시 방법(별표 4)

• 육질등급 표시

육질등급					
1^{++}등급	1$^+$등급	1등급	2등급	3등급	등외등급
1^{++}	1$^+$	1	2	3	등 외

• 육질등급과 육량등급 함께 표시

구 분		육질등급					
		1^{++}등급	1$^+$등급	1등급	2등급	3등급	등외등급
육량 등급	A등급	1^{++}A	1$^+$A	1A	2A	3A	
	B등급	1^{++}B	1$^+$B	1B	2B	3B	
	C등급	1^{++}C	1$^+$C	1C	2C	3C	
	등외등급						등 외

※ 등급표시를 읽는 방법 예시

1^{++}A : 일투플러스에이등급, 1$^+$B : 일플러스비등급, 3C : 삼씨등급

② 돼 지

㉠ 돼지도체의 등급판정방법(제8조)

• 돼지도체 등급판정방법은 온도체 등급판정 방법으로 한다. 다만, 종돈개량, 학술연구 등의 목적으로 냉도체 육질측정방법을 희망할 경우 측정항목을 제공할 수 있다.

• 돼지도체 등급판정은 인력등급판정 또는 기계등급판정 중 한 가지를 선택하여 적용할 수 있다.

• 돼지 냉도체 육질측정은 등급판정신청인이 별도의 계획서를 축산물품질평가사에게 제출할 경우, 냉도체 육질측정 방법을 적용한다.

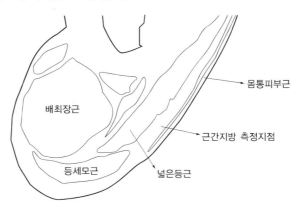

[돼지 냉도체 육질측정부위]

ⓛ 돼지도체 중량과 등지방두께 등에 따른 1차 등급판정 기준(별표 7)

1차 등급	탕박도체		박피도체	
	도체중(kg)	등지방두께(mm)	도체중(kg)	등지방두께(mm)
1⁺등급	이상 미만	이상 미만	이상 미만	이상 미만
	83 – 93	17 – 25	74 – 83	12 – 20
1등급	80 – 83	15 – 28	71 – 74	10 – 23
	83 – 93	15 – 17	74 – 83	10 – 12
	83 – 93	25 – 28	74 – 83	20 – 23
	93 – 98	15 – 28	83 – 88	10 – 23
2등급	1⁺·1등급에 속하지 않는 것		1⁺·1등급에 속하지 않는 것	

[돼지도체 외관, 육질 2차 등급판정 기준(별표 8)]

판정 항목			1⁺등급	1등급	2등급
외관	인력	비육 상태	도체의 살붙임이 두껍고 좋으며 길이와 폭의 균형이 고루 충실한 것	도체의 살붙임과 길이와 폭의 균형이 적당한 것	도체의 살붙임이 부족하거나 길이와 폭의 균형이 맞지 않은 것
		삼겹살 상태	삼겹살두께와 복부지방의 부착이 매우 좋은 것	삼겹살두께와 복부지방의 부착이 적당한 것	삼겹살두께와 복부지방의 부착이 적당하지 않은 것
		지방부착 상태	등지방 및 피복지방의 부착이 양호한 것	등지방 및 피복지방의 부착이 적당한 것	등지방 및 피복지방의 부착이 적절하지 못한 것
	기계	비육 상태	정육률 62% 이상인 것	정육률 60% 이상~62% 미만인 것	정육률 60% 미만인 것
		삼겹살 상태	겉지방을 3mm 이내로 남긴 삼겹살이 10.2kg 이상이면서 삼겹살 내 지방비율 22% 이상~42% 미만인 것	겉지방을 3mm 이내로 남긴 삼겹살이 9.6kg 이상이면서 삼겹살 내 지방비율 20% 이상~45% 미만인 것. 단, 삼겹살 상태의 1⁺등급 범위 제외	겉지방을 3mm 이내로 남긴 삼겹살이 9.6kg 미만이거나, 삼겹살 내 지방비율 20% 미만인 것 또는 45% 이상인 것
		지방부착 상태	비육상태 판정방법과 동일	비육상태 판정방법과 동일	비육상태 판정방법과 동일
육질		지방침착도	지방침착이 양호한 것	지방침착이 적당한 것	지방침착이 없거나 매우 적은 것
		육 색	부도 10의 No.3, 4, 5	부도 10의 No.3, 4, 5	부도 10의 No.2, 6
		육조직감	육의 탄력성, 결, 보수성, 광택 등의 조직감이 아주 좋은 것	육의 탄력성, 결, 보수성, 광택 등의 조직감이 좋은 것	육의 탄력성, 결, 보수성, 광택 등의 조직감이 좋지 않은 것
		지방색	부도 11의 No.2, 3	부도 11의 No.1, 2, 3	부도 11의 No.4, 5
		지방질	지방이 광택이 있으며 탄력성과 끈기가 좋은 것	지방이 광택이 있으며 탄력성과 끈기가 좋은 것	지방이 광택도 불충분하며 탄력성과 끈기가 좋지 않은 것

[돼지도체 결함의 종류(별표 9)]

항 목	등급 하향	등외등급
방혈불량	돼지도체 2분할 절단면에서 보이는 방혈작업부위가 방혈불량이거나 반막모양근, 중간둔부근, 목심주위근육 등에 방혈불량이 있어 안쪽까지 방혈불량이 확인된 경우	각 항목에서 '등급하향' 정도가 매우 심하여 등외등급에 해당될 경우
이분할불량	돼지도체 2분할 작업이 불량하여 등심부위가 손상되어 손실이 많은 경우	
골 절	돼지도체 2분할 절단면에 뼈의 골절로 피멍이 근육 속에 침투되어 손실이 확인되는 경우	
척추이상	척추이상으로 심하게 휘어져 있거나 경합되어 등심 일부가 손실이 있는 경우	
농 양	도체 내외부에 발생한 농양의 크기가 크거나 다발성이어서 고기의 품질에 좋지 않은 영향이 있는 경우 및 근육 내 염증이 심한 경우	
근출혈	고기의 근육 내에 혈반이 많이 발생되어 고기의 품질이 좋지 않은 경우	
호흡기불량	호흡기질환 등으로 갈비 내벽에 제거되지 않은 내장과 혈흔이 많은 경우	
피부불량	화상, 피부질환 및 타박상 등으로 겉지방과 고기의 손실이 큰 경우	
근육제거	축산물 검사결과 제거부위가 고기량과 품질에 손실이 큰 경우	
외 상	외부의 물리적 자극 등으로 신체조직의 손상이 있어 고기량과 품질에 손상이 큰 경우	
기 타	기타 결함 등으로 육질과 육량에 좋지 않은 영향이 있어 손실이 예상되는 경우	

© 돼지도체의 등외등급 판정기준(제12조)
- 부도 13의 돼지도체 근육특성에 따른 성징 구분방법에 따라 "성징 2형"으로 분류되는 도체
- 결함이 매우 심하여 별표 9에 따라 등외등급으로 판정된 도체
- 도체중량이 박피의 경우 60kg 미만(탕박의 경우 65kg 미만)으로서 왜소한 도체이거나 박피 100kg 이상(탕박의 경우 110kg 이상)의 도체
- 새끼를 분만한 어미돼지(경산모돈)의 도체
- 육색이 부도 10의 No.1 또는 No.7이거나, 지방색이 부도 11의 No.6 또는 No.7인 도체
- 비육상태와 삼겹살상태가 매우 불량하고 빈약한 도체
- 고유의 목적을 위해 이분할하지 않은 학술연구용, 바비큐 또는 제수용 등의 도체
- 검사관이 자가소비용으로 인정한 도체
- 좋지 못한 돼지먹이 급여 등으로 육색이 심하게 붉거나 이상한 냄새가 나는 도체

③ 닭

　㉠ 닭도체 품질기준(별표 13)

항 목	품질 기준		
	A급	B급	C급
외 관	날개, 등뼈, 가슴뼈 및 다리가 굽지 않고 좋은 외형과 피부병 등 질병의 흔적에 따른 도체외관의 손상이 없는 것	날개, 등뼈, 가슴뼈 및 다리가 외관을 손상시키지 않는 범위에서 약간 휘거나 피부병 등 질병의 흔적에 따른 도체외관의 손상이 약간 있는 것	날개, 등뼈, 가슴뼈 및 다리가 비정상적으로 휘거나 피부병 등 질병의 흔적에 따른 도체외관의 손상이 많이 있는 것
비육상태	충분한 착육성을 지니며 특히 가슴과 다리에 고기의 부착이 잘된 것	보통의 착육성을 지니며 특히 가슴과 다리에 고기의 부착이 보통인 것	빈약한 착육성을 지니며 가슴과 다리에 고기의 부착이 적은 것
지방부착	피부의 지방층이 매우 잘 발달된 것	피부의 지방층이 충분히 발달된 것	피부의 지방층이 빈약한 것
잔털, 깃털	깃털은 다음의 허용기준치를 넘어서는 안 되며 약간의 잔털이 있다. - 깃털 2개 이하	깃털은 다음의 허용기준치를 넘어서는 안 되며 잔털이 일부분만 퍼져 있다. - 깃털 4개 이하	깃털은 다음의 허용기준치를 넘어서는 안 되며 잔털이 넓게 고루 퍼져 있다. - 깃털 6개 이하
신선도	피부색이 좋고 광택이 있으며 육질의 탄력성이 있다.	피부색, 광택 및 육질의 탄력성이 보통이다.	피부색이 불량하고 광택이 없으며 육질의 탄력성도 없다.
외 상	피부가 상처로 인해 노출된 살이 가슴과 다리부위에는 없어야 하고, 기타 부위는 노출된 살의 총면적의 지름이 2cm를 초과해서는 안 된다.	피부가 상처로 인해 노출된 살이 가슴과 다리부위에는 없어야 하고, 기타 부위는 노출된 살의 총면적의 지름이 4cm를 초과해서는 안 된다.	피부가 상처로 인해 노출된 살의 총면적의 지름이 가슴과 다리부위는 2cm, 기타 부위는 6cm를 초과해서는 안 된다.

변 색	가벼운 상처나 멍, 피부의 변색은 허용하나 색이 분명한 것은 총면적에 대해 장축의 지름이 다음의 허용치를 초과해서는 안 된다.		가벼운 상처나 멍, 피부의 변색은 허용하나 색이 분명한 것은 총면적에 대해 장축의 지름이 다음의 허용치를 초과해서는 안 된다.		가벼운 상처나 멍, 피부의 변색은 허용하나 색이 분명한 것은 총면적에 대해 장축의 지름이 다음의 허용치를 초과해서는 안 된다.	
중량규격	가슴과 다리부위	기타 부위	가슴과 다리부위	기타 부위	가슴과 다리부위	기타 부위
13호 미만	1.5cm	3cm	2.5cm	5cm	3.5cm	7cm
13호 이상	2.5cm	4cm	4cm	6cm	6cm	8cm
	상처로 인한 응혈이 있어서는 안 된다.					

뼈의 상태	골절 및 탈골된 것이 없어야 한다.	골절된 것이 없어야 하고, 1개의 탈골된 뼈는 허용한다.	1개 이하의 골절 및 2개 이하의 탈골은 허용한다.

ⓛ 닭도체 호수별 중량범위(별표 15)

(단위 : g/마리)

중량 규격	중량 범위	중량 규격	중량 범위	중량 규격	중량 범위
5호	451~550	14호	1,351~1,450	23호	2,251~2,350
6호	551~650	15호	1,451~1,550	24호	2,351~2,450
7호	651~750	16호	1,551~1,650	25호	2,451~2,550
8호	751~850	17호	1,651~1,750	26호	2,551~2,650
9호	851~950	18호	1,751~1,850	27호	2,651~2,750
10호	951~1,050	19호	1,851~1,950	28호	2,751~2,850
11호	1,051~1,150	20호	1,951~2,050	29호	2,851~2,950
12호	1,151~1,250	21호	2,051~2,150	30호	2,951 이상
13호	1,251~1,350	22호	2,151~2,250		

2. 축산물 공급 현황(출처 : 축산물품질평가원)

(1) 쇠고기

① 공급량 : 2023년 기준 국내 쇠고기 총 공급량은 757,039톤으로 전년 대비 1.0% 감소

　ㄱ 생산량(국내) : ('22년) 288천톤 → ('23년) 303천톤, 5.1%↑

　ㄴ 수입량 : ('22년) 477천톤 → ('23년) 454천톤, 4.8%↓

② 조사결과 : 판정두수는 전년 대비 5.0% 증가하였고, 경매비율은 전체 도축물량의 63.7%로 1.1%p 증가

　ㄱ 전체 등급판정두수 : ('22년) 1,011,396두 → ('23년) 1,061,509두, 5.0%↑

　ㄴ 경매비율 : ('22년) 62.6% → ('23년) 63.7%, 1.1%p↑

(2) 돼지고기

① 공급량 : 2023년 기준 국내 돼지고기 총 공급량은 1,520,875톤으로 전년 대비 1.9% 감소

　ㄱ 생산량(국내) : ('22년) 1,107천톤 → ('23년) 1,118천톤, 1.0%↑

　ㄴ 수입량 : ('22년) 442천톤 → ('23년) 403천톤, 9.0%↓

② 조사결과 : 판정두수는 전년 대비 1.2% 증가하였고, 경매비율은 전체 도축물량의 4.9%로 0.1%p 감소

　ㄱ 전체 등급판정두수 : ('22년) 18,545천두 → ('23년) 18,759천두, 1.2%↑

　ㄴ 경매비율 : ('22년) 5.0% → ('23년) 4.9%, 0.1%p↓

(3) 닭고기

조사결과 국내산 도계수수는 2023년 기준 전년 대비 1.3% 감소하였고, 등급판정수수는 전년 대비 8.6% 감소한 103,983천수

① 도계수수 : ('22년) 1,024,578천수 → ('23년) 1,011,490천수, 1.3%↓
② 가구당 사육 마릿수 추이 : ('22년) 61,013수/호 → ('23년) 60,876수/호, 0.2%↓
③ 등급판정수수 : ('22년) 113,735천수 → ('23년) 103,983천수, 8.6%↓
④ 등급판정 비율 : ('22년) 14.4% → ('23년) 13.5%, 0.9%p↓

(4) 오리고기

조사결과 국내산 도압수수는 2023년 기준 전년 대비 12.2% 감소하였고, 등급판정수수는 전년 대비 6.2% 감소한 18,946천수

① 도압수수 : ('22년) 60,126천수 → ('23년) 52,811천수, 12.2%↓
② 가구당 사육 마릿수 추이 : ('22년) 17,734수 → ('23년) 17,670수, 0.4%↓
③ 등급판정수수 : ('22년) 20,188천수 → ('23년) 18,946천수, 6.2%↓
④ 등급판정 비율 : ('22년) 33.6% → ('23년) 35.9%, 2.3%p↑

(5) 계 란

조사결과 산란계 사육수수는 2023년 기준 전년 대비 4.1% 증가한 77,202천수를 사육하고 있으며, 가구수는 전년 대비 0.7% 증가한 944호

① 국내산 계란 생산개수(추정) : ('22년) 16,398백만개 → ('23년) 17,143백만개, 4.5%↑
② 사육수수 : ('22년) 74,188천수 → ('23년) 77,202천수, 4.1%↑
③ 가구당 사육 마릿수 추이 : ('22년) 79,176수/호 → ('23년) 81,782수/호, 3.3%↑
④ 전국 1일 식용계란 생산량 : ('22년) 46,457천개 → ('23년) 48,096천개, 3.5%↑

3. 유통가격(출처 : 축산물품질평가원)

(1) 생산자가격

생산자가격은 2023년 기준 전년 대비 쇠고기(한우), 돼지고기, 계란은 각각 12.0%, 0.1%, 1.6% 하락, 닭고기, 오리고기는 각각 4.5%, 44.6% 상승

(단위 : 원, %)

품 목	2022년(A)	2023년(B)	증감률((B-A)/A)
쇠고기(두)	9,552,582	8,402,070	△12.0
돼지고기(두)	470,308	469,799	△0.1
닭고기(수)	2,640	2,758	4.5
오리고기(수)	10,091	14,587	44.6
계란(30개)	4,458	4,385	△1.6

(2) 도매가격

도매가격은 2023년 기준 전년 대비 쇠고기(한우), 돼지고기, 계란은 각각 5.8%, 0.7%, 1.5% 하락, 닭고기, 오리고기는 각각 6.9%, 30.5% 상승

(단위 : 원, %)

품 목	2022년(A)	2023년(B)	증감률((B-A)/A)
쇠고기(두)	12,597,404	11,866,237	△5.8
돼지고기(두)	564,548	560,384	△0.7
닭고기(수)	4,832	5,163	6.9
오리고기(수)	12,802	16,711	30.5
계란(30개)	6,026	5,936	△1.5

(3) 소비자가격

소비자가격은 2023년 기준 전년 대비 쇠고기(한우), 계란은 각각 12.7%, 1.1% 하락, 돼지고기, 닭고기, 오리고기는 각각 1.3%, 5.2%, 19.8% 상승

(단위 : 원, %)

품 목	2022년(A)	2023년(B)	증감률((B-A)/A)
쇠고기(두)	20,305,151	17,718,430	△12.7
돼지고기(두)	858,517	870,026	1.3
닭고기(수)	6,393	6,727	5.2
오리고기(수)	16,775	20,099	19.8
계란(30개)	7,665	7,577	△1.1

4. 유통경로(출처 : 축산물품질평가원)

(1) 쇠고기 유통단계별 유통량

① **사육현황** : 한·육우 사육두수는 2023년 기준 전년 대비 2.1% 감소한 3,648천두를 사육하고 있으며, 농장수는 4.8% 감소한 87.1천농장

　※ 한우는 2023년 기준 전년 대비 1.6% 감소한 3,501천두를 사육하고 있으며, 농장수는 4.8% 감소한 83.6천농장

② **출하단계** : 한우 출하두수 929,411두, 경매 62.7%, 직매 37.3%

③ **도매단계** : 식육포장처리업체 93.5%, 도축장 직반출 6.5%

④ **소매단계** : 정육점 24.3%, 대형마트 19.1%, 일반음식점 18.4%, 하나로마트 16.1%, 슈퍼마켓 9.5%, 온라인 4.9%, 단체급식소 4.0%, 백화점 2.9%, 기타 0.8% 순

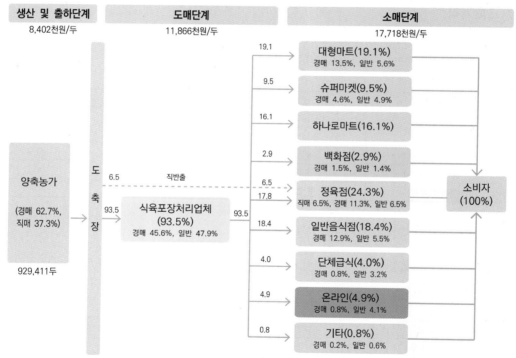

주 1) 우시장 큰 소 거래, 가축거래상인 중개에 해당하는 경로는 생략
　　2) 도축형태에 따라 경매와 직매 구분

[쇠고기(한우) 유통단계별 경로 및 비율]

(2) 돼지고기 유통단계별 유통량

① **사육현황** : 돼지 사육두수는 2023년 기준 전년 대비 0.3% 감소한 11,089천두를 사육하고 있으며 농장수는 전년 대비 1.1% 감소한 5,634호

　※ 1,000두 미만 사육 농장은 1.4% 감소, 5,000두 이상 10,000두 미만 사육농장은 4.2% 감소, 10,000두 이상 사육 농장은 8.7% 증가

② **출하단계** : 돼지 출하두수 18,758,976두, 경매 4.9%, 직매 95.1%

③ **도매단계** : 식육포장처리업체 97.0%, 도축장 직반출 3.0%

④ **소매단계** : 정육점 26.7%, 일반음식점 16.0%, 슈퍼마켓 15.5%, 대형마트 14.8%, 2차가공 및 기타 10.2%, 하나로마트 8.5%, 단체급식소 4.7%, 온라인 2.7%, 백화점 0.9% 순

주) 도축형태에 따라 경매와 직매 구분

[돼지고기 유통단계별 경로 및 비율]

(3) 닭고기 유통단계별 유통량

① 사육현황 : 육계 사육수수는 2023년 기준 전년 대비 6.1% 증가한 94,115천 수를 사육하고 있으며, 농가수는 전년 대비 6.3% 증가한 1,546호

② 출하단계 : 출하수수 1,011,490천수, 계열출하 96.4%, 일반출하 3.6%

③ 도매단계 : 육계계열업체 44.5%, 식육포장처리업체 12.6%, 대리점 42.9%

④ 소매단계 : 프랜차이즈 28.1%, 단체급식소 15.3%, 슈퍼마켓 10.6%, 대형마트 9.8%, 일반음식점 9.6%, 닭·오리전문 판매점 8.5%, 하나로마트 7.1%, 2차가공 및 기타 6.7%, 온라인 3.1%, 정육점 1.1%, 백화점 0.1% 순

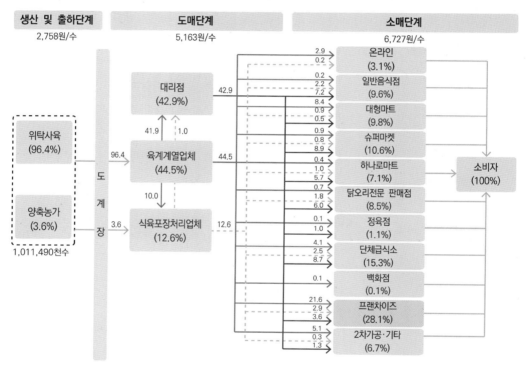

주 1) 도매단계는 업태성격에 따른 분류가 아닌 비용발생 관점에서 구분
2) 유통단계별 가격은 해당 유통단계의 경로별 비율을 반영한 가중평균값

[닭고기 유통단계별 경로 및 비율]

(4) 계란 유통단계별 유통량

① **사육현황** : 산란계 사육수수는 2023년 기준 전년 대비 4.1% 증가한 77,202천수를 사육하고 있으며, 가구수는 전년 대비 0.7% 증가한 944호

② **출하단계** : 계란 생산량 17,143,323천개, 식용란수집판매업체 78.3%, 산란계농장의 소매처 직접출하 21.7%(OEM 1.5% 포함) 순

   ※ OEM : 유통업체에서 선별·포장이 가능한 식용란선별포장업체에 브랜드제품을 제조 위탁하여 여러 판매장에 유통되는 물량(CJ, 풀무원, 오뚜기, 초록마을, 생협 등)

③ **도매단계** : 식용란수집판매업체 78.3% 중, 식용란수집판매업체(선별포장업 제외) 41.8%, 식용란선별포장업체 36.5%(OEM 6.2% 포함) 순

④ **소매단계** : 슈퍼마켓 33.1%, 대형마트 26.0%, 하나로마트 11.8%, 일반음식점 8.7%, 단체급식소 7.9%, 2차가공 및 기타 6.0%, 온라인 4.5%, 백화점 2.0% 순

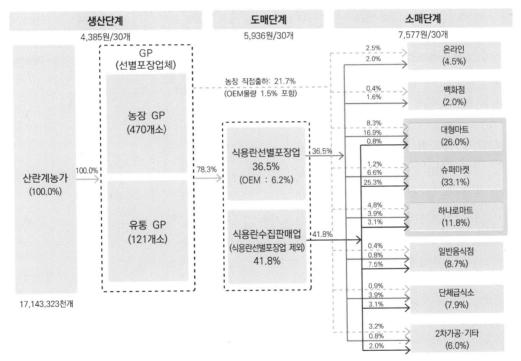

주 1) 도매단계는 업태성격에 따른 분류가 아닌 비용발생 관점에서 구분
   2) 유통단계별 가격은 해당 유통단계의 경로별 비율을 반영한 가중평균값
   3) 농장GP : 농가가 직접 선별포장하여 출하하는 형태
   4) 유통GP : 생산된 계란을 선별포장업체(GP)로 출하하는 형태

[계란 유통단계별 경로 및 비율]

5. 유통비용(출처 : 축산물품질평가원)

(1) 쇠고기 소매업태별 유통비용률

(단위 : %, 원/두)

구 분		종 합[1]	업태 구분		
			대형마트	슈퍼마켓[2]	정육점
생산자수취율(A/B)		47.4	43.7	52.5	49.4
유통비용률(C/B)		52.6	56.3	47.5	50.6
항목별	직접비	9.5	8.7	9.0	9.5
	간접비	24.3	27.5	23.3	22.5
	이 윤[3]	18.8	20.1	15.2	18.6
단계별	출하단계	1.8	1.7	1.7	1.9
	도매단계	17.8	14.2	15.7	19.4
	소매단계	33.0	40.4	30.1	29.3
가 격	생산자가격(A)	8,402,070	8,707,882	8,911,880	8,285,158
	소비자가격(B)	17,718,430	19,915,351	16,975,424	16,774,845
	유통비용액(C=B-A)	9,316,360	11,207,469	8,063,544	8,489,687

주 1) '종합'은 출하단계와 도매단계는 단계별 거래유형(비용발생의 관점)의 비율을 반영, 소매단계는 업태별 유통량을 가중치로 부여하여 산출
주 2) '슈퍼마켓'은 SSM, 하나로마트, 일반슈퍼마켓 소비자가격의 가중평균
주 3) 항목별 이윤은 도·소매단계 이윤의 합

(2) 쇠고기 연도별 유통비용률

① 유통비용은 전년 대비 13.4% 감소 : ('22년) 10,752,569원/두 → ('23년) 9,316,360원/두
② 유통항목별 상세내역

　㉠ 직접비는 0.5%p 증가 : ('22년) 9.0% → ('23년) 9.5%

　㉡ 간접비는 2.9%p 증가 : ('22년) 21.4% → ('23년) 24.3%

　㉢ 이윤은 3.8%p 감소 : ('22년) 22.6% → ('23년) 18.8%

③ 유통단계별 상세내역

    ㉠ 출하단계는 0.2%p 증가 : ('22년) 1.6% → ('23년) 1.8%

    ㉡ 도매단계는 4.4%p 증가 : ('22년) 13.4% → ('23년) 17.8%

    ㉢ 소매단계는 5.0%p 감소 : ('22년) 38.0% → ('23년) 33.0%

(단위 : %, 원/두)

구 분		'19년	'20년	'21년	'22년(A)	'23년(B)	증감률 (B-A, (B-A)/A)
생산자수취율(A/B)		51.5	51.8	51.9	47.0	47.4	0.4
유통비용률(C/B)		48.5	48.2	48.1	53.0	52.6	△0.4
항목별	직접비	10.2	10.6	9.1	9.0	9.5	0.5
	간접비	23.0	21.3	20.9	21.4	24.3	2.9
	이 윤	15.3	16.3	18.1	22.6	18.8	△3.8
단계별	출하단계	1.6	1.5	1.5	1.6	1.8	0.2
	도매단계	7.5	9.4	10.5	13.4	17.8	4.4
	소매단계	39.4	37.3	36.1	38.0	33.0	△5.0
생산자가격(A)		8,907,392	9,590,776	10,259,591	9,552,582	8,402,070	△12.0
소비자가격(B)		17,282,494	18,528,787	19,767,298	20,305,151	17,718,430	△12.7
유통비용액(C=B-A)		8,375,102	8,938,011	9,507,707	10,752,569	9,316,360	△13.4

주) 조사방식 변경('11년까지 주산지 2~3곳 평균값 → '12년부터 대표경로 가중평균값 → '15년부터 출하·도매단계 경로별 비율 및 소매업태별 유통비율을 적용)

(3) 돼지고기 소매업태별 유통비용률

(단위 : %, 원/두)

구 분		종 합[1]	업태 구분		
			대형마트	슈퍼마켓[2]	정육점
생산자수취율(A/B)		54.0	46.6	53.3	60.6
유통비용률(C/B)		46.0	53.4	46.7	39.4
항목별	직접비	12.6	11.1	12.5	13.9
	간접비	28.3	32.4	28.3	25.0
	이 윤[3]	5.1	9.9	5.9	0.5
단계별	출하단계	0.8	0.6	0.6	0.8
	도매단계	9.6	8.3	9.5	10.4
	소매단계	35.6	44.5	36.6	28.2
가 격	생산자가격(A)	469,799	471,050	471,050	472,951
	소비자가격(B)	870,026	1,010,215	883,400	780,173
	유통비용액(C=B-A)	400,227	539,165	412,350	307,222

주 1) '종합'은 출하단계와 도매단계는 단계별 거래유형(비용발생의 관점)의 비율을 반영, 소매단계는 업태별 유통량을 가중치로 부여하여 산출

주 2) '슈퍼마켓'은 SSM, 하나로마트, 일반슈퍼마켓 소비자가격의 가중평균

주 3) 항목별 이윤은 도·소매단계 이윤의 합

(4) 돼지고기 연도별 유통비용률

① 유통비용은 전년 대비 3.1% 증가 : ('22년) 388,209원/두 → ('23년) 400,227원/두

② 유통항목별 상세내역

    ㉠ 직접비는 0.8%p 감소 : ('22년) 13.4% → ('23년) 12.6%

    ㉡ 간접비는 0.8%p 감소 : ('22년) 29.1% → ('23년) 28.3%

    ㉢ 이윤은 2.4%p 증가 : ('22년) 2.7% → ('23년) 5.1%

③ 유통단계별 상세내역

    ㉠ 출하단계는 0.2%p 감소 : ('22년) 1.0% → ('23년) 0.8%

    ㉡ 도매단계는 0.4%p 감소 : ('22년) 10.0% → ('23년) 9.6%

    ㉢ 소매단계는 1.4%p 증가 : ('22년) 34.2% → ('23년) 35.6%

(단위 : %, %p, 원/두)

구 분		'19년	'20년	'21년	'22년(A)	'23년(B)	증감률 (B-A, (B-A)/A)
생산자수취율(A/B)		55.2	50.1	51.3	54.8	54.0	△0.8
유통비용률(C/B)		44.8	49.9	48.7	45.2	46.0	0.8
항목별	직접비	14.5	13.2	13.5	13.4	12.6	△0.8
	간접비	30.1	27.5	28.0	29.1	28.3	△0.8
	이 윤	0.2	9.2	7.2	2.7	5.1	2.4
단계별	출하단계	1.4	1.1	0.9	1.0	0.8	△0.2
	도매단계	13.1	10.2	9.0	10.0	9.6	△0.4
	소매단계	30.3	38.6	38.8	34.2	35.6	1.4
생산자가격(A)		337,482	375,624	419,341	470,308	469,799	△0.1
소비자가격(B)		611,493	749,973	816,896	858,517	870,026	1.3
유통비용액(C=B-A)		274,012	374,349	397,555	388,209	400,227	3.1

주) 조사방식 변경('11년까지 주산지 2~3곳 평균값 → '12년부터 대표경로 가중평균값 → '15년부터 출하·도매단계 경로별 비율 및 소매업태별 유통비율을 적용)

(5) 닭고기 소매업태별 유통비용률

(단위 : %, 원/수)

구 분		종 합[1]	업태 구분			
			대형마트	슈퍼마켓	정육점	닭·오리 전문판매점
생산자수취율(A/B)		41.44 0	38.7	41.9	43.0	44.4
유통비용률(C/B)		59.0	61.3	58.1	57.0	55.6
항목별	직접비	13.8	11.9	15.3	15.5	16.5
	간접비	36.6	38.7	32.1	17.0	41.5
	이 윤[2]	8.6	10.7	10.7	24.5	△2.4
단계별	출하단계	0.0	0.0	0.0	0.0	0.0
	도매단계	35.7	33.3	35.7	37.7	37.0
	소매단계	23.3	28.0	22.4	19.3	18.6
가 격	생산자가격(A)	2,758	2,781	2,792	2,752	2,834
	소비자가격(B)	6,727	7,163	6,646	6,398	6,335
	유통비용액(C=B-A)	3,969	4,382	3,854	3,646	3,501

주 1) '종합'은 출하단계와 도매단계의 경우 단계별 거래유형(비용발생의 관점)의 비율을 반영, 소매단계는 업태별 유통량을
　　　가중치로 부여하여 산출
주 2) 항목별 이윤은 도·소매단계 이윤의 합

(6) 닭고기 연도별 유통비용률

① 유통비용은 전년 대비 5.8% 상승 : ('22년) 3,753원/수 → ('23년) 3,969원/수

② 유통항목별 상세내역

　㉠ 직접비는 0.6%p 증가 : ('22년) 13.2% → ('23년) 13.8%

　㉡ 간접비는 1.7%p 증가 : ('22년) 34.9% → ('23년) 36.6%

　㉢ 이윤은 2.0%p 감소 : ('22년) 10.6% → ('23년) 8.6%

③ 유통단계별 상세내역

　㉠ 출하단계는 변동 없음 : ('22년) 0.0% → ('23년) 0.0%

　㉡ 도매단계는 1.4%p 증가 : ('22년) 34.3% → ('23년) 35.7%

　㉢ 소매단계는 1.1%p 감소 : ('22년) 24.4% → ('23년) 23.3%

(단위 : %, 원/수)

구 분		'19년	'20년	'21년	'22년(A)	'23년(B)	증감률 (B-A, (B-A)/A)
생산자수취율(A/B)		45.9	44.9	42.9	41.3	41.0	△0.3
유통비용률(C/B)		54.1	55.1	57.1	58.7	59.0	0.3
항목별	직접비	15.4	16.0	14.6	13.2	13.8	0.6
	간접비	32.6	35.5	37.4	34.9	36.6	1.7
	이 윤	6.1	3.6	5.1	10.6	8.6	△2.0
단계별	출하단계	0.1	0.1	0.0	0.0	0.0	0.0
	도매단계	34.4	30.3	31.2	34.3	35.7	1.4
	소매단계	19.6	24.7	25.9	24.4	23.3	△1.1
생산자가격(A)		2,117	2,027	2,212	2,640	2,758	4.5
소비자가격(B)		4,610	4,516	5,153	6,393	6,727	5.2
유통비용액(C=B-A)		2,493	2,489	2,941	3,753	3,969	5.8

주) 조사방식 변경('11년까지 주산지 2~3곳 평균값 → '12년부터 대표경로 가중평균값 → '15년부터 출하·도매단계 경로별 비율 및 소매업태별 유통비율을 적용)

(7) 계란 소매업태별 유통비용률

(단위 : %, 원/특란 30개)

구 분		종 합[1]	업태 구분	
			대형마트	슈퍼마켓[2]
생산자수취율(A/B)		57.9	58.0	58.2
유통비용률(C/B)		42.1	42.0	41.8
항목별	직접비	15.8	17.7	14.6
	간접비	26.1	27.5	25.1
	이 윤[3]	0.2	−3.2	2.1
단계별	출하단계	6.0	8.1	4.5
	도매단계	14.5	15.5	13.9
	소매단계	21.6	18.4	23.4
가 격	생산자가격(A)	4,385	4,250	4,494
	소비자가격(B)	7,577	7,330	7,720
	유통비용액(C=B-A)	3,192	3,080	3,226

주 1) '종합'은 출하단계와 도매단계의 경우 단계별 거래유형(비용발생의 관점)의 비율을 반영, 소매단계는 업태별 유통량을 가중치로 부여하여 산출
주 2) '슈퍼마켓'은 SSM, 하나로마트, 일반슈퍼마켓 소비자가격의 가중평균
주 3) 비용별 구분의 이윤은 도매단계와 소매단계 이윤의 합계

(8) 계란 연도별 유통비용률

① 유통비용은 전년 대비 0.5% 감소 : ('22년) 3,207원/30개 → ('23년) 3,192원/30개

② 유통항목별 상세내역

  ㉠ 직접비는 0.6%p 증가 : ('22년) 15.2% → ('23년) 15.8%

  ㉡ 간접비는 0.2%p 감소 : ('22년) 26.3% → ('23년) 26.1%

  ㉢ 이윤은 0.1%p 감소 : ('22년) 0.3% → ('23년) 0.2%

③ 유통단계별 상세내역

  ㉠ 출하단계는 0.2%p 증가 : ('22년) 5.8% → ('23년) 6.0%

  ㉡ 도매단계는 0.1%p 감소 : ('22년) 14.6% → ('23년) 14.5%

  ㉢ 소매단계는 0.2%p 증가 : ('22년) 21.4% → ('23년) 21.6%

(단위 : %, %p, 원/특란 30개)

구 분		'19년	'20년	'21년	'22년(A)	'23년(B)	증감률 (B-A, (B-A)/A)
생산자수취율(A/B)		47.7	54.0	63.0	58.2	57.9	△0.3
유통비용률(C/B)		52.3	46.0	37.0	41.8	42.1	0.3
항목별	직접비	14.1	12.6	12.8	15.2	15.8	0.6
	간접비	27.9	28.7	23.6	26.3	26.1	△0.2
	이 윤	10.3	4.7	0.6	0.3	0.2	△0.1
단계별	출하단계	4.4	5.1	3.8	5.8	6.0	0.2
	도매단계	18.3	12.4	13.5	14.6	14.5	△0.1
	소매단계	29.6	28.5	19.7	21.4	21.6	0.2
생산자가격(A)		2,640	3,030	5,085	4,458	4,385	△1.6
소비자가격(B)		5,531	5,616	8,071	7,665	7,577	△1.1
유통비용액(C=B-A)		2,891	2,586	2,986	3,207	3,192	△0.5

주) 조사방식 변경('11년까지 주산지 2~3곳 평균값 → '12년부터 대표경로 가중평균값 → '15년부터 출하·도매단계 경로별 비율 및 소매업태별 유통비율을 적용 → '20년부터 생산자가격 산출기준 변경)

6. 부산물의 유통

(1) 부산물의 정의

① 부산물(By-products)이란 축산물에 있어서는 가축을 사육하여 생산되는 젖(乳), 육(肉), 난(卵) 등의 주산물을 만드는 데 부수적으로 생산되는 물질을 말한다.

② 소와 돼지의 경우, 1차 부산물은 가축을 도축하는 도축장에서 생산되고, 2차 부산물은 정육을 가공하는 가공장에서 생산된다.

(2) 부산물의 범위

구 분	소	돼 지
1차 부산물 (도축장)	• 머리, 우족 • 혈액, 가죽 • 허파, 염통, 간, 이자, 지라 • 1-2위, 3위, 4위 • 직장, 소장, 대장 • 지방 등	• 머리, 단족 • 혈액 • 허파, 염통, 간, 지라 • 내장 등
2차 부산물 (가공장)	• 사골, 잡뼈 • 꼬리(반골) • 콩팥 • 도가니 • 지방 등	• 잡뼈 • 꼬리 • 콩팥 • 돈족 • 지방 등

(3) 부산물 유통경로

① 국내산(소, 돼지) 부산물의 유통경로

   ⊙ 1차 부산물의 유통경로 : 일반 도축장 및 도매시장 → 도매상 → 소매상 → 식당, 노점상, 정육점 및 대형 음식점 → 최종 소비자

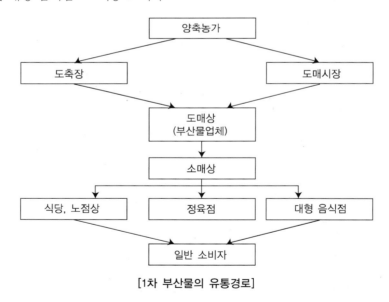

[1차 부산물의 유통경로]

ⓛ 2차 부산물의 유통경로 : 일반 도축장과 도매시장에서 도축된 지육이 육가공공장에 운반된 후 육가공 과정에서 발생되는 2차 부산물은 부위별로 육가공업체를 통해서 중간유통업체에 유통되고, 중간유통업체는 소매상에게 공급하며, 이후 최종 소비자에게 판매된다.

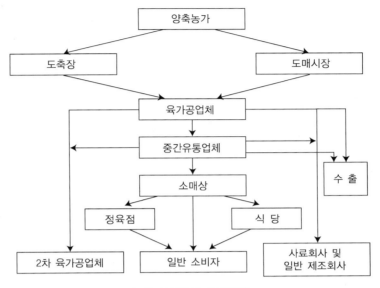

[2차 부산물의 유통경로]

② 수입산(소, 돼지) 부산물의 유통경로 : 수입업체 → 중간유통업체 → 소비단계(식당, 대량 소비처, 정육점, 대형할인점)

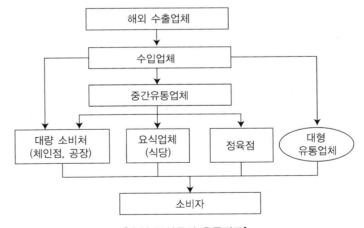

[수입 부산물의 유통경로]

02 식육위생학

01 | 식육 및 육가공품 관련 미생물

1. 주요 식품 미생물

(1) 세균(Bacteria)

① 세균은 증식과 복제에 필요한 기능과 조직을 가진 가장 작은 조직이다.

② 크기는 보통 직경 1μm 정도이다.

③ 모양 : 구균, 간균, 나선균

④ 종류 : *Bacillus*, *Micrococcus*, *Pseudomonas*, *Vibrio*, *Proteus*, *Serratia*, *Escherichia*, *Lactobacillus*, *Clostridium*

(2) 곰팡이

① 진균류에 속하는 곰팡이는 거의 모든 식품에서 증식이 가능하다.

② 곰팡이는 균사에 의하여 세포와 세포를 연결시켜 주고 있으며 각각의 세포는 세균처럼 작은 것부터 훨씬 큰 것까지 다양하다.

③ 곰팡이 중 어떤 것은 항생제를 생성하거나 치즈 숙성처럼 유익하게 이용되기도 하나 식품을 변질시키는 데 관여하여 식품의 가치를 저하시키는 역기능을 가지고 있다.

④ 곰팡이의 세포나 포자는 대부분 60℃에서 10분 가열하면 사멸되지만 생성된 독소는 내열성이 커서 보통의 조리과정으로 파괴되지 않는다.

⑤ 냉동은 곰팡이의 성장을 억제할 수 있으나 존재하는 곰팡이를 사멸시키지 못한다.

⑥ 종류 : 누룩곰팡이(*Aspergillus*), 푸른곰팡이(*Penicillium*), 솜털곰팡이(*Mucor*), 거미줄곰팡이(*Rhizopus*) 등

(3) 효 모

① 세포는 원형, 난원형, 균사형, 소시지형 등으로서 출아에 의해 증식한다.

② 발효식품 제조에 이용되나 때로는 세균과 공존하여 식품을 변패시킨다.

③ 효모는 58℃에서 15분간 가열하면 사멸시킬 수 있다.

④ 종류 : *Saccharomyces sake*, *S. cerevisiae*, *Torula*, *Candida* 등

2. 미생물의 생육조건

(1) 미생물의 증식 곡선

환경조건이 미생물의 증식에 적합하면 급격한 수적 증가를 가져온다.

① 유도기(Lag Phase) : 미생물이 식품에 침입하여 새로운 환경에 적응하는 시기

② 대수기(Log Phase) : 미생물이 식품의 영양분을 이용하여 급격히 증가하는 시기

③ 정지기(Stationary Phase) : 수적으로 증가한 미생물이 상호 경쟁으로 수적인 증가가 멈추는 시기

④ 감소기(Decline Phase) : 영양분의 부족과 미생물 자신의 폐기물에 의한 독성으로 사멸되어 가는 시기

(2) 온 도

① 생육온도에 따른 미생물의 분류

  ㉠ 저온균 : 냉장온도대(0~25℃)에서 증식이 가능하며 15~20℃ 범위에서 가장 잘 자란다.

  ㉡ 중온균 : 20~45℃에서 증식이 가능하며 25~40℃ 범위에서 가장 잘 자란다.

  ㉢ 고온균 : 고온(45~70℃)에서 증식이 가능하며 50~60℃ 범위에서 가장 잘 자란다.

② 미생물의 증식과 온도의 영향

  45℃ 이상에서는 고온균을 제외한 대부분의 세균은 사멸되기 시작하고 60℃에 도달하면 거의 사멸하게 된다. 아포를 형성한 세균은 100℃에서도 사멸하지 않고 생존할 수 있다.

③ 식육의 보존과 온도의 관계

  도살 후 도체 표면에는 토양 또는 장 내용물로부터 오염된 여러 세균들이 존재하지만 냉장 저장 중에 대부분은 도태되고 *Pseudomonas*, *Achromobacter*, *Micrococcus*, *Lactobacillus*, *Streptococcus*, *Leuconostoc*, *Pediococcus*, *Flavobacterium*, *Proteus* 등의 저온성 세균이 주로 번식한다.

(3) 수 분

수분은 미생물의 번식에 필수적이며 수분활성도(Aw ; Water activity)에 따라 미생물의 종류와 증식 속도가 크게 영향을 받는다.

① 미생물 증식에 적합한 수분활성도는 0.85 이상인 경우가 보통이다.

② 수분활성도가 0.85 이하인 경우에는 식품에서 미생물의 증식은 억제되지만 건조상태에서 사멸되는 것은 아니다.

③ 신선육의 수분활성도는 0.99 또는 그 이상으로 미생물 성장의 최적 조건이 된다.

④ 세균이 잘 번식할 수 있는 최저 수분활성도는 0.91인데 반해 효모는 0.88, 곰팡이는 0.80이다.

⑤ 수분활성도는 식품저장의 기본 원리가 되기 때문에 유통과정에서 수분 흡수를 차단하여 식품의 안전성을 확보할 수 있다.

(4) pH

각종 미생물은 성장 및 생존할 수 있는 적정 pH가 있는데 대부분의 세균은 pH 4.6~9에서 잘 자란다. 곰팡이는 pH 2~8, 효모는 pH 4~4.5에서 잘 자란다. 식육의 최종 pH는 대개 5.5 내외이므로 곰팡이, 효모, 호산성 세균이 잘 자랄 수 있는 조건이 된다.

(5) 산 소

① 식육 표면에는 호기성 미생물과 일부 통성 혐기성 미생물이 자라는 데 비하여 식육 내부에는 주로 혐기성 미생물과 통성 혐기성 미생물이 번식한다.
② 케이싱, 포장지, 진공포장, 밀폐된 용기의 사용 등으로 호기성 미생물의 번식을 억제하는 대신 혐기성 미생물의 번식을 조장한다.

(6) 영양소

미생물이 번식하는 데는 물, 산소 이외에도 영양소가 필요한데 대부분 외부로부터 질소원, 에너지원, 무기질, 비타민 B의 공급이 필요하다. 식육은 이들 영양소가 풍부히 들어 있으므로 미생물 번식에 좋은 배지가 된다.

(7) 식육의 물리적 상태

① 잘게 분쇄된 고기는 표면적의 증가, 물과 영양소의 유용도의 증가, 산소 접촉의 증가로 미생물의 번식이 용이하다.
② 소매 부분육(Retail Cut)과 분쇄된 고기에 있어서는 발골 및 세절과정에서 각종 기구와의 접촉으로 미생물 오염 가능성이 높아져 보존기간이 단축된다.

3. 미생물 증식 억제

(1) 환경제어

① 영양원 : 제조공정에 대한 미생물 오염에 대해선 신경을 쓰면서 종업원의 의복, 제조기구, 용기, 작업장 바닥, 벽 등에 묻은 찌꺼기나 작업장 밖에 있는 폐기물, 폐수 등을 영양원으로 번식한 미생물에 대해선 소홀히 다루는 경향이 있으므로 이들 영양원을 차단하기 위한 노력이 필요하다.

② 온도 : 원료육, 반제품, 제품보관에는 냉장, 냉동 등의 수단이 이용된다. 작업장을 비롯한 제조 환경의 온도가 높으면 미생물 번식이 용이하므로 불필요한 온도 상승에 주의를 기울여야 하며, 작업환경 유지를 위해 필요한 최저온도 유지에 신경을 써야 한다.

③ 습도 : 습도는 온도와 더불어 미생물의 번식에 큰 영향을 미친다. 작업 중에 발생하는 수증기가 벽이나 천장에 응축되거나, 바닥에 폐수가 정체하는 환경이 되지 않아야 한다.

(2) 미생물의 격리

① 종업원의 더러워진 겉옷이나 신발 등을 작업장에 들이지 말고 반드시 청결한 작업복으로 바꿔 입고 작업모를 쓰도록 해야 한다.

② 작업장은 문이나 창 등으로 외부와 완전히 차단되어야 한다.

③ 화장실과 제조환경과의 사이는 문이나 복도 등으로 격리되는 것이 좋고 원재료창고 등도 칸막이가 되어 있어야 한다.

④ 외부에서 차단된 작업장 내의 환기를 위해 외부에서 공기를 공급하는 경우 공기 여과장치를 갖춘 송풍기를 설치하는 것이 바람직하다.

⑤ 공기의 여과, 온도와 습도조절을 겸한 환기장치가 있으면 더욱 좋다.

⑥ 환기용 통풍창을 설치할 경우에도 개폐 밸브를 달아서 필요에 따라 열고 닫도록 한다.

⑦ 종업원이 작업장에 들어오는 경우에는 송풍장치(Air Washer), 살균수통을 이용하여 미생물의 침입을 저지해야 한다.

(3) 세 척

① 물·용제에 의한 용해, 분산력

② 계면활성제에 의한 세척력

③ 산, 알칼리 등에 의한 화학 반응력

④ 열, 압력, 초음파, 교반, 마찰 등의 물리력

⑤ 미생물, 효소 등에 의한 생물적 분해력

(4) 살 균

① 가열살균 : 가열살균은 가장 중요한 살균 수단이다. 특히 수중에서의 가열이나 가압증기에 의한 습열은 가장 경제적이며 건열보다 훨씬 효과가 크다.

② 약제살균 : 살균용 약제는 식품위생법으로 사용제한을 하고 있으며 미생물관리에 사용되는 것으로 차아염소산나트륨, 과산화수소 등이 있다. 또한 제품에 혼입될 우려가 없는 경우에 사용할 수 있는 것으로 포르말린, 아황산가스, 오존, 산화에틸렌 등이 있다.

1. 용어의 정리

(1) 부 패

지방질, 탄수화물, 단백질 등의 식품 성분이 혐기성 미생물의 작용으로 아민(Amine), 암모니아(Ammonia)가 생성되어 악취와 유해물질을 생성하는 현상이다.

(2) 발 효

탄수화물이나 단백질 등이 미생물의 작용을 받아 유기산이나 아세트산, 알코올 등을 생성하는 현상이다.

(3) 산 패

지질이 산화되어 분해되는 현상을 말한다.

(4) 변 패

미생물 등에 의하여 식품 중의 질소를 함유하지 않는 성분, 즉 탄수화물이나 지방이 변질하는 성질을 말한다.

2. 부패의 과정

(1) 단백질의 부패

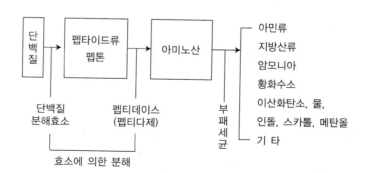

(2) 지방의 부패

세균의 라이페이스(리파제) 등 효소에 의해서 지방산과 글리세린으로 분해된다. 특히 불포화지방산은 공기 중의 산소와 세균에 의해서 산화되어서 과산화물이 생성되어 독성을 나타내고 더욱 분해하여 알데하이드나 저급 지방산이 되어 특유의 산패취를 발생한다.

(3) 탄수화물의 부패

탄수화물은 세균에 의해 분해되어 최종적으로 탄산가스와 물이 된다.

3. 부패의 방지

식품이 부패되는 것을 방지하는 방법은 미생물의 생육조건을 최대한으로 나쁘게 하는 것이다. 미생물의 발육·증식을 억제하기 위해서는 수분관리와 온도관리처럼 물리적 조건의 변화를 주거나 pH 조절, 보존료와 같은 화학물질을 첨가하여 생육을 억제할 수 있다.

(1) 생육온도의 조절

① **저온보존** : 보존온도가 낮아지면 화학반응이 느려지고 효소 활성이 떨어지며 미생물의 성장이나 증식이 억제된다. 일반적으로 냉장은 식품을 0~10℃에서 보존, 냉동은 식품을 0℃ 이하로 보존하는 것이다.

더 알아보기 PLUS ONE

식육별 최적 보관온도 및 기간

품 목	냉장온도	냉장기간	냉동온도	냉동기간
쇠고기	4℃	3~5일	−18~−12℃	3개월
돼지고기	4℃	2일	−18~−12℃	15일~1개월
닭고기	3~7℃	1~2일	−18~−12℃	6개월
익힌 고기	3~7℃	2일		

※ 출처 : 국립축산과학원

② **고온처리** : 대부분의 미생물은 높은 온도에서 저항성이 약하여 사멸하거나 활성을 잃는 경우가 많다. 고온 세균일지라도 70℃ 이상에서는 발육·증식하지 못하기 때문에 부패를 방지하기 위해서는 70℃ 이상으로 가열해야 한다.

(2) 수분함량의 조절

① 건조법 : 미생물이 생육하는 데는 수분이 필수적이므로 이 수분(자유수)을 한계 이하로 유지시켜 주는 것이 중요하다. 이러한 자유수를 수분활성도로 나타낼 수 있는데 미생물은 일정 수분활성도 이하에서는 증식할 수 없다. 식품의 건조방법은 자연건조법, 가열건조법, 감압건조법으로 크게 나눌 수 있다.

더 알아보기 PLUS ONE

부패 미생물의 생육 최저 수분활성도

미생물균	최저 수분활성도(Aw)	미생물균	최저 수분활성도(Aw)
대부분의 세균	0.91	호염성 세균	0.75
대부분의 효모	0.88	내건성 곰팡이	0.65
대부분의 곰팡이	0.80	내삼투압 효모	0.60

② 염장법 : 소금은 식품용액 중 용질의 농도를 높여주므로 수분활성도를 낮추어 건조의 효과가 있으며 삼투압의 영향으로 미생물의 생육이 억제된다. 미생물은 호염성 세균과 일부 곰팡이나 효모를 제외 하고는 5%의 소금 농도에서 증식이 억제되고 15% 이상에서 증식이 정지된다.

③ 당장법 : 당 농도 50% 이상에서는 삼투압에 의해 세균의 번식이 억제된다. 소금보다는 그 효과가 낮으며, 화학적 억제기능은 없다.

(3) 화학물질에 의한 부패 방지

① pH 조절 : 미생물은 균에 따라서 생육에 적합한 pH를 갖는다. 일반적으로 미생물은 중성 부근에서 잘 생육하나 산성에서는 저항성이 약하며, pH 4.5 이하가 되면 생육이 어렵다.

② 식품첨가물의 사용 : 식품을 부패시키지 않고 장기보관·유통시키기 위하여 첨가되는 화학물질을 보존료 혹은 방부제라고 한다. 현재 식품첨가물공전상 허용된 보존료로 데하이드로초산(염), 소브 산(염), 안식향산(염), 파라옥시안식향산류, 프로피온산(염) 등이 있다.

4. 식육과 육제품의 부패

(1) 식육의 오염

① 식육의 오염은 도살 시 방혈, 도살처리, 가공 중에 일어난다. 방혈, 박피, 도체 절단 중 미생물 오염원 은 동물체의 외부인 피부, 발굽, 털과 장내용물이다.

② 도살장에서 사용하는 칼, 작업복, 공기, 손, 수건 등은 물, 토양, 사료, 분뇨 등으로부터 오염되며, 이들은 다시 도살 및 도체의 처리 중에 고기에 오염된다. 특히, 칼에 오염된 미생물은 식육의 혈관 및 림프선을 통해 식육의 조직 내부에 널리 오염될 수 있으므로 주의하여야 한다.

(2) 식육에 오염되는 중요한 미생물

① 박테리아 : *Pseudomonas*, *Alcaligenes*, *Micrococcus*, *Streptococcus*, *Sarcina*, *Leuco-nostoc*, *Lactobacillus*, *Enterobacter*, *Proteus*, *Flavobacterium*, *Bacillus*, *Clostridium*, *Esherichia*, *Salmonella*, *Streptomyces* 등

② 곰팡이류 : *Geotrichum*, *Cladosporium*, *Sporotrichum*, *Thamnidium*, *Mucor*, *Peni-cillium*, *Alternaria* 등

(3) 신선육의 부패

미생물은 각종 도살용 칼에 의하여 고기 내부 및 신선육 표면에 오염된다. 특히 장 내용물이 고기에 오염되지 않도록 주의하여야 하며, 세척수 및 열탕의 위생관리가 중요하다. 도체가 즉각 냉각되지 않고 습기가 높고, 저장고의 온도가 10℃ 이상이면 미생물은 급격히 생장하여 부패를 일으키며, 주로 점질 형성, 부패취, 산패취, 산취 등의 이상취를 발생시킨다.

① 호기성 부패 : 고기의 표면에 *Pseudomonas*, *Alcaligenes*, *Streptococcus*, *Leuconostoc*, *Bacillus*, *Micrococcus* 등의 박테리아가 자라서 표면 점질물을 생성한다.

② 혐기성 부패 : 식육 및 육제품은 진공포장한 혐기상태에서는 혐기성 미생물에 의해 부패를 일으키며, 식육 자체의 효소 및 혐기성 미생물에 의해 각종 저급지방산을 발생시킴으로써 산패를 유발한다. 식육제품의 혐기성 부패는 주로 *Clostridium*에 의해 일어나는 단백질의 혐기적 부패로서 황화수소, 메르캅탄, 인돌, 암모니아, 아민 등의 휘발성 물질이 생겨 강한 부패취를 낸다.

(4) 가금육의 부패

가금육은 10℃ 이하의 냉장온도에서 수송·판매되고 있다. 가금육에는 *Salmonella*가 많이 오염되어 있는데, 대부분 도살가공 중에 도체로부터 도체로 상호 오염되는 경우가 많다.

(5) 염지육의 부패

① 염지육에 사용되는 각종 염류 때문에 염지육에는 그람 음성 박테리아보다 그람 양성 박테리아가 더 잘 자라는 경향이 있다.

② 소시지의 부패는 포장필름 내의 소시지의 표면과 소시지 내부에서 일어날 수 있으며, 표면의 미생물 생장은 주로 수분의 응축이 많을 때 잘 일어나며, *Micrococcus* 등이 생장한다.

(6) 식육과 육제품의 부패 방지

대부분의 식육은 수분함량이 높고 영양분이 풍부하며, 사후경직 전 pH가 중성이므로 도살처리 중에 고기의 표면, 림프선, 혈관, 뼈 등에 오염된 미생물은 온도만 적당하면 쉽게 생장하여 고기를 부패시키므로 즉시 냉각 및 냉동하여 부패를 방지하여야 한다.

① **오염원의 제거** : 효과적인 식육의 보존을 위해서는 제일 먼저 식육의 미생물 오염량을 최소로 줄여야 하며, 이를 위해서는 도살 전 동물체를 청결히 하고 도살장도 항상 깨끗이 소독하여야 한다.

② **냉장** : 위생적으로 처리된 식육은 −1.4~2.2℃ 정도의 냉장상태에서 단기간 저장되며, 쇠고기는 냉장상태에서 20여 일 전후, 돼지고기 및 양고기는 1주일 전후 저장될 수 있다.

③ **냉동** : 수송 또는 저장의 목적으로 장기간 저장할 때는 식육을 포장하여 −28.9~−12.2℃로 냉동 저장하는 것이 매우 효과적이다.

④ **열처리** : 고기의 통조림 저장법은 널리 사용되는 고기의 열처리 저장법으로서, 일반적으로 다음의 두 가지 방법이 쓰이고 있다.

    ㉠ 육제품은 제관한 다음 열처리하여 완전히 멸균시키거나 또는 상업적 멸균에 의해 장기간 저장될 수 있도록 만드는 법

    ㉡ 통조림햄이나 Luncheon Meat 통조림과 같이 미생물의 일부만 사멸시킬 정도로 열처리해서 냉장저장하는 방법

⑤ **건조** : 건조육은 오래 전부터 식육의 저장수단으로서 중요하게 사용되어 왔는데, 건조우육의 경우 염지하고 훈연시켜서 만들며, 가공 전 또는 염지 중에 미생물 생장이 가능하지만 훈연 및 건조 도중에 다시 감소하게 된다.

⑥ **보존제** : 고기의 저장 및 가공에 사용되는 보존제로는 염지에 사용되는 소금, 설탕, 질산염, 아질산염 등과 훈연, 향신료, 유기산 등이 있다.

1. 식중독의 개념과 분류

(1) 식중독의 정의

식중독이란 오염된 식품, 첨가물, 기구, 용기 및 포장 등에 의하여 급성 위장장애를 일으키는 질병을 말한다.

(2) 식중독의 분류

① 세균성 식중독 : 일정 수 이상 증식한 세균, 혹은 그 대사산물인 독소를 함유한 식품을 섭취하여 발병한 경우를 말한다.

    ㉠ 감염형 식중독 : 식품 중에 미리 증식한 다수의 식중독균(생균)을 식품과 함께 섭취하면 이들이 장관 내 점막을 침범하여 구토, 설사, 복통 등 급성 위장염 증세를 나타내게 된다. 감염형 식중독의 원인균으로는 살모넬라, 장염 비브리오, 병원성 대장균이 대표적이다.

    ㉡ 독소형 식중독 : 세균 증식 시 생성된 독소를 식품과 함께 섭취할 때 장관에서 흡수되어 일어나는 식중독이다. 대표적인 균으로는 보툴리누스균(*Botulinus*), 황색포도상구균(*Staphylococcus aureus*) 등이 있다.

② 화학성 식중독 : 화학성 식중독은 오용, 혼입, 잔류, 생성 등에 의하여 병인 물질이 식품에 존재하여 발생하는 질병이다.

2. 세균성 식중독

(1) 감염형 식중독

① 살모넬라(*Salmonella*) 식중독

    ㉠ 원인균 : *S. enteritidis*, *S. typhimurium*

    ㉡ 원인식품 : 식육제품, 유제품, 달걀 등

    ㉢ 오염원 및 경로

        • 1차 오염 : 보균동물의 고기를 직접 생식하여 감염되는 경우

        • 2차 오염 : 쥐나 곤충류에 의하여 보균동물이나 보균자의 배설물이 식품에 오염되는 경우

    ㉣ 증 상

        • 잠복기간은 12~24시간(평균 18시간) 정도이다.

        • 주요 증상으로 복통, 설사, 발열이 일어나고 때때로 구토, 메스꺼움, 현기증 등이 따른다.

- 경과는 비교적 짧아서 주증상은 2일 정도 지속되고 늦어도 일주일 이내에 회복된다.
- 발병률은 75%이며 치사율은 0.3% 정도이다.

ⓜ 예방대책
- 세균의 증식을 방지하기 위하여 저온에 보존한다.
- 음식물의 제공자나 소비자는 가열 조리를 철저히 하여 2차 오염을 방지한다.
- 조리한 식품은 될 수 있는 한 빠르게 섭취하고 장기간 보존하지 않는다.
- 식품취급자는 본 균의 생태를 잘 파악하여 시설의 위생관리를 철저히 한다.

② 장염 비브리오(*Vibrio*) 식중독
ㄱ 원인균 : *Vibrio parahaemolyticus*
ㄴ 원인식품 : 어패류가 대부분
ㄷ 오염원 및 오염경로 : 오염된 어패류를 조리한 조리대, 도마, 식칼, 행주 등
ㄹ 증 상
- 잠복기간은 10~18시간(평균 12시간) 정도이다.
- 주요 증상은 설사와 복통이며 수양변이나 점액이 섞인 혈변을 보이기도 한다.
- 발열은 대개 37~39℃ 정도이나 고열을 보일 때도 있고 전혀 없는 경우도 있다.
- 경과는 비교적 짧고 예후도 양호하여 2~5일이면 회복되며 치사율도 낮다.

ⓜ 예방대책
- 하절기에는 어패류의 생식을 억제한다.
- 담수에 약한 균이므로 깨끗한 물로 씻는다.
- 보관 시 냉동을 하거나 10℃ 이하에서 냉장하면 증식이 억제되므로 저온에 보관한다.
- 2차 오염을 방지하기 위하여 조리기구나 행주를 철저히 소독한다.

③ 병원성 대장균 식중독
ㄱ 원인균 : 장내세균과에 속하는 그람 음성의 간균이며 주모성 편모가 있어서 운동성이나 편모가 없고 비운동성인 것도 있다.
ㄴ 원인식품 : 동물의 배설물
ㄷ 증 상
- 성인에게 감염형 식중독이 발병하였을 경우, 잠복기는 EHEC 3~8일, EIEC 10~18시간, EPEC 9~12시간, ETEC 10~12시간 정도이다.
- 주요 증상은 두통, 발열, 구토, 설사, 복통 등이다.
- 일반적으로 유아는 잠복기가 짧고 증상이 심하다.
ㄹ 예방대책
- 주방 환경을 청결히 하며 방충·방서시설을 갖춘다.
- 보균자 및 환자의 분변오염을 방지한다.
- 분변의 비료화를 지양하여 분변의 오염을 방지한다.

(2) 독소형 식중독

① 포도상구균 식중독

　ㄱ 원인균 : *Staphylococcus aureus*(황색포도상구균)

　ㄴ 원인식품 : 유제품이나 육제품

　ㄷ 오염원 및 오염경로

　　• 사람의 화농소나 목구멍, 콧구멍 등에 포도상구균이 존재하므로 식품취급자의 화농소나 기침, 재채기 등을 통하여 식품에 오염된다.

　　• 식품취급기구를 통하여 2차 오염도 가능하다.

　ㄹ 증 상

　　• 일반적인 잠복기간은 1~6시간으로 평균 3시간 정도이다.

　　• 주요 증상은 급성 위장염으로 메스꺼움과 구토가 발생한다.

　　• 구토가 격할 때는 위내용물이 넘어와 담즙액이나 혈액이 섞여 나올 때도 있다.

　　• 대개 24시간 정도면 회복되고 후유증이나 사망은 거의 없다.

　ㅁ 예방대책

　　• 취급자의 손을 깨끗이 씻고 화농성 질환이나 인후염이 있을 경우에 식품취급을 하지 않는다.

　　• 식품취급자는 모자, 위생복, 마스크 등을 착용하여 머리카락, 기침, 재채기 등에 의하여 식품이 오염되는 것을 막는다.

　　• 조리된 식품은 빠른 시간 내 섭취하여야 하고, 보존할 때는 10℃ 이하로 냉장하여 독소의 생성을 억제시켜야 한다.

② 보툴리누스(*Botulinus*)균 식중독

　ㄱ 원인균 : *Clostridium botulinum*

　ㄴ 원인식품 : 어육제품, 식육제품, 생선발효제품, 통조림, 병조림

　ㄷ 오염원 및 오염경로 : *Clostridium* 속의 균은 아포상태로 토양, 바다, 하천, 연못 및 동물의 장관에 분포되어 있다.

　ㄹ 증 상

　　• 일반적인 잠복기는 12~36시간이나, 2~4시간에 신경증상이 나타나기도 하고 72시간 후에 발병하는 경우도 있다.

　　• 특징적인 신경증세를 나타내기 전에 메스꺼움, 구토, 설사 등의 위장질환 증세를 나타낸다.

　　• 위장질환 증세가 계속되며, 주증상은 전신무력감, 시신경 장해, 인두(咽頭)마비로 침을 삼키는 데도 어려움을 느끼게 된다.

　　• 증세의 경중에 따라 다양한 전신 증세를 나타내며 중증일 때는 호흡마비로 사망하게 된다.

　　• 치사율은 매우 높아서 30~80%에 이른다.

ⓜ 예방대책

- 균의 오염을 방지하기 위하여 식품을 충분히 씻고, 조리 가공에 관계되는 기구나 기계를 철저히 살균한다.
- 오염되거나 의심 가는 진공포장식품은 중심 온도 120℃ 이상에서 4분 이상 가열하여 아포를 사멸시킨다.
- 균이 증식할 위험성이 있는 식품은 저온으로 보존한다. 수분활성도 0.94 이하, pH 4.5 이하에서는 증식하지 못하기 때문에 이 조건을 활용한다.
- 식품 중에 독소가 존재하여도 섭취 전에 80℃에서 20분 이상 가열하면 무독화시킬 수 있다.

3. 화학성 식중독

(1) 정 의

인체에 유해한 화학물질을 오용 또는 고의적으로 식품에 혼용하거나 자연적으로 식품 자체에 함유, 혼입되어 일어나는 중독을 화학성 식중독이라 한다.

(2) 분 류

① 고의 또는 오용으로 첨가되는 유해물질

예 유해성 감미료, 인공착색료, 보존료, 표백료, 증량제 등

② 재배·생산, 제조·가공 및 저장 중에 본의 아니게 잔류·혼입되는 유해물질

예 농약

③ 색, 맛이 식품과 비슷하여 식품으로 오인되는 유해물질

예 4에틸납, 바륨, 메틸알코올

④ 기구·용기·포장재 등으로부터 용출, 이행되는 유해물질

예 납, 카드뮴, 비소, 아연 등

⑤ 제조·가공 및 저장 중에 생성되는 유해물질

예 지방산, Nitrosamine

⑥ 환경오염물질에 의한 유해물질

예 수은, PCB

⑦ 기타 원인에 의하여 식품을 오염시키는 유해물질

예 방사능 오염 등

4. 기생충

(1) 기생충의 감염경로

기생충의 감염경로는 경구, 경피 및 태반감염 등으로 대별할 수 있다. 특히 경구감염은 식품위생과 밀접한 관계가 있으며 기생충의 종류에 따라 그 감염방법이 다르다.

① 감염형 유충을 가진 알에 의한 감염 : 회충, 편충 등

② 감염형 유충에 의한 경구감염 : 십이지장충, 동양모양선충

③ 중간숙주와 함께 경구감염 : 중간숙주를 갖는 모든 기생충

(2) 식육에 의한 기생충 감염

수육의 조리·가공과정에서 불충분한 열처리에 따라 수육의 근육에 기생하는 낭충이 인체에 감염된다. 세계적으로 널리 분포되어 있는 기생충은 선모충으로 돼지, 육식 야생동물, 해중 포유류가 모두 중간숙주 및 종말숙주를 겸하는 특이한 기생충이다.

① 무구조충(민촌충)

　㉠ 흡반에 갈고리가 없고 소를 중간숙주로 하기 때문에 쇠고기촌충이라고도 한다.

　㉡ 길이는 4~10m, 편절이 1,000개 이상의 대형 기생충이다.

　㉢ 충체 말단부의 편절 내의 자궁에서 발육한 충란은 편절과 함께 체외로 배출되어 목초에 묻은 것을 중간숙주인 소가 섭취하면 십이지장에 도달하여 알껍질을 벗고 유충이 되어 나온다.

　㉣ 유충은 장벽을 뚫고 혈류나 임파류를 따라 근육 등의 조직에 침입하여 약 2개월 후 무구낭충이 된다. 낭충은 허리, 둔부, 혀, 심장 등 운동량이 큰 근육에 주로 기생하지만 각종 장기의 내장근에서도 발견된다. 이 낭충이 사람에게 경구감염되면 소장 상부에 기생하며, 약 2개월 후 성충이 된다.

　㉤ 임상 증세는 현저하지 않지만 두통, 식욕이상, 오심, 설사 등 소화기계 증세를 보이는 경우도 있다. 또한 편절이 항문에서 자동성(自動性)을 가지고 배출되기 때문에 심한 불쾌감을 갖게 된다.

　㉥ 예방법으로 쇠고기 생식을 금하고 충분히 가열처리 후 섭취하는 것이 좋다.

② 유구조충(갈고리촌충)

　㉠ 두절에 갈고리가 있고 돼지를 중간숙주로 하는 경우가 많아 돼지고기촌충으로도 불린다.

　㉡ 무구조충과 비슷한 대형 조충이지만 체장이 3~4m가량으로 약간 짧고, 편절은 800~1,000개 정도이다.

ⓒ 소장에 기생하는 성충의 말단 편절과 함께 충란이 체외로 배출된다. 배출된 충란이 돼지에 섭취되면 소장에서 부화하여 혈액의 흐름을 타고 근육에 퍼지고 발육하여 낭충이 된다. 사람이 이 돼지고기를 섭취하면 낭충은 소장에서 껍질을 벗고 발육하여 약 2개월이 지나면 성충이 된다.

ⓓ 예방법으로는 돼지고기를 충분히 가열처리 후 섭취하는 방법이 최선책이다.

③ 선모충

ⓐ 사람은 주로 돼지고기에 의하여 감염되며, 한 숙주에서 성충과 유충을 발견할 수 있는 것이 특징이다.

ⓑ 피낭유충의 형태로 기생하고 있는 돼지고기를 사람이 섭취함으로써 인체 기생이 이루어지는데 소장벽에 침입한 유충 때문에 미열, 오심, 구토, 설사, 복통 등이 일어난다. 특히, 40℃ 이상의 발열과 근육통을 일으키고 얼굴에 부종이 온다.

04 | 식육생산 공장 및 공정의 안전·위생관리

1. 식육의 위생관리

(1) 미생물의 오염원

식품위생상 부패, 변패 면에서 *Pseudomonas*, *Acinetobacter*, *Flavobacterium* 등의 저온세균이, 식중독 면에서 *Salmonella*, *Staphylococcus aureus*, *Campylobacter* 등의 세균이 중요하다.

① 생산지에서의 오염

ⓐ 생산지에서 오염된 미생물은 도살, 해체, 유통, 판매의 과정을 지나 소비자에게 직접 전달될 뿐만 아니라 도축장, 판매점 등을 오염시켜 타 식육이나 조육에까지 오염을 확대하게 된다.

ⓑ 생산지에서의 오염으로 식품위생상 특히 중요한 미생물은 동물에 감염증을 일으키는 살모넬라, 포도상구균, 캠필로박터 등의 병원균이다.

② 도축장에서의 오염

ⓐ 가축의 근육은 보통 병원 미생물이나 부패 미생물에 오염되어 있지 않기 때문에 식육의 위생 상태를 유지하기 위하여 도살 해체 시에 미생물 오염을 가능한 한 방지해야 한다.

ⓑ 병원 미생물을 주로 생각한다면 동물의 소화관이 터지지 않도록 주의하여 들어내며 체표 오염 균이 근육으로 오염되지 않도록 체표의 처리가 중요하다.

ⓒ 부패 미생물을 중심으로 생각한다면 습한 바닥에서 오염된 물이 튀어 오르는 것을 방지하거나 벽면과 접촉을 피하는 등 도살체와 습윤한 기물·환경과의 접촉을 피하도록 해야 한다.

ⓔ 작업대는 해체 부위에 따라 크게 나누어 상호 오염이 일어나지 않도록 유의한다.

③ 판매점에서의 오염

㉠ 판매점에서의 오염에서 특히 중요한 것은 육류 상호 간에 직접 혹은 간접적인 오염을 피하는 것이다.

㉡ 육류 간의 접촉뿐만 아니라 사람의 손이나, 사용기구·용기를 매개로 간접적인 오염을 일으키는 경우도 있으므로 작업자의 동선에 주목하고 판매점 내에서 물건의 이동에 세심한 주의를 할 필요가 있다.

(2) 제조 공정의 위생관리

① 도살과 해체 : 도축장은 가축을 도살하여 지육 및 내장 등의 식품을 생산하는 곳이므로 도살, 해체되는 과정 중에 식육의 2차 오염을 방지하여야 한다.

② 생육의 처리 가공

㉠ 식육가공품의 제조, 수송, 소매의 전과정에서 높은 위생기준과 충분한 냉장은 필수적이며, 제품을 취급하는 종업원의 충분한 주의가 요구된다.

㉡ 미생물의 오염을 방지하기 위해 처리장의 시설, 기구 등을 항상 깨끗이 처리하고 미생물의 증식을 막기 위하여 원료의 온도를 10℃ 이하로 유지하여야 한다.

③ 염 지

㉠ 염지의 모든 과정을 위생적으로 처리하여 원료육의 오염을 최소한으로 줄여야 한다.

㉡ 피클 주사기나 주입액에 의한 오염에 주의하며, 기기류와 냉장고의 위생적인 취급에 주의하여야 한다.

④ 세절·혼합·충전

㉠ 이 공정에서 주의할 점은 기계, 용기나 원료가 오염되면 이들이 오염원이 되어 다음 공정으로 계속되어 전체가 오염된다는 것이다.

㉡ 이 공정 중에 박테리아, 곰팡이, 효모, 기생충란, 오물, 화학물질, 먼지, 기계 또는 기구의 파편 등이 제품에 들어가면 그대로 제품에 남게 된다. 특히 기계장치나 기구류의 세척이 불충분하면 고기 찌꺼기나 지방이 잔존하여 오염원이 되므로 세척, 소독 등에 주의하여야 한다.

㉢ 기계, 기구류는 세척하기 쉬운 구조이며, 내구성의 재질로 되어 있어야 한다.

㉣ 가공실은 가능한 한 낮은 온도를 유지하여야 하고 기계, 기구류, 바닥, 벽 등은 항상 깨끗이 하여야 한다.

㉤ 가능하면 원료처리, 첨가물, 기타 부자재실은 가공실과 분리하는 것이 좋다.

⑤ 건조와 훈연
　　㉠ 건조를 충분히 하지 않으면 연기 성분의 침투가 잘되지 않으며, 실제로 훈연실은 습도가 높으므로 박테리아 증식에 좋은 조건이 된다.
　　㉡ 훈연실은 가공실과 떨어져 있는 것이 바람직하다.
　　㉢ 훈연실은 항상 청결히 하여야 하며, 훈연의 상태, 즉 연기의 양, 시간 등을 항상 주의하여야 한다.
⑥ 가열과 냉각
　　㉠ 가열 : 가열처리 시 온도가 너무 높으면 지방분리를 일으키고, 너무 낮으면 살균이 불충분하게 된다. 대부분의 박테리아는 규정된 시간과 온도에서 사멸하지만, 내열성이 강한 박테리아나 포자는 죽지 않으므로 공정 중에 내열성균의 오염을 방지하여야 한다. 또 가열의 온도와 시간은 제품의 크기, 용량, 전분함량, 초기 온도 등에 따라 다르므로 중심 온도가 63℃에 달하는 시간을 측정하여야 한다.
　　㉡ 냉각 : 냉각은 미생물의 증식억제 효과를 높이기 위하여 행한다. 따라서 급속히 냉각함으로써 박테리아가 증식하기 쉬운 온도 범위를 가능한 한 단시간에 통과시켜 박테리아 증식을 억제할 수 있다.
⑦ 포장과 보존 : 무균포장실을 이용하는 경우라도 저온으로 유지하고 유통과정도 10℃ 이하로 하는 것이 바람직하다.

2. 세정방법

(1) 세정의 목적

식품제조 공장에서 세정의 최대 목적은 위생적인 제품을 생산하는 것이다. 제품의 감각적인 가치의 증가나 순도의 향상을 목적으로 재료의 세정이 행해지는 경우도 있고, 기능의 유지 향상을 위하여 설비·기기의 세정이 행해지는 경우도 있다.

(2) 세정의 의의

① 미생물 절대수의 감소 : 미생물이 식품에 영향을 주는 밀도는 한계가 있기 때문에 그 위험한계 이하로 유지하기 위하여 세정을 주기적으로 실시한다.
② 영양원의 제거 : 미생물의 영양이 되는 물질을 제거하는 일은 미생물 제어의 유효한 수단의 하나이다. 설비·기기와 같은 단단한 표면을 가진 것에서는 미생물과 함께 그 영양이 되는 유기성 오염물질도 동시에 제거된다.

③ 살균효과의 증강 : 물리적 또는 화학적인 살균의 전처리로서 세정은 살균제의 효과를 극대화하기 위해 필요하다. 각종 유기성 오물이 식육에 공존하면 약제의 소독력을 저하시키고 살균시간까지도 지연시키기 때문이다.

(3) 세정제의 종류
① 물 : 물은 위생상 해가 없기 때문에 식품이나 식품공장의 설비, 기기의 세정에 가장 널리 쓰인다. 그러나 단단히 붙은 오염물이나 유성(油性) 오염물에 대하여는 충분한 세정력을 갖지 못하고 있다. 따라서 물만을 쓸 경우에는 열, 교반에 따른 유동 마찰, 압력 분사와 같은 물리적 에너지를 최대한 이용하여야 한다.

② 계면활성제 수용액 : 계면활성제 수용액은 유성 오염물, 기타 오염물질에 저농도로 유효하다. 그러나 인체 내에 축적되면 건강에 유해하기 때문에 잔류를 최소화시켜야 한다.
  ㉠ 음이온계 : 세정력이 강하고 기포성이 크며 흡착 잔류하기가 쉬운 것이 많다.
    예 비누, 합성세제류
  ㉡ 비이온계 : 세정력이 양호하고 기포성이 비교적 크지 않다.
    예 폴리옥시에틸렌(Polyoxy Ethylene)
  ㉢ 양성계 : 살균력과 세정력을 함께 가지고 있다.
  ㉣ 알칼리 수용액 : 가격이 저렴하고 독성도 비교적 약하며 탈지 세정력이 크다.

(4) 세정방식
① 건식세정 : 물이나 다른 액체를 이용하지 않고 실시하는 세정작업으로 대기 중에서 그대로 세정하는 방식이다. 손쉽게 행할 수 있고 별도의 건조과정이 필요가 없지만 충분한 청정상태를 얻기 어렵다.

② 습식세정 : 물이나 다른 액체를 가지고 행하는 세정법으로, 이 작업은 씻고 헹구고 건조하는 3단계의 과정을 거친다.
  ㉠ 침지세정 : 대상물 속에 세정액이 가득 차도록 하여 그 내면을 닦는 것이다.
  ㉡ 분사세정 : 고압으로 세정액을 가는 노즐에서 분사시켜 그 세액이 대상물의 표면을 부딪칠 때 그 충격력과 함께 세정력을 갖게 하는 것이다.

(5) 설비 · 기기의 세정
① 설비 · 기기에 의한 2차 오염 : 제품을 오염시키는 미생물은 원재료에서만 들어오는 것이 아니고 공장의 대기, 종업원, 용수(用水)에서도 침입할 수 있다.

② 설비 · 기기의 적정 세정조건

　㉠ 재질 : 철망, 콘크리트, 슬레이트, 목재 등은 청결 유지에 좋은 재질이 아니며 평활한 표면을 가진 스테인리스 스틸, 세라믹, 에폭시수지 등과 같은 재질이 좋다.

　㉡ 구조적 특성 : 기기의 접합부에 오물이 끼기 쉽거나 오물을 제거하기 어려운 구조여서는 안 된다. 접합 부분은 직각이나 예각으로 처리하지 말고 둔각이나 둥근 모양으로 처리해야 한다.

　㉢ 배치 : 기기 사이에는 충분한 공간을 두거나 바닥에서 15cm 이상 공간을 둠으로써 청결작업을 용이하게 해야 하며, 벽쪽은 아주 밀착시켜 오물이나 곤충의 통로 및 서식처가 되지 않도록 해야 한다.

더 알아보기 PLUS ONE

설비 · 기기의 세정조건

품 목	세정조건
재 질	• 충분한 내수성 · 내열성이 있는 것 • 경도(硬度)가 높은 것 • 표면이 매끄럽고 녹이 슬지 않는 것 • 산, 알칼리 기타 약품에 내성이 있는 것
구 조	• 오염물이 부착 · 잔류하기 어려운 구조 • 세정에 대하여 사각(死角)이 없는 구조 • 분해 조립이 쉬운 구조
배 치	• 세정조작을 위한 여유공간이 있어야 함 • 오염물이 머물러 있기 어렵게 배치해야 함

③ 설비 · 기기의 세정방법

　㉠ 설비 · 기기는 물이나 계면활성제 수용액을 이용하여 분사세정하는 것이 좋다.

　㉡ 깨끗한 물로 세정하는 것이 가장 간편한 방법이지만 유성 오염물에는 효과가 적다. 그러나 강한 분사세정을 하면 유성 오염물질도 어느 정도 제거가 가능한데, 이 경우 고압 분사세정장치의 압력은 $30\sim50kg/cm^2$ 정도가 좋다.

　㉢ 뜨거운 물을 쓰면 세정효과와 함께 살균효과도 거둘 수 있으나, 실제로는 수온이 쉽게 내려가기 때문에 살균보다는 세정에 중점을 두어야 한다.

　㉣ 계면활성제 수용액은 유성 오염물질의 제거능력이 우수하지만 계면활성제를 이용한 분사세정은 특히 저기포성의 것을 사용할 필요가 있다.

3. 살균과 소독

(1) 용어의 정의

① **멸균** : 모든 미생물을 멸살 또는 제거하여 완전히 무균상태로 하는 것이다.

② **소독** : 병원 미생물만을 멸살 또는 제거하여 감염될 위험성을 제거하는 것으로 통상 비병원균이나 세균 아포가 생존할 수 있다.

③ **살균** : 세균, 효모, 곰팡이 등 미생물의 영양세포를 사멸시키는 것이다. 예를 들어 통조림의 살균이라 함은 부패 원인세균 외에 공중위생상 중요시되고 있는 보툴리누스균 아포의 완전 멸살을 목표로 한 가열처리를 말한다.

(2) 소독제

현재 쓰이는 소독제를 보면 알코올류(Ethanol, Isopropanol), 계면활성제, 할로겐류(염소제 – 차아염소산나트륨액, 표백제, 클로라민, 아이오딘제), 클로로헥시딘, 글루타르알데하이드, 포르말린, 크레졸 비누액, 페놀, 금속 및 금속염(수은류, 아연, 동염), 과산화수소, 폼알데하이드 가스, 산화에틸렌 가스, 산화프로필렌 가스 등이 있다.

(3) 염소제의 살균효과

① 염소제의 장점

   ㉠ 살균효과가 빠르고 미생물에 대하여 비선택적 살균능력이 있다.

   ㉡ 기구의 표면에 막을 형성하지 않는다.

   ㉢ 물의 경도에 영향을 적게 받는다.

   ㉣ 희석된 살균액은 독성이 거의 없다.

   ㉤ 농도의 측정이 용이하다.

   ㉥ 액체이기 때문에 계량이 쉽다.

   ㉦ 가격이 저렴하다.

   ㉧ 고농도의 활성성분을 함유하고 있다.

   ㉨ 악취를 제거한다.

② 염소제의 단점

   ㉠ 가스를 흡입하면 호흡독이 있다.

   ㉡ 특유의 냄새가 있다.

   ㉢ 흘리거나 엎으면 얼룩지거나 표백된다.

   ㉣ 한랭기에 동결한다.

   ㉤ 냉암소에 보관하여야 한다.

   ㉥ 제품의 알칼리도에 따라 살균효과가 크게 영향을 받는다.

ⓢ 사용방법이 잘못되면 녹이나 부식의 원인이 된다.
ⓞ 유기물이 있으면 살균액의 농도가 떨어진다.
ⓩ 철을 함유한 물에 넣을 때 침전이 생기면 사용할 수 없다.

(4) 가열살균

식품의 가열살균은 식품 중에 존재하는 병원 미생물을 멸살하는 것 외에 부패·변패에 관여하는 유해 미생물의 멸살을 목적으로 하고 있다. 미생물의 내열성은 식품의 성질, 특히 수분, pH, 단백질, 지질, 당질 등의 영향을 받는다.

① **아포형성균** : 식품의 가열살균에 문제가 되는 것은 아포형성균으로 호기성균인 *Bacillus*와 혐기성 균인 *Clostridium*이다.

② **세균의 내열성**

　㉠ 아포를 형성하지 않는 식중독균 중 포도상구균, 살모넬라균, 장염 비브리오균 및 식품의 부패 세균인 *Proteus*, *Pseudomonas* 등은 통상 60℃에서 30분 혹은 65~70℃의 가열로 수분~십 여 분에 사멸한다.

　㉡ 아포형성균에 있어서도 영양형 세포는 80℃에서 10분 정도 가열하면 충분히 사멸시킬 수 있다.

　㉢ 혐기성 아포형성 식중독세균인 *C. perfringens* 및 *C. botulinum*의 A, B형 균은 100℃ 이상의 고온이 아니면 살균되지 않고 일반적으로 식품의 부패·변패에 관여하는 세균아포도 내열성이 강하다.

(5) 자외선 살균

① **살균의 특징**

　㉠ 모든 미생물에 대하여 살균효과가 있다.

　㉡ 화학약품이나 가열에 의한 살균과는 달리 피조사물에 조사 후 거의 변화를 주지 않는다.

　㉢ 사용법이 간편하다.

　㉣ 살균효과는 대상물의 자외선 투과율과 관계가 있으며 가장 유효한 살균 대상은 공기와 물이다.

　㉤ 공기나 물 이외에 대부분의 물질은 자외선을 투과하지 않기 때문에 광선이 직접 닿는 부위의 표면살균에 한정되고 그늘이나 내부는 전혀 효과가 없다.

　㉥ 살균선이 어느 한도 이상 직접 눈이나 피부에 조사되면 일시적인 결막염 증상이나 피부가 검게 되는 현상이 일어나므로 적절한 방호대책이 필요하다.

　㉦ 지방이나 단백질이 많은 식품을 직접 강하게 조사하면 이취나 변색을 일으키는 일이 있다.

② 자외선 살균의 응용

　　㉠ 공기살균

　　　• 공기는 살균 자외선을 거의 흡수하지 않기 때문에 살균등을 가장 효과적으로 이용할 수 있다. 최근 유제품을 비롯하여 식육제품, 어육제품 등의 무균충진이나 무균화 포장에 실용화하고 있다.

　　　• 살균등은 설비비, 유지비가 저렴한 편이고 정확히 사용하면 식품공장 내 공기의 미생물 제어에 유효하게 이용된다.

　　㉡ 물 및 수용액의 살균 : 대도시의 수도와 같이 다량의 물을 처리하는 데는 염소소독이 효과적이지만 식품공장과 같이 한정된 양의 물에는 자외선을 이용하는 것이 간편하고 효과적이다.

　　㉢ 표면살균

　　　• 식기・조리기구, 용기 등의 표면살균에 효과적이다. 그러나 이들은 미리 잘 세정하여 오염물을 충분히 제거하지 않으면 살균효과가 떨어진다.

　　　• 가공식품의 빈 용기 또는 식품을 담는 용기를 컨베이어 위에 설치한 살균등으로 연속 살균작업을 할 수 있다. 단지 유지가 많은 식품이나 식육, 어육 등은 직접조사를 피하는 것이 좋다.

(6) 마이크로파(Microwave) 가열

① 마이크로파의 특성

　　㉠ 마이크로파 가열은 다른 열원에 의한 가열보다 가열시간이 빠르고 눌어붙지 않는다.

　　㉡ 식품만 더워지고 용기가 가열되지 않기 때문에 수송이 편리하지만 식기 쉽다.

　　㉢ 가열시간이 짧아 비타민 B_1의 손실이 적다.

　　㉣ 주로 2,450MHz ± 50MHz를 사용한다.

② 식품의 해동 : 냉동식품에 있는 물분자의 대부분은 얼음으로 되어 있다. 물은 마이크로파를 쉽게 흡수하지만 얼음은 흡수하지 않는다. 냉동식품일지라도 어떤 물분자는 염의 함량이 높은 부분에 액상으로 존재하고 있다. 이 얼지 않은 물이 해동과정에서 마이크로파를 쉽게 흡수하여 해동의 시작점이 된다.

③ 미생물에 대한 효과 : 살균은 마이크로파에서 발생된 열에 의하여 이루어진다. 즉, 마이크로파에서 미생물의 사멸은 대류에 의한 가열처럼 온도와 시간과의 관계로 설명될 수 있다.

4. 작업장의 안전 · 위생관리

(1) 작업장의 안전관리

① 자상과 열상

㉠ 자상과 열상은 모두 피부가 파열된 것으로 이는 칼이나 슬라이서, 분쇄기(Chopper), 믹서 등과 같은 기구나 모서리가 날카롭거나 잘못 만들어진 제품에 의하여 일어난다.

㉡ 칼날이 무디면 작업 시 더 많은 힘을 가해야 하고 칼이 미끄러지기 쉽기 때문에, 날카로울 때보다 사고를 내기가 쉬워진다. 그러므로 칼날은 자주 갈아서 작업에 용이하도록 준비하여야 한다.

㉢ 칼은 다른 기구와 함께 두지 말고 따로 보관하되 크기별로 구분하여 보관한다.

㉣ 칼을 씻을 때는 손을 보호할 수 있는 장갑을 사용하는 것이 좋다.

㉤ 동력으로 작동하는 슬라이서, 글라인더, 분쇄기는 큰 사고의 원인이 될 수 있으며 손가락에 심한 상처를 줄 수 있다. 반지, 늘어진 소매, 넥타이 등은 기계를 작동할 때 착용해서는 안 되며, 움직이는 칼날에 손이 닿지 않도록 보호장치를 하여야 한다.

② 화상과 예방 : 열처리 기구는 언제 사용되었는지 잘 알지 못하기 때문에 함부로 만지지 않는 것이 좋다. 대부분의 화상은 작업자의 부주의 때문에 일어난다.

③ 낙상과 예방 : 기구나 물건을 높은 곳에 불안정하게 두면 작업 중에 떨어져 작업자나 지나가는 사람에게 위해를 줄 수 있다. 그리고 바닥은 물, 식품, 기름 등으로 미끄러지기 쉽기 때문에 주의해야 한다.

㉠ 바닥은 안전을 고려하여 고안되어야 한다.

㉡ 배수가 잘되도록 하여 건조상태를 유지한다.

㉢ 기름이나 식품이 바닥에 떨어지면 즉시 청결하게 한다.

㉣ 작업자의 신발은 미끄럼을 방지하고 발을 보호할 수 있어야 한다.

㉤ 작업의 동선은 효율성과 함께 작업자가 서로 부딪치지 않도록 한다.

㉥ 무거운 물건은 아래쪽에, 가벼운 물건은 위쪽에 둔다.

④ 화재와 예방

㉠ 화재의 원인

• 전기시설에 의한 화재 : 낡은 전선의 과열, 과부하작동, 퓨즈의 잘못된 선택, 전기기구의 작동방법 미숙 등으로 화재가 일어날 수 있다.

• 유지류에 의한 화재 : 환풍시설, 벽, 장비 등에 묻어 있는 유지류는 인화성이 높아서 화재의 원인이 될 수 있다.

• 담뱃불에 의한 화재 : 불이 꺼지지 않은 담배를 재떨이나 쓰레기통에 부주의하게 버리면 가연성 물질에 불을 나게 하여 화재의 원인이 된다.

ⓛ 화재의 예방
- 종업원의 안전관리에 의하여 예방하고 시설에 대한 잠금장치를 확인한다.
- 전기시설을 점검하고 과부하시키지 않도록 하며, 전선을 복잡하게 설치하지 않고 모터 주변에 인화성 가스가 머물러 있지 않도록 환기를 한다.
- 유지류 화재를 예방하기 위하여 배기시설의 청결작업을 정기적으로 실시한다.
- 흡연에 의한 화재를 예방하기 위하여 흡연구역을 설치하는 것이 좋다.
- 화재 예방을 위한 시설을 완비하고 정기적으로 정상 작동 여부를 점검하며 기구·장비를 즉시 사용이 가능한 위치에 두고 누구나 쉽게 쓸 수 있도록 한다.

(2) 시설과 기구의 위생관리
① 작업장
ⓖ 바 닥
- 탄력성 : 탄력성이 좋은 재질로는 아스팔트, 리노륨, 비닐 등이 있고 탄력성이 나쁜 재질로는 콘크리트, 대리석, 자연석 타일, 테라초 등이 있다.
- 흡수력(투과력) : 식품취급시설, 저장시설에는 흡수력이 적은 재질을 사용하여야 한다.
- 상태 : 바닥은 고르고 균일하여 오물이 고이지 않고 배수가 잘되도록 적절한 구배를 갖는 것이 좋다.
- 재질 : 안락하고 발자국 소리가 적게 나고 유지관리가 쉬워야 한다. 젖었을 때도 미끄럽지 않아야 하고, 오염된 기름을 쉽게 제거할 수 있어야 하며 변색이나 부식, 균열이 없고 오랫동안 정상 상태를 유지해야 한다.
ⓛ 벽
- 내수성 자재로 만들어진 바닥 위에 벽을 세우되, 바닥에서 1m가량은 타일이나 시멘트와 같은 불침투성 재료로 시설하여 쥐의 침입을 막는 것은 물론 물, 열 및 부식에 견디는 성질을 갖게 해야 한다.
- 벽과 바닥의 접속 부분은 둥글게 하여 청소하기 쉽고 식품 찌꺼기나 오물이 끼는 것을 방지하여야 한다.
- 벽의 색깔은 밝게 칠하여 실내를 밝고 쾌적한 환경으로 만들고 더러워지면 쉽게 눈에 띄어 청결히 하도록 하여야 한다.
ⓒ 천 장
- 천장은 표면이 고르고 매끈하여 청소하기 쉽고 쥐, 벌레 및 공중낙하 세균을 막을 수 있도록 홈이 없고 균열이 없어야 한다.
- 천장에 수증기가 응축하여 식품에 떨어지지 않도록 방지시설을 하여야 한다.
- 천장은 밝은 색으로 도색하여 실내환경을 쾌적하게 유지하여야 한다.

- 천장의 높이는 작업자의 작업환경에 영향을 주기 때문에 최저 2.4m 이상의 높이가 바람직하고 또 실내의 온·습도 관리 면에서도 천장은 높은 것이 좋다.
ㄹ 조 명
- 훌륭한 조명은 작업능률을 향상시키고 재해를 예방할 수 있다.
- 광원의 방향은 명암의 차가 크지 않고 눈부심이 적어야 한다.
ㅁ 환기와 통풍
- 유용성 물질로 인한 화재 발생 가능성을 감소시켜 준다.
- 열기를 배출시켜 종사원이 작업 중 쾌적감을 느끼게 한다.
- 수증기를 제거하여 벽이나 천장에 수분의 응축을 방지한다.
- 먼지를 감소시키고 연기나 유독가스를 배출한다.
- 냄새나 습기, 오염물질을 제거한다.
ㅂ 배관 및 하수설비 : 하수관 시설이 파괴되면 지하수나 파손된 수도관을 통하여 음용수를 오염시킬 수 있으며 장티푸스, 콜레라, 이질, 간염과 같은 수인성 감염병에 노출될 수 있다. 따라서 눈에 보이지 않는 시설이라도 위생적으로 관리할 필요가 있다.
ㅅ 급수시설 : 온수는 세척의 효율성을 높여주고 살균력을 가지고 있기 때문에 온수장치는 충분한 용량을 확보하여야 한다.
ㅇ 변소와 수세시설
- 변소 : 변소는 자주 청소하고 살균작업을 실시하는 것이 중요하다.
- 수세시설 : 깨끗하고 위생적으로 관리되어야 하고 변소에 가깝게 있는 것이 좋다.
ㅈ 쓰레기 처리시설
- 쓰레기통은 새지 않고, 흡수성이 없으며 청소하기 쉽고 곤충이나 쥐가 침범하지 못하도록 단단하고 내구성이 있어야 한다.
- 쓰레기통 용기는 금속이나 플라스틱이 좋다.
- 플라스틱 봉지나 내수성이 있는 봉지를 용기 내에 사용하는 것이 좋다.
- 용기는 쓰지 않을 때 뚜껑은 늘 덮여 있어야 한다.
- 쓰레기는 쓰레기통 이외의 다른 곳에 쌓아두어서는 안 된다.
② 기구 및 설비
ㄱ 냉장시설 : 냉장은 식품의 세균 증식을 억제하고 지연시킬 수 있으나 식품을 장기간 보관하기에는 문제가 있다.
- 식품은 고내의 냉기의 순환을 방해하지 않도록 간격을 띄워 넣고, 가득 채워 공기주머니(Air Pocket)화하지 않도록 한다. 식품의 용적은 고내 용적의 50~60%가 좋다.

- 식품의 종류가 많고 문의 개폐 빈도가 많은 경우 고내의 온도가 올라가기 때문에 내부를 구분하여 각각 문을 만드는 형식을 택하거나, 생선이나 육류와 같이 비브리오나 살모넬라균에 의하여 오염될 가능성이 높은 식품과 조리된 식품을 별도 보관하여 세균의 상호 오염을 막는다.
- 식품은 반드시 밀봉용기에 넣거나 플라스틱 필름으로 포장하여 보관함으로써 식품 상호 오염이나 건조를 막는다.
- 냉장고는 더운 식품을 차게 하는 기능을 갖는 것이 아니라 찬 식품을 더 차게 보관하는 기능을 갖게 하는 것이다. 따라서 조리 후의 더운 식품을 그대로 넣으면 고내 온도가 상승하고 수증기가 냉각기에 부착하여 냉각효과를 떨어뜨리기 때문에 반드시 예비 냉각한 후에 넣는다.
- 선입선출(先入先出), 즉 먼저 넣는 것을 먼저 쓸 수 있도록 입고일자를 기재한 후 넣고 꺼내기 쉽게 한다.
ⓛ 냉동시설
- 냉동시설은 −18℃ 이하로 유지해야 한다. −18℃ 이상의 온도에서는 작은 온도 변화도 육류의 품질에 크게 영향을 준다.
- 냉동을 필요로 하는 제품은 배달 즉시 냉동고에 넣어야 하며 꺼낼 때는 즉시 사용할 양만큼만 꺼내야 한다.
- 냉동식품 저장고는 선입선출 원칙이 지켜지도록 각 제품에 입고일자를 반드시 기록하여 출납을 쉽게 하여야 한다.
- 냉동저장해야 하는 식품은 수분을 차단할 수 있는 용기나 포장으로 포장해야 한다. 이것은 향의 손실, 탈색, 탈수, 냄새의 흡착 등을 예방해 준다.
- 가능하면 냉동식품은 원래의 포장상태로 저장하는 것이 좋으며 만일 그렇지 못할 형편일 때는 적절히 재포장하여야 한다.
- 냉동고 문을 열 때 꼭 필요한 경우에만 열도록 하고 한 번 열 때 한꺼번에 여러 제품을 꺼내도록 한다.

(3) 용기・포장의 위생관리
① 용기・포장의 정의 : 식품 또는 식품첨가물을 넣거나 싸는 것으로서 식품 또는 식품첨가물을 주고받을 때 함께 건네는 물품을 말한다(식품위생법 제2조).
② 용기・포장의 역할 : 내용물의 보호, 취급의 편리성, 판매의 촉진 수단

③ 용기・식품 포장의 종류

재 질	종 류	위생에 문제가 되는 항목
종이류	• 판지(골판지원지, 백판지) • 양지(Kraft Paper, Rolled Paper, Glassine Paper) • 가공지(황산지, 파라핀지) • 셀로판(보통 셀로판, 방습 셀로판)	• PCB • 형광증백제
합성수지	• Polyethylene(PE) • Polypropylene(PP) • Polystyrene(PS) • Polyvinyl Chloride(PVC) • Polyvinylidene Chloride(PVDC)	• 첨가제 • 미반응 물질(폼알데하이드)
목 제	나무상자, 합판상자, 나무통	–
금속제	• 금속관(양철, Tin Plate) • 알루미늄관 • 알루미늄박(합성수지도포 혹은 Laminate 가중)	유해 중금속 (납, 안티몬, 카드뮴, 구리)
유리제	보통유리, 착색유리	납, 비소
도자기	도기, 자기, 옹기	유해 중금속(납, 카드뮴, 구리)
가식필름	• Oblate Film • Amylose Film	–

④ 합성수지(Plastics)

　㉠ 장 점
　　• 가볍고 질기다.
　　• 녹슬지 않고 썩지 않는다.
　　• 여러 형태로 만들 수 있고 착색이 용이하다.
　　• 전기가 통하지 않는다.
　㉡ 단 점
　　• 열이나 빛에 약하다.
　　• 표면이 부드러워 상처받기 쉽다.
　　• 재생처리나 폐기물의 처리가 어렵다.

ⓒ 플라스틱의 종류

재 질	종 류	원료 단량체
열경화성수지	페놀수지	페놀, 폼알데하이드
	요소수지	요소, 폼알데하이드
	멜라민수지	멜라민, 폼알데하이드
	폴리에스터수지	무수마레인산, 무수프탈산, 글리콜류
	에폭시수지	비스페놀, 에피클로로하이드린
합성수지	PVC	염화비닐
	PVDC	염화비닐라이덴, 염화비닐
	PE	에틸렌
	PP	프로필렌
	PS	스타이렌(스티렌)
	AS수지	스타이렌, 아크릴로나이트릴
	ABS	아크릴로나이트릴, 부타디엔, 스탈렌

⑤ 도자기
  ㉠ 장 점
    • 모양, 색채, 촉감 등이 독특하다.
    • 내열성, 내약품성 등이 우수하다.
    • 변형이나 수축·변질이 없다.
  ㉡ 단 점
    • 용기로서 밀봉성이 떨어지고 충격에 약해 깨지기 쉽다.
    • 무게가 무겁고 기체 투과성, 투습성이 있다.
  ㉢ 도자기의 위생문제 : 주로 납, 카드뮴의 용출이 문제가 된다.
⑥ **금속제 용기** : 단기간에 부패나 변질을 일으키기 쉬운 식품을 대량으로 완전하게 보존할 수 있으나, 위생상 문제가 되는 것은 납, 안티몬, 카드뮴 등 유해 중금속이 산성 식품에 의하여 용출될 수 있다는 점이다.

5. 작업자의 안전·위생관리

(1) 작업자의 안전관리

① **사고의 원인** : 사고란 상해, 손실, 손상을 초래하는 비의도적인 일이다. 사고는 작업자의 태만으로 일어날 수 있지만 작업도구나 작업장의 조건에 의하여도 일어날 수 있다.
  ㉠ 개인적 위해요인 : 사람의 태만이나 무관심이 사고의 가장 큰 원인이긴 하지만 작업환경 중 이미 존재하는 위해요인이 함께 작용하기 때문에 일어나는 경우가 대부분이다. 이러한 안전하지 못한 조건들을 제거하는 것이 사고예방의 첫걸음이다.

ⓛ 환경적 위해요인 : 환경적 위해요인 중에는 위험한 부분을 노출시켜서 일어나는 경우와 작업자의 나쁜 습관에 의하여 이루어지는 경우가 있다.

② 안전성 조사 : 작업장의 안전사고를 예방하기 위해서는 우선 사고예방계획을 작성해야 한다. 사고예방계획은 개인의 상해뿐만 아니라 모든 종류의 사고를 일어나지 않게 하는 것이다.

ⓖ 시설의 안전
- 시설의 안전성을 확보하기 위하여 물리적 환경을 변화시킨다는 것은 위험한 조건을 바르게 고치는 것을 말하며 변화시킬 수 없을 때는 안내판이나 경고판을 세워 둘 수도 있다.
- 통행이 빈번한 지역의 마룻바닥은 미끄럽지 않도록 조치하여야 한다.
- 마룻바닥의 높이가 층지게 공사를 하였거나 통행 중 머리에 부딪힐 우려가 있는 시설물을 설치하였을 때는 경고 표시를 하거나 쿠션을 부착하여야 한다.
- 화재예방장치와 같이 특별한 안전장치는 필요한 곳에는 어디나 설치하여야 한다.

ⓛ 안전에 대한 훈련
- 환경에서 오는 위험요인이 모두 제거되었다 하더라도 사람에 의하여 일어날 수 있는 위험요인을 제거하기 위해서는 안전교육이 계획되어야 한다.
- 안전교육은 위생교육과 함께 이루어지는 것이 좋다.

ⓓ 안전감독
- 안전에 대하여 주의를 환기하는 데는 감독자의 조언이 제일 중요하지만 안전하게 만들어진 시설에서 안전을 계속 확보하는 것은 관리 측면의 책임이다.
- 사고예방의 중요한 요소 중의 하나는 안전에 대한 작업자의 관심이다.

(2) 작업자의 위생관리

인간은 식품오염의 가장 보편적이고 중요한 오염원이다. 인간은 손과 호흡 그리고 소화기계를 통하여 세균을 전파시킨다. 기침이나 재채기에 의하여 병인성 미생물의 전파가 가능하고 배설물을 통해 병원체가 전파될 수도 있다. 건강한 사람이라도 포도상구균이 머리, 피부, 입, 코에서 발견되며 살모넬라나 클로스트리듐 일부가 소화기계에 상존하고 있다. 이러한 모든 세균 증식 장소로부터 사람의 손에 의해 미생물이 전파됨으로써 식품이 오염된다.

① 개인위생
ⓖ 머리 : 기름이 끼고 더러운 머리는 세균의 좋은 증식 장소가 된다. 비듬이 음식에 들어가지 않도록 자주 감아야 한다.
ⓛ 목욕 : 피부는 세균 증식의 가장 중요한 장소이므로 청결해야 한다.
ⓓ 수세 : 개인위생의 가장 중요한 요소는 손을 자주 또 철저히 씻는 것이다. 더러운 손은 오염물질이나 세균을 식품에 옮겨 주는 데 결정적인 역할을 한다.
ⓔ 손톱 : 더러운 손톱, 긴 손톱은 세균의 서식처를 제공하게 되므로 잘 정돈하여야 한다.

ⓜ 외상 : 수지에 생긴 자상이나 찰과상과 같은 개방된 상처는 여러 사람에게 위생상 나쁜 인식을 주고 실제 세균의 오염원이 된다.

ⓗ 흡연 : 흡연은 식품취급 시설에서는 허용되지 않는다. 담배를 피울 때 손가락에 작은 침방울이 묻기 때문에 수많은 미생물이 손가락을 통해 전파될 수 있다.

ⓢ 껌 : 껌을 씹는 것도 또 다른 오염원이 될 수 있다.

② **작업자의 복장**

㉠ 위생복 : 작업자의 옷은 식품에 오염을 차단시켜 주는 중요한 역할을 한다. 더러운 위생복은 고객들에게 거부감을 줄 뿐 아니라 병원성 세균의 서식처가 될 수 있다.

㉡ 위생모 : 머리카락은 세균의 증식처로 식품위생에 중요한 관리요소가 된다. 위생모를 쓰면 손가락으로 머리를 만지거나 두피를 긁는 습관이 있는 사람의 나쁜 습관을 억제할 수 있고 고객에게도 신뢰감을 줄 수 있다.

㉢ 귀금속 : 반지, 시계, 팔찌 등은 음식 찌꺼기가 끼기 쉽고, 또 남아 있는 음식 찌꺼기는 세균 증식의 온상 역할을 한다. 더구나 표면이 복잡한 장신구일수록 위험성은 더 크며, 다른 기구나 장치 취급 시 안전사고의 위험도 크다.

③ **수세(手洗)의 위생**

㉠ 식품위생상 문제가 되는 수지의 오염세균으로 황색포도상구균과 장내세균이 중요하다.

㉡ 대체로 담아 놓은 물보다는 흐르는 물, 찬물보다는 더운물, 또 비누를 사용하거나 3% 크레졸을 사용하면 가장 효과가 크다.

㉢ 수세는 손톱의 길이가 짧을 때 효과가 크며, 손톱이 길 때는 수세가 철저하지 못하면 오히려 손톱에 붙어 있는 세균을 손바닥이나 손가락으로 옮겨 주는 역할을 하기도 한다.

㉣ 위생적인 수세법

• 수세장치는 발이나 무릎 또는 팔꿈치로 작동할 수 있는 시설이 좋다.

• 수세장치에는 더운물과 찬물이 공급되어야 하며 혼합 시 43~49℃ 정도의 수온이 적합하다.

• 비누를 사용하여 충분한 비누거품이 생기게 하고 솔을 가지고 손톱 사이를 깨끗이 씻는다.

• 비누거품을 완전히 제거한 후 종이타월 혹은 전기건조기로 건조시킨다.

6. HACCP의 이해

(1) HACCP의 개념

HACCP(Hazard Analysis Critical Control Point)는 식품의 원재료 생산에서부터 제조, 가공, 보존, 조리 및 유통단계를 거쳐 최종 소비자가 섭취하기 전까지 각 단계에서 위해물질이 해당 식품에 혼입되거나 오염되는 것을 사전에 방지하기 위하여 발생할 우려가 있는 위해요소를 규명하고 이들 위해요소 중에서 최종 제품에 결정적으로 위해를 줄 수 있는 공정, 지점에서 해당 위해요소를 중점적으로 관리하는 예방적인 위생관리체계이다.

(2) HACCP의 기대효과

① 위생적으로 안전한 식품 제조
② 자주적 위생관리 체계 구축
③ 위생관리 효율의 극대화
④ 경제적 이익 도모(제품의 폐기 · 회수율 감소, 소비자의 불만 · 빈틈 등의 감소)
⑤ 기업의 이미지 제고와 신뢰성 향상
⑥ 기업의 경쟁력 강화
⑦ 식품 선택의 기회 제공(HACCP 마크 부착)
⑧ 기업의 리콜(Recall) 및 P/L법에 대한 효율적 대응
⑨ 식품 안전사고 예방
⑩ 안전한 식품 공급을 보증
⑪ 수출여건 개선

(3) HACCP의 구성

① **위해분석(HA ; Hazard Analysis)** : HA는 위해 가능성이 있는 요소를 전공정의 흐름에 따라 분석 · 평가하는 것이다.
　㉠ 일반 위해요소 : 식품제조 · 가공공장의 시설 및 장비 관련 위해
　㉡ 공정 위해요소 : 식품의 가공, 제조, 유통 중 식품에 직접 발생할 수 있는 위해
　　• 생물학적 위해 : 식중독균, 바이러스, 기생충, 자연독 등
　　• 화학적 위해 : 중금속, 잔류농약, 환경호르몬 등
　　• 물리적 위해 : 인체(입, 혀, 목구멍 등)에 상처를 줄 우려가 있는 이물질 등
② **중요관리점(CCP ; Critical Control Point)** : CCP는 확인된 위해 중에서 중점적으로 다루어야 할 위해요소를 의미한다.

(4) HACCP의 원리

① 위해분석(HA ; Hazard Analysis) : 가공식품의 원재료인 가축, 가금, 채소, 과일류, 어패류에 대하여 그 발육, 생산, 어획, 채취단계에서 시작하여 원재료의 보존, 처리, 제조, 가공, 조리를 거쳐 제품의 보존, 유통단계를 지나 최종적으로 소비자의 손에 들어갈 때까지의 각 단계에서 발생할 우려가 있는 미생물 위해의 원인을 확정하고, 그 위해의 중요도(Severity)와 위험도(Risk)를 평가하는 것

② 중요관리점(CCP ; Critical Control Point) 설정 : 각 단계에서 존재하거나 발생할 수 있는 잠재적·실제적 위해를 제거하거나 기준치 이하로 감소시킬 수 있는 관리점을 설정

③ 중요관리점의 한계기준(Critical Limit) 설정
   ㉠ 각 중요관리점에서 위해를 관리하기 위하여 적용하는 각 위해에 대한 기준치
   ㉡ 위해요소의 관리가 한계치 설정대로 충분히 이루어지고 있는지 여부를 판단하는 기준

④ 모니터링(Monitoring) 방법의 설정
   ㉠ 중요관리점에서 허용한계기준 부합을 위한 운영 조건이 적절히 이행되고 있는지를 감시하는 방법을 구체적으로 설정
   ㉡ 위해요소의 관리 여부를 점검하기 위하여 실시하는 일련의 관찰이나 측정 수단

⑤ 시정조치(Corrective Action)의 설정 : 중요관리점에서 허용한계기준이 준수되지 않았을 경우에 취하여야 할 시정조치에 대한 이행 계획을 설정

⑥ 검증(Verification)방법의 설정
   ㉠ HACCP시스템이 효과적으로 운용되고 있는지를 확인하기 위하여 HACCP 계획 및 각종 측정장비 등의 정확성 등을 검증하는 방법을 설정
   ㉡ 해당 업소에서 HACCP의 계획이 적절한지 여부를 정기적으로 평가하는 조치

⑦ 기록유지(Record Keeping) : HACCP시스템 이행 기록을 문서화하는 단계로서 HACCP계획의 수립 및 이행에서 발생한 각종 기록은 반드시 문서화하여 일정 기간 유지하여야 함

[HACCP과 기존의 위생관리방식(GMP 등)의 비교]

항 목	기존 방법	HACCP제도 운영방식
조치단계	문제발생 후의 반작용적 관리	문제발생 전 선조치
숙련 요구성	시험결과의 해석에 숙련 요구	이화학적 항목에 의한 관리로 전문적 숙련 불필요
신속성	시험분석에 장시간 소요	필요시 즉각적 조치 가능
소요비용	제품분석에 많은 비용 소요	저렴
공정관리	현장 및 실험실 관리	현장관리
평가범위	제한된 시료만 평가	각 배치(Batch)별 많은 측정 가능
위해요소	관리범위 제한된 위해요소만 관리	많은 위해요소 관리
제품 안정성	관리자 숙련공만 가능	비숙련공도 관리 가능

7. 축산물 위생관리법 [시행 2024.9.20.]

(1) 목적(제1조)

축산물의 위생적인 관리와 그 품질의 향상을 도모하기 위하여 가축의 사육·도살·처리와 축산물의 가공·유통 및 검사에 필요한 사항을 정함으로써 축산업의 건전한 발전과 공중위생의 향상에 이바지함을 목적으로 한다.

(2) 정의(제2조)

① **가축** : 소, 말, 양(염소 등 산양을 포함한다), 돼지(사육하는 멧돼지를 포함한다), 닭, 오리, 그 밖의 식용을 목적으로 하는 동물로서 대통령령으로 정하는 동물(사슴·토끼·칠면조·거위·메추리·꿩·당나귀)을 말한다.

② **축산물** : 식육·포장육·원유·식용란·식육가공품·유가공품·알가공품을 말한다.

③ **식육** : 식용을 목적으로 하는 가축의 지육·정육·내장, 그 밖의 부분을 말한다.

④ **포장육** : 판매(불특정 다수인에게 무료로 제공하는 경우를 포함한다)를 목적으로 식육을 절단(세절 또는 분쇄를 포함한다)하여 포장한 상태로 냉장하거나 냉동한 것으로서 화학적 합성품 등의 첨가물이나 다른 식품을 첨가하지 아니한 것을 말한다.

⑤ **원유** : 판매 또는 판매를 위한 처리·가공을 목적으로 하는 착유상태의 우유와 양유를 말한다.

⑥ **식용란** : 식용을 목적으로 하는 가축의 알로서 닭, 오리 및 메추리의 알을 말한다.

⑦ **집유** : 원유를 수집, 여과, 냉각 또는 저장하는 것을 말한다.

⑧ **식육가공품** : 판매를 목적으로 하는 햄류, 소시지류, 베이컨류, 건조저장육류, 양념육류, 그 밖에 식육을 원료로 하여 가공한 것으로서 다음의 대통령령으로 정하는 것을 말한다.

  ㉠ 분쇄가공육제품(식육을 주원료로 하여 세절 또는 분쇄하여 가공한 햄버거패티, 미트볼, 돈가스 등을 말한다)

  ㉡ 갈비가공품

  ㉢ 식육추출가공품(식육을 원료로 하여 물로 추출한 것 또는 이에 그 식육이나 식품·식품첨가물을 가하여 가공한 것을 말한다)

  ㉣ 식용 우지(쇠기름)

  ㉤ 식용 돈지(돼지기름)

  ㉥ 식육간편조리세트(식육, 햄류, 소시지류, 베이컨류, 건조저장육류, 양념육류 또는 ㉠부터 ㉤까지의 제품을 주원료로 하고 손질된 농산물, 수산물 등을 함께 넣어 소비자가 가정에서 간편하게 조리하여 섭취할 수 있도록 한 것을 말한다)

⑨ 유가공품 : 판매를 목적으로 하는 우유류, 저지방우유류, 분유류, 조제유류, 발효유류, 버터류, 치즈류, 그 밖에 원유 등을 원료로 하여 가공한 것으로서, 무지방우유류 · 유당분해우유 · 가공유류 · 산양유 · 버터유류 · 농축유류 · 유크림류 · 유청류 · 유당 · 유단백 가수분해 식품 · 아이스크림류 · 아이스크림분말류 · 아이스크림믹스류 등을 말한다.

⑩ 알가공품 : 판매를 목적으로 하는 난황액 · 난백액 · 전란분, 그 밖에 알을 원료로 하여 가공한 것으로서 전란액 · 난황분 · 난백분 · 알가열성형제품 · 염지란 · 피단 등을 말한다.

⑪ 작업장 : 도축장 · 집유장 · 축산물가공장 · 식용란선별포장장 · 식육포장처리장 또는 축산물보관장을 말한다.

⑫ 기립불능 : 일어서거나 걷지 못하는 증상을 말한다.

⑬ 축산물가공품이력추적관리 : 축산물가공품(식육가공품, 유가공품 및 알가공품을 말한다)을 가공단계부터 판매단계까지 단계별로 정보를 기록 · 관리하여 그 축산물가공품의 안전성 등에 문제가 발생할 경우 그 축산물가공품의 이력을 추적하여 원인을 규명하고 필요한 조치를 할 수 있도록 관리하는 것을 말한다.

(3) 축산물의 기준 및 규격(제4조)

① 가축의 도살 · 처리 및 집유의 기준은 총리령으로 정한다.

② 식품의약품안전처장은 공중위생상 필요한 경우 축산물의 가공 · 포장 · 보존 및 유통의 방법에 관한 기준(이하 "가공기준"이라 한다), 축산물의 성분에 관한 규격(이하 "성분규격"이라 한다), 축산물의 위생등급에 관한 기준을 정하여 고시할 수 있다.

(4) 축산물의 위생관리

① 가축의 도살 등(제7조제1항) : 가축의 도살 · 처리, 집유, 축산물의 가공 · 포장 및 보관은 허가를 받은 작업장에서 하여야 한다.

② 위생관리기준(제8조)

　㉠ 허가를 받거나 신고를 한 자(이하 "영업자"라 한다) 및 그 종업원이 작업장 또는 업소에서 지켜야 할 위생관리기준은 총리령으로 정한다.

　㉡ 도축업의 영업자, 축산물가공업의 영업자, 식육포장처리업의 영업자, 그 밖에 자체위생관리기준을 작성 · 운영하여야 한다고 인정되어 총리령으로 정하는 영업자는 위생관리기준에 따라 해당 작업장 또는 업소에서 영업자 및 종업원이 지켜야 할 자체위생관리기준을 작성 · 운영하여야 한다. 다만, 안전관리인증작업장 또는 안전관리인증업소로 인증을 받거나 받은 것으로 보는 경우에는 그러하지 아니하다.

③ 안전관리인증기준(제9조)

    ㉠ 식품의약품안전처장은 가축의 사육부터 축산물의 원료관리·처리·가공·포장·유통 및 판매까지의 모든 과정에서 인체에 위해를 끼치는 물질이 축산물에 혼입되거나 그 물질로부터 축산물이 오염되는 것을 방지하기 위하여 총리령으로 정하는 바에 따라 각 과정별로 안전관리인증기준 및 그 적용에 관한 사항을 정하여 고시한다.

    ㉡ 도축업의 영업자와 집유업의 영업자는 안전관리인증기준에 따라 해당 작업장에 적용할 자체안전관리인증기준을 작성·운용하여야 한다. 다만, 총리령으로 정하는 섬 지역에 있는 영업자인 경우에는 그러하지 아니하다.

    ㉢ 축산물가공업의 영업자 중 총리령으로 정하는 영업자, 식용란선별포장업의 영업자 및 식육포장처리업의 영업자는 식품의약품안전처장이 고시한 안전관리인증기준을 지켜야 한다.

      ※ 다음의 구분에 따른 업소의 식육포장처리업의 영업자에 대한 ㉢ 개정 규정은 다음에서 정한 날부터 시행한다. 이 경우 연매출액은 부칙 본문의 시행일을 기준으로 해당 영업장의 전년도 1년간의 총매출액으로 하고, 신규사업·휴업 등으로 전년도 1년간의 총매출액을 산출할 수 없을 경우에는 전년도 실제 운영기간 동안의 총매출액을 1년 단위로 환산하여 산출한다.

        ⓐ 연매출액이 20억원 이상인 업소 : 2023년 1월 1일

        ⓑ 연매출액이 5억원 이상인 업소 : 2025년 1월 1일

        ⓒ 연매출액이 1억원 이상인 업소 : 2027년 1월 1일

        ⓓ ⓐ부터 ⓒ까지의 어느 하나에 해당하지 아니하는 업소 : 2029년 1월 1일

    ㉣ 식품의약품안전처장은 안전관리인증기준을 지켜야 하는 영업자와 안전관리인증기준을 준수하고 있음을 인증받기를 원하는 자(㉡ 본문에 따른 영업자는 제외한다)가 있는 경우에는 그 준수 여부를 심사하여 해당 작업장·업소 또는 농장을 안전관리인증작업장·안전관리인증업소 또는 안전관리인증농장으로 인증할 수 있다.

    ㉤ 「농업협동조합법」에 따른 축산업협동조합 등 총리령으로 정하는 자가 가축의 사육, 축산물의 처리·가공·유통 및 판매 등 모든 단계에서 안전관리인증기준을 준수하고 있음을 통합하여 인증받고자 신청하는 경우에는 식품의약품안전처장은 그 신청자와 가축의 출하 또는 원료공급 등의 계약을 체결한 작업장·업소 또는 농장의 안전관리인증기준 준수 여부 등 인증요건을 심사하여 해당 신청자를 안전관리통합인증업체로 인증할 수 있다. 이 경우 해당 작업장·업소 또는 농장은 안전관리인증작업장·안전관리인증업소 또는 안전관리인증농장으로 각각 인증받은 것으로 본다.

    ㉥ 안전관리인증작업장·안전관리인증업소 또는 안전관리인증농장으로 인증을 받거나 받은 것으로 보는 자, 안전관리통합인증업체로 인증을 받은 자가 그 인증받은 사항 중 총리령으로 정하는 사항을 변경하려는 경우에는 식품의약품안전처장의 변경 인증을 받아야 한다.

Ⓢ 식품의약품안전처장은 안전관리인증작업장·안전관리인증업소 또는 안전관리인증농장으로 인증을 받거나 받은 것으로 보는 자, 안전관리통합인증업체로 인증을 받은 자 및 변경 인증을 받은 자에게 그 인증 또는 변경 인증 사실을 증명하는 서류를 발급하여야 한다.

Ⓞ 자체안전관리인증기준을 작성·운용하지 아니하는 자는 자체안전관리인증기준을 작성·운용하고 있다는 내용의 표시·광고를 하여서는 아니 된다.

Ⓩ 인증 또는 변경 인증 사실 증명서류를 발급받지 아니한 자는 안전관리인증작업장·안전관리인증업소·안전관리인증농장 또는 안전관리통합인증업체(이하 "안전관리인증작업장 등"이라 한다)라는 명칭을 사용하지 못한다.

ⓩ 식품의약품안전처장, 시·도지사 또는 시장·군수·구청장은 안전관리인증기준을 효율적으로 운용하기 위하여 자체안전관리인증기준을 작성·운용하여야 하는 영업자(종업원을 포함), 안전관리인증작업장 등의 인증을 받으려는 자 및 인증을 받은 자(종업원을 포함)에게 안전관리인증기준 준수에 필요한 기술·정보를 제공하거나 교육훈련을 실시할 수 있다.

Ⓚ 식품의약품안전처장, 시·도지사 또는 시장·군수·구청장은 안전관리인증작업장 등으로 인증 받은 자에게 시설 개선을 위한 융자사업 등의 우선지원을 할 수 있다.

Ⓣ 안전관리인증작업장 등의 인증 요건 및 절차, 변경 인증의 절차, 증명서류의 발급은 총리령으로 정한다.

(5) 검 사

① **가축의 검사(제11조제1항)** : 도축업의 영업자는 작업장에서 도살·처리하는 가축에 대하여 임명·위촉된 검사관의 검사를 받아야 한다.

② **축산물의 검사(제12조제1항)** : 도축업의 영업자는 작업장에서 처리하는 식육에 대하여 검사관의 검사를 받아야 한다.

③ **합격표시(제16조)** : 검사관·책임수의사 또는 영업자는 검사한 결과 검사에 합격한 축산물(원유는 제외한다)에 대하여는 총리령이 정하는 바에 따라 합격표시를 하여야 한다.

④ **미검사품의 반출금지(제17조)** : 영업자는 검사를 받지 아니한 축산물(이하 "미검사품"이라 한다)을 작업장 밖으로 반출하여서는 아니 된다.

(6) 영업의 허가 및 신고 등

① **영업의 세부 종류와 범위(시행령 제21조)**

ㄱ 도축업 : 가축을 식용에 제공할 목적으로 도살·처리하는 영업

ㄴ 집유업 : 원유를 수집·여과·냉각 또는 저장하는 영업. 다만, 자신이 직접 생산한 원유를 원료로 하여 가공하는 경우로서 원유의 수집행위가 이루어지지 아니하는 경우는 제외한다.

ⓒ 축산물가공업
- 식육가공업 : 식육가공품(식육간편조리세트의 경우 자신이 절단한 식육 또는 자신이 만든 식육가공품을 주원료로 하여 만든 것으로 한정한다)을 만드는 영업
- 유가공업 : 유가공품을 만드는 영업
- 알가공업 : 알가공품을 만드는 영업
ⓔ 식용란선별포장업 : 식용란 중 달걀을 전문적으로 선별·세척·건조·살균·검란·포장하는 영업
ⓜ 식육포장처리업 : 포장육 또는 식육간편조리세트(자신이 절단한 식육을 주원료로 하여 만든 것으로 한정한다)를 만드는 영업
ⓗ 축산물보관업 : 축산물을 얼리거나 차게 하여 보관하는 냉동·냉장업. 다만, 축산물가공업 또는 식육포장처리업의 영업자가 축산물을 제품의 원료로 사용할 목적으로 보관하는 경우, 「전자상거래 등에서의 소비자보호에 관한 법률」에 따른 통신판매업자가 판매한 축산물을 우유류판매업(냉장시설 또는 냉동시설을 갖춘 경우로 한정한다)의 영업자가 배송하기 위하여 보관하는 경우는 제외한다.
ⓢ 축산물운반업 : 축산물(원유와 건조·멸균·염장 등을 통하여 쉽게 부패·변질되지 않도록 가공되어 냉동 또는 냉장 보존이 불필요한 축산물은 제외한다)을 위생적으로 운반하는 영업. 다만, 축산물을 해당 영업자의 영업장에서 판매하거나 처리·가공 또는 포장할 목적으로 운반하는 경우와 해당 영업자가 처리·가공 또는 포장한 축산물을 운반하는 경우는 제외한다.
ⓞ 축산물판매업
- 식육판매업 : 식육 또는 포장육을 전문적으로 판매하는 영업(포장육을 다시 절단하거나 나누어 판매하는 영업을 포함한다). 다만, 다음의 어느 하나에 해당하는 경우는 제외한다.
  - 식품을 소매로 판매하는 점포를 경영하는 자(이하 "식품점포경영자"라 한다) 또는 식육판매업 외의 축산물판매업 영업자가 닭·오리의 식육(도축업의 영업자가 개체별로 포장한 닭·오리의 식육을 말한다) 또는 포장육을 해당 점포 또는 영업장에 있는 냉장시설 또는 냉동시설에 보관 또는 진열하여 그 포장을 뜯지 않은 상태 그대로 해당 점포 또는 영업장에서 최종 소비자에게 판매하는 경우(전화 또는 홈페이지 등을 통해 주문을 받아 배송·판매하는 경우를 포함한다)
  - 「식품위생법 시행령」에 따른 집단급식소 식품판매업의 영업자가 닭·오리의 식육 또는 포장육을 그 포장을 뜯지 아니한 상태 그대로 「식품위생법」에 따른 집단급식소의 설치·운영자 또는 같은 법 시행령에 따른 위탁급식영업의 영업자에게 판매하는 경우
  - 식육포장처리업의 영업자가 자신이 만든 포장육을 직접 판매하는 경우
  - 식육즉석판매가공업의 신고를 하고 해당 영업을 하는 경우

- 「전자상거래 등에서의 소비자보호에 관한 법률」에 따른 통신판매업자가 닭·오리의 식육 또는 포장육을 판매하는 경우(판매할 때 보관·관리 또는 배송을 식육판매업 또는 식육포장처리업의 영업자에게 위탁하는 경우로 한정한다)
- 식육부산물전문판매업 : 식육 중 부산물로 분류되는 내장(간·심장·위장·비장·창자·콩팥 등을 말한다)과 머리·다리·꼬리·뼈·혈액 등 식용이 가능한 부분만을 전문적으로 판매하는 영업
- 우유류판매업 : 우유대리점·우유보급소 등의 형태로 직접 마실 수 있는 유가공품을 전문적으로 판매하는 영업. 다만, 「식품위생법 시행령」에 따른 집단급식소 식품판매업의 영업자가 집단급식소의 설치·운영자 또는 위탁급식영업의 영업자에게 판매하는 경우는 제외한다.
- 축산물유통전문판매업 : 축산물(포장육·식육가공품·유가공품·알가공품을 말한다)의 가공 또는 포장처리를 축산물가공업의 영업자 또는 식육포장처리업의 영업자에게 의뢰하여 가공 또는 포장처리된 축산물을 자신의 상표로 유통·판매하는 영업
- 식용란수집판매업 : 식용란(달걀만 해당한다)을 수집·처리 또는 구입하여 전문적으로 판매하는 영업. 다만, 다음의 어느 하나에 해당하는 경우는 제외한다.
  - 「축산법」에 따른 가축사육업 등록 제외대상에 해당하여 등록을 하지 아니하고 닭 사육업을 하는 경우
  - 포장된 달걀[식용란선별포장업 및 축산물판매업(식용란수집판매업만 해당한다)의 영업자가 포장한 달걀을 말한다]을 식품점포경영자, 식용란수집판매업 외의 축산물판매업 또는 식육즉석판매가공업의 영업자가 해당 점포 또는 영업장에서 최종 소비자에게 직접 판매하는 경우(전화 또는 홈페이지 등을 통해 주문을 받아 배송·판매하는 경우를 포함한다)
  - 포장된 달걀을 「식품위생법 시행령」에 따른 집단급식소 식품판매업의 영업자가 집단급식소에 판매하는 경우
  - 자신이 생산한 식용란 전부를 식용란선별포장업 또는 식용란수집판매업의 영업자에게 판매하는 경우
  - 포장된 달걀을 「전자상거래 등에서의 소비자보호에 관한 법률」에 따른 통신판매업자가 판매하는 경우(판매할 때 보관·관리 또는 배송을 식용란선별포장업 또는 식용란수집판매업의 영업자에게 위탁하는 경우로 한정한다)
  - 식용란선별포장업의 영업자가 자신이 직접 선별·세척·건조·살균·검란·포장한 달걀을 판매하는 경우

ⓒ 식육즉석판매가공업 : 식육 또는 포장육을 전문적으로 판매(포장육을 다시 절단하거나 나누어 판매하는 것을 포함한다)하면서 식육가공품(통조림·병조림은 제외한다)을 만들거나 다시 나누어 직접 최종 소비자에게 판매하는 영업. 다만, 식품점포경영자가 닭·오리의 식육 또는 포장육을 해당 점포에 있는 냉장시설 또는 냉동시설에 보관 및 진열하여 그 포장을 뜯지 않은 상태 그대로 해당 점포에서 최종 소비자에게 판매(전화 또는 홈페이지 등을 통해 주문을 받아 배송·판매하는 경우를 포함한다)하면서 식육가공품(통조림·병조림은 제외한다)을 만들거나 다시 나누어 직접 최종 소비자에게 판매하는 경우는 제외한다.

② 영업의 허가(제22조제1항) : 도축업·집유업·축산물가공업 또는 식용란선별포장업의 영업을 하려는 자는 총리령으로 정하는 바에 따라 작업장별로 시·도지사의 허가를 받아야 하고, 식육포장처리업 또는 축산물보관업의 영업을 하려는 자는 총리령으로 정하는 바에 따라 작업장별로 특별자치시장·특별자치도지사·시장·군수·구청장의 허가를 받아야 한다.

③ 영업의 신고(제24조제1항) : 축산물운반업·축산물판매업·식육즉석판매가공업·그 밖에 대통령령으로 정하는 영업을 하려는 자는 총리령으로 정하는 바에 따라 시설을 갖추고 특별자치시장·특별자치도지사·시장·군수·구청장에게 신고하여야 한다.

④ 품목 제조의 보고(제25조) : 축산물가공업의 허가를 받은 자가 축산물을 가공하거나 식육포장처리업의 허가를 받은 자가 식육을 포장처리하는 경우에는 그 품목의 제조방법설명서 등 총리령으로 정하는 사항을 시·도지사 또는 시장·군수·구청장에게 보고하여야 한다. 보고한 사항 중 총리령으로 정하는 중요한 사항을 변경하는 경우에도 같다.

⑤ 영업의 승계(제26조제1항) : 영업자가 사망하거나 그 영업을 양도하거나 법인인 영업자가 합병하였을 때에는 그 상속인이나 영업 양수인이나 합병 후 존속하는 법인 또는 합병으로 설립되는 법인(이하 "양수인 등"이라 한다)은 그 영업자의 지위를 승계한다.

⑥ 영업자 등의 준수사항(제31조) : 도축업 또는 집유업의 영업자는 정당한 사유 없이 가축의 도살·처리 또는 집유의 요구를 거부하여서는 아니 된다. 영업자 및 그 종업원은 영업을 할 때 위생적 관리와 거래질서유지를 위하여 다음에 관하여 총리령으로 정하는 사항을 준수하여야 한다.
  ㉠ 가축의 도살·처리 및 집유에 관한 사항
  ㉡ 가축과 축산물의 검사 및 위생관리에 관한 사항
  ㉢ 작업장의 시설 및 위생관리에 관한 사항
  ㉣ 축산물의 위생적인 가공·포장·보관·운반·유통·진열·판매 등에 관한 사항
  ㉤ 축산물에 대한 거래명세서의 발급(식용란의 경우 발급된 거래명세서의 수취·보관에 관한 사항을 포함한다)과 거래내역서의 작성·보관에 관한 사항
  ㉤의2 냉장축산물의 냉동전환 및 그 보고 등에 관한 사항
  ㉤의3 식용란의 용도에 따른 유통·판매의 구분에 관한 사항

ⓗ 그 밖에 영업자 및 그 종업원이 가축 및 축산물의 위생적 관리와 거래질서 유지를 위하여 준수하여야 할 사항

⑦ 위해 축산물의 회수 및 폐기 등(제31조의2)

ⓐ 영업자 또는 영업에 사용할 목적으로 축산물을 수입하는 자는 해당 축산물이 제4조·제5조 또는 제33조에 위반된 사실(축산물의 위해와 관련이 없는 위반사항은 제외한다)을 알게 된 경우에는 지체 없이 유통 중인 해당 축산물을 회수하여 폐기(회수한 축산물을 총리령으로 정하는 바에 따라 다른 용도로 활용하는 경우에는 폐기하지 아니할 수 있다)하는 등 필요한 조치를 하여야 한다.

ⓑ 축산물을 회수하여 폐기하는 등 필요한 조치를 하여야 하는 자는 회수·폐기 계획을 식품의약품안전처장, 시·도지사 또는 시장·군수·구청장에게 미리 보고하여야 하며, 그 회수·폐기 계획에 따른 회수·폐기 결과를 보고받은 시·도지사 또는 시장·군수·구청장은 이를 지체 없이 식품의약품안전처장에게 통보하여야 한다. 다만, 해당 축산물이 「수입식품안전관리 특별법」에 따라 수입한 축산물이고, 보고의무자가 해당 축산물을 수입한 자인 경우에는 식품의약품안전처장에게 보고하여야 한다.

ⓒ 식품의약품안전처장, 시·도지사 또는 시장·군수·구청장은 ⓐ에 따른 회수 또는 폐기 등에 필요한 조치를 성실히 이행한 영업자에 대하여 해당 축산물 등으로 인하여 받게 되는 제27조에 따른 행정처분을 대통령령으로 정하는 바에 따라 감면할 수 있다.

ⓓ ⓐ 및 ⓑ에 따른 회수·폐기의 대상 축산물, 회수·폐기의 계획, 회수·폐기의 절차 및 회수·폐기의 결과 보고 등은 총리령으로 정한다.

(7) 생산실적 등의 보고 및 통보(제34조)

도축업·집유업·축산물가공업 또는 식육포장처리업의 영업허가를 받은 자는 총리령으로 정하는 바에 따라 도축실적, 집유실적, 축산물가공품 또는 포장육의 생산실적을 시·도지사 또는 시장·군수·구청장에게 보고하여야 하고, 시·도지사 또는 시장·군수·구청장은 이를 식품의약품안전처장에게 통보하여야 한다. 이 경우 시장·군수·구청장은 시·도지사를 거쳐야 한다.

(8) 판매 등의 금지(제33조제1항)

다음의 어느 하나에 해당하는 축산물은 판매하거나 판매할 목적으로 처리·가공·포장·사용·수입·보관·운반 또는 진열하지 못한다. 다만, 식품의약품안전처장이 정하는 기준에 적합한 경우에는 그러하지 아니하다.

① 썩었거나 상한 것으로서 인체의 건강을 해칠 우려가 있는 것

② 유독·유해물질이 들어 있거나 묻어 있는 것 또는 그 우려가 있는 것

③ 병원성 미생물에 의하여 오염되었거나 그 우려가 있는 것

④ 불결하거나 다른 물질이 혼입 또는 첨가되었거나 그 밖의 사유로 인체의 건강을 해칠 우려가 있는 것

⑤ 수입이 금지된 것을 수입하거나 「수입식품안전관리 특별법」 제20조제1항에 따라 수입신고를 하여 야 하는 경우에 신고하지 아니하고 수입한 것

⑥ 제16조에 따른 합격표시가 되어 있지 아니한 것

⑦ 제22조제1항 및 제2항에 따라 허가를 받아야 하는 경우 또는 제24조제1항에 따라 신고를 하여 야 하는 경우에 허가를 받지 아니하거나 신고하지 아니한 자가 처리·가공 또는 제조한 것

⑧ 해당 축산물에 표시된 소비기한이 지난 축산물

⑨ 제33조의2제2항에 따라 판매 등이 금지된 것

(9) 벌칙(제45조)

① 다음에 해당하는 자는 10년 이하의 징역 또는 1억원 이하의 벌금에 처한다.

　ㄱ 허가받은 작업장이 아닌 곳에서 가축을 도살·처리한 자

　ㄴ 가축을 도살·처리하여 식용으로 사용하거나 판매한 자

　ㄷ 가축 또는 식육에 대한 부정행위를 한 자

　ㄹ 가축에 대한 검사관의 검사를 받지 아니한 자

　ㅁ 수입·판매 금지 조치를 위반하여 축산물을 수입·판매하거나 판매할 목적으로 가공·포장· 보관·운반 또는 진열한 자

　ㅂ 영업허가를 받지 아니하거나 변경허가를 받지 아니하고 영업을 한 자

　ㅅ 판매 등의 금지를 위반하여 축산물을 판매하거나 판매할 목적으로 처리·가공·포장·사용· 수입·보관·운반 또는 진열한 자

② ①의 ㅅ의 죄로 금고 이상의 형을 선고받고 그 형이 확정된 후 5년 이내에 다시 ①의 ㅅ의 죄를 범한 자는 1년 이상 10년 이하의 징역에 처한다. 이 경우 그 해당 축산물을 판매한 때에는 그 판매금액의 4배 이상 10배 이하에 해당하는 벌금을 병과한다.

③ 위해 축산물의 회수 등을 위반하여 회수 또는 회수에 필요한 조치를 하지 아니한 자는 5년 이하의 징역 또는 5천만원 이하의 벌금에 처한다.

④ 다음에 해당하는 자는 3년 이하의 징역 또는 3천만원 이하의 벌금에 처한다.

　ㄱ 거짓이나 그 밖의 부정한 방법으로 제4조제3항에 따른 인정을 받은 자

　ㄱ의 2 축산물의 기준 및 규격을 위반하여 가축의 도살·처리, 집유, 축산물의 가공·포장·보존 또는 유통을 한 자

　ㄴ 축산물의 기준 및 규격에 맞지 아니하는 축산물을 판매하거나 판매할 목적으로 보관·운반 또는 진열한 자

　ㄷ 용기 등의 규격을 위반하여 그 규격 등에 적합하지 아니한 용기 등을 사용한 자

ⓒ 가축의 도살 등을 위반하여 허가받은 작업장이 아닌 곳에서 집유하거나 축산물을 가공, 포장 또는 보관한 자

ⓒ의2 안전관리인증기준을 지키지 아니한 자

ⓜ 식육에 대한 검사관의 검사를 받지 아니하거나 집유하는 원유에 대하여 검사관 또는 책임수의 사의 검사를 받지 아니한 자

ⓜ의2 제12조제7항을 위반하여 보고를 하지 아니한 자

ⓗ 미검사품을 작업장 밖으로 반출한 자

ⓢ 검사에 불합격한 가축 또는 축산물을 처리한 자

ⓞ 허가의 취소 규정에 따른 명령을 위반한 자

ⓩ 영업자 및 그 종업원이 준수하여야 할 사항을 준수하지 아니한 자. 다만, 총리령으로 정하는 경미한 사항을 준수하지 아니한 자는 제외한다.

ⓒ 거래명세서를 발급하지 아니하거나 거짓으로 발급한 자

ⓚ 거래내역서를 작성·보관하지 아니하거나 거짓으로 작성한 자

ⓣ 제3조의3제1항 외의 부분 단서를 위반하여 등록하지 아니한 자

ⓟ 압류·폐기 또는 회수, 공표 명령을 위반한 자

ⓗ 검사에 불합격한 동물 등을 처리한 자

⑤ 다음에 해당하는 자는 2년 이하의 징역 또는 3천만원 이하의 벌금에 처한다.

ⓒ 제7조제9항을 위반하여 거짓으로 합격표시를 한 자

ⓒ의2 책임수의사를 지정하지 아니한 자

ⓛ 책임수의사의 업무를 방해하거나 정당한 사유 없이 책임수의사의 요청을 거부한 자

ⓒ 축산물의 합격표시를 하지 아니하거나 거짓으로 합격표시를 한 자

ⓒ 게시문 또는 봉인을 제거하거나 손상한 자

⑥ 다음에 해당하는 자는 1년 이하의 징역 또는 1천만원 이하의 벌금에 처한다.

ⓒ 검사를 거부·방해하거나 기피한 자

ⓛ 검사를 하지 아니하거나 거짓으로 검사를 한 자

ⓛ의2 거래명세서를 발급하지 아니하거나 거짓으로 발급한 자

ⓒ 검사·출입·수거·압류·폐기 조치를 거부·방해하거나 기피한 자

ⓒ 출입·검사·수거 보고를 하지 아니하거나 거짓으로 보고를 한 자

ⓜ 영업의 종류 및 시설기준 또는 영업의 허가 조건을 위반한 자

ⓗ 영업의 휴업, 재개업 또는 폐업의 신고를 하지 아니한 자

ⓢ 영업의 신고를 하지 아니한 자

ⓞ 영업의 승계 신고를 하지 아니한 자

ⓩ 소비자로부터 이물 발견의 신고를 받고 이를 거짓으로 보고한 자

   ㊀의2 이물의 발견을 거짓으로 신고한 자

   ㊁ 영업소의 폐쇄조치를 거부·방해하거나 기피한 자

 ⑦ ①부터 ⑤까지의 경우 징역과 벌금을 병과(倂科)할 수 있다.

(10) 양벌규정(제46조)

법인의 대표자나 법인 또는 개인의 대리인, 사용인, 그 밖의 종업원이 그 법인 또는 개인의 업무에 관하여 벌칙의 위반행위를 하면 그 행위자를 벌하는 외에 그 법인 또는 개인에게도 해당 조문의 벌금형을 과한다. 다만, 법인 또는 개인이 그 위반행위를 방지하기 위하여 해당 업무에 관하여 상당한 주의와 감독을 게을리하지 아니한 경우에는 그러하지 아니하다.

(11) 과태료(제47조)

 ① 다음에 해당하는 자에게는 1천만원 이하의 과태료를 부과한다.

  ㉠ 가축의 도살·처리 신고를 하지 아니한 자

  ㉡ 가축을 위생적으로 도살·처리하지 아니한 자

  ㉢ 자체위생관리기준을 작성 또는 운용하지 아니한 자

  ㉣ 자체안전관리인증기준을 작성 또는 운용하지 아니한 자

 ② 다음에 해당하는 자에게는 500만원 이하의 과태료를 부과한다.

  ㉠ 자체안전관리인증기준을 작성·운용하지 아니하였으면서 자체안전관리인증기준을 작성·운용하고 있다는 내용의 표시·광고를 한 자

  ㉡ 인증 또는 변경 인증 사실 증명서류를 발급받지 아니하였으면서 안전관리인증작업장 등의 명칭을 사용한 자

  ㉢ 가축의 사육방법 및 위생적인 출하 등 개선에 필요한 지도 및 시정명령을 이행하지 아니한 자

  ㉣ 포장을 하지 아니하고 보관·운반·진열 또는 판매한 자

  ㉤ 영업의 휴업·재개업 또는 폐업 신고를 하지 아니한 자

  ㉥ 품목 제조의 보고를 하지 아니하거나 거짓으로 보고를 한 자

  ㉦ 건강진단을 받지 아니하였거나 건강진단 결과 다른 사람에게 위해를 끼칠 우려가 있는 질병이 있는 종업원을 영업에 종사하게 한 자

  ㉧ 가축의 도살·처리 또는 집유의 요구를 거부한 자

  ㉨ 위해 축산물의 회수 및 폐기 등 제2항을 위반하여 보고를 하지 아니하거나 거짓으로 보고를 한 자

  ㉨의2 단서를 위반하여 축산물가공품이력추적관리의 표시를 하지 아니한 자

  ㉨의3 축산물가공품이력추적관리의 표시를 고의로 제거하거나 훼손하여 이력추적관리번호를 알아볼 수 없게 한 자

ⓩ의4 소비자로부터 이물 발견의 신고를 받고 보고하지 아니한 자

ⓩ 시설 개선명령을 위반한 자

③ 다음에 해당하는 자에게는 300만원 이하의 과태료를 부과한다.

ⓖ 건강진단을 받지 아니하였거나 건강진단 결과 다른 사람에게 위해를 끼칠 우려가 있는 질병이 있는 영업자로서 그 영업을 한 자

ⓛ 영업자 및 그 종업원이 준수해야 할 사항 중 총리령으로 정하는 경미한 사항을 준수하지 아니한 자

ⓛ의2 축산물가공품이력추적관리 등록사항이 변경된 경우 변경사유가 발생한 날부터 1개월 이내에 변경신고를 하지 아니한 자

ⓛ의3 이력추적관리정보를 축산물가공품이력추적관리 목적 외의 용도로 사용한 자

ⓒ 수수료 규정을 위반하여 수수료를 받은 자

④ 다음에 해당하는 자에게는 100만원 이하의 과태료를 부과한다.

ⓖ 축산물 위생에 관한 교육을 받지 아니한 책임수의사 또는 종업원을 그 검사업무 또는 영업에 종사하게 한 자

ⓛ 축산물 위생에 관한 위생교육을 받지 아니한 영업자로서 그 영업을 한 자

ⓒ 생산실적 등의 보고를 하지 아니하거나 거짓으로 보고를 한 자

⑤ ①부터 ④까지의 규정에 따른 과태료는 대통령령으로 정하는 바에 따라 식품의약품안전처장, 시·도지사 또는 시장·군수·구청장이 부과·징수한다.

03 식육가공 및 저장

01 | 원료의 이화학적 특성

1. 용어의 정의 식품의 기준 및 규격 [시행 2024.7.10.]

(1) 식 육

"식육"이라 함은 식용을 목적으로 하는 동물성원료의 지육, 정육, 내장, 그 밖의 부분을 말하며, "지육"은 머리, 꼬리, 발 및 내장 등을 제거한 도체(Carcass)를, "정육"은 지육으로부터 뼈를 분리한 고기를, "내장"은 식용을 목적으로 처리된 간, 폐, 심장, 위, 췌장, 비장, 신장, 소장 및 대장 등을, "그 밖의 부분"은 식용을 목적으로 도축된 동물성원료로부터 채취, 생산된 동물의 머리, 꼬리, 발, 껍질, 혈액 등 식용이 가능한 부위를 말한다.

(2) 건조물

"건조물(고형물)"은 원료를 건조하여 남은 고형물로서 별도의 규격이 정하여지지 않은 한, 수분함량이 15% 이하인 것을 말한다.

(3) 소비기한

"소비기한"이라 함은 식품에 표시된 보관방법을 준수할 경우 섭취하여도 안전에 이상이 없는 기한을 말한다.

※ 2023년 1월 1일부터 '소비기한 표시제'가 적용되어 식품에 '유통기한' 대신 '소비기한'이 표기되고 있다. 다만, 우유류의 경우 시행 시점을 2031년으로 한다.

(4) 비가식부분

"비가식부분"이라 함은 통상적으로 식용으로 섭취하지 않는 원료의 특정 부위를 말하며, 가식부분 중에 손상되거나 병충해를 입은 부분 등 고유의 품질이 변질되었거나 제조 공정 중 부적절한 가공처리로 손상된 부분을 포함한다.

(5) 냉동·냉장축산물의 보존온도 및 장소

① "냉장" 또는 "냉동"이라 함은 이 고시에서 따로 정하여진 것을 제외하고는 냉장은 0~10℃, 냉동은 -18℃ 이하를 말한다.

② "차고 어두운 곳" 또는 "냉암소"라 함은 따로 규정이 없는 한 0~15℃의 빛이 차단된 장소를 말한다.

(6) 이 물

"이물"이라 함은 정상식품의 성분이 아닌 물질을 말하며 동물성으로 절지동물 및 그 알, 유충과 배설물, 설치류 및 곤충의 흔적물, 동물의 털, 배설물, 기생충 및 그 알 등이 있고, 식물성으로 종류가 다른 식물 및 그 종자, 곰팡이, 짚, 겨 등이 있으며, 광물성으로 흙, 모래, 유리, 금속, 도자기파편 등이 있다.

(7) 살 균

"살균"이라 함은 따로 규정이 없는 한 세균, 효모, 곰팡이 등 미생물의 영양 세포를 불활성화시켜 감소시키는 것을 말한다.

(8) 멸 균

"멸균"이라 함은 따로 규정이 없는 한 미생물의 영양세포 및 포자를 사멸시키는 것을 말한다.

(9) 밀 봉

"밀봉"이라 함은 용기 또는 포장 내외부의 공기유통을 막는 것을 말한다.

(10) 가공식품

"가공식품"이라 함은 식품원료(농, 임, 축, 수산물 등)에 식품 또는 식품첨가물을 가하거나, 그 원형을 알아볼 수 없을 정도로 변형(분쇄, 절단 등)시키거나 이와 같이 변형시킨 것을 서로 혼합 또는 이 혼합물에 식품 또는 식품첨가물을 사용하여 제조·가공·포장한 식품을 말한다. 다만, 식품첨가물이나 다른 원료를 사용하지 아니하고 원형을 알아볼 수 있는 정도로 농·임·축·수산물을 단순히 자르거나 껍질을 벗기거나 소금에 절이거나 숙성하거나 가열(살균의 목적 또는 성분의 현격한 변화를 유발하는 경우를 제외한다) 등의 처리과정 중 위생상 위해 발생의 우려가 없고 식품의 상태를 관능으로 확인할 수 있도록 단순처리한 것은 제외한다.

(11) 미생물 규격에서 사용하는 용어(n, c, m, M)

① n : 검사하기 위한 시료의 수

② c : 최대허용시료수, 허용기준치(m)를 초과하고 최대허용한계치(M) 이하인 시료의 수로서 결과가 m을 초과하고 M 이하인 시료의 수가 c 이하일 경우에는 적합으로 판정

③ m : 미생물 허용기준치로서 결과가 모두 m 이하인 경우 적합으로 판정

④ M : 미생물 최대허용한계치로서 결과가 하나라도 M을 초과하는 경우는 부적합으로 판정

※ m, M에 특별한 언급이 없는 한 1g 또는 1mL 당의 집락수(CFU ; Colony Forming Unit)이다.

2. 원료 등의 구비요건

① 식품의 제조에 사용되는 원료는 식용을 목적으로 채취, 취급, 가공, 제조 또는 관리된 것이어야 한다.

② 원재료는 품질과 선도가 양호하고 부패·변질되었거나, 유독·유해물질 등에 오염되지 아니한 것으로 안전성을 가지고 있어야 한다.

③ 식품제조·가공영업등록대상이 아닌 천연성 원료를 직접 처리하여 가공식품의 원료로 사용하는 때에는 흙, 모래, 티끌 등과 같은 이물을 충분히 제거하고 필요한 때에는 식품용수로 깨끗이 씻어야 하며 비가식부분은 충분히 제거하여야 한다.

④ 허가, 등록 또는 신고 대상인 업체에서 식품원료를 구입 사용할 때에는 제조영업등록을 하였거나 수입신고를 마친 것으로서 해당 식품의 기준 및 규격에 적합한 것이어야 하며 소비기한 경과제품 등 관련 법 위반식품을 원료로 사용하여서는 아니 된다.

⑤ 기준 및 규격이 정하여져 있는 식품, 식품첨가물은 그 기준 및 규격에, 인삼·홍삼·흑삼은 「인삼산업법」에, 산양삼은 「임업 및 산촌 진흥촉진에 관한 법률」에, 축산물은 「축산물 위생관리법」에 적합한 것이어야 한다. 다만, 최종제품의 중금속 등 유해오염물질 기준 및 규격이 사용 원료보다 더 엄격하게 정해져 있는 경우, 최종제품의 기준 및 규격에 적합하도록 적절한 원료를 사용하여야 한다.

⑥ 원료로 파쇄분을 사용할 경우에는 선도가 양호하고 부패·변질되었거나 이물 등에 오염되지 아니한 것을 사용하여야 한다.

⑦ 식품 제조·가공 등에 사용하는 식용란은 부패된 알, 산패취가 있는 알, 곰팡이가 생긴 알, 이물이 혼입된 알, 혈액이 함유된 알, 내용물이 누출된 알, 난황이 파괴된 알(단, 물리적 원인에 의한 것은 제외한다), 부화를 중지한 알, 부화에 실패한 알 등 식용에 부적합한 알이 아니어야 하며, 알의 잔류허용기준에 적합하여야 한다.

⑧ 원유에는 중화·살균·균증식 억제 및 보관을 위한 약제가 첨가되어서는 아니 되며, 우유와 양유는 동일 작업시설에서 수유하여서는 아니 되고 혼입하여서도 아니 된다.

⑨ 식품의 제조·가공 중에 발생하는 식용가능한 부산물을 다른 식품의 원료로 이용하고자 할 경우 식품의 취급기준에 맞게 위생적으로 채취, 취급, 관리된 것이어야 한다.

3. 제조·가공기준

(1) 일반기준

① 식품 제조·가공에 사용되는 원료, 기계·기구류와 부대시설물은 항상 위생적으로 유지·관리하여야 한다.

② 식품용수는 「먹는물관리법」의 먹는물 수질기준에 적합한 것이거나, 「해양심층수의 개발 및 관리에 관한 법률」의 기준·규격에 적합한 원수, 농축수, 미네랄탈염수, 미네랄농축수이어야 한다.

③ 식품용수는 「먹는물관리법」에서 규정하고 있는 수처리제를 사용하거나, 각 제품의 용도에 맞게 물을 응집침전, 여과[활성탄, 모래, 세라믹, 맥반석, 규조토, 마이크로필터, 한외여과(Ultra Filter), 역삼투막, 이온교환수지], 오존살균, 자외선살균, 전기분해, 염소소독 등의 방법으로 수처리하여 사용할 수 있다.

④ '식품별 기준 및 규격'에서 원료배합 시의 기준이 정하여진 식품은 그 기준에 의하며, 물을 첨가하여 복원되는 건조 또는 농축된 식품의 경우는 복원상태의 성분 및 함량비(%)로 환산 적용한다. 다만, 식육가공품 및 알가공품의 경우 원료배합 시 제품의 특성에 따라 첨가되는 배합수는 제외할 수 있다.

⑤ 어떤 원료의 배합기준이 100%인 경우에는 식품첨가물의 함량을 제외하되, 첨가물을 함유한 해당 제품은 '식품별 기준 및 규격'의 해당 제품 규격에 적합하여야 한다.

⑥ 식품 제조·가공 및 조리 중에는 이물의 혼입이나 병원성 미생물 등이 오염되지 않도록 하여야 하며, 제조 과정 중 다른 제조 공정에 들어가기 위해 일시적으로 보관되는 경우 위생적으로 취급 및 보관되어야 한다.

⑦ 식품은 물, 주정 또는 물과 주정의 혼합액, 이산화탄소만을 사용하여 추출할 수 있다. 다만, 식품첨가물의 기준 및 규격에서 개별기준이 정해진 경우는 그 사용기준을 따른다.

⑧ 냉동된 원료의 해동은 별도의 청결한 해동공간에서 위생적으로 실시하여야 한다.

⑨ 식품의 제조, 가공, 조리, 보존 및 유통 중에는 동물용 의약품을 사용할 수 없다.

⑩ 가공식품은 미생물 등에 오염되지 않도록 위생적으로 포장하여야 한다.

⑪ 식품은 캡슐 또는 정제 형태로 제조할 수 없다. 다만, 과자, 캔디류, 추잉껌, 초콜릿류, 장류, 조미식품, 당류가공품, 음료류, 과·채가공품은 정제 형태로, 식용유지류는 캡슐 형태로 제조할 수 있으나 이 경우 의약품 또는 건강기능식품으로 오인·혼동할 우려가 없도록 제조하여야 한다.

⑫ 식품의 처리・가공 중 건조, 농축, 열처리, 냉각 또는 냉동 등의 공정은 제품의 영양성, 안전성을 고려하여 적절한 방법으로 실시하여야 한다.

⑬ 원유는 이물을 제거하기 위한 청정공정과 필요한 경우 유지방구의 입자를 미세화하기 위한 균질공정을 거쳐야 한다.

⑭ 유가공품의 살균 또는 멸균 공정은 따로 정하여진 경우를 제외하고 저온장시간살균법(63~65℃에서 30분간), 고온단시간살균법(72~75℃에서 15초 내지 20초간), 초고온순간처리법(130~150℃에서 0.5초 내지 5초간) 또는 이와 동등 이상의 효력을 가지는 방법으로 실시하여야 한다. 그리고 살균제품에 있어서는 살균 후 즉시 10℃ 이하로 냉각하여야 하고, 멸균제품은 멸균한 용기 또는 포장에 무균공정으로 충전・포장하여야 한다.

⑮ 식품 중 살균제품은 그 중심부 온도를 63℃ 이상에서 30분간 가열살균하거나 또는 이와 동등 이상의 효력이 있는 방법으로 가열 살균하여야 하며, 오염되지 않도록 위생적으로 포장 또는 취급하여야 한다. 또한, 식품 중 멸균제품은 기밀성이 있는 용기・포장에 넣은 후 밀봉한 제품의 중심부 온도를 120℃ 이상에서 4분 이상 멸균처리하거나 또는 이와 동등 이상의 멸균처리를 하여야 한다. 다만, 식품별 기준 및 규격에서 정하여진 것은 그 기준에 따른다.

⑯ 멸균하여야 하는 제품 중 pH 4.6 이하인 산성식품은 살균하여 제조할 수 있다. 이 경우 해당 제품은 멸균제품에 규정된 규격에 적합하여야 한다.

⑰ 식품 중 비살균제품은 다음의 기준에 적합한 방법이나 이와 동등 이상의 효력이 있는 방법으로 관리하여야 한다.
　　㉠ 원료육으로 사용하는 돼지고기는 도살 후 24시간 이내에 5℃ 이하로 냉각・유지하여야 한다.
　　㉡ 원료육의 정형이나 냉동 원료육의 해동은 고기의 중심부 온도가 10℃를 넘지 않도록 하여야 한다.

⑱ 식육가공품 및 포장육의 작업장의 실내온도는 15℃ 이하로 유지 관리하여야 한다(다만, 가열처리 작업장은 제외).

⑲ 식육가공품 및 포장육의 공정상 특별한 경우를 제외하고는 가능한 한 신속히 가공하여야 한다.

⑳ 기구 및 용기・포장류는 「식품위생법」 제9조의 규정에 의한 기구 및 용기・포장의 기준 및 규격에 적합한 것이어야 한다.

㉑ 식품포장 내부의 습기, 냄새, 산소 등을 제거하여 제품의 신선도를 유지시킬 목적으로 사용되는 물질은 기구 및 용기・포장의 기준・규격에 적합한 재질로 포장하여야 하고 식품에 이행되지 않도록 포장하여야 한다.

㉒ 식품의 용기・포장은 용기・포장류 제조업 신고를 필한 업소에서 제조한 것이어야 한다. 다만, 그 자신의 제품을 포장하기 위하여 용기・포장류를 직접 제조하는 경우는 제외한다.

(2) 개별기준

① 통·병조림식품

㉠ 멸균은 제품의 중심온도가 120℃ 이상에서 4분 이상 열처리하거나 또는 이와 동등 이상의 효력이 있는 방법으로 열처리하여야 한다.

㉡ pH 4.6을 초과하는 저산성식품(Low Acid Food)은 제품의 내용물, 가공장소, 제조일자를 확인할 수 있는 기호를 표시하고 멸균공정 작업에 대한 기록을 보관하여야 한다.

㉢ pH가 4.6 이하인 산성식품은 가열 등의 방법으로 살균처리할 수 있다.

㉣ 제품은 저장성을 가질 수 있도록 그 특성에 따라 적절한 방법으로 살균 또는 멸균처리하여야 하며 내용물의 변색이 방지되고 호열성 세균의 증식이 억제될 수 있도록 적절한 방법으로 냉각하여야 한다.

② 레토르트식품

㉠ 멸균은 제품의 중심온도가 120℃ 이상에서 4분 이상 열처리하거나 또는 이와 동등 이상의 효력이 있는 방법으로 열처리하여야 한다.

㉡ pH 4.6을 초과하는 저산성식품(Low Acid Food)은 제품의 내용물, 가공장소, 제조일자를 확인할 수 있는 기호를 표시하고 멸균공정 작업에 대한 기록을 보관하여야 한다.

㉢ pH가 4.6 이하인 산성식품은 가열 등의 방법으로 살균처리할 수 있다.

㉣ 제품은 저장성을 가질 수 있도록 그 특성에 따라 적절한 방법으로 살균 또는 멸균처리하여야 하며 내용물의 변색이 방지되고 호열성 세균의 증식이 억제될 수 있도록 적절한 방법으로 냉각시켜야 한다.

㉤ 보존료는 일절 사용하여서는 아니 된다.

4. 보존 및 유통기준

(1) 일반기준

① 모든 식품(식품제조에 사용되는 원료 포함)은 위생적으로 취급하여 보존 및 유통하여야 하며, 그 보존 및 유통 장소가 불결한 곳에 위치하여서는 아니 된다.

② 식품을 보존 및 유통하는 장소는 방서 및 방충관리를 철저히 하여야 한다.

③ 식품은 직사광선이나 비·눈 등으로부터 보호될 수 있고, 외부로부터의 오염을 방지할 수 있는 취급장소에서 유해물질, 협잡물, 이물(곰팡이 등 포함) 등이 혼입 또는 오염되지 않도록 적절한 관리를 하여야 한다.

④ 식품은 인체에 유해한 화공약품, 농약, 독극물 등과 함께 보존 및 유통하지 말아야 한다.

⑤ 식품은 제품의 풍미에 영향을 줄 수 있는 다른 식품 또는 식품첨가물이나 식품을 오염시키거나 품질에 영향을 미칠 수 있는 물품 등과는 분리하여 보존 및 유통하여야 한다.

(2) 보존 및 유통온도

① 식품은 정해진 보존 및 유통온도를 준수하여야 하며, 따로 보존 및 유통방법을 정하고 있지 않은 경우 직사광선을 피한 실온에서 보존 및 유통하여야 한다.

② 상온에서 7일 이상 보존성이 없는 식품은 가능한 한 냉장 또는 냉동시설에서 보존 및 유통하여야 한다.

③ 이 고시에서 별도로 보존 및 유통온도를 정하고 있지 않은 경우, 실온제품은 1~35℃, 상온제품은 15~25℃, 냉장제품은 0~10℃, 냉동제품은 -18℃ 이하, 온장제품은 60℃ 이상에서 보존 및 유통하여야 한다. 다만, 다음의 경우 그러하지 않을 수 있다.

   ㉠ 냉동제품을 소비자(영업을 목적으로 해당 제품을 사용하기 위한 경우는 제외한다)에게 운반하는 경우 -18℃를 초과할 수 있으나 이 경우라도 냉동제품은 어느 일부라도 녹아 있는 부분이 없어야 한다.

   ㉡ 염수로 냉동된 통조림제조용 어류에 한해서는 -9℃ 이하에서 운반할 수 있으나, 운반 시에는 위생적인 운반용기, 운반덮개 등을 사용하여 -9℃ 이하의 온도를 유지하여야 한다.

④ 다음에서 보존 및 유통온도를 규정하고 있는 제품은 규정된 온도에서 보존 및 유통하여야 한다.

식품의 종류	보존 및 유통온도
• 원유 • 우유류·가공유류·산양유·버터유·농축유류·유청류의 살균제품 • 두부 및 묵류(밀봉 포장한 두부, 묵류는 제외) • 물로 세척한 달걀	냉장
• 양념젓갈류 • 가공두부(멸균제품 또는 수분함량이 15% 이하인 제품 제외) • 두유류 중 살균제품(pH 4.6 이하의 살균제품 제외) • 어육가공품류(멸균제품 또는 기타 어육가공품 중 굽거나 튀겨 수분함량이 15% 이하인 제품은 제외) • 알가공품(액란제품 제외) • 발효유류 • 치즈류 • 버터류 • 생식용 굴 • 원료육 및 제품 원료로 사용되는 동물성 수산물 • 신선편의식품(샐러드 제품 제외) • 간편조리세트(특수의료용도식품 중 간편조리세트형 제품 포함) 중 식육, 기타 식육 또는 수산물을 구성재료로 포함하는 제품	냉장 또는 냉동
• 식육(분쇄육, 가금육 제외) • 포장육(분쇄육 또는 가금육의 포장육 제외) • 식육가공품(분쇄가공육제품 제외) • 기타 식육	냉장(-2~10℃) 또는 냉동
• 식육(분쇄육, 가금육에 한함) • 포장육(분쇄육 또는 가금육의 포장육에 한함) • 분쇄가공육제품	냉장(-2~5℃) 또는 냉동

식품의 종류	보존 및 유통온도
• 신선편의식품(샐러드 제품에 한함) • 훈제연어 • 알가공품(액란제품에 한함)	냉장(0~5℃) 또는 냉동
• 압착올리브유용 올리브과육 등 변질되기 쉬운 원료 • 얼음류	−10℃ 이하

⑤ ④의 규정에도 불구하고 멸균되거나 수분제거, 당분첨가, 당장, 염장 등 부패를 막을 수 있도록 가공된 식육가공품, 우유류, 가공유류, 산양유, 버터유, 농축유류, 유청류, 발효유류, 치즈류, 버터류, 알가공품은 냉장 또는 냉동하지 않을 수 있으며, 두부 및 묵류(밀봉 포장한 두부, 묵류는 제외)는 제품운반 소요시간이 4시간 이내인 경우 먹는물 수질기준에 적합한 물로 가능한 한 환수하면서 보존 및 유통할 수 있다.

⑥ 식용란은 가능한 0~15℃에서 보존 및 유통하여야 하며, 냉장된 달걀은 지속적으로 냉장으로 보존 및 유통하여야 한다.

(3) 보존 및 유통방법

① 냉장제품, 냉동제품 또는 온장제품을 보존 및 유통할 때에는 일정한 온도 관리를 위하여 냉장 또는 냉동차량 등 규정된 온도로 유지가 가능한 설비를 이용하거나 또는 이와 동등 이상의 효력이 있는 방법으로 하여야 한다.

② 흡습의 우려가 있는 제품은 흡습되지 않도록 주의하여야 한다.

③ 냉장제품을 실온에서 보존 및 유통하거나 실온제품 또는 냉장제품을 냉동에서 보존 및 유통하여서는 아니 된다. 다만, 다음에 해당되는 경우 실온제품 또는 냉장제품의 소비기한 이내에서 냉동으로 보존 및 유통할 수 있다.

  ㉠ 건포류나 건조수산물

  ㉡ 수분 흡습이 방지되도록 포장된 수분 15% 이하의 제품으로서 해당 제품의 제조·가공업자가 제품에 냉동할 수 있도록 표시한 경우

  ㉢ 1회에 사용하는 용량으로 포장된 소스류, 장류, 식용유지류, 향신료가공품이 냉동식품을 보조하기 위해 냉동식품과 함께 포장되는 경우

  ㉣ 살균 또는 멸균 처리된 음료류와 발효유류 중 해당 제품의 제조·가공업자가 제품에 냉동하여 판매가 가능하도록 표시한 제품(다만, 유리병 용기 제품과 탄산음료류는 제외)

  ㉤ 간편조리세트, 식육간편조리세트, 즉석조리식품, 식단형 식사관리식품의 냉동제품에 구성 재료로 사용되는 경우

ⓑ ⓒ~ⓜ에 따라 냉동된 실온제품 또는 냉장제품은 해동하여 보존 및 유통할 수 없다(다만, 상기 ⓖ~ⓛ의 요건에 해당하는 제품은 제외한다).

④ 냉장식육은 세절 등 절단 작업을 위해 일시적으로 냉동 보관할 수 있다.

⑤ 냉동제품을 해동하여 실온제품 또는 냉장제품으로 보존 및 유통할 수 없다. 다만, 다음에 해당되는 경우로서 해당 냉동제품의 제조자가 해동하여 보존 및 유통할 수 없도록 표시한 제품이 아니라면 제품에 냉동포장완료일자(또는 냉동제품의 제조일자), 해동한 업체의 명칭(해당 냉동제품을 제조한 업체와 해동한 업체가 다른 경우), 해동일자, 해동일로부터 유통조건에서의 소비기한(냉동제품으로서의 소비기한 이내)을 별도로 표시하고 냉동제품을 해동하여 보존 및 유통할 수 있다.

　　ⓖ 식품제조·가공업 영업자가 냉동 가공식품(축산물가공품 제외)을 해동하여 보존 및 유통하는 경우

　　ⓗ 식육가공업 영업자가 냉동 식육가공품을, 유가공업 영업자가 냉동 유가공품을, 알가공업 영업자가 냉동 알가공품을 해동하여 보존 및 유통하는 경우

　　ⓘ 냉동수산물을 해동하여 미생물의 번식을 억제하고 품질이 유지되도록 기체치환포장(MAP ; Modified Atmosphere Packaging) 후 냉장으로 보존 및 유통하는 경우

⑥ 제조·가공업 영업자가 냉동제품을 단순해동하거나 해동 후 분할포장하여 간편조리세트, 식육간편조리세트, 즉석조리식품, 식단형 식사관리식품의 냉장제품에 구성재료로 사용하는 경우로서 해당 재료가 냉동제품을 해동한 것임을 표시한 경우에는 냉동제품을 해동하여 냉장제품의 구성재료로 사용할 수 있다(다만, 식육간편조리세트의 주재료로 구성되는 냉동식육은 제외).

⑦ 냉동수산물을 해동 후 24시간 이내에 한하여 냉장으로 보존 및 유통할 수 있다. 이때 해동된 냉동수산물은 재냉동하여서는 아니된다.

⑧ 해동된 냉동제품을 재냉동하여서는 아니 된다. 다만, 다음의 작업을 하는 경우에는 그러하지 아니할 수 있으나, 작업 후 즉시 냉동하여야 한다.

　　ⓖ 냉동수산물의 내장 등 비가식부위 및 혼입된 이물을 제거하거나, 선별, 절단, 소분 등을 하기 위해 해동하는 경우

　　ⓗ 냉동식육의 절단 또는 뼈 등의 제거를 위해 해동하는 경우

　　ⓘ 냉동식품을 분할하기 위해 해동하는 경우

⑨ 제품의 운반 및 포장과정에서 용기·포장이 파손되지 않도록 주의하여야 하며 가능한 한 심한 충격을 주지 않도록 하여야 한다. 또한 관제품은 외부에 녹이 발생하지 않도록 보존 및 유통하여야 한다.

⑩ 포장축산물은 다음의 경우를 제외하고는 재분할 판매하지 말아야 하며, 표시대상 축산물인 경우 표시가 없는 것을 구입하거나 판매하지 말아야 한다.

    ⊙ 식육판매업 또는 식육즉석판매가공업의 영업자가 포장육을 다시 절단하거나 나누어 판매하는 경우

    ⊙ 식육즉석판매가공업 영업자가 식육가공품(통조림·병조림은 제외)을 만들거나 다시 나누어 판매하는 경우

(4) 소비기한의 설정

① 제품의 소비기한을 설정할 수 있는 영업자의 범위는 다음과 같다.

    ㉠ 식품제조·가공업 영업자

    ㉡ 즉석판매제조·가공업 영업자

    ㉢ 축산물가공업(식육가공업, 유가공업, 알가공업) 영업자

    ㉣ 식육즉석판매가공업 영업자

    ㉤ 식육포장처리업 영업자

    ㉥ 식육판매업 영업자

    ㉦ 식용란수집판매업 영업자

    ㉧ 수입업자(수입 냉장식품 중 보존 및 유통온도가 국내와 상이하여 국내의 보존 및 유통온도 조건에서 유통하기 위한 경우 또는 수입식품 중 제조자가 정한 소비기한 내에서 별도로 소비기한을 설정하는 경우에 한함)

② 제품의 소비기한 설정은 해당 제품의 포장재질, 보존조건, 제조방법, 원료배합비율 등 제품의 특성과 냉장 또는 냉동보존 등 기타 유통실정을 고려하여 위해방지와 품질을 보장할 수 있도록 정하여야 한다.

③ "소비기한"의 산출은 포장완료(다만, 포장 후 제조공정을 거치는 제품은 최종공정 종료) 시점으로 하고 캡슐제품은 충전·성형완료 시점으로 한다. 다만, 달걀은 '산란일자'를 소비기한 산출시점으로 한다.

④ 해동하여 출고하는 냉동제품은 해동 시점을 소비기한 산출시점으로 본다.

⑤ 선물세트와 같이 소비기한이 상이한 제품이 혼합된 경우와 단순 절단, 식품 등을 이용한 단순 결착 등 원료 제품의 저장성이 변하지 않는 단순가공처리만을 하는 제품은 소비기한이 먼저 도래하는 원료 제품의 소비기한을 최종제품의 소비기한으로 정하여야 한다.

⑥ 소분 판매하는 제품은 소분하는 원료 제품의 소비기한을 따른다.

5. 식육가공품류 및 포장육의 유형 및 가공기준

식육가공품류 및 포장육이라 함은 「축산물 위생관리법」에 따른 식육 또는 식육가공품을 주원료로 하여 가공한 햄류, 소시지류, 베이컨류, 건조저장육류, 양념육류, 식육추출가공품, 식육간편조리세트, 식육함유가공품, 포장육을 말한다.

(1) 햄류

① 정의 : 햄류라 함은 식육 또는 식육가공품을 부위에 따라 분류하여 정형 염지한 후 숙성, 건조한 것, 훈연, 가열처리한 것이거나 식육의 고깃덩어리에 식품 또는 식품첨가물을 가한 후 숙성, 건조한 것이거나 훈연 또는 가열처리하여 가공한 것을 말한다.

② 원료 등의 구비요건 : 어육을 혼합하여 프레스 햄을 제조하는 경우 어육은 전체 육함량의 10% 미만이어야 한다.

③ 식품유형

   ㉠ 햄 : 식육을 부위에 따라 분류하여 정형 염지한 후 숙성·건조하거나 훈연 또는 가열처리하여 가공한 것을 말한다(뼈나 껍질이 있는 것도 포함한다).

   ㉡ 생햄 : 식육의 부위를 염지한 것이나 이에 식품첨가물 등을 가하여 저온에서 훈연 또는 숙성·건조한 것을 말한다(뼈나 껍질이 있는 것도 포함한다).

   ㉢ 프레스 햄 : 식육의 고깃덩어리를 염지한 것이나 이에 식품 또는 식품첨가물을 가한 후 숙성·건조하거나 훈연 또는 가열처리한 것으로 육함량 75% 이상, 전분 8% 이하의 것을 말한다.

④ 규격

   ㉠ 아질산 이온(g/kg) : 0.07 미만

   ㉡ 타르색소 : 검출되어서는 아니 된다.

   ㉢ 보존료(g/kg) : 다음에서 정하는 이외의 보존료가 검출되어서는 아니 된다.

소브산 소브산칼륨 소브산칼슘	2.0 이하(소브산으로서)

   ㉣ 세균수 : n=5, c=0, m=0(멸균제품에 한한다)

   ㉤ 대장균 : n=5, c=2, m=10, M=100(생햄에 한한다)

   ㉥ 대장균군 : n=5, c=2, m=10, M=100(살균제품에 한한다)

   ㉦ 살모넬라 : n=5, c=0, m=0/25g(살균제품 또는 그대로 섭취하는 제품에 한한다)

   ㉧ 리스테리아 모노사이토제네스 : n=5, c=0, m=0/25g(살균제품 또는 그대로 섭취하는 제품에 한한다)

   ㉨ 황색포도상구균 : n=5, c=1, m=10, M=100(살균제품 또는 그대로 섭취하는 제품에 한한다. 다만, 생햄의 경우 n=5, c=2, m=10, M=100이어야 한다)

(2) 소시지류

① **정의** : 소시지류라 함은 식육이나 식육가공품을 그대로 또는 염지하여 분쇄 세절한 것에 식품 또는 식품첨가물을 가한 후 훈연 또는 가열처리한 것이거나, 저온에서 발효시켜 숙성 또는 건조처리한 것이거나, 또는 케이싱에 충전하여 냉장·냉동한 것을 말한다(육함량 70% 이상, 전분 10% 이하의 것).

② **제조·가공기준**

　㉠ 건조소시지류는 수분을 35% 이하로, 반건조소시지류는 수분을 55% 이하로 가공하여야 한다.

　㉡ 식육을 분쇄하여 케이싱에 충전 후 냉장 또는 냉동한 제품에는 충전용 내용물에 내장을 사용하여서는 아니 된다.

③ **식품유형**

　㉠ 소시지 : 식육(육함량 중 10% 미만의 알류를 혼합한 것도 포함)에 다른 식품 또는 식품첨가물을 가한 후 숙성·건조시킨 것, 훈연 또는 가열처리한 것 또는 케이싱에 충전 후 냉장·냉동한 것을 말한다.

　㉡ 발효소시지 : 식육에 다른 식품 또는 식품첨가물을 가하여 저온에서 훈연 또는 훈연하지 않고 발효시켜 숙성 또는 건조처리한 것을 말한다.

　㉢ 혼합소시지 : 식육(전체 육함량 중 20% 미만의 어육 또는 알류를 혼합한 것도 포함)에 다른 식품 또는 식품첨가물을 가한 후 숙성·건조시킨 것, 훈연 또는 가열처리한 것을 말한다.

④ **규 격**

　㉠ 아질산 이온(g/kg) : 0.07 미만

　㉡ 보존료(g/kg) : 다음에서 정하는 이외의 보존료가 검출되어서는 아니 된다.

소브산 소브산칼륨 소브산칼슘	2.0 이하(소브산으로서)

　㉢ 세균수 : n=5, c=0, m=0(멸균제품에 한한다)

　㉣ 대장균 : n=5, c=2, m=10, M=100(발효소시지에 한한다)

　㉤ 대장균군 : n=5, c=2, m=10, M=100(살균제품에 한한다)

　㉥ 장출혈성 대장균 : n=5, c=0, m=0/25g(식육을 분쇄하여 케이싱에 충전 후 냉장·냉동한 제품에 한한다)

　㉦ 살모넬라 : n=5, c=0, m=0/25g(살균제품 또는 그대로 섭취하는 제품에 한한다)

　㉧ 리스테리아 모노사이토제네스 : n=5, c=0, m=0/25g(살균제품 또는 그대로 섭취하는 제품에 한한다)

　㉨ 황색포도상구균 : n=5, c=1, m=10, M=100(살균제품 또는 그대로 섭취하는 제품에 한한다. 다만, 발효소시지의 경우 n=5, c=2, m=10, M=100이어야 한다)

(3) 베이컨류

① 정의 : 베이컨류라 함은 돼지의 복부육(삼겹살) 또는 특정부위육(등심육, 어깨부위육)을 정형한 것을 염지한 후 그대로 또는 식품 또는 식품첨가물을 가하여 훈연하거나 가열처리한 것을 말한다.

② 규 격

ㄱ 아질산 이온(g/kg) : 0.07 미만

ㄴ 타르색소 : 검출되어서는 아니 된다.

ㄷ 보존료(g/kg) : 다음에서 정하는 이외의 보존료가 검출되어서는 아니 된다.

소브산 소브산칼륨 소브산칼슘	2.0 이하(소브산으로서)

ㄹ 세균수 : n=5, c=0, m=0(멸균제품에 한한다)

ㅁ 대장균군 : n=5, c=2, m=10, M=100(살균제품에 한한다)

ㅂ 살모넬라 : n=5, c=0, m=0/25g(살균제품 또는 그대로 섭취하는 제품에 한한다)

ㅅ 리스테리아 모노사이토제네스 : n=5, c=0, m=0/25g(살균제품 또는 그대로 섭취하는 제품에 한한다)

(4) 건조저장육류

① 정의 : 건조저장육류라 함은 식육을 그대로 또는 이에 식품 또는 식품첨가물을 가하여 건조하거나 열처리하여 건조한 것을 말한다(육함량 85% 이상의 것).

② 제조 · 가공기준 : 건조저장육류는 수분을 55% 이하로 건조하여야 한다.

③ 규 격

ㄱ 아질산 이온(g/kg) : 0.07 미만

ㄴ 타르색소 : 검출되어서는 아니 된다.

ㄷ 보존료(g/kg) : 다음에서 정하는 이외의 보존료가 검출되어서는 아니 된다.

소브산 소브산칼륨 소브산칼슘	2.0 이하(소브산으로서)

ㄹ 세균수 : n=5, c=0, m=0(멸균제품에 한한다)

ㅁ 대장균군 : n=5, c=2, m=10, M=100(살균제품에 한한다)

ㅂ 살모넬라 : n=5, c=0, m=0/25g(살균제품 또는 그대로 섭취하는 제품에 한한다)

ㅅ 리스테리아 모노사이토제네스 : n=5, c=0, m=0/25g(살균제품 또는 그대로 섭취하는 제품에 한한다)

(5) 양념육류

① 정의 : 양념육류라 함은 식육 또는 식육가공품에 식품 또는 식품첨가물을 가하여 양념하거나 이를 가열 등 가공한 것을 말한다.

② 식품유형

    ㉠ 양념육 : 식육이나 식육가공품에 식품 또는 식품첨가물을 가하여 양념한 것이거나 식육을 그대로 또는 양념하여 가열처리한 것으로 편육, 수육 등을 포함한다(육함량 60% 이상).

    ㉡ 분쇄가공육제품 : 식육(내장은 제외한다)을 세절 또는 분쇄하여 이에 식품 또는 식품첨가물을 가한 후 냉장, 냉동한 것이거나 이를 훈연 또는 열처리한 것으로서 햄버거패티·미트볼·돈가스 등을 말한다(육함량 50% 이상의 것).

    ㉢ 갈비가공품 : 식육의 갈비부위(뼈가 붙어 있는 것에 한한다)를 정형하여 식품 또는 식품첨가물을 가하거나 가열 등의 가공처리를 한 것을 말한다.

    ㉣ 식육케이싱 : 돈장, 양장 등 가축의 내장을 소금 또는 소금용액으로 염(수)장하여 식육이나 식육가공품을 담을 수 있도록 가공 처리한 것을 말한다.

    ※ 2024년부터 '천연케이싱'이 '식육케이싱'으로 명칭이 변경되었다.

③ 규 격

    ㉠ 아질산 이온(g/kg) : 0.07 미만[다만, 식육케이싱은 제외한다]

    ㉡ 타르색소 : 검출되어서는 아니 된다.

    ㉢ 보존료(g/kg) : 검출되어서는 아니 된다.

    ㉣ 세균수 : n=5, c=0, m=0(멸균제품에 한한다)

    ㉤ 대장균군 : n=5, c=2, m=10, M=100(살균제품에 한한다)

    ㉥ 살모넬라 : n=5, c=0, m=0/25g(살균제품 또는 그대로 섭취하는 제품에 한한다)

    ㉦ 리스테리아 모노사이토제네스 : n=5, c=0, m=0/25g(살균제품 또는 그대로 섭취하는 제품에 한한다)

    ㉧ 장출혈성 대장균 : n=5, c=0, m=0/25g(분쇄가공육제품에 한한다)

(6) 식육추출가공품

① 정의 : 식육추출가공품이라 함은 식육을 주원료로 하여 물로 추출한 것이거나 이에 식품 또는 식품첨가물을 가하여 가공한 것을 말한다.

② 규 격

    ㉠ 수분(%) : 10.0 이하(건조제품에 한한다)

    ㉡ 타르색소 : 검출되어서는 아니 된다.

    ㉢ 세균수 : n=5, c=1, m=100, M=1,000(그대로 섭취하는 액상제품에 한한다)

    ㉣ 대장균군 : n=5, c=1, m=0, M=10(살균제품 또는 그대로 섭취하는 액상제품에 한한다)

ⓜ 대장균 : n=5, c=1, m=0, M=10(살균제품 또는 그대로 섭취하는 액상제품은 제외한다)

　　　ⓗ 살모넬라 : n=5, c=0, m=0/25g(살균제품 또는 그대로 섭취하는 제품에 한한다)

　　　ⓢ 리스테리아 모노사이토제네스 : n=5, c=0, m=0/25g(살균제품 또는 그대로 섭취하는 제품에 한한다)

(7) 식육간편조리세트

① 정의 : 제조업자 자신이 직접 절단한 식육 또는 직접 제조한 식육가공품을 주재료로 하고, 이에 가공식품이나 조리되지 않은 손질된 농·축·수산물 등 다른 식품을 부재료로 구성하여, 제공되는 조리법에 따라 소비자가 가정에서 간편하게 조리하여 섭취할 수 있도록 제조한 것으로 구성 재료 중 육함량이 60% 이상(분쇄육인 경우 50% 이상)인 제품을 말한다.

② 제조·가공기준

　　ⓞ 가열, 세척 또는 껍질제거 과정 없이 그대로 섭취하도록 제공되는 채소류 또는 과일류는 살균·세척하여야 한다.

　　ⓛ 식용란, 가열조리 없이 섭취하는 농·수산물 및 품목제조보고서에 명시된 주재료는 다른 재료와 직접 접촉하지 않도록 각각 구분 포장하여야 하고, 그 외 재료의 경우에도 비가열 섭취재료와 가열 후 섭취재료는 서로 섞이지 않도록 구분하여 포장하여야 한다.

　　ⓒ 식용란을 포함하는 경우 물로 세척된 식용란을 사용하여야 한다.

　　ⓡ 품목제조보고서에 명시된 주재료 또는 다른 제조업자가 포장을 완료한 식품을 포장된 상태 그대로 사용하는 구성 재료는 해당 식품별 기준 및 규격에 적합한 것을 사용하여야 한다.

③ 규 격

　　ⓞ 대장균 : n=5, c=1, m=0, M=10

　　ⓛ 황색포도상구균 : 1g당 100 이하

　　ⓒ 살모넬라 : n=5, c=0, m=0/25g

　　ⓡ 장염비브리오 : 1g당 100 이하(살균 또는 멸균처리되지 않은 해산물 함유 제품에 한함)

　　ⓜ 장출혈성 대장균 : n=5, c=0, m=0/25g(가열조리하지 않고 섭취하는 농·축·수산물 함유제품에 한함)

　　※ ⓞ~ⓜ 항목은 다른 재료와 교차오염되지 않도록 구분 포장된 농·축·수산물 재료 중 가열조리하여 섭취하는 재료는 제외하고, 나머지 구성 재료를 모두 혼합하여 규격을 적용

(8) 식육함유가공품

① 정의 : 식육함유가공품이라 함은 식육을 주원료로 하여 제조·가공한 것으로 햄류, 소시지류, 베이컨류, 건조저장육류, 양념육류, 식육추출가공품, 식육간편조리세트에 해당되지 않는 것을 말한다.

② 규 격

    ㉠ 아질산 이온(g/kg) : 0.07 미만

    ㉡ 타르색소 : 검출되어서는 아니 된다.

    ㉢ 대장균군 : n=5, c=2, m=10, M=100(살균제품에 한한다)

    ㉣ 세균수 : n=5, c=0, m=0(멸균제품에 한한다)

    ㉤ 살모넬라 : n=5, c=0, m=0/25g(살균제품에 해당된다)

    ㉥ 보존료(g/kg) : 다음에서 정하는 것 이외의 보존료가 검출되어서는 아니 된다.

소브산 소브산칼륨 소브산칼슘	2.0 이하(소브산으로서)

(9) 포장육

① 정의 : 판매를 목적으로 식육을 절단(세절 또는 분쇄를 포함한다)하여 포장한 상태로 냉장 또는 냉동한 것으로서 화학적 합성품 등 첨가물 또는 다른 식품을 첨가하지 아니한 것을 말한다(육함량 100%).

② 규 격

    ㉠ 성상 : 고유의 색택을 가지고 이미·이취가 없어야 한다.

    ㉡ 타르색소 : 검출되어서는 아니 된다.

    ㉢ 휘발성 염기질소(mg%) : 20 이하

    ㉣ 보존료(g/kg) : 검출되어서는 아니 된다.

    ㉤ 장출혈성 대장균 : n=5, c=0, m=0/25g(다만, 분쇄에 한한다)

6. 동물성 유지류의 유형 및 가공기준

(1) 정 의

동물성 유지류라 함은 유지를 함유한 동물성 원료로부터 얻은 원료유지나 이를 원료로 하여 제조·가공한 것으로 식용우지, 식용돈지 등을 말한다.

(2) 원료 등의 구비요건

① 생지방, 원료우지 또는 원료돈지는 필요에 따라 이화학적 검사를 행한 후 사용하여야 한다.

② 원료우지 또는 원료돈지의 포장 또는 운반용기는 같이 사용할 수 없으며, 용기·포장은 내용물의 유출, 산화방지 및 오염 등을 방지할 수 있는 위생적인 것이어야 한다.

(3) 제조 · 가공기준

① 원료유지는 탈검, 탈산, 탈색, 탈취의 정제공정을 거치거나 이와 동등 이상의 복합정제공정을 거쳐야 한다(다만, 원료우지 및 원료돈지는 제외).

② 크릴(*Euphausia superba*)에서 채취한 크릴유는 인지질이 30w/w% 이상이 되도록 제조 · 가공하여야 한다.

(4) 식품유형

① **식용우지** : 원료우지를 식용에 적합하도록 처리한 것을 말한다.

② **식용돈지** : 원료돈지를 식용에 적합하도록 처리한 것을 말한다.

③ **원료우지** : 생지방(소의 지방조직으로 원료우지의 원료)을 가공하여 용출한 것으로 식용우지의 원료를 말한다.

④ **원료돈지** : 생지방(돼지의 지방조직으로 원료돈지의 원료)을 가공하여 용출한 것으로 식용돈지의 원료를 말한다.

⑤ **어유** : 수산물 중 어류, 갑각류, 연체류로부터 채취한 원료유지를 식용에 적합하게 처리한 것을 말한다.

⑥ **기타 동물성 유지** : 단일 동물성 원료로부터 채취한 원료유지를 식용에 적합하도록 처리한 것으로 ①~⑤에 해당되지 않는 것을 말한다.

더 알아보기 PLUS ONE

동물성 유지류의 유형별 검사항목(축산물의 자가품질검사 규정 별표 1)

유 형	검사항목
식용우지	산가, 비누화가, 아이오딘가, 산화방지제
식용돈지	
원료우지	산가, 산화방지제
원료돈지	

---

7. 원료육의 기능적 특성

(1) 보수성

① **개 요**

㉠ 식육의 보수성이란 식육이 물리적 처리를 받을 때 수분을 잃지 않고 보유할 수 있는 능력을 말한다. 이때 물리적 처리란 절단, 열처리, 세절, 압착, 냉동 및 해동 등을 말한다.

㉡ 보수성이 나쁜 식육은 수분의 손실이 많아 감량이 크고 영양적 손실도 큰데, 이는 식육 내의 수분 중 일부가 유리수 상태로 존재하기 때문이다.

② 보수성에 영향을 미치는 요인
  ㉠ 원료육의 보수성은 육축의 종류, 근육의 종류, 근육의 pH, 수축 또는 단축 정도에 따라 영향을 받는다.
  ㉡ 사후 pH의 저하속도와 최종 pH의 고저는 보수성에 영향을 미치는 가장 큰 요인이 된다.
  ㉢ 적절한 사전 및 사후 취급에 의하여 생산된 고기는 완만한 pH 저하를 보이고 보수성이 높다.
③ 보수성의 측정법
  ㉠ 압착법 : 일정량의 식육을 두 개의 판 사이에 넣고 압착함으로써 유리되는 수분을 여과지에 흡수시켜 그 면적을 측정하여 판단하는 방법으로, 고기 부위가 젖어 있는 면적을 압착에 의해 젖어 있는 면적으로 나누어서 평가한다.
  ㉡ 원심 분리법 : 식육을 잘게 분쇄, 혼합한 후 10g 내외의 고기를 원심 분리관에 넣고 70℃의 내부온도로 가열한 다음 1,000rpm으로 원심 분리하여 분리되는 수분의 양을 측정하고 전체 수분의 백분비로 나타낸다.

(2) 육 색

신선육의 색은 주로 마이오글로빈(Myoglobin)에 의해서 좌우되는데, 이 마이오글로빈의 함량은 동물의 종류, 연령 및 부위에 따라 다르다.

① **가축별 전형적인 육색**
  ㉠ 쇠고기 : 선홍색
  ㉡ 돼지고기 : 회홍색
  ㉢ 닭고기 : 흰회색에서 어두운 적색
  ㉣ 송아지 : 갈홍색
② **육색에 영향을 미치는 요인** : 육색은 동물의 종류, 품종, 연령, 성별, 근육 부위, 영양상태, 운동상태에 따라 차이를 가진다. 왜냐하면 위에서 열거한 요인들에 의해 근섬유의 구성이 달라지고, 신선육의 구성성분(지방이나 수분함량)과 성질(pH)이 변화하기 때문이다.
  ㉠ 근섬유 : 근섬유는 크게 적색섬유와 백색섬유로 나누어지는데, 적색섬유가 백색섬유보다 높은 마이오글로빈 함량을 가진다. 따라서 적색섬유가 많은 근육은 적색 농도가 짙게 된다.
  ㉡ 품종 : 소에서는 역용종(役用種)의 고기가 육용종(肉用種)의 것보다 마이오글로빈 함량이 많고, 돼지는 스트레스에 약한 품종의 고기가 스트레스에 강한 품종의 것보다 육색이 엷다.
  ㉢ 동물의 연령 : 마이오글로빈 함량은 연령의 증가에 따라 증가한다.
  ㉣ 동물의 성별 : 수컷이 암컷이나 거세 수컷보다 마이오글로빈 함량이 많은 근육을 소유하고 있다. 따라서 황소가 암소보다 육색이 짙게 된다.
  ㉤ 동물의 영양상태 : 동물은 영양상태가 좋아짐에 따라 점차적으로 마이오글로빈 함량이 감소된다. 육색의 적색 농도는 근육 내 지방이 증가함에 따라 현저히 증가한다.

(3) 연 도

① 연도의 결정
  ㉠ 고기를 씹을 때 치아가 고기를 관통하는 난이의 정도
  ㉡ 고기가 분쇄되는 난이의 정도
  ㉢ 씹은 후의 잔류물의 양

② 연도에 영향을 미치는 요인
  ㉠ 도살 전 요인 : 신선육의 연도는 동물의 종류, 품종, 연령, 근육의 종류에 의해 영향을 받는다.
  ㉡ 도살 후 요인
    • 사후 해당작용 : 사후경직 전의 근육은 수축이 이루어지지 않았기 때문에 매우 연하나, 경직 후 근육섬유는 수축하게 되고 그에 따라 연도는 감소하게 된다.
    • 열처리 : 열처리는 콜라겐을 젤라틴화하기 때문에 결체조직을 연하게 하고 근원섬유 단백질을 응고시킴으로써 근육이 질겨진다.

(4) 구조 · 조직 · 견도

① 구조 : 신선육의 절단면을 볼 때 결합조직의 존재 정도나 근육 간의 결합상태 또는 근육 내 지방(Marbling) 침착 정도가 그 구조를 표현한다. 마블링(Marbling)은 활동이 적을수록 증가하나, 주원인은 유전적인 것으로 알려졌다. 마블링 정도가 쇠고기의 육질등급을 결정하는 데 중요한 역할을 한다.

② 조직 : 조직은 근속의 크기에 의해 결정된다. 근속이 크면 조직은 거칠어진다.

③ 견도 : 근육의 견도는 보수성에 의해서 결정된다. 양질의 신선육은 굳고, 적당한 물기가 있으나, 저질육은 조직이 무르고 침출물이 많게 된다.

(5) 풍 미

① 풍미 물질 : 풍미전구 물질로부터 휘발성 물질이 생산되어 풍미가 난다.
  ㉠ 질소, 유황 등
  ㉡ 산소를 포함하는 물질(Pyrazine, Hydrofuranoid, Lactone, Oxazoline)
  ㉢ 지방의 산화와 유리 지방산에서 파생되는 물질(지방족 탄화수소, 방향족 탄화수소, 알코올, 에스터, 알데하이드, 케톤)

② 풍미에 영향을 미치는 요인
  ㉠ 동물의 종류   ㉡ 품종
  ㉢ 성별   ㉣ 연령
  ㉤ 사료   ㉥ 이상취

1. 신선육 가공방법

(1) 온도체 가공

온도체 가공(Hot Processing)은 도체온도가 아직 높은 상태에서 발골하여 뼈나 과도한 지방을 제외한 가식 부분의 적육만을 이용하는 방법인데, 가공방법에 따라 경직 전(Prerigor) 상태의 근육을 사용할 수도 있고, 경직 후(Postrigor)의 근육을 사용할 수도 있다.

① 온도체 가공이 근육의 연도에 미치는 영향
- ㉠ 저온단축 : 저온단축은 경직 전 근육이 저온에 접하면 근섬유가 수축하여 고기의 연도가 저하되는 현상을 말하는데, 온도와 도체의 pH에 따라 일어나는 정도가 다르다.
- ㉡ 해동경직 : 경직 전 상태의 근육을 온도체 발골 후 급속냉동을 시켰다가 이를 해동하면 극심한 근섬유의 단축과 함께 경직현상이 일어나는데, 이를 해동경직이라고 한다. 해동경직 현상은 저온단축과 비슷한 기작에 의해 일어나는데 저온단축과 같이 연도를 매우 저하시킨다.

② 온도체 가공의 이점
- ㉠ 효율적인 냉장실 공간 이용
- ㉡ 냉장 비용의 감소
- ㉢ 냉장시간 및 가공시간의 단축
- ㉣ 냉장 중 수분증발의 감소 및 정육수율의 증가
- ㉤ 원료육의 기능적 가공 특성의 증진
- ㉥ 진공포장육의 육즙 손실 감소
- ㉦ 균일한 육색
- ㉧ 노동력 감소

③ 온도체 가공의 문제점
- ㉠ 고기의 연도 저하
- ㉡ 미생물의 오염
- ㉢ 도체의 절단 및 절단육의 진공포장이 곤란
- ㉣ 온도체의 등급조사 곤란
- ㉤ 기존 시설에 적용이 곤란
- ㉥ 진공포장육의 육색이 다름

(2) 숙 성

① 정의 : 숙성은 도체나 절단육을 빙점 이상의 온도에서 방치시킴으로써 고기의 질, 특히 연도를 향상시키는 방법이다. 고온숙성은 온도체를 5℃ 이상(보통 15~40℃ 사이)에서 숙성시키며, 냉장 온도 숙성은 절단육을 0~5℃ 사이에서 숙성시키는 것이다.

② 숙성의 효과
    ㉠ 저온단축의 방지
    ㉡ 근육 내 단백질 분해효소들의 자가 소화 증진
    ㉢ 고기의 연도 향상
    ㉣ 균일한 육색 유지
    ㉤ 보수성의 증가

③ 숙성법
    ㉠ 양(羊)에서는 16℃에서 18시간, 85%의 상대습도, 공기 유통속도 9m/분이 추천된다.
    ㉡ 소에 있어서는 연령, 도체 크기, 도체 모양, 지방 두께에 의하여 고온숙성 조건이 변하게 되는 데, 특히 지방의 두께가 중요한 역할을 한다.

더 알아보기 PLUS ONE

양도체의 고온숙성 방법

온도(℃)	시간(도살 후)	비 고
18	16~24	• 온도는 ±1℃의 변이
16	18~27	• 공기의 유통속도는 15.2~45.7m/분
13	21~30	• 상대습도는 80~85%

(3) 전기자극

전기자극은 양도체나 도체에서 교류 전극을 목 부분과 아킬레스건에 연결하여 행하여지며, 저온단축과 해동경직 현상에 의한 연도 감소문제를 방지하고 온도체 발골육의 급속냉장과 냉동을 가능하게 하여 소나 양도체의 온도체 가공 시 필수적인 방법이다.

① 전기자극의 효과
    ㉠ 사후 해당작용의 가속화
    ㉡ 사후경직의 촉진
    ㉢ 고기의 연도 증진
        • 저온단축의 감소
        • 근육 미세조직의 파괴
        • 근육 내 단백질 분해효소들의 자가소화 증진
    ㉣ 숙성효과의 증진 및 숙성시간의 단축

　　　　ⓜ 육색의 개선
　　② 전기자극의 문제점
　　　　㉠ 안전장치 필요
　　　　㉡ 철저한 위생처리 필요
　　　　㉢ 전기자극 처리된 원료육의 기능적 특성 저하
　　　　㉣ 전기자극 후 박피의 곤란
　　　　㉤ 도체 내부의 오염 가능성
　　③ 전기자극 방법
　　　　㉠ 저전압 전기자극 : 30~80V의 저전압(0.25~1A)으로 도체를 0.5~4분간 자극하는 방법이다.
　　　　㉡ 고전압 전기자극 : 보통 500~700V의 고전압(5~15A)으로 도체를 1.5~2분간 자극하는 방법
　　　　　 이다.

(4) 도체 현수방법

　　① 현수 : 도축 공정에서 지육을 아래로 꼿꼿하게 매다는 것이다. 근육의 수축을 줄여 연도를 증가시키
　　　 기 위해 도체를 걸어 놓는다.
　　② 도체 현수의 변경 : 도살 후 도체의 현수는 전통적으로 아킬레스건을 이용하였으나, 요골을 사용하
　　　 여 현수하면 재래식 아킬레스건 현수방법보다 등심, 볼기 부위 등 주요 근육의 연도가 월등히
　　　 높아진다.
　　③ 도체 신장 : 도체를 신장시키면 근육이 신장됨으로써 근원섬유의 지름이 축소되고 액토마이오신과
　　　 콜라겐의 용해도가 증가되며 나아가서 보수성이 증가되기 때문에 신선육의 연도가 증가하게 된다.

(5) 재구성육

　　① 의의 : 재구성육 제품의 제조는 육표면으로부터 추출된 육단백질이 육편들 사이에 결착제로서
　　　 작용하며, 이후 열처리 과정을 거쳐 육단백질이 변성·응고하여 안정된 단백질 조직을 형성함으로
　　　 써 하나의 커다란 근육과 같은 완제품을 생산하는 가공법이다.
　　② 재구성육의 장단점
　　　　㉠ 장 점
　　　　　 • 제품의 크기와 모양 관리가 용이
　　　　　 • 음식 준비가 간편하고 조리가 편리
　　　　　 • 지방과 단백질 함량의 조절
　　　　　 • 조직감과 맛의 변경
　　　　　 • 부가가치의 증대
　　　　　 • 다양성과 융통성 제공

ⓛ 단 점
- 육색의 변질 및 지방산패
- 고기의 고유한 조직감 상실

2. 세절, 혼합 및 유화

(1) 세 절

① 이 공정은 원료육을 잘게 썰어 형태적인 변화를 주는 공정이다. 이 형태적 변화는 플레이트(Plate)
의 구멍 크기에 따라 좌우되며, 절단 이외의 파괴작용은 거의 수반되지 않는다.
② 소시지류의 제조에는 다음의 작업을 용이하게 하기 위하여 반드시 이 공정을 거친다.

(2) 혼합 및 유화

① 의의 : 유화는 소시지의 품질에 결정적인 요인이 되는 것으로 원료 중의 단백질과 지방이 수분과
친화되어 있는 상태이다.
② 고기 유화물에 영향을 주는 요인
　　㉠ 단백질 종류
　　㉡ 근육의 상태
　　㉢ 단백질 농도
　　㉣ 온도
　　㉤ 혼합속도
　　㉥ 유지의 종류
　　㉦ 단백질 막의 두께
③ 사용되는 원료
　　㉠ 식육원료
　　㉡ 물
　　㉢ 지방
　　㉣ 인산염
　　㉤ 산성화 물질
　　㉥ 비육 단백질
　　㉦ 소금

3. 충 전

(1) 분쇄육 제품의 충전

① 케이싱의 조건
  ㉠ 케이싱은 가공 및 저장기간 동안 내용물의 팽창 및 수축을 수용할 수 있도록 수축 및 신장성이 있어야 한다.
  ㉡ 충전, 결찰 및 매달음에 견딜 만큼 충분한 강도를 유지해야 한다.

② 케이싱의 종류
  ㉠ 식육케이싱
    • 수분과 연기가 투과할 수 있다.
    • 냉장온도에서 저장하며 고온이나 냉동저장은 금물이다.
  ㉡ 재생 콜라겐 케이싱 : 식육케이싱의 불균일한 직경을 개선하여 충전 자동화 작업을 가능하게 하였다.
  ㉢ 셀룰로스 케이싱
    • 직경과 길이가 균일하며 취급이 간편하다.
    • 채색이 가능하여 외관을 우수하게 한다.
    • 축축할 때는 연기를 통과시키므로 사용 전에 물을 적셔야 한다.
  ㉣ 플라스틱 케이싱
    • 훈연하지 않는 소시지는 수분 및 연기 불투과성인 플라스틱 케이싱에 충전한다.
    • 주로 물에서 가열되는 제품이나 멸균 제품을 위해 사용되며, 생소시지는 플라스틱 케이싱에 충전되어 냉장 또는 냉동 상태로 판매된다.

(2) 비분쇄 제품의 충전

① 염지가 끝난 비분쇄 제품의 충전은 소시지에서 사용되는 식육케이싱이나 콜라겐 케이싱을 이용하지 않고 섬유성 셀룰로스 케이싱이나 실 또는 신축성 망 그리고 플라스틱 필름이 사용된다.
② 본리스 햄(Boneless Ham)은 섬유성 셀룰로스나 플라스틱 용기에 충전한 후 틀에 넣어 가열 후에도 형태를 유지하게 한다.
③ 본인 햄(Bone-in Ham) 또는 앞다리는 실로 짠 망 형태의 스토키네트(Stockinette)에 넣어 훈연가열한다.
④ 베이컨은 훈연가열한 후 고압프레스를 이용하여 사각으로 성형한 후 슬라이스한다.

4. 건조 · 훈연 및 가열처리

(1) 건 조

① 건조의 목적
  - ⊙ 수분을 제거하여 수분활성 저하
  - ⊙ 연기성분이 육질 내부에 잘 침투될 수 있도록 함
  - ⊙ 외관을 좋게 함

② 건조방법
  - ⊙ Dry Curing Method : 30℃에서 48시간(Regular Ham)
  - ⊙ Wet Curing Method : 50℃에서 4~5시간

③ 건조장치 : 열풍건조기, 감압건조기, 가열면건조기, 동결건조기 등
  - ⊙ 감압건조법 : 조직 변화도 적고 제품을 흡수 복원시켰을 때 원료에 가까운 상태로 됨
  - ⊙ 동결건조법 : 조직의 파괴를 적게 하므로 소육편이나 분말제품의 제조에 적당함

④ 유의사항
  - ⊙ 훈연 전에 반드시 건조시킴(전처리)
  - ⊙ 훈연실에서 실시
  - ⊙ 열원에서 1m 이상 간격을 두고 건조시킬 것
  - ⊙ 건조가 확실치 못할 경우 연기의 침착이 부진하여 육표면의 외관이 좋지 않고, 발색이 잘 되지 않음

(2) 훈 연

① 훈연의 목적
  - ⊙ 제품의 보존성 부여
  - ⊙ 제품의 육색 향상
  - ⊙ 풍미와 외관의 개선
  - ⊙ 산화의 방지

② 훈연 연기성분
  - ⊙ 페놀류(C_6H_5OH) : 항산화성, 방부성, 색상 및 풍미에 영향을 미친다. 페놀은 제품 깊숙이 침투하지 못하므로 주로 표면 미생물의 발육을 억제한다.
  - ⊙ 유기산(R-COOH) : 풍미에 영향을 주고 방부성도 증가시키며, 표면 단백질을 변성시켜 케이싱이 쉽게 벗겨지게 해 준다.
  - ⊙ 카보닐(R-CO-R) : 아미노기와 결합하여 멜라노이드 색소 생산으로 제품을 황금색으로 만들며 풍미에도 영향을 끼친다. 특히 폼알데하이드 성분은 미생물 발육억제 효과도 있다.
  - ⊙ 알코올(R-OH) : 다른 성분들을 운반하여 제품 내부에 침투를 도와주는 역할을 한다.

③ 훈연법

　　㉠ 직접훈연법

　　　• 냉훈법 : 30℃ 이하에서 훈연하는 방법으로 별도의 가열처리 공정을 거치지 않는 것이 일반적이다. 훈연시간이 길어 중량감소가 크지만 건조, 숙성이 일어나서 보존성이 좋고 풍미가 뛰어나다.

　　　• 온훈법 : 30~50℃의 온도 범위에서 행하는 훈연법으로, 본리스 햄(Boneless Ham), 로인 햄(Loin Ham) 등 가열처리 공정을 거치는 제품에 이용된다. 이 방법의 온도 범위에서는 미생물이 번식하기에 알맞은 조건이므로 주의하여야 한다.

　　　• 열훈법 : 50~80℃(보통 60℃ 전후)의 온도 범위에서 훈연하는 방법으로, 이 온도에서는 단백질이 거의 응고하며, 표면만 강하게 경화하여 내부는 비교적 많은 수분이 함유된 채로 응고되므로 탄력이 있는 제품이 된다.

　　　• 액훈법 : 훈연액을 가열 중 제품 표면에 분무하여 훈연을 수행하거나 염지액에 혼합하여 제품에 직접 주입하는 방법으로 사용된다.

　　㉡ 간접훈연법

　　　• 연소법 : 톱밥을 전열 또는 버너로 연소시켜 연기를 만드는 방법으로, 직접훈연법의 연기 발생을 단지 장소만 바꾼 상태이다.

　　　• 마찰발연법 : 경목의 막대기를 위에서 눌러서 고속으로 회전하는 날카로운 마찰칼날과 심한 마찰로 생기는 열로서 미리 넣어둔 톱밥을 열분해시켜 발연시키는 것이다. 연기의 온도 조절은 톱밥에 물을 뿌려서 한다.

　　　• 습열분해법 : 수증기와 공기를 적당히 섞어서 300~400℃ 정도로 가열하고, 이것을 톱밥을 통하여 열분해를 일으키는 방법으로, 연기는 증기와 함께 흐르기 때문에 다습하고 온도가 높아져(보통 훈연실에서 80℃ 정도가 됨) 냉각시켜야 한다.

　　　• 부유발연법 : 스크루 컨베이어를 통하여 운반되는 톱밥을 필요한 양만큼 압축공기로 반응기에 운반시킨 후 전기히터로 300~400℃까지 가열시킨 공기를 반응기에 불어 넣어, 압축공기로 인하여 반응기 내에 약 10초간 부유되어 있는 톱밥을 350℃에서 열분해시킨다.

(3) 가열처리

① 가열처리의 목적 : 날식품을 조리하는 동시에 보존성을 높이는 것이다.

② 가열처리의 작용

　　㉠ 단백질의 열변성　　　　　　　　㉤ 풍미의 개량

　　㉢ 미생물의 파괴와 안정성의 증가　　㉣ 효소의 불활성화

　　㉤ 표면의 건조　　　　　　　　　　㉥ 발색

5. 식육 및 육제품의 포장

(1) 포장의 목적과 기능

① 품질변화 방지

② 생산제품의 규격화

③ 취급의 편리성

④ 상품가치의 향상

(2) 포장방법

① 생육의 포장

㉠ 도체와 분할육

- 전도체 및 분할된 도체는 냉장 또는 수송 중 외부로부터의 오염을 방지하고 수분 증발에 의한 중량 손실을 줄이기 위하여 포장된다.
- 포장재로는 폴리에틸렌(PE), 폴리프로필렌(PP), 연질염화비닐(Plasticized PVC)과 같은 플라스틱 필름이나 마대 등이 이용된다.

㉡ 부분육의 숙성 및 장기 저장을 위한 포장

- 포장재 : 호기성 미생물의 번식과 변색 및 산화반응을 억제시키고 수분 증발에 의한 중량손실을 막아야 하므로 폴리아마이드(PA)나 폴리에스터(PET)에 폴리에틸렌을 적층시킨 다중접착 필름, 그리고 산소수증기 차단성을 강화하기 위하여 위와 같은 필름 중간에 염화비닐라이덴 (PVDC) 층을 입힌 필름이나 염화비닐(PVC), 염화비닐라이덴(PVDC)의 공중합물 등이 사용된다.
- 포장방법
  - 진공포장 : 진공펌프를 이용하여 탈기함으로써 포장 내의 잔류기압을 10~20mbar 정도로 낮춘 다음 결착 밀봉한다.
  - 가스치환방법 : 진공포장과 동일하게 탈기과정을 거친 다음 탄산가스와 질소를 혼합하거나 또는 단독으로 주입하여 열봉합 포장한다.

② 육제품의 포장

㉠ 직경이 가는 축육가금 소시지 : 세절, 유화된 유화물을 셀룰로스나 콜라겐 케이싱 또는 식육케이싱 날개로 포장하여 가열 또는 훈연한 다음 폴리아마이드, 폴리에틸렌 등의 진공포장재에 진공 또는 가스치환포장하거나 또는 수축포장한다.

㉡ 굵은 축육제품 : 섬유성 케이싱이나 식육케이싱을 이용하여 포장된 후 가열 또는 훈연과정을 거쳐 그대로 유통되거나 얇게 썰어(Slicing) 진공포장재에 진공 또는 가스치환포장되어 유통된다.

ⓒ 어육 또는 어육혼합 소시지 : PVDC 단층 필름을 이용하여 알루미늄 클립으로 결찰하여 낱개 포장한 후 다시 PE나 PP 등의 필름으로 이차 포장한다.

ⓔ 햄 류
- 프레스 햄(Pressed Ham) : 내용물을 셀로판지를 씌운 성형틀에 충전시킨 후 가열, 훈연과정을 거쳐 형태를 부여한 다음 진공포장재에 진공포장된다.
- 본리스 햄(Boneless Ham), 로인 햄(Loin Ham) 및 기타 고급햄류 : 진공포장용 필름이나 섬유성 케이싱에 진공포장된다.
- 베이컨 : 일반적으로 얇게 썰어 진공포장용 필름에 진공포장된다.

ⓜ 장기저장용 축육제품 : 주석이나 크로뮴이 도금된 양철캔이나 알루미늄과 폴리프로필렌 또는 폴리에스터가 적층된 레토르트 용기에 넣은 후 레토르트에서 멸균처리된다.

③ 육제품의 무균화 포장
ⓐ 육즙의 분리와 풍미의 저하를 방지하기 위해 제품을 무균적으로 진공포장하는 것이다. 재가열하지 않고도 상당 기간 저장할 수 있다.
ⓑ 포장재료 : 산소나 질소가스가 투과하기 어려운 EVAL과 PVDC 또는 PVC나 PVDC가 조합된 다중접착필름이 사용된다.
ⓒ 위너 소시지, 프랑크푸르트 소시지 : 공기조절 포장
ⓓ 슬라이스 햄, 슬라이스 소시지, 슬라이스 베이컨 : 진공포장이나 스킨포장

(3) 포장재료

① 내포장재
ⓐ 식육케이싱 : 오래 전부터 사용되었으며 돼지, 소, 양 등의 내장류를 재료로 하여 만든다.
- 통기성이 있어 훈연이 가능하다.
- 내부의 수분 감소에 따라 수축하여 표면에 밀착하기 때문에 제품의 외관이 좋다.
- 식용으로 가능하다.
- 저장기간이 짧으므로 저장기간 중 위생적인 취급이 필요하다.
- 주로 특수 또는 고급 육제품에 이용된다.

ⓑ 인조 케이싱 : 직경과 장벽 두께가 균일하고 충전 시 내압성이 높아 강인하며 제품의 감량이 적고 취급과 보관이 간편하다.
- 콜라겐 케이싱(Collagen Casing)
  - 가식성 콜라겐 케이싱 : 동물진피층의 콜라겐을 마쇄한 뒤 산처리하여 팽윤시킨 후 성형, 건조, 경화의 과정을 거쳐 긴 롤(Roll)의 튜브상으로 제조된다. 주로 직경이 작은 위너(Wiener)나 프랑크푸르트(Frankfurter) 소시지용으로 이용된다.
  - 비가식성 콜라겐 케이싱 : 재생셀룰로스나 콜라겐 섬유로 제조하며 직경이 큰 소시지류에 이용된다.

- 셀룰로스 케이싱(Cellulose Casing) : 목재의 펄프나 목화의 식물성 셀룰로스를 용해시킨 뒤 세정, 경화, 건조의 과정을 반복하여 재생한 다음 다양한 크기와 직경으로 고압에서 튜브 형태로 사출시킨 비가식성 인조 케이싱이다.
- 섬유성 케이싱(Fibrous Casing) : 셀룰로스를 기재로 하여 내벽에 종이층을 입힌 후 식물성 섬유를 조합시켜 제조한다.

② 외포장재
  ㉠ 플라스틱 필름 포장재
  - 단층 플라스틱 필름 : 폴리에틸렌(Polyethylene, PE), 폴리프로필렌(Polypropylene, PP), 염화비닐(Polyvinyl Chloride, PVC), 염화비닐라이덴(Polyvinylidene Chloride, PVDC), 폴리스타이렌(Polystyrene, PS), 폴리아마이드(Polyamide, PA), 셀로판(Cellophane) 등이 있다.
  - 수축성 필름 : 식육 또는 육제품을 포장하여 끓는 물 중에 담그거나 수증기를 뿜거나 적외선 조사를 하여 순간 가열함으로써 필름을 급격히 수축시켜 밀봉, 접착성을 높이는 진공포장에 이용된다.
  - 다중접착 필름 : 2종 이상의 플라스틱 필름, 종이, 알루미늄 등의 포장재끼리 서로 적층(Lamination) 또는 코팅방법으로 조합시켜 각각의 단점을 보완하고 장점만을 갖도록 하여 용도에 맞게끔 제조하는 포장재로서 최근 진공포장재 등에 널리 이용되고 있다.
  ㉡ 알루미늄 : 약 0.5mm 정도의 알루미늄 판을 압연기로 수차 압연시켜 원하는 두께의 얇은 포일(6~20μm)로 제조된다.
  ㉢ 금속용기 : 금속용기는 내열성, 건조성 및 차단성이 우수하여 장기보관용 통조림 소시지, 런천미트(Luncheon Meat), 콘드비프(Corned Beef)나 장조림 등의 육가공제품에 이용된다.
  ㉣ 유리용기 : 일반적 성질은 금속용기와 유사하나 무겁고 충격에 약한 단점이 있다. 유리용기는 금속용기와 같이 장기보관용 육제품에 이용된다.
  ㉤ 종이와 카톤 : 합성수지가 개발되기 전에는 단순히 제품을 싸는 용도로 쓰이던 포장재였으나 현재는 글라신(Glassine), 파치먼트 종이(Parchment Paper)로 가공되거나 왁스, 파라핀을 도포 또는 폴리에틸렌이나 에틸렌 비닐 아세테이트와 플라스틱 및 알루미늄과 적층 가공되어 생육의 포장에 주로 이용된다. 생육 포장용 카톤 내벽은 수분과 지방의 침투를 차단하기 위하여 왁스나 파라핀으로 도포된다.

6. 육가공부재료

(1) 식품첨가물의 종류 및 사용기준

① 식품첨가물의 정의 : 식품을 제조·가공·조리 또는 보존하는 과정에서 감미, 착색, 표백 또는 산화방지 등을 목적으로 식품에 사용되는 물질을 말한다. 이 경우 기구·용기·포장을 살균·소독 하는 데에 사용되어 간접적으로 식품으로 옮아갈 수 있는 물질을 포함한다.

② 식품첨가물의 구비조건

    ㉠ 인체에 유해한 영향을 미치지 않을 것

    ㉡ 사용 목적에 따른 효과를 소량으로도 충분히 나타낼 것

    ㉢ 식품의 제조가공에 필수불가결할 것

    ㉣ 식품의 영양가를 유지할 것

    ㉤ 식품에 나쁜 이화학적 변화를 주지 않을 것

    ㉥ 식품의 화학성분 등에 의해서 그 첨가물을 확인할 수 있을 것

    ㉦ 식품의 외관을 좋게 할 것

    ㉧ 식품을 소비자에게 이롭게 할 것

③ 식품첨가물의 종류

    ㉠ 감미료 : 식품에 단맛을 부여하는 식품첨가물을 말한다. 예 사카린나트륨, 아스파탐 등

    ㉡ 발색제 : 식품의 색을 안정화시키거나, 유지 또는 강화시키는 식품첨가물을 말한다. 예 아질산 나트륨, 질산나트륨, 질산칼륨 등

    ㉢ 보존료 : 미생물에 의한 품질 저하를 방지하여 식품의 보존기간을 연장시키는 식품첨가물을 말한다. 예 소브산, 안식향산, 프로피온산 등

    ㉣ 산화방지제 : 산화에 의한 식품의 품질 저하를 방지하는 식품첨가물을 말한다. 예 디부틸히드록시톨루엔, 몰식자산프로필, 비타민 C, 비타민 E 등

    ㉤ 살균제 : 식품 표면의 미생물을 단시간 내에 사멸시키는 작용을 하는 식품첨가물을 말한다. 예 과산화수소, 오존수, 차아염소산나트륨 등

    ㉥ 안정제 : 두 가지 또는 그 이상의 성분을 일정한 분산 형태로 유지시키는 식품첨가물을 말한다. 예 구아검, 로커스트콩검, 변성전분, 분말셀룰로스, 시클로덱스트린 등

    ㉦ 영양강화제 : 식품의 영양학적 품질을 유지하기 위해 제조공정 중 손실된 영양소를 복원하거나, 영양소를 강화시키는 식품첨가물을 말한다. 예 구연산철, 엽산, 타우린 등

    ㉧ 응고제 : 식품 성분을 결착 또는 응고시키거나, 과일 및 채소류의 조직을 단단하거나 바삭하게 유지시키는 식품첨가물을 말한다. 예 염화마그네슘, 황산마그네슘 등

    ㉨ 증점제 : 식품의 점도를 증가시키는 식품첨가물을 말한다. 예 잔탄검, 카라기난 등

    ㉩ 착색료 : 식품에 색을 부여하거나 복원시키는 식품첨가물을 말한다. 예 카라멜색소, 코치닐추출색소 등

    ㉪ 팽창제 : 가스를 방출하여 반죽의 부피를 증가시키는 식품첨가물을 말한다. 예 탄산수소나트륨, 탄산수소암모늄, 폴리인산나트륨 등

    ㉫ 표백제 : 식품의 색을 제거하기 위해 사용되는 식품첨가물을 말한다. 예 메타중아황산나트륨, 무수아황산, 아황산나트륨 등

    ㉬ 향미증진제 : 식품의 맛 또는 향미를 증진시키는 식품첨가물을 말한다. 예 L-글루탐산나트륨, 글리신 등

ⓗ 향료 : 식품에 특유한 향을 부여하거나 제조공정 중 손실된 식품 본래의 향을 보강시키는 식품첨가물을 말한다. 예 초산부틸, 카프론산알릴 등

④ 식품 또는 식품첨가물에 관한 기준 및 규격(식품위생법 제7조)

　㉠ 식품의약품안전처장은 국민 건강을 보호·증진하기 위하여 필요하면 판매를 목적으로 하는 식품 또는 식품첨가물의 제조·가공·사용·조리 및 보존 방법에 관한 기준과 그 식품 또는 식품첨가물의 성분에 관한 규격을 정하여 고시한다.

　㉡ 식품의약품안전처장은 ㉠에 따라 기준과 규격이 고시되지 아니한 식품 또는 식품첨가물의 기준과 규격을 인정받으려는 자에게 ㉠의 사항을 제출하게 하여「식품·의약품분야 시험·검사 등에 관한 법률」제6조제3항제1호에 따라 식품의약품안전처장이 지정한 식품전문 시험·검사기관 또는 같은 조 제4항 단서에 따라 총리령으로 정하는 시험·검사기관의 검토를 거쳐 ㉠에 따른 기준과 규격이 고시될 때까지 그 식품 또는 식품첨가물의 기준과 규격으로 인정할 수 있다.

　㉢ 수출할 식품 또는 식품첨가물의 기준과 규격은 ㉠ 및 ㉡에도 불구하고 수입자가 요구하는 기준과 규격을 따를 수 있다.

　㉣ ㉠ 및 ㉡에 따라 기준과 규격이 정하여진 식품 또는 식품첨가물은 그 기준에 따라 제조·수입·가공·사용·조리·보존하여야 하며, 그 기준과 규격에 맞지 아니하는 식품 또는 식품첨가물은 판매하거나 판매할 목적으로 제조·수입·가공·사용·조리·저장·소분·운반·보존 또는 진열하여서는 아니 된다.

　㉤ 식품의약품안전처장은 거짓이나 그 밖의 부정한 방법으로 ㉡에 따른 기준 및 규격의 인정을 받은 자에 대하여 그 인정을 취소하여야 한다.

(2) 부재료

① 수 분

　㉠ 가공 공정에서 물을 첨가하지 않는다면 가열, 건조 중 일부의 수분이 증발되고 상대적으로 단백질-단백질 결합이 강화되어 조직감이 좋지 않게 된다.

　㉡ 가공 중 물을 인위적으로 첨가하면 내용물의 혼합이 쉬워지고 단백질의 용해성이 증대되며, 조직이 부드러워져 관능상 품질을 증대시킬 수 있다.

　㉢ 가공 공정 중에 발생하는 온도 증가를 조절해 주는 역할을 하며 희석에 의한 원료 혼합물의 점도 증가에 의해 공장에서 기계적인 작업을 용이하게 해 준다.

② 아질산염

　㉠ 아질산염은 치명적인 독소를 생산하는 아포 형성균인 *Clostridium botulinum*의 성장을 억제시킨다.

　㉡ 햄 철분 성분에 의한 지방산화를 방지함으로써 산패취를 억제시켜 향기를 증진한다.

③ 염지육색 촉진제
  ㉠ 아스코브산 나트륨(Sodium Ascorbate), 구연산 나트륨(Sodium Citrate), 에리토브산 나트륨 (Sodium Erythorbate) 등이 있다.
  ㉡ 염지 색소인 나이트로실 헤모크로뮴(Nitrosyl Hemochrome)의 형성을 촉진시킨다.
  ㉢ 환원능력이나 금속이온 봉쇄효과가 있으므로 가열된 육제품에서 산화에 의한 향기나 색택의 변질을 막아 준다.
④ 소금 : 육가공 제품의 향기를 증진시키고 염용성 단백질을 용해시키며 미생물의 성장 억제와 저장성 증진에 기여한다.
⑤ 인산염
  ㉠ 육속의 수분이나 첨가된 수분을 유지시키는 작용, 즉 보수력을 증진시킨다.
  ㉡ 제품의 수분유실 방지로부터 가공수율을 증대시키고 조직감을 향상시킨다.
  ㉢ 철, 구리와 같은 금속이온을 봉쇄하는 역할을 하기 때문에 이들에 의해 촉진되는 산패를 막을 수 있다.
  ㉣ pH 변화에 의해 미생물의 성장을 억제시켜 저장성을 증진시킨다.
⑥ 감미제
  ㉠ 제품의 맛을 증진시키고 짠맛을 완화시키는 역할을 한다.
  ㉡ 수분을 잡아주거나 가열에 의해 아미노산과 작용하여 표면색의 갈색화에 기여하기도 한다.
⑦ 향신료
  ㉠ 제품의 맛과 향기를 증진시킨다.
  ㉡ 색깔을 조절하거나 항미생물 및 항산화 효과가 있다.
⑧ 증량제(결착보조제)
  ㉠ 육제품의 주원료인 살코기, 지방 외에 분쇄육제품 제조에 첨가되는 전분이나 비육단백질을 말한다.
  ㉡ 증량효과, 유화안정, 조직감 향상 및 맛 개선 등의 목적으로 첨가된다.
⑨ 기타 첨가제
  ㉠ 보존제 : 미생물 성장 억제제로서 소브산이나 소브산칼륨이 있다.
  ㉡ 항산화제 : 발효소시지나 건조육포에 BHT, BHA, TBHQ 등과 같은 합성제를 쓰거나 식물이나 동물에서 추출된 자연 항산화제를 쓰기도 한다.
  ㉢ 향기증진제 : 글루텐(Gluten), 이스트(Yeast), 카세인(Casein) 등의 단백질을 산, 알칼리, 효소 등으로 가수분해하여 얻은 일종의 아미노산의 혼합물을 사용한다.

1. 개 요

(1) 식육가공의 정의

식육가공이란 분쇄, 혼화, 양념의 첨가, 훈연, 건조, 열처리 등 한 가지 이상의 방법으로 신선육의 성질을 변형시키는 것을 말한다.

(2) 식육가공의 목적

① 저장

② 간편성과 다양성

③ 부가가치 제고

(3) 가공 육제품의 종류

① 비분쇄 제품

  ㉠ 비건조 제품

    • 베이컨(Bacon)

    • 쇠고기 베이컨(Beef Bacon)

    • 캐나디언 베이컨(Canadian Bacon)

    • 햄(Ham)

    • 파스트라미(Pastrami)

    • 콘드 비프(Corned Beef)

  ㉡ 건조 제품

    • 프로슈티(Proscuitti)

    • 캐포콜로(Capocollo 또는 Capicola, Capacola)

② 분쇄 제품

  ㉠ 소시지 제품

    • 유화형(Emulsion) 소시지

      – 생소시지 : 보크부르스트(Bockwurst)

      – 가열소시지 : 리버 소시지(Liver Sausage), 브라운슈바이거(Braunschweiger), 비엔나(Vienna)

      – 가열훈연소시지 : 볼로냐(Bologna), 위너(Wiener), 프랑크푸르트(Frankfurt)

- 조분쇄(Coarse-grinder) 소시지
  - 생소시지 : 브라트부르스트(Bratwurst), 생돈육 소시지(Fresh Pork Sausage)
  - 비가열훈연소시지 : 킬바사(Kielbasa)
  - 건조 및 반건조소시지
    ⓐ 건조소시지 : 살라미(Salami), 페퍼로니(Pepperoni)
    ⓑ 반건조소시지 : 레바논볼로냐(Lebanon Bologna), 초리조(Chorizo)
- ⓛ 비소시지 특수제품
  - 로프류(Loaves)
  - 햄버거 패티(Hamberger Patties)
  - 재구성육(Restructured Meats)
  - 헤드 치즈(Head Cheese)
  - 프레스 햄(Pressed Ham)

2. 식육가공 제품의 종류

(1) 포장육

① 판매를 목적으로 식육을 절단(세절 또는 분쇄를 포함한다)하여 포장한 상태로 냉장 또는 냉동한 것으로서 화학적 합성품 등 첨가물 또는 다른 식품을 첨가하지 아니한 것을 말한다.

② 육함량 : 100%

(2) 양념육

① 식육이나 식육가공품에 식품 또는 식품첨가물을 가하여 양념한 것이거나 식육을 그대로 또는 양념하여 가열처리한 것으로 편육, 수육 등을 포함한다.

② 육함량 : 60% 이상

(3) 분쇄가공육제품

① 식육(내장은 제외한다)을 세절 또는 분쇄하여 이에 식품 또는 식품첨가물을 가한 후 냉장, 냉동한 것이거나 이를 훈연 또는 열처리한 것으로서 햄버거패티·미트볼·돈가스 등을 말한다.

② 육함량 : 50% 이상

(4) 건조저장육

① 정의 : 건조저장육은 식육을 그대로 또는 이에 식품 또는 식품첨가물을 가하여 건조하거나 열처리하여 건조한 것을 말하며, 수분함량 55% 이하의 것을 말한다.

② 육함량 : 85% 이상

③ 특징 : 식육을 원료로 한 건조가공품은 비용이 적게 들 뿐만 아니라 기호성, 저장성 및 대중성이 좋아 비상식품 및 간식으로 폭넓게 활용할 수 있는 이점이 있으며, 건조육을 가공하는 데 있어서 원료육의 전처리, 조미, 건조과정은 제품의 색택, 조직감, 풍미 등에 큰 영향을 준다.

(5) 햄 류

햄(Ham)은 원래 돼지 뒷다리 부위의 고기를 원료로 염지·훈연한 것을 말한다.

① 레귤러 햄(Regular Ham) : 돼지 뒷다리를 이용하여 뼈가 있는 상태에서 정형, 훈연, 가열처리하여 제조된 햄이다. 뼈를 제거하지 않았기 때문에 본인 햄(Bone-in Ham)이라고도 한다.

② 본리스 햄(Boneless Ham) : 햄 부위를 발골하고 케이싱하여 훈연, 가열처리한 것으로 롤드 햄(Rolled Ham)이라고도 한다.

③ 로인 햄(Loin Ham) : 돼지의 허리 등심 부위를 정형하여 염지, 훈연, 가열한 제품이다.

④ 락스 햄(Lachs Ham) : 로인 햄에 속하지 않는 소형 햄이다.

⑤ 가열 햄 : 돼지 뒷다리를 발골하여 염지하거나 훈연하지 않고 열처리한 제품이다.

※ 프레스 햄(Pressed Ham) : 햄과 소시지의 중간적인 제품으로 햄과 베이컨의 잔육이나 적육, 경우에 따라서는 다른 축육의 적육을 잘게 썰어 결착육과 함께 조미료·향신료를 섞어 압력을 가하여 케이싱에 충전하고 열로 굳혀 제조한 것이다.

(6) 소시지류

① 신선소시지(Fresh Sausage) : 원료 고기를 갈아서 양념 등을 넣어 유화시키거나 조분쇄한 제품으로 가열처리하지 않고 냉장 또는 냉동상태에서 유통시킨다.

㉠ 신선돈육 소시지 : 신선한 돼지고기만으로 만드는 것으로 포장된 소시지는 장기저장일 때 −12~−10℃에서 저장하고 단기저장일 때 −5~−4℃에서 저장한다.

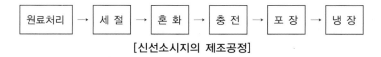

[신선소시지의 제조공정]

㉡ 보크부르스트(Bockwurst) : 원료 고기는 먼저 2.54cm의 플레이트에 갈고 다음에 0.32cm로 간다. 우유, 소금, 향신료를 넣어 사일런트 커터(Silent Cutter)로 3~4분간 세절한다. 케이싱에 충전하며 −3~−1℃ 정도의 냉각실에서 냉각한다.

ⓒ 이탈리안 포크 소시지(Italian Pork Sausage) : 냉각한 원료육을 0.64~1cm의 플레이트로 갈아 혼합하는 사이에 소금과 향신료를 섞는다. 미생물에 오염되지 않도록 주의하고 케이싱 또는 콜라겐 케이싱에 충전한다.

② 훈연소시지(Smoked Sausage) : 세절된 원료육에 양념을 섞어 훈연과 가열처리를 하는 대표적인 유화형 소시지이다. 종류로는 프랑크푸르트 소시지, 위너 소시지, 볼로냐 소시지 등이 있다.

③ 가열소시지(Cooked Sausage) : 고기 이외에 혈액이나 간과 같은 내장육을 첨가하여 제조하며 이들 원료는 부패하기 쉽기 때문에 미리 가열·살균한다. 종류로는 간소시지, 혀소시지, 혈액소시지 등이 있다.

④ 발효소시지 : 발효소시지는 낮은 pH와 수분함량 때문에 저장기간이 길다. 수분함량에 따라 건조(Dry)소시지와 반건조(Semidry)소시지로 나뉜다.

(7) 베이컨(Bacon)류

① 베이컨(Bacon) : 복부육(삼겹살) 또는 특정 부위육(등심육, 어깨부위육)을 절단하고 정형된 것을 염지와 훈연처리하여 제조하며 살균 목적으로 가열처리하지 않는다.

② 등심 베이컨(Loin Bacon) : 일반 베이컨과는 달리 지방층이 5mm 이하이고 등심 부위육에 삼겹살 부위가 등심 쪽으로 1/3 정도 부착된 상태에서 절단된 원료육을 사용한다. 일명 캐나다식 베이컨이라 하며, 덴마크식 베이컨도 같은 방법으로 제조된다.

(8) 식육부산물

① 생피 : 생피는 젤라틴 등에 이용되고 유해물질 때문에 식품으로서 이용할 수 없다.

　　ⓒ 콜라겐(Collagen) : 변성분말 콜라겐은 식육가공 시의 결착제나 식물성 단백질 제품의 조직 개량제 등에 사용하고 있다.

　　ⓒ 콜라겐 케이싱 : 천연 콜라겐을 변성시킨 제품으로 육·어육 제품에 공통으로 이용되고 있다.

　　ⓒ 식용 젤라틴 : 생피와 뼈의 콜라겐을 열변성시켜서 얻은 비결정성의 제품이다.

　　ⓔ 콩소메 수프(Consommé Soup) : 소뼈나 생선뼈를 원료로 조미료와 향신료를 가미해서 투명한 수프를 만든 것이다.

◎ 의료용 콜라겐

형 상	임상적 용도
용 액 (겔상분산제)	이식발육용 세포배지, 혈장 증량제, 연조직 증강제, 인공초자체(초자체 기질), 소프트 콘택트렌즈
분 말	지혈제
막	인공각막, 콘택트렌즈, 인공변, 투석막, 창상보호, 조직수복과 강화(인공피부, 붕대 등), 효소리액터, 막상산소 공급장치, 고막대용
재생사(실)	봉합사, 접합맥관 대용품
스펀지	지혈제, 창상보호, 외과용 단봉, 뼈, 연골 대용품, 피임제
관	인공맥관, 공동기관(혈관계, 식도, 기관), 재생과 강화, 신경절제구호

ⓗ 화장품용 : 화장용에 쓰이는 것은 수용성 콜라겐이다.
② 뼈 : 뼈에는 골유(골수지 포함), 골분, 골탄, 젤라틴, 세공물 등이 포함된다.
  ㉠ 골유 : 생골 중량의 약 10%를 차지하며, 재료가 신선한 것은 식용유로 이용한다.
  ㉡ 골분 : 탈지골을 레토르트(Retort) 솥에 넣고 가열 건류해서 남은 것이 골분이며, 탈색제로 사용된다.
  ㉢ 아교와 젤라틴 : 아교와 젤라틴은 화학적으로 같은 물질이며, 생체구성 단백질을 일정 조건하에서 열변성시켜 얻은 비결정성 변성단백질 제품이다.
③ 혈액 : 혈액은 그 자체가 영양가 높은 단백질로서 우리나라의 경우 소시지의 일종인 순대로 이용되어 오고 있다.
  ㉠ 블러드 소시지(Blood Sausage), 푸딩, 수프, 빵 및 크래커에 이용되기도 한다.
  ㉡ 블러드 소시지 : 소나 돼지의 전혈을 원료 총량의 4~30%로 배합한다.
  ㉢ 탈섬혈 : 탈섬혈에는 적혈구가 다량 함유되어 있어 영양제로서, 때로는 철분을 함유하고 있어서 철제, 즉 증혈제의 배합재료로서 이용되고 있다.
  ㉣ 혈청 알부민 : 혈액 아교는 강력한 결착성을 나타내기 때문에 합판용 결착제로서 우수한 효과를 발휘한다.
  ㉤ 혈분 : 신선한 전혈을 가열 응고한 후 건조분말화한 것이다.
④ 내장 : 가축의 내장은 모두 식용에 쓰이며, 영양가가 높은 반면 부패하기 쉽고, 특히 기생충이나 병원균의 존재도 고려해야 한다.
  ㉠ 머리부
    • 뇌수 : 보통 기름에 튀기며, 헤드치즈의 배합원료이다.
    • 귀 : 염지한 것은 헤드치즈의 원료로 사용된다.
    • 코와 입술 : 그대로 조리하거나 물에 끓여서 전골에 사용하고, 염지한 것은 헤드치즈의 원료로 사용된다.
    • 볼때기 고기 : 결착성이 풍부해서 소시지에 많이 쓴다.

- 혀 : 소의 부산물 중 가장 식용가치가 높다. 신선한 상태의 혀를 수세하여 냉장해서 판매하거나 염지 후 훈연하여 상품으로 판매한다.
- 식도와 기관 : 식도는 점막을 떼 내고 근층을 기관과 같이 소시지 재료로 한다.
ⓒ 내 장
- 위 : 식용에 쓰는 것은 소의 제1위와 제2위 또는 돼지의 위다.
- 장 : 주로 소시지 케이싱에 사용한다.
- 폐장 : 블러드 소시지의 배합재료로 쓴다.
- 심장 : 소시지 배합재료에 쓰며, 소의 심장은 고기 농축액의 원료로 이용한다.
- 간장 : 소, 돼지 모두 쓸개를 잘라내어 그대로 요리하거나, 간 소시지의 원료로 쓴다. 간장의 건조분말이나 정제는 비타민 A제나 증혈제로 이용되고 있다.
- 췌장 : 소의 췌장은 효소제(Pancreatin)나 호르몬제(Insulin)의 원료로서 중요시되고 있다.
- 비장 : 물로 잘 씻어서 소시지의 원료로 쓰고 있다.
- 신장 : 돼지의 신장은 내장 중에서 가장 맛이 좋은 부위이다.
ⓒ 꼬리 : 우리나라에서는 옛부터 꼬리곰탕의 재료로 쓰여 병후 회복이나 강장제로 이용하였다. 외국에서는 꼬리의 가죽을 박피한 후 냉각하여 테일(Tail)이란 명칭으로 판매하였다.

(9) 식육부산물의 위생 · 품질관리

① 도축장에서 생산되는 식육부산물 중 식용으로 사용할 수 있는 것은 도축검사 결과에 합격한 것이어야 하며, 식육부산물은 병원성 미생물의 오염을 방지하기 위해 지정된 전용 용기에 담겨 보관 · 운반되어야 한다.

② 냉장보관 및 운반 시 10℃ 이하의 냉장 상태를 유지하여야 하고, 냉동으로 보관 및 운반을 하는 경우에는 −18℃ 이하에서 보관 · 유통하여야 한다.

04 | 식육의 저장 및 품질관리

1. 원료육 및 식육 제품의 저장

(1) 냉 장

① 개 요

  ㉠ 신선육(Fresh Meat)은 직접 소비되거나 가공원료육으로서 이용될 때까지의 유통과정 동안 변패를 막고 품질을 보존하기 위하여 저장이 필요하다. 식육의 저장에 가장 널리 사용되는 방법은 냉장이다. 저온은 미생물의 성장을 억제시킬 뿐만 아니라 변패나 부패를 야기시키는 효소적·화학적 반응을 지연시킨다.

  ㉡ 냉장육은 일반적으로 동결되지 않은 저온에서 저장하는 것으로 주로 0~10℃에서 취급하는 것을 말하며, 냉동육은 빙결점 이하의 저온에서 동결한 것으로 관능적으로 동결상태에 있는 것을 말한다. −10~−5℃에서 동결하는 경우도 있으나 일반적으로 −18℃ 이하의 저온에서 동결하는 경우가 많으며, 반동결육은 −3~−2℃의 저온에서 저장하는 경우를 말한다.

② 도체의 냉각

  ㉠ 도체 냉각방법

   • 가축의 도체는 도축 직후 즉시 냉각시켜야 한다. 특히 도체의 내부에 존재하는 림프결절 부위에서 발생하기 쉬운 변패를 방지하기 위해서는 급속냉각이 필요하다.

   • 도축 직후 도체의 내부온도는 30~39℃에 달하며, 신속히 5℃ 이하로 냉각시켜야 한다.

  ㉡ 냉각속도 : 도체온도, 크기, 비열, 피하지방 두께, 예랭실의 온도 및 풍속 등에 따라 좌우된다.

  ㉢ 냉각 소요시간 : 대동물(소·말)은 48~72시간, 소동물(돼지·양)은 24시간 이내에 도체 심부 온도가 5℃ 이하로 냉각되는 것을 표준으로 하고 있다. 그러나 돼지 도체는 10℃ 정도로 냉각되었을 때 절단하는 것이 좋으며, 소 도체는 4~5℃로 예랭된 다음 0℃의 냉장실로 옮겨 여기서 나머지 냉각작업을 완결하도록 한다.

③ 도체의 냉장

  ㉠ 예랭실에서 냉각이 끝난 도체는 보존냉장실로 옮겨 숙성·발골·판매될 때까지 냉장보존한다.

  ㉡ 보존냉장실은 대개 온도 0~1℃, 습도 85~90%, 공기의 유속은 0.1~0.2m/sec로 하여 보존하는 것이 일반적이다.

④ 냉장 중 육질의 변화

  ㉠ 육색의 변화

  ㉡ 지방의 변화

   • 가수분해에 의한 지방변패

   • 산화에 의한 지방변패

   • 감량

- 골염(Bone-taint)
- 미생물의 변화

⑤ 냉장저장 및 부가적 가치

　㉠ 식육은 인간의 건강을 유지시키는 단백질 식품이면서 최고의 고가 식품이므로 맛과 관련된 부가적 가치가 요구되는 상품적 특성이 강하다. 즉, 식육의 냉동으로 질적 열화를 막을 수 있는 냉장육 유통이 필요하고, 효율적인 냉장육 유통을 위한 식육의 냉장저장에 대한 이해가 필요하다.

　㉡ 식육의 냉장저장은 안전한 유통기간 확보와 식육의 안전성 확보를 위한 것이다.

　㉢ 도축 후 맛에 관계되는 물리적 특성이 나빠지고, 수축으로 인한 질긴 식육으로 변화하는 것에 대한 개선이 요구된다.

　㉣ 오염된 미생물의 증식을 최대로 억제하고, 식육의 자체 내 효소를 이용한 숙성과정으로 풍미를 부가하여 냉장저장 효과를 높인다.

(2) 냉 동

① 개 요

　㉠ 냉동은 식품의 품질을 장기적으로 유지하는 효과적인 방법으로, 다른 어떤 방법보다 고기의 외관 및 관능적 품질의 변화가 적다. 또한 대부분의 영양가는 냉동 및 저장기간 동안에 잘 유지된다. 그러나 해동 중에 육즙의 방출로 수용성 영양분이 손실되므로 약간의 영양가의 손실이 발생한다.

　㉡ 냉동육의 품질은 냉동속도, 저장기간 및 저장온도, 습도 및 포장상태에 따라 영향을 받는다.

② 동결 원리

　㉠ 예비단계 : 식품의 온도를 빙점까지 낮추는 과정이다.

　㉡ 과냉각단계 : 식품의 온도가 얼음이 형성됨이 없이 빙점 이하로 떨어지는 단계이다.

　㉢ 냉동단계 : 과냉각은 물이 액체상태에서 고체인 얼음으로 상(相)전환이 없이 온도가 빙점 이하로 내려가는 상태인데, 액체가 고체로 상(相)전환이 일어나려면 우선 물의 결정화가 일어나야 한다.

　㉣ 동결점 이하로서 냉동단계 : 동결이 완료된 식품의 온도를 저장하려는 온도까지 낮추는 단계이다.

③ 냉동저장

　㉠ 냉동저장은 일반적으로 −18℃ 부근에서 오랜 기간 이루어지기 때문에 품질저하는 동결이나 해동과정에서 발생하는 것보다 훨씬 심하다.

　㉡ 냉동저장 중 품질저하는 저장온도가 낮아질수록 감소되고, 동일한 온도에서의 품질저하의 속도는 시료 종류에 따라 다르게 나타난다.

④ 해 동

　㉠ 표면 가열방법 : 공기, 물 또는 증기를 이용하여 열을 표면에서 전도시켜 해동시키는 방법이다.

　㉡ 내부 가열방법

　　• 전자기 파장을 이용하여 냉동육 내부에서 열을 발생시키므로 해동에 있어 열전도도에 의한 제한이 없다.

　　• 실제 상업적으로 사용되는 파장은 가정용 전자레인지의 2,450MHz와 산업용 전자레인지 해동기의 915MHz이다.

⑤ 식육의 냉동

　㉠ 냉동시간 : 냉동시간은 식육 온도를 초기 온도에서 목적하는 중심부 온도까지 낮추는 데 필요한 시간을 말한다. 일반적으로 중심부 온도를 −10℃로 정한다.

　㉡ 냉동속도 : 냉동속도는 표면과 중심부의 최소거리와 냉동시간의 비율로, cm/시간으로 표시한다.

더 알아보기 PLUS ONE

냉동속도에 따른 냉동방법

방 법	속도(cm/시간)	비 고
초급속 냉동	10 이상	액체질소, 프레온 또는 탄산가스를 이용한 작은 크기의 식품냉동
급속냉동	1~10	부유베드 또는 평판냉동기
정상냉동	0.3~1	강제송풍 냉동기
완만냉동	0.1~0.3	상자육의 강제송풍 냉동
초완만 냉동	0.1 이하	강제송풍 냉동에서 공기속도가 낮거나 공기온도가 높거나, 식품이 너무 클 때

⑥ 식육의 냉동 중 물리·화학적 변화

　㉠ 물리적 변화

　　• 외관 : 급속동결은 작은 빙결정 형성 때문에 밝은 표면색을 야기한다. 저장 중에는 고기의 마이오글로빈이 산화되어 변색이 유발된다.

　　• 건조 : 냉동방법에 따라 1~2%의 중량감소가 유발된다. 신속한 냉동일수록 중량감소는 적다.

　　• 재결정화 : −18℃ 이상의 온도에서 특히 심하며, 저장온도의 변이가 심하면 작은 빙결정은 없어져 큰 얼음결정이 된다.

　　• 조직감 : 식육은 냉동저장 중 단백질의 변성으로 조직이 질기고 건조해진다.

　㉡ 화학적 변화

　　• 풍미 : 식육에서의 풍미 변화는 주로 지방산화에 의해 야기된다.

　　• 영양가 : 냉동저장 중 식육의 영양가는 거의 변화가 없으나 티아민, 리보플라빈, 피리독신의 소실이 있을 수 있다.

- pH 변화 : 냉동저장 중 pH 변화는 단백질 변성, 보수력 및 연도의 감소를 유발한다. 저장 초기에는 얼지 않은 부분에 존재하던 산성염이 침전되어 pH의 증가를 보이다가 나중에는 알칼리염의 침전으로 pH의 감소가 발생된다.

⑦ 식육의 냉동방법
   ㉠ 정지공기냉동법
   ㉡ 평판냉동법
   ㉢ 송풍냉동법
   ㉣ 액체냉매냉동법
   ㉤ 액체질소냉동법

2. 품질관리

(1) 품질관리의 목적

① 제품을 목적하는 규정에 일치시킴으로써 고객을 만족시킨다.
② 다음 공정작업이 지장 없이 계속될 수 있게 한다.
③ 불량제품, 기계작동의 착오 등이 재발하지 않도록 한다.
④ 요구되는 품질수준과 비교함으로써 공정을 관리한다.
⑤ 현 보유능력에 대한 적정 품질을 결정하여 제품설계 처방의 지침으로 한다.
⑥ 불량품을 감소시킨다.
⑦ 작업자에게 검사 결과에 대하여 원인이 규명되어 있음을 인식시킨다.
⑧ 검사방법을 검토, 개선한다.

(2) 품질관리의 효과

① 불량품이 줄고 제품의 품질이 고르게 된다.
② 제품의 원가가 내려간다.
③ 생산량이 늘어나고 합리적인 생산계획을 수립할 수 있다.
④ 기술 부문은 제조현장이나 검사 부문과 긴밀히 협력하며 일을 하게 된다.
⑤ 품질에 대한 책임을 인식하여 근로자의 작업의욕이 향상된다.
⑥ 회사 각 내부에서 하는 일이 완만하게 진행되고 사회에 대한 신용을 높인다.

1. 고객응대 및 원가 계산

(1) 고객응대

① **고객접점 서비스** : 고객과 판매원 사이의 15초 동안의 짧은 순간에서 이루어지는 서비스로서 이 순간을 진실의 순간(MOT ; Moment Of Truth) 또는 결정적 순간이라고 한다.

② **고객응대 화법** : 전달하려는 뜻을 고객에게 명확하게 이해시키고 그 과정을 통해서 친절함과 정중함이 동시에 전달되어야 한다.

　㉠ 공손한 말씨를 사용한다.

　㉡ 고객의 이익이나 입장을 중심으로 이야기한다.

　㉢ 알기 쉬운 말로 명확하게 말한다.

　㉣ 대화에 감정을 담는다.

③ **고객응대 단계**

　㉠ 고객 대기 : 대기는 효과적인 접근이 이루어지도록 하기 위한 사전 준비단계로서 판매담당자가 제품구매의 의지와 능력을 가진 고객을 탐색하고, 이들에게 접근하기 위한 기회를 포착하는 과정이다.

　㉡ 접근 : 판매를 시도하기 위해서 고객에게 다가가는 것, 즉 판매를 위한 본론에 진입하는 단계를 말한다.

　㉢ 고객욕구의 결정 : 판매를 성공시키기 위해서 판매담당자가 고객욕구의 이해와 그 욕구를 충족시킬 수 있는 상품을 발견하는 과정이다. 이때 판매담당자는 질문 → 경청 → 동감 → 응답하는 과정을 반복한다.

　㉣ 판매 제시 : 이전 단계에서 파악된 고객의 욕구를 충족시켜 주기 위해 상품을 고객에게 실제로 보여 주고 사용해 보도록 하여 상품의 특징과 혜택을 이해시키기 위한 활동이다. → 상품의 실연(제시)과 설명

　㉤ 판매결정 : 고객이 구매를 결정하도록 판매담당자가 유도하는 과정에서부터 대금 수령·입금 전까지를 말한다.

　㉥ 판매 마무리 : 소매점에서의 판매의 최종 마무리는 고객의 구매결정 후 대금 수령·입금, 상품의 포장과 인계, 그리고 전송까지를 말한다.

　㉦ 사후관리 : 반품취급, 고객 컴플레인 처리, 정보제공 등이다.

(2) 원가 계산

① 원가 계산의 필요성

ⓐ 품종이나 성별에 따라 구입가격의 차이가 발생하고, 동일 품종일지라도 개체에 따라 육질과 맛, 연도 등이 다르기 때문에 구입가격이 차이가 나며 동일한 지육 중에도 부위(안심, 등심, 채끝 등)에 따라 차등으로 가격을 적용, 소매하기 때문이다.

ⓑ 원가 계산은 원료구입 가격과 제비용을 합한 가격에서 부산물 판매가격과 골발비용을 차감한 금액을 골발한 생육생산량으로 나눌 경우 총육단위 원가를 산출할 수 있다.

② 원가 계산의 **구분** : 생축을 구입하여 지육화할 때 지육의 원가 계산과 지육을 구입하여 정육화할 때의 정육 원가 계산방법 그리고 부분육 정육을 구입하여 소분 포장육으로 생산할 때 등 여러 단계로 구분할 수 있다.

③ 원가 계산방법

ⓐ 부위별 생산수율(중량)을 확인한다.

ⓑ 각 부위별 등급계수를 설정한다.

ⓒ 적수를 산출한다(중량 × 등급계수).

ⓓ 각 부위의 적수를 적수합계로 나누어 적수비를 산출한다.

ⓔ 각 부위별 적수비 × (지육 구입가격 – 골발정형 시 생기는 부산물 금액)의 공식에 의하여 적수 원가를 산출한다.

ⓕ 적수원가를 각 부위별 중량으로 나누며 각 부위별 단위원가(kg)를 산출한다.

ⓖ 단위원가에 경비와 이율을 가산하여 판매단가를 결정한다.

ⓗ 각 부위별 적수에 적수단가를 곱하면 각 부위별 원가가 산출된다.

ⓘ 각 부위별 원가를 적수로 나누면 kg당 단위가격이 산출된다.

④ 판매가격 결정

ⓐ 원가 계산을 이용한 방법 : 원가 계산된 부위별 원가에 인건비, 포장비, 수송비, 냉동보관비, 감량 등 제경비, 매출이익 등을 합산하여 결정한다.

ⓑ 등가계수를 이용한 방법 : 부위별 등가계수를 결정한 후 기준등급의 가격을 결정하고, 그 기준가격에 등가계수를 곱하여 결정하는 방법이다.

2. 판매장 운영 및 관리

(1) 입지조건

① 사람의 통행량이 많은 곳

② 인구가 집중적으로 모인 곳

③ 생활수준이 높은 지역

(2) 판매장 외관

① 외장에 사용하는 건축자재

ⓐ 목조는 돌출한 간판 등을 가설할 수 있도록 강도가 있어야 하며, 블록·철근 콘크리트는 앵관, 볼트 등을 돌출시켜 조명 간판을 달 수 있도록 준비해야 한다.

ⓑ 외장 부분, 특히 이층 창문의 창문가리개 등은 되도록 밖으로 돌출하지 않도록 하며, 가능한 창문 가리개가 필요 없는 알루미늄 새시, 철 새시 등을 쳐 둔다.

② 간판 : 디자인은 심플하게 하며, 마스코트를 표시하여 하단에 영업시간, 휴일 등을 명시한다.

③ 상호 : 상호를 지을 때 '고기점'과 소비자가 쉽게 기억할 수 있도록 이미지를 넣어 작명을 한다.

④ 조명 : 전면을 전부 유리로 하고 1,000lx에 가까운 조도를 하여 점포 전체를 쇼윈도로 볼 수 있도록 한다.

⑤ 벽면 : 색은 적, 백, 황 등 원색을 쓰는 것이 손님을 부르는 강인한 인상을 주게 된다.

⑥ 매장 입구의 구성 : 최근에는 글라스 스크린을 이용한 반밀폐식 점포, 또는 밀폐식 점포나 도로와 점포를 글라스 스크린으로 차단하여 손님을 안으로 유도하여 조용히 물건을 살 수 있도록 하는 방법을 취하고 있다.

(3) 점포 내의 설비

① 쇼케이스(냉동케이스)의 스타일 : 식육점에 사용되고 있는 케이스는 표면이 대개 스테인리스 또는 철판(흰 것)으로 만들어져 있다.

② 프런트 글라스(스크린) : 셀프서비스의 점포 입구에 쓰이고 있는 유리 칸막이를 말한다.

③ 조명, 천장, 바닥

ⓐ 조명 : 식육점의 조명은 일반 식품점을 비롯하여 다른 업종과 비교하여 차이는 없으나 평균 500~1,000lx의 조명도가 적당하다.

ⓑ 천장 : 천장 재료는 보통 흡음판이 많이 사용되고 있는데 이것은 청결한 감도 준다. 특히 부산물 판매장, 작업장 천장 등 평소 열기나 습기를 고려해야 할 장소에는 내수, 내열성이 있는 재료를 사용하도록 한다.

ⓒ 바닥 : 점포 내는 비닐 또는 플라스틱 스타일, 플로링 등 일반점포용 바닥과 다름없으나 작업장 내는 콘크리트 또는 타일로 하여 항상 물로 씻을 수 있도록 배려해야 하며, 배수구는 되도록 넓게 하여 풍부한 물을 신속하게 배수할 수 있도록 해야 한다.

(4) 상품의 진열

① 상품진열의 원칙

  ㉠ 가급적 보기 쉽게 손님과 상품과의 사이에 장애물이 없도록 할 것

  ㉡ 손님이 자유로이 상품 선택을 할 수 있도록 만져보기 쉽게 할 것

  ㉢ 손님이 상품을 직접 손으로 집기 쉽게 할 것

② 사기 쉬운 진열

  ㉠ 진열은 적극적인 판매촉진의 효과가 요구되는 것으로 손님의 구매욕을 자극하는 진열이 필요하다.

  ㉡ 정육, 햄, 소시지, 생선식품 또는 보존기간에 한도가 있는 상품은 우선 보존과 관리의 두 가지 문제가 선행되어 가급적 신선도를 떨어뜨리지 않고 조금이라도 더 오랜 시간을 유지하려는 생각이 강조되어야 한다.

③ 상품의 위치

  ㉠ 상품의 높이 : 가장 효과적인 높이는 사람의 눈높이를 기준으로 하여, 약 160cm(사람의 눈높이 평균치)에서 그보다 약간 위나 아래로 하는 것이 좋다.

  ㉡ 진열의 폭 : 사람의 눈이 정면을 똑바로 향하는 경우를 기준으로 좌우 60° 정도가 잘 보인다(골든 라인).

④ 대량진열

  ㉠ 대량진열이란 창고 내에 잠자고 있는 스톡 상품을 되도록 줄이고, 점포 내에 진열하여, 보다 적은 상품을 대량으로 보이게 하는 기술을 말한다.

  ㉡ 손님이 하나의 상품을 집었을 때 와르르 무너지거나 외관상 전체의 균형이 무너지는 진열은 피해야 한다.

04 식육처리 실무

01 | 식육자원

1. 지육의 처리능력

(1) 소 · 송아지

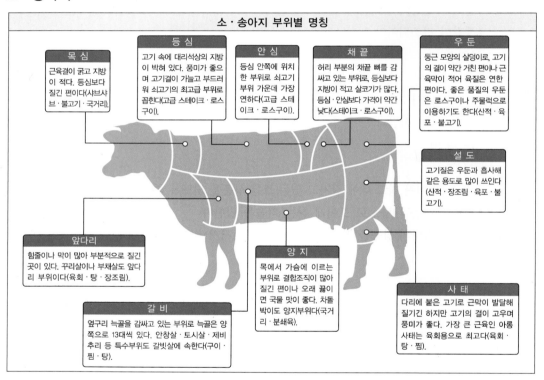

소 · 송아지 부위별 명칭

목 심
근육결이 굵고 지방이 적다. 등심보다 질긴 편이다(샤브샤브 · 불고기 · 국거리).

등 심
고기 속에 대리석상의 지방이 박혀 있다. 풍미가 좋으며 고기결이 가늘고 부드러워 쇠고기의 최고급 부위로 꼽힌다(고급 스테이크 · 로스구이).

안 심
등심 안쪽에 위치한 부위로 쇠고기 부위 가운데 가장 연하다(고급 스테이크 · 로스구이).

채 끝
허리 부분의 채끝 뼈를 감싸고 있는 부위로, 등심보다 지방이 적고 살코기가 많다. 등심 · 안심보다 가격이 약간 낮다(스테이크 · 로스구이).

우 둔
둥근 모양의 살덩이로, 고기의 결이 약간 거친 편이나 근육막이 적어 육질은 연한 편이다. 좋은 품질의 우둔은 로스구이나 주물럭으로 이용하기도 한다(산적 · 육포 · 불고기).

설 도
고기질은 우둔과 흡사해 같은 용도로 많이 쓰인다(산적 · 장조림 · 육포 · 불고기).

앞다리
힘줄이나 막이 많아 부분적으로 질긴 곳이 있다. 꾸리살이나 부채살도 앞다리 부위이다(육회 · 탕 · 장조림).

양 지
목에서 가슴에 이르는 부위로 결합조직이 많아 질긴 편이나 오래 끓이면 국물 맛이 좋다. 차돌박이도 양지부위다(국거리 · 분쇄육).

사 태
다리에 붙은 고기로 근막이 발달해 질기긴 하지만 고기의 결이 고우며 풍미가 좋다. 가장 큰 근육인 아롱사태는 육회용으로 최고다(육회 · 탕 · 찜).

갈 비
옆구리 늑골을 감싸고 있는 부위로 늑골은 양쪽으로 13대씩 있다. 안창살 · 토시살 · 제비추리 등 특수부위도 갈빗살에 속한다(구이 · 찜 · 탕).

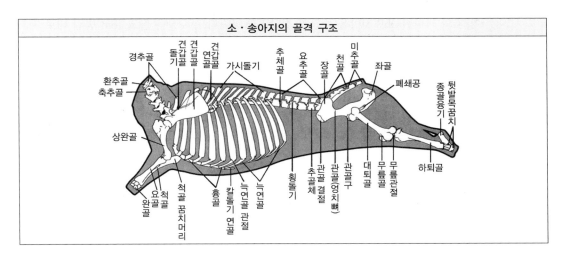

소 · 송아지의 골격 구조

① 표준도체

　㉠ 1차 도체 작업

　　• 방혈(Bleeding) : 피(血)를 빼냄

　　• 박피(Skinning) : 가죽을 제거

　　• 내부의 모든 소화 · 호흡 · 배설 · 생식 · 순환계의 장기 제거

　　• 도체가 식용으로 적합하도록 육류 검사 부서에서 요구하는 최소한의 지방 제거

　　• 두개골(후두골)과 첫번째 목뼈(경추) 사이의 목 근육을 가로질러 반듯하게 절단하여 머리를 제거

　　• 앞다리에서 무릎 관절(수근골 및 중수골 사이)과 뒷다리에서 발굽 관절(족근골 및 중족근골) 사이를 잘라 제거

　　• 천골과 미추골의 접속부에서 꼬리를 제거

　　• 횡격막(토시살과 안창살)의 근육 결합조직을 복강과 흉강 벽에서 되도록 가깝게 분리하여 제거, 이분체로 가르지 않은 송아지 도체에서는 횡격막은 그대로 두어도 무방함

　　• 신장 및 신장지방, 골반강 내 지방을 제거, 이분체로 가르지 않은 송아지 도체에서는 골반강 내 지방을 그대로 두어도 무방함

　　• 유방, 고환, 음경 및 옆구리 지방, 유방과 음낭 지방을 포함한 복부측 복강에 있는 외부 지방을 제거

　　• 좌골 융기에서 천 – 좌골인대가 겨우 보이도록 천골 – 미추골 접속부까지의 배설로 주변(항문 주위 주름)의 지방을 제거

　　• 우둔 외부의 과다한 지방을 1cm 범위 내로 제거하되 단, 그 밑 근육에서 최소 1cm 이상을 유지함

　　• 칼돌기 연골 및 흉강 내 지방 제거

- 양지의 과다한 표면지방을 중간선 절단면과 90° 각도로 칼을 잡고 1cm 범위 내로 제거하되 중간선 하부 근육에서 최소 1cm 이상을 유지함

ⓒ 1차 분할
- 앞다리 분할 : 앞다리 경계선 가르기(견갑골 상단부에서 앞다리를 따라 꿈치머리까지) → 앞다리를 가슴에서 분할한다.
- 차돌, 양지 분할 : 양지 경계선 가르기 → 가슴뼈(胸骨)와 차돌박이를 가른다. → 양지를 분할한다.
- 갈비와 등심 부위의 분할 : 갈비와 등심의 경계선 가르기 → 제비추리를 떼어낸다. → 흉추와 늑골 결합 부위를 갈라 갈비를 분리한다. → 흉추로부터 등심을 분리한다. → 흉추를 절단한다.
- 치마, 양지의 분할 : 뒷다리와 치마 양지의 분리(치골 약간 위에서 수평으로 장골끝을 향한다) → 채끝과 치마 양지를 분리한다.
- 채끝, 안심의 분할 : 안심과 뒷다리의 경계를 가른다. → 안심머리를 딴다. → 뒷다리와 채끝 부위를 분리한다.

ⓒ 2차 골발
- 앞다리 부위 골발 : 전완골 제거 → 상완골 제거
- 뒷다리 부위 골발 : 아킬레스건 절단 → 하퇴골 제거 → 관골 제거 → 우둔 제거 → 대퇴골 제거 → 도가니 제거
- 채끝의 처리 : 안심과 채끝의 분리 – 안심 제거 → 요추로부터 채끝 분리
- 경추의 제거 : 제1경추의 좌우 절개 → 횡돌기 → 가시돌기 → 관절돌기 → 경추 제거

② 소의 주요 부분육 명칭 – 대분할 10개, 소분할 39개 부위

구 분	사 진	소분할명
안 심		안심살
등 심		윗등심살 꽃등심살 아랫등심살 살치살

구 분	사 진	소분할명
채 끝		채끝살
목 심		목심살
앞다리		꾸리살 부채살 앞다리살 갈비덧살 부채덮개살
우 둔		우둔살 홍두깨살
설 도		보섭살 설깃살 설깃머리살 도가니살 삼각살

구 분	사 진	소분할명
사 태		앞사태 뒷사태 뭉치사태 아롱사태 상박살
양 지		양지머리 차돌박이 업진살 업진안살 치마양지 치마살 앞치마살
갈 비		본갈비 꽃갈비 참갈비 갈비살 마구리 토시살 안창살 제비추리

③ 외국의 쇠고기 부위별 명칭

한 국		일 본		미국 · 캐나다	호주 · 뉴질랜드
대분할	소분할	대분할	소분할		
안 심	안심살	히 레	히 레	Tenderloin	Tenderloin
등 심 (제1흉추-제13흉추)	윗등심살 (제1흉추-제5흉추)	가따로스 (제7경추-제6흉추)	가따로스 (제7경추-제6흉추)	Chuck Eye Roll (제6경추-제5흉추)	Chuck Roll (제6경추-제5흉추)
	꽃등심살 (제6흉추-제9흉추)	로 스 (제7흉추-요추끝)	리브로스 (제7흉추-제10흉추)	Ribeye Roll (제6흉추-제12흉추) (살치살 = Chuck Flap)	Cube Roll, Spencer Roll (제6흉추-제10흉추)
	아랫등심살 (제10흉추-제3흉추)				
	살치살 (배최장근 제외한 복거근)		가부리		
채 끝	채끝살 (제1요추-요추끝)		서로인 (제11흉추-요추끝)	Strip Loin (제13흉추-제5경추)	Strip Loin (제11흉추-제5요추)
목 심	목심살 (제1경추-제7경추)	네크 (제1경추-제6경추)	네 크	Neck Meat (제1경추-제5경추)	Neck
앞다리	꾸리살	우 데	도우가라시	Chuck Tender	Chuck Tender
	부채덮개살		우와미스지	Shoulder Clod (부채살 = Flat Iron)	Clod
	부채살		시따미스지		
	갈비덧살		가따고산가꾸		
	앞다리살		니노우데		
양 지	양지머리 (제1경추-제7늑골하단부)	가따바라	가따바라 (제4경추-제6늑골하단부)	Brisket (무릎관절-제5늑골하단부)	Point and Brisket (무릎관절-제5늑골하단부)
	차돌박이 (제1늑골-제7늑골하단부)		산가꾸바라	Brisket Point Cut	Brisket Point
	업진살 (제8늑골-뒷다리중하단부)	나까바라	나까바라	Short Plate (제6늑골-제12늑골하단부)	Nevel End Brisket (제6늑골-제10늑골하단부)
	치마양지 (제1요추-제6요추)	소또바라	소또바라 (제7늑골-뒷다리중하단부)	Short Plate	Thin Flank
	업진안살			Inside Skirt	Beef Skirt Plate
	치마살		가이노미(치마)	Flap Meat	Flap Meat
	앞치마살		사사니꾸	Flank Steak	Flank Steak

※ 등급판정 등 반도체 2분할 시 절개 위치

국 가	절개 위치
한 국	흉추13번
일 본	흉추6번
미 국	흉추12번
캐나다	흉추5, 12번
호 주	흉추10번
뉴질랜드	흉추5, 13번

④ 소 부분육 가공시설 및 과정

❶ 예랭지육

예랭실에서 지육출하
- 지육 심부온도 : 5℃ 이하
- 가공장 온도 : 15℃ 이하
- 지육 미생물 검사 실시

❷ 발 골

지육을 3분할하여
전구, 중구, 후구 발골
- 정육 심부온도 : 5℃ 이하
- 소독수 사용 습관화
- 작업도구 미생물 검사 실시

❸ 정 형

발골된 정육 부위별 정형
- 정육 심부온도 : 5℃ 이하
- 소독수 사용 습관화
- 정육 미생물 검사 실시
- 매시간 장갑 교체

❹ 1차 포장

최종제품 1차 포장
- 제품 심부온도 : 5℃ 이하
- 최종제품 미생물 검사 실시

❺ 냉각터널

예랭실에서 지육출하
- 냉각터널 온도 : −20〜−16℃ 이하

❻ 금속검출

신호음 발생 시 3회 이상 반복통과 확인
- 제품 심부온도 : 5℃ 이하
- 포장실 온도 : 18℃ 이하

❼ 냉각수조

냉각수조 온도 2℃ 이하
- 제품 심부온도 : 5℃ 이하

❽ 금속검출

신호음 발생 시 3회 이상 반복통과 확인
- 제품 심부온도 : 5℃ 이하
- 가공실 온도 : 15℃ 이하

❾ 2차 포장 및 계량

박스포장 후 계량
- 제품 심부온도 : 5℃ 이하
- 박스포장 전 이물질 검사 실시
- 계량 후 라벨 테이프 부착

❿ 보관창고 입고

냉장, 냉동 보관창고에
최종제품 입고
- 냉장창고 온도 : −2〜5℃
- 냉동창고 온도 : −18℃ 이하

⓫ 출 하

운송차량에 제품 상차
- 냉장, 냉동 설비된 운송차량 제품 운송
- 운송차량 온도관리 유지

(2) 돼 지

① 앞다리 분할 : 제4, 제5 늑골 사이를 절단

② 뒷다리 분할
 ㉠ 안심의 분리
 ㉡ 등심, 삼겹살의 분할

③ 앞다리 부위 골발(우측)

㉠ 전완골 제거	㉡ 흉골, 늑연골 제거
㉢ 흉추내측잡육 제거	㉣ 갈비 제거
㉤ 흉추 제거	㉥ 경추 제거
㉦ 견갑경 제거	㉧ 상완골 제거

④ 앞다리 부위 골발(좌측)

㉠ 전완골 제거	㉡ 늑연골 제거
㉢ 흉추내측잡육 제거	㉣ 갈비 제거
㉤ 흉추 제거	㉥ 견갑경 제거
㉦ 상완골 제거	

⑤ 등심, 삼겹 부위 골발

㉠ 신장, 흉막 제거	㉡ 횡격막 제거
㉢ 안심 제거	㉣ 늑연골 제거
㉤ 등심, 삼겹살 분리	㉥ 흉추, 요추 제거
㉦ 견갑연골 제거	

⑥ 뒷다리 부위 골발(우측)

㉠ 하퇴골 제거	㉡ 관골 상면의 고기 제거
㉢ 관골, 천추 제거	㉣ 대퇴골 제거
㉤ 도가니뼈 제거	

⑦ 뒷다리 부위 골발(좌측)

㉠ 하퇴골 제거	㉡ 관골 상면의 고기 제거
㉢ 관골, 천추 제거	㉣ 대퇴골 제거
㉤ 도가니뼈 제거	

⑧ 돼지고기 부위별 명칭 및 정형기준 - 대분할 7개, 소분할 25개 부위

구 분	사 진	소분할명	분할정형기준
안 심		안심살	두덩뼈(치골) 아랫부분에서 제1허리뼈(요추)의 안쪽에 붙어 있는 엉덩근(장골허리근), 큰허리근(대요근), 작은허리근(소요근), 허리사각근(요방형근)으로 된 부위로서 두덩뼈(치골) 아랫부위와 평행으로 안심머리부분을 절단한 다음 엉덩뼈(장골) 및 허리뼈(요추)를 따라 분리하고 표면지방을 제거하여 정형한다.
등 심		등심살 알등심살 등심덧살	제5등뼈(흉추) 또는 제6등뼈(흉추)에서 제6허리뼈(요추)까지의 등가장긴근(배최장근)으로서 앞쪽 등가장긴근(배최장근) 하단부를 기준으로 등뼈(흉추)와 평행하게 절단하여 정형한다.
목 심		목심살	제1목뼈(경추)에서 제4등뼈(흉추) 또는 제5등뼈(흉추)까지의 널판근, 머리최장근, 환추최장근, 목최장근, 머리반기시근, 머리널판근, 등세모근, 마름모근, 배쪽톱니근 등 목과 등을 이루고 있는 근육으로서 등가장긴근(배최장근) 하단부와 앞다리 사이를 평행하게 절단하여 정형한다.
앞다리		앞다리살 앞사태살 항정살 꾸리살 부채살 주걱살	상완뼈(상완골), 전완뼈(전완골), 어깨뼈(견갑골)를 감싸고 있는 근육들로서 갈비[제1갈비뼈(늑골)에서 제4갈비뼈(늑골) 또는 제5갈비뼈(늑골)까지]를 제외한 부위이며 앞다리살, 앞사태살, 항정살, 꾸리살, 부채살, 주걱살이 포함된다.
뒷다리		볼깃살 설깃살 도가니살 홍두깨살 보섭살 뒷사태살	엉치뼈(관골), 넓적다리뼈(대퇴골), 정강이뼈(하퇴골)를 감싸고 있는 근육들로서 안심머리를 제거한 뒤 제7허리뼈(요추)와 엉덩이사이뼈(천골) 사이를 엉치뼈면을 수평으로 절단하여 정형하며 볼깃살, 설깃살, 도가니살, 홍두깨살, 보섭살, 뒷사태살이 포함된다.

구 분	사 진	소분할명	분할정형기준
삼겹살		삼겹살 갈매기살 등갈비 토시살 오돌삼겹	뒷다리 무릎부위에 있는 겸부의 지방덩어리에서 몸통피부근과 배곧은근의 얇은 막을 따라 뒷다리의 대퇴근막긴장근과 분리 후, 제5갈비뼈(늑골) 또는 제6갈비뼈(늑골)에서 마지막 요추와(배곧은근 및 배속경사근 포함) 뒷다리 사이까지의 복부근육으로서 등심을 분리한 후 정형한다.
갈 비		갈비 갈비살 마구리	제1갈비뼈(늑골)에서 제4갈비뼈(늑골) 또는 제5갈비뼈(늑골)까지의 부위로서 제1갈비뼈(늑골) 5cm 선단부에서 수직으로 절단하여 깊은 흉근 및 얇은 흉근을 포함하여 절단하며 앞다리에서 분리한 후 피하지방을 제거하여 정형한다.

⑨ 돼지 부분육 가공 시설 및 과정

❶ 예랭지육
- - - - - - - - - - - - - - -
예랭실에서 지육출하
- 지육 심부온도 : 5℃ 이하
- 가공장 온도 : 15℃ 이하
- 지육 미생물 검사 실시

❷ 발 골
- - - - - - - - - - - - - - -
**지육을 3분할하여
전구, 중구, 후구 발골**
- 정육 심부온도 : 5℃ 이하
- 소독수 사용 습관화
- 작업도구 미생물 검사 실시

❸ 정 형
- - - - - - - - - - - - - - -
발골된 정육 부위별 정형
- 정육 심부온도 : 5℃ 이하
- 소독수 사용 습관화
- 정육 미생물 검사 실시
- 매시간 장갑 교체

❹ 1차 포장
- - - - - - - - - - - - - - -
최종제품 1차 포장
- 제품 심부온도 : 5℃ 이하
- 최종제품 미생물 검사 실시

❺ 냉각터널
- - - - - - - - - - - - - - -
예랭실에서 지육출하
- 냉각터널 온도 : -20~-16℃ 이하

❻ 금속검출
- - - - - - - - - - - - - - -
**신호음 발생 시 3회 이상
반복통과 확인**
- 제품 심부온도 : 5℃ 이하
- 포장실 온도 : 18℃ 이하

❼ 2차 포장 및 계량
- - - - - - - - - - - - - - -
박스포장 후 계량
- 제품 심부온도 : 5℃ 이하
- 박스포장 전 이물질 검사 실시
- 계량 후 라벨 테이프 부착

❽ 테이핑 및 밴딩
- - - - - - - - - - - - - - -
테이핑과 밴딩 후 보관창고 입고
- 제품 심부온도 : 5℃ 이하
- 포장박스 상태 확인 후 보관창고 입고
- 포장육 가공시간 : 20분 이내

❾ 보관창고 입고
- - - - - - - - - - - - - - -
**냉장, 냉동 보관창고에
최종제품 입고**
- 냉장창고 온도 : -2~5℃
- 냉동창고 온도 : -18℃ 이하

2. 처리의 정확성

(1) 부위별 분할 규격의 정확성

① 상품이 손상되지 않도록 정확한 작업순서와 주요 부위의 명칭과 모양을 확실히 숙지해야 한다.

② 작업공정은 철저한 위생관리 하에서 안전하고 신속하게 처리한다.

③ 어느 방향으로 근육섬유를 자를 것인가를 생각한다.

④ 근육 두께를 어느 정도로 자를 것인가를 생각한다.

⑤ 부위별 용도에 맞추어 어느 부위를 자를 것인가를 생각한다.

(2) 근막 및 지방 부착 상태

① 가공용도에 따라 부위별로 해체된 부분육은 림프선, 건, 근막, 지방, 혈반육을 분리 · 제거시키되 특히 건과 혈반육은 폐기함이 바람직하다.

② 더러운 고기, 변색(變色)된 고기, 근막(筋膜) 바깥쪽 지방과 표면을 덮고 있는 힘줄 등을 제거한다.

③ 육가공 시 건, 근막은 질긴 결합조직으로 구성되어 제품의 품질을 저하시키고, 림프선은 전분 분해효소가 함유되어 있어 신맛을 내며, 혈반육의 혈액은 미생물의 증식을 돕는 영양분이 되어 오염도를 증가시킨다.

④ 칼을 사용할 때는 지방의 두께에 따라 경사지게 하여 앞쪽으로 당기면서 두텁게 사용한다.

⑤ 쇠고기의 갈비와 양지의 과다한 지방과 사태의 인대를 제거하여 정형한다.

(3) 칼 사용 시 유의사항

① 고기의 자른 면은 매끄럽게 되어야 한다.

② 식육처리사가 반드시 갖추어야 할 도구는 칼인데, 칼을 바르게 사용하는 데는 오랜 경험이 필수적이다.

③ 칼을 잘못 사용하면 지방의 표면에 요철이 생길 수 있다.

④ 같은 곳에 칼을 여러 번 사용하면 고기 단면에 부스러기 고기가 부착되어 고기의 보수성 및 조직감을 저하시켜 등외품으로 처리될 수 있다.

⑤ 칼은 가볍게 잡고, 칼끝은 얕고 넓게 쓰며 사용 횟수를 최소화한다.

(4) 부위별 특성 및 숙지사항

① 쇠고기

㉠ 채끝 부위와 뒷다리를 분리할 때 칼층이 생기지 않도록 한다.

㉡ 안심 앞면과 뒷면의 지방, 힘줄, 잡육 등을 제거한다.

㉢ 등심을 가를 때 칼집의 흠이 나지 않도록 한다.

ⓔ 차돌박이와 가슴뼈를 가를 때 칼이 너무 깊이 들어가지 않도록 한다.

ⓜ 등심을 정형할 때에는 혈관, 연골, 뼈막과 표면의 지방 등을 제거한다.

ⓑ 설깃의 림프선은 지방이 많은 부위에 있으므로 반드시 제거한다.

ⓢ 어깨등심의 아래쪽 등심과 가까운 부분은 두 번째 관절에서 분할하는데, 이는 고기의 결이 다르기 때문이다.

ⓞ 우둔은 안쪽의 지방(脂肪)과 혈관(血管), 힘줄 등을 제거하는데, 연한 부분과 질긴 부분으로 되어 있다.

ⓩ 채끝을 정형할 때에는 더러운 고기, 변색된 고기, 뼈막과 바깥쪽 지방과 표면을 덮고 있는 힘줄 등을 제거한다.

② 돼지고기

ⓐ 안심은 지방, 근막과 뒷면에 연골, 뼈부스러기 등을 모두 제거한다.

ⓑ 뒷다리는 지방이 적으나 근속이 많아 질기므로 오염육, 근속, 연골, 근막과 설깃 뒷면의 림프선 등을 제거한다.

ⓒ 사태는 근속, 근막, 오염육을 제거하고, 콩팥을 세로로 자른 면의 안쪽에 흰색의 근속은 냄새의 원인이 되므로 제거한다.

ⓓ 등심은 오염육, 연골은 제거하고 소분할 시 등지방은 5mm 이내로 제거하며 삼겹살은 7mm 이내로 제거한다.

(5) 잡육 처리 정형

① 잡육은 건(腱)이나 근막도 포함되는데, 골발육과 작은 조각의 고기를 말한다.

② 정형칼을 강하게 잡으면 칼끝이 깊게 들어가 고기 단면에 잔육이 부착되어 광택이 없어지고 품질이 저하된다.

③ 정형칼을 사용하여 정형할 때는 잔육이나 잡육은 우측에, 정형한 지방은 좌측에 두어야 정형하기 편리하다.

3. 위생관리 상태

(1) 식육의 위생적 취급

① 내장적출 전에는 지육의 소독을 철저히 하고, 적출은 신속하게 하여 오염되지 않게 한다.

② 자동내장라인, 자동현수라인 등의 이송장치에서 피, 부산물, 지방 등이 오염되지 않도록 청결히 유지하고 소독한다.

③ 도축장에서의 미생물 오염은 가축에 묻어 있는 오물 등을 철저히 세척함으로써, 박피 시에는 단족
절단으로, 탕박 시에는 방혈 후 도체의 세정과 탕박조의 청결과 소독 등으로 세균이 지육에 오염되
지 않게 한다.

④ 예랭실의 소독 및 위생관리는 매일 시행하고, 0~2℃의 온도를 유지한다.

⑤ 해체공정에서는 출입 시 소독을 철저히 하고, 기구 등은 작업 전후 세정·소독하여 청결을 유지한
다. 또한 함부로 고기에 손대지 말아야 한다.

(2) 작업장 및 작업 도구의 위생적 관리

① 항상 청결하고 위생적인 상태로 작업장을 관리·운영하고, 작업도구의 세척, 청소 및 살균이 확실
히 되고 있는가를 항상 확인한다.

② 작업능률의 향상 및 작업도구의 안전한 보존을 위해 실내 공기의 습도, 온도, 기류 분포 등의
물리적 조건과 분진, 유해가스, 냄새 등의 화학적 조건을 위생적으로 조절하고, 미생물의 공기
전염에 의한 감염을 막을 수 있도록 공기살균장치를 활용한다.

(3) 영업장 또는 업소의 위생관리기준(축산물 위생관리법 시행규칙 별표 2)

① 작업 개시 전 위생관리

㉠ 작업실, 작업실의 출입구, 화장실 등은 청결한 상태를 유지하여야 한다.

㉡ 축산물과 직접 접촉되는 장비·도구 등의 표면은 흙, 고기 찌꺼기, 털, 쇠붙이 등 이물질이나
세척제 등 유해성 물질이 제거된 상태이어야 한다.

② 작업 중 위생관리

㉠ 작업실은 축산물의 오염을 최소화하기 위하여 가급적 안쪽부터 처리·가공·유통공정의 순서
대로 설치하고, 출입구는 맨 바깥쪽에 설치하여 출입 시 발생할 수 있는 축산물의 오염을 최소화
하여야 한다.

㉡ 축산물은 벽·바닥 등에 닿지 아니하도록 위생적으로 처리·운반하여야 하고, 냉장·냉동 등의
적절한 방법으로 저장·운반하여야 한다.

㉢ 작업장에 출입하는 사람은 항상 손을 씻도록 하여야 한다.

㉣ 위생복·위생모 및 위생화 등을 착용하고, 항상 청결히 유지하여야 하며, 위생복 등을 입은
상태에서 작업장 밖으로 출입을 하여서는 아니 된다.

㉤ 작업 중 화장실에 갈 때에는 앞치마와 장갑을 벗어야 한다.

㉥ 작업 중 흡연·음식물 섭취 및 껌을 씹는 행위 등을 하여서는 아니 된다.

㉦ 시계·반지·귀걸이 및 머리핀 등의 장신구가 축산물에 접촉되지 아니하도록 하여야 한다.

③ 도축업
  ㉠ 도살작업은 가축을 매단 상태 또는 가축이 바닥과 닿지 아니하는 상태에서 하여야 한다.
  ㉡ 종업원은 지육의 오염을 방지하기 위하여 작업 중에 수시로 작업칼, 기구, 톱 등 작업에 사용하는 도구를 적어도 83℃ 이상의 뜨거운 물로 세척·소독하여야 한다.
  ㉢ 종업원은 작업종료 후 오염물질 및 지방 등을 제거하기 위하여 작업대·운반도구 및 용기 등 식육과 직접 접촉되는 시설 등의 표면을 깨끗이 세척하여야 한다.
  ㉣ 가축도살·지육처리 및 내장처리에 종사하는 종업원은 각 작업장별로 구분하여 작업에 임하여야 한다. 다만, 부득이하게 다른 작업장으로 이동하여야 하는 경우에는 오염을 방지하기 위하여 위생복 및 앞치마를 갈아입고 위생화 등을 세척·소독하는 등의 위생조치를 하여야 한다.
  ㉤ 도살 및 처리작업 중에 지육이 분변 또는 장의 내용물에 오염되지 아니하도록 하여야 한다.
  ㉥ 탕박시설의 수조 및 내장 세척용수조에 탕박 또는 세척의 효과가 없을 정도로 분변이 잔류하지 않도록 수시로 물을 교환하여야 한다.
  ㉦ 식용에 적합하지 않거나 폐기처리 대상인 것은 식육과 별도로 구분하여 관리하여야 한다.
④ 축산물가공업 및 식육포장처리업
  ㉠ 종업원은 축산물의 오염을 방지하기 위하여 작업 중 수시로 손, 장갑, 칼, 가공작업대 등을 세척·소독하여야 한다.
  ㉡ 모든 장비, 컨베이어벨트 및 작업대 그 밖에 축산물과 직접 접촉되는 시설 등의 표면은 깨끗하게 유지되어야 한다.
  ㉢ 종업원이 원료작업실에서 가공품작업실로 이동하는 때에는 교차오염을 예방하기 위하여 위생복 또는 앞치마를 갈아입거나 위생화 또는 손을 세척·소독하는 등 예방조치를 하여야 한다.
  ㉣ 식육간편조리세트를 만들기 위해 농수산물을 세척 또는 살균 등 전(前)처리하는 경우에는 식육의 가공·처리와 구분하여 작업하는 등 교차오염이 발생하지 않도록 위생적으로 관리해야 한다.
⑤ 축산물보관업
  ㉠ 오염된 기구를 만지거나 오염될 가능성이 있는 작업을 한 경우 등은 손을 깨끗이 씻어야 한다.
  ㉡ 축산물을 취급할 때에는 포장재가 파손되거나 제품이 손상되지 아니하도록 주의하여야 하며, 파손된 제품이 작업장 내에 방치되지 아니하도록 위생조치를 하여야 한다.
  ㉢ 냉장(냉동)실 출입문이 개방된 상태에서 작업하여서는 아니 된다.
⑥ 축산물운반업
  ㉠ 축산물의 상·하차 작업을 할 때에는 위생복·위생모·위생화 및 위생장갑을 착용하고, 항상 청결히 유지하여야 한다.
  ㉡ 작업 전에 운반차량 적재함·작업도구 및 위생화 등을 세척 소독하여야 한다.
  ㉢ 냉장(냉동)기를 가동하여 적정 온도가 유지된 후 지육의 운반을 시작하여야 한다.
  ㉣ 식육은 벽이나 바닥에 닿지 아니하도록 위생적으로 취급 운반하여야 한다.
  ㉤ 식육을 운반하는 경우에는 냉장 또는 냉동상태를 유지하여야 한다.

⑦ 축산물판매업

    ㉠ 식육을 판매하는 종업원은 위생복·위생모·위생화 및 위생장갑 등을 착용하여야 하며, 항상 청결히 유지하여야 한다.

    ㉡ 작업을 할 때에는 오염을 방지하기 위하여 수시로 칼, 칼갈이, 도마 및 기구 등을 70% 알코올 또는 동등한 소독효과가 있는 방법으로 세척·소독하여야 한다.

    ㉢ 식육작업 완료 후 칼, 칼갈이 등은 세척·소독하여 위생적으로 보관하여야 한다.

    ㉣ 냉장(냉동)실 및 축산물 운반차량은 항상 청결하게 관리하여야 하며 내부는 적정 온도를 유지하여야 한다.

    ㉤ 진열상자 및 전기냉장(냉동)시설 등의 내부는 축산물의 가공기준 및 성분규격 중 축산물의 보존 및 유통기준에 적합한 온도로 항상 청결히 유지되어야 한다.

    ㉥ 우유류를 배달하거나 판매하는 때에 사용하는 운반용기는 항상 청결히 유지되어야 한다.

    ㉦ 식용란 보관·진열장소 및 운반차량의 내부는 직사광선이 차단되고 적정 습도가 유지되어야 하며, 그 온도는 식용란의 보존 및 유통기준에 적합한 온도를 초과하여서는 아니 된다.

⑧ 식육즉석판매가공업

    ㉠ 종업원은 위생복·위생모·위생화 및 위생장갑 등을 깨끗한 상태로 착용하여야 하며, 항상 손을 청결히 유지하여야 한다.

    ㉡ 식육가공품을 만들거나 나누는 데 사용되는 장비, 작업대 및 그 밖에 식육가공품과 직접 접촉되는 시설 등의 표면은 깨끗하게 유지되어야 한다.

    ㉢ 진열상자 및 전기냉장시설·전기냉동시설 등의 내부는 축산물의 가공기준 및 성분규격 중 축산물의 보존 및 유통기준에 적합한 온도로 항상 청결히 유지되어야 한다.

    ㉣ 작업을 할 때에는 오염을 방지하기 위하여 수시로 칼·칼갈이·도마 및 기구 등을 70% 알코올 또는 동등한 소독효과가 있는 방법으로 세척·소독하여야 한다.

    ㉤ 작업완료 후 칼, 칼갈이 등은 세척·소독하여 위생적으로 보관하여야 한다.

PART 02

적중예상문제

제 **1** 회 **적중예상문제**

제1과목 | 식육학개론(1~20)

01 다음 중 육우와 관계없는 것은?

① 미경산우

② 젖소 중 암소

③ 교잡우

④ 고기 생산을 목적으로 비육한 소

> **해설** 육 우
> 고기 생산을 목적으로 비육한 소로 교잡우, 미경산우, 젖소 중 수소 등이 포함되며 육우 품종으로는 한우,
> 애버딘 앵거스, 헤어포드, 쇼트혼, 샤롤레, 리무진, 화우 등이 있다.

02 우리나라의 돼지 육종에 자주 이용되는 품종이 아닌 것은?

① 듀 록

② 래콤종

③ 요크셔

④ 랜드레이스

> **해설** 우리나라는 랜드레이스, 요크셔, 듀록 등이 돼지품종의 주종을 이루고 있다. ②의 래콤종은 캐나다 농무성에서
> 육성한 것으로 체형은 랜드레이스종과 유사하다.

03 닭의 품종 중 레그혼에 대한 설명으로 틀린 것은?

① 원산지는 이탈리아이다.

② 동작이 활발하고 체질이 강건하다.

③ 대표적인 난용종이다.

④ 알을 품어 병아리를 부화하는 성질을 갖고 있다.

> **해설** 난용종인 레그혼은 알을 품는 성질인 취소성이 없는 것이 특징이다.

정답 1 ② 2 ② 3 ④

04 다음 중 비타민 B군이 가장 많이 들어 있는 고기는?

① 쇠고기   ② 양고기

③ 돼지고기   ④ 닭고기

> **해설** 돼지고기에는 비타민 B군이 많이 들어 있으며, 특히 B_1이 많이 함유되어 있다.

05 매우 소량이며 영양학적으로는 아무런 가치가 없지만 육질에 큰 영향을 미치는 것은?

① 탄수화물   ② 비타민

③ 미네랄   ④ 단백질

> **해설** 식육의 탄수화물은 매우 소량이며 대부분이 글리코겐(Glycogen)이다. 글리코겐은 도살 후 점차 없어지기 때문에 영양학적으로는 아무런 가치가 없지만, 글리코겐의 분해속도와 양은 고기의 pH에 직접적인 영향을 미치며, 보수력과 육색을 좌우하게 된다.

06 다음 중 염용성 단백질에 대한 설명으로 틀린 것은?

① 고기 단백질 중 50~55%를 차지한다.

② 육제품의 보수력과 관계가 깊다.

③ 주로 근원섬유 단백질이 포함된다.

④ 마이오글로빈, 액틴 등이 포함된다.

> **해설** 염용성 단백질에는 마이오신, 액틴, 트로포마이오신, 트로포닌 등 근원섬유 단백질들이 포함되어 있다. 마이오글로빈은 색소단백질로서 수용성 단백질에 속한다.

07 다음 중 솔기지방은?

① 근육과 근육 사이의 지방

② 1차근속 사이의 지방

③ 2차근속 사이의 지방

④ 1차근속과 2차근속 사이의 지방

> **해설** ① 근간지방 또는 솔기지방(Seam Fat)이라고 하며, 일반적으로 상강도 평가에서는 제외시킨다.
> ②·③·④는 마블링이라 한다.

08 생축의 운송 중 스트레스에 영향을 미치는 요인이 아닌 것은?

① 운송거리

② 도로의 포장상태

③ 운전자의 운전습관

④ 적재밀도

> **해설** 가축은 운송 중 운송시간, 거리, 습도, 온도, 적재밀도와 환기상태, 도로사정 등에 따라 받는 스트레스가 달라진다.

09 다음 중 비정상육의 발생을 방지하는 방법으로 옳지 않은 것은?

① 스트레스에 강한 품종을 개발한다.

② 도축 전 충분히 흥분시킨다.

③ 도축 전 계류를 실시한다.

④ 운송 중 스트레스를 최소화한다.

> **해설** 도축 전 가축이 흥분하면 비정상육을 생산할 확률이 높다.

10 생체중 114kg, 도체중 88kg인 경우 도체율은?

① 42%   ② 53%

③ 65%   ④ 77%

해설 도체율 = $\dfrac{도체중}{생체중} \times 100 = \dfrac{88}{114} \times 100 = 77\%$

11 다음은 도축공정 중 내장적출에 대한 설명이다. 틀린 것은?

① 배를 가르기 전에 생식기를 먼저 도려낸다.

② 칼을 복벽 위쪽에 넣고 아래쪽으로 내려가면서 배를 가른다.

③ 배를 가른 후 각종 장기류를 끌어내지만 신장과 신지방은 남겨 둔다.

④ 배를 가를 때는 칼날을 도체 안쪽으로 향하게 한다.

해설 장기가 다치지 않게 칼날을 도체 바깥쪽으로 향하게 한다.

12 다음 중 방혈에 따른 체내 변화로 옳은 것은?

① 혈압이 올라가고 심장박동이 감소한다.

② 모세혈관은 팽창한다.

③ 각종 생체기관은 혈액을 저장한다.

④ 방혈 중 근육의 pH 강하가 일어난다.

해설 ① 혈압은 감소하고, 심장박동이 증가한다.
② 모세혈관은 혈압을 유지하기 위해 수축한다.
④ 근육의 pH 강하는 방혈 후에 일어난다.

13 다음 설명 중 틀린 것은?

① 연령이 많을수록 수컷이 암컷보다 더욱 짙은 육색을 나타낸다.

② 돼지고기가 쇠고기보다 많은 적색근섬유를 포함하고 있다.

③ 적색근섬유를 많이 함유한 고기가 더욱 붉은색을 나타낸다.

④ 적색근섬유가 백색근섬유보다 마이오글로빈의 함량이 많다.

해설 쇠고기가 돼지고기보다 적색근섬유 비율이 높다.

14 다음 중 돼지고기의 저온숙성기간으로 적합한 것은?

① 1~2일   ② 5~6일

③ 10일   ④ 7~14일

해설 돼지고기는 4℃에서 1~2일이면 숙성이 완료된다.

15 다음은 DFD육의 특징이다. 틀린 것은?

① 육색이 암적색이다.

② 당과 IMP 함량이 낮다.

③ 미생물의 오염과 증식이 쉽지 않다.

④ 최종 pH는 pH 6.0 이상이다.

해설 DFD육은 높은 pH로 미생물의 오염 및 증식이 쉽다.

16 우리나라 육류 유통의 문제점으로 볼 수 없는 것은?

① 유통구조가 복잡하다.

② 규격돈의 생산비율이 너무 낮다.

③ 위생, 안전성이 낮다.

④ 도축장의 가동률이 너무 높다.

> **해설** 우리나라는 대부분 도축장의 가동률이 낮다.

17 한우(암소)의 소도체 육량의 표준이 되는 등급 A의 지수는 얼마인가?

① 61.83 이상

② 59.70 이상~61.83 미만

③ 59.70 미만

④ 65.52 이상

> **해설** 소도체의 육량등급 판정기준(축산물 등급판정 세부기준 제4조제1항)

품 종	성 별	육량지수		
		A등급	B등급	C등급
한 우	암	61.83 이상	59.70 이상 ~ 61.83 미만	59.70 미만
	수	68.45 이상	66.32 이상 ~ 68.45 미만	66.32 미만
	거 세	62.52 이상	60.40 이상 ~ 62.52 미만	60.40 미만

18 다음 중 냉동 돼지고기의 소비기한으로 맞는 것은?

① 6개월

② 9개월

③ 12개월

④ 12일

> **해설** 냉동육의 소비기한 : 쇠고기 – 12개월, 돼지고기 – 9개월

19 가축을 사육하여 생산되는 젖(乳), 육(肉), 난(卵) 등의 주산물을 만드는 데 부수적으로 생산되는 물질을 무엇이라 하는가?

① 부정육

② 비정육

③ 부산물

④ 정상육

해설 생축 도축 및 정육 생산 시 일정량의 축산 부산물이 발생되며, 생산된 부산물은 대부분 식용 및 공업용 등 내수용과 수출용으로 이용되고 있다.

20 소에 있어서 육질을 알기 위해서 무엇을 측정해야 하는가?

① 도체장

② 등지방 두께

③ 등심 면적

④ 상강도

해설 소의 육질은 상강도를 측정하여 알 수 있다. ①·②·③은 돼지의 도체측정 항목이다.

21 다음 중 식육 미생물의 생육과 가장 관계가 먼 것은?

① 온 도
② 영양소
③ 조 도
④ pH

해설 미생물의 생장에 영향을 미치는 환경요인에는 영양소(탄소원, 질소원, 무기염류 등), 수분, 온도, 수소이온농도 (pH), 산소, 산화환원전위 등이 있다.

22 미생물 성장곡선에 대한 설명으로 틀린 것은?

① 미생물의 성장은 유도기−대수기−정체기−사멸기를 거친다.
② 미생물을 배지에 접종했을 때의 시간과 생균수(대수) 사이의 관계이다.
③ S자형 곡선을 나타낸다.
④ 정체기에는 미생물의 수가 급격히 감소한다.

해설 미생물의 수가 급격히 감소되는 시기는 사멸기이다.

23 다음 중 가축의 내장에서 서식하는 주요 미생물은?

① 클로스트리듐(*Clostridium*)
② 대장균(*E. coli*)
③ 락토바실러스(*Lactobacillus*)
④ 슈도모나스(*Pseudomonas*)

해설 대장균은 사람이나 포유동물의 장내에 서식하며 세균 자체에는 병원성이 없다.

24 식육이 부패에 도달하였을 때 나타나는 현상이 아닌 것은?

① 부패취
② 점질 형성
③ 산패취
④ pH 저하

해설 고기 표면에 오염된 미생물이 급격히 생장하여 부패를 일으키며, 주로 점질 형성, 부패취, 산취 등의 이상취를 발생시킨다.

25 다음 중 발골작업 시 미생물의 오염원과 가장 거리가 먼 것은?

① 작업자의 손
② 작업도구
③ 작업대
④ 작업시간

해설 발골작업 시 미생물의 오염원은 작업자의 손, 작업도구, 작업대 등이다.

26 다음 중 진공포장육에서 신 냄새를 유발하는 미생물은?

① 젖산균
② 대장균
③ 비브리오균
④ 슈도모나스균

해설 진공포장육은 호기성균보다는 젖산균과 같은 혐기성균에 의해 주로 부패가 이루어진다.

27 다음 설명 중 틀린 것은?

① 식중독균의 오염은 육안으로 판단이 불가능하다.

② 식중독균에 오염되면 맛, 냄새 등이 달라진다.

③ 신선육에서 주로 발견되는 것은 살모넬라이다.

④ 세균성 식중독은 감염형 식중독과 독소형 식중독으로 구분된다.

해설 식중독 미생물은 아무리 많이 증식되어도 식육의 외관, 맛, 냄새 등에는 영향을 미치지 않는다.

28 다음 중 식육에서 발생하는 병원성 미생물에 속하지 않는 것은?

① 스타필로코커스(*Staphylococcus*) 속 균

② 클로스트리듐(*Clostridium*) 속 균

③ 슈도모나스(*Pseudomonas*) 속 균

④ 살모넬라(*Salmonella*) 속 균

해설 슈도모나스(*Pseudomonas*) 속 균은 부패성 미생물이다.

29 다음 중 무구조충과 유구조충에 대한 감염방지책은?

① 채소의 충분한 세척

② 손, 발의 깨끗한 세척

③ 육류의 충분한 가열

④ 육류의 충분한 세척

해설 식육은 충분히 가열 처리한 후 섭취해야 한다.

30 다음 설명에서 옳지 않은 것은?

① 항생물질, 호르몬제 등의 치료를 받은 가축은 일정 기간 동안 계류하여 약제가 체외로 배출된 후에 도축한다.

② 인수공통감염병에 걸린 가축은 폐기 처분시킨다.

③ 양질의 식육을 생산하기 위해 도축 전 충분한 먹이를 주어야 한다.

④ 육류 중에 있는 병변, 농양, 종양 등은 반드시 분리·제거한다.

해설 양질의 식육을 생산하기 위해 도축 전 12~24시간 절식시키고 급수는 자유롭게 하며 가능한 안정을 유지하도록 한다.

31 도축 시 기절방법으로 적절하지 않은 것은?

① 전격법   ② 타격법

③ 교살법   ④ 탄산가스법

해설 도축 시 기절방법에는 전격법, 타격법, 탄산가스법 등이 있다.

32 다음 중 식육의 초기 오염도에 가장 큰 영향을 미치는 것은?

① 도살방법   ② 해체방법

③ 방혈 정도   ④ 도축장 위생상태

해설 청결한 식육을 위해서 가장 먼저 가축이 도살되는 도축장의 위생상태가 깨끗해야 한다.

33 다음 중 식육의 냉장보존에 가장 적당한 온도는?

① −4~0℃   ② 0~4℃

③ 2~5℃   ④ 5℃ 부근

해설 냉각된 도체는 0~4℃, 90% 습도인 냉장실에 넣어 냉장보존한다.

34 작업자의 위생 준수사항으로 틀린 것은?

① 작업을 할 때마다 신체검사를 받는다.
② 작업 전 항상 손을 깨끗이 닦는다.
③ 작업장 내에서 잡담이나 흡연을 하지 않는다.
④ 손에 상처가 있으면 작업을 하지 않는다.

해설 신체검사는 작업할 때마다 받는 것이 아니고 정기적으로 받아야 한다.

35 다음 중 식육 위생검사와 관계가 먼 것은?

① 관능검사   ② 독성검사
③ 화학적 검사   ④ 혈청학적 검사

해설 식육 위생검사에는 화학적 검사, 관능검사, 독성검사 등이 있다.

36 다음 중 소독효과가 거의 없는 것은?

① 알코올

② 석탄산

③ 크레졸

④ 중성세제

해설 ① 에틸알코올 70% 용액이 가장 살균력이 강하며 주로 손 소독에 이용한다.
② 세균단백질의 응고, 용해작용을 하며 평균 3% 수용액을 사용한다.
③ 석탄산의 약 2배의 소독력이 있으며 비누에 녹여 크레졸비누액으로 만들어 3% 수용액으로 사용한다.

37 다음 중 심한 열을 동반하는 식중독 증상을 나타내는 균은?

① 살모넬라균

② 포도상구균

③ 보툴리누스균

④ 버섯 중독균

해설 살모넬라균은 복통, 설사, 발열 등을 일으키며 발열 시 39℃까지 상승한다.

38 작업자의 위생복에 대한 설명으로 틀린 것은?

① 위생복에 손을 닦아서는 안 된다.

② 위생복은 자주 갈아 입어야 한다.

③ 항상 위생복을 착용하고 있어야 한다.

④ 더러운 위생복은 병원성 세균의 서식처가 될 수 있다.

해설 위생복은 때와 장소에 따라 구분하여 착용하여야 한다.

39 다음 중 폐수오염 지표로서의 검사항목과 관련이 없는 것은?

① 수분활성도(Aw)

② 화학적 산소요구량(COD)

③ 생물학적 산소요구량(BOD)

④ 부유물질량(SS)

해설 폐수오염 지표로서의 검사항목에는 BOD, COD, DO, SS 등이 있다.

40 축산물 위생관리법상 식육가공품에 속하지 않는 것은?

① 햄 류   ② 치즈류

③ 소시지류   ④ 건조저장육류

해설 ② 치즈류는 유가공품이다.
정의(축산물 위생관리법 제2조제8호)
"식육가공품"이란 판매를 목적으로 하는 햄류, 소시지류, 베이컨류, 건조저장육류, 양념육류, 그 밖에 식육을 원료로 하여 가공한 것으로서 대통령령이 정하는 것을 말한다.

41 다음 중 원료육의 유화력에서 가장 중요한 단백질은?

① 당단백질

② 염용성 단백질

③ 지용성 단백질

④ 수용성 단백질

해설 원료육의 유화력은 원료육에서 추출된 염용성 단백질의 양에 좌우된다.

42 식육을 소금과 함께 혼합하여 염용성 단백질이 많이 추출되면 개선되는 제품의 특성과 거리가 먼 것은?

① 유화력

② 결착력

③ 보수력

④ 거품형성력

해설 염용성 단백질의 추출량에 의해 좌우되는 특성 : 유화력, 결착력, 보수력(보수성) 등

43 사후경직 전 고기는 사후경직 후 고기에 비하여 유화성이 적어도 몇 %가 우수한가?

① 13%

② 18%

③ 25%

④ 33%

해설 사후경직 전 고기는 사후경직 후 고기에 비하여 유화성이 적어도 25% 정도 우수하다.

44 다음 중 우피콜라겐을 이용하여 만드는 케이싱은?

① 재생콜라겐 케이싱   ② 플라스틱 케이싱

③ 식육케이싱   ④ 셀룰로스 케이싱

해설 재생콜라겐 케이싱은 주로 우피콜라겐을 이용하고, 셀룰로스 케이싱은 목재펄프나 목화섬유 등을 이용한다.

45 다음 중 훈연액에 들어 있지 않은 성분은?

① 페 놀   ② 벤조피렌

③ 유기산   ④ 카보닐

해설 훈연액은 연기성분 중 훈연에 필요한 성분만을 추출한 것으로 페놀, 유기산, 카보닐 등이 들어 있다.

46 다음 중 고기의 동결저장에서 급속동결의 목적에 해당하는 것은?

① 보수력의 증가

② 육색의 보존

③ 미세한 빙결정의 형성

④ 친화력 및 유화력의 향상

해설 동결저장에서 급속동결의 목적은 미세한 빙결정체를 형성하는 데 있다.

44 ①   45 ②   46 ③   **정답**

47 소의 고온숙성 조건을 변하게 하는 요인 중에서 특히 중요한 역할을 하는 것은?

① 지방의 두께　　　　　　　　② 지방의 질

③ 도체 크기　　　　　　　　　④ 도체 모양

> **해설**　소에 있어서는 연령, 도체 크기, 도체 모양, 지방 두께에 의해 고온숙성 조건이 변하게 되는데, 특히 지방의 두께가 중요한 역할을 한다.

48 근육이 원래의 길이에서 얼마 정도까지 단축되었을 때 연도가 최대로 감소하는가?

① 25%　　　　　　　　　　　② 33%

③ 40%　　　　　　　　　　　④ 50%

> **해설**　20%까지 단축되었을 때는 아무런 영향이 없으나, 그 이상으로 단축되었을 때는 연도가 급격히 감소하여 40% 단축 시에 최대로 감소한다.

49 다음 중 육가공제품의 포장방법으로 가장 알맞은 것은?

① 통기성 포장　　　　　　　　② 진공 포장

③ 랩 포장　　　　　　　　　　④ 가스치환 포장

> **해설**　식육의 진공 포장은 산소를 차단하여 호기성 세균의 발육을 억제한다.

50 축육 가공에서 발색제로 사용하는 물질은?

① 질산칼륨　　　　　　　　② 황산칼륨

③ 아질산염　　　　　　　　④ 벤조피렌

해설 질산칼륨(KNO_3)은 무색의 투명한 백색 결정성 분말로 육가공품의 발색제로 효과가 있다.

51 다음 중 전기자극의 문제점에 해당되지 않는 것은?

① 육의 가공적성 증진　　　② 육단백질의 변성

③ 안정성　　　　　　　　　④ 위생성

해설 전기자극을 실시하면 육의 가공적성이 저하되는 문제점이 나타난다.

52 다음 중 질산염의 기능을 옳게 설명한 것은?

① 풍미의 향상　　　　　　　② 육색의 향상

③ 아질산염의 공급원　　　　④ 식중독의 예방

해설 질산염을 첨가하는 이유는 질산염이 아질산염의 공급원이기 때문이다.

50 ①　51 ①　52 ③　**정답**

53 다음 중 육가공에서 가장 많이 쓰이는 향신료에 해당하는 것은?

① 마 늘　　　　　　　　　　　② 후 추
③ 초 석　　　　　　　　　　　④ 에리토브산

> **해설** 육가공에서는 후추가 향신료로 가장 많이 쓰이며, 대부분 천연으로 자라는 식품체의 일부를 건조분말로 쓴다.

54 프레스 햄 제조 시 고기의 처리실 온도로 적당한 것은?

① 3℃ 이하　　　　　　　　　② 5℃ 이하
③ 10℃ 이하　　　　　　　　　④ 20℃ 이하

> **해설** 고기 처리 중에 육온이 10℃ 이상되면 결착력이 극히 낮아지므로 고기의 처리실 온도는 10℃ 이하로 유지하는 것이 좋다.

55 정육점의 입지조건으로 가장 적당하지 않은 것은?

① 사람의 통행량이 적은 곳　　　② 인구가 집중적으로 모인 곳
③ 생활수준이 높은 지역　　　　　④ 같은 업종이 밀집된 곳

> **해설** 사람의 통행량이 많은 곳이 좋다.

56 다음 중 가열 시 고기의 결체조직의 길이가 1/3 정도로 수축되는 온도는?

① 50~55℃   ② 62~63℃

③ 68~73℃   ④ 73~76℃

해설 가열 시 결체조직의 길이는 62~63℃에서 1/3로 수축되며, 더욱 장시간 가열하면 젤라틴화된다.

57 식육에서 발생하는 산패취는 어느 구성성분에서 기인하는가?

① 무기질   ② 지 방

③ 단백질   ④ 탄수화물

해설 식육에서 발생하는 산패취는 지방에서 기인하며, 동결육이 오랫동안 저장되었을 때 나는 냄새이다.

58 가열소시지 중에서 혈액을 많이 이용한 소시지는?

① 간소시지   ② 혈액소시지

③ 리버소시지   ④ 생돈육소시지

해설 가열소시지는 고기 이외에 혈액이나 간 등을 첨가하는데, 혈액소시지는 혈액을 많이 이용한 소시지로 순대와 비슷하게 생겼다.

59 냉동육의 해동방법 중 가장 바람직한 것은?

① 더운물에 넣어 해동한다.

② 상온에서 해동한다.

③ 냉장실에서 해동한다.

④ 뜨거운 물에서 급속하게 해동한다.

해설 냉동육을 해동할 때는 미생물의 증식과 육즙의 발생 정도, 육색의 변화를 잘 관찰하여 냉장실에서 해동하는 것이 가장 바람직하다.

60 다음 중 지방낭(Fat Pocket)을 옳게 설명한 것은?

① 유화물 생성을 위해 지방을 소시지 반죽에 첨가한 것

② 유화물이 파괴되어 지방입자가 큰 덩어리로 유착되어 소시지 내부에 몰려 있는 것

③ 소시지 외부가 기름진 것

④ 물과 지방이 섞여 쌓여 있는 것

해설 **지방낭(Fat Pocket)** : 유화물이 파괴되어 지방입자가 큰 덩어리로 유착되어 소시지 내부에 몰려 있는 것이다.

제2회 적중예상문제

제1과목 | 식육학개론(1~20)

01 한우고기의 특징으로 적절하지 않은 것은?

① 근육섬유가 부드럽다.

② 일당 증체량이 높다.

③ 근육섬유가 가늘다.

④ 상강육이 잘 된다.

> **해설** 한우고기 : 근육섬유가 가늘고 부드러우며 근육 사이에 지방조직이 잘 끼이는 소위 상강육이 잘 되는 성질이 있다.

02 햄프셔의 특징을 바르게 설명한 것은?

① 베이컨용으로 가장 적합하다.

② 모색은 적색 계통이다.

③ 어깨에서 앞다리까지 백색 띠가 있다.

④ 3원교배 시 부계통으로 많이 이용된다.

> **해설** ① 랜드레이스종, ② · ④ 듀록종

03 다음 닭의 품종 중 대표적인 육용종은?

① 레그혼종

② 뉴햄프셔종

③ 미노르카종

④ 코니시종

> **해설** 코니시종은 영국이 원산지인 대표적인 육용종 닭으로 발육기간이 매우 빠르다.

1 ② 2 ③ 3 ④ **정답**

04 다음 중 골격근의 설명으로 틀린 것은?

① 수의근이다.

② 주로 뼈에 연결된 근육이다.

③ 근육의 수축과 이완을 담당하고 있다.

④ 평활근이다.

해설 심근과 평활근은 불수의근이고 골격근은 수의근이다.

05 다음 식육의 구성성분 중 가장 변화가 심한 것은?

① 지 방   ② 단백질

③ 비타민   ④ 탄수화물

해설 식육의 구성성분 중 수분과 지방은 품종, 연령, 성별, 비육 정도, 부위 등에 따라 함량의 차이가 크다.

06 비타민에 대한 설명으로 알맞은 것은?

① 일반적으로 고기에는 지용성 비타민이 많이 들어 있다.

② 고기는 비타민 B 복합체의 좋은 공급원이다.

③ 동물의 연령은 비타민 함량에 영향을 미치지 않는다.

④ 신선육은 일반적으로 조리육보다 많은 비타민 함량을 나타낸다.

해설 ① 비타민은 수용성과 지용성 비타민 두 가지로 나눌 수 있다. 일반적으로 고기에는 지용성 비타민이 많이 들어 있지 않다.

③ 비타민 함량은 동물의 연령에 따라 차이가 있다.

④ 조리육이 비타민 함량이 많다.

07 계류 시 절식의 목적이 아닌 것은?

① 저장성이 높은 고기를 생산케 한다.

② 육색을 좋게 한다.

③ 사료와 관리비용을 절약케 한다.

④ 산육량을 증가시킨다.

> **해설** 절식에 의하여 생체중은 2~3%가 감소되는데 이것은 주로 분뇨 등 소화기 내용물의 배설에 의한 절식 감량이며, 근육조직의 감소에 의한 조직 감량이 아니어서 산육량에 영향을 주지 않는다.

08 돼지의 방혈량은 대략 생체 중의 어느 정도를 차지하는가?

① 1~2% 　　　　　　　② 3~5%

③ 5~6% 　　　　　　　④ 7~8%

> **해설** 방혈량은 큰 소의 경우 3~3.5%, 돼지가 3~5%로 상당한 양이다.

09 다음 중 돼지고기의 부위별 의무표시 대분할 부위는?

① 5개 부위 　　　　　　② 7개 부위

③ 10개 부위 　　　　　④ 12개 부위

> **해설** 쇠고기 및 돼지고기의 분할상태별 부위명칭(소·돼지 식육의 표시방법 및 부위 구분기준 별표 1)

쇠고기		돼지고기	
대분할 부위명칭	소분할 부위명칭	대분할 부위명칭	소분할 부위명칭
10개 부위	39개 부위	7개 부위	25개 부위

10 다음 중 스테이크용으로 적합한 부위는?

① 우 둔   ② 양 지

③ 사 태   ④ 안 심

해설 ①·②·③은 국거리용으로 적합하다.

11 다음 중 근육의 사후경직과 밀접한 관련이 있는 것은?

① Glucose   ② NaCl

③ Glycogen   ④ Fructose

해설 사후 글리코겐이 젖산으로 모두 분해되어 더 이상의 ATP를 생성하지 못하면 액토마이오신이 생성되어 사후경직이
일어난다.

12 다음은 육축의 전형적인 육색이다. 연결이 잘못된 것은?

① 송아지 – 갈홍색

② 돼지고기 – 회홍색

③ 닭고기 – 흰 회색에서 어두운 적색

④ 쇠고기 – 암적색

해설 쇠고기는 선홍색이다. 암적색은 말고기의 육색이다.

13 다음 설명 중 고온단축에 관한 것으로 옳은 것은?

① 적색근보다 백색근에서 심하게 일어난다.

② 육질이 질기며 상품적 가치가 없다.

③ 전기자극을 실시하면 막을 수 있다.

④ 지육을 도축한 후 바로 낮은 온도에 저장하면 발생한다.

해설 ②·③·④는 저온단축에 대한 설명이다.

14 쇠고기의 경우 10℃에서 숙성을 요하는 기간은?

① 7~14일   ② 4~5일

③ 1~2일   ④ 8~24시간

해설 고기의 숙성기간은 육축의 종류, 근육의 종류, 숙성온도 등에 따라 다르다. 일반적으로 쇠고기나 양고기의 경우, 4℃ 내외에서 7~14일의 숙성기간이 필요하나 10℃에서는 4~5일, 16℃의 높은 온도에서는 2일 정도에서 숙성이 대체로 완료된다. 돼지고기는 4℃에서 1~2일, 닭고기는 8~24시간이면 숙성이 완료된다.

15 식육판매업소에서는 쇠고기를 몇 개 부위 이상 진열 판매하여야 하는가?

① 5개 부위   ② 10개 부위

③ 12개 부위   ④ 26개 부위

해설 식육판매업소에서는 쇠고기를 5개 부위 이상 진열 판매해야 한다.

16 다음 중 DFD육의 품질 특성으로 옳은 것은?

① 중량 감소가 크다.

② 저장성이 짧다.

③ 육색이 창백하다.

④ 소매진열 시 변색속도가 빠르다.

해설   ① · ③ · ④는 PSE육의 품질 특성이다.

17 지방이 연하고 견고성이 떨어지며 산패가 일어나기 쉬운 이상육은?

① PSE육   ② DFD육

③ 질식육   ④ 연지돈

해설   연지돈은 지방이 연하고 고기의 견고성이 떨어져 산화 변패가 쉬우며 결착력이 결여되기 쉽다.

18 다음 중 소의 1차 부산물에 해당하지 않는 것은?

① 머 리   ② 곱 창

③ 잡 뼈   ④ 혈

해설   잡뼈는 2차 부산물에 속한다.

19 다음 중 국내 식육유통의 문제점이라고 할 수 없는 것은?

① 판매방식의 전근대화

② 소비자들의 육질 식별능력 부족

③ 냉장육 중심의 유통

④ 가격안정 기능의 취약성

해설 우리나라는 지육유통이 문제점으로 지적되고 있다.

20 다음 중 유리수에 대한 설명으로 옳은 것은?

① 식육 내 물분자 중 매우 강한 결합상태를 유지하며 총 수분함량의 4~5%를 차지한다.

② 외부의 물리적인 힘이나 심한 기계적인 작용에도 단백질 분자와 결합상태로 남아 있다.

③ 표면장력에 의해 약하게 결합되어 있어 쉽게 식육 외부로 스며 나오는 성질이 있다.

④ 단백질 반응군으로부터 좀 더 멀리 떨어져 있어 보수성과 관계가 깊다.

해설 ①·②는 결합수, ④는 고정수이다.

21 다음 중 미생물에 관한 설명으로 틀린 것은?

① 보툴리누스균은 통조림, 병조림에서 발견된다.

② 바실러스 속은 포자형성균이다.

③ 클로스트리듐은 혐기성균이다.

④ 식육의 부패균은 대부분이 그람 양성균이다.

해설 신선육의 부패는 주로 그람 음성균에 의해 발생된다.

22 다음 중 식육 표면에 점액질이 형성되기 시작하는 표면 미생물의 수는?

① $10^5{\sim}10^6/cm^2$ ② $10^6{\sim}10^7/cm^2$

③ $10^7{\sim}10^8/cm^2$ ④ $10^9{\sim}10^{10}/cm^2$

해설 식육의 부패는 대수기 말기에 시작되는데 이 시기의 세균수는 대략 $10^7{\sim}10^8/cm^2$이다.

23 다음 미생물의 생육단계 중에서 식육의 저장성과 가장 관계가 깊은 것은?

① 대수기 ② 정체기

③ 유도기 ④ 사멸기

해설 식육의 저장성은 미생물의 성장요인을 제거하거나 억제하는 방법으로 향상되므로 미생물이 새로운 환경에 적응하기 위해 거의 성장하지 않는 유도기와 관련이 깊다.

24 식육은 부패균의 번식에 의해 단백질과 지방이 분해된다. 이들의 분해산물이 아닌 것은?

① 암모니아   ② 유기산

③ 아 민   ④ 글리코겐

해설 글리코겐(Glycogen)은 탄수화물의 분해산물이다.

25 다음 미생물 중에서 진공포장 시 사용되는 포장재의 산소투과도에 가장 민감하게 반응하는 것은?

① 살모넬라균(*Salmonella*)

② 슈도모나스균(*Pseudomonas*)

③ 포도상구균(*Staphylococcus*)

④ 보툴리누스균(*Botulium*)

해설 슈도모나스균은 호기성이므로 진공포장 시 가장 크게 영향을 받는다.

26 다음 세균성 식중독 중 감염형이 아닌 것은?

① 살모넬라균 식중독

② 포도상구균 식중독

③ 장염 비브리오균 식중독

④ 병원성 대장균 식중독

해설 ①·③·④는 감염형 식중독균이고, 포도상구균은 독소형 식중독균이다.

27 다음 중 식육으로부터 인간이 받을 수 있는 유해요인에 속하지 않는 것은?

① 결 핵   ② 브루셀라증

③ 기생충   ④ 폐디스토마

해설 폐디스토마는 어류를 매개로 하여 감염되는 기생충이다.

28 다음 중 미생물의 오염에 의해 발생하는 가축 오염의 중요한 원인으로 보기 어려운 것은?

① 가 죽 　　　　　　　　　　② 내 장
③ 근 육 　　　　　　　　　　④ 배설물

> **해설** 동물의 근육조직에는 미생물이 존재하지 않으며 주요 오염원은 피부, 털, 장내용물, 배설물 등이다.

29 가축의 도축 시 유의해야 할 사항과 관계가 없는 것은?

① 박피 후 다리와 머리 부분을 절단한다.
② 두부의 절단은 두개골과 제2경추 사이를 절단한다.
③ 경동맥을 절단하여 방혈을 철저히 해야 한다.
④ 도축 전 휴식과 안정을 주어야 한다.

> **해설** 두부의 절단은 두개골과 제1경추 사이이다.

30 다음 중 생체검사에 대한 설명으로 맞는 것은?

① 생체검사 중 거의 모든 질병, 기생충 및 병변 등이 색출될 수 있다.
② 도축업자에 의해 실시된다.
③ 도살해체 후 도체와 내장을 검사하는 것이다.
④ 동물의 건강상태와 질병 유무를 확인하는 도살 직전의 검사이다.

> **해설** 생체검사는 도축검사관에 의하여 주로 동물의 건강상태와 질병 유무를 확인한다. 그 외에 동물의 연령, 성, 임신 여부 등도 검사한다.

31 미생물 증식 억제를 위한 저장방법으로 옳지 않은 것은?

① 가열법 　　　　　　　　　　② 중온저장법
③ 냉장법 　　　　　　　　　　④ 방사선조사법

> **해설** 미생물 증식 억제를 위한 저장방법에는 가열, 건조, 냉장, 냉동, 방사선조사 등이 있다.

32 다음 중 포장된 식육제품의 저장성에 영향을 미치는 요인은?

① 고기의 육색

② 포장지의 두께

③ 저장기간과 이산화탄소의 유무

④ 저장온도와 포장 내 산소의 유무

해설 포장된 식육제품에는 산소나 질소가 포함되지 않도록 하는 것이 중요하다.

33 다음 중 식육의 위생지표로 이용되는 미생물은?

① 클로스트리듐(*Clostridium*) ② 대장균(*E. coli*)

③ 비브리오(*Vibrio*) ④ 바실러스(*Bacillus*)

해설 대장균이 검출되었다면 가열 공정이 불충분했거나 제품의 취급, 보존방법이 잘못되었다는 의미이다.

34 다음 중 식육의 부패검사에서 측정 항목이 아닌 것은?

① 히스타민 측정 ② 산도 측정

③ 암모니아 측정 ④ 유기산 측정

해설 식품의 부패검사를 위해서 히스타민, 암모니아, 아미노산, 유기산 등을 측정한다.

35 축산물 위생관리법상 축산물에 속하지 않는 것은?

① 가 축 ② 식 육

③ 포장육 ④ 유가공품

해설 정의(축산물 위생관리법 제2조제2호)
"축산물"이란 식육·포장육·원유·식용란·식육가공품·유가공품·알가공품을 말한다.

36 다음 중 연결이 틀린 것은?

① 부패 – 단백질　　　　　　② 변패 – 탄수화물
③ 산패 – 지방　　　　　　　④ 발효 – 무기질

해설 발효는 글리코겐을 젖산으로 변환시키는 과정이다.

37 신선육의 부패를 방지하는 대책 중 적절하지 못한 것은?

① 온도를 0℃ 가까이 유지하거나 냉동 저장한다.
② 습도조절을 위해 응축수를 이용한다.
③ 자외선 조사로 공기와 고기 표면의 미생물을 사멸시킨다.
④ 각종 도살용 칼이 주된 오염원이 될 수 있으므로 철저히 위생관리를 한다.

해설 습기를 조절하여 응축수가 생기지 않도록 한다.

38 살모넬라균을 사멸하기 위한 조건은?

① 60℃에서 30분간
② 70℃에서 15분간
③ 80℃에서 10분간
④ 90℃에서 5분간

해설 살모넬라균은 60℃에서 30분간 가열하면 사멸한다.

39 쇠고기의 감별 및 선택에 있어 유의할 점으로 옳지 않은 것은?

① 쇠고기는 밝고 앵두빛 적색을 띠고 있어야 한다.

② 쇠고기의 지방은 희고 노란색을 띠어야 한다.

③ 갈색이나 녹색으로 변한 쇠고기는 받아들여서는 안 된다.

④ 쇠고기는 늘 절단면에서 변질이 일어난다.

해설 지방은 희고 노란색을 띠어서는 안 되며, 이상한 냄새가 나는지의 여부도 검사한다.

40 작업장에서의 안전관리에 대한 설명 중 틀린 것은?

① 칼날이 날카로우면 자상이 더 커질 수 있으므로 칼날은 무디어야 한다.

② 칼날은 자주 갈아서 작업에 용이하도록 준비한다.

③ 칼은 다른 기구와 함께 두지 말고 따로 보관한다.

④ 칼을 씻을 때는 손을 보호할 수 있는 장갑을 사용하는 것이 좋다.

해설 칼날이 무디면 날카로울 때보다 더 자상을 일으킬 수 있는 원인이 된다.

41 식육의 냉동저장 중 가장 문제가 되는 것은?

① 수분의 증발　　　　　　　② 지방의 산화

③ 미생물의 번식　　　　　　④ 육색의 변화

해설　식육의 냉동저장 시 지방의 산화가 일어나 산패취를 발생시킨다.

42 다음 소시지 중 간을 가지고 만드는 소시지는 어느 것인가?

① 혈액소시지　　　　　　　② 리버소시지

③ 생돈육소시지　　　　　　④ 볼로냐

해설　간을 이용한 소시지로는 리버소시지, 브라운슈바이거가 있다.

43 신선육의 육색을 결정하는 인자는?

① 마이오글로빈　　　　　　② 액토마이오신

③ 헤모글로빈　　　　　　　④ 트립신

해설　신선육의 색은 주로 마이오글로빈에 의해 좌우되는데, 이 마이오글로빈의 함량은 동물의 종류, 연령, 근육의 부위 및 성별에 따라 다르다.

44 내열성도 강해서 가열·냉동식품 포장에 적합한 포장재료는?

① 폴리에스터　　　　　　　　② 나일론
③ 글라신페이퍼　　　　　　　④ 폴리에틸렌

해설　폴리에스터는 에틸렌글리콜과 테레프탈산의 축합 중합물로, 질기고 광택이 있고 무색 투명하지만 열접착이 안 된다.

45 훈연실에서 육가공제품을 가열할 때 공기 중의 습도가 높으면 조리속도는 어떻게 되는가?

① 빨라진다.
② 변화가 없다.
③ 늦어진다.
④ 온도에 따라 빨라지기도 하고 늦어지기도 한다.

해설　훈연실에서 육가공제품 가열 시 공기 중의 습도가 높으면 열전달이 잘되기 때문에 조리속도가 빨라진다.

46 다음 중 훈연액에 반드시 들어 있어야 하는 성분은?

① 유기산　　　　　　　　　　② 페 놀
③ 벤조피렌　　　　　　　　　④ 알코올

해설　유기산은 케이싱을 쉽게 벗겨지게 하므로 훈연액에 꼭 들어 있어야 한다.

47 다음 중 훈연 시 연기 성분이 침투할 수 없는 케이싱은?

① 식육케이싱   ② 플라스틱 케이싱

③ 파이브러스 케이싱   ④ 재생 콜라겐 케이싱

해설 플라스틱 케이싱 : 수분 및 연기에 대해 불투과성이기 때문에 훈연하지 않는 소시지에 이용된다.

48 다음 중 인산염이 보수성을 향상시키는 이유로 거리가 먼 것은?

① 고기의 pH를 증가시켜서

② 고기의 이온강도를 증가시켜서

③ 근원섬유 단백질의 결합을 분리시켜서

④ 단백질 함량을 감소시켜서

해설 인산염이 보수성(보수력)을 향상시키는 이유로는 ① · ② · ③의 3가지가 있다.

49 장기보관용 육제품에 이용되는 포장재는?

① 연질 PVC   ② 알루미늄

③ 유리 용기   ④ 셀로판

해설 유리 용기는 무겁고 충격에 약하나 장기보관용 육제품에 이용된다.

50 다음 중 햄 제조 시에만 사용되는 염지방법은?

① 맥관주사법 ② 다침주사법

③ 바늘주사법 ④ 액침법

해설 햄 제조 시에만 사용되는 염지법은 맥관주사법이고, 가장 빠른 염지법은 다침주사법이다.

51 고깃덩어리끼리의 결착은 가열에 의해 완성된다. 이때 관여하는 성분으로 옳은 것은?

① 단백질 ② 탄수화물

③ 무기질 ④ 비타민

해설 고깃덩어리끼리의 결착은 가열에 의해 단백질이 서로 결착되어 이루어진다.

52 원료육의 유화성에 대한 설명으로 올바른 것은?

① 내장기관육은 골격근에 비해 유화성이 우수하다.

② 기계적 발골육은 수동 발골육보다 유화성이 높다.

③ 냉동육은 신선육에 비해 유화성이 높다.

④ PSE 근육은 DFD 근육보다 유화성이 떨어진다.

해설 pH가 낮은 PSE 근육은 단백질의 변성이 많고 단백질 용해도가 떨어져 pH가 높은 DFD 근육이나 정상 근육에 비해 유화성이 떨어진다.

50 ① 51 ① 52 ④ **정답**

53 다음 중 유화물에 대한 설명으로 옳은 것은?

① 탄수화물과 단백질의 혼합물

② 물과 지방이 골고루 섞인 혼합물

③ 단백질과 물이 골고루 섞인 혼합물

④ 지방과 탄수화물의 혼합물

해설 유화물 : 물과 지방이 골고루 잘 섞인 혼합물이다.

54 다음 중 그라인더를 이용한 연화는 어느 것인가?

① 효소법　　　　　　　　② 세절법

③ 액침법　　　　　　　　④ 동결법

해설 세절법이란 그라인더(만육기)로 고기를 세절하여 연화시키는 방법이다.

55 다음 중 염지 시 사용되는 풍미물질로 옳지 않은 것은?

① 식물성 단백질 가수분해물

② 훈연액

③ 설 탕

④ 후 추

해설 염지 시 사용되는 풍미증진제 : 설탕, 훈연액, 조미료(MSG), 식물성 가수분해물(HVP) 등

56 돈육만을 쓰며, 프레시소시지 중 가장 보편적인 제품은?

① 스위디시포테이토소시지

② 캠브리지소시지

③ 프레시포크소시지

④ 프레시더링거

해설 프레시포크소시지는 돈육만을 쓰며, 프레시소시지 중 가장 보편적인 제품이다.

57 다음 중 건조저장육의 수분함량으로 옳은 것은?

① 25% 이하

② 35% 이하

③ 55% 이하

④ 65% 이하

해설 식품의 기준 및 규격(식품의약품안전처고시 제2024-35호)
건조저장육류라 함은 식육을 그대로 또는 이에 식품 또는 식품첨가물을 가하여 건조하거나 열처리하여 건조한 것을 말한다(수분함량 55% 이하, 육함량 85% 이상의 것).

58 다음 중 훈연에 사용되는 나무원료로 알맞은 것은?

① 경질나무   ② 참나무

③ 연질나무   ④ 소나무

해설 훈연에는 경질나무가 주로 사용된다.

59 판매사원이 기본적으로 갖추어야 할 KASH 원칙이 아닌 것은?

① 지 식   ② 태 도

③ 능 력   ④ 습관화

해설 KASH 원칙 : Knowledge(지식), Attitude(태도), Skill(기술), Habit(습관화)

60 다음 중 진공 포장된 신선육의 색깔로 옳은 것은?

① 적자색   ② 황 색

③ 선홍색   ④ 청자색

해설 진공 포장된 신선육은 산소가 없기 때문에 데옥시마이오글로빈의 적자색을 나타낸다.

제3회 적중예상문제

제1과목 | 식육학개론(1~20)

01 다음 중 한우의 특징이 아닌 것은?

① 만육성이다.　　　　　　　② 후구가 빈약하다.

③ 등이 평직이다.　　　　　　④ 발굽질이 단단하고 질기다.

> **해설** 한우는 등이 평직하지 못하다.

02 다음 중 출산 경험이 없는 소를 가리키는 말은?

① 교잡우　　　　　　　　　　② 역용우

③ 경산우　　　　　　　　　　④ 미경산우

> **해설** 미경산우란 새끼를 한 번도 낳은 경험이 없는 소를 지칭한다.

03 1대 잡종이나 3원교 잡종의 생산을 위한 부돈으로 많이 이용되는 돼지의 품종은?

① 듀록　　　　　　　　　　　② 대요크셔

③ 체스터화이트　　　　　　　④ 랜드레이스

> **해설** 듀록은 적색의 모색을 갖고 있으며 체질이 강건하고 육질이 좋아 3원교배 시 부계통으로 많이 이용되고 있다.
> ②·③·④는 모돈 품종으로 이용된다.

04 난용종 닭의 귓불색은?

① 적 색   ② 백 색
③ 흑 색   ④ 갈 색

해설 닭의 귓불색은 난용종 백색, 겸용종 적색이다.

05 다음 중 식육 단백질에 있는 필수아미노산이 아닌 것은?

① 라이신   ② 트립토판
③ 나이아신   ④ 메티오닌

해설 식육 단백질에는 라이신, 트립토판, 히스티딘, 류신, 아이소류신, 메티오닌 등 필수아미노산이 풍부하게 들어 있다.

06 다음 설명 중 평활근에 해당되는 것은?

① 내장육을 의미한다.
② 근육의 운동을 수행한다.
③ 정육을 의미한다.
④ 일반적인 고기를 의미한다.

해설 ② · ③ · ④는 골격근에 해당된다.

07 다음 중 사후 근육의 pH 변화와 밀접한 관계가 있는 것은?

① 에키스분

② 비타민 B_1

③ 글리코겐

④ 철(Fe)

해설 글리코겐은 근육 내 탄수화물로서 사후 젖산으로 변해 근육의 pH를 저하시킨다.

08 다음 중 비육이 잘된 동물의 지방에 그 함량이 증가하는 것은?

① 인지질

② 중성지방

③ 당지질

④ 콜레스테롤

해설 비육이 잘되면 상강도가 높아지게 되고 그 결과 중성지방의 함량이 높아진다.

09 다음 중 도살 전 절식의 이점이 아닌 것은?

① 수송 도중 폐사율 감소

② 내장 적출 시 도체오염의 가능성 감소

③ 도체냉각과 절단 시 중량감소 저하

④ DFD육의 발생 감소

해설 절식은 도체수율이 낮아지고 DFD육의 발생이 증가하게 되는 단점이 있다.

10 다음 중 도체검사에 해당되는 항목은?

① 영양상태

② 내장검사

③ 임신 여부

④ 체 온

해설 **도체검사** : 도살 해체 후에 도체와 내장 등을 검사하여 식용으로 적당하지 못한 것은 폐기처분되고, 적당한 것만 검인을 받아 통관한다.
①·③·④는 생체검사에 해당된다.

11 다음 중 도체율에 대한 설명으로 옳은 것은?

① 지육률이라고도 하며 도체중의 생체중에 대한 비율이다.

② 동물의 영양이 좋고 비육이 잘되어 있을수록 정육률은 높아진다.

③ 정육의 도체 또는 생체로부터의 생산량을 백분율로 표시한 것이다.

④ 정육은 살코기와 지방육으로 되어 있다.

해설 ②·③·④는 정육률에 대한 설명이다.

12 도체등급에 지방의 색깔이 고려되는 경우, 가공용으로 등급에 매겨지는 색은?

① 적 색   ② 갈 색

③ 적자색   ④ 황 색

해설 도체등급에서 지방의 색깔이 고려될 때는 황색 지방이 주로 문제가 된다. 지방이 황색인 도체는 가공용으로 등급이 매겨진다.

13 소도체의 육질등급은 몇 개의 등급으로 구분되는가?

① 3개   ② 4개

③ 5개   ④ 6개

해설 소도체의 육질등급 판정기준(축산물 등급판정 세부기준 제5조제1항)
소도체의 육질등급판정은 등급판정부위에서 측정되는 근내지방도(Marbling), 육색, 지방색, 조직감, 성숙도에 따라 1^{++}, 1^+, 1, 2, 3의 5개 등급으로 구분한다.

14 돼지도체 결함의 종류에 대한 설명 중 잘못된 것은?

① 돼지도체 2분할 작업이 불량하여 등심부위가 손상되어 손실이 많은 경우

② 화상, 피부질환 및 타박상 등으로 겉지방과 고기의 손실이 큰 경우

③ 축산물 검사결과 제거부위가 고기량과 품질에 손실이 큰 경우

④ 고기의 근육 내에 혈반이 적게 발생되어 고기의 품질이 좋지 않은 경우

해설 ① 이분할 불량, ② 피부 불량, ③ 근육 제거에 대한 설명이다.
돼지도체 결함의 종류(축산물 등급판정 세부기준 별표 9)
근출혈 : 고기의 근육 내에 혈반이 많이 발생되어 고기의 품질이 좋지 않은 경우

15 수출용 냉동돈육의 외포장재로 적당한 것은?

① PE 필름   ② 카톤박스

③ 폴리필렌   ④ 크리오백

해설 수출용 냉동돈육의 외포장은 카톤박스, 내포장은 폴리필렌 진공포장을 사용한다.

16 다음은 쇠고기 부위별 특징이다. 양지육을 설명한 것은?

① 등심과 이어진 부위의 안심을 에워싸고 있다. 육질이 연하고 지방이 많다.

② 배쪽의 지방이 많고 육질이 질긴 부위로 시간을 들여 습열 조리하면 맛이 있다.

③ 육질이 거의 없고 결합조직이 많다.

④ 목 밑에서 가슴에 이르는 부위로 결합조직이 많아 육질이 질기다.

해설 ① 채끝살, ② 업진육, ③ 쇠족에 대한 설명이다.

17 지육의 주요 3가지 구성성분은 무엇인가?

① 정육, 지방, 뼈   ② 머리, 몸통, 다리

③ 뼈, 내장, 가죽   ④ 지방, 뼈, 내장

해설 지육은 주로 정육, 지방, 뼈로 구성되어 있다.

18 유통온도 −2∼0℃에서 진공포장 냉장돈육의 소비기한으로 맞는 것은?

① 30일   ② 45일

③ 90일   ④ 120일

해설 진공포장 냉장육의 경우 소비기한은 쇠고기 90일, 돼지고기 45일이다.

19 다음 중 부정육에 해당되지 않는 것은?

① 밀도살육

② 물먹인 쇠고기

③ 비위생적육

④ 둔갑판매육

해설 부정육은 건전한 식육의 판매가격을 파괴하는 옳지 못한 방법에 의해 생산된 식육 일체를 말하며, 밀도살육, 물먹인 쇠고기, 둔갑판매육 등이 있다.

20 다음 중 돼지의 1차 부산물이 아닌 것은?

① 머 리   ② 지 방

③ 내 장   ④ 혈 액

해설 2차 부산물은 잡뼈, 콩팥, 돈족, 지방 등이다.

21 다음 중 미생물의 분류에 사용되는 인자가 아닌 것은?

① 온 도   ② 산 소

③ 수분활성도   ④ 압 력

해설 미생물은 형태나 모양, 온도, pH, 수분활성도, 에너지원, 산소, 포자, 염색 등에 의해 분류된다.

22 식육의 부패균은 호냉성균이다. 호냉성균의 생육온도와 증식 최고온도로 올바른 것은?

생육 적온	증식 최고온도
① 15℃ 이하	20℃ 이하
② 10℃ 이하	15℃ 이하
③ 10℃ 이하	20℃ 이하
④ 15℃ 이하	25℃ 이하

해설 호냉성균(저온균)은 생육 적온이 15℃이며, 증식 최고온도가 20℃ 이하인 균이다.

23 다음 중 식육 미생물의 구성을 결정하는 가장 중요한 요인은?

① 습 도   ② 온 도

③ 산소의 유무   ④ pH

해설 온도는 미생물의 종류와 번식속도를 결정한다.

24 15℃ 이하에서 냉장저장 중인 도체의 표면에서 우세하게 나타나는 미생물은?

① 아시네토박터($Acinetobacter$)균

② 모락셀라($Moraxella$)균

③ 마이크로코커스($Micrococcus$)균

④ 슈도모나스($Pseudomonas$)균

해설 냉장온도에서는 $Pseudomonas$, $Alcaligenes$ 등이 주로 관여하고, 냉장온도 이상부터 실온까지는 $Micrococcus$ 및 기타 중온성 박테리아가 주로 관여한다.

25 식육 내 미생물이 쉽게 이용하는 영양원 순서는?

① 탄수화물 > 단백질 > 지방

② 단백질 > 탄수화물 > 지방

③ 탄수화물 > 지방 > 단백질

④ 지방 > 단백질 > 탄수화물

해설 식육 내 미생물이 쉽게 이용하는 영양원의 순서는 탄수화물 > 단백질 > 지방 순이다.

26 다음 중 DFD육이 정상육보다 더 빨리 부패하는 이유로 알맞은 것은?

① DFD육이 정상육보다 pH가 높기 때문에

② DFD육이 정상육보다 pH가 낮기 때문에

③ DFD육이 정상육보다 육즙이 많기 때문에

④ DFD육에는 미생물이 좋아하는 영양소가 많이 존재하기 때문에

해설 DFD육은 육내 글리코겐이 도살 전 거의 분해되어 잔존 함량이 적기 때문에 높은 pH를 유지한다. 이에 따라 정상육보다 미생물의 생장이 두드러져 빨리 부패하게 된다.

27 다음 중 육류가 부패하여 생기는 유독 성분은?

① 젖 산   ② 라이페이스

③ 토마인   ④ 라이신

해설 토마인은 단백질이 세균의 작용으로 분해될 때 생긴다.

28 다음 중 세균성 식중독의 예방법으로 적당하지 않은 것은?

① 실온에서 잘 보존한다.

② 손을 깨끗이 씻는다.

③ 가급적이면 조리 직후에 먹는다.

④ 가열조리를 철저히 하여 2차 오염을 방지한다.

해설 세균의 증식을 방지하기 위하여 저온 보존한다.

29 다음 중 포도상구균 식중독의 예방법으로 적당하지 않은 것은?

① 예방접종

② 식품의 냉동 및 냉장 보관

③ 식품 및 기구의 살균

④ 작업자의 위생교육 철저

해설 포도상구균 식중독은 세균이 생성한 독소에 의하여 일어나는 독소형 식중독으로 작업자의 위생관리가 중요하다.

30 다음 중 식육의 화학적 식중독과 관련된 화학물질과 가장 거리가 먼 것은?

① 향신료　　　　　　　　　　② 보존제

③ 표백제　　　　　　　　　　④ 소 금

해설　식육의 화학적 식중독은 색소, 보존제, 표백제, 향신료 등 화학적 식품첨가물의 법적 허용기준을 초과한 과다 사용, 사용금지된 첨가물의 사용 등이 원인이다.

31 도축단계에서 오염을 주도하는 미생물의 종류는?

① 중온균과 호냉성균　　　　　② 고온균과 혐기성균

③ 중온균과 혐기성균　　　　　④ 고온균과 호냉성균

해설　도축단계에서의 오염은 주로 중온균과 호냉성균이다.

32 방혈공정에 대한 주의사항으로 틀린 것은?

① 칼날은 너무 깊게 들어가지 않게 한다.

② 한 번 사용한 자도는 매번 뜨거운 물로 소독한다.

③ 자도의 삽입 시 절개 부위는 가능한 적게 한다.

④ 방혈은 미생물의 오염을 방지하기 위해 천천히 작업한다.

해설　도살 후 방혈은 가능한 빨리 실시하여야 한다.

33 다음 중 식육을 포장하는 이유와 거리가 먼 것은?

① 지방산패 방지
② 산소의 유입 방지
③ 육즙 누출의 방지
④ 미생물의 사멸

> **해설** 식육의 포장은 미생물을 사멸시키는 것이 아니라 미생물의 오염을 막고 성장을 억제시키는 데 목적이 있다.

34 소 도축장의 개별시설기준으로 올바르지 않은 것은?

① 도축장 부지 – 2,000m^2 이상
② 계류장 – 150m^2 이상
③ 검사시험실 – 20m^2 이상
④ 생체검사장 – 20m^2 이상

> **해설** 영업의 종류별 시설기준(축산물 위생관리법 시행규칙 별표 10)
> 생체검사장 : 15m^2 이상

35 다음 중 자외선 살균 시 가장 효과적인 살균 대상은?

① 조리기구
② 공기와 물
③ 작업자
④ 식 기

> **해설** 자외선 살균 시 살균효과는 대상물의 자외선 투과율과 관계가 있으며, 가장 유효한 살균 대상은 공기와 물이다.

36 다음 중 식육판매점의 위생관리가 잘못된 것은?

① 바닥은 방수성, 비흡수성으로 균열이 없고 세척이 용이해야 한다.
② 작업실의 자연채광을 위하여 창문을 둔다.
③ 화장실은 가능한 한 작업장과 멀리 떨어져야 한다.
④ 모든 기계나 기구는 일과 후 깨끗이 세척한 후 건조시켜 보관한다.

> **해설** 작업실은 자연채광보다 인공조명이 좋으며, 창문이 없는 것이 원칙이다.

37 다음 설명 중 틀린 것은?

① 그람 음성균은 그람 양성균보다 내성이 약하다.
② 대부분의 식중독균은 중온성균이다.
③ 마이크로코커스는 부패성 미생물이다.
④ 돼지고기의 기생충은 무구조충이다.

해설 돼지고기의 기생충은 유구조충이다.

38 축산물 위생관리법에 규정된 축산물의 기준 및 규격 사항이 아닌 것은?

① 축산물의 가공·포장·보존 및 유통의 방법에 관한 기준
② 축산물의 성분에 관한 규격
③ 축산물의 위생등급에 관한 기준
④ 축산물에 들어 있는 첨가물의 사용기준

해설 ④ 첨가물에 대한 규정은 축산물 위생관리법에는 규정되어 있지 않고 식품위생법에 규정되어 있다.

39 다음 소독제 중 종류가 다른 하나는?

① 클로라민   ② 차아염소산나트륨액
③ 크레졸   ④ 클로로아이소사이안산

해설 ①·②·④ 염소계, ③ 페놀계

40 식육을 통해 감염되는 질병을 일으키는 미생물 중 성질이 다른 것은?

① 살모넬라   ② 웰치균
③ 브루셀라   ④ 보툴리누스

해설 ①·②·④는 세균성 식중독을 일으키고, ③은 인수공통감염병을 일으킨다.

41 다음 중 훈연 시 소시지 케이싱이 잘 벗겨지게 하는 연기성분은 어느 것인가?

① 카보닐 ② 유기산

③ 알코올 ④ 페 놀

> 해설 유기산 : 훈연 시 소시지 케이싱이 잘 벗겨지게 하는 연기성분으로, 풍미에 영향을 주고, 방부성을 증가시키며, 표면단백질을 증가시킨다.

42 다음 중 고객응대의 자세로 올바른 태도는?

① 항상 적극적이며 남의 말을 가로막고 이야기한다.

② 큰소리로 자기 생각을 주장한다.

③ 상대방의 인격을 존중하고 배려하면서 공손한 말씨를 쓴다.

④ 외국어나 전문용어를 적절히 사용하여 전문성을 높인다.

> 해설 대화의 3요소
> • 말씨는 알기 쉽게
> • 내용은 분명하게
> • 태도는 공손하게

43 다음 중 냉장육에 대한 설명으로 옳은 것은?

① 냉장육의 보존온도는 0~4℃가 바람직하다.

② 육의 중심온도가 −5℃ 이하이어야 한다.

③ 냉장육이란 온도에 상관없이 냉장고에 보관되어 있는 육을 말한다.

④ 진공포장육이 아닌 것은 냉장육이 아니다.

> 해설 냉장육이란 고기의 중심온도를 0℃ 이상 10℃ 이하로 낮춘 고기를 말하며, 일반적으로 냉장육의 보존온도는 0~4℃가 바람직하다.

44 수침할 때의 물은 몇 ℃가 가장 적당한가?

① 40~45℃   ② 20~25℃

③ 30~35℃   ④ 10~15℃

해설 수침할 때 물의 온도가 너무 높거나, 수침시간이 너무 길면 변색, 산패 등 좋지 않은 영향을 미치므로 주의가 필요하다.

45 케이싱의 종류 중 연기투과성이 있으며 먹을 수 있는 것은?

① 식육케이싱   ② 파이브러스 케이싱

③ 셀룰로스 케이싱   ④ 재생콜라겐 케이싱

해설 식육케이싱은 양, 돼지 창자에서 내외층의 용해성 물질을 제거하고 불용성 성분인 콜라겐으로 만든다.

46 다음 중 실온에서 저장이 가능한 육가공 제품은?

① 육 포   ② 소시지

③ 베이컨   ④ 프랑크푸르트

해설 육포는 건조하여 만든 제품으로 냉동저장할 필요 없이 실온에서 저장이 가능하다.

47 다음 중 식육의 냉동보관 시 주의해야 할 사항이 아닌 것은?

① 지방의 증가   ② 지방의 산화

③ 표면의 건조   ④ 단백질의 변성

해설 식육의 냉동보관 시 지방함량은 변화가 없으므로 주의할 필요가 없다.

48 다음 중 식육의 방사선 조사를 옳게 설명한 것은?

① 자외선으로 고기를 살균하는 방법이다.

② 전자레인지로 고기를 살균하는 방법이다.

③ 적외선으로 고기를 살균하는 방법이다.

④ 감마선, X-선 혹은 전자선으로 고기를 살균하는 방법이다.

49 육가공에 있어서 인산염을 첨가하는 목적이 아닌 것은?

① 지방질의 산화 억제　　　　② 고기의 보수성 증대

③ 계면활성 작용　　　　　　④ pH의 완충작용

해설　**인산염의 첨가 목적**
- 금속이온의 봉쇄작용
- pH의 완충작용
- 계면활성 작용
- 고기의 보수성 증대

50 다음 중 원료육의 보수성과 가장 관련이 먼 것은?

① 중량 손실　　　　　　　　② 영양가 손실

③ 냄 새　　　　　　　　　　④ 육색의 변화

해설　원료육의 보수성이 나쁘면 육즙 누출로 인해 중량 및 영양가 손실뿐만 아니라, 물기로 인해 육색도 창백하게 된다.

51 다음 중 포장육이나 분쇄육의 유통과정에서 중량 감소가 발생하는 이유로 옳은 것은?

① 지방의 산화
② 수분의 손실
③ 탄수화물의 분해
④ 단백질의 부패

해설 식육 및 육제품의 중량 감소가 일어나는 원인은 바로 수분의 손실이다.

52 도체를 냉각할 때 냉각속도에 영향을 미치는 요인이 아닌 것은?

① 도체의 온도 및 크기
② 피하지방의 두께
③ 예랭실의 온도
④ 예랭실의 풍향

해설 냉각속도는 도체의 온도, 크기, 비열, 피하지방의 두께, 예랭실의 온도 및 풍속 등에 따라 좌우된다.

53 다음 중 직접훈연법에 해당하지 않는 것은?

① 습열분해법
② 배훈법
③ 온훈법
④ 냉훈법

해설 직접훈연법으로는 ② · ③ · ④ 이외에 열훈법이 있다.

54 다음 중 가장 빠른 염지방법은?

① 맥관주사법
② 다침주사법
③ 액침법
④ 바늘주사법

해설 가장 빠른 염지방법은 다침주사법이고, 가장 느린 염지방법은 마른 염지재료를 사용하는 건염지이다.

55 다음 중 염지육의 독특한 풍미를 위하여 첨가하는 것은?

① 소 금

② 아질산염

③ 간 장

④ 인산염

해설 염지 시 아질산염의 효과 : 육색의 안정, 독특한 풍미 부여, 식중독 및 미생물 억제, 산패 지연 등

56 원가 계산에서 각 부위별 적수원가를 산출하는 공식으로 올바른 것은?

① 적수비 × (지육 구입가격 – 골발정형 시 생기는 부산물 금액)

② (적수비 × 지육 구입가격) + 골발정형 시 생기는 부산물 금액

③ 적수비 × (지육 구입가격 + 골발정형 시 생기는 부산물 금액)

④ (적수비 × 지육 구입가격) – 골발정형 시 생기는 부산물 금액

해설 적수원가 = 각 부위별 적수비 × (지육 구입가격 – 골발정형 시 생기는 부산물 금액)

57 지방이 없고 적육이 많은 베이컨은?

① 미들 베이컨

② 덴마크식 베이컨

③ 캐나다식 베이컨

④ 사이드 베이컨

해설 캐나다식 베이컨은 보통의 베이컨과는 원료가 달라서 주로 로인 부분의 큰 근육이나 가늘고 긴 설로인으로 만든다.

58 신선육의 가공방법 중 에너지 절감을 위한 것은?

① 온도체 가공

② 전기자극법

③ 도체현수의 변경

④ 기계적 연화

> **해설** • 연도 증가를 위한 방법 : 도체 고온조절, 전기자극법, 기계적 연화, 도체현수의 변경
> • 에너지 절감을 위한 방법 : 온도체 가공

59 유화물 제조 시 소금을 꼭 첨가해야 하는 이유로 알맞은 것은?

① 독특한 향기를 내기 위하여

② 염 균형을 유지하기 위하여

③ 염용성 단백질이 추출되어 안정된 유화물을 형성시키기 위하여

④ 단백질 유착을 촉진하기 위하여

> **해설** 유화물 제조 시 소금을 첨가하는 주된 목적은 염용성 단백질을 추출하여 안정된 유화물을 형성하는 데 있다.

60 다음 중 훈연 연기 생산 시 400℃ 이상에서 가장 많이 생성되는 발암성분은?

① 폼알데하이드

② 카보닐

③ 벤조피렌

④ 페 놀

> **해설** 벤조피렌(Benzopyrene)은 400℃ 이상 연소시킬 때 발생되는 발암성분이다.

교육은 우리 자신의 무지를 점차 발견해 가는 과정이다.

– 윌 듀란트 –

PART 03

실전모의고사

제 **1** 회 **실전모의고사**

※ 정답 및 해설은 p.264에 있습니다.

01 돼지 도체의 등급 판정 시 가장 중요한 기준 사항은?

① 정육함량   ② 색 깔

③ 수분함량   ④ 연성지방

02 다음 중 가변비용에 해당하는 것은?

① 건물구입비   ② 임 금

③ 시 설   ④ 가축구입비

03 등급제도의 기능으로 타당하지 않은 것은?

① 축산업자들이 육종·사육·구입·판매할 가축을 결정하는 자료로 이용된다.

② 식육의 가격을 매기는 수단으로 이용할 수 있다.

③ 소비자들의 품질 판단에 도움을 준다.

④ 생산자들이 정부의 규제에서 벗어날 수 있다.

04 다음 중 육질 판단의 기준이 아닌 것은?

① 근내지방도   ② 육 색

③ 지방색   ④ 무 게

05 신선육의 단면을 잘랐을 때 고기의 색깔을 나타내는 색소들이 올바르게 연결된 것은?

	표면	내부상층	내부심층
①	Oxymyoglobin	Metmyoglobin	환원Myoglobin
②	환원Myoglobin	Metmyoglobin	Oxymyoglobin
③	Metmyoglobin	환원Myoglobin	Oxymyoglobin
④	Oxymyoglobin	환원Myoglobin	Metmyoglobin

06 PSE 돈육의 육색이 담백한 이유는?

① 탄력성과 보수력이 나쁘기 때문에
② 결착력, 유화력이 떨어지기 때문에
③ 마이오글로빈의 함량이 적거나 마이오글로빈이 변성되었기 때문에
④ 식육 내의 수분의 함량이 매우 많기 때문에

07 다음 설명 중 틀린 것은?

① 절단육 표면의 변색은 근단백질 분자에 결합한 수분의 함량과 관계가 깊다.
② PSE 돈육이 창백한 이유는 육조직 내부에 유리수 함량이 많기 때문이다.
③ PSE육은 pH가 낮다.
④ pH가 높을수록 유리수 함량이 많다.

08 쇠고기의 라운드(Round)는 어느 부위인가?

① 홍두깨살, 우둔육
② 우둔육, 쇠약지, 홍두깨살
③ 우둔육, 채끝살, 홍두깨살
④ 장정육, 대접살, 우둔육

09 도축을 기절시키는 방법 중에서 가장 널리 쓰이는 방법은?

① 기계적 방법　　　　　　　② 화학적 방법

③ 전기적 방법　　　　　　　④ 전자파를 이용하는 법

10 생축의 도축 전의 취급 순서를 올바르게 나타낸 것은?

① 수송 → 계류 및 절식 → 생체검사 → 수세 및 계체중

② 수송 → 계류 및 절식 → 수세 및 계체중 → 생체검사

③ 수송 → 수세 및 계체충 → 생체검사 → 계류 및 절식

④ 수송 → 생체검사 → 수세 및 계체충 → 계류 및 절식

11 다음 중 틀린 설명은?

① 여름철에 수송할 경우에는 다른 계절보다 개체 간의 공간을 넓혀야 한다.

② 장기간 수송할 경우에는 5~6시간마다 급수시켜야 한다.

③ 계류장은 작업 소음과 자극적인 냄새로부터 차단되어야 한다.

④ 계류장 내의 조명은 약간 밝게 하는 것이 좋다.

12 도계 처리 과정을 올바르게 나타낸 것은?

① 기절 → 방혈 → 탕침 → 탈우 → 내장적출 → 수세

② 기절 → 탕침 → 탈우 → 방혈 → 내장적출 → 수세

③ 기절 → 탕침 → 방혈 → 탈우 → 내장적출 → 수세

④ 기절 → 탕침 → 탈우 → 내장적출 → 방혈 → 수세

13 사태육에 대하여 옳은 설명은?

① 가슴살에 해당된다.　　　　② 지방분이 많다.

③ 결체조직이 많다.　　　　　④ 국거리용으로 적합하다.

14 다음 중 수육과 그 특징과의 관계가 옳지 못한 것은?

① 송아지고기 – 고기가 연하다.

② 홍두깨살 – 맛이 담백하다.

③ 우둔살 – 고기결이 곱다.

④ 쇠염통 – 결합조직이 많다.

15 미트(Meat)형 품종은 어느 것인가?

① 대요크셔   ② 버크셔

③ 랜드레이스   ④ 폴란드차이나

16 인도가 원산지로, 귀가 처지고 긴 얼굴이며 내서성이 강하고 추위에 약하며 어깨 부위에 혹이 있고 육질이 좋은 육용종 품종은?

① 앵거스   ② 브라만

③ 샤롤레   ④ 헤어포드

17 육류의 단백질이 아닌 것은?

① 마이오신   ② 콜라겐

③ 헤모글로빈   ④ 글리아딘

18 유리수를 설명한 사항 중 옳지 않은 것은?

① 염류, 당류, 수용성 단백질 등을 용해하고 있는 물이다.

② 식품 속에 유리상태로 존재하고 있는 물이다.

③ 건조 시 100℃에서 쉽게 분리·제거된다.

④ 미생물의 발아·번식에 이용되지 못한다.

19 다음 중 동물성 스테롤은?

① 콜레스테롤   ② 에고스테롤

③ 시토스테롤   ④ 스티그마스테롤

20 평활근조직으로 되어 있는 것이 아닌 것은?

① 폐   ② 간

③ 혈 관   ④ 심 장

21 다음에서 보통 식육의 pH는 얼마인가?

① pH 2.0~pH 3.0   ② pH 3.0~pH 4.0

③ pH 4.0~pH 5.0   ④ pH 5.0~pH 6.0

22 식중독을 발생시키는 원인이 아닌 것은?

① 병원성 세균   ② 자연독성분
③ 물리적 이물질   ④ 병원성 바이러스

23 미생물 증식곡선의 모양은?

① L자 모양   ② S자 모양
③ M자 모양   ④ T자 모양

24 우리나라 식품위생법에 따른 식품위생의 대상과 관계없는 것은?

① 첨가물   ② 영양소
③ 포 장   ④ 용 기

25 다음에서 중온성 세균은 어느 것인가?

① 대장균   ② 생선의 부패세균
③ 우유의 부패세균   ④ 통조림의 부패세균

26 곰팡이와 효모 증식의 온도를 가장 알맞게 나타낸 것은?

	최저온도	최적온도	최고온도
①	4~5℃	20~30℃	40℃
②	10~15℃	25~35℃	45℃
③	0℃	22~35℃	45℃
④	9~10℃	17~28℃	35℃

27 다음 중 소독법에 속하지 않는 것은?

① 살 균　　　　　　　② 산 패
③ 멸 균　　　　　　　④ 방 부

28 다음 중 곰팡이는 어디에 속하는가?

① 세균류　　　　　　② 일반 조류
③ 지의류　　　　　　④ 진균류

29 발효와 부패의 구별 기준은?

① 가공 목적과 유용성　　② 관여하는 미생물
③ 산소 요구도　　　　　④ 분해하는 대상물의 질소 함유

30 가열된 식품이 빨리 부패하는 이유가 아닌 것은?

① 조직 유연　　　　　② 다즙성
③ 전분의 β화　　　　　④ 단백질의 변성

31 미생물에 의한 식육의 부패를 야기하는 오염이 가장 먼저 시작되는 공정은?

① 도 살　　　　　　　　② 방 혈

③ 박 피　　　　　　　　④ 해 체

32 다음 미생물 중 편성 혐기성 호흡을 하고 열에 가장 강한 식중독 원인균은?

① 살모넬라균　　　　　　② 장염 비브리오균

③ 보툴리누스균　　　　　④ 포도상구균

33 식중독이 하절기에 많이 발생하는 이유는?

① 취식자의 부주의　　　　② 식품취급자의 부주의

③ 식품위생법의 미비　　　④ 미생물의 증식 활발

34 다음의 식중독균 중 가열 조리된 동·식물성 단백질 식품을 염기상태로 하룻밤 이상 방치하였을 때 증식하기 쉬운 것은?

① *Yersinia enterocolitica*

② 웰치(*Welchii*)균

③ *Vibrio parahaemolyticus*

④ 아리조나균(*Salmonella arizona*)

35 살모넬라 식중독의 감염원과 감염경로를 설명한 것으로서 가장 관계가 적은 것은?

① 살균이 불충분한 통조림에 의한 전파

② 쥐와 애완동물에 의한 전파

③ 보균 동물의 고기와 난(卵)을 통한 전파

④ 보균자인 조리자에 의한 전파

36 세균성 식중독 중 치사율이 가장 높은 것은 어느 것인가?

① 살모넬라 식중독　　　　② 포도상구균 식중독

③ 보툴리누스 식중독　　　④ 장염 비브리오 식중독

37 화학적 식중독의 가장 두드러진 현상은 어느 것인가?

① 고 열　　　　　　　　② 경 련

③ 설 사　　　　　　　　④ 구 토

38 흑피증, 빈혈 등의 특유한 만성 중독을 일으키고 37~38℃의 발열이 나타나는 물질은?

① Sn(주석)　　　　　　② As(비소)

③ Cr(크로뮴)　　　　　④ Zn(아연)

39 쇠고기를 생식해서 감염되는 기생은?

① 갈고리촌충　　　　　　② 구 충

③ 광절열두조충　　　　　④ 민촌충

40 육가공 공장에서 식육의 직접적인 오염원이 아닌 것은?

① 농 약　　　　　　　　② 작업자

③ 먼 지　　　　　　　　④ 미생물

41 PVC에 대한 설명으로 옳지 않은 것은?

① 염화비닐을 중합시킨 중합체이다.

② 단단하고 부서지기 쉬우며 열에 불안정하다.

③ 가소제와 안정제를 첨가하면 부드럽고 유연해진다.

④ 안정제가 위생상 문제가 되므로 식육, 채소 등을 포장하지 않는다.

42 건조식품의 포장재료로 적절한 것은?

① 산소의 투과도가 높고 수분의 투과도는 낮은 것

② 산소의 투과도는 낮고 수분의 투과도는 높은 것

③ 산소와 수분의 투과도가 모두 높은 것

④ 산소와 수분의 투과도가 모두 낮은 것

43 다음 중 동결식품의 포장재료로서 갖추어야 할 조건으로 적합한 것은?

① 열수축성이 있는 것

② 투습성이 높은 것

③ 저온에서 유연성이 없는 것

④ 산소투과성이 높은 것

44 소시지에 대한 설명 중 잘못된 것은?

① 돼지고기 이외의 다른 가축의 고기도 사용할 수 있다.

② 여러 가지 조미료 및 향신료 그리고 케이싱도 사용된다.

③ 더메스틱 소시지보다 드라이 소시지가 더 저장성이 크다.

④ 햄이나 베이컨과는 달리 간 먹이기 과정을 거치지 않는다.

45 훈연재료로 부적합한 것은?

① 도토리나무

② 떡갈나무

③ 벗나무

④ 전나무

46 냉장과 미생물의 설명 중 틀린 것은?

① 병원성 미생물은 3℃ 이하에서는 거의 생장하지 못한다.

② 저온균은 생장속도는 느리지만 0~15℃ 범위에서도 생장한다.

③ 0℃ 이하에서 균은 증식할 수 없다.

④ 저온에서 문제되는 세균은 수중에서 사는 수산물을 변패시킨다.

47 냉장실 내의 관계습도가 지나치게 높으면 저장 식품에 어떤 영향을 미치는가?

① 저장 식품이 건조하게 된다.

② 저장 식품의 외관이 손상되고 중량이 감소된다.

③ 저장 식품의 표면에 수분이 응축되어 곰팡이들이 성장하게 된다.

④ 저장 식품은 냉장온도에 영향을 받을 뿐 관계습도와는 무관하다.

48 식품가공의 목적으로 적절하지 않은 것은?

① 신선함
② 저장성
③ 간편성
④ 부가가치 제고

49 정지공기동결법보다 효율이 높고 −40~−18℃의 공기를 30~1,000m/분의 속도로 보내어 동결시키는 방법은?

① 송풍동결법
② 접촉동결법
③ 침지동결법
④ 냉풍동결법

50 식품의 건조 속도에 대한 설명 중 옳은 것은?

① 공기의 관계습도가 높을수록 건조속도가 증가된다.
② 공기의 이동속도가 클수록 건조속도가 증가된다.
③ 식품을 크게 자를수록 건조속도가 증가된다.
④ 압력이 높을수록 건조속도가 증가된다.

51 다음 중 고객의 실수로 불만이 발생하는 원인에 해당하지 않는 것은?

① 상품 진열의 소홀
② 상품에 대한 잘못된 인식
③ 상품 할인을 위한 고의성
④ 기억의 착오

52 돼지 부산물의 영양학적 가치가 가장 높은 성분은?

① 비타민   ② 탄수화물

③ 지 방   ④ 단백질

53 세절한 고기는 빨리 소비하는 것이 좋다. 그 원인은 무엇인가?

① 보수성의 감소   ② 색깔의 변화

③ 산 화   ④ 미생물에 의한 변패

54 원료육의 숙성에 해당하는 사항이 아닌 것은?

① 미생물 오염에 주의해야 한다.

② 비육이 적당히 되어 지방이 고기를 둘러싸고 있는 것이 좋다.

③ 15℃에서 쇠고기를 숙성할 경우 자외선하에서 2~3일간 숙성해야 한다.

④ 돼지고기는 3℃에서 장기간 숙성해야 한다.

55 고기의 염지작업에 해당하는 내용이 아닌 것은?

① 고기의 보존성 증진

② 육색의 고정

③ 고기의 풍미 향상

④ 식육 이용을 위한 필수적인 처리

56 고기의 연도를 결정하는 요인 중 도살 전 요인이 아닌 것은?

① 동물의 종류

② 결합조직의 함량 차이

③ 열처리

④ 콜라겐과 엘라스틴의 함량

57 다음 설명 중 틀린 것은?

① 세절시간이 길어짐에 따라 세절 정도가 미세하게 된다.

② 세절시간이 길어지면 세포막이 더 많이 파괴된다.

③ 세절을 계속할 때 고기혼합물의 점도는 증가하다가 서서히 감소한다.

④ 보수력은 세절시간이 길어질수록, 식육이 미세하게 세절될수록 감소한다.

58 전도체와 분할된 도체가 포장되는 근본적인 이유는?

① 수송비를 절감하기 위하여

② 합리적인 유통을 위하여

③ 저장시간의 연장을 위하여

④ 외부로부터의 오염 방지와 수분 증발에 의한 중량손실의 방지를 위하여

59 질산염과 설탕으로 각각 햄을 문지른 후 수 시간 후에 충분히 열을 받은 소금으로 햄을 덮는 염지방법은?

① 건염법

② 압염법

③ 온염법

④ 당염법

60 연기의 성분 중 살균작용을 갖는 것은?

① 페놀(Phenol), 유기산(Organic Acid)

② 알코올(Alcohol), 카보닐(Carbonyl)

③ 이산화탄소(CO_2), 일산화탄소(CO)

④ 산소(O_2), 질소(N_2)

제 2 회 실전모의고사

※ 정답 및 해설은 p.267에 있습니다.

01 도체율이 80%, 생체의 무게가 200kg이고, 도체에서 뼈를 빼낸 나머지의 고기가 80kg이라면 정육률은 얼마인가?(단, 정육률은 도체의 무게를 기준으로 한다)

① 50%
② 60%
③ 70%
④ 80%

02 다음 중 맞는 설명은?

① 생체검사는 형식적으로 거치는 과정일 뿐 도살의 허가와는 직접적인 관련이 없다.
② 생체검사는 도살 직후에 행해진다.
③ 가축의 수송 시에는 되도록 다른 종류의 무리끼리 적재하여야 한다.
④ 반추가축의 경우 절식이 너무 길어져서는 안 된다.

03 쇠고기의 상강육(Marbling)이란 어떤 상태를 말하는가?

① 고기의 건조한 상태
② 고기의 변질된 상태
③ 고기의 근육 속에 지방이 얼룩 형태로 산재한 상태
④ 고기의 근육과 결합조직 사이에 큰 지방이 낀 상태

04 돼지고기 햄의 부위는 어디인가?

① 된 살　　　　　　　　　② 안 심

③ 머 리　　　　　　　　　④ 볼깃살(후육)

05 소의 혀에 대해서 옳게 말한 것은?

① 돼지에 비하여 껍질이 연하다.

② 소의 혀는 지방이 많고 질겨서 맛이 없다.

③ 소의 혀는 식힌 후 껍질을 벗겨야 한다.

④ 소의 혀는 삶아서 뜨거울 때 껍질을 벗겨야 한다.

06 다음 중 수의근은?

① 심 근　　　　　　　　　② 평활근

③ 골격근　　　　　　　　　④ 소화기관

07 햄프셔의 특징으로 잘못된 설명은?

① 다산성이다.　　　　　　② 앞다리에 걸쳐 대상백반이 있다.

③ 방목에 적합하다.　　　　④ 등지방이 두꺼운 라드형이다.

08 다음 설명 중 틀린 것은?

① 횡문근에는 골격에 연결되어 있는 골격근과 심장을 구성하는 심근이 있다.

② 평활근은 소화기관이나 혈관, 자궁 등에 분포한다.

③ 골격근 세포는 다핵세포이다.

④ 평활근은 골격근에 비하여 혈액의 공급이 많다.

09 다음 중 근육의 산소 저장 단백질은?

① 마이오글로빈   ② 감마글로불린

③ 알부민   ④ 아세틸콜린

10 마이오글로빈의 함량이 많은 고기는?

① 닭고기   ② 양고기

③ 돼지고기   ④ 쇠고기

11 다음의 식육 중에서 비타민 B_1의 함량이 가장 많은 것은?

① 쇠고기   ② 돼지고기

③ 양고기   ④ 닭고기

12 식육의 보수성이란?

① 식육 내의 수분을 방출하려는 성질

② 식육 외의 수분을 흡수하려는 성질

③ 식육 내의 수분을 유지하려는 성질

④ 식육이 함유하고 있는 수분의 양

13 어떤 물질과 육색소가 반응할 때 분자와 결합하는 색소의 능력은 주로 어떤 것에 의존하는가?

① 수소(H) ② 탄소(C)

③ 철(Fe) ④ 산소(O)

14 식육의 표면에 어떤 색이 생겼을 때 세균의 오염도가 심하겠는가?

① 녹 색 ② 적 색

③ 검은색 ④ 갈 색

15 PSE 돈육의 특징을 설명한 것 중 틀린 것은?

① 고기가 건조한 상태이다.　　② 육색이 담백하다.

③ 육조직이 연약하다.　　④ 다량의 육즙이 삼출된다.

16 식육의 보수성에 관한 설명 중 틀린 것은?

① pH가 식육의 보수성에 미치는 영향을 실효전하 효과라 한다.

② 보수성은 동물의 연령, 종류 등에 영향을 받는다.

③ 송아지고기가 성우고기보다 보수성이 높다.

④ 돼지고기가 쇠고기보다 보수성이 낮다.

17 가공육의 품질 결정에 영향을 미치는 요인이 아닌 것은?

① 보수성　　② 유화력

③ 결착력　　④ 육 색

18 다음 설명 중 틀린 것은?

① 육색은 가축의 나이가 들수록 짙어진다.

② 소비자들은 검붉은 고기에 비해 창백한 육색에 대한 거부감이 적다.

③ 냉각 시 지방함량이 많은 고기는 덜 단단해진다.

④ 부위에 상관없이 도체지방은 고기의 단단함에 영향을 준다.

19 부산물 생산과 유통 측면에서의 문제점으로 볼 수 없는 것은?

① 도축 작업장의 생산처리 시설이 부족하고 비위생적이다.

② 우리나라의 경우 축산 부산물의 처리기준 및 등급 규정 등이 없어 상품성을 높일 수 있는 방법이 부족하다.

③ 도매시장의 부산물 거래가 대부분 수의계약에 의해서 이루어지고 있다.

④ 축산 부산물에 대한 정산 시 지육중량에 따라 정산하는 경우가 있다.

20 베이컨 제조에 쓰이는 돼지의 부위는?

① 목 심   ② 등

③ 뱃 살   ④ 뒷다리

21 손의 소독제로서 가장 적당한 것은?

① 30% 에탄올   ② 10% 크레졸

③ 70% 에탄올   ④ 7% 크레졸

22 포장재료로 사용할 수 없는 것은?

① 금 속   ② 유 리

③ 석 면   ④ 플라스틱

23 부패 미생물의 발육을 저지하는 정균작용 및 살균작용에 연관된 효소작용을 억제하는 물질은?

① 방부제   ② 소독제

③ 살균제   ④ 유화제

24 식육의 부위 중 미생물의 오염이 가장 적은 부위는?

① 발 굽   ② 피 부

③ 장내용물   ④ 근육조직

25 가축을 매달지 아니한 상태로 방혈을 한 때 2차 위반 시 받는 행정처분은?

① 경 고

② 영업정지 2개월

③ 영업정지 1개월

④ 영업허가 취소

26 다음 중 박테리아의 증식에 가장 유리한 공정은?

① 염 지   ② 세 절

③ 혼 합   ④ 훈 연

27 사람의 손을 많이 거치기 때문에 위생적 처리에 특히 신경을 써야 하는 단계는?

① 원료의 처리　　　　　　　② 염 지

③ 세절·혼합　　　　　　　　④ 건 조

28 사람에게 일어날 수 있는 기생충의 장애가 아닌 것은?

① 마비성 장애　　　　　　　② 기계적 장애

③ 영양 장애　　　　　　　　④ 독작용에 의한 장애

29 다음 중 돼지도체의 표면 오염과 거리가 먼 것은?

① 세척방법　　　　　　　　　② 탕침시간

③ 탈모과정　　　　　　　　　④ 경동맥의 절단

30 식중독을 유발하는 세균 중 내열성이 가장 강한 것은?

① 살모넬라균　　　　　　　　② 병원성 대장균

③ 포도상구균　　　　　　　　④ 장염균

31 축산물 위생관리법상 축산물판매업의 종류로 볼 수 없는 것은?

① 식육판매업　　　　　　　　② 식육가공판매업

③ 식육부산물전문판매업　　　④ 우유류판매업

32 곰팡이는 다음 중 무엇을 통해 번식하는가?

① 포자에 의해서   ② 낭세포에 의해서

③ 균사에 의해서   ④ 접합체에 의해서

33 효모에 관한 설명 중 적절하지 않은 것은?

① 효모의 기본적 형태는 단세포로 구형 또는 원형이다.

② 출아로 생긴 세포를 낭세포라 한다.

③ 효모를 일명 출아균이라고도 한다.

④ 호기적 조건에서 효모를 배양하며 알코올 발효가 잘 일어난다.

34 세균에 관한 설명 중 옳지 않은 것은?

① 미생물 중 가장 크기가 작은 단세포 생물이다.

② 주로 분열에 의하여 번식한다.

③ 구형, 간형, 나선형 등이 있다.

④ 세균의 기본 형태는 환경에 영향을 받지 않는다.

35 미생물의 생육곡선에서 정지기와 사멸기가 형성되는 이유는?

① 왕성한 대사활동

② 영양분의 합성

③ 영양분과 대사산물의 축적

④ 영양분의 부족, 대사산물의 축적, 자가소화

36 식품에 오염되어 발암성 물질을 생성하는 대표적인 미생물은?

① 리케차　　　　　　　　　② 세 균

③ 효 모　　　　　　　　　④ 곰팡이

37 주요 증상으로 호흡곤란, 복시, 실성 등이 일어나고 치명률이 가장 높은 식중독은?

① 웰치균 식중독　　　　　　② 보툴리누스균 식중독

③ 살모넬라균 식중독　　　　④ 포도상구균 식중독

38 세균성 식중독의 특징에 해당하는 것은?

① 면역이 된다.

② 잠복기가 감염병보다 길다.

③ 감염이 되지 않는다.

④ 위장 증상은 나타나지 않는다.

39 살모넬라 식중독의 특성은?

① 괴사성 장염을 일으키고 균은 내열성 아포를 형성한다.

② 열이 심하고 2차 감염이 가능하며 체내 독소를 생산한다.

③ 잠복기는 짧고 열은 거의 없으며 독소는 열에 강하다.

④ 신경증상이 나타나며 균은 편성 혐기성 호흡을 한다.

40 다음 훈연 과정에 대한 설명 중 틀린 것은?

① 공기의 흐름이 빠를수록 연기의 침투가 빠르다.

② 훈연은 항산화 작용에 의하여 지방의 산화를 억제한다.

③ 연기 발생에 사용하는 재료는 수지함량이 적은 것이 좋다.

④ 연기의 밀도가 높을수록 연기의 침착이 작다.

41 다음 중 품질관리의 목적이라 할 수 없는 것은?

① 제품의 결점 정도 평가

② 공정 및 규격한계의 변화 판단

③ 품질정보 획득

④ 일시적 검사로 불량품을 완전 배제

42 식육제품 중 고기의 부분육에 있어서 가장 신경을 써야 할 품질 요인은 어느 것인가?

① 연도, 다즙성, 색깔

② 고기의 조성

③ 부패미생물의 오염 정도

④ 냉동의 정도

43 육제품 포장 후 재가열 처리를 할 때 육즙 분리와 풍미 저하를 방지하기 위한 포장법은?

① 진공 포장　　　　　　　　② 가스치환 포장

③ 공기조절 포장　　　　　　④ 무균화 포장

44 다음 육류 중 냉장 온도(4℃)에서 최적 보관기간이 가장 긴 것은?

① 쇠고기　　　　　　　　　② 돼지고기

③ 양고기　　　　　　　　　④ 닭고기

45 다음 중 생선 찌꺼기나 누에 번데기 등을 오랫동안 급여하는 경우에 나타날 수 있는 비정상 육은?

① 웅취돈　　　　　　　　　② 황 돈

③ 연지돈　　　　　　　　　④ 질식육

46 유화형 소시지의 제조과정 중 사일런트 커터에서 이루어지는 것은?

① 충 전　　　　　　　　　② 혼화·염지

③ 훈 연　　　　　　　　　④ 가 열

47 다단계 육가공 공장에서는 잘 적용되지만 노동력이 많이 요구되어 손해를 주는 훈연방법은?

① 공기조절식　　　　　　　　　② 회전식

③ 연속식　　　　　　　　　　　④ 자연공기 순환식

48 염지의 과정 중 첨가되는 물의 기능이 아닌 것은?

① 소금, 아질산염, 설탕, 인산염, 기타 다른 염지 재료를 용해시킨다.

② 제품의 수분함량과 즙성을 유지한다.

③ 열처리 중 감소하는 수분을 보정할 수 있다.

④ 원료육의 수분함량보다 더 많은 함량의 육제품을 제조함으로써 생산비가 증가된다.

49 가열처리의 현대적 의미에 포함되지 않는 것은?

① 바람직한 조직 부여　　　　　② 향미의 생성

③ 염지육의 육색 안정　　　　　④ 저장기간 연장

50 유화에 관한 다음 설명 중 틀린 것은?

① 원료육의 보수력과 깊은 관련이 있다.

② 안정된 유화물 형성을 위해서는 원료육의 보수성이 높아야 한다.

③ 유화안정성이 낮을수록 수분 분리가 증가한다.

④ 근육단백질은 유화에는 별다른 영향을 미치지 못한다.

51 점포 내의 설비로 틀린 내용은?

① 냉동케이스 – 스테인리스 또는 철판

② 프런트 글라스(스크린) – 유리 칸막이

③ 조명 – 평균 500~1,000lx

④ 천장 – 흡열성이 있는 재료

52 다음 중 식육케이싱으로 이용되지 못하는 것은?

① 돼지의 식도   ② 돼지의 소장

③ 소의 소장   ④ 소의 맹장

53 육제품 포장의 기능을 연결한 것 중 틀린 것은?

① 물리적 측면 – 수분 증발에 의한 중량손실 방지

② 화학적 측면 – 미생물에 의한 오염 방지

③ 생산 측면 – 제품의 규격화 생산 가능

④ 유통·판매 측면 – 재고관리 용이

54 세절·혼합 공정이 필요한 것끼리 나열한 것은?

① 햄류, 베이컨류   ② 소시지류, 프레스 햄류

③ 햄류, 소시지류   ④ 소시지류, 베이컨류

55 근육 간의 연도 차이는 주로 무엇의 함량에 의하여 좌우되는가?

① 콜라겐, 엘라스틴   ② 마이오신, 글리코겐

③ 콜라겐, 마이오신   ④ 마이오신, 엘라스틴

56 보수성에 영향을 주는 요소 중 pH값과 관계가 있는 것은?

① 근육의 기능   ② 동물의 종류

③ 분자의 공간 효과   ④ 실제전하 효과

57 고기 성분들을 서로 밀착시켜 응집성 있는 제품을 형성시켜 주는 능력은?

① 보수성
② 유화성
③ 결착력
④ 젤화 특성

58 자연상태에서 식육은 몇 % 정도의 수분을 함유하는가?

① 10%
② 30%
③ 50%
④ 70%

59 단백질 분자와 매우 강력하게 결합되어 있어서 외부의 충격에 의하여 유리되지 않는 수분은?

① 고정수
② 결합수
③ 유리수
④ 육 즙

60 원료육의 분쇄 정도를 결정하는 요인이 아닌 것은?

① 플레이트의 수
② 플레이트 구멍의 직경
③ 나이프의 수
④ 원료육의 경도

제 **3** 회 **실전모의고사**

※ 정답 및 해설은 p.270에 있습니다.

01 소의 품종 중 앞 상방으로 굴곡하고 있는 긴 뿔을 가지고 있으며 비육성과 육질이 좋은 것은?

① 저 지
② 건 지
③ 에어셔
④ 브라운 스위스

02 오골계를 설명한 것 중 틀린 것은?

① 북미대륙이 원산지이다.
② 돌연변이에 의한 기형으로 애완용으로 사육된다.
③ 발가락이 5개이다.
④ 피부, 정강이, 뼈가 흑색이다.

03 식육제품의 수율이란?

① 가축을 도살한 후 내장을 절단한 나머지 고기와 뼈가 생체무게에서 차지하는 비율
② 도체에서 뼈를 빼낸 나머지 고기가 생체나 도체무게에서 차지하는 비율
③ 정육무게에서 도체무게가 차지하는 비율
④ 동물을 도살·해체하여 생산된 식육의 생산량

04 돼지의 탕박 시 탕수의 온도와 탕박 시간으로 적당한 것은?

① 40~45℃에서 10~12분

② 60~65℃에서 5~7분

③ 70~75℃에서 1~2분

④ 121~149℃에서 30초

05 육가공에 있어서 골격근이 중요한 이유는?

① 근육의 수축과 이완을 통해 동물이 운동을 수행하기 때문에

② 생체에서 많은 비중을 차지하기 때문에

③ 많은 조직을 포함하고 있기 때문에

④ 운동에 필요한 에너지원을 저장하고 있기 때문에

06 액토마이오신과 관계가 있는 것은?

① 근육섬유의 수축

② 근육의 추출물

③ 근육의 색소단백질

④ 지방조직

07 다음 중 근수축의 종류가 아닌 것은?

① 긴 장

② 마 비

③ 연 축

④ 강 축

08 쇠고기에서 대리석 무늬와 같은 지방이 가장 잘 발달되어 있는 부위는?

① 등 심 ② 양 지
③ 안 심 ④ 우 둔

09 육류에서 Lamb은 무엇인가?

① 한 살 미만의 염소고기 ② 두 살 이상의 염소고기
③ 한 살 미만의 송아지고기 ④ 한 살 미만의 양고기

10 돼지고기의 부위별 명칭 중 틀린 것은?

① 목심 – Boston Butt ② 안심 – Tender Loin
③ 뒷다리 – Ham ④ 갈비 – Belly

11 운동이 심한 부분의 근육이 질긴 까닭은?

① 알부민이 많기 때문에
② 마이오겐과 마이오알부민이 많기 때문에
③ 콜라겐이 많기 때문에
④ 근섬유의 지방이 적기 때문에

12 소 부산물 중 단백질이 가장 많은 부위로 올바른 것은?

① 콩팥, 허파 ② 간, 허파
③ 콩팥, 간 ④ 간, 혀

13 사후경직이 가장 서서히 오는 고기는 무엇인가?

① 쇠고기   ② 돼지고기

③ 물고기   ④ 닭고기

14 돼지의 등급판정에서 가장 먼저 고려되는 요인은?

① 등지방 두께   ② 외 관

③ 육 량   ④ 도살일령

15 식육시장이 복잡한 유통과정을 거치게 되는 이유는?

① 식육시장은 동물을 다루는 시장이기 때문에

② 식육시장은 전국적인 유통망을 가지고 있지 않기 때문에

③ 식육을 소비자에게 위생적으로 유통시켜야 하기 때문에

④ 식육은 수요자가 매우 많기 때문에

16 다음 물질 중 잘 숙성된 고기에서 거의 볼 수 없는 것은?

① 아미노산   ② 핵단백 분해물질

③ 젖 산   ④ 마이오글로빈

17 닭고기의 소매점이 아닌 것은?

① 생계 소매상   ② 정육점

③ 축산물 직매장   ④ 슈퍼마켓

18 도체나 식육을 품질이 다른 군으로 분류하는 것을 무엇이라 하는가?

① 등급제도   ② 규격제도

③ 표준제도   ④ 검사제도

19 육류의 사후경직이 일어나는 원인이 되지 않는 것은?

① Ca^{2+}의 작용이 억제되지 않는다.

② 근육의 pH가 저하된다.

③ Phosphatase가 활성화된다.

④ Inosinic Acid가 생성된다.

20 돼지고기의 베이컨 제조용 고기는 주로 어느 부위인가?

① 어깨살   ② 갈비살

③ 등심살   ④ 삼겹살

21 저온에서 식품의 변패과정이 아닌 것은?

① 저온일수록 지방의 산화반응의 속도가 증가한다.
② 동결로 인하여 조직이 파괴된다.
③ 동결의 해동으로 미생물에 대한 저항력이 없어진다.
④ 우유는 동결로 물층과 분리된 대형의 지방층이 생긴다.

22 가공식품의 저장에서 문제가 되는 주된 변패 원인은 무엇인가?

① 호흡작용
② 해당작용
③ 산화반응
④ 자기소화

23 독소형 식중독의 원인 세균인 것은?

① 살모넬라균
② 포도상구균
③ 병원성 대장균
④ 장염 비브리오균

24 산소가 있으면 증식할 수 없는 미생물은 다음 중 어디에 속하는가?

① 편성 혐기성균
② 통성 혐기성균
③ 편성 호기성균
④ 미호기성균

25 육류 변패와 미생물의 설명 중 틀린 것은?

① 표면에 점질물 형성 – *Pseudomonas* 속

② 유지의 변패 – *Pseudomonas* 속

③ 청색의 반점 – *Serratia* 속

④ 육류의 혐기적 조건하에서 산패 – *Clostridium* 속

26 다음의 설명 중 잘못된 것은?

① 보통 세균이 잘 자라는 최적 pH는 7.0~8.0이다.

② 곰팡이의 최적 온도는 보통 22~35℃이다.

③ 대체로 효모는 세균보다 더 산성 쪽에서 잘 자란다.

④ 최적 증식온도가 20℃ 이하인 것을 저온성 세균이라고 한다.

27 세균의 생육곡선에서 사멸균수와 분열균수가 평형하게 되는 시기는?

① 유도기　　　　　　　　　② 대수기

③ 정지기　　　　　　　　　④ 사멸기

28 대장균의 특성이 아닌 것은?

① 그람(Gram) 음성이다.

② 통성혐기성이다.

③ 열에 강하다.

④ 당을 분해하여 가스를 생성한다.

29 다음의 미생물 중 영양적으로 가장 가치 있는 것은?

① 곰팡이　　　　　　　　② 세 균

③ 효 모　　　　　　　　　④ 남조류

30 발효와 부패의 차이점은?

① 식품 성분의 변화　　　② 가스 발생

③ 미생물의 작용　　　　④ 생산물의 식용

31 진공 포장한 식육 및 육제품의 부패에 관여하는 균이 아닌 것은?

① 젖산균　　　　　　　　② *Clostridium*

③ *Streptococcus*　　　　④ 곰팡이

32 식육의 자가소화란?

① 굳어진 가축의 근육이 서서히 부드러워지고 보수력, 풍미 등이 증진되는 것

② 가축이 죽은 후 시간이 경과함에 따라 굳어지고 신전성(伸展性)이 없어지는 것

③ 고기의 조직이 단단해져서 일정한 형태를 유지하게 되는 것

④ 부패 세균의 발육에 적당한 조건으로 되는 것

33 염지육의 부패에 관한 내용으로 잘못된 것은?

① 그람 양성 박테리아가 더 잘 자란다.

② 쇠고기 햄의 경우 스펀지 모양으로 되거나 산패가 일어나기도 한다.

③ 소시지 표면의 미생물 생장은 수분의 응축이 많을 때 일어난다.

④ 소시지의 내부에서는 부패가 일어나지 않는다.

34 세균성 식중독의 특징에 속하지 않는 것은?

① 유행하지 않는다.   ② 식품에서 원인균이 증식한다.

③ 면역성이 없다.   ④ 잠복기가 길다.

35 살모넬라균의 잠복시간은?

① 2~6시간   ② 7~8시간

③ 12~24시간   ④ 4~5일

36 지육의 골발과 정형은 어느 공정에 속하는가?

① 원료의 처리   ② 염 지

③ 세절 · 혼합   ④ 건 조

37 위생 준수사항으로 잘못된 것은?

① 바닥에 떨어진 원료는 깨끗이 세척하여 가공되고 있는 제품에 섞는다.

② 장갑을 사용한다.

③ 종업원은 정기적 신체검사를 받는다.

④ 공구나 기계는 세척 · 살균하여 사용한다.

38 허가받은 작업장이 아닌 곳에서 가축을 도살 · 처리한 자에 대한 벌칙은?

① 10년 이하의 징역 또는 1억원 이하의 벌금

② 7년 이하의 징역 또는 5천만원 이하의 벌금

③ 7년 이하의 징역 또는 1억원 이하의 벌금

④ 3년 이하의 징역 또는 5천만원 이하의 벌금

39 기계설비의 세정에 관한 다음 설명 중 틀린 것은?

① 훈연 후 햄이나 소시지의 표면에 미생물이 발생할 가능성이 높다.

② 슬라이스 공정에서도 미호기성 세균이 부착할 수 있다.

③ 세균에 오염된 제품이라도 무균화된 포장재로 포장하면 문제가 없다.

④ 기계나 기구의 세정 후 살균제로 씻어야 한다.

40 끓는 물 속에서 15~30분간 가열하는 방법으로 금속·주사기 등의 멸균에 이용하는 방법은?

① 화염멸균　　　　　　　　　② 증기멸균

③ 자비멸균　　　　　　　　　④ 여과멸균

41 육제품 제조공정상 처리를 거치는데 이때 변색되는 것을 막고 육색을 그대로 유지하기 위해 첨가되는 발색제는?

① 질산염　　　　　　　　　　② 아스코브산

③ 글루탐산나트륨　　　　　　④ 황산염

42 훈연의 종류와 조건이 알맞은 것은?

① 정전기적 훈연 - 60~100kV

② 온훈 - 50~80℃

③ 열훈 - 15~30℃

④ 냉훈 - 15~30℃

43 쇠고기 선택 시 어느 것을 골라야 하는가?

① 수분이 적은 것

② 손가락으로 눌러봐서 탄력성이 있는 것

③ 손가락으로 눌러봐서 탄력성이 없는 것

④ 살코기 색이 짙은 빨간색인 것

44 다음 중 냉장의 효과로 볼 수 없는 것은?

① 냉해의 억제

② 효소반응의 억제

③ 미생물의 생장증식 억제

④ 호흡작용의 억제

45 골든라인(Golden Line)을 설명한 것으로 가장 적절한 것은?

① 눈높이에서 10° 내려간 곳을 중심으로, 그 위 0°, 그 아래 10° 사이이다.

② 눈높이에서 20° 내려간 곳을 중심으로, 그 위 5°, 그 아래 5° 사이이다.

③ 눈높이에서 20° 내려간 곳을 중심으로, 그 위 10°, 그 아래 20° 사이이다.

④ 눈높이에서 30° 내려간 곳을 중심으로, 그 위 20°, 그 아래 30° 사이이다.

46 동결저장 시 물의 빙결로 일어나는 세포의 변화가 옳지 않은 것은?

① 조직의 파괴

② 단백질의 변성

③ 교질계의 파괴

④ 세포 효소의 완전파괴

47 다음 내용 중 급속동결과 완만동결의 가장 큰 차이점이라고 할 수 있는 것은?

① 얼음의 생성량   ② 얼음 결정의 크기

③ 효소의 활성도   ④ 빙결 온도

48 동결식품을 해동할 때 일어나는 변화는?

① 재결정화가 일어나기 쉽다.

② 승화가 일어나기 쉽다.

③ 산화적 변패반응은 일어나지 않는다.

④ 효소들이 촉매하는 변패반응이 일어난다.

49 건조의 원리에 대한 설명 중 옳지 않은 것은?

① 건조 초기는 식품 표면 가까이에서만 수분의 이동이 일어난다.

② 건조 초기는 수분의 이동이 모세관 현상으로 진행된다.

③ 건조 후기는 식품 중심부의 수분이 표면으로 이동한다.

④ 건조 후기는 수분의 이동이 모세관 현상으로 진행된다.

50 건조식품의 잔류 수분함량의 조절과 가장 관계가 깊은 것은?

① 건조 속도   ② 공기의 관계습도

③ 공기의 유속   ④ 식품의 표면적

51 포장의 형태 중 제품을 직접 덮고 있는 용기는?

① 표 찰   ② 2차 포장

③ 운송포장   ④ 기초포장

52 플라스틱 포장에 대한 설명으로 옳은 것은?

① 방습성이 좋다.

② 열접착성이 높다.

③ 가볍고 질기다.

④ 유연하지 못하다.

53 다음 중 포장재료로서 갖추어야 할 특성이라고 볼 수 없는 것은?

① 가격이 저렴해야 한다.

② 인체에 유해한 성분을 함유하지 않아야 한다.

③ 광선을 투과시키지 않아야 한다.

④ 투습성이 높아야 한다.

54 다음 중 고객 접근의 효과적인 타이밍으로 적절하지 않은 것은?

① 고객이 말을 걸어올 때

② 판매담당자를 찾고 있는 기미가 보일 때

③ 고객이 매장으로 들어올 때

④ 같은 진열 코너에서 오래 머물러 있을 때

55 등심 3.2kg에서 수율이 75.0% 나왔다면 산물은 몇 kg인가?

① 2.1kg

② 2.2kg

③ 2.3kg

④ 2.4kg

56 염지에 대한 설명으로 옳지 않은 것은?

① 염지에 의하여 고기의 색깔, 보존성, 결착성, 보수성, 풍미 등이 향상된다.

② 염지 시 첨가되는 식염에 의하여 수분활성도가 증가한다.

③ 초산염과 아초산염이 세균의 번식을 억제하는 효과가 있어 보존성이 증진된다.

④ 보수성과 결착성은 소금에 의해 향상되고 풍미는 식염, 초산염, 향신료, 조미료 등에 의해 향상된다.

57 훈연에 대한 설명 중 옳지 못한 것은?

① 훈연의 본래 목적은 풍미와 함께 보존성을 증진시키는 데 있다.

② 훈연과 함께 가열을 하게 되면 염지육색이 안정하게 되고 마이야르(Maillard) 반응에 의해 색깔이 좋아진다.

③ 연기의 주성분은 페놀류, 유기산, 알코올 등이다.

④ 훈연재료는 주로 감나무를 쓴다.

58 고기의 동결저장 시 단점으로 중요하게 염려되는 사항은?

① 냉각 감량   ② 미생물의 오염

③ 근육조직의 파괴   ④ 방혈의 불완전

59 다음 중 햄과 소시지의 중간적인 제품은?

① 레귤러 햄   ② 본리스 햄

③ 로인 햄   ④ 프레스 햄

60 고기의 가열방법 중 수용성 향미성분의 손실을 최소화할 수 있는 방법은?

① 증기가열법   ② 조각구이법

③ 철판구이법   ④ 물에서 끓이는 법

실전 모의고사

정답 및 해설

1	2	3	4	5	6	7	8	9	10	11	12	13	14	15	16	17	18	19	20
①	④	④	④	①	③	④	①	①	①	④	①	④	④	①	②	④	④	①	④

21	22	23	24	25	26	27	28	29	30	31	32	33	34	35	36	37	38	39	40
④	③	②	②	①	③	②	④	①	④	①	②	④	④	①	④	④	④	②	②

41	42	43	44	45	46	47	48	49	50	51	52	53	54	55	56	57	58	59	60
④	④	①	④	④	③	③	①	①	②	①	②	④	④	④	②	④	④	③	①

01 정육함량은 돼지에서 도체 등급의 가장 중요한 요인이 된다.

02 가변비용은 생산량의 증감에 따라 변동하는 비용이므로 가축구입비가 이에 해당한다.

03 등급제도는 육류 질의 좋고 나쁨 등을 과학적인 기준에 의해 판정하는 정부 규격제도로, 식육의 유통을 합리적으로 유도하기 위해 도입되었다. 적정한 기준에 의해 생산물이 상품화되어 시장에서 편리하게 유통됨으로써 생산자에게는 생산의 기준이 되고, 유통업자에게는 거래의 공정성을 기할 수 있으며, 소비자는 생산물의 가치에 따라서 구입할 수 있게 된다.

04 육질 판단의 기준은 조직감, 육색, 지방색과 질, 지방의 침착 등이다.

06 돈육의 근육을 붉게 하는 것은 마이오글로빈이다.

09 도축을 기절시키는 방법에는 기계적 방법, 전기충격법, 탄산가스법 등이 있다. 이 중 가장 널리 쓰이는 방법은 동물의 앞이마를 강타하여 실신시키는 충격형과 화약이 터질 때 강철 볼트가 돌출되거나 끝이 뾰족한 도끼의 형태를 이용하여 두개골로 침투시켜 실신시키는 침투형 등의 기계적 방법이다.

10 **생축의 도축 전 취급 순서**
가축의 운반 → 계류 → 생체검사 → 살수·세척 → 생체중 달기

11 식육동물은 생산지나 가축시장으로부터 도축장으로 수송되어 불안, 흥분 상태에 있으므로 차분한 조명을 통한 안정과 휴식이 필요하다.

13 사태는 앞다리와 우둔 부위 하단에서 분리하여 인대 및 지방을 제거한 것으로 국거리용으로 적합하다.

15 ②·④ 지방형, ③ 가공형

16 ① 앵거스 : 털 색깔은 진한 흑색이고 부드러운 피모와 원통형에 가까운 체형으로 원산지는 스코틀랜드이다. 전세계적으로 분포하고 있으며, 곡물 비육 시 지방의 발달이 다른 품종에 비해 빨라 육질과 풍미가 우수하다.

③ 샤롤레 : 프랑스가 원산지로 대체로 흰색을 띠고 있으며 입 근처와 뿔은 훨씬 밝다. 증체속도가 빠르고 후구 쪽의 근육 형성이 왕성하며 육색이 적육으로 유명하다.

④ 헤어포드 : 원산지는 영국이며 체형이 육우로서는 작은 편이나 체질이 강하여 넓은 초원을 이동하며 방목하기에 적합한 품종이다. 진한 적색의 피모색과 얼굴 전체에 흰색을 띤 것이 특징이다.

17 육류의 단백질은 마이오신, 콜라겐, 헤모글로빈, 액틴 등이다.

19 ② · ③ · ④ 식물성 스테롤이다.

20 심장은 심장근조직으로 되어 있다.

21 식육의 최종 pH는 대개 5.5 내외이다.

22 식중독은 미생물, 독소, 유독화학물질, 식품재료 중의 유해성분이 원인이다.

23 미생물의 증식곡선은 유도기, 대수기, 정지기, 감소기의 S자형을 띠고 있다.

24 "식품위생"이란 식품, 식품첨가물, 기구 또는 용기 · 포장을 대상으로 하는 음식에 관한 위생을 말한다(식품위생법 제2조제11호).

25 20℃ 이하에서 자라는 것을 저온성 세균, 55~60℃에서 자라는 것을 고온성 세균, 그 중간 온도에서 자라는 것을 중온성 세균이라고 한다. 대장균은 중온성 세균이다.

27 산패는 지방이 공기와 접촉하여 자기 스스로 산화되어 냄새와 색깔이 변하는 현상이다.

28 곰팡이는 진균류 중에서 균사체를 발육기관으로 한다.

29 실생활에 유용하게 사용되는 물질이 만들어지면 발효라 하고, 악취가 나거나 유해한 물질이 만들어지면 부패라고 한다.
• 발효 : 미생물이 자신이 가지고 있는 효소를 이용해 유기물을 분해시키는 과정
• 부패 : 단백질 식품이 미생물의 작용으로 분해되어 악취가 나고 인체에 유해한 물질이 생성되는 현상

31 중요한 식육의 오염은 도살 시 방혈, 도살 처리, 가공 중에 일어난다.

32 ③ 보툴리누스균 : 편성 혐기성균이며 아포를 형성하고 내열성이 있다. 증식할 때 강력한 독소를 생성하며 이 독소에 의해 식중독이 일어난다.

① 살모넬라균 : 60~65℃에서 30분 정도 가열하면 사멸하며 저온이나 건조에 대해서는 저항력이 강해 사멸되지 않는다.

② 장염 비브리오균 : 호염성균으로 2~5%의 소금농도에서 잘 증식하며 식염이 없으면 발육하지 못한다.

④ 포도상구균 : 내염성균으로 보통 식품에서의 염분 농도에 잘 발육하며 80℃에서 30분간 가열하면 사멸한다. 그러나 황색포도상구균이 생산한 장독소(엔테로톡신, Enterotoxin)는 120℃에서 30분간 가열하여도 파괴되지 않으며, 열에 매우 강하다.

33 식중독은 세균의 발육이 왕성한 6~9월 사이에 많이 발생한다.

34 웰치균은 토양과 사람 및 동물의 장관에 상주하며 독소를 생성하는 균으로 37~45℃에서 발육이 최적이 된다. 육류·어패류의 가공품, 튀김, 두부 등 가열 조리 후 실온에서 5시간 경과한 단백질성 식품에서 발생한다.

36 ③ 보툴리누스 식중독 : 불충분하게 가열 살균 후 밀봉 저장한 식품에서 신경독소인 뉴로톡신을 생산한다. 신경계의 마비증상을 일으켜 세균성 식중독 중 치명률이 가장 높다.

38 ② 비소는 설사를 동반한 위장장애와 피부 이상 및 신경장애를 일으킨다.

39 ① 갈고리촌충 : 갈고리촌충에 감염된 돼지고기를 먹을 경우 감염
③ 광절열두조충 : 갑각류나 연어류를 생식했을 때 감염

41 생육 포장 시 이용되는 포장재는 얇은 두께의 폴리에틸렌(PE), 폴리프로필렌(PP), 염화비닐(PVC)과 같은 플라스틱 필름이다.

42 ④ 식품의 변질을 막기 위해서는 산소와 수분의 투과도가 모두 낮아야 한다.

44 ④ 소시지 역시 햄이나 베이컨과 같이 간 먹이기 과정을 거친다.

45 훈연재료는 수지의 함량이 적고 향기가 좋으며 방부성 물질의 발생량이 많은 것이 좋으므로 참나무, 밤나무, 도토리나무, 떡갈나무, 벚꽃나무 등을 주로 사용한다.

46 ③ 리스테리아균이나 결핵균 등의 냉온성 세균은 영하에서도 생존이 가능하다.

48 식육가공이란 분쇄, 혼화, 양념 첨가, 훈연, 건조, 열처리 등으로 신선육의 성질을 변형시키는 것을 말한다.

49 **송풍동결법** : 지육을 급속동결시킬 때 가장 적합한 방법으로, 급속한 공기의 순환을 위한 송풍기가 설치된 방이나 터널에서 냉각공기 송풍으로 냉동을 진행한다. 30~1,000m/분의 공기속도와 −40~−10℃ 정도의 온도로 냉동한다.

50 공기의 이동속도가 클수록 분자의 운동이 활발해져 건조속도는 증가된다.

51 제품의 이동 및 진열 중에 불량품이 발생할 수 있는데 이러한 컴플레인은 불량품을 최종 점검 없이 판매하는 판매자 측에 원인이 있다.

52 3대 영양소 중 돼지 부산물의 영양학적 가치가 가장 높은 것은 단백질이다. 단백질은 족과 간에 가장 많고, 지질은 머리고기, 탄수화물은 머리고기 및 족발에 가장 많은 것으로 알려져 있다.

55 **염지의 목적**
• 고기의 색소를 고정시켜 염지육 특유의 색을 나타내게 함
• 염용성 단백질 추출성을 높여 보수성 및 결착성을 증가시킴
• 보존성을 부여하고 고기를 숙성시켜 독특한 풍미를 갖게 함

56 결합조직의 함량 차이는 생축의 고유 요인이다.

59 ① 건염법 : 날 식품에 소금을 직접 뿌려 저장
④ 당염법 : 소금을 물에 녹인 염지액에 설탕을 첨가하여 만든 당염지액을 이용

1	2	3	4	5	6	7	8	9	10	11	12	13	14	15	16	17	18	19	20
①	④	③	④	④	③	④	④	①	④	②	③	③	①	①	④	④	③	④	③

21	22	23	24	25	26	27	28	29	30	31	32	33	34	35	36	37	38	39	40
③	③	①	④	③	④	①	①	④	③	②	①	④	④	④	④	②	③	②	④

41	42	43	44	45	46	47	48	49	50	51	52	53	54	55	56	57	58	59	60
④	①	④	①	②	②	②	④	④	④	④	①	②	②	①	④	③	④	②	④

01
- 도체중 = 0.8 × 200 = 160kg
- 정육률 = $\frac{80}{160}$ × 100 = 50%

02
① 식육 생산에 있어서 도축검사는 위생적으로 안전한 고기를 얻기 위하여 반드시 필요하다.
② 생체검사는 도살 전에 행해진다.
③ 가축이 갑작스런 환경변화에 스트레스를 받지 않도록 수송 시에는 같은 종류의 무리끼리 적재하는 것이 적절하다.

03
마블링은 근내지방도를 의미하는 것으로, 쇠고기의 육질등급을 판정하는 중요한 기준이 된다.

04
④ 볼깃살(후육) : 뒷다리에서 엉덩이로 연결되는 부위의 근육질로 지방질과 힘줄이 많으므로 주로 햄의 용도로 쓰인다.
② 안심 : 돼지고기 중에서 가장 부드러운 부위로 지방이 적고 살이 연하며 담백하여 스테이크나 철판구이용으로 좋다.

07
햄프셔는 등지방층 두께가 얇아 품질이 좋은 도체를 생산한다.

09
마이오글로빈은 헤모글로빈(Hb)보다 산소친화력이 강해 산소 저장에 기여한다.

10
마이오글로빈의 함량은 동물의 종류, 연령, 근육의 부위 및 성별에 따라 다른데, 육류 중에는 쇠고기의 마이오글로빈 함량이 가장 많다. 그중에서도 수소는 동일한 연령의 암가축이나 거세한 가축보다 마이오글로빈 함량이 많다.

11
고기에는 비타민 A, D 등 지용성 비타민은 적은 편이고 수용성 비타민 중 C는 없는 편이나, B는 풍부하다. 특히 돼지고기에는 다른 고기보다 B_1이 현저히 많이 들어 있으며 특히 쇠고기에는 B_{12}가 비교적 많이 들어 있다.

12
식육의 보수성이란 식육이 물리적 처리를 받을 때 수분을 잃지 않고 보유할 수 있는 능력을 말한다.

14
세균에 의해 육색은 녹색으로 변화된다.

16
동물의 연령, 종류, 근육 기능에 따라 보수성에 차이가 있으며, 쇠고기보다는 돼지고기가, 소 중에서는 송아지고기가 성우고기보다 보수성이 높다.

18
③ 지방함량이 많은 고기는 냉각 시 급속하게 단단해진다.

19
④ 축산 부산물에 대한 정산 시 대부분 업체가 세분화하지 못하고 두당 기준으로 정산하는 경우가 있다.

20 ③ 베이컨은 돼지의 복부육을 가공한 것을 말한다.

22 포장재료로는 종이, 합성수지, 목제, 금속제, 유리제, 도자기, 가식필름 등이 적당하다.

23 효소작용을 억제하는 방부제는 허용된 첨가물을 사용해야 하며, 독성이 없고, 미량으로 효과가 있어야 한다. 또한 무미·무취하여야 하고, 식품에 변화가 없어야 한다.

25 행정처분기준(축산물 위생관리법 시행규칙 별표 11) 가축을 매달지 아니한 상태로 방혈을 한 경우
- 1차 위반 : 영업정지 15일
- 2차 위반 : 영업정지 1개월
- 3차 위반 : 영업정지 2개월

27 원료는 사람의 손을 많이 거치기 때문에 미생물에 오염될 가능성이 높고 대개의 경우 고농도로 오염이 되어 있으므로 위생적 처리에 특히 신경 써야 한다.

29 경동맥의 절단은 방혈을 하기 위한 방법이다.

30 포도상구균의 균체는 80℃에서 30분간 가열하면 사멸한다. 그러나 황색포도상구균이 생산한 장독소(엔테로톡신, Enterotoxin)는 120℃에서 30분간 가열하여도 파괴되지 않으며, 열에 매우 강하다.

31 영업의 세부 종류의 범위(축산물 위생관리법 시행령 제21조제7호) 축산물판매업의 경우에는 다음의 구분에 따른 영업을 말한다.
- 식육판매업
- 식육부산물전문판매업
- 우유류판매업
- 축산물유통전문판매업
- 식용란수집판매업

33 ④ 효모는 공기의 존재와 무관하게 자라는 통성혐기성 조건에서 효모를 배양한다.

34 ④ 세균의 기본 형태는 환경의 변화에 따라 변종이 생기기도 한다.

36 곰팡이류가 생산하는 독소 맥각, 황변미, 아플라톡신 등은 발암물질이다.

37 보툴리누스균에 감염되면 신경계의 마비와 호흡곤란, 복시, 실성 등의 증상이 나타난다. 세균성 식중독 중 치명률이 가장 높다.

38 세균성 식중독은 면역은 형성되지 않고, 잠복기는 감염병보다 짧으며, 위장 증상이 나타난다.

39 ② 살모넬라균 식중독은 설사, 복통, 구토, 발열 등의 증상을 일으킨다.

40 연기의 밀도가 높을수록 연기의 침착이 크다.

42 식육제품의 품질을 결정하는 중요한 요인은 연도, 다즙성, 색깔, 풍미 등이다.

43 무균화 포장
포장 후의 재가열 처리 시 육즙을 분리시키고 풍미의 저하가 일어나는 것을 방지하기 위해 제품을 무균적으로 진공포장하여 재가열하지 않고서도 상당 기간 저장할 수 있는 포장방법이다. 산소나 질소가스가 투과하기 어려운 EVAL, PVDC 또는 PVC, PVDC가 조합된 다중 접착 필름 등을 주로 사용한다.

45 황돈은 생선 찌꺼기나 누에 번데기 등을 장기간 급여하면 나타난다. 사료유지 내 불포화지방산이 근육조직에 축적되어 배지방이나 산지방이 황색을 띠며 이취를 풍기게 된다.

46 분쇄된 지방과 살코기가 균일하게 섞이도록 조분쇄 소시지는 혼합기에서, 유화형 소시지는 유화기 또는 사일런트 커터에서 여러 가지 양념과 첨가물 등을 물과 함께 혼합하는 혼화 및 염지과정이 이루어진다.

49 가열은 제품에 적당한 조직을 부여하여 탄력성과 응집성을 주고 식미성과 풍미를 더해 주며, 제품 중의 미생물을 사멸시켜 위생적으로 무해한 제품을 만들어 보존성을 갖게 한다.

50 ④ 단백질 함량이 증가할수록 유화물은 안정성을 갖게 된다.

51 천장은 내수, 내열성이 있는 재료가 좋다.

52 식육케이싱은 돼지, 소, 양 등의 내장류를 재료로 하여 만든 것으로 소장, 맹장, 대장의 앞부분, 대장의 중간 부분, 대장의 끝부분 등을 주로 이용한다.

53 화학적 측면에서의 포장의 목적은 산소의 유입과 광선의 영향에 의한 지방 산패나 변색을 방지하는 것이다.

55 콜라겐과 엘라스틴은 동물체내에서 가장 풍부한 단백질이며, 식육 연도에 매우 큰 영향을 미친다.

56 단백질과 물분자와의 결합은 등전점 이상이나 이하의 pH 범위에서 가능하고 식육의 보수성도 향상되는데, 식육의 보수성에 미치는 pH의 이와 같은 영향을 실제전하 효과라고 한다.

58 고기에는 70~75%의 수분이 들어 있으며 이는 육질에 커다란 영향력을 미친다.

59 식육에 있는 수분함량의 4~5%는 식육단백질의 전하반응군과 전기적으로 강하게 결합되어 있는데, 이와 같이 결합되어 있는 성질의 물을 결합수라 한다.

1	2	3	4	5	6	7	8	9	10	11	12	13	14	15	16	17	18	19	20
③	①	④	②	④	①	②	①	④	④	③	①	①	③	③	④	③	①	④	④

21	22	23	24	25	26	27	28	29	30	31	32	33	34	35	36	37	38	39	40
①	③	②	①	③	④	③	③	③	④	④	①	④	④	③	①	①	①	③	③

41	42	43	44	45	46	47	48	49	50	51	52	53	54	55	56	57	58	59	60
①	④	②	①	③	④	②	④	④	②	④	③	④	③	④	②	④	①	④	①

01 에어셔
- 백색 바탕에 적색 또는 적갈색 얼룩무늬가 있는 것이 많으며, 담적색, 농적색을 띤다.
- 뿔이 옆으로 뻗다가 앞으로 향하는 독특한 굴곡을 나타낸다.
- 암소 130cm, 수소 145cm이고 체중은 암소 450kg, 수소 800kg 정도이다.
- 유방이 크고 부착 면적이 넓다.

02 ① 오골계의 원산지는 동남아시아이다.

04 방혈이 완료된 돼지는 60~65℃ 정도의 탕박조에 5~7분 넣어 탈모가 잘되도록 한다. 탕박이 완료된 도체는 탈모기를 이용하여 털을 제거한다.

05 골격근은 액틴이나 마이오신과 같은 근원섬유 단백질이 주종을 이루고 있어 운동에 필요한 에너지원을 저장하고 있다.

06 ③ 마이오글로빈, ④ 사이토크로뮴

07 마비(Paralysis)는 신경계의 손상 등으로 수의적으로 수축을 일으킬 수 없는 상태를 말한다.

08 ② 양지 : 목 밑에서 가슴에 이르는 부위로 결합조직이 많아 육질이 질기다.
③ 안심 : 등심 안쪽의 연한 고기로 가장 최상품이며 고기결이 곱고 지방이 적어 담백하다.
④ 우둔 : 엉덩이 부위의 고기로 기름기가 적고 고기결이 곱고 부드럽다.

10 ④ Belly는 삼겹살을 의미하며, 갈비는 Ribs이다.

12 단백질은 소의 콩팥과 허파에 많고, 탄수화물은 간·허파, 비타민 중 B₁은 콩팥, B₂는 간(삶은 것)·콩팥(익힌 것)에 많으며, 비타민 C는 간과 혀에 각각 많은 것으로 알려져 있다.

13 ① 6~12시간
② 2~3시간
③ 1시간 이내
④ 30~40분 정도

14 돼지고기는 육량과 육질을 등급판정에서 가장 먼저 고려한다.

16 마이오글로빈은 육색을 결정짓는 요소로, 육류 숙성 시 마이오글로빈 함량이 낮아져 육류의 색이 변한다.

17 ③ 축산물 직매장은 닭고기의 도매점이다.

19 이노신산(Inosinic Acid)은 육류의 맛과 풍미를 증가시키므로 사후경직과는 관련이 없다.

21 ① 저온은 화학적 반응을 지연시킨다.

23 독소형 식중독의 원인 세균은 포도상구균, 보툴리누스균 등이다.
①·③·④ 감염형 식중독균

24 ① 편성 혐기성균은 산소를 절대적으로 기피한다.
② 통성 혐기성균은 발육에 산소를 요구하지 않으며, 산소가 있더라도 이용하지 않는다.
③ 호기성균은 산소가 있어야 발육·증식한다.

25 ③ *Pseudomonas*, *Micrococcus*, *Serratia* 등은 표면에 청색, 황색, 적색 등의 반점을 생성한다.

26 ④ 최적 증식온도가 7℃ 이하인 것을 저온성 세균이라 한다.

28 대장균은 열에 대한 저항력이 약해 60℃에서 약 20분간 가열하면 멸균된다.

29 ③ 발효식품 제조에 이용된다.

31 대장균 박테리아와 *Clostridium*에 의한 산패는 산과 가스를 함께 생성시키며, 진공 포장한 육제품에서는 주로 젖산 박테리아가 산패를 일으킬 때가 많다.

32 자가소화는 죽은 생물체의 조직을 구성하고 있는 물질이 사후경직기를 지나 그 조직 속에 함유되어 있는 효소의 작용에 의해 분해되는 것으로, 고기가 연해지고 보수성이 증대되어 좋은 맛과 향기를 내게 된다.

34 세균성 식중독은 짧게는 몇 분, 길게는 하루 정도의 잠복기를 가진다.

35 식중독 원인균의 잠복기
• 살모넬라균 : 약 12~24시간
• 포도상구균 : 약 1~6시간
• 보툴리누스균 : 약 12~36시간
• 장염 비브리오균 : 약 10~18시간
• 웰치균 : 약 8~20시간

36 골발과 정형은 지육을 분리하는 것이므로 원료의 처리 공정에 해당한다.

38 벌칙(축산물 위생관리법 제45조제1항제1호)
허가받은 작업장이 아닌 곳에서 가축을 도살·처리한 자는 10년 이하의 징역 또는 1억원 이하의 벌금에 처한다.

39 설비·기기의 세정
• 설비·기기의 세정은 물이나 계면활성제 수용액을 이용하여 분사세정하는 것이 좋다.
• 뜨거운 물을 쓰면 세정효과와 함께 살균효과도 거둘 수 있으나 실제로는 수온이 쉽게 내려가기 때문에 살균보다는 세정에 중점을 두어야 한다.
• 계면활성제 수용액은 유성 오염물질의 제거능력이 우수하지만 계면활성제를 이용한 분사세정은 특히 저기포성의 것을 사용할 필요가 있다.

40 ① 화염멸균 : 백금이나 백금선 또는 시험관이나 플라스크의 입 언저리와 같이 불꽃에 직접 접촉하여도 안전한 물건에 묻어 있는 미생물 등을 불꽃으로 태워서 멸균하는 방법

④ 여과멸균 : 열에 의하여 파괴되거나 변질되는 액상 물질을 여과기에 통과시켜 미생물을 분리·제거하는 방법

41 ② 지방산화 방지
③ 맛과 풍미 유지

42 ① 20~60kV
② 30~50℃
③ 50~80℃

43 ② 표면이 건조하지 않고 삼출수가 생기지 않는 촉촉한 고기로, 탄력성이 있어야 한다.

45 골든라인의 범위
눈높이보다 20° 아래를 중심으로 하여 그 위의 10°, 그 아래 20° 사이를 말한다.

46 세포의 효소가 완전히 파괴되지는 않는다.

47 얼음 결정의 크기는 급속동결 시 작으며 완만동결 시 크다.

49 ④ 수분의 이동이 모세관 현상으로 진행되는 것은 건조 초기이다.

51 ① 표찰 : 포장의 겉면에 부착되어 제품정보를 제공한다.
② 2차 포장 : 기초포장을 보호하며, 제품 사용 시 분리되는 포장재이다.
③ 운송포장 : 운송과정을 위해 제작되는 포장이며, 보관·식별·운송이 용이해야 한다.

52 플라스틱의 특징
• 장 점
  – 가볍고 질기다.
  – 녹슬지 않고 썩지 않는다.
  – 여러 형태로 만들 수 있고 착색이 용이하다.
  – 전기가 통하지 않는다.
• 단 점
  – 열이나 빛에 약하다.
  – 표면이 부드러워 상처받기 쉽다.
  – 재생·폐기물 처리가 어렵다.

53 ④ 포장재료는 투습성이 낮아야 한다.

54 고객 접근의 타이밍
• 판매담당자를 찾고 있는 태도가 보일 때
• 고객이 말을 걸어올 때
• 고객과 눈이 마주쳤을 때
• 같은 진열 코너에서 오래 머물러 있을 때
• 매장 안에서 상품을 찾고 있는 모습일 때
• 고객이 상품에 손을 댈 때

57 연기 발생에 이용되는 목재는 수지의 함량이 적고 향기가 좋으며 방부성 물질의 발생량이 많은 것이 좋다. 보통 참나무, 밤나무, 도토리나무, 갈나무, 벚꽃나무 등이 쓰인다.

58 고기 동결 시 급격한 근수축으로 인해 근육조직이 파괴될 수 있다.

59 프레스 햄은 햄과 소시지의 중간적인 제품으로 햄과 베이컨의 잔육이나 적육, 경우에 따라서는 다른 축육의 적육을 잘게 썰어 결착육과 함께 조미료, 향신료를 섞어 압력을 가하여 케이싱에 충전하고 열로 굳혀 제조한 것이다.

PART 04

기출복원문제

2013년 제1회

과년도 기출문제

01 쇠고기 육질등급 판정기준이 아닌 것은?

① 등심단면적 ② 근내지방도
③ 육 색 ④ 성숙도

02 다음 육류의 지방 중 융점이 가장 낮은 것은?

① 양 지 ② 돈 지
③ 계 지 ④ 우 지

03 소 및 쇠고기 이력관리 시 소의 소유자 등은 해당 소의 개체식별번호 부여 및 관리 등을 위하여 해당 소가 출생한 경우 그 사실을 누구에게 신고하여야 하는가?(단, 권한의 위임·위탁 등의 경우는 제외한다)

① 시장·군수·구청장
② 농림축산검역본부장
③ 농림축산식품부장관
④ 축산물품질평가원장

04 다음 중 수용성 단백질은?

① 마이오글로빈
② 마이오신
③ 콜라겐
④ 액토마이오신

05 어떤 돼지의 도살해체 성적이 다음과 같을 때 도체율(지육률)은?

> 생체중 100kg, 내장 25kg, 신장 0.1kg, 머리 6kg, 뼈 8kg, 적육과 지방 49kg, 생가죽 및 꼬리 3kg, 혈액 3kg

① 약 49% ② 약 57%
③ 약 63% ④ 약 67%

06 다음 중 사골에 해당되는 골격명은?

① 견갑골 ② 전완골
③ 슬개골 ④ 경추골

07 도체 등급제를 실시하는 목적과 거리가 먼 것은?

① 식육의 품질보증
② 식육거래의 유통질서 확립
③ 수입육 거래의 활성화
④ 소비자에게 정보 제공

08 다음 중 보수력이 가장 낮은 고기의 pH는?

① 5.5   ② 6.0
③ 6.5   ④ 7.0

09 냉동육과 냉장육 유통특성에 대한 설명으로 틀린 것은?

① 소량구매는 냉동육 유통특성 중 하나이다.
② 부위별 구분판매에 따라 잡육 및 비인기부위가 발생되는 것은 냉장육 유통특성이다.
③ 정형 및 상품화 과정이 불필요한 것은 냉동육 유통특성이다.
④ 보관목적의 대량판매는 냉동육 유통특성이다.

10 사후경직 완료 시에 나타나는 현상으로만 묶인 것은?

① ATP의 고갈, 젖산의 생성, 신전성 소실, 근 수축
② ATP의 고갈, 젖산의 고갈, 신전성 소실, 근 수축
③ ATP의 고갈, 포도당의 생성, 신전성 소실, 근 수축
④ ATP의 고갈, pH 상승, 신전성 소실, 근 수축

11 다음 식육의 화학적 구성성분 중 그 함량이 가장 높은 것은?

① 단백질   ② 지 방
③ 수 분   ④ 탄수화물

12 소의 부위별 명칭에 해당되는 돼지고기 부위별 명칭의 연결이 틀린 것은?

① 양지 – 삼겹살
② 우둔살 – 볼깃살
③ 안창살 – 갈매기살
④ 제비추리 – 항정살

13 식육의 숙성 시 나타나는 현상이 아닌 것은?

① Z-선의 약화
② Actin과 Myosin 간의 결합 약화
③ Connectin의 결합 약화
④ 유리아미노산의 감소

14 다음 중 가금육으로 구별되는 것은?

① 쇠고기   ② 토끼고기
③ 돼지고기   ④ 닭고기

15 식육의 질겨지는 원인이 되는 결합조직으로 볼 수 없는 것은?

① 교원섬유   ② 세망섬유
③ 탄성섬유   ④ 근원섬유

16 원가의 3요소로 분류되지 않는 것은?

① 재료비   ② 노무비
③ 경 비   ④ 영업비

17 닭고기에 대한 설명으로 틀린 것은?

① 섬유가 섬세하다.
② 흉부나 등쪽에 백색근육이 많다.
③ 다리에는 적색근육이 없다.
④ 닭가죽은 주로 결체조직이 많으나 연해서 식용으로 활용된다.

18 경직 개시시간이 가장 짧은 것은?

① 양고기   ② 쇠고기
③ 돼지고기   ④ 닭고기

19 돼지고기의 대분할과 소분할 부위 수는?

① 5개, 22개
② 7개, 25개
③ 7개, 30개
④ 6개, 29개

20 도축 전 가축의 취급요령으로 부적절한 것은?

① 도축 전에 8~12시간 정도 안정된 상태에서 휴식시킨다.
② 도축하기 위해 수송 전에 사료를 많이 급여해야 수송 시 감량으로 인한 고기 생산에 영향을 줄일 수 있다.
③ 동물이 휴식하는 동안 물은 자유롭게 먹게 하고 사료는 주지 않는다.
④ 동물이 휴식하는 동안 생체 검사를 실시하여 필요한 조치를 취한다.

21 식육매장 및 도구의 소독, 살균방법으로 부적당한 것은?

① 스팀 세척
② 자외선 조사
③ 중성세제 거품 세척
④ 차아염소산나트륨 분무

22 신선육의 부패에 대한 설명으로 틀린 것은?

① 미생물에 의해 단백질이 분해되는 것
② 미생물이나 그들이 내는 효소에 의해 지방이 분해되는 것
③ 고기에 점액질 생성이나 변색을 가져오는 것
④ 표면이 건조되는 것

23 자외선 살균등에 대한 설명으로 틀린 것은?

① 253~254nm의 파장을 이용하여 균을 살균하는 것이다.
② 자외선의 살균효과는 특정 미생물에 대해서만 효과가 있다.
③ 자외선의 살균효과는 대상물의 자외선 투과율과 관계가 있다.
④ 자외선은 지방이나 단백질이 많은 식품을 직접 강하게 조사하면 이취나 변색을 일으킨다.

24 HACCP의 7원칙에 해당되지 않는 것은?

① 위해분석
② 한계기준 설정
③ HACCP팀 구성
④ 모니터링 방법 설정

25 축산물 HACCP 가공장에서 지켜야 할 위생규칙이 아닌 것은?

① 출입 시 손 세척과 위생복, 위생모, 위생화 착용을 철저히 한다.
② 작업 중 바닥에 떨어진 식육은 잘 닦아서 사용한다.
③ 포장 전에 이물질 확인을 위해 금속탐지기를 통과시킨다.
④ 작업 전 가공장 내의 온도가 15℃가 넘지 않는지 확인하고 CCP 심의 온도도 기준에 맞는지 확인한다.

26 살모넬라에 대한 설명으로 옳은 것은?

① 열에 강해 가열조리한 식품에서도 생존한다.

② 육의 저장 온도를 10℃ 이하로 낮추고 2% 정도 식염을 가하였을 경우 pH 5.0에서도 성장을 억제시킬 수 있다.

③ 토양 및 수중에서는 생존할 수 없다.

④ 살모넬라는 수소이온농도에 크게 영향을 받지 않는 미생물이다.

27 지육의 세척 시 사용되는 유기산이 아닌 것은?

① 핵 산　　② 초 산

③ 젖 산　　④ 구연산

28 대장균군에 대한 설명 중 틀린 것은?

① 분변 오염 지표군이다.

② 그람 음성균이다.

③ 주모성 편모를 가지고 운동성이 있다.

④ 통조림과 같은 가공제품의 멸균 여부를 판단하는 지표균이다.

29 소독액 희석 시 100ppm은 몇 %인가?

① 1%　　　② 0.1%

③ 0.01%　　④ 0.001%

30 식육가공 공장의 청결과 위생을 위한 기구, 기계 및 용기 등을 세척하는 방법으로 옳은 것은?

① 단백질류의 오염물은 알칼리성 세제로 세척하는 것이 좋다.

② 바닥이나 벽에 묻은 혈액은 60℃ 이상의 고온의 물로 예비 세척한 후에 세제로 세척한다.

③ 지방은 융점 이하의 온수로 예비 세척한다.

④ 전분은 건조되면 세척하기 용이하므로 건조될 때까지 기다린다.

31 식중독을 일으키는 스트렙토코커스균과 포도상구균의 형태는?

① 막대모양

② 나선형

③ 정사각형

④ 구형(원형)

32 무항생제 축산물에 대한 설명으로 틀린 것은?

① 항생제, 합성항균제, 호르몬제 등이 첨가되지 않은 일반사료를 급여하면서 인증기준을 지켜 생산한 축산물이다.
② 인증 유효기간은 2년이다.
③ 유기사료를 급여하고 인증기준을 지켜 생산한다.
④ 인증 대상 지역범위는 국내 전지역이다.

33 혐기성 부패를 일으키는 세균은?

① 슈도모나스
② 클로스트리듐
③ 살모넬라
④ 플라보박테륨

34 육가공 공장의 시설에서 위생관리상 바람직하지 못한 것은?

① 송풍기에 의해 작업장 내의 공기압을 외부보다 낮게 유지하면 외부공기의 실내 침입을 막을 수 있다.
② 바닥은 배수가 잘 되고 건조하게 유지될 수 있어야 한다.
③ 고기가 접촉될 수 있는 기계는 스테인리스 재질로 하여 부식을 방지한다.
④ 바닥과 벽면이 맞닿는 모서리는 둥글게 처리한다.

35 식품공장에서 오염되는 미생물의 오염경로 중 1차적이며 가장 중시되는 오염원은?

① 원재료 및 부재료의 오염
② 가공공장의 입지 조건
③ 천장, 벽, 바닥 등의 재질
④ 공기 중의 세균이나 낙하균

36 식육 및 육가공 제품의 위생에 특히 유의해야 하는 이유가 아닌 것은?

① 식육은 미생물의 성장에 좋은 영양소가 있기 때문이다.
② 식육의 pH는 강알칼리이므로 미생물의 성장이 용이하기 때문이다.
③ 식육은 직접적으로 식중독을 일으키는 원인균의 오염에 노출되어 있기 때문이다.
④ 식육은 수분이 많아서 미생물의 번식이 매우 빠르기 때문이다.

37 다음 중 효모가 아닌 것은?

① 캔디다
② 사카로마이세스
③ 리스테리아
④ 한세눌라

38 축산물안전관리인증기준상 다음의 축산물가공품별 평가사항 '양념육류' 내용에 따른 기준이 아닌 것은?

> 원료육 입고 시 자체적으로 정한 입고기준에 따라 검사성적서를 확인하거나 규격에 적합한 원·부재료만을 구입하여야 하고 입고기록을 작성하고 있는가?

① 식육의 중심부 온도 : 냉장 −2~5℃ 이하, 냉동 −18℃ 이하
② 충전, 성형기 청결기준 : 기록확인
③ 차량 적정온도 유지기록 : 냉장 −2~10℃, 냉동 −18℃ 이하
④ 관능검사(이물질, 냄새, 색택 등) : 기록확인

39 미생물의 생육 및 증식에 크게 영향을 미치는 요인으로 가장 거리가 먼 것은?
① 수 분
② 압 력
③ pH
④ 온 도

40 식중독의 발생요인으로 잘못된 것은?
① 조리 미숙으로 열처리가 잘못되었을 때 발생할 수 있다.
② 조리된 식품을 잘못 식힐 때 발생할 수 있다.
③ 충분한 가열만 하면 그 후 취급은 식중독 발생과 상관 없다.
④ 조리된 식품을 식중독균에 감염된 종사원이 취급할 때 발생할 수 있다.

41 식육단백질의 열응고 온도보다 높은 온도 범위에서 훈연을 행하기 때문에 단백질이 거의 응고되고 표면만 경화되어 탄력성이 있는 제품을 생산할 수 있어서 일반적인 육제품의 제조에 많이 이용되는 훈연법은?
① 냉훈법
② 온훈법
③ 열훈법
④ 배훈법

42 햄버거패티에 대한 설명으로 옳은 것은?
① 분쇄가공육 제품으로 냉장 또는 냉동 저장한다.
② 양념육류로 실온에 저장한다.
③ 포장육으로 산소와 차단된 상태로 저장한다.
④ 식육추출가공품으로 냉장 저장한다.

43 염지육의 가열 건조 시 발생하는 현상이 아닌 것은?
① 감 량
② 흑색소 고정
③ 미생물의 살균
④ 효소의 활성화

44 연기 발생에 이용되는 목재로서 가장 부적당한 것은?

① 참나무　　② 밤나무
③ 벚나무　　④ 소나무

45 120kg의 돼지에서 93kg의 지육을 얻었다면 도체율은 약 얼마인가?

① 43%　　② 57%
③ 71%　　④ 78%

46 염지 촉진 방법이 아닌 것은?

① 마사지　　② 정체염지
③ 텀블링　　④ 믹 싱

47 다음의 식품의 기준 및 규격 내용에서 ( ) 안에 알맞은 것은?

> ( )류라 함은 식육이나 식육가공품을 그대로 또는 염지하여 분쇄 세절한 것에 식품 또는 식품첨가물을 가한 후 훈연 또는 가열처리한 것이거나, 저온에서 발효시켜 숙성 또는 건조처리한 것이거나, 또는 케이싱에 충전하여 냉장·냉동한 것을 말한다(육함량 70% 이상, 전분 10% 이하의 것).

① 베이컨　　② 소시지
③ 편 육　　④ 분쇄가공육제품

48 식육의 보수성이 낮은 경우에 발생하는 현상이 아닌 것은?

① 수분을 많이 함유하고 있어 육색이 짙어진다.
② 가공육제품의 생산수율이 낮아진다.
③ 다즙성이 저하되어 유리되는 육즙이 많아진다.
④ 수분 손실이 많아 가열 감량이 커진다.

49 생육을 진공포장한 후 저장 시 녹변을 야기하는 세균속은?

① 락토바실러스
② 마이크로코커스
③ 스트렙토코커스
④ 살모넬라

50 냉장 저장 중 육색의 변화에 대한 설명으로 틀린 것은?

① 저장온도가 낮을수록 변색을 억제한다.
② 냉장실의 공기 유통속도가 빠를수록 변색이 촉진된다.
③ 상대습도가 낮을수록 변색이 억제된다.
④ 마이오글로빈의 산화에 의해서 갈색이 증가된다.

51 제품을 보관하는 방법에 대한 설명으로 옳은 것은?

① 축육제품은 세균이 완전히 소멸된 것이 아니므로 일반적으로 포장된 원료육의 경우 4℃ 이하에서 보관하는 것이 바람직하다.

② 축육제품은 세균이 완전히 소멸된 것이므로 2차 오염은 없다.

③ 축육제품은 세균이 완전히 소멸된 것이므로 온도 조건이 알맞더라도 미생물의 증식은 없으며 단지 화학적 변화만이 일어난다.

④ 일반 포장된 원료육의 경우 25℃ 정도에서 보관한다.

52 식육제품을 훈연시키는 주된 목적이 아닌 것은?

① 풍미 증진   ② 발색 향상
③ 보존성 부여   ④ 산화 촉진

53 식육유통 시 고기생산을 목적으로 비육한 국내산 젖소 수소 및 미경신우(암컷 젖소)의 표시방법은?

① 육우고기   ② 젖소고기
③ 한우고기   ④ 교잡고기

54 혼합 공정에 사용되지 않는 기계는?

① 믹서(Mixer)
② 마사저(Massager)
③ 염지액 주사기
④ 텀블러(Tumbler)

55 정상적인 식육의 보수성이 가장 낮은 시기는?

① 도축 직후
② 사후경직 전기
③ 사후경직 완료기
④ 숙성 후

56 식육 및 육제품을 냉동저장 시 −80℃에서 저장한다면 지방산화 등의 거의 모든 반응은 정지되지만 경제적이지 못하다. 경제적인 측면과 품질을 모두 고려하여 식품의 기준 및 규격에서 규정한 식육의 냉동제품 보존 유통 온도는 몇 ℃인가?

① −5℃ 이하
② −15℃ 이하
③ −18℃ 이하
④ −50℃ 이하

57 축산물 등급판정 세부기준으로 틀린 것은?

① 축산물이라 함은 소·돼지·말·닭·오리의 도체, 닭의 부분육, 계란 및 꿀을 말한다.

② 벌크포장이라 함은 도축장에서 도살·처리된 닭 및 돼지를 중량에 따라 일정 수량으로 포장한 것을 말한다.

③ 로트라 함은 등급판정 신청자가 등급판정 신청을 위하여 닭·오리의 도체 및 닭부분육 또는 계란의 품질수준, 중량규격, 종류 등의 공통된 특성에 따라 분류한 제품의 무더기를 말한다.

④ 축산물등급판정은 소·돼지·말·닭·오리의 도체, 닭의 부분육, 계란 및 꿀을 대상으로 한다.

58 고기의 드립에 관한 설명 중 틀린 것은?

① 드립은 소비자들에게 구매의욕을 상승시킨다.

② 드립은 중량감소를 가져온다.

③ 냉동 후 해동하면 드립이 커진다.

④ 드립은 단백질을 함유하고 있다.

59 제품 품질관리를 위한 가공기술로서 원료육을 유사한 것끼리 몇 개의 그룹으로 나누고 이를 각각 따로 분쇄한 다음 그 화학적 조성을 분석하여 원하는 제품의 최종배합에 이용하는 것을 무엇이라고 하는가?

① 최소가격배합
② 예비혼합
③ 마사지
④ 텀블링

60 진공포장육에 관한 설명 중 틀린 것은?

① DFD육은 진공포장육의 원료로 사용하기에 적합하지 않다.

② pH가 정상적인 고기를 진공포장육의 원료로 사용하면 녹변현상이 전혀 일어나지 않는다.

③ 진공포장을 할 때 탈기가 불충분하게 이루어지면 갈변현상이 일어나기 쉽다.

④ 진공포장육에서는 저장기간이 경과됨에 따라 유산균의 증식에 의하여 산패취가 발생될 수 있다.

2013년 제2회 과년도 기출문제

01 냉장육을 장기간 보존하고 식육을 숙성하기 위한 냉장육 보존온도로 가장 안전한 온도는?

① -1~1℃　　② -5~0℃

③ 4~5℃　　④ 7℃ 이하

02 쇠고기 이력제에 대한 설명으로 틀린 것은?

① 소의 출생에서부터 도축·가공·판매에 이르기까지의 정보를 기록·관리한다.

② 위생·안전에 문제가 발생할 경우 그 이력을 추적하여 신속하게 대처하기 위한 제도이다.

③ 개체식별번호는 사육자(사육농가)마다 부여되는 고유번호이다.

④ 소의 혈통, 사양정보 등을 이력제와 함께 통합 관리하여 가축개량, 경영개선 등에 기여함으로써 소 산업의 경쟁력을 강화시킨다.

03 식육 내에 존재하는 물 중 식육의 구성성분과 매우 강한 결합을 하고 있어 분리가 거의 불가능한 것은?

① 고정수　　② 결합수

③ 유리수　　④ 자유수

04 소고기의 부위 중 소분할 명칭과 대분할 명칭이 잘못 연결된 것은?

① 살치살 - 등심

② 부채살 - 앞다리

③ 업진살 - 갈비

④ 홍두깨살 - 우둔

05 쇠고기의 대분할 부위인 갈비를 소분할 경우 소분할 부위명칭에 해당하지 않는 것은?

① 마구리　　② 갈비덧살

③ 토시살　　④ 안창살

06 부산물 유통 특성 중 틀린 것은?

① 부패가 빨라 보존성이 낮다.
② 고기에 비해 싸고 경제적이다.
③ 수요를 반영한 생산량 조절이 쉽다.
④ 지역유통이 주를 이룬다.

07 소 위 중 제1위와 제2위의 명칭 연결이 옳은 것은?

① 곱창, 천엽
② 양, 벌집위
③ 천엽, 벌집위
④ 양, 천엽

08 다음에서 설명하는 용어는?

회계기간 동안의 수입, 지출, 순이익의 관계를 보여주며, 전년도 또는 전 회계기간과의 비교분석으로 수입과 지출의 현황을 살펴봄으로써 원가관리에 도움을 받는다. 또한 식품비와 인건비가 수입에서 얼마만큼 차지하는지 %분석을 실시하고, 가능하면 같은 지역의 다른 업체와 비교하는 것이 바람직하다.

① 손익보고서
② 대차대조표
③ 손익분기점산출
④ 금전출납부

09 도축과정에서 방혈 후 지육의 pH는 점차 저하하는데, 이는 어느 물질의 축적에 기인하는가?

① 글리코겐　　② 젖 산
③ ATP　　　　④ CP

10 콜라겐에 대한 설명으로 틀린 것은?

① 동물의 진피, 건, 연골, 막 등을 구성하는 섬유상 단백질이다.
② 자연상태에서는 고형체로 존재한다.
③ 콜라게네이즈(콜라게나제)에 의해 분해된다.
④ 콜라겐을 냉동시키면 고분자의 젤라틴이 된다.

11 생체중 100kg인 규격돈의 지육률이 70%이고 지육에 대한 각 부위의 생산수율이 목심 5%, 앞다리 10%, 삼겹살 15%, 등심 12%라고 할 때 구이용 돈육(목심, 삼겹살) 중량은?

① 10.5kg　　② 12kg
③ 14kg　　　④ 18.9kg

12 냉장온도(4℃)에서 쇠고기의 숙성기간은?

① 0~1주   ② 1~2주
③ 2~3주   ④ 3~4주

13 다음 중 우리나라 도시지역의 도매시장에서 같은 등급의 쇠고기 중 평균 경락가격이 가장 높은 부위는?

① 등 심   ② 안 심
③ 채 끝   ④ 양 지

14 소, 돼지 부위 위치가 틀린 것은?

① 아롱사태는 앞뒷다리 사태부위에서 생산된다.
② 살치살은 윗등심 부분에서 분리 생산된다.
③ 돼지고기에서 등심덧살을 제거한 것이 알등심살이다.
④ 오돌삼겹은 오도독뼈를 따로 떼어 상품화한 것이다.

15 용해성으로 본 근원섬유 단백질은?

① 염용성   ② 수용성
③ 불용성   ④ 알칼리성

16 소 지육에서 목심의 분할기준이 되는 부분은?

① 제2목뼈   ② 제7목뼈
③ 제2등뼈   ④ 제7등뼈

17 식육에는 비타민 B군이 많은 편인데, 그 중에서도 비타민 B_1의 함량이 높은 것은?

① 쇠고기   ② 돼지고기
③ 닭고기   ④ 양고기

18 쇠고기 앞다리의 소분할 세부 부위명에 해당하는 것은?

① 설깃살   ② 도가니살
③ 부채살   ④ 보섭살

19 PSE 발생의 주원인이 아닌 것은?

① 스트레스
② 품 종
③ 도축처리방법
④ 방 혈

20 소 부산물 중 우리말 연결이 틀린 것은?

① 심장 – 염통
② 폐 – 허파
③ 신장 – 홍창
④ 비장 – 지라

21 다음 식중독 중 세균성 감염형인 것은?

① 포도상구균 식중독
② 곰팡이독 식중독
③ 보툴리누스균 식중독
④ 장염 비브리오균 식중독

22 pH와 산도와의 관계 중 맞는 것은?

① pH가 낮을수록 산도가 높다.
② pH가 낮을수록 산도가 낮다.
③ pH와 산도는 관계가 없다.
④ pH가 일정 범위에서는 산도와 비례하지만 일정 범위를 벗어나면 상관관계가 없다.

23 자외선 살균에 대한 설명으로 틀린 것은?

① 살균 효과가 강한 영역은 260~280 nm의 파장이다.
② 결핵균, 바이러스에 대해서 강한 살균작용을 나타낸다.
③ 포자는 단시간 조사만으로도 완전 멸균된다.
④ 투과력이 약하다.

24 식육 및 육제품 매장의 위생관리 수칙으로 부적합한 것은?

① 육 및 육제품을 다른 식품과 분리 진열한다.
② 가격표를 정확하게 고기 표면에 부착하여 표기한다.
③ 포장지의 인쇄된 면이 고기에 접촉되지 않도록 포장한다.
④ 육제품의 절단면에 손을 대지 않는다.

25 세균의 성장 곡선 중 가장 왕성하게 세균이 자라는 단계는?

① 준비기 ② 정지기
③ 사멸기 ④ 대수생장기

26 신선육의 호기성 부패에 대한 설명으로 틀린 것은?

① 고기의 표면에 *Alcaligenes*, *Leuconostoc*, *Micrococcus* 등이 자라서 표면에 점질물을 형성한다.
② 미생물이 생장하면서 생성하는 Peroxide, Hydrogen, Sulfide 등은 고기의 색을 변색시킨다.
③ *Clostridium*에 의해 단백질이 부패되어 H_2S, Indole, Ammonia, Amine 등의 휘발성 물질이 생겨 강한 부패취를 생성한다.
④ 곰팡이가 고기 표면에서 호기적으로 생장하면서 고기 표면에 흑색, 백색, 청색 반점 등을 생성한다.

27 육가공 시 아질산염 및 질산염은 어떤 미생물을 제어하기 위해 사용하는가?

① *Streptococcus aureus*
② *Clostridium botulinum*
③ *Escherichia coli*
④ *Micrococcus* spp.

28 진공상태로 밀봉된 식품의 부패로 야기되는 식중독균은?

① 살모넬라균
② 웰치균
③ 포도상구균
④ 보툴리누스균

29 돼지고기를 잘 익히지 않고 먹을 때 감염되는 기생충은?

① 회 충
② 십이지장충
③ 요 충
④ 선모충

30 수분활성도(Aw ; Water activity)에 대한 설명 중 틀린 것은?

① "Aw = RH(상대습도)/100"으로 구해진다.
② "Aw = 용액의 증기압/용매(물)의 증기압"이다.
③ 수분활성도가 낮을수록 세균은 활발히 증식한다.
④ 소금이나 당을 많이 첨가할수록 수분활성도는 저하된다.

31 육류의 신선도 저하의 초기부패 판정 시 지표가 되는 것은?

① 식육의 수분함량
② 식육의 단백질 함량
③ 휘발성 염기질소 함량
④ 환원지방 함량

34 축산물 위생관리법규상 소·말·양·돼지 등 포유류(토끼 제외)의 도살방법으로 틀린 것은?

① 도살 전에 가축의 몸의 표면에 묻어 있는 오물을 제거한 후 깨끗하게 물로 씻어야 한다.
② 방혈 시에는 앞다리를 매달아 방혈함을 원칙으로 한다.
③ 도살은 타격법, 전살법, 총격법, 자격법 또는 CO_2 가스법을 이용한다.
④ 방혈은 목동맥을 절단하여 실시한다.

32 미생물 증식곡선의 순서가 옳은 것은?

① 대수기 – 정지기 – 유도기 – 사멸기
② 정지기 – 대수기 – 유도기 – 사멸기
③ 유도기 – 대수기 – 정지기 – 사멸기
④ 대수기 – 유도기 – 사멸기 – 정지기

35 식육을 다루는 기계, 기구 및 도구에 대한 관리사항으로 적절하지 않은 것은?

① 세척 및 소독이 용이한 재질로 되어 있어야 한다.
② 물리적 위해요인으로 작용하지 않도록 손상 부위가 없는지 평소에 규칙적으로 관리를 해야 한다.
③ 규칙적으로 새 제품으로 사용하면 특별한 관리를 하지 않아도 된다.
④ 작업 후에는 세척, 소독 및 건조를 하여야 한다.

33 일반적인 생육 최적 pH가 중성 내지 약 알칼리성인 미생물은?

① 세 균
② 곰팡이
③ 효 모
④ 버 섯

36 가축을 도살 전에 물로 깨끗이 해주는 주된 이유는?

① 도축장 바닥을 미끄럽게 하기 위해서
② 미생물의 오염을 방지하기 위해서
③ 스트레스를 풀어주기 위해서
④ 육색을 선명하게 하기 위해서

37 식육생산시설 내부의 바닥관리에 대한 설명 중 틀린 것은?

① 공장 내의 바닥은 흡수력이 매우 뛰어난 재질을 사용하여야 한다.
② 공장 내의 바닥은 적절한 구배를 갖게 하여 배수가 잘 되도록 한다.
③ 공장 내의 바닥은 부식과 균열이 없어야 한다.
④ 공장 내의 구석은 둥글게 마감하여야 한다.

38 돼지 도축 공정 중 지육의 미생물 오염을 줄이는 데 기여하는 공정은?

① 방 혈
② 분 할
③ 잔모소각
④ 내장적출

39 신선육에 세균이 단위표면적당 100만 마리가 오염되어 있을 때, 부패가 일어나는 시간은?(단, 단위표면적당 1,000만 마리일 때 부패가 시작되며, 20분마다 세균의 수가 2배로 늘어난다)

① 1시간에서 1시간 30분 사이
② 3시간에서 3시간 30분 사이
③ 5시간에서 5시간 30분 사이
④ 7시간에서 7시간 30분 사이

40 식육의 보관 및 운반 관련 온도로 적합하지 않은 것은?

① 원료육의 보관온도 : -2~5℃
② 해동육의 중심부 온도 : 15℃ 이하
③ 식육의 판매대 보관온도 : -2~10℃
④ 식육의 냉동보관 온도 : -18℃ 이하

41 다음 중 발효 소시지의 종류가 아닌 것은?

① 페퍼로니
② 살라미
③ 썸머 소시지
④ 비엔나 소시지

42 제품을 생산하는 작업장의 시설기준 및 평가내용과 거리가 먼 것은?

① 바닥은 콘크리트 등으로 내수처리되어 있고 파여 있거나 물이 고이지 아니하도록 되어 있는가?

② 위생타월 또는 손수건, 물컵이 모두 1회용 제품으로 잘 구비되어 있는가?

③ 채광 또는 조명시설이 잘 되어 있는가?

④ 작업원을 위한 화장실과 수세시설 및 탈의실(소독시설을 포함)이 있는가?

43 HACCP 도입 효과에 대한 설명으로 틀린 것은?

① 위생관리의 효율성이 도모된다.

② 적용초기 시설·설비 등 관리에 비용이 적게 들어 단기적인 이익의 도모가 가능하다.

③ 체계적인 위생관리 체계가 구축된다.

④ 회사의 이미지 제고와 신뢰성 향상에 기여한다.

44 지방 산패를 방지하기 위한 방법이 아닌 것은?

① 진공포장을 한다.

② 분쇄육의 경우 분쇄과정에서 산소의 혼입을 막는다.

③ 육제품 제조 시 소금을 첨가한다.

④ 육제품 제조 시 아스코브산을 첨가한다.

45 식육가공품, 어육소시지에 사용되며 발색, 산패지연, 미생물억제 등 복합적 효과를 내는 식품첨가물은?

① 소 금

② 인산염

③ 소브산

④ 아질산나트륨

46 육의 보수성을 높이기 위한 방법은?

① 육의 pH를 5.0으로 맞춘다.

② 인산염을 첨가한다.

③ 소브산을 첨가한다.

④ 아질산나트륨을 첨가한다.

47 고기를 포장하는 포장재의 기능이 아닌 것은?

① 표면건조 현상을 방지한다.
② 해충으로 인한 손상을 방지한다.
③ 산화반응을 촉진시킨다.
④ 제품의 규격화 생산을 가능하게 한다.

48 HACCP제도와 기존의 방법과의 비교 설명 중 틀린 것은?

	구 분	기존 방법	HACCP 제도
㉠	조치단계	문제발생 후 관리	문제발생 전 예방적 관리
㉡	평가범위	제한된 시료 평가	각 단계별 많은 측정 가능
㉢	위해요소 관리 범위	위해분석 결과에 따라 선정된 위해요소 관리	규정에 명시된 위해요소 관리
㉣	소요 비용	제품분석에 많은 비용 소요	시스템 도입 후 운영경비 저렴

① ㉠   ② ㉡
③ ㉢   ④ ㉣

49 육가공 제조에서 세절 및 혼합에 대한 설명으로 틀린 것은?

① 세절 시 빙수의 첨가가 금지되어 있다.
② 소시지 제조의 중요 공정으로 사일런트 커터에서 이루어진다.
③ 세절 시 가능한 한 작업장 온도나 최종 고기 혼합물의 온도는 15℃ 이하를 권장한다.
④ 세절은 유화상태, 결착성 및 보수성 등 조직감에 큰 영향을 미친다.

50 부분육 포장육 상품화의 장점이 아닌 것은?

① 생산제품의 규격화
② 취급의 편리성
③ 소비자 구매선택 다양화
④ 유통의 다단계화

51 고기 유화물의 안정도에 적합한 배합비 중 적정 지방 첨가량은?

① 15%   ② 25%
③ 40%   ④ 50%

52 식육을 그대로 또는 이에 식품 또는 식품 첨가물을 가하여 건조하거나 열처리하여 건조한 것으로 수분 55% 이하의 식육 가공품은?(육함량 85% 이상의 것)

① 건조소시지
② 혼합소시지
③ 양념육류
④ 건조저장육류

53 유화형 소시지 제조에서 가장 중요하게 고려해야 할 원료육의 기능적 특성은?

① 유화성   ② 탄력성
③ 기포성   ④ 호화성

54 고온 발골된 신선육을 가공육에 사용했을 때 나타나는 영향이 아닌 것은?

① 육색 안정성 개선
② 염지액 침투 개선
③ 단백질 용출 증가
④ 보수성 감소

55 식육 제품의 표준품질을 유지하기 위한 품질관리에 대한 설명으로 옳은 것은?

① 표준의 모든 품질 특성은 반드시 가장 높은 수준으로 잡는다.
② 모든 품질표준은 최종제품검사 공정에서만 설정되면 가장 효율적으로 유지될 수 있다.
③ 한 번 정해진 표준은 개정, 보완되지 않고 실행되어야 하고, 그 내용이 현장 종사자들에게 노출되지 않도록 최종 경영자가 보안 관리한다.
④ 표준을 만들 때 많은 현장 종사자들의 인식이 반영되어야 품질이 효율적으로 유지될 수 있다.

56 훈연 시 연기 침착의 속도와 양에 영향을 주는 것과 가장 거리가 먼 것은?

① 제품 표면의 건조 상태
② 훈연실 내 연기의 밀도
③ 훈연실의 공기의 순환 속도
④ 훈연실의 온도

57 인공 케이싱이 아닌 것은?

① 돈장 케이싱
② 콜라겐 케이싱
③ 셀룰로스 케이싱
④ 플라스틱 케이싱

58 훈연에 적합하지 않은 포장재(Casing)는?

① 파이브러스(Fibrous) 케이싱
② 피브이디시(PVDC) 케이싱
③ 셀룰로스(Cellulose) 케이싱
④ 콜라겐(Collagen) 케이싱

59 식육의 냉동저장 중의 변화와 거리가 먼 것은?

① 단백질의 변성
② 지방의 산화
③ 변 색
④ 미생물의 사멸

60 염지 시 사용되는 염지재료와 그 사용 목적이 옳게 연결된 것은?

① 구연산염 - 결착성 증진
② 아질산염 - 육색 고정
③ 탄산염 - 보수력 증진
④ 인산염 - 풍미 향상

정답   54 ④ 55 ④ 56 ④ 57 ① 58 ② 59 ④ 60 ②

2014년 제1회
과년도 기출문제

01 사후경직 과정 중 고기가 가장 질겨지는 단계는?

① 경직 전 단계
② 경직 개시 단계
③ 경직 완료 단계
④ 경직 해제 단계

02 식육의 주원료인 골격근에 가장 풍부한 것은?

① 세망세포
② 근섬유
③ 결합조직
④ 신경조직

해설
근육은 골격근, 평활근, 심근으로 구분하며, 식육으로 이용되는 근육은 주로 골격근이다. 골격근은 횡문근으로 수의근에 속하며, 근육의 수축과 이완을 통해 동물의 운동을 수행하는 기관인 동시에 필요한 에너지원을 저장하고 있기 때문에 식품으로서 가치가 매우 높다. 골격근은 다수의 근섬유가 혈관과 신경섬유와 함께 결합조직에 의해 다발을 이루는 근섬유속을 만들고, 이 근섬유속은 근막에 쌓여 양쪽 끝이 건을 이뤄 뼈나 인대에 부착되어 있다.

03 이상돈육 발생의 방지책이 아닌 것은?

① 계 류
② 장거리 수송
③ 칸막이 수용
④ 온도 조절

해설
일반적으로 식육의 품질은 도축 전 식육동물과 근육의 상태에 따라 달라질 수 있으며, 도축 후 도체나 식육의 취급방식에 따라서도 크게 달라질 수 있다. 즉, 도축 전 식육동물의 스트레스, 유전력, 연령, 성, 사료, 취급방법, 기절방식 등의 요인과 도축 후 도체나 식육의 저장온도 또는 가공방법에 따라 육질은 차이가 나타날 수 있다. 돼지는 스트레스에 민감한 동물로 심신의 안정을 주기 위해 밀사를 하지 말아야 하고, 출하이동 거리(시간)는 가능한 짧게 하며 도축 전에 계류를 하는 것이 좋다.

04 돼지고기 대분할 부위명은?

① 뒷다리
② 사 태
③ 설 도
④ 양 지

해설
쇠고기 및 돼지고기의 분할상태별 부위명칭(소 · 돼지 식육의 표시방법 및 부위 구분기준 별표 1)
돼지고기는 7개의 대분할과 25개의 소분할로 구분한다. 안심(안심살), 등심(등심살, 알등심살, 등심덧살), 목심(목심살), 앞다리(앞다리살, 앞사태살, 항정살, 꾸리살, 부채살, 주걱살), 뒷다리(볼깃살, 설깃살, 도가니살, 홍두깨살, 보섭살, 뒷사태살), 삼겹살(삼겹살, 갈매기살, 등갈비, 토시살, 오돌삼겹), 갈비(갈비, 갈비살, 마구리)로 나눈다.
※ 2014년 5월부터 앞다리 대분할에 꾸리살, 부채살, 주걱살이 추가되었고, 갈매기살과 토시살이 삼겹살 부위에 있음을 함께 기억할 필요가 있다.

05 소와 돼지의 적당한 계류시간은?

① 소 12시간 정도, 돼지 12시간 정도
② 소 24시간 정도, 돼지 24시간 정도
③ 소 24시간 정도, 돼지 12시간 정도
④ 소 12시간 정도, 돼지 24시간 정도

해설

일반적으로 소와 돼지는 개체와 수송거리, 피로의 상태에 따라 계류시간이 다르지만, 돼지는 약 4~12시간 정도, 소의 경우 24시간 전후가 적당한 것으로 알려져 있다.

06 돼지 도체 분할 시 가장 많은 정육이 생산되는 부위는?

① 등 심   ② 뒷다리
③ 삼겹살   ④ 앞다리

해설

돼지고기를 분할하면 뒷다리, 앞다리, 삼겹살, 등심, 목심 순으로 고기량이 많이 나온다. 참고로, 돼지고기 1마리는 대략 정육 65.9%, 지방 23.2%, 뼈 10.9%로 구성되어 있다. 정육 65.9%는 다시 뒷다리 20.3%, 앞다리 12.9%, 삼겹살 12.1%, 등심 8.4%, 목심 6.2%, 갈비 4.1%, 안심 1.4%, 특수부위 0.5%로 구성된다.

07 다음 쇠고기 부분육 중에서 장조림용으로 가장 적합한 부위는?

① 홍두깨살   ② 채끝살
③ 차돌박이   ④ 제비추리

해설

장조림용으로는 주로 우둔과 설도 부위가 많이 쓰인다. 우둔 대분할 부위에는 우둔살과 홍두깨살이 있으며, 설도 대분할 부위에는 보섭살, 설깃살, 설깃머리살, 도가니살, 삼각살이 있는데 이 중에 우둔 부위를 묻는 경우가 많다.

08 육질이 좋은 돼지 품종으로 우리나라에서 삼원교잡종에 많이 이용하는 돼지 품종은?

① 메리노
② 피에트레인
③ 에버딘 엥거스
④ 듀 록

해설

듀록종은 일당 증체량과 사료 이용성이 양호하여 1대 잡종이나 3대 교잡종의 생산을 위한 부돈(父豚)으로 널리 이용되고 있다.

09 생축을 도축장으로 반입하는 공정 중 부적합한 것은?

① 하절기에는 가축에게 직사광선을 피하고 통풍이 잘 되게 하며 동절기에는 너무 춥게 하지 않는다.
② 상차 직전에는 사료를 충분하게 급여한다.
③ 상하차시킬 때 스트레스를 주지 않도록 주의한다.
④ 가축의 표피에 분뇨에 의한 오염이 없도록 청결하게 해 준다.

해설

가축은 출하할 때 한두 끼니를 굶겨 몸을 가볍게 하여 운송 중 멀미를 하지 않도록 하고, 도축 시 위 내용물에 미처 소화되지 못한 사료가 낭비되지 않도록 절식을 한다. 물은 가볍게 축일 정도로 급여하고 계류를 통해 심신의 안정을 꾀하는 것이 근육을 이완하는 데 좋다.

5 ③ 6 ② 7 ① 8 ④ 9 ② **정답**

10 근육이 공기 중에 노출되어 산소와 결합하면 생성되는 육색소의 형태는?

① 옥시마이오글로빈(Oxymyoglobin)
② 메트마이오글로빈(Metmyoglobin)
③ 환원마이오글로빈(Reduced Myglobin)
④ 데옥시마이오글로빈(Deoxymyoglobin)

해설

식육의 적색은 일차적으로 육색소의 함량에 따라 차이를 나타내지만, 같은 함량을 가진 식육일지라도 마이오글로빈의 화학적 상태에 따라 육색은 다르게 나타날 수 있다. 마이오글로빈에 철원자가 2가(Fe^{2+})로 존재하면 데옥시마이오글로빈이라 부르고 자색을 띤다. 철원자가 3가로 존재하면 메트마이오글로빈이라 부르고 갈색을 나타낸다. 한편, 산소분자가 부착하면 옥시마이오글로빈이라 부르며 밝은 선홍색을 보인다.

11 소의 도체 특성에서 연골의 경화 정도에 의해서 간접적으로 판단될 수 있는 것은?

① 성숙도   ② 보수성
③ 탄력성   ④ 육 량

해설

소 도체의 등급판정은 육량등급과 육질등급으로 구분되며 이 중 육질등급판정은 등급판정부위에서 측정되는 근내지방도, 육색, 지방색, 조직감, 성숙도에 따라 1^{++}, 1^{+}, 1, 2, 3의 5개 등급으로 구분한다. 성숙도는 왼쪽 반도체의 척추 가시돌기에서 연골의 경화 정도 등을 성숙도 구분기준과 비교하여 평가한다.

12 축산법상 돼지 도체 등외등급을 포함한 등급의 종류는?

① 4개 등급   ② 8개 등급
③ 16개 등급   ④ 17개 등급

해설

등급판정의 방법·기준 및 적용조건(축산법 시행규칙 별표 4)

돼지 도체의 등급은 1^{+}, 1, 2, 등외등급 등 4개로 구분하며, 소 도체의 등급은 육질등급과 육량등급으로 나누는데 육질등급은 1^{++}, 1^{+}, 1, 2, 3등급으로, 육량등급은 A, B, C로, 그리고 등외등급을 별도로 구분하고 있다. 소 도체의 등급 종류는 육질등급과 육량등급을 결합한 $1^{++}A$, $1^{++}B$, $1^{++}C$, $1^{+}A$, ... 3C 및 등외등급을 포함하여 총 16개이다. 이때 주의할 점은 소 도체의 육질등급 종류는 5개, 육량등급은 3개, 총 소 도체 등급 종류는 등외등급을 포함하여 16개로 구분된다는 점이다.

13 가축에게 스트레스를 적게 주며 근육 내 출혈현상이 없는 도살방법은?

① 타격법   ② 가스마취법
③ 전살법   ④ 충격법

해설

② 도살방법 중 스트레스를 적게 주며 근육 내 출혈현상이 없는 도살방법은 CO_2 가스법(가스마취법)이다.

가축의 도살·처리 및 집유의 기준(축산물 위생관리법 시행규칙 별표 1)

소·말·양·돼지 등 포유류(토끼는 제외한다)의 도살은 타격법, 전살법, 총격법, 자격법 또는 CO_2 가스법을 이용하여야 하며, 방혈 전후 연수 또는 척수를 파괴할 목적으로 철선을 사용하는 경우 그 철선은 스테인리스철재로서 소독된 것을 사용하여야 한다.

14 육가공제품의 분류로 틀린 것은?

① 햄류는 식육을 정형, 염지한 후 훈연, 가열한 것이다.
② 베이컨류는 돼지의 복부육을 정형, 염지한 후 훈연, 가열한 것이다.
③ 프레스 햄은 육괴를 염지한 것에 결착제, 조미료 등을 첨가한 후 훈연, 가열한 것으로 돼지고기 함량은 전체 함유량의 75% 이상인 것이다.
④ 소시지류는 식육에 조미료 및 향신료 등을 첨가한 후 훈연, 가열처리한 것으로 수분 70%, 지방 20% 이하인 것이다.

해설

식품의 기준 및 규격(식품의약품안전처고시 제2024-35호)

소시지류라 함은 식육이나 식육가공품을 그대로 또는 염지하여 분쇄 세절한 것에 식품 또는 식품첨가물을 가한 후 훈연 또는 가열처리한 것이거나, 저온에서 발효시켜 숙성 또는 건조처리한 것이거나, 또는 케이싱에 충전하여 냉장·냉동한 것을 말한다(육함량 70% 이상, 전분 10% 이하의 것).

• 건조소시지류는 수분을 35% 이하로, 반건조소시지류는 수분을 55% 이하로 가공하여야 한다.
• 소시지 : 식육(육함량 중 10% 미만의 알류를 혼합한 것도 포함)에 다른 식품 또는 식품첨가물을 가한 후 숙성·건조시킨 것, 훈연 또는 가열처리한 것 또는 케이싱에 충전 후 냉장·냉동한 것을 말한다.
• 발효소시지 : 식육에 다른 식품 또는 식품첨가물을 가하여 저온에서 훈연 또는 훈연하지 않고 발효시켜 숙성 또는 건조처리한 것을 말한다.
• 혼합소시지 : 식육(전체 육함량 중 20% 미만의 어육 또는 알류를 혼합한 것도 포함)에 다른 식품 또는 식품첨가물을 가한 후 숙성·건조시킨 것, 훈연 또는 가열처리한 것을 말한다.

15 식육의 숙성 중 일어나는 변화가 아닌 것은?

① 자가소화
② 풍미 성분의 증가
③ 일부 단백질의 분해
④ 경도의 증가

해설

식육의 숙성 중에 일어나는 변화로 사후경직에 의해 신전성을 잃고 단단하게 경직된 근육은 시간이 지남에 따라 점차 장력이 떨어지고 유연해져 연도가 증가한다. 즉, 경도가 증가하는 것이 아니다. 사후 근육의 숙성 중에는 근섬유의 미세구조에 많은 변화가 일어나는데 그 첫 번째 변화는 Z-선의 붕괴가 시작된다는 것이다. Z-선의 구조가 완전히 소실되는 것은 Z-선과 관련된 데스민과 타이틴 같은 단백질이 붕괴되는 자가소화(Autolysis)의 결과이다. 사후 저장기간 동안 연도가 증진되는 것은 거의 전적으로 근원섬유 단백질이 붕괴되는 자가소화에 기인하지만, 콜라겐의 붕괴도 식육의 연도를 증진시킨다.

16 방혈은 몇 초 이내에 이루어지는 것이 좋은가?

① 5초   ② 10초
③ 20초   ④ 25초

해설

방혈에 따른 체내 혈액순환의 중단은 살아 있는 근육이 식육으로 전환하는 시작점이며 매우 중요한 의미를 지닌다. 방혈이 시작되면 혈압이 떨어지고 심장박동이 증가하며 모세혈관은 혈압을 유지하기 위하여 수축을 시작한다. 또 각종 생체기관들도 항상성에 의해 혈액을 저장하게 되는데, 실제로 방혈을 통해 총 혈액의 50% 정도만이 제거되고 나머지 50% 정도는 심장을 비롯한 중요 내장기관과 근육 중에 남아 있게 된다. 방혈은 짧은 시간 내에 이뤄지는 것이 좋으며, 경동맥 절단 후 방혈에 이르는 시간과 함께 시간이 길면 길수록 근육 내 잔류혈액을 많게 하거나 모세혈관의 파괴(근출혈)를 일으킬 소지가 높아진다.

17 글리코겐(Glycogen)에 대한 설명으로 틀린 것은?

① 분해되어 젖산이 된다.

② 무정형의 백색 분말로서 무미, 무취이고 물에 녹아 콜로이드용액을 이룬다.

③ 근육이 움직일 때 신속히 분해되어 에너지원이 된다.

④ 고기 속에 존재하는 단백질로서 맛에 중요한 영향을 미친다.

글리코겐은 백색·무정형·무미의 다당류로 고등동물의 중요한 탄수화물(단백질이 아니다) 저장형태로 간 및 근육에서 주로 만들어지며, 세균·효모를 포함한 균류와 같은 다양한 미생물에서도 발견된다. 글리코겐은 필요할 때 포도당으로 분해되는 에너지 저장원으로서의 역할을 한다.

18 생체 중량 110kg의 돼지를 도축하여, 탕박도체 중량 80kg, 가죽의 중량이 7kg이었다면 이 돼지의 박피 도체율은 약 얼마인가?

① 64% ② 66%

③ 68% ④ 70%

돼지의 도축방법은 크게 탕박과 박피로 구분하며, '탕박'은 머리와 내장을 제거하고 털은 미지근한 물을 이용하여 제거하는 것이다. '박피'는 가죽을 벗겨내는 방법으로 머리와 내장 외에 족발까지 제거해야 한다. 이때 '박피도체 중량 = 탕박도체 중량 − 가죽중량'이다. 따라서 박피도체 중량은 80kg − 7kg = 73kg이고, 박피도체율은 '박피도체 중량/생체중량 × 100'이므로, 73/110 × 100 = 66.3%이다.

19 스트레스로 인해 소고기에서 주로 발생되며 도축 후에 육색이 진하고 단단하며 육이 건조한 특성을 보이는 것은?

① Two-toning육

② PSS육

③ DFD육

④ PSE육

• DFD육 : 색이 어둡고(Dark), 조직이 단단하며(Firm), 표면이 건조한(Dry) 고기로 주로 소에서 발생한다.
• PSE육 : 색이 창백하고(Pale), 조직의 탄력성이 없으며(Soft), 육즙이 분리되는(Exudative) 고기로 주로 돼지에서 발생한다.

20 쇠고기의 다즙성과 풍미에 크게 영향을 미치는 요인은?

① 육 색 ② 단단함

③ 근내지방도 ④ 정육률

다즙성이란, 입안에서 느끼는 식품의 수분 함유량의 다소를 나타내는 관능적인 지표 중의 하나로, 고기의 풍미는 날고기가 갖는 약한 혈액냄새나 산냄새 등으로 표현되는 신선풍미와 고기를 가열하여 비로소 생성되는 가열풍미로 나누어진다. 고기는 보통 가열하고 나서 먹는 것이 많고 더구나 가열풍미 쪽이 보다 현저하기 때문에 고기의 풍미라고 한다면 가열풍미를 가리키는 것이 많다. 한편 축종 특유의 풍미 생성에는 살코기에 더하여 지방조직의 성분이 필요하고 지방질은 전구체의 하나이다. 풍미 물질로는 카보닐 화합물이나 함황 화합물 등이 중요하다. 따라서 쇠고기의 다즙성과 풍미에 크게 영향을 미치는 요인은 근내지방도이다.

21 냉동·냉장축산물의 보존온도는 식품의 기준 및 규격에서 따로 정하여진 것을 제외하고는 각각 몇 ℃로 규정하는가?

① 냉동 −20℃ 이하, 냉장 0~4℃
② 냉동 −18℃ 이하, 냉장 0~10℃
③ 냉동 0℃ 이하, 냉장 0~4℃
④ 냉동 −18℃ 이하, 냉장 2~5℃

해설

식품의 기준 및 규격(식품의약품안전처고시 제2024-35호)
'냉장' 또는 '냉동'이라 함은 이 고시에서 따로 정하여진 것을 제외하고는 냉장은 0~10℃, 냉동은 −18℃ 이하를 말한다.

22 식품의 가공기준으로 틀린 것은?

① 축산물의 처리·가공·포장·보존 및 유통 중에는 항생물질, 합성항균제, 호르몬제를 사용할 수 있다.
② 냉동된 원료의 해동은 위생적으로 실시하여야 한다.
③ 원유는 이물을 제거하기 위한 청정공정과 필요한 경우 유지방구의 입자를 미세화하기 위한 균질공정을 거쳐야 한다.
④ 축산물의 처리·가공에 사용하는 물은 먹는물관리법의 수질기준에 적합한 것이어야 한다.

해설

식품의 기준 및 규격(식품의약품안전처고시 제2024-35호)
식품의 제조, 가공, 조리, 보존 및 유통 중에는 동물용의약품을 사용할 수 없다.

23 식육시설 위생으로 부적당한 것은?

① 바닥은 세정하기 쉽게 미끄럼이 좋은 재료를 사용한다.
② 기계부품은 10% 정도의 예비품을 비축한다.
③ 방충을 위한 시설을 갖추어야 한다.
④ 바닥과 벽의 이음 부분은 둥글게 하여 세정이 용이하도록 한다.

해설

식육시설은 기계부품의 10% 정도의 예비품을 비축해야 하고, 방충을 위한 시설을 갖추어야 하며 바닥과 벽의 이음 부분을 둥글게 하여 세정이 용이하도록 해야 한다.

24 산소가 있거나 또는 없는 환경에서도 잘 자랄 수 있는 균은?

① 혐기성균
② 호기성균
③ 편성혐기성균
④ 통성혐기성균

해설

미생물은 유리산소가 존재하는 환경에서만 발육할 수 있는 호기성균(Aerobes)과 이와 같은 환경에서는 발육할 수 없는 혐기성균(Anaerobes) 그리고 호기적 및 혐기적 조건 어느 곳에서도 발육할 수 있는 통성혐기성균으로 나뉜다. 통상, 혐기성균이란 편성혐기성균(偏性嫌氣性菌)을 의미하며, 공중산소의 존재가 유해하여 발육할 수 없는 균을 말한다. 세균이나 효모의 대부분은 통성혐기성이나 이들은 혐기적 상태보다 유리산소의 존재 하에서 더 잘 증식한다.

25 식육 통조림에서 발생할 수 있는 식중독은?

① 살모넬라 식중독
② 황색포도상구균 식중독
③ 클로스트리듐 보툴리눔균 식중독
④ 베네루핀 식중독

보툴리눔 식중독은 보관 상태가 나쁜 통조림이나 소시지를 먹은 후에 발생하고 신경독소에 의해 마비 증상을 일으킨다.

26 식육가공품의 휘발성 염기질소의 법적 성분 규격은?

① 5mg% 이하
② 10mg% 이하
③ 15mg% 이하
④ 20mg% 이하

식품의 기준 및 규격(식품의약품안전처고시 제2024-35호)
식육가공품 중 포장육의 경우 휘발성 염기질소 : 20mg% 이하

27 가축의 사육, 축산물의 원료관리 · 처리 · 가공 · 포장 · 유통 및 판매까지 전 과정에서 위해물질이 해당 축산물에 혼입되거나 오염되는 것을 사전에 방지하기 위하여 각 과정을 중점적으로 관리하는 기준은?

① RECALL   ② HACCP
③ PL법   ④ GMP

28 미생물의 생육에 영향을 주는 인자가 아닌 것은?

① 온 도   ② 수 분
③ 효 소   ④ pH

① 온도는 미생물의 생장과 생존에 가장 큰 영향을 미치는 중요한 환경요인 중 하나이다.
② 모든 생물체는 물을 필요로 하고, 물의 가용성이 미생물의 생장에 중요한 영향을 미친다.
④ 모든 미생물은 제각기 최적의 생장이 일어나는 산도 범위를 가지고 있다. 일반적으로 세균은 산도 6~8, 곰팡이는 산도 5~7에서 생육이 좋다.

29 일정한 조건하에서 30분마다 분열하는 세균 2마리는 3시간 후 몇 마리가 되겠는가?

① 64   ② 128
③ 256   ④ 512

세균은 30분마다 이분할($\times 2$)을 하므로 이를 계산하면 다음과 같다.

시 간	세균수	시 간	세균수
0분	2	2시간	32
30분	4	2시간 30분	64
1시간	8	3시간	128
1시간 30분	16		

30 소시지 표면에 녹변현상이 발생하는 원인은?

① 훈연기 내 제품 과다 투입
② 염지액의 분포 불량
③ 냉장보관상태 불량으로 인한 2차 오염
④ PSE 이상육을 다량 사용

해설
헴(Heme)을 함유하는 식품, 특히 식육, 육제품에 때때로 볼 수 있는 초록 또는 초록회색의 변색을 녹변현상이라고 한다. 녹변이 생기는 근본적 원인은 식육에 함유된 마이오글로빈 중의 힘의 포르피린 링이 산화적 변화를 받거나 파괴됨으로써 녹색 물질이 생기는 것에 의한다. 따라서 냉장보관상태 불량으로 인한 2차 오염이 원인이 된다.

31 미생물 교차오염의 정의를 가장 바르게 설명한 것은?

① 한 사람이 한 단계에서만 작업함으로써 발생되는 오염
② 도축과정에서 여러 사람이 위생적인 작업을 함으로써 발생되는 오염
③ 골발용 칼 하나로 여러 도체를 골발함으로써 발생되는 오염
④ 방혈용 칼을 계속 소독 후 사용하여도 발생되는 오염

해설
교차오염이란 식재료, 기구, 용수 등에 오염되어 있던 미생물이 오염되어 있지 않은 식재료, 기구 등에 전이되는 것을 말한다. 교차오염은 맨손으로 식품을 취급할 때, 손 씻기가 부적절한 때, 식품 쪽에서 기침을 할 때, 칼·도마 등을 혼용 사용할 때 등에 일어난다.

32 클로스트리듐 보툴리눔으로부터 생성되는 독소는?

① 뉴로톡신   ② 고시폴
③ 솔라닌   ④ 베네루핀

해설
클로스트리듐 보툴리눔은 인체에 신경마비 증상(뉴로톡신)이나 호흡곤란 등을 일으켜 사망에까지 이르게 하는 치사율이 매우 높은 식중독이다.

33 닭고기를 취급할 때에 특히 조심해야 하는 식중독 세균은?

① 클로스트리듐 퍼프린젠스균
   (*Clostridium perfringens*)
② 에로모나스균(*Aeromonas*)
③ 살모넬라균(*Salmonella*)
④ 황색포도상구균(*Staphylococcus aureus*)

해설
살모넬라균
장내세균과에 속하는 그람음성 호기성간균이다.

34 미생물의 종류와 최적 성장온도가 맞게 연결된 것은?

① 저온성 세균 : 0~10℃
② 중온성 세균 : 30~40℃
③ 고온성 세균 : 70~80℃
④ 호냉성 세균 : -10~0℃

해설
미생물은 최적 생육온도에 따라 호냉성 미생물(저온균), 호온성 미생물(중온균), 호열성 미생물(고온균)으로 구분된다. 최적온도는 저온균 15~20℃, 중온균 25~40℃, 고온균 50~60℃이다.

35 식품위생에서 오염의 지표세균으로 이용되고 있는 미생물은?

① 대장균군(Coliform Bacteria)
② 클로스트리듐 보툴리눔
　　(*Clostridium botulinum*)
③ 트리키넬라 스피랄리스
　　(*Trichinella spiralis*)
④ 바실러스 시리우스(*Bacillus cereus*)

해설
병원균과 공존하며, 또한 검사가 용이하기 때문에 병원균 대신 그 균의 유무를 조사하여 병원균 오염의 유무를 추정할 수 있는 세균으로 대장균군이 있다.

36 식육의 숙성이 지나치게 이루어져서 최종산물로 황화수소 등으로 분해됨으로써 불쾌한 냄새를 발생하는 성분은?

① 단백질
② 탄수화물
③ 지 질
④ 비타민

37 식육 생산 시 미생물 오염에 대한 설명이 잘못된 것은?

① 도축 작업실에서는 가죽과 장 내용물이 주오염원이 될 수 있다.
② 골발 작업 시 작업자의 손, 도구, 작업대를 통해 오염될 수 있다.
③ 분할 작업 중 가공 공장의 바닥이나 벽에 지육이 접촉되어도 오염될 수 있다.
④ 분할, 골발, 정형 작업 시에는 주로 혐기성 세균이 오염될 수 있다.

해설
분할, 골발, 정형 작업 시에는 주로 호기성 세균이 오염될 수 있다.

38 pH값에 따른 세균의 내열성에 관한 설명 중 옳은 것은?

① 중성에서 내열성이 크다.
② 알칼리성에서 내열성이 크다.
③ 산성에서 내열성이 크다.
④ 내열성은 pH 변화와 관련이 없다.

해설
세균의 내열성은 일반적으로 중성 가까이에서 가장 크며, 가열액의 pH가 중성 근처에서 산성 또는 알칼리성 쪽으로 기울게 되면 내열성은 급격히 약해진다.

39 다음 중 수분활성도(Aw)가 가장 낮은 환경(Aw = 0.65)에서도 성장이 가능한 것은?

① 세 균 ② 곰팡이
③ 대장균 ④ 살모넬라균

해설

세균, 대장균, 살모넬라균은 수분활성도(Aw)가 가장 낮은 환경(Aw = 0.65)에서 성장할 수 없다.

40 식육을 냉장보관함으로써 얻을 수 있는 효과가 아닌 것은?

① 부패성 세균의 사멸
② 자가소화 효소의 활성 억제
③ 식중독균의 증식 저지
④ 부패균의 증식 억제

해설

식육을 냉장 보관한다고 하여 세균이 사멸하는 것은 아니다. 증식을 억제하는 효과를 얻는 것이다.

41 가공육의 결착력을 높이기 위해 첨가되는 것은?

① 단백질 ② 수 분
③ 지 방 ④ 회 분

해설

근원섬유 단백질은 가공특성이나 결착력에 크게 관여하는데, 재구성육 제품이나 유화형 소시지 제품에서 근원섬유 단백질의 추출량이 증가할수록 결착력이 높아진다. 또한, 육제품 제조 시 최종 제품의 맛과 풍미 안전성을 위해 사용되는 소금과 인산염은 근원섬유 단백질의 추출성을 증가시켜 결착력 증진에 효과가 있으나, 소금의 경우는 지방산화 등의 이유로 2% 이내 그리고 인산염은 0.5% 이내의 수준에서 이용하는 것이 바람직하다.

42 고기의 동결에 대한 설명으로 틀린 것은?

① 최대빙결정생성대 통과시간이 30분 이내이면 급속동결이라 한다.
② 완만동결을 할수록 동결육 내 얼음의 개수가 적고 크기도 작다.
③ 완만동결을 할수록 동결육의 물리적 품질은 저하한다.
④ 동결속도가 빠를수록 근육 내 미세한 얼음결정이 고루 분포하게 된다.

해설

급속히 냉동시킨 식육에는 크기가 작은 빙결정이 다수 존재하고, 완만하게 냉동시킨 식육에는 크기가 큰 빙결정이 적은 개수로 존재한다. 완만동결에서는 형성되는 빙결정의 개수가 적고 성장이 심하게 일어나지만, 급속냉동에서는 많은 빙결정이 형성되고 한정된 크기까지만 성장하기 때문이다.

43 육제품의 훈연방법 중 50~80℃의 온도 범위에서 실시하는 것은?

① 온훈법 　　② 냉훈법
③ 열훈법 　　④ 액훈법

육제품의 훈연방법에는 냉훈법(10~30℃), 온훈법 (30~50℃), 열훈법(50~80℃), 액훈법, 정전기적 훈연법 등이 있다.

44 육제품의 포장재로 이용되는 셀로판의 특징이 아닌 것은?

① 광택이 있고 투명하다.
② 기계적 작업성이 우수하다.
③ 인쇄적성이 좋다.
④ 열 접착성이 좋다.

셀로판은 열 접착성이 없다.

45 신선육의 육색을 결정하는 주요 인자는?

① 사이토크로뮴
② 마이오글로빈
③ 액토마이오신
④ 헤모글로빈

식육의 적색은 일차적으로 육색소의 함량에 따라 차이를 나타내지만, 같은 함량을 가진 식육이라고 할지라도 마이오글로빈의 화학적 상태에 따라 육색은 다르게 나타날 수 있다.

46 시료 중의 수분함량을 측정하고자 한다. 건조 전 시료의 무게는 100g, 건조 후 시료의 무게가 80g일 때 이 시료의 수분 함량은?

① 80% 　　② 20%
③ 8% 　　④ 2%

47 건조 및 반건조 육제품이 아닌 것은?

① 육 포
② 비엔나소시지
③ 살라미
④ 페퍼로니

비엔나소시지는 가열소시지이다.

48 저장기간이 짧지만 소비자가 선호하는 선홍색의 육색을 부여하기 위하여 포장 내의 산소농도를 높게 유지시킬 수 있는 포장방법은?

① 랩포장 　　② 진공포장
③ 스킨팩포장 　　④ 플라스틱포장

식육의 포장방법 중 가장 일반적으로 사용되는 랩포장은 포장 용기에 신선육을 넣고 산소 투과도가 높은 Polyvinyl Chloride(PVC)로 포장하는 것이다. 이는 냉장 조건하에서 식육의 변색 정도가 빠르고 슈도모나스 등과 같은 호기성균의 발육이 촉진되어 부패취가 발생되는 등 저장성이 매우 짧은 단점이 있다. 그러나 산소 투과도가 높은 포장재(PVC)를 사용했기 때문에 저장된 수일 동안은 소비자 기호에 맞는 바람직한 육색을 나타내 신선하게 보일 수 있다.

49 식육의 단백질 중 수분과 결합력이 가장 뛰어난 것은?

① 염용성 단백질
② 수용성 단백질
③ 육기질 단백질
④ 지용성 단백질

> **해설**
> 염용성 단백질은 근육의 기본 섬유를 구성하는 단백질로, 소금 용액에 의해 추출되며 근육단백질의 50%를 차지한다. 이러한 단백질은 근육의 수축과 이완에 크게 관여하고 있어 조절단백질이라고도 한다. 햄이나 소시지 제조 시 소금을 첨가하면 저장성 및 풍미 향상의 효과가 있고, 염용성 단백질을 추출하여 햄이나 소시지의 유화력(지방과 물, 단백질의 결합)을 좋게 하고 보수력을 증진시킨다.

50 고기유화물에 영향을 미치는 요인이 아닌 것은?

① 충전강도
② 원료육의 보수력
③ 배합성분과 비율
④ 세절온도와 세절시간

51 육제품 제조 시 세절 공정에서 온도 상승을 억제하기 위한 방법이 아닌 것은?

① 원료육의 온도를 0~5℃로 낮춘다.
② 세절기의 칼날을 예리하게 유지한다.
③ 세절시간을 길게 한다.
④ 물 대신 얼음을 사용한다.

52 소시지 제조 시 지방이 분리되는 현상의 원인이 아닌 것은?

① 적육의 과다
② 첨가 지방의 과다
③ 심한 세절
④ 급속 가열

> **해설**
> 소시지 제조 시 첨가 지방이 과다하거나 심한 세절, 급속 가열을 하게 되면 지방이 분리된다.

53 육제품 제조 시 염지 촉진법이 아닌 것은?

① 건염법   ② 염지액 주사법
③ 텀블링법   ④ 마사지법

> **해설**
> 건염법은 소금만을 사용하거나 또는 아질산염이나 질산염을 함께 사용하여 만든 염지염을 원료육 중량의 10% 정도 도포하여 4~6주간 저장하여 염지하는 방법이다. 현재는 맥관이나 바늘주사를 이용하여 조직 내에 훨씬 신속하고 균일하게 염지액을 분포시키는 염지액 주사법이 많이 사용되고 있다. 또한 물리적 염지 촉진방법으로 마사지와 텀블링이 있다.

54 육제품 제조 시 훈연재료로 적합하지 않은 것은?

① 플라타너스   ② 밤나무
③ 소나무   ④ 떡갈나무

> **해설**
> 훈연에 이용되는 목재는 수지의 함량이 적고 향기가 좋으며 방부성 물질의 발생량이 많은 것이 좋다. 보통은 굳은 질의 나무로서 참나무, 밤나무, 도토리나무, 갈나무, 플라타너스, 떡갈나무 등이 쓰인다.

55 햄 제품 제조 시 결착력이 가장 요구되는 제품은?

① 레귤러 햄(Regular Ham)
② 본인 햄(Bone In Ham)
③ 로인 햄(Loin Ham)
④ 프레스 햄(Press Ham)

56 저온단축 현상을 가장 현저하게 볼 수 있는 것은?

① 닭가슴살   ② 생선살
③ 돼지고기   ④ 쇠고기

사후경직 전 근육을 0~16℃ 사이의 저온으로 급속히 냉각시키면 불가역적이고 반영구적으로 근섬유가 강하게 수축되는 현상을 저온단축이라 한다. 저온단축은 주로 적색근섬유에서 발생하는 것에 반해, 고온단축은 닭의 가슴살, 토끼의 안심과 같은 백색근섬유에서 주로 발생한다. 돼지고기의 경우에는 급속냉동을 시키는 경우가 있는데 이는 동결속도가 빠를수록 얼음의 결정이 작고 고르게 분포되어 조직의 손상이 적고 결과적으로 해동 시 분리되는 유리 육즙량도 적고 복원력도 우수하게 되기 때문이다.

57 소시지 제조에 있어서 유화작업을 통해 보수력을 높이고 조미료, 증량제, 지방 등을 첨가하여 소시지 반죽을 만드는 작업에 쓰이는 기계는?

① 그라인더(Grinder)
② 사일런트 커터(Silent Cutter)
③ 스터퍼(Stuffer)
④ 리테이너(Retainer)

58 식육의 연화제로 주로 사용되는 식물성 효소는?

① 파파인   ② 라이페이스
③ 펩 신   ④ 크레아틴

식육의 연화제로 파인애플이 연화효과가 가장 좋으며, 파파야, 무화과, 키위, 배 순으로 효과가 있는 것으로 나타났다.

59 식육 제품의 일반적인 품질 검사 방법으로 부적당한 것은?

① 관능 검사법
② 미생물 검사법
③ 방사선 검사법
④ 이화학 검사법

60 식용을 목적으로 처리한 간, 폐, (   ), 위장, 췌장, 비장, 콩팥 및 창자 등을 내장이라 한다. 다음 중 (   ) 안에 알맞은 것은?

① 머 리   ② 심 장
③ 꼬 리   ④ 다 리

식품의 기준 및 규격(식품의약품안전처고시 제2024-35호)
"식육"이라 함은 식용을 목적으로 하는 동물성원료의 지육, 정육, 내장, 그 밖의 부분을 말하며, '지육'은 머리, 꼬리, 발 및 내장 등을 제거한 도체(Carcass)를, '정육'은 지육으로부터 뼈를 분리한 고기를, '내장'은 식용을 목적으로 처리된 간, 폐, 심장, 위, 췌장, 비장, 신장, 소장 및 대장 등을, '그 밖의 부분'은 식용을 목적으로 도축된 동물성원료로부터 채취, 생산된 동물의 머리, 꼬리, 발, 껍질, 혈액 등 식용이 가능한 부위를 말한다.

2014년 제 2 회 과년도 기출문제

01 200kg의 소지육을 구입하여 발골한 후 등심 17.8kg을 상품화하였다. 이 등심의 생산수율은?

① 7.9% ② 8.4%
③ 8.9% ④ 9.4%

02 육가공의 주요 대상이 되는 근육은?

① 심 근 ② 골격근
③ 신경근 ④ 평활근

> **해설**
> 육가공 분야에는 생체량의 30~40%를 차지하는 골격근이 주요한 대상이 된다. 횡문근인 골격근은 일명 수의근이라고도 불리며 근육의 수축과 이완에 의해 동물의 운동을 수행하는 기관인 동시에 운동에 필요한 에너지원을 저장하고 있기 때문에 식품으로서 귀중한 영양소를 함유하고 있다.

03 가축 도축 후 고기가 질겨지는 근육수축과 가장 관계가 깊은 것은?

① Fe ② Cu
③ Ca ④ Mg

04 다음 중 지방조직이 가장 단단한 축종은?

① 소 ② 돼 지
③ 닭 ④ 오 리

05 골격근의 근원섬유 중에서 굵은 필라멘트를 구성하는 주요 단백질은?

① 액틴(Actin)
② 마이오신(Myosin)
③ 트로포마이오신(Tropomyosin)
④ 콜라겐(Collagen)

> **해설**
> 마이오신(Myosin)
> 액틴과 함께 근육단백질을 이루는 두 가지 기본 단백질 중 하나로서 형태상 구상단백질이다. 근원섬유에서 굵은 필라멘트 부분을 이루고 있다.

정답 1 ③ 2 ② 3 ③ 4 ① 5 ②

06 염용성 단백질(근원섬유 단백질)에 속하지 않는 것은?

① 마이오신(Myosin)
② 마이오글로빈(Myoglobin)
③ 액틴(Actin)
④ 트로포닌(Troponin)

해설
근원섬유는 20여 종 이상의 단백질과 관련이 있다. 이 중 마이오신, 액틴, 타이틴, 트로포마이오신, 트로포닌, 네불린은 전체 근원섬유 단백질의 약 90% 정도를 차지하고 있다.

07 다음 중 근육 내에 지방의 침착이 좋고, 육질이 가장 우수한 돼지 품종은?

① 피에트레인
② 랜드레이스
③ 듀 록
④ 햄프셔

해설
듀록종은 일당 증체량과 사료 이용성이 양호하여 1대 잡종이나 3대 교잡종의 생산을 위한 부돈(父豚)으로 널리 이용되고 있다.

08 소의 육질등급 판정요인 중 실제로 조리 후 풍미에 가장 큰 영향을 주는 것은?

① 근내지방도   ② 육 색
③ 지방색   ④ 조직감

해설
근내지방도란 근육 사이에 지방이 침착한 정도를 말하고, 근내지방도가 높을수록 고급육으로 평가된다.

09 도체의 예랭(냉각)실에 가장 적합한 상대습도(%)는?

① 20~30%   ② 40~50%
③ 60~70%   ④ 80~90%

10 근절(筋節)에 대한 설명으로 틀린 것은?

① 근육이 수축되면 근절이 짧아지고 이완되면 근절이 길어진다.
② Z선으로 구분된다.
③ 근절에는 명대와 암대가 포함된다.
④ 사후경직이 발생되면 근절이 길어진다.

해설
사후경직이 발생되면 근절이 짧아진다.

11 도축 처리에 관한 설명으로 옳지 않은 것은?

① 도축 전 수송에서 도살처리까지 수송 중 체중감소는 대략 약 2~5% 정도이다.
② 도축 전 물을 공급하면 식육의 손실이 늘어나고 육질이 나빠진다.
③ 전격 실시 후 가급적 5초 이내에 신속히 방혈을 개시하면 출혈성 혈반을 예방할 수 있다.
④ 육질을 좋게 하기 위해서는 도축 전 가축이 스트레스를 받지 않도록 해야 한다.

해설
도축 전 식육동물은 물을 자유롭게 먹이고 절식시키는 것이 바람직한데, 이는 방혈을 보다 완전하게 하여 육색이 좋고 저장성이 높은 식육을 생산하고, 장관의 파열을 줄여 내장적출 작업을 용이하게 하며, 또한 사료의 절식을 통해 불쾌취가 식육으로 이행되는 것을 방지하기 위함이다.

12 다음 중 살코기 속에 가장 풍부한 영양성분은?

① 지 방   ② 탄수화물
③ 단백질   ④ 비타민

13 식육의 보수력에 영향을 미치는 요인에 대한 설명으로 틀린 것은?

① 식육의 pH가 낮을수록 보수력은 감소한다.
② 동물의 연령, 축종 및 근육 부위에 따라 보수력의 차이가 있을 수 있다.
③ 근육 내 ATP가 생성되면 보수력이 높아진다.
④ 사후경직이 완료되는 시점까지 보수력은 지속적으로 높아진다.

해설
소·돼지를 도축한 후 근육이 단단하게 굳어지고 신전성(늘어나는 성질)이 없어지면서 연도와 보수성이 떨어지는 현상을 사후경직이라고 한다.

14 사후경직 과정에서 일어나는 당의 분해(해당작용)란?

① ATP가 ADP와 AMP로 분해
② 포도당(Glucose)이 젖산으로 분해
③ 포스포크레아틴(Phosphocreatine)이 인(P)과 크레아틴(Creatine)으로 분해
④ 액토마이오신(Actomyosin)이 액틴(Actin)과 마이오신(Myosin)으로 분해

해설
식육의 안정성 확보를 위해 도축 후 냉각과정을 필수적으로 거치게 되는데, 이 과정에서 사후경직 현상이 발생하여 근육의 수축에 의해 식육이 매우 질겨진다. 또한 당의 분해로 생성된 젖산에 의하여 산도가 저하되어 도축 후 1~2일 경에 식육의 조리 시 맛에 관계되는 물리적 특성이 가장 나빠지게 된다.

11 ② 12 ③ 13 ④ 14 ②   정답

15 식육을 질기게 하는 원인이 되는 결합조직이 아닌 것은?

① 근원섬유 ② 교원섬유
③ 탄성섬유 ④ 세망섬유

도체는 기본적으로 근육조직과 다양한 종류의 결합조직, 그리고 약간의 상피조직과 신경조직으로 구성된다. 근육조직은 골격근, 평활근 및 심근으로 구분되며, 식육으로 이용되는 근육은 주로 골격근이다. 주요 결합조직은 지방조직, 뼈, 연골 등이다. 근원섬유는 근섬유의 세포질을 형성하고 있는 아주 가느다란 섬유이며 원기둥 형태의 세포소기관으로, 근육세포에 존재한다.

17 돼지고기의 대분할 부위명인 뒷다리에서 생산되는 소분할 세부 부위명에 속하지 않는 것은?

① 볼깃살 ② 설깃살
③ 갈매기살 ④ 보섭살

돼지고기 뒷다리 대분할에는 볼깃살, 설깃살, 도가니살, 홍두깨살, 보섭살, 뒷사태살이 있고, 삼겹살 대분할에는 삼겹살, 갈매기살, 등갈비살, 토시살, 오돌삼겹이 있다.

16 소도체의 육질등급 판정 기준으로 가장 중요한 것은?

① 보수력 ② 근내지방도
③ 도체의 중량 ④ 등지방두께

쇠고기의 육질등급판정은 등급판정부위에서 측정되는 근내지방도, 육색, 지방색, 조직감, 성숙도에 따라 1⁺⁺, 1⁺, 1, 2, 3의 5개 등급으로 구분하는데, 근내지방도가 평가에서 가장 중요한 부분을 차지한다.

18 쇠고기와 돼지고기 부위에서 구이용으로 부적당한 것은?

① 안심 부위
② 삼겹살 부위
③ 등심 부위
④ 사태 부위

사태 부위는 지방이 적고 질긴 편이다. 안심은 지방이 적고 풍미가 좋으며, 등심은 육질이 연하며 풍미가 좋다.

19 도체(지육)의 냉각 목적으로 가장 부적합한 것은?

① 식육 연도의 개선
② 지방의 경화
③ 오염 미생물 발육억제
④ 육색의 개선

해설

아무리 이상적인 조건하에서 위생적으로 도축한 도체라 하더라도 통상적으로 약 100~1,000마리/cm² 정도의 표면미생물이 검출되며, 영세한 도축장에서 도축된 도체의 경우는 이보다 심하게 검출되기도 한다. 따라서 도축이 끝난 도체는 미생물의 증식을 억제하고 신선도를 유지하기 위해 도체의 표면은 물론 내부까지 신속히 냉각시켜야 한다.

도축 후 근육은 해당작용이 진전되어 감에 따라 경직현상을 일으킨다. 사후경직 전의 근육은 수축이 이루어지지 않았기 때문에 매우 연하지만 경직현상이 이루어짐에 따라 근섬유는 수축하게 되고 근육은 질겨진다. 사후 해당작용의 속도 또한 식육의 연도에 영향을 미치며 도체의 냉각 목적으로 식육의 연도 개선과는 거리가 있다. 오히려 사후경직이 완료된 근육은 단백질 분해효소에 의한 숙성기작을 통해 연도가 향상된다.

20 숙성에 대한 설명으로 옳은 것은?

① 일반적으로 돼지고기 숙성기간이 쇠고기보다 길다.
② 숙성기간은 저장온도에 영향을 받지 않는다.
③ 숙성기간 중 근육의 연도 변화는 주로 지방 분해효소의 작용에 의한다.
④ 숙성기간 중 고기 내부에서 많은 생화학적 변화가 일어난다.

해설

식육의 숙성 중에 일어나는 변화로 사후경직에 의해 신전성을 잃고 단단하게 경직된 근육은 시간이 지남에 따라 점차 장력이 떨어지고 유연해져 연도가 증가한다. 즉, 경도가 증가하는 것이 아니다. 사후근육의 숙성 중에는 근섬유의 미세구조에 많은 변화가 일어나는데 그 첫 번째 변화는 Z-선의 붕괴가 시작된다는 것이다. Z-선의 구조가 완전히 소실되는 것은 Z-선과 관련된 데스민과 타이틴 같은 단백질이 붕괴되는 자가소화의 결과이다. 사후 저장기간 동안 연도가 증진되는 것은 거의 전적으로 근원섬유 단백질이 붕괴되는 자가소화에 기인하지만, 콜라겐의 붕괴도 식육의 연도를 증진시킨다.

식육의 숙성시간은 식육동물의 종류, 근육의 종류 및 숙성온도에 따라 달라지는데 사후경직 후 쇠고기의 경우 4℃ 내외의 냉장숙성은 약 7~14일이 소요되지만 10℃에서는 4~5일, 15℃ 이상 고온에서는 2~3일 정도가 요구된다. 사후 해당속도가 빠른 돼지고기의 경우 4℃ 내외에서 1~2일, 닭고기는 8~24시간 이내에 숙성이 완료된다.

한편 식육을 숙성시키면 연도가 확실히 좋아지지만, 반대로 숙성기간이 필요 이상 길어지면 미생물의 번식과 지방의 산패로 오히려 육질의 저하를 초래할 수 있으며, 심한 경우는 식용으로 사용이 부적당하게 되므로 적당한 숙성방법과 기간을 지키는 것이 중요하다.

21 호기성 식중독균이 고기 표면에 자라면 어떤 현상이 발생하는가?

① 고기가 질겨진다.
② 고기의 색깔이 좋아진다.
③ 고기의 표면에 점질물이 생성된다.
④ 고기의 냄새가 좋아진다.

22 식중독 중 세균이 생산한 독소의 섭취에 의해 발생하는 독소형 식중독의 원인균이 되는 것은?

① 황색포도상구균
② 살모넬라
③ 선모충
④ 장염 비브리오

해설

식중독은 미생물 식중독, 자연독 식중독, 화학적 식중독으로 구분한다. 미생물 식중독은 다시 세균성, 바이러스성, 원충성 식중독으로 구분하고 세균성 식중독은 다시 감염형과 독소형으로 구분한다.
독소형 세균성 식중독의 원인균으로는 황색포도상구균, 클로스트리듐 퍼프린젠스 등이 있고, 감염형 세균성 식중독의 원인균으로는 살모넬라(3종), 장염 비브리오균(2종), 병원성 대장균(4종), 캠필로박터, 여시니아, 리스테리아 모노사이토제네스, 바실러스 세레우스, 시겔라(세균성 이질) 등이 있다.

23 축산물안전관리인증기준에 의거하여 HACCP 관리 시 제품설명서의 내용이 아닌 것은?(단, 축산물가공장, 식육포장처리장에 한한다)

① 유통기한
② 포장방법 및 재질
③ 사육시설(축사, 소독 및 차단시설)
④ 성분배합비율

해설

안전관리인증기준 관리(식품 및 축산물 안전관리인증기준 제6조제4항)
제품설명서의 내용(축산물가공장, 식육포장처리장에 한한다)
• 제품명, 제품 유형 및 성상
• 품목제조보고 연월일
• 작성자 및 작성 연월일
• 성분배합비율
• 처리 · 가공(포장)단위
• 완제품의 규격
• 보관 · 유통상의 주의사항
• 제품의 용도 및 유통기간
• 포장방법 및 재질
• 기타 필요한 사항

24 식품 저장 시 수분활성도를 낮추는 방법으로 적합하지 않은 것은?

① 소금을 첨가한다.
② 설탕을 첨가한다.
③ 식품을 얼려서 저장한다.
④ 물을 첨가한다.

해설

식품 저장 시 염장, 담장의 방법으로 식염이나 당분을 첨가하면 식품 속의 유리수가 결합수로 변하기 때문에 수분활성도(Aw)가 낮아진다. 또한 건조, 동결의 경우에도 동일한 결과를 얻을 수 있어 소비기한을 연장할 수 있다.

25 미생물에 대한 설명으로 틀린 것은?

① 염분에 약해 식염수에서는 살지 못한다.
② 대사생리의 유연성이 매우 크다.
③ 생태적으로 널리 분포되어 있다.
④ 심해세균과 같이 극한 조건에서도 생육할 수 있는 종류가 있다.

26 식품의 부패를 방지하는 물리적인 수단이 아닌 것은?

① 냉 장
② 냉 동
③ 고온처리
④ 주정처리

27 세균성 식중독에 대한 설명 중 틀린 것은?

① 식품에 오염된 병원성 미생물이 주요 원인이 된다.
② 오염된 미생물이 생산한 독소를 먹을 때 발생할 수 있다.
③ 식중독 미생물이 초기 오염되어 있는 식육은 육안으로 판별이 가능하다.
④ 식중독 미생물의 초기 오염은 식육의 맛, 냄새 등을 거의 변화시키지 않는다.

해설
식중독 미생물이 초기 오염되어 있는 식육은 육안으로 판별이 불가능하다.

28 돼지고기를 생식함으로써 감염될 수 있는 기생충은?

① 무구조충(민촌충)
② 유구조충(갈고리촌충)
③ 십이지장충(구충)
④ 간디스토마

해설
돼지고기를 덜 익히거나 생식할 경우 유구조충(갈고리촌충)에 감염될 수 있고, 쇠고기를 덜 익히거나 생식할 경우 무구조충(민촌충)에 감염될 수 있다.

29 일반적으로 쇠고기보다 돼지고기 신선육이 빨리 산패되는 이유는?

① 돼지고기에 비타민 C 함량이 높기 때문이다.

② 돼지고기에 탄수화물이 많기 때문이다.

③ 돼지고기에 비타민 E 함량이 높기 때문이다.

④ 돼지고기에 불포화지방산이 많기 때문이다.

해설

산패는 유지와 같은 식품을 공기에 장시간 노출하거나 고온에 가열하였을 때 맛과 색상이 나빠지며 이취가 발생하는 등 식품 성상에 변화가 생기는 현상으로 변패의 일종이다. 돼지고기는 육류 중 단백질 함량이 가장 높고, 지방 함량도 소고기나 닭고기에 비해 적은데다가 혈관 안에 콜레스테롤이 쌓이지 않게 도와주는 아라키돈산, 리놀산 같은 불포화지방산도 소고기의 2~6배나 들어 있다. 즉, 돼지고기는 소고기보다 불포화지방이 많아 산패가 쉽게 일어난다.

30 냉장육을 진공포장 할 경우 저장성이 좋아지고 유통기간이 늘어나는 이유로 옳은 것은?

① 수분활성도가 떨어지기 때문이다.

② pH가 상대적으로 낮아지기 때문이다.

③ 호기성 미생물들이 자라지 못하기 때문이다.

④ 미생물에 대한 삼투압이 증가하기 때문이다.

해설

진공포장의 주된 목적은 포장 내 산소를 제거함으로써 호기성 미생물의 성장과 지방 산화를 지연시켜 저장성을 높이는 데 있다.

31 다음 중 병원성 세균의 성장을 고려하여 식육을 보존하기에 가장 적합한 냉장온도는?

① $-5 \sim -2℃$　　② $-1 \sim 5℃$

③ $5 \sim 10℃$　　④ $10 \sim 15℃$

32 축산물 위생관리법상 축산물판매업에 관한 위생관리기준 내용 중 (　) 안에 알맞은 것은?

작업을 할 때에는 오염을 방지하기 위하여 수시로 칼·칼갈이·도마 및 기구 등을 (　) 또는 동등한 소독효과가 있는 방법으로 세척·소독하여야 한다.

① 100% 알코올

② 70% 알코올

③ 3% 승홍수

④ 5% 석탄산수

해설

영업장 또는 업소의 위생관리기준(축산물 위생관리법 시행규칙 별표 2)

작업을 할 때에는 오염을 방지하기 위하여 수시로 칼·칼갈이·도마 및 기구 등을 70% 알코올 또는 동등한 소독효과가 있는 방법으로 세척·소독하여야 한다.

33 pH에 대한 설명 중 틀린 것은?

① 일반적인 식중독균은 낮은 pH에서 잘 자라지 못한다.

② 곰팡이나 효모는 세균보다 넓은 pH 범위에서 자랄 수 있다.

③ pH가 낮은 PSE육은 pH가 높은 DFD육보다 저장성이 좋다.

④ 고기의 pH는 높을수록 저장성이 좋아진다.

해설
고기의 부패와 병원성 물질의 발생은 대개 박테리아, 효모, 곰팡이의 증식에 의한 것으로, 미생물의 생장에 영향을 미치는 요인들로는 수분활성도(상대습도), 온도, 수소이온농도(pH), 산화환원전위, 생장억제 물질 등이 있다. 일상생활에서는 건조와 염장 등의 방법으로 미생물이 이용할 수 있는 유리수를 줄임으로써 저장성 및 보존성을 높이고 있다. 그 외에 저장온도와 pH를 낮추고 산화환원전위를 방지하기 위하여 혐기상태를 유지하며 미생물의 생장억제 물질을 첨가하는 등의 방법이 활용되고 있다.

34 위생적 지육생산을 위한 방법이 아닌 것은?

① 지육의 초기 오염을 가급적 줄인다.

② 지육 세척을 철저히 한다.

③ 도살 후 온도체로 유통시킨다.

④ 도살 후 지육을 냉각시킨다.

해설
도체의 전기 자극은 사후 근육의 해당작용을 촉진시키고 저온단축을 방지한다.

35 캔제품에서도 포자의 형태로 생존할 수 있어 심각한 식중독 원인이 될 수 있으며, 특히 아질산염에 약한 병원성 세균은?

① 살모넬라

② 리스테리아

③ 대장균

④ 클로스트리듐 보툴리눔

36 식육의 미생물학적 위해 발생을 방지하는 방법에 대한 설명으로 틀린 것은?

① 도체의 운반 시 냉장온도(−2~10℃)를 유지한다.

② 도체의 운반 시 현수걸이를 이용하며, 도체 간 간격을 유지한다.

③ 도체를 운반하는 차량의 내부를 특별히 세정 및 소독할 필요는 없다.

④ 도체를 받을 때는 운반 차량의 온도 및 도체의 심부온도를 체크하는 것이 필요하다.

해설
도체를 운반하는 차량의 내부를 세정 및 소독해 주어야 한다.

37 식육점에서 부산물 판매 시 위생관리 방법으로 적합하지 않은 것은?

① 교차오염을 방지하기 위해 별도의 도마를 사용한다.
② 내장은 선도저하가 빠르므로 매입 후 냉염수 처리를 철저히 한다.
③ 냉동상태의 것은 아침에 해동해 그날 안으로 판매하도록 한다.
④ 내장은 많은 양을 한꺼번에 팔 수 있도록 대용량 포장을 위주로 한다.

38 다음 중 식육을 2kg 크기로 절단하여 5℃ 냉장고에 보관할 때 가장 부패가 빠른 것은?

① 랩으로 포장한 육
② 진공 포장한 육
③ 동결 후 해동한 육
④ 탄산가스를 충전한 육

39 호기성균류에 속하는 것은?

① 슈도모나스(*Pseudomonas* spp.)
② 비브리오(*Vibrio*)
③ 클로스트리듐(*Clostridium* spp.)
④ 젖산균

해설
슈도모나스
진정세균류 슈도모나스과의 한 속으로 150종에 이르는 많은 종을 포함한다. 그람음성균이며 토양, 담수, 바닷물 속에 널리 분포한다. 호기성이지만 탈질소작용이나 질산호흡을 하는 것은 무산소적으로도 생육한다.

40 식품위생의 지표균은?

① 대장균군(Coliform Bacteria)
② 살모넬라균(*Salmonella*)
③ 비브리오균(*Vibrio*)
④ 황색포도상구균(*Staphylococcus*)

해설
위생지표균
식품 전반에 대한 위생수준을 나타내는 지표로, 통상적으로 병원성을 나타내지는 않는 세균수, 대장균군 및 대장균 등을 의미한다. 식품별 오염도, 주원료, 제조공정, 보존 및 유통환경 등을 고려하여 식품 기준·규격으로 이용된다.

41 가축을 도축하고 도체를 냉각시키는 과정에 대한 설명으로 틀린 것은?

① 전기자극은 고기를 부드럽게 한다.
② 식육의 연도를 증진시키기 위한 방법으로 온도조절, 도체현수방법의 변경 및 숙성처리 등이 있다.
③ 전기자극은 사후경직을 지연시킨다.
④ 가축을 도축하여 처리작업 후 얻어진 것을 도체라 한다.

해설
전기자극의 효과로 사후 해당작용의 가속화, 사후경직의 촉진, 고기의 연도 증진, 숙성효과의 증진 및 숙성시간의 단축 등이 있다.

42 소를 도살한 후 지육을 냉각시킬 때 지육의 온도를 너무 급속히 저하시키면 근육이 강하게 수축되어 그 이후의 숙성에 의해서도 충분히 연화되지 않는 경우가 있는데, 이러한 현상을 무엇이라 하는가?

① 저온단축   ② 고온단축
③ 해동경직   ④ 사후경직

43 유화형 소시지의 제조 시에 원료육과 지방을 미세하게 절단하여 유화물(Emulsion)을 만드는 공정에서 빙수나 얼음을 첨가하는 이유로 틀린 것은?

① 단백질 변성 방지
② 케이싱에의 충전 용이
③ 지방의 유화 억제
④ 소시지 조직의 안정

44 축산물에 대한 설명으로 틀린 것은?

① 식육이란 식용을 목적으로 하는 가축의 지육, 정육, 내장, 그 밖의 부분을 말한다.
② 수입생우도 국내에서 6개월 이상 사육하면 국내산 육우고기로 판매될 수 있다.
③ 소 도체는 10개 대분할, 39개 소분할 부위로 구분한다.
④ 돼지 도체는 7개 대분할, 20개 소분할 부위로 구분한다.

해설
돼지고기는 7개의 대분할과 25개의 소분할로 구분한다.

45 고기 유화물의 보수력과 유화력에 영향을 주는 요인이 아닌 것은?

① 원료육의 보수력
② 세절온도와 세절시간
③ 배합성분과 비율
④ 건조와 훈연

해설
고기 유화물의 보수력과 유화력에 영향을 주는 요인으로 원료육의 보수력, 세절온도와 세절시간, 배합성분과 비율이 있다.

46 육색에 대한 설명으로 틀린 것은?

① 육색은 마이오글로빈의 양과 화학적 상태에 의해 큰 영향을 받는다.
② 수컷이 암컷이나 거세우보다 마이오글로빈의 함량이 적다.
③ 마이오글로빈이 산화형 메트마이오글로빈으로 변화되면 육색은 갈색이 된다.
④ 고기의 가장 심층부는 산소압의 차이로 적자색을 보인다.

해설
수컷이 암컷이나 거세한 수컷보다 더욱 짙은 육색을 보인다.

47 고기 염지 시 사용되는 설비가 아닌 것은?

① 인젝터(Injecter)
② 텀블러(Tumbler)
③ 믹서(Mixer)
④ 스터퍼(Stuffer)

해설
스터핑(Stuffing)은 우리말로 '충전'이라고 하며 달걀, 닭고기, 생선, 채소, 버섯 등의 내부에 다른 재료를 넣는 것을 말한다. 축산식품 가공에서 스터핑은 혼화를 마친 조미혼합육을 충전기에 공기가 혼입되지 않도록 다져 넣은 다음 케이싱에 넣는 것을 말한다.

48 소시지나 프레스 햄은 훈연 전에 가벼운 건조공정을 거치게 되는데, 이때 과도한 건조가 진행될 경우 발생할 수 있는 현상과 거리가 먼 것은?

① 표면 경화
② 연기성분 침투 용이
③ 스모크 링(Smoke Ring) 형성
④ 발색 불량

해설
소시지나 프레스 햄을 과도하게 건조할 경우 표면 경화가 일어나고, 스모크 링이 형성되며, 발색 불량이 일어날 수 있다.

49 양념육에 대한 설명으로 가장 적절한 것은?

① 식육에 다른 식품 또는 식품첨가물을 첨가하여 저온에서 훈연하고 발효시켜 숙성한 것이다.

② 베이컨류가 이에 해당된다.

③ 식육에 식품 또는 식품첨가물을 첨가하여 양념한 것이다.

④ 판매를 목적으로 식육을 절단하여 포장한 상태로 냉장한 것이다.

> **해설**
> 식품의 기준 및 규격(식품의약품안전처고시 제2024-35호)
> **양념육** : 식육이나 식육가공품에 식품 또는 식품첨가물을 가하여 양념한 것이거나 식육을 그대로 또는 양념하여 가열처리한 것으로 편육, 수육 등을 포함한다(육함량 60% 이상).

50 식품의 기준 및 규격상 식육이나 식육가공품을 그대로 또는 염지하여 분쇄 세절한 것에 식품 또는 식품첨가물을 가한 후 훈연 또는 가열처리한 것이거나, 저온에서 발효시켜 숙성 또는 건조처리한 것이거나, 또는 케이싱에 충전하여 냉장 · 냉동한 것은?(단, 육함량 70% 이상, 전분 10% 이하의 것을 말한다)

① 햄 류
② 베이컨류
③ 소시지류
④ 건조저장육류

51 고기의 연화제로 쓰이는 식물계 효소는?

① 파파인
② 라이페이스
③ 포스파테이스
④ 아밀레이스

> **해설**
> 고기의 연화제는 보통 포도나무의 생과일에서 나오는 단백질 분해효소인 파파인과 같은 식물성 물질이 쓰인다.

52 육제품의 내포장재로 이용되는 천연(식육)케이싱의 장점이 아닌 것은?

① 훈연성이 좋다.
② 저장성이 좋다.
③ 밀착성이 좋다.
④ 제품의 외관이 좋다.

> **해설**
> 식육케이싱은 외관이 우수하나 직경이 균일하지 않고 쉽게 터지며 가격이 비싼 단점을 가지고 있어서, 저장을 잘 해야 한다.

53 축산물안전관리인증기준과 관련된 용어의 정의 중 "HACCP을 적용하여 축산물의 위해요소를 예방·제어하거나 허용 수준 이하로 감소시켜 축산물의 안전을 확보할 수 있는 단계·과정 또는 공정"을 의미하는 것은?

① 검 증
② 선행요건프로그램
③ 한계기준
④ 중요관리점

> **해설**
> 정의(식품 및 축산물안전관리인증기준 제2조제4호)
> 중요관리점이란 안전관리인증기준(HACCP)을 적용하여 식품·축산물의 위해요소를 예방·제어하거나 허용 수준 이하로 감소시켜 해당 식품·축산물의 안전성을 확보할 수 있는 중요한 단계·과정 또는 공정을 말한다.

54 육가공품 제조 시 첨가하는 소금의 기능이 아닌 것은?

① 증량 효과
② 보수력 증진
③ 염용성 단백질 추출
④ 저장성 증진

> **해설**
> 육가공품 제조 시 소금을 첨가하면 보수력이 증진되고, 염용성 단백질을 추출하며, 저장성이 증진된다.

55 동결저장 중 지속적으로 일어나는 변화가 아닌 것은?

① 산 패
② 변 색
③ 탈수건조
④ 육즙 증가

> **해설**
> 동결저장 중 산패, 변색, 탈수건조는 지속적으로 일어나는 변화이다.

56 소시지 제조 시 가열 중 수축 현상이 심하게 일어났다면 그 주요 원인은?

① 가열 시 온도와 시간이 부족해서
② 원료의 보수력이 낮아서
③ 미생물의 침투에 의한 2차 오염 때문에
④ 소시지 제품 포장 시 포장지의 손상으로 인한 공기 침투 때문에

> **해설**
> 소시지 제조 시 가열 중 원료의 보수력이 낮으면 수축 현상이 심하게 일어난다.

57 유화형 소시지 제조과정 중 고기유화물 제조 시 온도관리가 특히 중요한 이유는?

① 육색의 안정성
② 염지속도
③ 유화 안정성
④ 혼화속도

58 축산물의 가공기준 및 성분규격상 식육가공품 및 포장육의 보존온도는?

① 냉장제품 : -2~10℃
② 냉동제품 : -20℃ 이하
③ 냉장제품 : 0~10℃
④ 냉동제품 : -20℃ 이상

> [해설]
> **식품의 기준 및 규격(식품의약품안전처고시 제2024-35호)**
> 식육(분쇄육, 가금육 제외), 포장육(분쇄육 또는 가금육의 포장육 제외), 식육가공품(분쇄가공육제품 제외)은 냉장(-2~10℃) 또는 냉동에서 보존 및 유통하여야 한다.
> ※ 식품 및 축산물의 기준·규격이 통합된 「식품의 기준 및 규격」이 전면 시행됨에 따라 「축산물의 가공기준 및 성분규격」 고시는 폐지되었다(2018. 1. 1.).

59 프레스 햄에 대한 설명으로 틀린 것은?

① 결착제, 조미료, 향신료 등을 첨가한다.
② 숙성·건조하여 훈연하지 않은 것이다.
③ 육함량 75% 이상, 전분 8% 이하이다.
④ 식육의 육괴를 염지한 것도 포함된다.

60 식품의 기준 및 규격상 보존 및 유통기준으로 틀린 것은?

① 즉석섭취편의식품류의 냉장은 0~10℃, 온장은 60℃ 이상을 유지할 수 있어야 한다.
② "유통기간"의 산출은 포장완료 시점으로 한다.
③ 식용란은 가능한 한 냉소(0~15℃)에, 알가공품은 10℃ 이하에서 냉장 또는 냉동 보관 유통하여야 한다.
④ 포장축산물을 재분할 판매할 때는 보존 및 유통기준에 준하여 한다.

> [해설]
> **식품의 기준 및 규격(식품의약품안전처고시 제2024-35호)**
> 포장축산물은 다음의 경우를 제외하고는 재분할 판매하지 말아야 하며, 표시대상 축산물인 경우 표시가 없는 것을 구입하거나 판매하지 말아야 한다.
> • 식육판매업 또는 식육즉석판매가공업의 영업자가 포장육을 다시 절단하거나 나누어 판매하는 경우
> • 식육즉석판매가공업 영업자가 식육가공품(통조림·병조림은 제외)을 만들거나 다시 나누어 판매하는 경우
> ※ 2023년 1월 1일부터 '소비기한 표시제'가 적용되어 식품에 '유통기한' 대신 '소비기한'이 표기되고 있다.

57 ③ 58 ① 59 ② 60 ④ [정답]

2015년 제2회

과년도 기출문제

01 생우로 수입하여 국내산 육우고기로 판매하려면 검역계류장 도착일로부터 국내에서 최소 몇 개월 이상 사육되어야 하는가?

① 3개월
② 6개월
③ 12개월
④ 18개월

해설

식육 종류의 표시(소·돼지 식육의 표시방법 및 부위 구분기준 제4조제2항)
국내산 쇠고기의 종류를 구분하는 경우, 한우고기는 한우에서 생산된 고기, 젖소고기는 송아지를 낳은 경험이 있는 젖소암소에서 생산된 고기, 육우고기는 육우종, 교잡종, 젖소수소 및 송아지를 낳은 경험이 없는 젖소암소에서 생산된 고기와 검역계류장 도착일로부터 6개월 이상 국내에서 사육된 수입생우에서 생산된 고기를 말한다.

02 가축을 도축 후 48시간 이내 나타나는 현상이 아닌 것은?

① pH의 증가
② 젖산의 생성
③ 글리코겐의 분해
④ ATP의 분해

해설

근육의 식육화 과정은 방혈에 따른 산소 공급의 중단으로 시작되고, 근육에 존재하던 마이오글로빈과 결합된 산소가 소모되고 나면 근육은 혐기적 대사를 통해 ATP(근육이 수축 및 각종 기능을 수행하기 위해 이용하는 에너지원)를 생성하게 된다. ATP의 생성이 지속되다가 고갈되면 근육은 더 이상 수축과 이완을 할 수 없기 때문에 사후경직 현상을 일으킨다. 이때 방혈에 의해 근육 내에서 생성된 혐기성 대사의 산물인 젖산이 간으로 이행되지 못하고 근육 중에 남게 되고, 이러한 젖산의 축적으로 인해 근육의 pH가 저하된다.

03 쇠고기와 돼지고기의 대분할 부위는 각각 몇 개인가?

① 소 9, 돼지 6
② 소 10, 돼지 7
③ 소 11, 돼지 8
④ 소 12, 돼지 9

해설

쇠고기 및 돼지고기의 분할상태별 부위명칭(소·돼지 식육의 표시방법 및 부위 구분기준 별표 1)

쇠고기		돼지고기	
대분할 부위명칭	소분할 부위명칭	대분할 부위명칭	소분할 부위명칭
10개 부위	39개 부위	7개 부위	25개 부위

04 근육단백질 중에서 고농도의 염용액으로 추출되는 염용성 단백질은?

① 근장단백질
② 근원섬유 단백질
③ 육기질단백질
④ 결합조직 단백질

해설

② 근원섬유 단백질은 식육을 구성하고 있는 주요 단백질로 높은 이온강도에서만 추출되므로 염용성 단백질이라고도 한다.
① 근장단백질은 근원섬유 사이의 근장 중에 용해되어 있는 단백질로서 물 또는 낮은 이온강도의 염용액으로 추출되므로 수용성 단백질이라고도 하며, 육색소 단백질인 마이오글로빈, 사이토크로뮴 등이 있다.
③·④ 육기질단백질은 물이나 염용액에도 추출되지 않아 결합조직 단백질이라고도 하며, 주로 콜라겐, 엘라스틴 및 레티큘린 등의 섬유상 단백질로 근육조직 내에서 망상의 구조를 이루고 있다.

05 신선육의 단면색에 관한 설명으로 맞는 것은?

① 표면은 밝은 적색, 내부상층은 갈색, 내부심층은 적자색을 띤다.
② 표면은 갈색, 내부상층은 적자색, 내부심층은 밝은 적색을 띤다.
③ 표면은 녹색, 내부상층은 밝은 적색, 내부심층은 갈색을 띤다.
④ 표면은 밝은 적색, 내부상층은 녹색, 내부심층은 갈색을 띤다.

해설

식육의 적색은 일차적으로 육색소의 함량에 따라 차이를 나타내지만, 같은 함량을 가진 식육이라고 할지라도 마이오글로빈의 화학적 상태에 따라 육색은 다르게 나타날 수 있다. 마이오글로빈에 철원자가 2가(Fe^{2+})로 존재하면 데옥시마이오글로빈이라 부르고 자색을 띤다. 철원자가 3가로 존재하면 메트마이오글로빈이라 부르고 갈색을 나타낸다. 한편, 산소분자가 부착하면 옥시마이오글로빈이라 부르며 밝은 선홍색을 보인다. 신선육의 표면부터 내부까지 마이오글로빈의 화학적 상태에 따라 밝은 적색, 갈색, 적자색을 띤다.

06 돼지의 대분할 부위 중 돈가스 용도에 가장 적합한 것은?

① 갈 비   ② 등 심
③ 삼겹살   ④ 안 심

해설

등심은 육질이 부드러운 부위로 맛이 좋아 돈가스나 스테이크 등에 이용되고 안심은 지방이 가장 적은 부위로 담백하며 부드러워 구이나 볶음, 전골 등에 이용된다. 갈비는 배 근처에 있는 부위로 굵은 근섬유를 갖고 있으며, 지방과 단백질이 적절히 섞여 있어 구이, 찜 등에 이용된다. 삼겹살은 살코기와 지방이 번갈아가며 층을 이루는 형태로 특유의 맛이 있어 주로 구이로 이용된다. 다리는 물에 넣고 오랫동안 끓이면 단백질 성분을 함유한 결합조직이 젤라틴화되어 물렁해지고 식힌 고기는 주로 편육이나 족발로 이용된다.

07 가축의 도축 전 취급과정 중 가해진 자극들을 해소하는 데 매우 중요한 단계는?

① 출 하   ② 수 송
③ 체중계량   ④ 계 류

해설

가축은 출하할 때 한두 끼니를 굶겨 몸을 가볍게 하여 운송 중 멀미를 하지 않도록 하고, 도축 시 위의 내용물이 미처 소화되지 못해 사료가 낭비되지 않도록 절식을 한다. 물은 가볍게 목을 축일 정도로 급여하고 계류를 통해 심신의 안정을 꾀하는 것이 근육을 이완하는 데 좋다. 따라서 도축 전 가해진 자극들을 해소하는 데는 계류가 매우 중요하다.

08 쇠고기 양지의 소분할 세부 부위명칭에 해당하는 것은?

① 부채살   ② 차돌박이
③ 안창살   ④ 상박살

해설

쇠고기 양지는 양지머리, 차돌박이, 업진살, 업진안살, 치마양지, 치마살, 앞치마살로 세분한다.

09 근육조직의 숙성과정과 관련된 설명으로 틀린 것은?

① 숙성의 목적은 연도를 증가시키고 풍미를 향상시키기 위함이다.
② 숙성기간은 0℃에서 1~2주로 소와 돼지고기 모두 조건이 같다.
③ 쇠고기는 사후경직과 저온단축으로 인해 질겨지므로 숙성이 필요하다.
④ 고온숙성은 16℃ 내외에서 실시하는데 빠른 부패를 야기할 수도 있으므로 주의한다.

해설

식육의 숙성시간은 식육동물의 종류, 근육의 종류 및 숙성온도에 따라 달라지는데 사후경직 후 쇠고기의 경우 4℃ 내외의 냉장숙성은 약 7~14일이 소요되나 10℃에서는 4~5일, 15℃ 이상의 고온에서는 2~3일 정도가 대체로 요구된다. 사후 해당속도가 빠른 돼지고기의 경우 4℃ 내외에서 1~2일, 닭고기는 8~24시간 이내에 숙성이 완료된다.

10 「소・돼지 식육의 표시방법 및 부위 구분기준」중 쇠고기 부위별 분할정형기준의 대분할육 정형기준에 대한 설명으로 ( ) 안에 알맞은 것은?

> 목심은 제1~7목뼈(경추)부위의 근육들로서 앞다리와 (㉠)를 제외하고, 제7목뼈(경추)와 (㉡) 사이를 절단하여 등심부위와 분리한 후 정형한다.

① ㉠ 갈비부위, ㉡ 제1등뼈(흉추)
② ㉠ 갈비부위, ㉡ 제1목뼈(경추)
③ ㉠ 양지부위, ㉡ 제1등뼈(흉추)
④ ㉠ 양지부위, ㉡ 제1목뼈(경추)

11 도축 전 체중을 측정하는 이유와 거리가 먼 것은?

① 경제적 가치를 평가하는 요소로 이용
② 지육률 산출근거 자료로 이용
③ 내장 및 부산물 산출근거로도 활용
④ 중량 미달 여부 확인

12 육류의 저온단축(Cold Shortening)에 대한 설명으로 틀린 것은?

① 고기의 연도가 저하된다.
② 냉동저장 시 발생한다.
③ 돼지고기보다 쇠고기에서 그 정도가 심하다.
④ 경직 전 근육을 저온(0~5℃)에 노출 시 발생한다.

해설

사후경직 전 근육을 0~16℃ 사이의 저온으로 급속히 냉각시키면 불가역적이고 반영구적으로 근섬유가 강하게 수축되는 현상을 저온단축이라 한다. 저온단축은 적색근섬유에서 주로 발생하는 것에 반해, 고온단축은 닭의 가슴살, 토끼의 안심과 같은 백색근섬유에서 주로 발생한다.

13 돼지의 PSE육에 대한 설명 중 틀린 것은?

① 고기에 탄력성이 결여되어 있다.
② 고기 표면이 건조되어 있다.
③ 육색이 창백한 색깔이다.
④ 육즙 감량이 많다.

해설

PSE육은 색이 창백하고(Pale), 조직의 탄력성이 없으며(Soft), 육즙이 분리되는(Exudative) 고기를 말하며 주로 스트레스에 민감한 돼지에서 발생한다.

14 소도체의 결함을 표시하는 항목이 아닌 것은?

① 근출혈　　　② 미거세
③ 근 염　　　　④ 수 종

소도체의 결함 내역 및 표시방법(축산물 등급판정 세부기준 별표 5)

결함내역	표시방법
근출혈(筋出血)	ㅎ
수종(水腫)	ㅈ
근염(筋炎)	ㅇ
외상(外傷)	ㅅ
근육제거	ㄱ
기 타	ㅌ

15 우리나라 소도체 육질등급 판정기준이 아닌 것은?

① 근내지방도　　② 성숙도
③ 등지방 두께　　④ 육 색

소도체의 육량등급 판정기준(축산물 등급판정 세부기준 제4조제1항)
소도체의 육량등급판정은 등지방 두께, 배최장근단면적, 도체의 중량을 측정하여 규정에 따라 산정된 육량지수에 따라 A, B, C의 3개 등급으로 구분한다.
소도체의 육질등급 판정기준(축산물 등급판정 세부기준 제5조제1항)
소도체의 육질등급판정은 등급판정부위에서 측정되는 근내지방도(Marbling), 육색, 지방색, 조직감, 성숙도에 따라 1^{++}, 1^{+}, 1, 2, 3의 5개 등급으로 구분한다.

16 근육의 수축이완에 직접적인 영향을 미치는 무기질은?

① 인(P)
② 칼슘(Ca)
③ 마그네슘(Mg)
④ 나트륨(Na)

17 돼지 도살 전 스트레스로 고기의 pH가 낮아 보수성이 낮고 유화성이 떨어지는 상태의 돈육은?

① DFD육　　　② PSE육
③ 암적색육　　④ 숙성육

스트레스에 민감한 돼지에서 가장 크게 문제가 되는 돈육상태는 PSE육이다.

18 매출액이 2,000만원이고 매출이익이 700만원일 때 매출이익률은?

① 25%　　　② 30%
③ 35%　　　④ 40%

매출이익률 = 매출이익/매출액 × 100

19 신선육의 냉장 중 저온단축이 가장 적게 일어나는 것은?

① 돼지고기　　② 말고기
③ 쇠고기　　　④ 양고기

해설

사후경직 전 근육을 0~16℃ 사이의 저온으로 급속히 냉각시키면 불가역적이고 반영구적으로 근섬유가 강하게 수축되는 현상을 저온단축이라 한다. 저온단축은 주로 적색근섬유에서 발생하는 것에 반해, 고온단축은 닭의 가슴살, 토끼의 안심과 같은 백색근섬유에서 주로 발생한다. 돼지고기의 경우에는 급속냉동을 시키는 경우가 있는데 이는 동결속도가 빠를수록 얼음의 결정이 작고 고르게 분포되어 조직의 손상이 적고 결과적으로 해동 시 분리되는 유리 육즙량도 적고 복원력도 우수하게 되기 때문이다.

20 돼지의 도살방법으로 소음 없이 실신시키는 방법은?

① 충격법　　　② 자격법
③ 가스마취법　④ 타격법

해설

③ 도살방법 중 스트레스를 적게 주며 근육 내 출혈현상이 없는 도살방법은 CO_2 가스법(가스마취법)이다.

가축의 도살 · 처리 및 집유의 기준(축산물 위생관리법 시행규칙 별표 1)

소 · 말 · 양 · 돼지 등 포유류(토끼는 제외한다)의 도살은 타격법, 전살법, 총격법, 자격법 또는 CO_2 가스법을 이용하여야 하며, 방혈 전후 연수 또는 척수를 파괴할 목적으로 철선을 사용하는 경우 그 철선은 스테인리스철재로서 소독된 것을 사용하여야 한다.

21 위생학적으로 방혈이 신속하게 이루어져야 하는 이유로 가장 알맞은 것은?

① 근육으로의 산소공급을 중단시켜 사후경직을 빠르게 하기 위해
② 방혈되면 순환체계가 더 이상 작용하지 않으므로 젖산을 근육에 축적시키기 위해
③ 절단육의 과다한 혈액은 소비자에게 불쾌감을 주기 때문에
④ 방혈시간이 지연되면 근육에 수많은 혈점이 발생하고 혈액은 부패세균의 성장에 좋은 배지가 되므로

22 30분마다 분열하는 세균 2마리는 3시간 후 몇 마리가 되는가?

① 64　　　　② 128
③ 256　　　④ 512

해설

세균은 30분마다 이분할(×2)을 하므로 이를 계산하면 다음과 같다.

시 간	세균수	시 간	세균수
0분	2	2시간	32
30분	4	2시간 30분	64
1시간	8	3시간	128
1시간 30분	16		

19 ① 20 ③ 21 ④ 22 ②　**정답**

23 쇠고기 육회를 할 때 특히 주의해야 할 기생충은?

① 무구조충
② 유구조충
③ 광절열두조충
④ 편충

해설

돼지고기를 덜 익히거나 생식할 경우 유구조충(갈고리촌충)에 감염될 수 있고, 쇠고기를 덜 익히거나 생식할 경우 무구조충(민촌충)에 감염될 수 있다.

24 손에 화농성 질환이 있는 작업자가 처리한 식육으로부터 발생 가능한 식중독의 독소는?

① 엔테로톡신
② 테트로도톡신
③ 아플라톡신
④ 솔라닌

해설

화농성염의 원인은 대부분 세균감염이다. 화농성염을 일으키는 세균을 화농성균이라 하는데, 포도상구균, 연쇄구균이 대표적이다. 엔테로톡신은 포도상구균, 웰치균, 콜레라균, 장염 비브리오, 독소원성 대장균 등이 생산하는 독소를 말하며 이것을 함유한 식품을 섭취하면 식중독을 일으킨다. 장관독(腸管毒)이라고도 한다.

25 세균성 식중독과 경구감염병의 차이점에 대한 설명으로 옳은 것은?

① 세균성 식중독은 발병 후 면역이 생기나 경구감염병은 그렇지 않다.
② 세균성 식중독은 미량인 균량에서 감염을 일으키기 쉬운 반면 경구감염병은 다량의 균으로만 발병된다.
③ 세균성 식중독은 경구감염병에 비해 잠복기가 짧다.
④ 세균성 식중독은 2차 감염이 잘 일어나지만 경구감염병은 2차 감염이 잘 일어나지 않는다.

해설

경구감염병이란 병원체가 식품, 손, 기구, 음료수, 위생동물 등을 매개로 입을 통해서 소화기로 침입하여 발생하는 감염을 말하며 일명 소화기계 감염병이라고도 한다. 병원체는 주로 환자 또는 보균자의 분변과 분비액에 존재한다. 분변과 분비액을 통하여 먼저 수저, 손가락, 쥐, 곤충 등에 병원체가 직접 오염되고, 이들을 통하여 식품이 간접적으로 오염된다. 병원균에 오염된 식품을 섭취하였다고 반드시 발병하는 것은 아니며 균의 양, 종류, 독력과 숙주의 저항력 등에 따라 감염 여부가 결정된다.

경구감염병과 세균성 식중독과의 차이

구 분	경구감염병	세균성 식중독
감염관계	감염환(感染環)	종말감염(終末感染)
균의 양	미량의 균으로도 감염 가능하다.	일정량 이상의 균이 필요하다.
2차 감염	빈번하다.	거의 드물다.
잠복기간	길다(원인균 검출이 곤란).	비교적 짧다.
예방조치	예방조치가 매우 어렵다.	균의 증식을 억제하면 가능하다.
음료수	음료수로 인해 감염된다.	음료수로 인한 중독은 거의 없다.

26 돼지도체 결함의 종류에 대한 설명으로 옳은 것은?

① 근출혈 – 화상, 피부질환 및 타박상 등으로 겉지방과 고기의 손실이 큰 경우

② 골절 – 돼지도체 2분할 절단면에 뼈의 골절로 피멍이 근육 속에 침투되어 손실이 확인되는 경우

③ 농양 – 호흡기 질환 등으로 갈비 내벽에 제거되지 않는 내장과 혈흔이 많은 경우

④ 척추이상 – 돼지도체 2분할 작업이 불량하여 등심부위가 손상되어 손실이 많은 경우

해설

돼지도체 결함의 종류(축산물 등급판정 세부기준 별표 9)

항 목	등급 하향
방혈 불량	돼지도체 2분할 절단면에서 보이는 방혈작업부위가 방혈불량이거나 반막모양근, 중간둔부근, 목심주위근육 등에 방혈불량이 있어 안쪽까지 방혈불량이 확인된 경우
이분할 불량	돼지도체 2분할 작업이 불량하여 등심 부위가 손상되어 손실이 많은 경우
골 절	돼지도체 2분할 절단면에 뼈의 골절로 피멍이 근육 속에 침투되어 손실이 확인되는 경우
척추 이상	척추이상으로 심하게 휘어져 있거나 경합되어 등심 일부가 손실이 있는 경우
농 양	도체 내외부에 발생한 농양의 크기가 크거나 다발성이어서 고기의 품질에 좋지 않은 영향이 있는 경우 및 근육 내 염증이 심한 경우
근출혈	고기의 근육 내에 혈반이 많이 발생되어 고기의 품질이 좋지 않은 경우
호흡기 불량	호흡기질환 등으로 갈비 내벽에 제거되지 않은 내장과 혈흔이 많은 경우
피부 불량	화상, 피부질환 및 타박상 등으로 겉지방과 고기의 손실이 큰 경우
근육 제거	축산물 검사결과 제거부위가 고기량과 품질에 손실이 큰 경우
외 상	외부의 물리적 자극 등으로 신체조직의 손상이 있어 고기량과 품질에 손상이 큰 경우
기 타	기타 결함 등으로 육질과 육량에 좋지 않은 영향이 있어 손실이 예상되는 경우

※ 등외등급 : 각 항목에서 '등급 하향' 정도가 매우 심하여 등외등급에 해당될 경우

27 식중독의 분류 중 식품과 함께 섭취한 미생물 자체가 체내에서 증식되어 중독을 일으키는 감염형 식중독과 관련된 미생물이 아닌 것은?

① 살모넬라
② 장염 비브리오
③ 대장균 O157 : H7
④ 황색포도상구균

해설
④ 황색포도상구균은 독소형 식중독을 일으킨다.
식중독의 종류

세균성	감염형	세균의 체내 증식에 의한 것 (예) 살모넬라, 병원성 대장균, 장염 비브리오균 등)
	독소형	세균독소에 의한 것 (예) 보툴리눔, 황색포도상구균, 세레우스균, 장구균 등)
		부패산물에 의한 것 (예) 알레르기성 식중독)
	중간형	캠필로박터
바이러스성		노로바이러스
자연독	식물성	식용식물로 오인하여 섭취하는 것(예) 버섯)
		독물이 특정 부위에 국한되어 있는 것(예) 감자)
	동물성	독물이 특정 장기에 국한되어 있는 것(예) 복어)
		특정적인 환경에서 유독화하는 것(예) 어패류)
화학성		화학물질의 식품으로 혼입
곰팡이성		곰팡이의 기생에 의한 것
기 타		알레르기형, 기생충, 이물혼입

28 닭고기 생산을 위한 도계 과정에서 오염될 가능성이 가장 높은 세균은?

① 살모넬라(*Salmonella*)
② 보툴리눔(*Botulinum*)
③ 락토바실러스(*Lactobacillus*)
④ 바실러스(*Bacillus*)

29 살균 소독제의 사용상 주의사항으로 잘못된 것은?

① 살균제는 지속성과 즉효성이 있어야 한다.
② 살균제의 살포는 정기적으로 하여야 한다.
③ 약제 살포는 실내에서만 하여야 한다.
④ 제품의 유효기간이 있는 경우 이를 지켜야 한다.

30 육가공 공장에서의 위생관리로 잘못된 것은?

① 지육의 처리실과 내장의 처리실은 분리시킨다.
② 작업장에서 많이 사용하는 장비는 스테인리스 스틸제(Stainless Steel)를 사용한다.
③ 가공공장 입구에는 신발을 소독할 수 있는 기구를 갖춘다.
④ 작업 중 화장실에 갈 때는 화장실에서의 오염을 방지하기 위하여 작업복을 입고 간다.

31 열과 소금에 대한 저항성이 강하고, 절임육을 녹색으로 변화시키는 것으로 알려진 세균은?

① 살모넬라(*Salmonella*)
② 슈도모나스(*Pesudomonas*)
③ 락토바실러스(*Lactobacillus*)
④ 바실러스(*Bacillus*)

해설
락토바실러스 속은 미호기성이며 운동성이 없고 색소를 생성하지 않는 무포자균이다. 젖산균으로 유익한 세균이 많은데, 특히 락토바실러스 불가리쿠스(*L. bulgaricus*), 락토바실러스 애시도필러스(L. *acido-philus*), 락토바실러스 카제이(*L. casei*) 등은 치즈나 젖산음료의 발효균으로 맛, 향, 보존성 등을 향상시킨다. 다만, 우유와 버터를 변패시키고 육류, 소시지, 햄 등의 표면에 점질물(녹색 형광물)을 생성하는 등 부패를 일으키기도 한다.

32 식육 판매점에서 신선육의 변색을 일으켜 품질을 저하시키는 요인과 가장 거리가 먼 것은?

① 오염된 미생물의 작용
② 백열전구에서 발생하는 열에 의한 온도 상승
③ 공기 중의 산화 작용
④ 백색 형광등의 적색 파장의 작용

33 황색포도상구균에 대한 설명으로 옳은 것은?

① 편성 혐기성 병원성균이다.
② 포자를 형성한다.
③ 독소를 생산하는 식중독의 원인균이다.
④ 사람에 의해 오염되지 않는다.

해설
황색포도상구균 식중독의 원인균은 *Staphylococcus aureus*로 인체의 화농 부위에 다량 서식하는 그람양성의 통성혐기성 세균이다. 식중독의 원인이 되는 장독소(Enterotoxin)를 생성한다.

34 다음은 어떤 식중독균의 특징인가?

> • 가열 살균이 불충분한 통조림 식품에서 발생한다.
> • 혐기성으로 포자를 형성한다.
> • 독소를 형성하여 식중독을 유발시킨다.

① 병원성 대장균
② 장염 비브리오균
③ 클로스트리듐 보툴리눔균
④ 살모넬라균

해설

세균독소에 의한 식중독에는 보툴리눔균, 황색포도상구균, 세레우스균, 장구균 등이 있다.

35 다음 미생물 중 가장 낮은 수분활성도(Aw) 범위에서 생육하는 것은?

① 유산균　　　② 세 균
③ 곰팡이　　　④ 황색포도상구균

해설

식품의 수분 중에서 미생물의 증식에 이용될 수 있는 상태인 자유수의 함량을 나타내는 척도로서 수분활성도(Aw) 개념이 사용된다. 일반적으로 수분활성도는 호염세균이 0.75이고, 곰팡이 0.80, 효모 0.88, 세균 0.91의 순으로 높아진다. 그러므로 식품을 건조시키면 세균, 효모, 곰팡이의 순으로 생육하기 어려워지며 수분활성도 0.65 이하에서는 곰팡이가 생육하지 못한다.

36 열에 강한 성질을 나타내는 식중독 원인균은?

① 캠필로박터균
② 살모넬라균
③ 보툴리누스균
④ 장염 비브리오균

해설

보툴리누스균 식중독

• 원인 균 : *Clostridium botulinum*
• 원인 식품 : 어육제품, 식육제품, 생선발효제품, 통조림, 병조림
• 오염원 및 오염경로 : *Clostridium* 속의 균은 열에 강한 아포를 만들어 내며 흙이나 바다, 하천, 연못 등의 자연계나 동물의 장관에 분포되어 있다.
• 증상 : 메스꺼움, 구토, 설사 등의 위장질환 증세를 나타내며 심하면 호흡마비로 사망하게 된다.

37 식육의 위생, 부패와 관련된 균 중에서 중온균의 최적 성장온도는 얼마인가?

① 4~10℃　　　② 10~20℃
③ 25~40℃　　　④ 40~50℃

해설

미생물은 최적 생육온도에 따라 호냉성 미생물(저온균), 호온성 미생물(중온균), 호열성 미생물(고온균)으로 구분된다. 최적온도는 저온균(수중세균, 발광세균, 일부 부패균 등) 15~20℃, 중온균(곰팡이, 효모, 초산균, 병원균 등) 25~40℃, 고온균 50~60℃이다.

38 산화방지제에 해당하는 식품첨가물은?

① 에리토브산나트륨
② 아질산이온
③ 소브산
④ 프로피온산

식품첨가물의 가장 중요한 역할은 '식품의 보존성을 향상시켜 식중독을 예방한다'는 것이다. 식품에 포함되어 있는 지방이 산화되면 과산화지질이나 알데하이드가 생성되어 인체 위해요소가 될 수 있으며, 또한 식품 중 미생물은 식품의 변질을 일으킬 뿐 아니라 식중독의 원인이 되므로, 이를 방지하기 위해 산화방지제, 보존료, 살균제 등의 식품첨가물이 사용되고 있다. 산화방지제로는 BHA(뷰틸하이드록시아니솔), BHT(다이뷰틸하이드록시톨루엔), 에리토브산, 에리토브산나트륨, 구연산 등이 있다.

39 신선육의 부패 억제를 위한 방법이 아닌 것은?

① 4℃ 이하로 냉장한다.
② 포장을 하여 15℃ 이상에서 저장한다.
③ 진공 포장을 하여 냉장한다.
④ 냉동 저장을 한다.

40 식육의 부패과정에서 생성되는 악취의 원인이 되는 저분자물질의 종류가 아닌 것은?

① 질산염   ② 암모니아
③ 아민류   ④ 인 돌

부패(Putrefaction)는 단백질이 많이 함유된 식품(식육, 달걀, 어패류)에 혼입된 미생물의 작용에 의해 질소를 함유하는 복잡한 유기물(단백질)이 혐기적 상태 하에서 간단한 저급 물질로 퇴화, 분해되는 과정을 말한다. 호기성 세균에 의해 단백질이 분해되는 것을 부패라고 하며, 이때 아민과 아민산이 생산되고, 황화수소, 메르캅탄, 암모니아, 메탄 등과 같은 악취가 나는 가스를 생성한다. 인돌은 불쾌한 냄새가 나며 스카톨과 함께 대변의 냄새 원인이 되지만, 순수한 상태나 미량인 경우는 꽃냄새와 같은 향기가 난다.

41 식육에 물리적인 힘(절단, 분쇄, 압착 등)을 가할 때 식육 내의 수분을 유지하려는 성질은?

① 결착성   ② 유화성
③ 친수성   ④ 보수성

42 식육의 보수성이 낮은 경우에 나타나는 현상이 아닌 것은?

① 가열하게 되면 감량이 커진다.
② 육제품 생산 시 수율이 낮아진다.
③ 육질이 저하된다.
④ 식육의 육색이 향상된다.

43 건조저장육에 대한 설명으로 틀린 것은?

① 육포도 건조저장육의 일종이다.
② 건조저장육은 육의 수분함량을 줄인 제품을 의미한다.
③ 건조저장육은 온도, 열기, 공기의 속도 등에 의하여 육을 건조한 것을 의미한다.
④ 냉동 저장과정 중 수분 증발로 발생된 건조육을 의미한다.

44 염지육의 발색에 관여하는 첨가제는 무엇인가?

① 아질산염   ② 인산염
③ 설 탕   ④ 항산화제

해설
아질산염은 아질산나트륨 또는 아질산칼륨을 가리킨다. 햄, 소시지, 이크라(Ikura) 등에 색소를 고정시키기 위해 사용되며, 가열조리 후 선홍색의 유지에도 도움이 된다.

45 판매를 목적으로 식육을 절단하여 포장한 상태로 냉장·냉동한 것으로서 화학적 합성품 등의 첨가물이나 다른 식품을 첨가하지 아니한 것은?

① 정 육   ② 포장육
③ 양념육   ④ 지 육

해설
식품의 기준 및 규격(식품의약품안전처고시 제2024-35호)
포장육 : 판매를 목적으로 식육을 절단(세절 또는 분쇄를 포함한다)하여 포장한 상태로 냉장 또는 냉동한 것으로서 화학적 합성품 등 첨가물 또는 다른 식품을 첨가하지 아니한 것을 말한다(육함량 100%).

46 유연성과 산소투과성이 좋아 생육의 랩 필름용으로 가장 적합한 포장재는?

① 저밀도 폴리에틸렌(LDPE)
② 폴리프로필렌(PP)
③ 염화비닐(PVC)
④ 폴리아마이드(PA)

해설
② 폴리프로필렌(Polypropylene, PP) : 레토르트용 포장재의 봉함면(CPP), 스트레치포장(OPP), 수축포장에 이용된다.
③ 염화비닐수지(Polyvinyl Chloride, PVC) : 연질 PVC는 투명성, 산소투과성과 점착성이 좋고 경질 PVC는 성형성과 산소차단성이 좋아 랩, 스트레치필름(연질 PVC), 용기나 Tray(경질 PVC)에 사용된다. 그러나 PVC는 염화비닐 단량체와 가소제의 용출 가능성으로 사용이 제한되는 추세이다.
④ 폴리아마이드(Polyamide, PA) : 나일론(Nylon)이라고 불리며 공기차단성, 내열성, 내한성 및 성형성이 우수해 진공 및 가스치환포장용, 냉동제품의 포장용으로 이용된다.

47 훈연의 목적이 아닌 것은?

① 풍미 증진 ② 보수성 증진
③ 색도 증진 ④ 산화방지

훈연의 기본적인 목적은 제품의 보존성 부여, 육색 향상, 풍미와 외관의 개선 그리고 산화의 방지 등이다. 보수성 증진과는 거리가 멀다.

48 프레스 햄 제조 시 고기 조각을 소금과 함께 마사징이나 텀블링 기계에 넣어 교반하는 이유와 거리가 먼 것은?

① 육단백질의 추출을 위하여
② 결착력을 향상시키기 위하여
③ 염지를 촉진하기 위하여
④ 영양가를 높이기 위하여

49 염지 방법과 거리가 먼 것은?

① 예열법 ② 건염법
③ 주사법 ④ 액염법

해설
② 건염법은 소금만을 사용하거나 또는 아질산염이나 질산염을 함께 사용하여 만든 염지염을 원료육 중량의 10% 정도 도포하여 4~6주간 저장하여 염지하는 방법이다.
③ 염지액 주사법은 맥관이나 바늘주사를 이용하여 조직 내에 신속하고 균일하게 염지액을 분포시키는 방법이다.
④ 액염법은 건염법에서 사용되는 염지제들을 물에 녹여 염지액으로 만든 후 여기에 원료육을 담가 염지가 이루어지게 하는 방법이다.

50 식용이 가능한 포장재(Casing)는?

① 콜라겐(Collagen) 케이싱
② 셀룰로스(Cellulose) 케이싱
③ 셀로판(Cellophan) 케이싱
④ 파이브러스(Fibrous) 케이싱

51 포장육의 성분규격에 관한 설명 중 맞는 것은?

① 포장육은 발골한 것으로 육함량이 50% 이상 함유되어야 한다.
② 포장육의 보존료는 1g/kg 이하이어야 한다.
③ 포장육의 휘발성 염기질소 함량은 20 mg% 이하이어야 한다.
④ 포장육의 대장균군은 양성이어야 한다.

해설
식품의 기준 및 규격(식품의약품안전처고시 제2024-35호)
• 포장육의 정의 : 판매를 목적으로 식육을 절단(세절 또는 분쇄를 포함한다)하여 포장한 상태로 냉장 또는 냉동한 것으로서 화학적 합성품 등 첨가물 또는 다른 식품을 첨가하지 아니한 것을 말한다(육함량 100%).
• 포장육의 성분규격
  − 성상 : 고유의 색택을 가지고 이미·이취가 없어야 한다.
  − 타르색소 : 검출되어서는 아니 된다.
  − 휘발성 염기질소(mg%) : 20 이하
  − 보존료(g/kg) : 검출되어서는 아니 된다.
  − 장출혈성 대장균 : n=5, c=0, m=0/25g(다만, 분쇄에 한한다)

52 도축 후 식육의 사후 변화 과정이 바르게 된 것은?

① 사후경직 – 해직 – 자기소화 – 숙성
② 해직 – 사후경직 – 자기소화 – 숙성
③ 자기소화 – 사후경직 – 해직 – 숙성
④ 숙성 – 사후경직 – 해직 – 자기소화

53 분할된 부분육의 보관과 유통 시 외부로부터 오염을 방지하고 수분증발을 방지하기 위한 생육의 포장재료로 가장 부적당한 것은?

① 폴리에틸렌(PE)
② 염화비닐(PVC)
③ 염화비닐라이덴(PVDC)
④ 기름종이

54 근육에 대한 설명 중 틀린 것은?

① 쇠고기의 골격근은 적색근이다.
② 돼지고기의 골격근은 닭고기보다 적색근이 많다.
③ 오리고기의 골격근은 백색근이다.
④ 닭고기의 가슴부위 골격근은 적색근보다 백색근이 많다.

해설
③ 오리고기의 골격근은 적색근이다.
백색근은 빠르게 운동하기 때문에 속근(Fast Muscle)이라고 부르고 적색근은 지속적으로 천천히 운동하므로 지근(Slow Muscle)이라고 부른다.

55 지육으로부터 뼈를 분리한 고기를 일컫는 용어는?

① 정 육 ② 내 장
③ 도 체 ④ 육 류

해설
식품의 기준 및 규격(식품의약품안전처고시 제2024-35호)
지육은 머리, 꼬리, 발 및 내장 등을 제거한 도체를, 정육은 지육으로부터 뼈를 분리한 고기를 말한다.

56 공정의 상태를 나타내는 특성치에 관해서 그려진 그래프로서 공정을 안정상태로 유지하기 위하여 사용되는 것은?

① 관리도
② 파레토그림
③ 히스토그램
④ 산점도

해설
관리도(Control Chart)
• 1924년 벨 연구소의 슈하르트(Shewhart) 박사는 대량 생산방식에서의 품질관리를 연구하던 중, 우연원인과 이상원인의 두 가지 원인에 의한 변동을 분리시킬 수 있는 간단하고도 강력한 도구인 관리도를 개발해 냈다.
• 공정이 안정 상태에 있는지의 여부를 조사하거나 또는 공정을 안정 상태로 유지하기 위해 사용하는 것이 관리도인데, 관리도에서 공정의 이상이 발견되면 즉시 그 원인을 규명하고 이상원인을 제거하여 다시는 이상이 발생하지 않도록 시정조치를 취해야 한다.
• 관리도를 사용하는 궁극적인 목적은 우연원인과 이상원인에 의한 변동을 합리적으로 구분하고, 이상원인이 발생할 경우 그 원인을 규명하여 적절한 조치를 취해 줌으로써 공정을 안정된 상태, 즉 관리 상태로 유지하기 위해 사용하는 것이다.

57 식육가공 시 육제품의 보수력을 향상시키기 위한 방법으로 잘못된 것은?

① 보수성이 우수한 원료육을 선택한다.
② 인산염을 소량 첨가한다.
③ 적당한 시간 동안 마사지를 시켜 준다.
④ 소브산을 3.0g/kg 정도 첨가한다.

해설

식품의 기준 및 규격(식품의약품안전처고시 제2024-35호)
식육가공품의 규격 : 소브산, 소브산칼륨, 소브산칼슘 2.0g/kg 이하 이외의 보존료가 검출되어서는 아니 된다(양념육류와 포장육은 보존료가 검출되어서는 아니 된다).

58 햄, 소시지 제조에 있어 고기 입자 간의 결착력에 영향을 미치는 요인과 가장 거리가 먼 것은?

① 천연 향신료의 배합비율
② 원료육의 보수력과 유화성
③ 혼합 시간과 온도
④ 인산염의 사용 여부

59 소시지류의 제조 공정에서 사용되는 설비로서 세절과 혼합을 하는 것은?

① 분쇄기(Chopper)
② 사일런트 커터(Silent Cutter)
③ 혼합기(Mixer)
④ 텀블러(Tumbler)

해설

세절과 혼합은 원료육, 지방, 빙수 및 부재료를 배합하여 만들어지는 소시지류의 제조에 있어 중요한 공정으로 주로 사일런트 커터에서 이루어진다. 세절공정을 통해 원료육과 지방은 입자가 매우 작은 상태가 되어 교질상의 반죽상태가 된다.

60 0.6%의 아질산나트륨이 함유된 염지소금 10kg을 만들 때 아질산나트륨과 식염은 몇 g 필요한가?

① 아질산나트륨 6g, 식염 9,994g
② 아질산나트륨 60g, 식염 9,940g
③ 아질산나트륨 600g, 식염 9,400g
④ 아질산나트륨 600g, 식염 10,000g

해설

0.6%는 10kg(=10,000g) 중의 60g이다. 10kg 염지소금은 아질산나트륨 60g과 식염 9,940g으로 구성되어 있다.

2016년 제2회

과년도 기출문제

01 식육의 세균오염 확산에 영향을 미치는 요소로 영향력이 가장 적은 것은?

① 도축 전 생축의 오염 정도
② 도축처리과정의 위생 적절성
③ 식육유통과정의 온도관리 상태
④ 식육조리 시 조명 세기

해설

세균은 오염과 위생상태, 온도관리의 상태에 따라 증식과 확산에 영향을 미친다. 조명의 세기는 과학적인 검증이 필요하지만 세균오염 확산에 대한 영향은 다른 요인보다 낮은 것이 분명하다.

02 저온 단축이 우려되므로 도축 후 예랭 시 예랭온도에 특히 유의하여야 하는 축종은?

① 소
② 돼 지
③ 닭
④ 오 리

해설

저온단축현상은 적색근섬유의 비율이 높고 피하지방이 얇은 쇠고기에 주로 발생한다. 그 이유는 적색근섬유가 상대적으로 미토콘드리아가 많고, 덜 발달된 근소포체 구조를 갖고 있기 때문이다. 반대로 돼지는 적색근섬유의 비율이 낮고 두꺼운 피하지방의 단열효과로 인해 저온단축이 일어날 가능성은 적으나 16℃ 이상의 고온에서 오래 방치할 경우 고온단축이 일어난다.

03 국내 도축장에서 가축 기절에 사용되지 않는 방법은?

① 전살법
② 가스마취법
③ 타격법
④ 목 절단법

해설

④ 목 절단은 포유류와 가금류의 도살 시 방혈을 시키기 위한 방법이다.

04 냉장실에서 지육을 장기간 냉장 저장시킬 때 표면의 육색변화를 방지하기 위한 옳은 조치가 아닌 것은?

① 냉장온도를 낮게 한다.
② 공기유통속도를 빠르게 한다.
③ 상대습도를 높게 한다.
④ 지육의 표면오염을 적게 한다.

해설

식육의 냉장에 의한 보존기간은 식육의 종류, 초기 오염도, 냉장조건(저장온도와 습도), 포장상태 및 육제품의 종류와 형태에 따라 좌우된다. 온도는 낮게, 상대습도는 85% 수준으로 유지하며, 오염은 없을수록 좋고 공기유통속도는 적당하게 한다. 건조되고 수분 증발이 심해지면 고기 표면이 혼탁해지고 감량이 발생하기 때문이다.

정답 1 ④ 2 ① 3 ④ 4 ②

05 다음 중 수의근은?

① 골격근
② 심 근
③ 평활근
④ 소화기관

해설

근육은 수의근과 불수의근으로 구분한다. 수의근은 의식에 의해 조절이 가능한 근육을 말하며, 불수의근은 의식과 무관하게 조절하지 않아도 움직이는 근육을 말한다. 즉 다리, 팔, 몸통, 목, 얼굴과 같은 골격근은 수의근이고 심장근, 소화기관 근육, 생식기관 근육, 혈관벽의 근육은 불수의근이다.

06 다음 중 수용성 단백질은?

① 마이오글로빈(Myoglobin)
② 마이오신(Myosin)
③ 콜라겐(Collagen)
④ 액토마이오신(Actomyosin)

해설

- 근장단백질은 근원섬유 사이의 근장 중에 용해되어 있는 단백질로서 물 또는 낮은 이온강도의 염용액으로 추출되므로 수용성 단백질이라고도 한다. 육색소단백질인 마이오글로빈, 사이토크로뮴 등이 있다.
- 육기질단백질은 물이나 염용액에도 추출되지 않아 결합조직 단백질이라고도 하며, 주로 콜라겐, 엘라스틴 및 레티큘린 등의 섬유상 단백질로, 근육조직 내에서 망상의 구조를 이루고 있다.
- 근원섬유 단백질은 식육을 구성하고 있는 주요 단백질로 높은 이온강도에서만 추출되므로 염용성 단백질이라고도 한다. 근육의 수축과 이완의 주 역할을 하는 수축단백질(마이오신과 액틴), 근육 수축기작을 직·간접적으로 조절하는 조절단백질(트로포마이오신과 트로포닌) 및 근육의 구조를 유지시키는 세포골격 단백질(타이틴, 뉴불린 등)로 나눈다.

07 도축 공정 중 지육의 오염 가능성이 가장 높은 단계는?

① 내장적출 단계
② 이분도체 분할단계
③ 기절단계
④ 냉각단계

해설

사람과 기기의 접촉이 가장 많고 지육 자체의 외기노출이 가장 높은 때를 순서대로 나열하면 ①, ②, ③, ④ 순으로 오염 가능성이 높다.

08 생체 중 100kg인 비거세돈에서 가장 문제가 될 수 있는 육특성은?

① 육 색
② 풍 미
③ 다즙성
④ 지방색

해설

거세하지 않은 수퇘지의 경우 웅취라는 독특한 냄새를 유발해 소비자에게 불쾌감을 줄 소지가 있는데, 이는 풍미와 연관이 깊다. 풍미란 음식의 고상한 맛을 일컫는다.

09 생육의 육색 및 보수력과 가장 관계가 깊은 것은?

① pH
② ATP 함량
③ 마이오글로빈 함량
④ 헤모글로빈 함량

해설

산도(pH)는 지육의 근육 내 산성도를 측정하는 것으로, 도축 후 24시간 후의 산도는 5.4~5.8이어야 한다. 산도가 높은 육류는 육색이 짙어지며 녹색 박테리아에 의해 변색될 수 있다. 육색이 짙은 제품은 3주가 지나면 부패한 계란 냄새를 풍긴다.

10 숙성기간이 가장 길게 필요한 육류는?

① 쇠고기
② 돼지고기
③ 닭고기
④ 오리고기

해설

식육의 숙성기간은 덩치가 클수록 오래 걸린다고 보면 된다. 다시 말해, 식육의 숙성시간은 식육동물의 종류, 근육의 종류 및 숙성온도에 따라 달라지는데 사후경직 후 쇠고기의 경우 4℃ 내외의 냉장숙성은 약 7~14일이 소요된다. 그러나 10℃에서는 4~5일, 15℃ 이상의 고온에서는 2~3일 정도가 대체로 요구된다. 또한, 사후 해당속도가 빠른 돼지고기의 경우 4℃ 내외에서 1~2일, 닭고기는 8~24시간 이내에 숙성이 완료된다.

11 쇠고기 등급기준에 대한 설명으로 틀린 것은?

① 육질등급과 육량등급으로 구분하여 판정한다.
② 방혈이 불량하거나 외부가 오염되어 육질이 극히 떨어진다고 인정되는 도체는 등외등급으로 판정한다.
③ 등급판정부위는 소를 도축한 후 2등분할된 왼쪽 반도체의 마지막 등뼈(흉추)와 제1허리뼈(요추) 사이를 절개한 후 등심 쪽 절개면으로 한다.
④ 육량등급은 1^{++}, 1^{+}, 1, 2, 3등급으로 판정한다.

해설

소도체의 육량등급 판정기준(축산물 등급판정 세부기준 제4조제1항)
소도체의 육량등급판정은 등지방 두께, 배최장근단면적, 도체의 중량을 측정하여 규정에 따라 산정된 육량지수에 따라 A, B, C의 3개 등급으로 구분한다.
소도체의 육질등급 판정기준(축산물 등급판정 세부기준 제5조제1항)
소도체의 육질등급판정은 등급판정부위에서 측정되는 근내지방도(Marbling), 육색, 지방색, 조직감, 성숙도에 따라 1^{++}, 1^{+}, 1, 2, 3의 5개 등급으로 구분한다.

12 다음 중에서 고기맛이 가장 좋다고 평가되는 돼지고기는?

① 수퇘지고기(성체)
② 종모돈고기
③ 거세돈고기
④ 늙은 종빈돈고기

해설

돼지고기를 조리할 때 나는 풍미는 식욕을 자극시키지만, 웅취로 불리는 수퇘지 냄새는 불쾌감을 불러일으킨다. 따라서 수퇘지를 거세한다.

13 소도체의 근내지방도 기준상 1⁺⁺ 기준에 해당하는 것은?

① No.1
② No.8, 9
③ No.3, 4
④ No.5, 6

해설

소도체의 육질등급 판정기준(축산물 등급판정 세부기준 제5조제2항제1호)
근내지방도 등급판정기준

근내지방도	등급
근내지방도번호 7, 8, 9에 해당되는 것	1⁺⁺등급
근내지방도번호 6에 해당되는 것	1⁺등급
근내지방도번호 4, 5에 해당되는 것	1등급
근내지방도번호 2, 3에 해당되는 것	2등급
근내지방도번호 1에 해당되는 것	3등급

14 고온단축(Heat Shortening)에 대한 설명으로 틀린 것은?

① 고기의 육질이 연화된다.
② 닭고기에서 많이 발생한다.
③ 사후경직이 빨리 일어난다.
④ 근섬유의 단축도가 증가한다.

해설

저온단축은 주로 적색근섬유에서 발생하는 것에 반해, 고온단축은 닭의 가슴살, 토끼의 안심과 같은 백색근섬유에서 주로 발생한다. 16℃ 이상의 고온에서 오래 방치할 경우 고온단축이 일어나는데, 근육 내 젖산이 축적된 상태에서 열을 가하면, 즉 산과 열의 복합작용으로 근육의 과도한 수축을 나타낼 때 이를 고온단축이라 한다.

15 도축 후 소 도체의 정상적인 최종 pH는?

① 4.4~4.6
② 4.8~5.0
③ 5.3~5.6
④ 6.5~6.8

해설

생체의 근육조직은 7.0~7.5의 pH가를 지닌다. 도축 후 pH가는 급격히 하락하여 우육은 pH 6.2~6.5에 달하고 서서히 감소하여 24시간 후 최저의 pH인 5.3~5.6에 도달한다.

16 축산물의 영양성분별 세부표시방법에 대한 설명으로 틀린 것은?

① 열량의 단위는 kcal이다.
② 5kcal 미만은 "0"으로 표시할 수 있다.
③ 지방은 불포화지방만을 표시한다.
④ 지방은 1g당 9kcal를 곱한다.

해설
지방은 포화지방 및 트랜스지방을 구분하여 표시하여야 한다.

17 등심 10kg(단가 20,000원)을 구입하여 스테이크를 만들고자 트리밍하였을 때 그 수율은 80%인 8kg이었다. 부산물로는 햄버거 미트 300g(단가 8,000원), 스토크 미트(Stock Meat) 450g(단가 2,000원), 지방 800g(단가 200원), 자연손실 부분이 450g이었다. 등심의 kg당 원가는?(단, 단가는 1kg 기준 가격이다)

① 23,505원　　② 22,500원
③ 24,568원　　④ 25,560원

해설
등심 구입금액에서 각 부산물 원가를 빼면 구입액은 200,000원 − 2,400(kg당 실비용 환산) − 900 − 160 = 196,540원이다.
실제 얻은 고기량은 8kg이므로,
196,540원/8kg = 24,568원/kg이 답이다.

18 삼겹살 또는 베이컨을 생산할 때 가장 적합한 돼지 품종은?

① 중국종　　② 듀 록
③ 햄프셔　　④ 랜드레이스

해설
돼지의 품종은 전 세계적으로 100여 종이 있으나, 현재 국내에서 가장 많이 사육하는 돼지 품종으로 랜드레이스종, 대요크셔종, 듀록종 등이 있다. 근래에는 육질 개선용으로 버크셔종이, 육색 개선용으로 햄프셔종의 종모돈 및 재래돼지 등이 사육되고 있다. 렌드레이스종은 체장이 길며 후구가 발달(삼겹살 스펙 형성에 좋음)하였으며 번식력이 좋아 주로 교잡용 암컷으로 쓰인다. 요크셔종은 강건성과 좋은 체형을 겸비하고 있으며 등지방두께와 성장률이 우수하다. 듀록종은 300kg 이상의 대형종으로, 빨리 자라며 육질이 좋아 씨돼지로 많이 쓰인다.

19 마이오글로빈에 대한 설명 중 잘못된 것은?

① 마이오글로빈은 식육의 색소 단백질이다.
② 마이오글로빈에는 철(Fe) 원자가 들어 있다.
③ 마이오글로빈은 혈액 중의 주성분이다.
④ 마이오글로빈 함량은 가축의 연령에 따라 변동된다.

해설
마이오글로빈(Myoglobin)은 근육에 산소를 공급하는 역할을 하며, 철(Fe)을 포함하고 있어 적색을 띤다. 동물마다 근육을 쓰는 정도에 따라 마이오글로빈의 양은 차이가 있다.

20 쇠고기 앞다리의 소분할 세부 부위명에 해당하는 것은?

① 설깃살   ② 도가니살

③ 부채살   ④ 보섭살

> **해설**
>
> 쇠고기 및 돼지고기의 분할상태별 부위명칭(소·돼지식육의 표시방법 및 부위 구분기준 별표 1)
> - 쇠고기의 앞다리 : 꾸리살, 부채살, 앞다리살, 갈비덧살, 부채덮개살
> - 쇠고기의 설도 : 보섭살, 설깃살, 설깃머리살, 도가니살, 삼각살

21 식육 단백질의 부패 시 발생하는 물질이 아닌 것은?

① 알코올(Alcohol)

② 스카톨(Scatole)

③ 아민(Amine)

④ 황화수소(H_2S)

> **해설**
>
> 부패(Putrefaction)는 단백질이 많이 함유된 식품(식육, 달걀, 어패류)에 혼입된 미생물의 작용에 의해 질소를 함유하는 복잡한 유기물(단백질)이 혐기적 상태하에서 간단한 저급 물질로 퇴화, 분해되는 과정을 말한다. 호기성 세균에 의해 단백질이 분해되는 것을 부패라고 하며, 이때 아민과 아민산이 생산되고, 황화수소, 메르캅탄, 암모니아, 메탄 등과 같은 악취가 나는 가스를 생성한다. 인돌은 불쾌한 냄새가 나며, 스카톨과 함께 대변 냄새의 원인이 되지만, 순수한 상태나 미량인 경우는 꽃냄새와 같은 향기가 난다.

22 HACCP에 대한 설명 중 옳지 않은 것은?

① 세계적으로 가장 효과적이고 효율적인 식품안전관리 체계로 인정받고 있다.

② Hazard Analysis Critical Control Point의 약자이다.

③ 위해요소(Hazard)란 HACCP을 적용하여 축산물의 유해분해산물을 방지하거나 허용수준 이하로 감소시켜 축산물의 안전을 확보할 수 있는 공정을 말한다.

④ 우리나라 도축장은 HACCP을 의무적으로 적용해야 한다.

> **해설**
>
> HACCP(Hazard Analysis Critical Control Point)은 가축의 사육·도축·가공·포장·유통의 전과정에서 축산식품의 안전에 해로운 영향을 미칠 수 있는 위해요소를 분석하고, 이러한 위해요소를 방지·제거하거나 안전성을 확보할 수 있는 단계에 중요관리점을 설정하여 과학적·체계적으로 중점관리하는 사전 위해관리 기법이다. 위해요소란 축산물 위생관리법 및 식품위생법의 규정에서 정하고 있는 인체의 건강을 해할 우려가 있는 생물학적, 화학적 또는 물리적 인자나 조건을 말한다. 위해요소 분석이란 "어떤 위해를 미리 예측하여 그 위해요인을 사전에 파악하는 것"을 의미하며, 중요관리점이란 "반드시 필수적으로, 관리하여야 할 항목"이란 뜻을 내포하고 있다. 즉, 해썹(HACCP)은 위해 방지를 위한 사전 예방적 식품안전관리체계를 말한다.

23 식품 미생물의 생육 최저 수분활성도 (Aw)가 일반적으로 높은 것부터 낮은 순으로 바르게 나열한 것은?

① 세균 > 효모 > 곰팡이
② 세균 > 곰팡이 > 효모
③ 곰팡이 > 효모 > 세균
④ 곰팡이 > 세균 > 효모

해설

식품의 수분 중에서 미생물의 증식에 이용될 수 있는 상태인 자유수의 함량을 나타내는 척도로서 수분활성도(Aw) 개념이 사용된다. 수분활성도가 높을수록 미생물은 발육하기 쉽고, 일정 활성도 이하에서는 증식할 수 없다. 일반적으로 호염세균이 0.75이고, 곰팡이 0.80, 효모 0.88, 세균 0.91의 순으로 높아진다. 그러므로 식품을 건조시키면 세균, 효모, 곰팡이의 순으로 생육하기 어려워지며 수분활성도 0.65 이하에서는 곰팡이는 생육하지 못한다.

해설

도축장의 미생물학적 검사요령(식품 및 축산물 안전관리인증기준 별표 3)
대장균수 검사에 의한 판정기준은 다음과 같다.
• 최근 13회 검사 중 1회 이상에서 대장균수가 최대 허용한계치를 초과하는 경우에는 부적합으로 판정한다.
• 최근 13회 검사 중 허용기준치 이상이면서 최대허용한계치 이하인 시료가 3회를 초과하는 경우에는 부적합으로 판정한다.

24 축산물안전관리인증기준(HACCP)에 의거 도축장의 미생물 검사결과 대장균수의 부적합 판정기준은?

① 최근 10회 검사 중 2회 이상에서 최대 허용한계치를 초과하는 경우
② 최근 10회 검사 중 3회 이상에서 최대 허용한계치를 초과하는 경우
③ 최근 13회 검사 중 1회 이상에서 최대 허용한계치를 초과하는 경우
④ 최근 13회 검사 중 3회 이상에서 최대 허용한계치를 초과하는 경우

25 화농성 상처가 있는 식육 취급자에 의해 감염되기 쉬운 식중독균은?

① 장염 비브리오균
② 보툴리누스균
③ 살모넬라균
④ 황색포도상구균

해설

화농성염의 원인은 대부분 세균감염에 의한다. 화농성염을 일으키는 세균을 화농성균이라 하는데, 포도상구균, 연쇄구균이 대표적이다. 엔테로톡신은 포도상구균, 웰치균, 콜레라균, 장염 비브리오, 독소원성 대장균 등이 생산하는 독소를 말하며 이것을 함유하는 식품을 섭취하면 식중독을 일으킨다. 장관독(腸管毒)이라고도 한다.

26 지방질의 자동산화를 일으키는 요인은?

① 항산화제의 첨가
② 비타민 C의 첨가
③ 산소와의 접촉
④ 효소의 반응

해설

지방의 자동산화는 상온에서 산소가 존재하면 자연스럽게 일어나는 반응이다.

27 축산물 위생관리법상 설명하는 용어의 뜻이 틀린 것은?

① 집유란 원유를 수집, 여과, 냉각 또는 저장하는 것을 말한다.
② 식용란이란 식용을 목적으로 하는 가축의 알로서 총리령으로 정하는 것을 말한다.
③ 원유란 판매 또는 판매를 위한 처리·가공을 목적으로 하는 착유 상태의 우유와 양유를 말한다.
④ 축산물이란 식용을 목적으로 하는 가축의 지육, 정육, 내장, 그 밖의 부분을 말한다.

해설

정의(축산물 위생관리법 제2조제2호)
"축산물"이란 식육·포장육·원유·식용란·식육가공품·유가공품·알가공품을 말한다.

28 도축장에 사용되는 소독약품이 갖추어야 할 조건이 아닌 것은?

① 용해성이 높고 침투력이 강해야 한다.
② 저렴하고 구입이 용이해야 한다.
③ 인축에 독성이 높고 안정성이 있어야 한다.
④ 살균력이 강하고 사용이 간편하여야 한다.

해설

소독약이 갖추어야 할 조건
• 소독력이 강력하여 적은 양으로도 빠르고 확실한 효과를 나타내야 한다.
• 물에 쉽게 녹으며, 용해 시 침전물이 생기거나 분해가 일어나지 않아야 한다.
• 독성이 적고 축산기구(금속, 플라스틱, 페인트 등)를 부식시키지 않아야 한다.
• 효력이 장기간 지속되어야 한다.
• 소독 대상 동물을 손상시키지 않고 가격이 비싸지 않아야 한다.
• 여러 가지 균을 동시에 죽일 수 있는 능력을 가지고 있어야 한다.

29 살균의 목적으로 가장 적합한 것은?

① 고기에 부착된 단순 이물질을 씻어 내는 데 있다.
② 식품의 변패나 품질 저하를 주는 미생물을 사멸 또는 성장을 억제시켜 안전한 제품을 공급하는 데 있다.
③ 병원성이 있는 미생물만을 감소시키는 데 있다.
④ 고기의 영양성분 손실을 방지하기 위한 것이다.

30 식중독 예방을 위한 중요한 사항으로 옳지 않은 것은?

① 식육은 저온에서 저장한다.
② 고기는 충분히 가열하여 섭취한다.
③ 식육처리장이나 기구에 대한 소독을 철저히 한다.
④ 냉장 보관된 식품은 안전하므로 보관 기간에 관계없이 그대로 섭취하여도 무방하다.

해설
냉장 보관된 식품도 오랜 기간 방치하면 부패한다.

31 쇠고기를 생식함으로서 감염될 수 있는 기생충은?

① 유구조충　　② 광절열두조충
③ 무구조충　　④ 십이지장충

해설
돼지고기를 덜 익히거나 생식할 경우 유구조충(갈고리촌충)에 감염될 수 있고, 쇠고기를 덜 익히거나 생식할 경우 무구조충(민촌충)에 감염될 수 있다.

32 진공포장되어 냉장유통되는 육제품에서 부패의 문제를 일으킬 수 있는 가능성이 가장 높은 미생물은?

① 슈도모나스(*Pseudomonas*)균
② 알칼리게네스(*Alcaligenes*)균
③ 아세토박터(*Acetobacter*)균
④ 젖산(*Lactobacillus*)균

해설
진공포장육과 같이 혐기적으로 저장되는 상태에서는 *Lactobacillus*와 *Streptococcus*와 같은 균들이 주종균으로 번식한다.

33 식육의 냉장 시 호기성 부패를 일으키는 대표적인 호냉균은?

① 젖산균
② 슈도모나스균(*Pseudomonas*)
③ 클로스트리듐균(*Clostridium*)
④ 비브리오균(*Vibrio*)

해설
*Pseudomonas*균은 랩 필름 포장육과 같은 호기적 조건하에 저장될 경우 부패취를 발생시키는 주종 미생물이다.

34 식품의 기준 및 규격상 미생물의 영양세포 및 포자를 사멸시켜 무균상태로 만드는 것을 말하는 것은?

① 이 물　　② 밀 봉
③ 살 균　　④ 멸 균

해설
식품의 기준 및 규격(식품의약품안전처고시 제2024-35호)
• "이물"이라 함은 정상식품의 성분이 아닌 물질을 말하며 동물성으로 절지동물 및 그 알, 유충과 배설물, 설치류 및 곤충의 흔적물, 동물의 털, 배설물, 기생충 및 그 알 등이 있고, 식물성으로 종류가 다른 식물 및 그 종자, 곰팡이, 짚, 겨 등이 있으며, 광물성으로 흙, 모래, 유리, 금속, 도자기파편 등이 있다.
• "살균"이라 함은 따로 규정이 없는 한 세균, 효모, 곰팡이 등 미생물의 영양 세포를 불활성화시켜 감소시키는 것을 말한다.
• "밀봉"이라 함은 용기 또는 포장 내외부의 공기유통을 막는 것을 말한다.

35 축산물의 가공기준 및 성분규격상 저온장시간살균법의 가열 처리조건으로 옳은 것은?

① 33~35℃, 15분간
② 48~50℃, 20분간
③ 65~68℃, 30분간
④ 74~76℃, 15분간

해설
식품의 기준 및 규격(식품의약품안전처고시 제2024-35호)
유가공품의 살균 또는 멸균 공정은 따로 정하여진 경우를 제외하고 저온장시간살균법(63~65℃에서 30분간), 고온단시간살균법(72~75℃에서 15초 내지 20초간), 초고온순간처리법(130~150℃에서 0.5초 내지 5초간) 또는 이와 동등 이상의 효력을 가지는 방법으로 실시하여야 한다.
※ 식품 및 축산물의 기준·규격이 통합된 「식품의 기준 및 규격」이 전면 시행됨에 따라 「축산물의 가공기준 및 성분규격」 고시는 폐지되었다(2018. 1. 1.).

36 식육의 부패 진행을 측정하기 위한 판정 방법으로 옳지 않은 것은?

① 관능검사
② 휘발성 염기질소 측정
③ 세균수 측정
④ 단백질 측정

해설
부패육 검사법(신선도 검사법) : pH, 암모니아 시험, 유화수소검출시험, Walkiewicz반응, 휘발성 염기질소, 트라이메틸아민 측정 등이 있다. 이외 관능검사, 생균수 측정 등도 이용된다. 미생물의 작용으로 부패가 일어나므로 생균수는 식품의 부패 진행과 밀접한 관계가 있고, 식품 신선도 판정의 유력한 지표가 된다.

37 다음 육제품 중 공장에서 2차 오염 가능성이 가장 높은 제품은?

① 프랑크푸르트 소시지
② 슬라이스 햄
③ 장조림 통조림
④ 피크닉 햄

38 소독액 희석 시 100ppm은 몇 %에 해당하는가?

① 1%
② 0.1%
③ 0.01%
④ 0.001%

해설
피피엠(ppm)은 100만분율이다. 어떤 양이 전체의 100만분의 몇을 차지하는가를 나타낼 때 사용된다.
따라서 100ppm = 1/1,000,000 × 100 = 0.0001
0.0001 × 100% = 0.01%

39 신선육으로 인한 세균성 식중독 예방방법으로 가장 바람직한 것은?

① 진공포장하여 실온에 보관한다.
② 4℃ 이하에서 보관하고 잘 익혀 먹는다.
③ 물로 깨끗이 씻어 날것으로 먹는다.
④ 먹기 전에 항상 육안으로 잘 살펴본다.

40 식품의 기준 및 규격상 가금육 포장육 제품을 보존 및 유통할 경우 냉장제품의 보존온도는?

① 5~15℃

② 10~25℃

③ −5~0℃

④ −2~5℃

해설

식품의 기준 및 규격(식품의약품안전처고시 제2024-35호)

보존 및 유통 온도

식품의 종류	보존 및 유통 온도
• 식육(분쇄육, 가금육 제외) • 포장육(분쇄육 또는 가금육의 포장육 제외) • 식육가공품(분쇄가공육제품 제외) • 기타 식육	냉장 (−2~10℃) 또는 냉동
• 식육(분쇄육, 가금육에 한함) • 포장육(분쇄육 또는 가금육의 포장육에 한함) • 분쇄가공육제품	냉장 (−2~5℃) 또는 냉동

41 축산물 등급판정 세부기준으로 틀린 것은?

① 축산물이라 함은 소·돼지·말·닭·오리의 도체, 닭의 부분육, 계란 및 꿀을 말한다.

② 벌크포장이라 함은 도축장에서 도살·처리된 닭 및 돼지를 중량에 따라 일정 수량으로 포장한 것을 말한다.

③ 로트라 함은 등급판정 신청자가 등급판정 신청을 위하여 닭·오리의 도체 및 닭부분육 또는 계란의 품질수준, 중량규격, 종류 등의 공통된 특성에 따라 분류한 제품의 무더기를 말한다.

④ 축산물 등급판정은 소·돼지·말·닭·오리의 도체, 닭의 부분육, 계란 및 꿀을 대상으로 한다.

해설

정의(축산물 등급판정 세부기준 제2조제3호)

"벌크(Bulk)포장"이라 함은 가금 도축장에서 도살·처리된 닭·오리를 중량에 따라 일정 수량으로 포장한 것을 말한다.

42 살균 식육가공품 등의 저장 수단으로서 잘못된 것은?

① 상온보관

② 가열살균

③ 훈연처리

④ 진공포장

43 햄의 종류와 일반적으로 사용되는 부위가 서로 맞게 연결된 것은?

① 등심 – 로인 햄(Loin Ham)
② 삼겹살 – 락스 햄(Lachs Ham)
③ 목심 – 레귤러 햄(Regular Ham)
④ 뒷다리 – 피크닉 햄(Picnic Ham)

> **해설**
> 햄의 종류로는 본인 햄, 본리스 햄, 로스트 햄, 숄더 햄, 안심 햄, 피크닉 햄, 프레스 햄, 혼합프레스 햄 등이 있다. 한국산업표준(KS H 3102)에서는 다음과 같이 햄류에 대하여 규정하고 있다.
> - 본인 햄 : 돈육의 햄 부위를 뼈가 있는 그대로 정형하여 조미료(식염, 당류, 동식물의 추출 농축물 및 단백 가수분해물에 한함), 향신료 등으로 염지시킨 후 훈연하여 가열하거나 또는 가열하지 않은 것
> - 본리스 햄 : 돈육의 햄 부위에서 뼈를 제거하고 정형하여 조미료(식염, 당류, 동식물의 추출 농축물 및 단백 가수분해물에 한함), 향신료 등으로 염지시킨 후 케이싱 등에 포장하거나 또는 포장하지 않고 훈연하거나 또는 훈연하지 않고 수증기로 찌거나 끓는 물에 삶은 것(단, 증량결착제로서 표준 제품에 한하여 사용하되 동식물성 단백, 탈지분유, 난백에 한함)
> - 로인 햄 : 돈육의 등심 부위를 정형하여 조미료(식염, 당류, 동식물의 추출 농축물 및 단백 가수분해물에 한함), 향신료 등으로 염지시킨 후 케이싱 등에 포장하거나 또는 포장하지 않고 훈연하거나 또는 훈연하지 않고 수증기로 찌거나 끓는 물에 삶은 것(단, 증량결착제로서 표준 제품에 한하여 사용하되 동식물성 단백, 탈지분유, 난백에 한함)
> - 숄더 햄 : 돈육의 어깨 부위를 정형하여 조미료(식염, 당류, 동식물의 추출 농축물 및 단백 가수분해물에 한함), 향신료 등으로 염지시킨 후 케이싱 등에 포장하거나 또는 포장하지 않고 훈연하거나 또는 훈연하지 않고 수증기로 찌거나 끓는 물에 삶은 것(단, 증량결착제로서 표준 제품에 한하여 사용하되 동식물성 단백, 탈지분유, 난백에 한함)

44 식육을 냉동보관할 때 저장성에 영향을 주는 주된 원인은?

① 지방산화에 의한 산패
② 미생물에 의한 부패
③ 심각한 건조현상
④ 냉동에 의하여 품질에 손상을 주지 않음

> **해설**
> 냉동보관으로 세균의 번식을 막아 부패를 방지함으로써 식품의 보존기간은 늘릴 수 있다. 그러나 냉동실 안이라고 할지라도 산화는 막지 못한다. 산화는 식품 속의 식물성 기름이 공기 중의 산소와 반응하여 변질되는 것으로 지방 변성이 가장 큰 원인이다.

45 120kg의 돼지에서 93kg의 지육을 얻었다면 도체율은 약 얼마인가?

① 43%   ② 57%
③ 71%   ④ 78%

> **해설**
> 도체율 = 지육/생체중량 × 100
> 93/120 × 100 = 77.5%

46 육제품 제조 시의 발색제로 가장 많이 쓰이는 것은?

① 초산, 젖산
② 구연산, 유기산
③ 소금, 설탕
④ 질산염, 아질산염

발색제는 음식의 색을 선명하게 하는 화학물질로 아질산나트륨이 가장 많이 쓰인다. 고기류는 제조 또는 가공 후 일정 시간이 지나면 자연히 붉은색에서 갈색으로 변색이 되는데, 이를 막기 위한 방법으로 발색제를 사용하는 것이다.

47 육의 저장법으로 이용되지 않는 방법은?

① 염장법
② 냉동법
③ 훈연법
④ 주정처리법

48 진공포장육의 장점으로 볼 수 없는 것은?

① 호기성 미생물의 증식과 지방산화가 억제되어 저장성이 높다.
② 저장기간을 연장할 수 있으므로 냉장육으로 판매가 가능하다.
③ 진공상태로 유지되어 육의 변색을 방지하고 소비자가 선호하는 발색이 나타난다.
④ 취급 및 운송이 간편하다.

진공포장은 저장성이 짧은 랩포장의 단점을 보완한 포장방식으로 저장기간이 연장됨에 따라 육즙 삼출과 표면 변색 등의 문제점이 있다.

49 신선육을 진공포장할 때 발생되는 문제점과 거리가 먼 것은?

① 드립(Drip) 발생
② 변색
③ 이취 발생
④ 호기성 세균 증식

진공포장의 주된 목적은 포장 내 산소를 제거함으로써 호기성 미생물의 성장과 지방 산화를 지연시켜 저장성을 높이는 데 있다. 그러나 진공상태에서 보관된 고기의 색이 암적색으로 나타나는 표면 변색과 진공에 의한 찌그러짐 등의 포장육 형태 변화, 식육으로부터 유리되는 육즙량 증가 등 여러 가지 문제점들이 발생되고 있다.

50 염지의 효과가 아닌 것은?

① 육제품의 색을 좋게 한다.
② 세균 성장을 억제시킨다.
③ 원료육의 저장성을 증가시킨다.
④ 원료육의 풍미를 감소시킨다.

51 식품의 기준 및 규격에 의거하여 정의에 훈연이 포함되지 않는 것은?

① 분쇄가공육제품
② 생 햄
③ 건조저장육류
④ 발효소시지

식품의 기준 및 규격(식품의약품안전처고시 제2024-35호)
건조저장육류는 식육을 그대로 또는 이에 식품 또는 식품첨가물을 가하여 건조하거나 열처리하여 건조한 것을 말하며 수분 55% 이하의 것을 말한다(육함량 85% 이상의 것).

52 소시지 제조 시의 충전에 대한 설명 중 틀린 것은?

① 충전에 사용되는 기계를 스터퍼(Stuffer)라고 한다.
② 충전기의 종류에는 공기압식, 유압식 등이 있다.
③ 소시지의 내포장에는 케이싱(Casing)을 이용한다.
④ 내수성 케이싱을 사용하면 좋지 않다.

53 식중독은 야기시키지 않으나 식품 관련 질환에 해당하는 것은?

① *Saphylococcus aureus*
② *Costridium perfringens*
③ *Bacillus cereus*
④ *Trichinella spiralis*

> **해설**
> ④ *Trichinella spiralis* : 선모충
> ① *Saphylococcus aureus* : 황색포도상구균
> ② *Costridium perfringens* : 웰치균
> ③ *Bacillus cereus* : 바실러스 세레우스

54 염지와 관련된 재료의 기능으로 틀린 것은?

① 소금은 염용성 단백질을 추출하여 유화력을 증진시킨다.
② 당류는 맛과 색을 개선시키나 미생물과는 관련되지 않는다.
③ 에리토브산나트륨은 산화방지제이다.
④ 아질산염은 유해미생물 성장 억제와 육색의 발달에 관여한다.

> **해설**
> **염지 시 당류의 효과**
> • 풍미 증진 : 소금 첨가에 따른 거친 맛을 순화시키고, 수분의 건조를 막으며 고기를 연하게 하는 효과가 있다.
> • 육색 향상 : 단백질의 아미노산기와 반응하여 가열 시 갈변현상으로 육색을 향상시키고, 건염 시에는 환원미생물이 잘 자라게 하여 이 미생물들이 질산염을 아질산염으로 환원시키는 역할을 하도록 한다.
> • 미생물 발육 억제 : 소금 성분과 복합으로 미생물의 성장을 지연시킨다. 그러나 실제로 사용하는 농도가 낮으므로 실질적인 미생물 성장 억제 효과를 기대하기는 어렵다.

55 고기의 숙성 중 발생하는 변화가 아닌 것은?

① 단백질의 자기소화가 일어난다.
② 수용성 비단백태질소화합물이 증가한다.
③ 풍미가 증진된다.
④ 보수력이 감소한다.

> **해설**
> 식육의 숙성 중에 일어나는 변화로 사후경직에 의해 신전성을 잃고 단단하게 경직된 근육은 시간이 지남에 따라 점차 장력이 떨어지고 유연해져 연도와 보수력이 증가한다.

56 다음의 식품의 기준 및 규격 내용에서 ( ) 안에 알맞은 것은?

> ( )류라 함은 식육이나 식육가공품을 그대로 또는 염지하여 분쇄 세절한 것에 식품 또는 식품첨가물을 가한 후 훈연 또는 가열 처리한 것이거나, 저온에서 발효시켜 숙성 또는 건조처리한 것이거나, 또는 케이싱에 충전하여 냉장·냉동한 것을 말한다(육함량 70% 이상, 전분 10% 이하의 것).

① 베이컨
② 소시지
③ 편 육
④ 분쇄가공육제품

57 소시지 제조에 있어서 가장 기본적인 공정은?

① 염지 − 충전 − 유화 − 가열처리 − 훈연 − 포장
② 염지 − 세절 − 유화 − 충진 − 훈연 − 가열처리 − 포장
③ 유화 − 염지 − 세절 − 훈연 − 충진 − 가열처리 − 포장
④ 유화 − 염지 − 세절 − 충진 − 훈연 − 가열처리 − 포장

58 비포장 식육의 냉장저장 중에 일어날 수 있는 변화가 아닌 것은?

① 육색의 변화
② 지방산화
③ 감 량
④ 미생물 사멸

해설
비포장 식육은 냉장저장 중에 미생물이 번식한다.

59 소시지 유화물의 혼합공정에서 혼합 도중 얼음물을 첨가하는 가장 중요한 이유는?

① 호화를 잘 되게 하기 위해
② 지방을 얼리기 위해
③ 유화 안정성을 유지하기 위해
④ 영양소의 파괴를 막기 위해

60 축산물안전관리인증기준에 의거하여 식육가공품(햄류, 소시지류, 베이컨류)의 식육 중심부 온도 기준은?

① 냉장육 : 10℃ 이하, 냉동육 : −10℃ 이하
② 냉장육 : −2~10℃ 이하, 냉동육 : −18℃ 이하
③ 냉장육 : 0℃ 이하, 냉동육 : −30℃ 이하
④ 냉장육 : 0℃ 이하, 냉동육 : −70℃ 이하

2017년 제 2 회 과년도 기출복원문제

※ 2017년부터는 CBT(컴퓨터 기반 시험)로 진행되어 수험자의 기억에 의해 문제를 복원하였습니다. 실제 시행문제와 일부 상이할 수 있음을 알려드립니다.

01 최근 미국에서 5년 만에 소 광우병이 발생하여 사회적인 관심을 받고 있다. 이에 대한 설명 중 틀린 것은?

① 우리나라에서는 소해면상뇌증이라는 용어를 사용하고 있다.

② 진전병(증)에 걸린 양을 동물성 사료로 만들어 초식 동물인 소에게 사료로 먹이면서 감염된 것으로 추정되고 있다.

③ 광우병에 걸린 소들은 서로 다른 증상을 보이는데, 신경질적이고 공격적인 행동을 보이기도 한다.

④ 동물성 사료의 광우병 인자에 노출된 소는 잠복기 없이 발병한다.

> **해설**
> 정부 및 학계는 동물성 사료의 광우병 인자에 노출된 소는 2~8년의 잠복기를 거쳐 발병한다고 추정하고 있다.

02 비정상육들의 발생을 방지하는 방법 중 가장 알맞은 것은?

① 스트레스에 강한 품종을 개발한다.

② 예랭실에서 지육의 간격을 밀착시킨다.

③ 계류를 하지 않고 도축한다.

④ 운송거리나 시간에 관계없이 가축을 이동시킨다.

> **해설**
> 예랭실에서 지육은 적당한 간격을 유지하는 것이 중요하며, 도축 전 계류는 운송거리나 운송시간을 고려하여 동물의 심신을 안정시키기 위해 반드시 필요하다.

03 고기 저장 시 육색의 변색에 영향을 미치는 요인으로 가장 부적절한 것은?

① 미생물　　　　② pH

③ 온 도　　　　　④ 근섬유 굵기

> **해설**
> 고기 저장 시 육색의 변색에는 미생물, pH, 온도와 같은 외적 요인이 영향을 미친다.
> ④ 근섬유의 굵기는 육색의 변색에 영향을 끼치는 요인이라기보다는 육색의 발현과 같은 상태를 나타내는 요인으로 보는 것이 타당하다.

04 소의 육질등급 판정부위는 미국의 제13번째 늑골, 일본의 6번째 늑골의 절단부위인데 우리나라의 경우는 몇 번째 늑골의 절단부위인가?

① 6번째　　　　② 9번째

③ 11번째　　　　④ 13번째

1 ④　2 ①　3 ④　4 ④　**정답**

05 식육에 감염된 식중독 중 섭취 전 열처리 하여도 발병할 수 있는 식중독은?

① 살모넬라 식중독
② 포도상구균 식중독
③ 장염 비브리오 식중독
④ 웰치균 식중독

해설

식중독은 발병 형태별로 감염형, 독소형, 중간형(생체 내 독소형)으로 구분하는데, 감염형은 세균에 의해서 발병하며 급성위장염 증상을 나타낸다. 대표적인 세균으로는 비브리오, 살모넬라, 캠필로박터 등이 있다. 독소형은 식품 중에서 세균이 증식할 때 생기는 특유의 독소에 의해 발병하는데 살균과 무관하게 발병이 가능하다. 즉, 열처리를 해도 발병할 수 있다는 말이다. 대표적인 세균으로는 포도상구균, 클로스트리듐 보툴리눔, 바실러스 등이 있다. 중간형은 감염형이나 독소형의 결합형태로 장 내에서 증식한 세균이 생산하는 독소에 의해 발생한다.

06 작업자의 위생관리방법 중 부적당한 것은?

① 화장실 출입 시 미생물의 오염을 막기 위하여 작업복(위생복)을 입고 간다.
② 정기적인 의료검진을 실시한다.
③ 눈, 코, 머리카락 등을 만진 후에는 항상 손을 씻는다.
④ 작업 중에는 가능한 대화를 자제하고 마스크를 착용한다.

07 식육의 지방성분이 분해되어 불쾌한 자극취를 일으키는 현상은?

① 변 패   ② 발 효
③ 산 패   ④ 부 패

해설

식육의 지방성분이 분해되어 불쾌한 자극취를 일으키는 현상을 산패라고 한다.

08 소를 도살한 후 지육을 냉각시킬 때 지육의 온도를 너무 급속히 저하시키면 근육이 강하게 수축되어 그 이후의 숙성에 의해서도 충분히 연화되지 않는 경우가 있는데, 이러한 현상은?

① 저온단축
② 고온단축
③ 해동경직
④ 사후경직

09 가축을 도축할 때 방혈과정에서 가축의 변화 내용으로 가장 부적합한 것은?

① 모세혈관 수축
② 혈액의 체외 배출
③ 심장박동 중단
④ 혈관 내 혈압 저하

해설

가축을 도축할 때 방혈을 하기 위해 경동맥을 절단하면 혈액이 체외로 배출되면서 혈관 내 혈압은 저하되고 모세혈관은 수축되며 심장박동은 방혈이 멈출 때까지 지속된다.

10 다음 중 골격근의 특징이 아닌 것은?

① 뼈에 부착되어 있다.
② 수의근이다.
③ 근육조직의 대부분을 차지한다.
④ 평활근이다.

골격근은 길이가 길며 직경이 10~100μm인 원통형의 다핵세포들이 다발을 이루고 있는 구조이다. 이 세포를 근섬유라고 한다. 골격근 세포는 배자발생 중 핵이 하나인 근모세포들이 서로 융합하여 형성한 다핵세포이다. 핵은 타원형으로 대부분 세포막 아래에서 관찰된다. 이와 같이 핵이 위치하는 부위가 특징적이므로 심장근 및 평활근과 쉽게 구별된다.

11 쇠고기와 돼지고기의 대분할 부위명인 앞다리 중 소분할 세부 부위명이 동일하게 속하지 않는 것은?

① 꾸리살   ② 부채살
③ 주걱살   ④ 앞다리살

해설
쇠고기 및 돼지고기의 분할상태별 부위명칭(소·돼지 식육의 표시방법 및 부위 구분기준 별표 1)
• 쇠고기의 앞다리 : 꾸리살, 부채살, 앞다리살, 갈비 덧살, 부채덮개살
• 돼지고기의 앞다리 : 꾸리살, 부채살, 앞다리살, 앞 사태살, 항정살, 주걱살

12 다음은 쇠고기의 소분할 부위명칭에 대한 분할정형기준이다. 어느 부위에 대한 설명인가?

> 대분할된 등심부위에서 제5등뼈(흉추)와 제6등뼈(흉추) 사이를 2분체 분할정중선과 수직으로 절단하여 제1등뼈(흉추)에서 제5 등뼈(흉추)까지의 부위를 정형한 것

① 윗등심살   ② 아랫등심살
③ 꽃등심살   ④ 살치살

해설
쇠고기 및 돼지고기의 부위별 분할정형기준(소·돼지 식육의 표시방법 및 부위 구분기준 별표 3)
• 아랫등심살 : 대분할된 등심부위에서 제9등뼈(흉추)와 제10등뼈(흉추) 사이를 2분체 분할정중선과 수직으로 절단하여 제10등뼈(흉추)에서 제13등뼈(흉추)까지의 부위를 정형한 것
• 꽃등심살 : 대분할된 등심부위에서 제5~제6등뼈(흉추) 사이와 제9~제10등뼈(흉추) 사이를 2분체 분할정중선과 수직으로 절단하여 제6등뼈(흉추)에서 제9등뼈(흉추)까지의 부위를 정형한 것
• 살치살 : 윗등심살의 앞다리부위를 분리한 쪽에 붙어 있는 배쪽톱니근(복거근)으로 윗등심살부위에서 등가장긴근(배최장근)과의 근막을 따라 분리하여 정형한 것

13 적응성이 약한 가축(Stress Susceptible Animal)이 자극을 받을 때의 특징이 아닌 것은?

① 호흡 수가 빨라진다.
② 피부가 빨개진다.
③ 근육경련이 일어난다.
④ 체온이 급강하한다.

해설
④ 체온이 상승한다.

14 우리나라의 경우 소와 돼지의 표준 소분할은 각각 몇 개 부위인가?

① 소 10, 돼지 7
② 소 25, 돼지 15
③ 소 39, 돼지 25
④ 소 10, 돼지 25

해설
쇠고기 및 돼지고기의 분할상태별 부위명칭(소·돼지 식육의 표시방법 및 부위 구분기준 별표 1)

쇠고기		돼지고기	
대분할 부위명칭	소분할 부위명칭	대분할 부위명칭	소분할 부위명칭
10개 부위	39개 부위	7개 부위	25개 부위

15 다음의 설명은 어떤 식중독균의 특징인가?

- 가열 살균이 불충분한 통조림 식품에서 발생한다.
- 혐기성으로 포자를 형성한다.
- 독소를 형성하여 식중독을 유발시킨다.

① 병원성 대장균
② 장염 비브리오균
③ 클로스트리듐 보툴리눔
④ 살모넬라균

16 감염형 세균성 식중독을 가장 잘 설명한 것은?

① 식품에 유해한 식품첨가물이 혼입되어 발생하는 것
② 식품에 오염된 곰팡이 대사산물에 의해 발생하는 것
③ 식품에 증식된 미생물이 생성한 독소에 의해 발생하는 것
④ 식품과 함께 섭취된 미생물이 체내 증식하여 발생하는 것

17 식육의 위생지표로 이용되는 대표적인 미생물은?

① 대장균   ② 바실러스
③ 살모넬라   ④ 슈도모나스

18 갈비(찜용) 10.87kg을 kg당 11,195원으로 구입하였다. 수율량이 10.45kg일 경우, 갈비의 kg당 표준원가는?

① 약 11,645원   ② 약 10,762원
③ 약 1,071원   ④ 약 1,030원

해설
갈비(찜용) 총구입액은 10.87kg과 kg당 구입단가인 11,195원을 곱하여 계산한다. 총구입액 121,689원에 대해 실제 얻은 갈비 10.45kg으로 나누면 kg당 약 11,645원으로 구입했다는 결과를 얻는다.

19 식육의 사후경직 전의 특징이 아닌 것은?

① 혈압이 떨어진다.
② 심장박동이 증가한다.
③ 근육 중 젖산 함량이 높다.
④ ATP가 높은 수준으로 유지된다.

해설
식육의 사후경직 후 근육 중 젖산 함량이 높아진다.

20 쇠고기, 돼지고기 근육 내의 평균 단백질 함량은?(단, 지방이 절제되지 않은 경우이다)

① 10% ② 20%
③ 30% ④ 40%

21 다음 중 식육이 심하게 부패할 때 수소이온농도(pH)의 변화는?

① 변화가 없다.
② 산성이다.
③ 중성이다.
④ 알칼리성이다.

22 놀이터에서 흙을 가지고 노는 어린아이들이나 야외 활동을 많이 하는 시골 사람들이 더 많이 감염된 것으로 알려진 기생충으로 최근 생간을 섭취한 경험이 있는 사람의 위험성이 15배 높다는 것이 확인되었다. 소의 간을 익히지 않고 바로 먹으면 걸리는 기생충은?

① 십이지장충
② 폐디스토마
③ 유구조충
④ 개회충

해설
사람 몸속에 들어온 개회충은 장 속에 가만히 있지 않고 몸속 여기저기를 돌아다니며 간이나 폐와 같은 장기로 이동하는데, 이때는 증상이 없거나 임상적으로 큰 문제가 발생하지 않고 시간이 지나면서 유충이 사멸하고 자연치유되는 것이 보통이다. 하지만 이 유충이 눈까지 올라가게 되면 눈에 염증을 일으키는 것은 물론 염증물질을 침착시켜 눈의 한가운데 망막세포를 파괴해 시력을 저하시킨다.
개회충증은 개나 고양이와 같은 동물의 배설물에서 떨어진 기생충 알에 의해 오염된 토양이나 음식물을 통해 감염되거나 동물의 털이나 몸에 있던 유충을 통해 감염되는 경우가 많으므로, 놀이터에서 흙을 가지고 노는 어린아이들이나 야외 활동을 많이 하는 시골 사람들에게 많이 감염된다고 할 수 있다. 즉, 동물에서 개회충이 가장 많이 서식하는 곳이 간인데, 소의 간을 익히지 않고 바로 먹으면 개회충에 감염될 가능성이 높다.

23 진공포장육의 장점이 아닌 것은?

① 저장기간이 연장된다.
② 건조에 의한 감량을 줄일 수 있다.
③ 혐기성균이 사멸된다.
④ 육의 취급 및 운송이 간편하다.

24 '식품의 기준 및 규격'에서 산화방지제가 아닌 것은?

① 소브산
② 다이뷰틸하이드록시톨루엔
③ 터셔리뷰틸하이드로퀴논
④ 몰식자산프로필

> **해설**
>
> 식품의 기준 및 규격(식품의약품안전처고시 제2024-35호)
> • 산화방지제 : 다이뷰틸하이드록시톨루엔, 뷰틸하이드록시아니솔, 터셔리뷰틸하이드로퀴논, 몰식자산프로필, 이·디·티·에이·이나트륨, 이·디·티·에이·칼슘이나트륨
> • 보존료 : 데하이드로초산나트륨, 소브산 및 그 염류(칼륨, 칼슘), 안식향산 및 그 염류(나트륨, 칼륨, 칼슘), 파라옥시안식향산류(메틸, 에틸), 프로피온산 및 그 염류(나트륨, 칼슘)

25 공기가 있어야만 증식이 가능하므로, 식육이나 육제품의 표면에서만 자랄 수 있는 미생물은?

① 곰팡이   ② 세 균
③ 박테리아   ④ 효 모

26 식육의 휘발성 염기질소를 측정하는 주된 이유는 무엇을 알기 위한 것인가?

① 기생충 유무
② 부패 정도
③ 부정도살 확인
④ 방부제의 사용 유무

27 일반적인 식육은 수분을 몇 % 정도 함유하는가?

① 약 50%
② 약 60%
③ 약 70%
④ 약 80%

28 식육의 동결저장 중 동결속도가 빠를수록 나타나는 현상은?

① 복원성이 저하된다.
② 해동 시 분리육즙이 적다.
③ 조직에 대한 손상이 크다.
④ 큰 얼음결정이 산발적으로 분포한다.

> **해설**
>
> 식육의 동결저장 중 동결속도가 빠를수록 복원성이 높아지고, 해동 시 분리육즙이 적고 조직에 대한 손상이 적다.

29 다음 중 식육의 숙성을 가장 올바르게 설명한 것은?

① 근육 내의 pH가 최종 pH로 저하되는 것
② 근육 내의 ATP 수준이 높게 유지되는 과정
③ 근육의 장력이 떨어지고 육질이 유연해지는 현상
④ 근육의 신전성 및 유연성이 상실되는 시기

30 쇠고기의 숙성에 대한 설명으로 옳은 것은?

① 도체 상태로 0℃ 이하에 보존한다.
② 사후경직이 끝난 도체를 부분육으로 분할, 진공포장 후 저온숙성으로 0~5℃에 보존한다.
③ 진공포장된 쇠고기 부분육을 −5~−2℃에 보존한다.
④ 부분육을 급속 동결하여 −18℃에 보존한다.

31 경직이 완료되고 최종 pH가 정상보다 높은 근육의 색은?

① 선홍색　　② 암적색
③ 창백색　　④ 적자색

32 쇠고기 등급별 구분판매지역 내의 식육판매업소에서 축산물등급확인판정서에 표기된 등급을 의무적으로 표시해야 하는 대분할 부위가 아닌 것은?

① 안 심　　② 등 심
③ 양 지　　④ 목 심

해설
국내에서 도축되어 생산된 쇠고기의 경우 대분할 부위인 안심, 등심, 채끝, 양지, 갈비와 이에 해당하는 소분할 부위의 등급을 표시해야 한다.

33 다음은 쇠고기의 소분할 중 어느 부위에 대한 분할정형기준인가?

> 큰허리근(대요근), 작은허리근(소요근), 엉덩근(장골근)으로 구성되며 허리뼈(요추)와의 결합조직 및 표면지방을 제거하여 정형한 것

① 안심살　　② 윗등심살
③ 채끝살　　④ 아랫등심살

해설
쇠고기 및 돼지고기의 부위별 분할정형기준(소·돼지 식육의 표시방법 및 부위 구분기준 별표 3)
• 윗등심살 : 대분할된 등심부위에서 제5등뼈(흉추)와 제6등뼈(흉추) 사이를 2분체 분할정중선과 수직으로 절단하여 제1등뼈(흉추)에서 제5등뼈(흉추)까지의 부위를 정형한 것
• 채끝살 : 허리최장근(요최장근), 엉덩갈비근(장늑근), 뭇갈래근(다열근)으로 구성되며 대분할 채끝 부위와 같은 요령으로 등심에서 분리하여 정형한 것
• 아랫등심살 : 대분할된 등심부위에서 제9등뼈(흉추)와 제10등뼈(흉추) 사이를 2분체 분할정중선과 수직으로 절단하여 제10등뼈(흉추)에서 제13등뼈(흉추)까지의 부위를 정형한 것

34 소의 도체 특성에서 연골의 경화 정도에 의해서 간접적으로 판단될 수 있는 것은?

① 성숙도　　　② 보수성
③ 탄력성　　　④ 육 량

35 돼지도체의 등급판정 중 거세하지 않은 수퇘지로 근육특성에 따른 성징 구분방법에 따라 성징 2형으로 분류된 경우의 육질 등급은?

① 1등급　　　② 2등급
③ 3등급　　　④ 등외등급

해설
돼지도체의 등외등급 판정기준(축산물 등급판정 세부기준 제12조)
다음의 어느 하나에 해당하는 경우에는 등외등급으로 판정한다.
• 부도 13의 돼지도체 근육특성에 따른 성징 구분방법에 따라 "성징 2형"으로 분류되는 도체
• 결함이 매우 심하여 별표 9에 따라 등외등급으로 판정된 도체
• 도체중량이 박피의 경우 60kg 미만(탕박의 경우 65kg 미만)으로서 왜소한 도체이거나 박피 100kg 이상(탕박의 경우 110kg 이상)의 도체
• 새끼를 분만한 어미돼지(경산모돈)의 도체
• 육색이 부도 10의 No.1 또는 No.7이거나, 지방색이 부도 11의 No.6 또는 No.7인 도체
• 비육상태와 삼겹살상태가 매우 불량하고 빈약한 도체
• 고유의 목적을 위해 이분할하지 않은 학술연구용, 바비큐 또는 제수용 등의 도체
• 검사관이 자가소비용으로 인정한 도체
• 좋지 못한 돼지먹이 급여 등으로 육색이 심하게 붉거나 이상한 냄새가 나는 도체

36 돼지의 탈모 처리 시에 탕박조 물의 온도로 가장 적합한 것은?

① 50℃　　　② 61℃
③ 80℃　　　④ 90℃

해설
돼지의 탈모 처리 시 탕박조 물의 온도는 60∼65℃가 적당하다.

37 미생물에 의한 부패 시 생성되어 육색을 저하시키는 물질은?

① 전분 분해효소
② 황화수소(H_2S)
③ 육색소(Myoglobin)
④ 혈색소(Hemoglobin)

38 도축 시 클린존(청정지역)에서 작업하는 공정은?

① 머리절단 공정
② 탈모작업 공정
③ 항문 및 내장적출 공정
④ 도체의 기계박피작업 공정

39 식육을 2kg 크기로 절단하여 5℃인 냉장고에 보관할 때 가장 부패가 빠른 것은?

① 랩으로 포장한 육
② 진공 포장한 육
③ 동결 후 해동한 육
④ 탄산가스를 충전한 육

> **해설**
> 해동된 냉동제품을 재냉동하여서는 아니 된다.

40 다음 육제품 중 공장에서 2차 오염 가능성이 가장 높은 제품은?

① 프랑크푸르트 소시지
② 슬라이스 햄
③ 장조림 통조림
④ 피크닉 햄

41 지육을 급속동결시킬 때 가장 적합한 방법은?

① 접촉식 동결법
② 공기 동결법
③ 송풍 동결법
④ 침지식 동결법

42 원료육과 유화성과의 관계에 대한 설명으로 틀린 것은?

① 근원섬유 단백질이 많고 결합조직이 적은 고기일수록 유화성이 우수하다.
② 지방이 많은 고기일수록 단위무게당 단백질량이 적으므로 유화성이 떨어진다.
③ 사후경직 전의 고기는 사후경직 중인 고기에 비해 유화성이 우수하다.
④ pH가 낮은 PSE육은 pH가 높은 DFD육이나 정상육에 비해 유화성이 우수하다.

> **해설**
> ④ pH가 낮은 PSE근육은 단백질 변성이 많고 단백질 용해도가 떨어져 pH가 높은 DFD근육이나 정상근육에 비해 유화성이 떨어진다.

43 도살 후 닭 지육을 실온에 방치하면 닭가 슴육이 질겨지는 현상은?

① 저온단축
② 고온단축
③ 해동단축
④ 근육이온

44 다음의 돼지 부위 중 가장 많은 비율을 차지하는 부위는?

① 앞다리
② 등 심
③ 삼겹살
④ 뒷다리

45 근육 내 성분함량은 적으나 사후 근육의 에너지 대사에 큰 영향을 미치는 것은?

① 단백질
② 지 방
③ 탄수화물
④ 무기질

46 식육에 가장 많이 함유되어 있는 비타민은?

① 비타민 A
② 비타민 B군
③ 비타민 C
④ 비타민 D

> **해설**
> 고기는 양질의 단백질, 상당량의 비타민 B군(티아민, 리보플라빈, 나이아신, 피리독신, 코발라민) 그리고 철분과 아연의 우수한 급원이다.

47 식육 및 육가공 제품의 위생에 특히 유의해야 하는 이유가 아닌 것은?

① 식육은 미생물의 성장에 좋은 영양소가 모두 있기 때문이다.
② 식육의 pH는 강알칼리이므로 미생물의 성장이 용이하기 때문이다.
③ 식육은 식중독을 일으키는 원인균의 오염에 직접적으로 노출되어 있기 때문이다.
④ 식육의 수분이 많아서 미생물의 번식이 매우 빠르기 때문이다.

> **해설**
> 도살 후 산소 공급이 중단되면 근육 내에 글리코겐이 젖산으로 분해되면서 ATP를 생성하게 되는데 이때 생성된 젖산은 근육조직 내에 축적됨으로써 육의 pH는 떨어진다. 육단백질의 등전점은 pH 5.0~5.4로 나타나는데, 사후경직 때 육의 pH는 5.4까지 떨어져 단백질 분자 사이의 공간은 최소가 되고 보수력도 가장 낮아진다.

48 PSE돈육에 대한 설명으로 옳은 것은?

① 창백색, 견고한 조직, 적은 육즙 유출

② 창백색, 연약한 육조직, 다량의 육즙 유출

③ 짙은 육색, 연약한 육조직, 적은 육즙 유출

④ 짙은 육색, 견고한 조직, 다량의 육즙 유출

해설

PSE돈육 : 고기의 색깔이 창백하고(Pale), 염용성 단백질인 근원섬유 단백질의 변성으로 조직은 무르고(Soft), 육즙이 많이 나와 있는(Exudative) 고기를 말한다.

49 축종 및 성에 의한 살코기와 지방비와의 관계가 옳은 것은?

① '살코기 : 지방비율'은 수퇘지가 거세돈보다 낮다.

② 소의 경우 젊은 암컷이 수컷에 비해서 높은 살코기로 구성된다.

③ 각 축종의 수컷이 암컷에 비해 높은 살코기를 가진다.

④ 축종과 성별에 따른 살코기와 지방의 비는 차이가 없다.

50 만 3세 이상 우리 국민이 통상적으로 소비하는 1회 섭취량과 시장조사 결과 등을 바탕으로 설정한 축산물별 1회 섭취 참고량이 다음의 식육가공품 중에서 가장 높은 것은?

① 햄 류

② 소시지류

③ 건조저장육류

④ 양념육류

해설

1회 섭취 참고량(식품 등의 표시기준 별표 3)

축산물군	축산물종	축산물유형	1회 섭취 참고량
식육가공품 및 포장육	햄 류	햄	30g
		프레스 햄	
	소시지류	소시지	
		발효소시지	
		혼합소시지	
	베이컨류	베이컨류	
	건조저장육류	건조저장육류	15g
	양념육류	양념육	100g
		분쇄가공육제품	50g
		갈비가공품	100g
	식육추출가공품	식육추출가공품	240g
	식육함유가공품	육포 등 육류 말린 것	15g
		그 밖의 해당 식품	50g
	포장육	–	–

51 식육가공품에 사용할 수 있는 보존료와 허용량은?

① 소브산 – 5.0g/kg 이하
② 소브산 – 2.0g/kg 이하
③ 아질산나트륨 – 5.0g/kg 이하
④ 아질산나트륨 – 2.0g/kg 이하

해설
식품의 기준 및 규격(식품의약품안전처고시 제2024-35호)
식육가공품의 규격 : 소브산, 소브산칼륨, 소브산칼슘 2.0g/kg 이하 이외의 보존료가 검출되어서는 아니 된다(양념육류와 포장육은 보존료가 검출되어서는 아니 된다).

52 사후 6~8시간 후에 근육의 pH 5.6~5.7에 이르는 돼지고기는 다음 중 무엇인가?

① 정상 돈육   ② PSE돈육
③ DFD돈육   ④ 물돼지고기

53 다음 돼지의 품종 중 국내에서 교잡종 생산에 많이 이용되지 않는 것은?

① 듀록(Duroc)
② 랜드레이스(Landrace)
③ 폴란드차이나(Poland China)
④ 햄프셔(Hampshire)

54 도체의 수송과정에 있어 위생관리 방법으로 적합하지 않은 것은?

① 수송트럭은 온도 0~5℃, 습도 80~90% 정도를 유지한다.
② 적재방법은 현수식보다 바닥에 적재한다.
③ 바깥 공기와 접촉하지 않게 한다.
④ 도축장에서 냉각한 도체를 수송한다.

55 육제품 중 소시지 제조에 있어서 가장 기본적인 공정은?

① 염지 – 충전 – 유화 – 가열처리 – 훈연 – 포장
② 염지 – 세절 – 유화 – 충전 – 훈연 – 가열처리 – 포장
③ 유화 – 염지 – 세절 – 훈연 – 충전 – 가열처리 – 포장
④ 유화 – 염지 – 세절 – 충전 – 훈연 – 가열처리 – 포장

56 식육의 저장 중에 일어나는 부패 초기의 현상으로, 식육의 표면에 점액이 생성되기 시작하는 시기의 세균수는 어느 정도인가?

① $10^3/cm^2$ ② $10^5/cm^2$
③ $10^7/cm^2$ ④ $10^9/cm^2$

57 발효공정을 거쳐 만드는 소시지는?

① 프레시소시지(Fresh Sausage)
② 스모크소시지(Smoked Sausage)
③ 건조소시지(Dry Sausage)
④ 가열소시지(Cooked Sausage)

해설

식품의 기준 및 규격(식품의약품안전처고시 제2024-35호)
발효소시지 : 식육에 다른 식품 또는 식품첨가물을 가하여 저온에서 훈연 또는 훈연하지 않고 발효시켜 숙성 또는 건조처리한 것을 말한다.

58 살균의 목적으로 가장 적합한 것은?

① 고기에 부착된 단순 이물질을 씻어 낸다.
② 식품의 변패나 품질저하를 주는 미생물을 사멸 또는 성장을 억제시켜 안전한 제품을 공급하는 데 있다.
③ 모든 균을 사멸시켜 미생물을 없앤다.
④ 고기의 영양성분 손실을 방지하기 위한 것이다.

59 훈연의 가장 중요한 목적은?

① 결착을 좋게 한다.
② pH를 높여 준다.
③ 육색을 증진시킨다.
④ 증량을 시켜 준다.

60 식육을 냉장상태에 두었을 때 육즙이 빠져나오는 현상은 다음 중 어떤 성질과 관련이 있는가?

① 유화력
② 결착력
③ 보수성
④ 단백질 함량

해설

식육의 보수성이란 식육이 물리적 처리를 받을 때 수분을 잃지 않고 보유할 수 있는 능력을 말한다. 이때 물리적 처리란 절단, 열처리, 세절, 압착, 냉동 및 해동 등을 말한다. 보수성이 나쁜 식육은 수분의 손실이 많아서 감량이 크고 영양적 손실도 큰데, 이는 식육 내의 수분 중 일부가 유리수상태로 존재하기 때문이다.

2017년 제4회

과년도 기출복원문제

01 식육유통업자는 농가로부터 돼지 1차량 40마리를 구매하였다. 도축장에서 공차 무게를 제한 평균 출하체중이 115kg으로 나타났을 때, 탕박으로 도축처리를 한 경우 평균 1마리당 몇 kg의 지육을 얻을 수 있는가?(단, 지육률은 77%로 계산한다)

① 약 66kg ② 약 77kg
③ 약 88kg ④ 약 99kg

해설
115kg × 0.77 ≒ 88.5kg

02 냉장실에서 지육을 장기간 냉장 저장시킬 때 표면의 육색변화를 방지하기 위한 옳은 조치가 아닌 것은?

① 냉장온도를 낮게 한다.
② 공기유통속도를 빠르게 한다.
③ 상대습도를 높게 한다.
④ 지육의 표면오염을 적게 한다.

해설
식육의 냉장에 의한 보존기간은 식육의 종류, 초기오염도, 냉장조건(저장온도와 습도), 포장상태 및 육제품의 종류와 형태에 따라 좌우된다. 온도는 낮게, 상대습도는 85% 수준을 유지하며, 오염은 없을수록 좋으며 공기유통속도는 적당하게 한다. 건조되지고 수분 증발이 심해지면 고기 표면이 혼탁해지고 감량이 발생하기 때문이다.

03 다음 중 수용성 단백질은?

① 마이오글로빈(Myoglobin)
② 마이오신(Myosin)
③ 콜라겐(Collagen)
④ 액토마이오신(Actomyosin)

해설
근장단백질은 근원섬유 사이의 근장 중에 용해되어 있는 단백질로서 물 또는 낮은 이온강도의 염용액으로 추출되므로 수용성 단백질이라고도 한다. 육색소 단백질인 마이오글로빈, 사이토크로뮴 등이 있다.

04 생육의 육색 및 보수력과 가장 관계가 깊은 것은?

① pH
② ATP 함량
③ 마이오글로빈 함량
④ 헤모글로빈 함량

해설
산도(pH)는 지육의 근육 내 산성도를 측정하는 것으로, 도축 후 24시간 후의 산도는 5.4~5.8이어야 한다. 산도가 높은 육류는 육색이 짙어지며 녹색 박테리아에 의해 변색될 수 있다. 육색이 짙은 제품은 3주가 지나면 부패한 달걀 냄새를 풍긴다.

05 고온단축(Heat Shortening)에 대한 설명으로 틀린 것은?

① 고기의 육질이 연화된다.
② 닭고기에서 많이 발생한다.
③ 사후경직이 빨리 일어난다.
④ 근섬유의 단축도가 증가한다.

저온단축이든 고온단축이든 둘의 공통점은 '단축'된다는 점이다. 즉, 근섬유가 강하게 수축된다는 말이다. 저온단축은 주로 적색근섬유에서 발생하는 것에 반해, 고온단축은 닭의 가슴살, 토끼의 안심과 같은 백색근섬유에서 주로 발생한다. 16℃ 이상의 고온에서 오래 방치할 경우 고온단축이 일어나는데, 근육 내 젖산이 축적된 상태에서 열을 가하면 즉, 산과 열의 복합작용으로 근육의 과도한 수축을 나타낼 때 이를 고온단축이라 한다.

06 도축 후 소도체의 정상적인 최종 pH는?

① 4.4~4.6   ② 4.8~5.0
③ 5.3~5.6   ④ 6.5~6.8

생체의 근육조직은 7.0~7.5의 pH가를 지닌다. 도축 후 pH가는 급격히 하락하여 우육은 pH 6.2~6.5에 달하고 서서히 감소하여 24시간 후 최저의 pH인 5.3~5.6에 도달한다. 참고로, 숙성이 진행됨에 따라 pH가는 단백질의 알칼리성 분해물에 의해 다시 상승하여 수일 후 6.1~6.4까지 상승한다.

07 식육 단백질의 부패 시 발생하는 물질이 아닌 것은?

① 알코올(Alcohol)
② 스카톨(Scatole)
③ 아민(Amine)
④ 황화수소(H_2S)

부패(Putrefaction)는 단백질이 많이 함유된 식품(식육, 달걀, 어패류)에 혼입된 미생물의 작용에 의해 질소를 함유하는 복잡한 유기물(단백질)이 혐기적 상태하에서 간단한 저급 물질로 퇴화, 분해되는 과정을 말한다. 호기성 세균에 의해 단백질이 분해되는 것을 부패라고 하며, 이때 아민과 아민산이 생산되고, 황화수소, 메르캅탄(Mercaptan), 암모니아, 메탄 등과 같은 악취가 나는 가스를 생성한다. 인돌은 불쾌한 냄새가 나며, 스카톨과 함께 대변 냄새의 원인이 되지만, 순수한 상태나 미량인 경우는 꽃냄새와 같은 향기가 난다.

08 식품 미생물의 생육 최저 수분활성도(Aw)가 일반적으로 높은 것부터 낮은 순으로 바르게 나열한 것은?

① 세균 > 효모 > 곰팡이
② 세균 > 곰팡이 > 효모
③ 곰팡이 > 효모 > 세균
④ 곰팡이 > 세균 > 효모

식품의 수분 중에서 미생물의 증식에 이용될 수 있는 상태인 자유수의 함량을 나타내는 척도로서 수분활성도(Aw) 개념이 사용된다. 수분활성도가 높을수록 미생물은 발육하기 쉽고, 일정 활성도 이하에서는 증식할 수 없다. 일반적으로 호염세균이 0.75이고, 곰팡이 0.80, 효모 0.88, 세균 0.91의 순으로 높아진다. 그러므로 식품을 건조시키면 세균, 효모, 곰팡이의 순으로 생육하기 어려워지며 수분활성도 0.65 이하에서는 곰팡이는 생육하지 못한다.

09 식품의 기준 및 규격상 설명하는 용어의 뜻이 틀린 것은?

① 표준온도는 20℃이다.

② 따로 규정이 없는 한 찬물은 15℃ 이하, 열탕은 약 100℃의 물을 말한다.

③ 차고 어두운 곳(냉암소)이라 함은 따로 규정이 없는 한 −2~10℃의 장소를 말한다.

④ 감압은 따로 규정이 없는 한 15mmHg 이하로 한다.

해설

식품의 기준 및 규격(식품의약품안전처고시 제2024-35호)
차고 어두운 곳(냉암소)이라 함은 따로 규정이 없는 한 0~15℃의 빛이 차단된 장소를 말한다.

10 신선육의 단면색에 관한 설명으로 맞는 것은?

① 표면은 밝은 적색, 내부상층은 갈색, 내부심층은 적자색을 띤다.

② 표면은 갈색, 내부상층은 적자색, 내부심층은 밝은 적색을 띤다.

③ 표면은 녹색, 내부상층은 밝은 적색, 내부심층은 갈색을 띤다.

④ 표면은 밝은 적색, 내부상층은 녹색, 내부심층은 갈색을 띤다.

해설

식육의 적색은 일차적으로 육색소의 함량에 따라 차이를 나타내지만, 같은 육색소의 함량을 가진 식육이라고 할지라도 마이오글로빈의 화학적 상태에 따라 육색은 다르게 나타날 수 있다. 마이오글로빈에 철원자가 2가로 존재하면 데옥시마이오글로빈이라 부르고 자색을 띤다. 철원자가 3가로 존재하면 메트마이오글로빈이라 부르고 갈색을 나타낸다.
한편, 산소분자가 부착하면 옥시마이오글로빈이라 부르며 밝은 선홍색을 보인다. 신선육의 표면부터 내부까지 마이오글로빈의 화학적 상태에 따라 밝은 적색, 갈색, 적자색을 띤다.

11 근육조직의 숙성과정과 관련된 설명으로 틀린 것은?

① 숙성의 목적은 연도를 증가시키고 풍미를 향상시키기 위함이다.

② 숙성기간은 0℃에서 1~2주로 소와 돼지고기 모두 조건이 같다.

③ 쇠고기는 사후경직과 저온단축으로 인해 질겨지므로 숙성이 필요하다.

④ 고온숙성은 16℃ 내외에서 실시하는데 빠른 부패를 야기할 수도 있으므로 주의한다.

해설

식육의 숙성시간은 식육동물의 종류, 근육의 종류 및 숙성온도에 따라 달라지는데 사후경직 후 쇠고기의 경우 4℃ 내외의 냉장숙성은 약 7~14일이 소요되며, 10℃에서는 4~5일, 15℃ 이상의 고온에서는 2~3일 정도가 요구된다. 사후 해당속도가 빠른 돼지고기의 경우 4℃ 내외에서 1~2일, 닭고기는 8~24시간 이내에 숙성이 완료된다.

12 30분마다 분열하는 세균 2마리는 3시간 후 몇 마리가 되는가?

① 64
② 128
③ 256
④ 512

세균은 30분마다 이분할(×2)을 하므로 이를 계산하면 다음과 같다.

시 간	세균수	시 간	세균수
0분	2	2시간	32
30분	4	2시간 30분	64
1시간	8	3시간	128
1시간 30분	16		

13 식육의 위생, 부패와 관련된 균 중에서 중온균의 최적 성장온도는 얼마인가?

① 4~10℃
② 10~20℃
③ 25~40℃
④ 40~50℃

미생물은 최적 생육온도에 따라 호냉성 미생물(저온균), 호온성 미생물(중온균), 호열성 미생물(고온균)으로 구분된다. 최적온도는 저온균(수중세균, 발광세균, 일부 부패균 등) 15~20℃, 중온균(곰팡이, 효모, 초산균, 병원균 등) 25~40℃, 고온균 50~60℃이다.

14 건조저장육에 대한 설명으로 틀린 것은?

① 육포도 건조저장육의 일종이다.
② 건조저장육은 육의 수분함량을 줄인 제품을 의미한다.
③ 건조저장육은 온도, 열기, 공기의 속도 등에 의하여 육을 건조한 것을 의미한다.
④ 냉동 저장 과정 중 수분 증발로 발생된 건조육을 의미한다.

식품의 기준 및 규격(식품의약품안전처고시 제2024-35호)
• 정의 : 건조저장육류라 함은 식육을 그대로 또는 이에 식품 또는 식품첨가물을 가하여 건조하거나 열처리하여 건조한 것을 말한다(육함량 85% 이상의 것).
• 제조·가공기준 : 건조저장육류는 수분을 55% 이하로 건조하여야 한다.
• 규 격
　– 아질산 이온(g/kg) : 0.07 미만
　– 타르색소 : 검출되어서는 아니 된다.
　– 보존료(g/kg) : 소브산, 소브산칼륨, 소브산칼슘 이외의 보존료가 검출되어서는 아니 된다.
　– 세균수 : n=5, c=0, m=0(멸균제품에 한한다)
　– 대장균군 : n=5, c=2, m=10, M=100(살균제품에 한한다)
　– 살모넬라 : n=5, c=0, m=0/25g(살균제품 또는 그대로 섭취하는 제품에 한한다)
　– 리스테리아 모노사이토제네스 : n=5, c=0, m=0/25g(살균제품 또는 그대로 섭취하는 제품에 한한다)

15 포장육의 성분규격에 관한 설명 중 맞는 것은?

① 포장육은 발골한 것으로 육함량이 50% 이상 함유되어야 한다.

② 포장육의 보존료는 1g/kg 이하이어야 한다.

③ 포장육의 휘발성 염기질소 함량은 20mg% 이하이어야 한다.

④ 포장육의 대장균군은 양성이어야 한다.

해설

식품의 기준 및 규격(식품의약품안전처고시 제2024-35호)

• 포장육의 정의 : 판매를 목적으로 식육을 절단(세절 또는 분쇄를 포함한다)하여 포장한 상태로 냉장 또는 냉동한 것으로서 화학적 합성품 등 첨가물 또는 다른 식품을 첨가하지 아니한 것을 말한다(육함량 100%).

• 포장육의 성분규격
 – 성상 : 고유의 색택을 가지고 이미·이취가 없어야 한다.
 – 타르색소 : 검출되어서는 아니 된다.
 – 휘발성 염기질소(mg%) : 20 이하
 – 보존료(g/kg) : 검출되어서는 아니 된다.
 – 장출혈성 대장균 : n=5, c=0, m=0/25g(다만, 분쇄에 한한다)

16 다음은 돼지고기의 소분할 부위 중 어떤 부위의 분할정형기준에 대한 설명인가?

앞다리 대분할 시 분리된 앞다리쪽 깊은 흉근(심흉근)으로 앞다리살에서 분리한 후 정형한 것

① 부채살　　② 꾸리살
③ 항정살　　④ 주걱살

해설

돼지고기의 부위별 분할정형기준(소·돼지 식육의 표시방법 및 부위 구분기준 별표 3)

• 부채살 : 어깨뼈(견갑골) 바깥쪽 견갑가시돌기 하단부에 있는 가시아래근(극하근)으로 앞다리살 부위에서 꾸리살과 평행되게 절단하여 근막을 따라 분리·정형한 것

• 꾸리살 : 어깨뼈(견갑골) 바깥쪽 견갑가시돌기 상단부에 있는 가시위근(극상근)으로 앞다리살 부위에서 부채살에 평행되게 절단하여 근막을 따라 분리·정형한 것

• 항정살 : 머리와 목을 연결하는 근육(안면피근 및 경피근)으로 림프선과 지방을 최대한 제거하여 정형한 것(도축 시 절단된 머리 부분의 안면피근 및 경피근도 포함한다)

17 소시지류의 제조 공정에서 사용되는 설비로서 세절과 혼합을 하는 것은?

① 분쇄기(Chopper)
② 사일런트 커터(Silent Cutter)
③ 혼합기(Mixer)
④ 텀블러(Tumbler)

해설

세절과 혼합은 원료육, 지방, 빙수 및 부재료를 배합하여 만들어지는 소시지류의 제조에 있어 중요한 공정으로 주로 사일런트 커터에서 이루어진다. 세절공정을 통해 원료육과 지방은 입자가 매우 작은 상태가 되어 교질상의 반죽상태가 된다.

18 다음 쇠고기 부분육 중에서 장조림용으로 가장 적합한 부위는?

① 홍두깨살
② 채끝살
③ 차돌박이
④ 제비추리

해설

장조림용으로는 주로 우둔과 설도 부위가 많이 쓰인다. 우둔 대분할 부위에는 우둔살과 홍두깨살이 있으며, 설도 대분할 부위에는 보섭살, 설깃살, 설깃머리살, 도가니살, 삼각살이 있다. 이 중에 우둔 부위를 묻는 경우가 많다.

19 육질이 좋은 돼지 품종으로 우리나라에서 삼원교잡종에 많이 이용하는 돼지 품종은?

① 메리노
② 피에트레인
③ 에버딘 엥거스
④ 듀 록

해설

듀록종은 일당 증체량과 사료 이용성이 양호하여 1대 잡종이나 3대 교잡종의 생산을 위한 부돈(父豚)으로 널리 이용되고 있다.

20 소도체 등급판정 중 등외등급에 해당되지 않는 것은?

① 방혈이 불량하거나 외부가 오염되어 육질이 극히 떨어진다고 인정되는 도체
② 도체중량이 150kg 미만인 왜소한 도체로서 비육상태가 불량한 경우
③ 재해, 화재, 정전 등으로 인하여 도지사가 온도체 등급판정방법을 적용할 수 없다고 인정하는 도체
④ 성숙도 구분기준 번호 8, 9에 해당되지 않으나 비육상태가 불량하여 육질이 극히 떨어진다고 인정되는 도체

해설

소도체의 등외등급 판정기준(축산물 등급판정 세부기준 제6조)

소도체가 다음의 어느 하나에 해당하는 경우에는 육량등급과 육질등급에 관계없이 등외등급으로 판정한다.

• 성숙도 구분기준 번호 8, 9에 해당하는 경우로서 늙은 소 중 비육상태가 매우 불량한(노폐우) 도체이거나, 성숙도 구분기준 번호 8, 9에 해당되지 않으나 비육상태가 불량하여 육질이 극히 떨어진다고 인정되는 도체
• 방혈이 불량하거나 외부가 오염되어 육질이 극히 떨어진다고 인정되는 도체
• 상처 또는 화농 등으로 도려내는 정도가 심하다고 인정되는 도체
• 도체중량이 150kg 미만인 왜소한 도체로서 비육상태가 불량한 경우
• 재해, 화재, 정전 등으로 인하여 특별시장·광역시장 또는 도지사가 냉도체 등급판정방법을 적용할 수 없다고 인정하는 도체

21 식육의 숙성 중 일어나는 변화가 아닌 것은?

① 자가소화
② 풍미 성분의 증가
③ 일부 단백질의 분해
④ 경도의 증가

식육의 숙성 중에 일어나는 변화로 사후경직에 의해 신전성을 잃고 단단하게 경직된 근육은 시간이 지남에 따라 점차 장력이 떨어지고 유연해져 연도가 증가한다. 즉, 경도가 증가하는 것은 아니다.

22 글리코겐(Glycogen)에 대한 설명으로 틀린 것은?

① 분해되어 젖산이 된다.
② 무정형의 백색 분말로서 무미, 무취이고 물에 녹아 콜로이드용액을 이룬다.
③ 근육이 움직일 때 신속히 분해되어 에너지원이 된다.
④ 고기 속에 존재하는 단백질로서 맛에 중요한 영향을 미친다.

글리코겐(Glycogen)
• 백색·무정형·무미의 다당류로 고등동물의 중요한 탄수화물(단백질이 아니다) 저장형태로 간 및 근육에서 주로 만들어진다.
• 세균·효모를 포함한 균류와 같은 다양한 미생물에서도 발견된다.
• 글리코겐은 필요할 때 포도당으로 분해되는 에너지 저장원으로서의 역할을 한다.

23 가공육의 결착력을 높이기 위해 첨가되는 것은?

① 단백질　　　② 수 분
③ 지 방　　　④ 회 분

근원섬유 단백질은 가공특성이나 결착력에 크게 관여하는데, 재구성육 제품이나 유화형 소시지 제품에서 근원섬유 단백질의 추출량이 증가할수록 결착력이 높아진다.

24 고기의 동결에 대한 설명으로 틀린 것은?

① 최대빙결정생성대 통과시간이 30분 이내이면 급속동결이라 한다.
② 완만동결을 할수록 동결육 내 얼음의 개수가 적고 크기도 작다.
③ 완만동결을 할수록 동결육의 물리적 품질은 저하한다.
④ 동결속도가 빠를수록 근육 내 미세한 얼음결정이 고루 분포하게 된다.

급속히 냉동시킨 식육에는 크기가 작은 빙결정이 다수 존재하고, 완만하게 냉동시킨 식육에는 크기가 큰 빙결정이 적은 개수로 존재한다. 완만냉동에서는 형성되는 빙결정의 개수가 적고 성장이 심하게 일어나지만, 급속냉동에서는 많은 빙결정이 형성되고 한정된 크기까지만 성장하기 때문이다.

25 근절(筋節)에 대한 설명으로 틀린 것은?

① 근육이 수축되면 근절이 짧아지고 이완되면 근절이 길어진다.

② Z선으로 구분된다.

③ 근절에는 명대와 암대가 포함된다.

④ 사후경직이 발생되면 근절이 길어진다.

해설

사후경직이 발생되면 근절이 짧아진다.

26 눈에 보이는 지방을 제거한 살코기에 대한 설명이다. 다음 중 올바른 것은?

① 수분 약 85%

② 단백질 약 10%

③ 지방 약 1%

④ 소량의 탄수화물

해설

눈에 보이는 지방을 제거한 살코기는 약 75% 정도의 수분과 20%의 단백질, 3%의 지방 그리고 소량의 탄수화물과 무기질로 구성된다.

27 호기성 식중독균이 고기 표면에 자라면 어떤 현상이 발생하는가?

① 고기가 질겨진다.

② 고기의 색깔이 좋아진다.

③ 고기의 표면에 점질물이 생성된다.

④ 고기의 냄새가 좋아진다.

28 일반적으로 쇠고기보다 돼지고기의 신선육이 빨리 산패되는 이유는?

① 돼지고기에 비타민 C 함량이 높기 때문이다.

② 돼지고기에 탄수화물이 많기 때문이다.

③ 돼지고기에 비타민 E 함량이 높기 때문이다.

④ 돼지고기에 불포화지방산이 많기 때문이다.

29 고기 유화물의 보수력과 유화력에 영향을 주는 요인이 아닌 것은?

① 원료육의 보수력
② 세절온도와 세절시간
③ 배합성분과 비율
④ 건조와 훈연

고기 유화물의 보수력과 유화력에 영향을 주는 요인으로 원료육의 보수력, 세절온도와 세절시간, 배합성분과 비율이 있다.

30 고기의 연화제로 쓰이는 식물계 효소는?

① 파파인
② 라이페이스
③ 포스파테이스
④ 아밀레이스

고기의 연화제는 보통 포도나무의 생과일에서 나오는 단백질 분해효소인 파파인과 같은 식물성 물질이 쓰인다.

31 육가공품 제조 시 첨가하는 소금의 기능이 아닌 것은?

① 증량 효과
② 보수력 증진
③ 염용성 단백질 추출
④ 저장성 증진

육가공품 제조 시 소금을 첨가하면 보수력이 증진되고, 염용성 단백질이 추출되며, 저장성이 증진된다.

32 식육의 부위를 염지한 것이나 이에 식품첨가물을 가하여 저온에서 훈연 또는 숙성·건조한 것을 무엇이라고 하는가?

① 햄
② 생 햄
③ 프레스 햄
④ 소시지

식품의 기준 및 규격(식품의약품안전처고시 제2024-35호)
• 햄 : 식육을 부위에 따라 분류하여 정형 염지한 후 숙성·건조하거나 훈연 또는 가열처리하여 가공한 것을 말한다(뼈나 껍질이 있는 것도 포함한다).
• 생햄 : 식육의 부위를 염지한 것이나 이에 식품첨가물을 가하여 저온에서 훈연 또는 숙성·건조한 것을 말한다(뼈나 껍질이 있는 것도 포함한다).
• 프레스 햄 : 식육의 고깃덩어리를 염지한 것이나 이에 식품 또는 식품첨가물을 가한 후 숙성·건조하거나 훈연 또는 가열처리한 것을 말한다(육함량 75% 이상, 전분 8% 이하의 것).
• 소시지 : 식육(육함량 중 10% 미만의 알류를 혼합한 것도 포함)에 다른 식품 또는 식품첨가물을 가한 후 숙성·건조시킨 것, 훈연 또는 가열처리한 것 또는 케이싱에 충전 후 냉장·냉동한 것을 말한다.

33 소시지류에 대한 설명 중 틀린 것은?

① 소시지는 식육에 다른 식품 또는 식품 첨가물을 가한 후 숙성·건조시킨 것이거나, 훈연 또는 가열처리한 것을 말한다.

② 소시지에서 식육에는 육함량 중 10% 미만의 알류를 혼합한 것은 제외한다.

③ 혼합소시지는 전체 육함량 중 20% 미만의 어육 또는 알류를 혼합한 것도 포함한다.

④ 발효소시지는 식육에 다른 식품 또는 식품첨가물을 가하여 저온에서 훈연 또는 훈연하지 않고 발효시켜 숙성 또는 건조처리한 것을 말한다.

해설
식품의 기준 및 규격(식품의약품안전처고시 제2024-35호)
소시지에서 식육에는 육함량 중 10% 미만의 알류를 혼합한 것도 포함한다.

34 어떤 돼지의 도살해체 성적이 다음과 같을 때 도체율(지육률)은?

> 생체중 100kg, 내장 25kg, 신장 0.1kg, 머리 6kg, 뼈 8kg, 적육과 지방 49kg, 생가죽 및 꼬리 3kg, 혈액 3kg

① 약 49%   ② 약 57%

③ 약 63%   ④ 약 67%

해설
도체율은 생체중에서 적육과 지방, 뼈를 말하며 내장, 가죽·꼬리, 혈액은 제외된다.

35 살모넬라에 대한 설명으로 옳은 것은?

① 열에 강해 가열 조리한 식품에서도 생존한다.

② 육의 저장 온도를 10℃ 이하로 낮추고 2% 정도 식염을 가하였을 경우 pH 5.0에서도 성장을 억제시킬 수 있다.

③ 토양 및 수중에서는 생존할 수 없다.

④ 살모넬라는 수소이온농도에 크게 영향을 받지 않는 미생물이다.

36 식품공장에서 오염되는 미생물의 오염 경로 중 1차적이며 가장 중시되는 오염원은?

① 원재료 및 부재료의 오염

② 가공공장의 입지 조건

③ 천장, 벽, 바닥 등의 재질

④ 공기 중의 세균이나 낙하균

37 식육단백질의 열응고 온도보다 높은 온도 범위에서 훈연을 행하기 때문에 단백질이 거의 응고되고 표면만 경화되어 탄력성이 있는 제품을 생산할 수 있어서 일반적인 육제품의 제조에 많이 이용되는 훈연법은?

① 냉훈법
② 온훈법
③ 열훈법
④ 배훈법

해설

① 냉훈법 : 30℃ 이하에서 훈연하는 방법으로 별도의 가열처리 공정을 거치지 않는 것이 일반적이다. 훈연시간이 길어 중량감소가 크지만 건조, 숙성이 일어나서 보존성이 좋고 풍미가 뛰어나다.
② 온훈법 : 30~50℃의 온도 범위에서 행하는 훈연법으로, 본리스 햄(Boneless Ham), 로인 햄(Loin Ham) 등 가열처리 공정을 거치는 제품에 이용된다. 이 방법의 온도 범위에서는 미생물이 번식하기에 알맞은 조건이므로 주의하여야 한다.

39 돼지고기를 잘 익히지 않고 먹을 때 감염되는 기생충은?

① 회 충
② 십이지장충
③ 요 충
④ 선모충

해설

선모충 : 사람은 주로 돼지고기에 의하여 감염되며 한 숙주에서 성충과 유충을 발견할 수 있는 것이 특징이다. 피낭유충의 형태로 기생하고 있는 돼지고기를 사람이 섭취함으로써 인체 기생이 이루어지는데 소장벽에 침입한 유충 때문에 미열, 오심, 구토, 설사, 복통 등이 일어난다.

38 정상적인 식육의 보수성이 가장 낮은 시기는?

① 도축 직후
② 사후경직 전기
③ 사후경직 완료기
④ 숙성 후

해설

보수성은 식육이 수분을 잃지 않고 보유하는 능력으로 사후경직 완료기에 보수성이 가장 낮다.

40 HACCP 도입 효과에 대한 설명으로 틀린 것은?

① 위생관리의 효율성이 도모된다.
② 적용초기 시설·설비 등 관리에 비용이 적게 들어 단기적인 이익의 도모가 가능하다.
③ 체계적인 위생관리 체계가 구축된다.
④ 회사의 이미지 제고와 신뢰성 향상에 기여한다.

41 훈연 시 연기 침착의 속도와 양에 영향을 주는 것과 가장 거리가 먼 것은?

① 제품 표면의 건조 상태
② 훈연실 내 연기의 밀도
③ 훈연실의 공기의 순환 속도
④ 훈연실의 온도

42 사후경직기를 지나 조직 속에 함유되어 있는 효소의 작용에 의해 분해되는 현상은?

① 변 패   ② 자기소화
③ 부 패   ④ 가수분해

43 다음 근육구조 중 근절과 근절 사이를 구분하는 것은?

① 명 대   ② 암 대
③ M-line   ④ Z-line

Z선(Z-line) : 근원섬유가 반복되는 단위인 근절을 구분하는 원반 형태의 선을 말한다.

44 세균의 분류 시 이용되는 기본 성질이 아닌 것은?

① 세포의 형태
② 포자의 형성 유무
③ 그람 염색성
④ 항생물질에 대한 반응성

45 식육은 냉장저장 중 변색으로 인해 그 상품가치가 떨어질 수 있다. 이를 방지하기 위한 대책으로 적합하지 않은 것은?

① 건조한 공기와의 접촉을 피할 것
② 저장 온도는 가급적 낮게 유지할 것
③ 미생물의 오염 및 증식을 최소화할 것
④ 표면 지방의 제거를 철저히 할 것

46 식육의 동결 시 최대빙결정형성대의 온도 범위는?

① 0~2℃
② -5~-1℃
③ -15~-10℃
④ -25~-20℃

47 가축의 혈액량은 생체중의 몇 % 정도 인가?

① 약 8%　　② 약 12%

③ 약 15%　　④ 약 20%

48 열처리에서 D값(D-Value)은?

① 미생물의 열처리에 대한 완전멸균시 간을 말한다.

② 보툴리누스균의 사멸시간을 말한다.

③ Fo치의 정반대 개념이다.

④ 일정한 온도에 있어서 세균이 90% 사 멸하는 데 필요한 가열시간을 말한다.

49 소의 육량등급 판정기준에 사용되는 것은?

① 육 색

② 배최장근단면적

③ 성숙도

④ 근육 내 지방침착도

해설
소의 육량등급 판정에는 배최장근단면적, 등지방두 께, 도체중량이 사용된다(축산물 등급판정 세부기준 제4조제1항).

50 축산법에 따라 등급판정을 받은 축산물 중 농림축산식품부장관이 그 거래 지역 및 시행 시기 등을 정하여 고시하여야 하 는 것은?

① 소, 돼지　　② 소, 양

③ 돼지, 닭　　④ 닭, 오리

해설
축산물의 등급판정(축산법 제35조제3항)
농림축산식품부장관은 등급판정을 받은 축산물 중 농림축산식품부령으로 정하는 축산물(소 및 돼지의 도체를 말한다)에 대하여는 그 거래 지역 및 시행 시기 등을 정하여 고시하여야 한다.

51 돼지의 기절방법으로 국내에서 많이 이 용되는 것은?

① 피스톨법

② 전기충격법

③ CO_2 가스법

④ 경동맥절단법

52 도축 후 1시간 이내에 근육의 pH가 6.0 이하로 급격히 떨어지는 경우에 해당하는 고기의 특성이 아닌 것은?

① 고기의 표면에 물기가 많다.
② 고기의 색깔이 창백하다고 할 정도로 육색이 연하다.
③ 고기의 보수성이 낮아서 가공육 제품의 원료육으로 부적합하다.
④ 돼지에서보다는 소에서 자주 발생한다.

해설
PSE육은 돼지에서 자주 발생한다.

53 식육의 냉장 저장 시 일어나는 변화와 거리가 먼 것은?

① 육색의 변화
② 저온성 미생물의 성장
③ 드립의 발생
④ 지방의 변화

해설
드립은 해동 과정에서 발생한다.

54 식육의 작업장 조건 중 병원성 미생물의 교차오염 및 성장에 영향을 미치는 요인이 아닌 것은?

① 보관온도
② 성분표시
③ 청소관리
④ 작업자 위생관리

55 식육을 동결시킬 때 급속동결을 권장하는 주된 이유는?

① 근육 섬유 외부에 큰 얼음결정을 형성하기 위해
② 근육 섬유 내부에 큰 얼음결정을 형성하기 위해
③ 해동 시 육즙 손실(Drip)을 최소화하기 위해
④ 냉동실 면적을 최소화하기 위해

56 쇠고기, 돼지고기, 닭고기 각각에 대한 연간 1인당 소비량(정육 기준)의 합계에 가장 근접한 것은?(2017년 기준)

① 20kg   ② 40kg
③ 60kg   ④ 80kg

해설
2017년 기준 연간 1인당 육류 소비량은 쇠고기 약 10kg, 돼지고기 약 20kg, 닭고기 약 10kg이다.
※ 2022년 기준 연간 1인당 육류 소비량은 쇠고기 약 14.8kg, 돼지고기 약 28.5kg, 닭고기 약 15.1kg 이다.

57 축산물 경매시장에서 낙찰받은 거세한 한우 숫소도체의 kg당 가격이 6,000원이다. 출하체중이 710kg일 때 농가에 지불해야 할 금액에 가장 근접한 것은?

① 200만원   ② 250만원
③ 300만원   ④ 350만원

해설
한우 거세우의 지육률은 약 60%이다. 따라서, 지육은 출하체중 710kg의 60%인 426kg이고, kg당 경매가격인 6,000원을 곱하면 약 255만원이 산출된다.

58 돼지도체의 1등급 도체중량과 등지방두께 범위로 알맞게 묶인 것은?

① 도체중량 83kg 이상 93kg 미만, 등지방두께 17mm 이상 25mm 미만
② 도체중량 80kg 이상 98kg 미만, 등지방두께 15mm 이상 28mm 미만
③ 도체중량 83kg 이상 95kg 미만, 등지방두께 17mm 이상 28mm 미만
④ 도체중량 80kg 이상 98kg 미만, 등지방두께 15mm 이상 25mm 미만

해설

돼지도체 중량과 등지방두께 등에 따른 1차 등급판정 기준(축산물 등급판정 세부기준 별표 7)

1차 등급	탕박도체		박피도체	
	도체중 (kg)	등지방두께 (mm)	도체중 (kg)	등지방두께 (mm)
1⁺ 등급	이상 미만	이상 미만	이상 미만	이상 미만
	83–93	17–25	74–83	12–20
1 등급	80–83	15–28	71–74	10–23
	83–93	15–17	74–83	10–12
	83–93	25–28	74–83	20–23
	93–98	15–28	83–88	10–23
2 등급	1⁺·1등급에 속하지 않는 것		1⁺·1등급에 속하지 않는 것	

59 우리나라 축산물의 등급판정에 대한 설명 중 올바른 것은?

① 쇠고기 등급은 1⁺, 1, 2, 3등급으로 구분한다.
② 돼지고기 등급은 1⁺, 1, 2등급으로 구분한다.
③ 닭고기 등급은 1⁺, 1, 2, 3등급으로 구분한다.
④ 계란 등급은 1⁺, 1등급으로 구분한다.

해설

등급판정의 방법·기준 및 적용조건(축산법 시행규칙 별표 4)
• 소도체의 육질등급 : 1⁺⁺, 1⁺, 1, 2, 3등급
• 돼지도체의 도체등급 : 1⁺, 1, 2등급
• 닭·오리 도체의 품질등급 : 1⁺, 1, 2등급
• 닭 부분육의 품질등급 : 1, 2등급
• 계란의 품질등급 : 1⁺, 1, 2등급

60 현행 축산법에 따르면 등급판정을 받는 축종이 아닌 것은?

① 소
② 양
③ 돼 지
④ 오 리

해설

등급판정 대상품목(축산물 등급판정 세부기준 제3조)
축산물등급판정은 소·돼지·말·닭·오리의 도체, 닭의 부분육, 계란 및 꿀을 대상으로 한다.

2018년 제 2 회 과년도 기출복원문제

01 돼지의 품종 중 등심이 굵고 햄 부위가 충실하며 근내지방의 침착이 우수하여 육량과 육질이 좋기 때문에 3원교잡종의 생산 시에 부계(父系)용으로 많이 이용되는 것은?

① 대형 요크셔(Large Yorkshire)종
② 랜드레이스(Landrace)종
③ 듀록(Duroc)종
④ 체스터 화이트(Chester White)종

02 부산물 유통특성 중 틀린 것은?

① 부패가 빨라 보존성이 낮다.
② 고기에 비해 싸고 경제적이다.
③ 수요를 반영한 생산량 조절이 쉽다.
④ 지역유통이 주를 이룬다.

03 다음 중 근육의 미세구조와 그 설명이 가장 적절하지 않은 것은?

① 근원섬유 – 근육수축에 관여
② 근주막 – 근육을 싸고 있는 막
③ 근초 – 근섬유를 싸고 있는 막
④ 근장 – 근원섬유 사이의 교질용액

> **해설**
> 근주막 : 근속을 싸고 있는 결합조직의 막

04 식육에 함유되어 있는 일반적인 수분 함량은?

① 45~50%
② 55~60%
③ 65~75%
④ 80% 이상

05 가축의 종류에 따라 식육의 풍미가 달라지는 것은 식육의 어떤 성분에 기인하기 때문인가?

① 수 분   ② 비타민
③ 지 질   ④ 무기질

1 ③ 2 ③ 3 ② 4 ③ 5 ③   **정답**

06 식육의 사후경직 전 특징이 아닌 것은?

① 혈압이 떨어진다.
② 심장박동이 증가한다.
③ 근육 중 젖산 함량이 높다.
④ ATP가 높은 수준으로 유지된다.

해설
식육의 사후경직 후 근육 중 젖산 함량이 높아진다.

07 고기의 숙성 중 발생하는 변화가 아닌 것은?

① 단백질의 자기소화가 일어난다.
② 수용성 비단백태질소화합물이 증가한다.
③ 풍미가 증진된다.
④ 보수력이 감소한다.

08 신선육의 이화학적인 변화에 대한 설명으로 맞는 것은?

① 금속이온은 마이오글로빈을 환원시켜 육질을 향상시킨다.
② pH가 낮은 경우 근육조직 내의 유리수 함량이 증가하여 엷은 육색을 나타낸다.
③ 고온에서 저장하면 미생물의 증식은 촉진되지만 지방산화는 지연된다.
④ 소금을 첨가하면 지방의 산화가 지연되어 마이오글로빈을 보존하는 효과가 있다.

09 고기의 보수력이 나빠질 때 나타나는 현상이 아닌 것은?

① 육즙이 분리
② 풍미의 증가
③ PSE육 발생
④ 영양분의 손실

10 일반적으로 신선육 상태에서 정상 돈육의 최적 pH는?

① pH 7.6~8.2
② pH 6.7~7.4
③ pH 5.6~6.2
④ pH 5.4 이하

11 다음은 「소 · 돼지 식육의 표시방법 및 부위 구분기준」 중 돼지고기 부위별 분할정형기준의 소분할육 정형기준에서 발췌한 내용이다. (   ) 안에 알맞은 것은?

> 안심은 두덩뼈(치골) 아랫부분에서 (   )의 안쪽에 붙어 있는 엉덩근(장골허리근), 큰허리근(대요근), 작은허리근(소요근), 허리사각근(요방형근)으로 된 부위로서 두덩뼈(치골) 아랫부위와 평행으로 안심머리부분을 절단한 다음 엉덩뼈(장골) 및 허리뼈(요추)를 따라 분리하고 표면지방을 제거하여 정형한다.

① 제1갈비뼈(늑골)
② 제2목뼈(경추)
③ 제5등뼈(흉추)
④ 제1허리뼈(요추)

12 식육의 화학적 구성성분에 대한 설명으로 옳은 것은?

① 수분의 함량은 대략 50~60% 정도이다.
② 고기의 단백질 함량은 15~20% 정도이다.
③ 고기의 탄수화물 함량은 20% 정도이다.
④ 수분함량은 어린 가축이 늙은 가축보다 적다.

13 식육의 냉동이나 해동 시 쉽게 파괴되어 육즙의 유출원인이 되어 냉동육 품질저하를 일으킬 수 있는 것은?

① 근형질막
② 기저막
③ 근주막
④ 근소포체

14 비정상적인 사후 변화에 대한 설명으로 틀린 것은?

① 스트레스에 민감한 가축은 비정상적인 육질을 나타내기 쉽다.
② DFD육은 암적색을 띤다.
③ DFD육의 최종 pH는 5.0 이하이다.
④ 도살 후 곧바로 냉각시키지 못하면 질식육이 될 가능성이 높다.

15 T-Bone(티본) 스테이크의 요리는 어느 부위를 지칭한 것인가?

① 채끝, 안심
② 갈비, 등심
③ 우둔, 등심
④ 목심, 안심

16 지육 냉각에 관한 설명 중 틀린 것은?

① 냉각의 소요시간은 24시간 정도이다.
② 너무 빨리 냉각시키면 저온단축현상이 발생한다.
③ 냉각 중에서 수분증발에 의한 냉각감량이 발생한다.
④ 도살 후 냉각 없이 바로 판매하는 것이 육질향상을 위해 좋다.

17 진공포장육의 장점이 아닌 것은?

① 저장기간이 연장된다.
② 건조에 의한 감량을 줄일 수 있다.
③ 혐기성균이 사멸된다.
④ 육의 취급 및 운송이 간편하다.

18 비포장 식육의 냉장저장 중에 일어날 수 있는 변화가 아닌 것은?

① 육색의 변화
② 지방산화
③ 감 량
④ 미생물 사멸

19 식육가공품의 포장재료 중 진공포장에 가장 적합한 것은?

① 염화비닐(PVC) 필름
② 염화비닐라이덴(PVDC) 필름
③ 셀로판 필름
④ 폴리스타이렌(PS) 필름

20 공기조절포장에서 각 가스별 기능에 대한 설명으로 틀린 것은?

① 염소가스는 살균·소독작용을 한다.
② 산소는 선홍색의 육색 형성에 도움을 준다.
③ 질소는 포장의 위축을 억제해 주는 역할을 한다.
④ 탄산가스는 정균작용이 뛰어나다.

21 식육을 −20℃로 냉동 저장하였을 때에도 발생할 수 있는 현상은?

① 지방 산화에 의한 변질
② 일반세균에 의한 변질
③ 자가 효소에 의한 변질
④ 곰팡이에 의한 변질

22 냉동·냉장축산물의 보존온도는 식품의 기준 및 규격에서 따로 정하여진 것을 제외하고는 각각 몇 ℃로 규정하는가?

① 냉동 −20℃ 이하, 냉장 0~4℃
② 냉동 −18℃ 이하, 냉장 0~10℃
③ 냉동 0℃ 이하, 냉장 0~4℃
④ 냉동 −18℃ 이하, 냉장 2~5℃

해설
식품의 기준 및 규격(식품의약품안전처고시 제2024-35호)
'냉장' 또는 '냉동'이라 함은 이 고시에서 따로 정해진 것을 제외하고는 냉장은 0~10℃, 냉동은 −18℃ 이하를 말한다.

23 육제품의 포장재로 이용되는 셀로판의 특징이 아닌 것은?

① 광택이 있고 투명하다.
② 기계적 작업성이 우수하다.
③ 인쇄적성이 좋다.
④ 열 접착성이 좋다.

해설
셀로판은 열 접착성이 없다.

24 유연성과 산소투과성이 좋아 생육의 랩 필름용으로 가장 적합한 포장재는?

① 저밀도 폴리에틸렌(LDPE)
② 폴리프로필렌(PP)
③ 염화비닐(PVC)
④ 폴리아마이드(PA)

해설
폴리에틸렌(Polyethylene, PE)은 선상저밀도 폴리에틸렌(LLDPE), 저밀도 폴리에틸렌(LDPE)과 고밀도 폴리에틸렌(HDPE)으로 구분할 수 있다. 저밀도 폴리에틸렌은 유연성과 산소투과성이 좋고, 고밀도 폴리에틸렌은 내열성이 좋으나, 산소투과성은 저밀도 폴리에틸렌보다 낮다. 따라서 저밀도 폴리에틸렌은 생육의 랩포장, 냉동육용, 진공포장재와 가스포장재의 봉함면에 주로 사용된다.

25 육제품 제조에 사용되는 원료육의 풍미에 영향을 미치는 요인과 가장 거리가 먼 것은?

① 동물의 종류
② 도체중
③ 동물의 연령
④ 사 료

풍미에 영향을 미치는 요인
• 동물의 종류   • 품종
• 성별   • 연령
• 사료   • 이상취

26 저렴한 각종 원료육을 활용하고, 육괴끼리 결합시킬 결착육을 사용하며 다양한 풍미, 모양, 크기로 제조한 육제품은?

① Press Ham
② Salami
③ Tongue Sausage
④ Belly Ham

27 훈연의 목적이 아닌 것은?

① 풍미의 증진
② 저장성의 증진
③ 색택의 증진
④ 지방산화 촉진

훈연의 목적
• 제품의 보존성 부여
• 제품의 육색 향상
• 풍미와 외관의 개선
• 산화의 방지

28 스모크 소시지(Smoked Sausage)가 아닌 것은?

① Fresh Pork Sausage
② Wiener Sausage
③ Frankfurt Sausage
④ Bologna Sausage

29 육제품 제조 시 첨가되는 소금의 역할이 아닌 것은?

① 결착력 증가
② 향미 증진
③ 저장성 증진
④ 지방산화 억제

30 육제품 제조과정에서 염지를 실시할 때 아질산염의 첨가로 억제되는 식중독균은?

① *Clostridium botulinum*
② *Salmonella* spp.
③ *Pseudomonas aeruginosa*
④ *Listeria monocytogenes*

31 다음 육제품 제조기계 중 유화기능이 있는 것은?

① Mixer
② Grinder
③ Stuffer
④ Silent Cutter

해설
사일런트 커터(Silent Cutter) : 일명 유화기로서 소시지 제조 시 고기를 세절하여 유화시키는 기기

32 베이컨의 제조 공정 순서는?

① 정형 – 염지 – 수침 – 훈연 – 냉각
② 정형 – 염지 – 수침 – 냉각 – 훈연
③ 염지 – 수침 – 정형 – 훈연 – 냉각
④ 정형 – 훈연 – 냉각 – 수침 – 염지

33 다음의 식육가공품의 제조·가공기준에서 ( ) 안에 알맞은 것은?

원료육으로 사용하는 돼지고기는 도살 후 (A) 시간 이내에 (B) 이하로 냉각·유지하여야 한다.

① A : 24, B : 5℃
② A : 48, B : 5℃
③ A : 24, B : 4℃
④ A : 48, B : 4℃

해설
식품의 기준 및 규격(식품의약품안전처고시 제2024–35호)
원료육으로 사용하는 돼지고기는 도살 후 24시간 이내에 5℃ 이하로 냉각·유지하여야 한다.

34 통조림 제조 시 탈기의 목적이 아닌 것은?

① 캔의 팽창으로 인한 변형을 방지한다.
② 캔 내의 공기를 빼내 혐기상태로 만든다.
③ 혐기성 세균의 발육을 억제하여 부패를 막는다.
④ 내용물의 산화를 방지하여 품질의 변화를 방지한다.

35 진공 포장육의 원료로서 부적당한 것은?

① 동결육
② 냉도체 골발육
③ DFD육
④ 숙성육

36 본리스 햄 제조 시의 예비염지에 관한 설명 중 틀린 것은?

① 원료육을 염지하기 전에 미리 잔존혈액을 제거하기 위한 작업이다.
② 방부성을 부여하고 결착력을 증진시킬 수 있다.
③ 방혈이 잘된 청결한 원료육을 이용할 경우에는 예비염지를 실시하지 않아도 된다.
④ 원료육의 액즙이 유실되지 않아 중량 손실이 없다.

37 분쇄기의 3대 구성요소가 아닌 것은?

① 스크루(Screw)
② 볼(Bowl)
③ 플레이트(Plate)
④ 칼날(Knife)

38 육가공품 제조 시 스타터 미생물(Starter Culture)을 첨가하는 소시지는?

① 햄 류   ② 베이컨류
③ 살라미류   ④ 통조림류

39 손이나 그릇의 소독에 가장 적합한 소독제는?

① 석회석
② 석탄산
③ 승홍수
④ 역성비누

40 Methylene Blue 환원 시험법의 확인 내용은?

① 단백질 함량
② 유지방 함량
③ 미생물량 추정
④ 무기질량 추정

41 미생물이 가장 왕성하게 증식하는 시기는?

① 정상기
② 대수기
③ 유도기
④ 사멸기

42 식육매장 및 도구의 소독, 살균방법으로 부적당한 것은?

① 스팀 세척
② 자외선 조사
③ 중성세제 거품 세척
④ 차아염소산나트륨 분무

43 육가공 공장에서 예랭실을 관리하는 방법 중 잘못된 것은?

① 예랭실 내의 온도는 $-2 \sim 5℃$로 유지할 것
② 지육과 지육 사이 간격을 충분하게 유지하여 냉각이 빠르게 할 것
③ 바닥에 피가 떨어지지 않게 할 것
④ 예랭실 바닥은 마르지 않도록 주의할 것

44 도축장의 위생관리에 대한 설명으로 옳은 것은?

① 도축장 위생관리와 고기의 품질은 상관이 없다.

② 도축장 위생이 나쁘면 지육 오염이 심해져 고기의 저장성은 저하된다.

③ 도축장 위생이 나빠도 고기를 냉장유통시키면 저장성이 좋다.

④ 도축장의 바닥, 기계류 등은 항상 물로 세척함으로써 쉽게 건조되지 않게 유지하여 미생물 번식을 줄인다.

45 PSE육에서는 미생물의 번식이 억제되고, DFD육에서는 미생물이 활발하게 자라는 이유는?

① pH 차이 때문이다.

② 영양가의 차이 때문이다.

③ 산소와의 반응성 차이 때문이다.

④ 수분함량의 차이 때문이다.

46 다음 중 세균에 의한 인수공통감염병은?

① B형 간염

② 파라티푸스

③ 식중독

④ 탄 저

47 소독제의 소독 능력에 영향을 미치는 요인과 거리가 먼 것은?

① 소독제 용액의 농도

② 소독 시간

③ 소독 온도

④ 소독제의 색깔

48 돼지고기를 충분히 가열하지 않고 섭취하였을 경우 감염될 수 있는 기생충은?

① 유구조충

② 아니사키스

③ 무구조충

④ 유선조충

49 가축의 사육, 축산물의 원료관리, 처리 · 가공 · 포장 및 유통의 전 과정에서 위해물질이 해당 축산물에 혼입되거나 오염되는 것을 사전에 방지하기 위하여 각 과정을 중점적으로 관리하는 기준은?

① RECALL
② HACCP
③ PL법
④ GMP

50 큰 뼈 주위의 깊은 조직 속에서 시큼하고 부패성 냄새가 나는 현상의 원인에 대한 설명으로 틀린 것은?

① 도살 후 냉장조건이 부적당했을 때
② 도체의 온도가 빨리 내려가지 않았을 때
③ 도체에 혐기성 부패가 일어났을 때
④ 도살 시 심한 스트레스를 받았을 때

51 방혈공정에 대한 설명으로 틀린 것은?

① 칼날은 너무 깊게 들어가지 않게 한다.
② 한 번 사용한 자도는 매번 뜨거운 물로 소독한다.
③ 자도의 삽입 시 절개 부위는 가능한 적게 한다.
④ 방혈은 미생물의 오염을 방지하기 위해 천천히 작업한다.

해설
도살 후 방혈은 가능한 빨리 실시하여야 한다.

52 식품위생법상 식품위생의 대상이 아닌 것은?

① 식품첨가물
② 기구 및 용기
③ 포 장
④ 식품공장

해설
식품위생이라 함은 식품, 식품첨가물, 기구, 용기, 포장을 대상으로 하는 음식에 관한 위생을 말한다(식품위생법 제2조제11호).

53 병든 동물 고기 등의 판매 금지에 해당하지 않는 것은?

① 구제역에 걸렸거나 걸렸다고 믿을 만한 역학조사가 있는 가축
② 생물학적 제제에 의하여 현저한 반응을 나타낸 주사반응이 있는 가축
③ 강제로 물을 먹였거나 먹였다고 믿을 만한 임상증상이 있는 가축
④ 미약한 증상을 나타내며 인체에 위해를 끼칠 우려가 없다고 판단되는 파상풍이 있는 가축

해설

병든 동물 고기 등의 판매 금지 규정(식품위생법 시행규칙 제4조)에는 「축산물 위생관리법 시행규칙」 별표 3 제1호다목에 따라 도축이 금지되는 가축전염병과 리스테리아병, 살모넬라병, 파스튜렐라병 및 선모충증이 해당한다.
※ 현저한 증상을 나타내거나 인체에 위해를 끼칠 우려가 있다고 판단되는 파상풍·농독증·패혈증·요독증·황달·수종·종양·중독증·전신쇠약·전신빈혈증·이상고열증상·주사반응(생물학적 제제에 의하여 현저한 반응을 나타낸 것만 해당한다)

54 실험동물에 시험하고자 하는 화학물질을 1~2주간 걸쳐 관찰하는 독성시험은?

① 아급성 독성시험
② 만성 독성시험
③ 급성 독성시험
④ 경구만성 독성시험

55 식품의 보존방법 중 방사선 조사에 관한 설명으로 틀린 것은?

① 발아억제, 살충 및 숙도 조절의 목적에 한한다.
② 안전성을 고려하여 건조식육에 허용된 방사선은 30kGy이다.
③ 10kGy 이하의 방사선 조사로는 모든 병원균을 완전히 사멸하지 못한다.
④ 살균이나 바이러스 사멸을 위해서는 10~50kGy 선량이 필요하다.

해설

가공식품 제조원료 건조식육에 통용된 방사선량은 7kGy 이하이다.

56 기구 등에서 주로 아포를 형성하는 세균의 살균을 위한 고압증기멸균에 대한 내용으로 옳은 것은?

① 121℃, 15~20분
② 100~120℃, 20~30분
③ 100℃, 30분
④ 100℃, 60분

해설

물리적 소독방법
• 자비소독법 : 약 100℃의 끓는 물에서 15~20분간 자비(식기류, 행주, 의류)
• 고압증기멸균법 : 고압솥 이용, 2기압 121℃에서 15~20분간 소독 → 아포를 포함한 모든 균 사멸(고무제품, 유리기구, 의류, 시약, 배지 등)
• 저온살균법 : 62~65℃에서 30분간 가열한 후 급랭(우유, 술, 주스 등)
• 초고온순간살균법 : 130~150℃에서 2초간 가열한 후 급랭(우유, 과즙 등)
• 고온장시간살균법 : 95~120℃에서 30~60분간 가열(통조림)
• 간헐멸균법(아포를 형성하는 내열성) : 100℃의 유통증기를 1일 1회 15~30분씩 3일간 실시

57 식품의 신선도 검사법 중 화학적인 방법이 아닌 것은?

① 휘발성 아민 측정
② 휘발성 산 측정
③ Phosphatase 활성 측정
④ pH 측정

해설
식품의 신선도 검사법 중 화학적 방법으로는 휘발성 산, 휘발성 염기질소, 휘발성 환원물질, 암모니아, pH값의 측정 등이 있다. Phosphatase 활성 검사는 저온살균유의 완전살균 여부를 평가한다.

58 SS한천 배지에 미생물을 배양했을 때 대장균의 집락은 어떤 색깔을 띠는가?

① 불투명하게 혼탁하다.
② 중심부는 녹색이며 주변부는 불투명하다.
③ 중심부는 흑색이며 주변부는 투명하다.
④ 청색이며 불투명하다.

해설
SS한천 배지에 미생물을 배양했을 때 대장균의 집락은 불투명하게 혼탁하고, 살모넬라의 집락은 생산된 황화수소 때문에 중심부는 흑색이나 그 주변부는 투명하다.

59 식품 용기에서 카드뮴 도금한 것은 다음 중 어느 식품에 사용이 가능한가?

① 산성, 중성, 알칼리성 식품
② 산성 식품
③ 중성 및 알칼리성 식품
④ 중성 및 산성 식품

해설
카드뮴은 식기에 도금하면 산에 약해서 용출되므로 산성식품일 때 용기 사용은 금물이다.

60 생물체에 흡수되면 내분비계의 정상적인 기능을 방해하거나 혼란케 하는 화학물질은?

① 환경오염물질
② 방사선오염물질
③ 부정유해물질
④ 환경호르몬

2018년 제4회

과년도 기출복원문제

01 다음 소의 품종 중 비육우는?

① 앵거스(Angus)
② 건지(Guernsey)
③ 저지(Jersey)
④ 홀스타인(Holstein)

02 부분육 포장육 상품화의 장점이 아닌 것은?

① 생산제품의 규격화
② 취급의 편리성
③ 소비자 구매선택 다양화
④ 유통의 다단계화

03 근육조직을 미세구조적으로 볼 때 망상구조를 가지며 근육수축 시 Ca^{2+}를 세포 내로 방출하는 것은?

① 근 절
② 근 초
③ 근소포체
④ 근원섬유

04 식육의 Freezer Burn에 대한 설명으로 틀린 것은?

① 동결육의 표면건조로 인한 변색이 발생한다.
② 상품가치가 상승된다.
③ 조직감이 질겨진다.
④ 이취가 생성된다.

> **해설**
>
> **동결소(Freezer Burn)** : 식육의 동결 중 육표면 건조로 인하여 육표면이 회색, 백색 또는 갈색으로 변하는 현상

05 고기를 숙성시키는 가장 중요한 목적은?

① 육색의 증진
② 보수성 증진
③ 위생안전성 증진
④ 맛과 연도의 개선

06 사후경직기를 지나 조직 속에 함유되어 있는 효소의 작용에 의해 분해되는 현상은?

① 변 패
② 자기소화
③ 부 패
④ 가수분해

07 염용성 근원섬유(Myofibril) 단백질에 대한 설명으로 틀린 것은?

① 근형질막, 모세혈관과 같은 결합조직을 구성하기 때문에 육기질 단백질이라 한다.
② 약한 소금물에 용해되는 단백질이다.
③ 단백질 중 약 50% 이상을 차지한다.
④ 종류로는 마이오신, 액틴, 트로포마이오신, 트로포닌 등이 있다.

08 다음 중 피로한 상태에서 도살된 동물의 근육에서 일어나는 경직은?

① 알칼리경직
② 산경직
③ 중간형 경직
④ 강산경직

09 사후경직 진행과정 중 고기가 가장 질긴 때는?

① 경직 개시 이전
② 경직 개시 직후
③ 경직 완료 시점
④ 경직 해체 후

10 쇠고기에서 부위별 생산수율이 가장 낮은 부위는?

① 갈 비
② 목 심
③ 등 심
④ 안 심

11 휘발성 염기질소(VBN)는 무슨 변화를 판정하기 위해 측정하는가?

① 선 도
② 색 도
③ 지방 함량
④ 글리코겐 함량

12 고기 속에 들어 있는 무기물 중 그 함량이 가장 많은 것은?

① Ca
② Mg
③ K
④ P

13 우리나라 성인의 음식물 섭취 시 단백질 에너지 적정 비율은?

① 75~85%

② 55~70%

③ 15~25%

④ 7~20%

14 포장재로서 요구되는 성질이 아닌 것은?

① 방습성

② 내열성

③ 기체차단성

④ 수용성

15 고기를 포장하는 포장재의 기능이 아닌 것은?

① 표면건조 현상을 방지한다.

② 해충으로 인한 손상을 방지한다.

③ 산화반응을 촉진시킨다.

④ 제품의 규격화 생산을 가능하게 한다.

16 식육의 동결 시 최대빙결정형성대의 온도 범위는?

① −1~0℃

② −5~−1℃

③ −15~−10℃

④ −25~−20℃

17 식육의 냉동저장 시 발생되는 냉동소 (Freezer Burn) 현상은 육을 어떤 색으로 변색시키는가?

① 적 색

② 백 색

③ 황 색

④ 흑 색

18 다음 포장재료 중 외포장재로 부적합한 것은?

① 폴리에틸렌(PE)

② 염화비닐(PVC)

③ 염화비닐라이덴(PVDC)

④ 식육케이싱

19 저장기간이 짧지만 소비자가 선호하는 선홍색의 육색을 부여하기 위하여 포장 내의 산소 농도를 높게 유지시킬 수 있는 포장방법은?

① 랩포장

② 진공포장

③ 스킨팩포장

④ 플라스틱포장

20 식육의 가열처리 효과로 볼 수 없는 것은?

① 조직감 증진
② 기호성 증진
③ 다즙성 증진
④ 저장성 증신

21 뼈가 있는 채 가공한 햄은?

① Loin Ham
② Shoulder Ham
③ Picnic Ham
④ Bone-in Ham

22 건조소시지 제조에 쓰이며 15~30℃의 온도에서 훈연하는 방법은?

① 온훈법   ② 냉훈법
③ 액훈법   ④ 열훈법

해설
육제품의 훈연방법에는 냉훈법(10~30℃), 온훈법
(30~50℃), 열훈법(50~80℃), 액훈법, 정전기적
훈연법 등이 있다.

23 젖산균 발효에 의해 pH를 저하시켜 가열 처리한 후, 단기간의 건조로 수분 함량이 50% 전후가 되도록 만든 소시지에 해당하는 것은?

① 가열건조 소시지
② 스모크 소시지
③ 비훈연 건조소시지
④ 프레시 소시지

24 신맛과 청량감을 부여하고 염지반응을 촉진시켜 가공시간을 단축할 수 있어 주로 생햄이나 살라미 제품에 이용되는 것은?

① 염미료   ② 감미료
③ 산미료   ④ 지 미

25 다음 중 염지의 효과로 가장 거리가 먼 것은?

① 발색 증진
② 풍미 증진
③ 건강성 증진
④ 보수성 증진

26 염지액을 제조할 때 주의사항으로 틀린 것은?

① 염지액 제조를 위해 사용되는 물은 미생물에 오염되지 않은 깨끗한 물을 이용한다.

② 천연 향신료를 사용할 경우에는 천으로 싸서 끓는 물에 담가 향을 용출시킨 후 여과하여 사용한다.

③ 염지액 제조를 위해 아스코브산과 아질산염을 함께 물에 넣어 충분히 용해시킨 후에 사용한다.

④ 염지액을 사용하기 전 염지액 내에 존재하는 세균과 잔존하는 산소를 배출하기 위해 끓여서 사용한다.

해설

염지액 제조 시 염지보조제인 아스코브산염을 제외한 나머지 첨가물들을 물에 넣어 잘 용해시키고, 아스코브산염은 사용 직전 투입하도록 한다. 만일 아질산염을 아스코브산염과 동시에 물에 첨가하면 아질산염과 아스코브산염이 화학반응을 일으키게 되며 여기서 발생된 일산화질소의 많은 양이 염지액 주입 전 이미 공기 중으로 날아가 버려 발색이 불충분하게 되기 때문이다.

27 육제품 제조 시 사용되는 아질산염의 주된 기능으로 틀린 것은?

① 미생물 성장 억제

② 풍미 증진

③ 염지육색 고정

④ 산화 촉진

해설

염지 시 아질산염의 효과 : 육색의 안정, 독특한 풍미 부여, 식중독 및 미생물 억제, 산패의 지연 등

28 육제품 제조용 원료육의 결착력에 영향을 미치는 염용성 단백질 구성성분 중 가장 함량이 높은 것은?

① 액 틴

② 레타큘린

③ 마이오신

④ 엘라스틴

해설

근원섬유 단백질은 식육을 구성하고 있는 주요 단백질로 높은 이온강도에서만 추출되므로 염용성 단백질이라고도 한다. 근육의 수축과 이완의 주 역할을 하는 수축단백질(마이오신과 액틴), 근육 수축기작을 직간접으로 조절하는 조절단백질(트로포마이오신과 트로포닌) 및 근육의 구조를 유지시키는 세포골격 단백질(타이틴, 뉴불린 등)로 나눈다.

29 다음 중 근육 내에 지방의 침착이 좋고, 육질이 가장 우수한 돼지 품종은?

① 피에트레인

② 랜드레이스

③ 듀 록

④ 햄프셔

해설

듀록종은 일당 증체량과 사료 이용성이 양호하여 1대 잡종이나 3대 교잡종의 생산을 위한 부돈(父豚)으로 널리 이용되고 있다.

30 식육가공품에 보존료로 사용하는 아질산나트륨의 kg당 허용 기준은?

① 0.02g ② 0.07g
③ 0.12g ④ 0.17g

31 식육이나 식육가공품을 그대로 또는 염지하여 분쇄 세절한 것에 식품 또는 식품첨가물을 가한 후 훈연 또는 가열처리한 것이거나, 저온에서 발효시켜 숙성 또는 건조처리한 것이거나, 또는 케이싱에 충전하여 냉장·냉동한 것으로 육함량 70% 이상, 전분 10% 이하인 제품은?

① 햄 ② 베이컨
③ 소시지 ④ 건조저장육

해설

식품의 기준 및 규격(식품의약품안전처고시 제2024-35호)

소시지류라 함은 식육이나 식육가공품을 그대로 또는 염지하여 분쇄 세절한 것에 식품 또는 식품첨가물을 가한 후 훈연 또는 가열처리한 것이거나, 저온에서 발효시켜 숙성 또는 건조처리한 것이거나, 또는 케이싱에 충전하여 냉장·냉동한 것을 말한다(육함량 70% 이상, 전분 10% 이하의 것).

32 일반적인 식육가공 공정의 세정 순서로 가장 바람직한 것은?

① 마른 청소 – 사전 수세 – 세제를 사용한 세척 – 수세
② 세제를 사용한 세척 – 마른 청소 – 사전 수세 – 수세
③ 사전 수세 – 세제를 사용한 세척 – 마른 청소 – 수세
④ 마른 청소 – 사전 수세 – 수세 – 세제를 사용한 세척

33 프레스 햄의 제조공정 순서로 가장 적합한 것은?

① 원료육 – 염지 – 충전 – 혼합 – 가열 – 훈연 – 냉각 – 포장 – 냉장
② 원료육 – 혼합 – 염지 – 충전 – 가열 – 훈연 – 냉각 – 포장 – 냉장
③ 원료육 – 염지 – 혼합 – 충전 – 훈연 – 가열 – 냉각 – 포장 – 냉장
④ 원료육 – 염지 – 혼합 – 훈연 – 충전 – 가열 – 포장 – 냉각 – 냉장

34 축산물안전관리인증기준상 양념육류의 원료육 평가 내용에서 식육 중심부 온도의 냉장과 냉동의 기준은?

① 냉장 4℃ 이하, 냉동 0℃ 이하
② 냉장 10℃ 이하, 냉동 −18℃ 이하
③ 냉장 8℃ 이하, 냉동 −20℃ 이하
④ 냉장 −2~5℃ 이하, 냉동 −18℃ 이하

35 염지육 제품의 제조 시 가열에 의하여 일어나는 변화가 아닌 것은?

① 표면건조와 단백질 변성
② 보수력의 향상
③ 풍미의 향상
④ 저장성 향상

36 소시지 충전 시 사용되는 케이싱이 아닌 것은?

① 식육케이싱
② 콜라겐 케이싱
③ 셀룰로스 케이싱
④ 셀로판지 케이싱

37 소시지(Sausage) 제조 시 세절 및 혼합 공정에 사용되는 기계가 아닌 것은?

① 그라인더(Grinder)
② 사일런트 커터(Silent Cutter)
③ 믹서(Mixer)
④ 스터퍼(Stuffer)

38 가열에 의해 젤라틴으로 쉽게 변하는 물질은?

① 콜라겐
② 엘라스틴
③ 마이오신
④ 액틴

39 열처리에서 D값(D−Value)에 대한 설명으로 맞는 것은?

① 미생물의 열처리에 대한 사멸시간을 말한다.
② *Clostrudium botulinus* 사멸시간을 말한다.
③ F값(F−Value)의 정반대 개념이다.
④ 일정한 온도에 있어서 세균이 90% 사멸하는 데 필요한 가열 시간을 말한다.

40 식육의 식중독 미생물 오염방지를 위한 대책으로 적합하지 않은 것은?

① 철저한 위생관리
② 20~25℃에서 보관
③ 충분한 조리
④ 적절한 냉장

41 자외선 살균에 대한 설명으로 틀린 것은?

① 살균 효과가 강한 영역은 260~280 nm의 파장이다.

② 결핵균, 바이러스에 대해서 강한 살균작용을 나타낸다.

③ 포자는 단시간 조사만으로도 완전 멸균된다.

④ 투과력이 약하다.

42 축산물 위생관리법규상 소·말·양·돼지 등 포유류(토끼 제외)의 도살방법으로 틀린 것은?

① 도살 전에 가축의 몸의 표면에 묻어 있는 오물을 제거한 후 깨끗하게 물로 씻어야 한다.

② 방혈 시에는 앞다리를 매달아 방혈함을 원칙으로 한다.

③ 도살은 타격법·전살법·총격법·자격법 또는 CO_2 가스법을 이용하여 한다.

④ 방혈은 목동맥을 절단하여 실시한다.

해설

가축의 도살·처리 및 집유의 기준(축산물 위생관리법 시행규칙 별표 1)

• 방혈은 목동맥을 절단하여 실시한다.

• 목동맥 절단 시에는 식도 및 기관이 손상되어서는 아니 된다.

• 방혈 시에는 뒷다리를 매달아 방혈함을 원칙으로 한다.

43 다음 중 닭고기 생산을 위한 도계 과정에서 오염될 가능성이 가장 높은 세균은?

① 살모넬라(*Salmonella*)

② 보툴리눔(*Botulinum*)

③ 락토바실러스(*Lactobacillus*)

④ 바실러스(*Bacillus*)

44 살모넬라균의 설명으로 틀린 것은?

① 닭, 오리와 같은 가금류가 주요 오염원이다.

② 감염되면 설사, 구토, 현기증 증상이 나타난다.

③ 열에 매우 강하여 보통의 가열로는 사멸하지 않는다.

④ 치사율은 비교적 낮다.

45 공기가 있어야만 증식이 가능하므로, 식육이나 육제품의 표면에서만 자랄 수 있는 미생물은?

① 곰팡이

② 세 균

③ 박테리아

④ 효 모

46 식육이 심하게 부패할 때 수소이온농도 (pH)의 변화는?

① 변화가 없다.　② 산성이다.
③ 중성이다.　　④ 알칼리성이다.

47 식육의 휘발성 염기질소를 측정하는 주된 이유는 무엇을 알기 위한 것인가?

① 기생충 유무
② 부패 정도
③ 부정도살 확인
④ 방부제의 사용 유무

48 식중독균이 오염된 식품을 끓여도 안심할 수 없는 주된 이유는?

① 식중독균 자체가 대부분 내열성이 강하기 때문이다.
② 포자나 독소 중 내열성이 강한 종류가 있기 때문이다.
③ 균체는 사멸한 뒤에도 위험하기 때문이다.
④ 식중독균에 의하여 가스(Gas)가 발생되기 때문이다.

49 알레르기(Allergy)성 식중독에 대한 설명으로 틀린 것은?

① 단백질 분해물질인 히스타민(Histamine) 등 유해아민에 의한 것이다.
② 발증 시간이 매우 빠르다.
③ 화학적 식중독에 해당한다.
④ 원인 식품은 꽁치, 고등어 등 붉은 살 생선이다.

50 식중독균이 식육 및 식육가공품에 오염되어 발생하는 식중독과 거리가 먼 것은?

① 살모넬라 식중독
② 장염 비브리오 식중독
③ 캠필로박터 식중독
④ 웰치균 식중독

51 다음 중 축산물 위생관리법에 규정된 축산물의 기준 및 규격 사항이 아닌 것은?

① 축산물의 가공·포장·보존 및 유통의 방법에 관한 기준
② 축산물의 성분에 관한 규격
③ 축산물의 위생등급에 관한 기준
④ 축산물에 들어 있는 첨가물의 사용 기준

해설
④ 식품위생법에 규정되어 있다.

52 다음 ( ) 안에 들어갈 알맞은 말은?

> 누구든지 ( )으로 정하는 질병에 걸렸거나
> 걸렸을 염려가 있는 동물이나 그 질병에 걸
> 려 죽은 동물의 고기·뼈·젖·장기 또는
> 혈액을 식품으로 판매하거나 판매할 목적
> 으로 채취·수입·가공·사용·조리·저
> 장·소분 또는 운반하거나 진열하여서는
> 아니 된다.

① 농림축산식품부령
② 식품의약품안전처령
③ 총리령
④ 대통령령

해설
병든 동물 고기 등의 판매 등 금지(식품위생법 제5조)
누구든지 총리령으로 정하는 질병에 걸렸거나 걸렸
을 염려가 있는 동물이나 그 질병에 걸려 죽은 동물의
고기·뼈·젖·장기 또는 혈액을 식품으로 판매하
거나 판매할 목적으로 채취·수입·가공·사용·조
리·저장·소분 또는 운반하거나 진열하여서는 아
니 된다.

53 식품저장에 널리 이용되고 있는 방사선은?

① α선
② β선
③ γ선
④ 자외선

해설
식품의 방사선 조사 시 ^{60}Co의 γ선을 사용한다.

54 소독제가 갖추어야 할 조건이 아닌 것은?

① 사용이 간편하고 가격이 저렴해야
한다.
② 표백성이 없어야 한다.
③ 용해성이 낮아야 한다.
④ 석탄산 계수가 높아야 한다.

해설
소독제의 구비조건
• 살균력이 강할 것
• 사용이 간편하고 가격이 저렴할 것
• 인축에 대한 독성이 적을 것
• 소독 대상물에 부식성과 표백성이 없을 것
• 용해성이 높으며 안전성이 있을 것
• 석탄산 계수가 높을 것

55 자외선 살균에 대한 설명으로 옳지 않은
것은?

① 유효한 파장은 2,500~2,800 Å이다.
② 자외선으로 가장 효과적인 살균 대상
은 물과 실내공기이다.
③ 모든 균종에 효과가 있다.
④ 단백질이 많은 식품은 살균력이 강
하다.

해설
자외선 살균은 모든 균종에 효과가 있으면서 살균효
과가 크고 균에 내성이 생기지 않는 장점이 있는데
반해, 살균효과가 표면에 한정되어 있다거나 단백질
이 많은 식품은 살균력이 떨어지고 지방류는 산패하
는 단점이 있다.

56 어떤 첨가물의 LD₅₀의 값이 작다는 의미는?

① 독성이 작다.
② 독성이 크다.
③ 안전성이 높다.
④ 안전성이 낮다.

> **해설**
> LD₅₀은 실험동물의 50%가 사망할 때의 투여량을 말한다.

57 다음 중 식육의 부패 검사에서 측정 항목이 아닌 것은?

① 히스타민 측정
② 산도 측정
③ 암모니아 측정
④ 유기산 측정

> **해설**
> 식품의 부패 검사를 위해서 히스타민, 암모니아, 아미노산, 유기산 등을 측정한다.

58 최확수(MPN)법의 검사와 가장 관계가 깊은 것은?

① 부패 검사   ② 식중독 검사
③ 대장균 검사   ④ 타액 검사

> **해설**
> 대장균 검사에 최확수(MPN)법을 이용한다.

59 3,4-benzopyrene에 관한 설명 중 맞지 않는 것은?

① 대기 중에 존재한다.
② 다핵 방향족 탄화수소이다.
③ 발암성 물질이다.
④ 구운 쇠고기, 훈제어, 커피 등에 다량 함유되어 있다.

> **해설**
> 구운 쇠고기, 훈제어, 커피 등에 미량 함유되어 있다.

60 다음 중 독성이 커서 사용이 취소된 식품 첨가물은?

① Dehydroacetic Acid
② Nitrofurazone
③ Sodium Propionate
④ Sodium Benzoate

2019년 제 2 회 과년도 기출복원문제

01 다음의 ASF 소독제에 대한 내용 중 틀린 것은?

> 2019년 9월 우리나라는 공식적인 아프리카돼지열병(ASF) 발생 국가가 되었다. 이에 따라 우리 정부는 ASF 위기단계를 가장 높은 단계인 '심각'으로 격상하여 대응에 나섰고, 양돈농가와 도축장 등 관련 시설에는 내외부 및 출입차량 소독 등을 당부하였다.

① 국내 소독제 가운데 ASF에 대해 허가를 완료한 제제는 2019년 9월 기준 실질적으로 몇 개 제품에 불과하다.
② 농림축산검역본부는 ASF 효력실험을 통하여 'ASF 소독을 위해 사용 가능한 소독제'를 홈페이지에 게시하고 있다.
③ 농림축산검역본부는 개별 소독제의 허가사항 중 AI(조류인플루엔자), ND(뉴캐슬), 돼지열병 등에 대한 권장 희석배수 가운데 가장 낮은 희석배수(최고농도)를 준용해 사용하도록 하고 있다.
④ ASF 사용 가능 소독제(농림축산검역본부 권장) 외의 소독제에 대해서는 FAO, OIE 등에서 권장하는 희석농도를 제시하고 있는데, 수산화나트륨 5%, 글루타르알데하이드 5%, 구연산 3% 등이다.

해설

④ ASF 사용 가능 소독제(농림축산검역본부 권장) 외의 소독제에 대해서는 FAO, OIE 등에서 권장하는 희석농도를 제시하고 있는데, 수산화나트륨 2%, 글루타르알데하이드 2%, 구연산 3% 등이다.

02 식품의 기준 및 규격에 따른 보존 및 유통기준에 관한 설명 중 맞지 않는 것은?

① 과일·채소류를 제외하고 냉장제품을 실온에서 유통시켜서는 아니 된다.
② 냉동제품을 해동시켜 실온 또는 냉장제품으로 유통할 수 없다.
③ 해동된 냉동제품을 재냉동하여서는 아니 된다.
④ 냉동식육의 절단 또는 뼈 등의 제거를 위해 해동하는 것은 아니 된다.

해설

식품의 기준 및 규격(식품의약품안전처고시 제2024-35호)
해동된 냉동제품을 재냉동하여서는 아니 된다. 다만, 냉동식육의 절단 또는 뼈 등의 제거를 위해 해동하는 경우에는 그러하지 아니할 수 있으나, 작업 후 즉시 냉동하여야 한다.

03 식품의 기준 및 규격에 따른 보존 및 유통 기준에 관한 설명 중 맞지 않는 것은?

① 모든 식품은 위생적으로 취급하여 보존 및 유통하여야 하며, 그 보존 및 유통장소가 불결한 곳에 위치하여서는 아니 된다.

② 식품은 제품의 풍미에 영향을 줄 수 있는 다른 식품 또는 식품첨가물이나 식품을 오염시키거나 품질에 영향을 미칠 수 있는 물품 등과는 분리하여 보존 및 유통하여야 한다.

③ 따로 보관방법을 명시하지 않은 제품은 직사광선을 피한 실온에서 보관·유통하여야 하며, 상온에서 3일 이상 보존성이 없는 식품은 가능한 한 냉장 또는 냉동시설에서 보관·유통하여야 한다.

④ 별도로 보관온도를 정하고 있지 않은 냉장제품은 0~10℃에서, 냉동제품은 −18℃ 이하에서 보관 및 유통하여야 한다.

해설

식품의 기준 및 규격(식품의약품안전처고시 제2024-35호)

보존 및 유통온도

• 따로 보존 및 유통방법을 정하고 있지 않은 제품은 직사광선을 피한 실온에서 보존 및 유통하여야 한다.

• 상온에서 7일 이상 보존성이 없는 식품은 가능한 한 냉장 또는 냉동시설에서 보존 및 유통하여야 한다.

04 다음 중 유통마진을 잘 나타낸 것은?

① 생산자 수취가격 − 소비자 지불가격
② 생산자 수취가격 − 판매비용
③ 소비자 지불가격 − 생산자 수취가격
④ 소비자 지불가격 + 생산자 수취가격

05 육제품 제조용 원료육의 결착력에 영향을 미치는 염용성 단백질 구성성분 중 가장 함량이 높은 것은?

① 액 틴　　　② 레타큘린
③ 마이오신　　④ 엘라스틴

해설

근원섬유 단백질은 식육을 구성하는 주요 단백질로 높은 이온강도에서만 추출되므로 염용성 단백질이라고도 한다. 근육의 수축과 이완에 관여하는 수축단백질(마이오신, 액틴), 근육 수축기작을 직간접으로 조절하는 조절단백질(트로포마이오신, 트로포닌) 및 근육의 구조를 유지시키는 세포골격 단백질(타이틴, 뉴불린 등)로 나뉜다.

06 다음 중 식육을 포장하는 이유와 거리가 먼 것은?

① 지방산패 방지
② 산소의 유입 방지
③ 육즙 누출의 방지
④ 미생물의 사멸

해설

식육의 포장은 미생물을 사멸시키는 것이 아니라 미생물의 오염을 막고 성장을 억제시키는 데 목적이 있다.

07 진공포장육의 장점이 아닌 것은?

① 저장기간이 연장된다.
② 건조에 의한 감량을 줄일 수 있다.
③ 혐기성균이 사멸된다.
④ 육의 취급 및 운송이 간편하다.

08 근원섬유 단백질 중 칼슘이온 수용단백질로서 근수축기작에 중요한 기능을 가지고 있는 것은?

① 트로포닌　② 리소좀
③ 엘라스틴　④ 네불린

해설
골격근의 수축에는 4개의 근원섬유 단백질, 즉 마이오신, 액틴, 트로포마이오신, 트로포닌이 직접 관여한다.

09 식육의 부위를 염지한 것이나 이에 식품첨가물을 가하여 저온에서 훈연 또는 숙성·건조한 것을 말하는 것은?

① 생 햄　② 프레스 햄
③ 소시지　④ 발효소시지

해설
식품의 기준 및 규격(식품의약품안전처고시 제2024-35호)
생햄 : 식육의 부위를 염지한 것이나 이에 식품첨가물을 가하여 저온에서 훈연 또는 숙성·건조한 것을 말한다(뼈나 껍질이 있는 것도 포함한다).

10 근육이 원래의 길이에서 어느 정도까지 단축되었을 때 연도가 최대한 감소하는가?

① 25%　② 33%
③ 40%　④ 50%

해설
근육은 20%까지 단축되었을 때는 아무런 영향이 없으나, 그 이상으로 단축되었을 때는 연도가 급격히 감소하여 40% 단축 시에는 최대로 감소한다.

11 지방이 연하고 견고성이 떨어지며 산패가 일어나기 쉬운 이상육은?

① PSE육　② DFD육
③ 질식육　④ 연지돈

해설
연지돈은 지방이 연하고 고기의 견고성이 떨어져 산화 변패가 쉬우며 결착력이 결여되기 쉽다.

12 수분의 역할이 아닌 것은?

① 고질의 분산매이다.
② 생체고분자 구성체의 형태를 유지한다.
③ 동식물 세포의 성분이다.
④ 미생물에 대한 방어작용을 한다.

해설
수분의 역할
• 영양분과 노폐물의 수송체이다.
• 맛과 저장력을 부여한다.
• 동식물 세포의 성분이다.
• 고질의 분산매이다.
• 반응물, 반응 물체, 생체고분자의 구성체의 형태를 유지한다.

13 다음 중 수용성 단백질은?

① 마이오글로빈(Myoglobin)

② 마이오신(Myosin)

③ 콜라겐(Collagen)

④ 액토마이오신(Actomyosin)

해설
근장단백질은 근원섬유 사이의 근장 중에 용해되어 있는 단백질로서 물 또는 낮은 이온강도의 염용액으로 추출되므로 수용성 단백질이라고도 하며, 육색소 단백질인 마이오글로빈, 사이토크로뮴 등이 있다.

14 소 부산물의 요리 특성에 관한 설명 중 틀린 것은?

① 제2위는 벌집위라고도 불리며 균일한 육질로 위 중에서 가장 연한 부위이다.

② 제4위는 홍창이라고도 불리며 고단백 저지방으로 콜레스테롤이 많으며 막창으로 이용된다.

③ 소장은 소창이라고도 불리며 단백질이 많아 곱창거리로 활용되며 소화흡수력이 높다.

④ 우설은 콜라겐 함량이 높은 고급 음식 재료이다.

해설
제4위는 홍창이라고도 불리며 고단백 저지방으로 콜레스테롤이 없으며 막창으로 이용된다.

15 도축 후 소 도체의 정상적인 최종 pH는?

① 4.4~4.6 ② 4.8~5.0

③ 5.3~5.6 ④ 6.5~6.8

해설
생체의 근육조직은 보통 7.0~7.5의 pH가를 지닌다. 도축 후 pH가는 급격히 하락하여 우육의 경우 pH 6.2~6.5에 달하고 서서히 감소하여 24시간 후 최저의 pH인 5.3~5.6에 도달한다. 참고로, 숙성이 진행됨에 따라 pH가는 단백질의 알칼리성 분해물에 의해 다시 상승하여 수일 후 6.1~6.4 정도까지 상승한다.

16 식육의 생산 중 도축 전처리에 관한 설명으로 틀린 것은?

① 도축장에 반입된 가축은 불안정한 상태이기 때문에 도살 전 계류장에서 휴식과 안정이 중요하다.

② 계류 중에 사료는 주지 않고 절식, 절수를 한다.

③ 도살 전 도축 건강상태와 질병 유무, 도축신청서 기재사항 확인 등을 위해 생체검사를 한다.

④ 질병이 있거나 임신한 가축은 도축할 수 없다.

해설
계류 중에 사료는 주지 않고 절식시키며 물만 자유식이한다.

17 다음 중 근육 내에 지방의 침착이 좋고, 육질이 가장 우수한 돼지 품종은?

① 피에트레인　② 랜드레이스
③ 듀 록　④ 햄프셔

해설

듀록종은 일당 증체량과 사료 이용성이 양호하여 1대 잡종이나 3대 교잡종의 생산을 위한 부돈(父豚)으로 널리 이용되고 있다.

---

18 미생물 검사 결과에 대한 설명으로 옳지 않은 것은?

① 돼지고기의 대장균수 기준은 10^4CFU /mL 이하이다.
② 식육을 대상으로 모니터링 검사를 실시한 결과 권장기준을 초과한 경우 시·도지사는 도축장 영업자에게 위생감독 강화를 지시하여야 한다.
③ 농림축산식품부장관은 미생물 모니터링 검사 결과를 농림축산식품부 홈페이지 등에 게재하는 등 공개할 수 있다.
④ 식육의 대장균수, 일반세균수 및 살모넬라균수에 대한 모니터링 검사는 모두 축산물 위해요소 중점관리기준에 따라 실시하여야 한다.

해설

검사구분 및 대상 미생물(식육 중 미생물 검사에 관한 규정 제7조)
모니터링 검사 : 대장균수 및 일반세균수. 다만, 도축장에서 살모넬라균의 검사는 식품 및 축산물 안전관리인증기준에 따라 실시한다.

---

19 2018년 12월부터 변경된 소도체의 근내지방도 기준상 1^{++}등급에 해당하는 것은?

① No. 9
② No. 7, 8
③ No. 8, 9
④ No. 7, 8, 9

해설

근내지방도 등급판정 기준(축산물 등급판정 세부기준 제5조제2항제1호)
• 근내지방도 번호 7, 8, 9에 해당되는 것 : 1^{++}등급
• 근내지방도 번호 6에 해당되는 것 : 1^{+}등급
• 근내지방도 번호 4, 5에 해당되는 것 : 1등급
• 근내지방도 번호 2, 3에 해당되는 것 : 2등급
• 근내지방도 번호 1에 해당되는 것 : 3등급

---

20 숙성기간이 가장 길게 필요한 육류는?

① 쇠고기
② 돼지고기
③ 닭고기
④ 오리고기

해설

식육의 숙성시간은 식육동물 및 근육의 종류, 숙성온도에 따라 달라지는데 사후경직 후 쇠고기의 경우 4℃ 내외의 냉장숙성은 약 7~14일이 소요된다. 그러나 10℃에서 4~5일, 15℃ 이상의 고온에서는 2~3일 정도가 대체로 요구된다. 또한, 사후 해당속도가 빠른 돼지고기는 4℃ 내외에서 1~2일, 닭고기는 8~24시간 이내에 숙성이 완료된다.

21 도축 공정 중 지육의 오염 가능성이 가장 높은 단계는?

① 내장적출단계
② 이분도체분할단계
③ 기절단계
④ 냉각단계

해설
사람과 기기의 접촉이 가장 많고 지육 자체의 외기 노출이 가장 높은 때를 순서대로 나열하면 ①, ②, ③, ④ 순으로 오염 가능성이 높다.

22 냉장실에서 지육을 장기간 냉장 저장시 킬 때 표면의 육색 변화를 방지하기 위한 조치로 옳지 않은 것은?

① 냉장온도를 낮게 한다.
② 공기유통속도를 빠르게 한다.
③ 상대습도를 높게 한다.
④ 지육의 표면오염을 적게 한다.

해설
냉장에 의한 보존기간은 식육의 종류, 초기 오염도, 냉장조건(저장온도와 습도), 포장상태 및 육제품의 종류와 형태에 따라 좌우된다. 이상적인 냉장조건일 때 쇠고기는 6~7주, 돼지고기는 2~3주간 보존이 가능하다. 온도는 낮게, 상대습도는 85% 수준을 유지하며, 오염은 없을수록 좋고 공기유통속도는 적당하게 한다. 건조해지고 수분 증발이 심해지면 고기 표면이 혼탁해지고 감량이 발생하기 때문이다.

23 도축 후 식육의 사후 변화 과정이 바르게 된 것은?

① 사후경직 – 해직 – 자기소화 – 숙성
② 해직 – 사후경직 – 자기소화 – 숙성
③ 자기소화 – 사후경직 – 해직 – 숙성
④ 숙성 – 사후경직 – 해직 – 자기소화

24 다음 중 Methylene Blue 환원 시험법의 확인 내용은?

① 단백질 함량
② 유지방 함량
③ 미생물량 추정
④ 무기질량 추정

25 근육의 수축 및 이완에 직접적인 영향을 미치는 무기질은?

① 인(P)
② 칼슘(Ca)
③ 마그네슘(Mg)
④ 나트륨(Na)

26 근육조직의 숙성과정과 관련된 설명으로 틀린 것은?

① 숙성의 목적은 연도를 증가시키고 풍미를 향상시키기 위함이다.

② 숙성기간은 0℃에서 1~2주로 소와 돼지고기 모두 조건이 같다.

③ 쇠고기는 사후경직과 저온단축으로 인해 질겨지므로 숙성이 필요하다.

④ 고온숙성은 16℃ 내외에서 실시하는데 빠른 부패를 야기할 수도 있으므로 주의한다.

> **해설**
> 식육의 숙성시간은 식육동물의 종류, 근육의 종류 및 숙성온도에 따라 달라진다.

27 신선육의 단면색에 관한 설명으로 맞는 것은?

① 표면은 밝은 적색, 내부상층은 갈색, 내부 심층은 적자색을 띤다.

② 표면은 갈색, 내부상층은 적자색, 내부심층은 밝은 적색을 띤다.

③ 표면은 녹색, 내부상층은 밝은 적색, 내부심층은 갈색을 띤다.

④ 표면은 밝은 적색, 내부상층은 녹색, 내부심층은 갈색을 띤다.

> **해설**
> 식육의 적색은 일차적으로 육색소의 함량에 따라 차이가 있지만, 같은 함량을 가진 식육이라고 할지라도 마이오글로빈의 화학적 상태에 따라 육색은 다르게 나타날 수 있다. 즉, 신선육의 표면부터 내부까지 마이오글로빈의 화학적 상태에 따라 밝은 적색, 갈색, 적자색을 띤다.

28 가축 도축 후 48시간 이내 나타나는 현상이 아닌 것은?

① pH의 증가
② 젖산의 생성
③ 글리코겐의 분해
④ ATP의 분해

> **해설**
> 근육의 식육화 과정은 방혈에 따른 산소 공급의 중단으로 시작되고, 근육에 존재하던 마이오글로빈과 결합된 산소가 소모되고 나면 근육은 혐기적 대사를 통해 ATP(근육이 수축 및 각종 기능을 수행하기 위해 이용하는 에너지원)를 생성하게 된다. ATP의 생성이 지속되다가 고갈되면 근육은 더 이상 수축과 이완을 할 수 없기 때문에 사후경직 현상을 일으킨다. 이때 방혈에 의해 근육 내에서 생성된 혐기성 대사의 산물인 젖산이 간으로 이행되지 못하고 근육 중에 남게 되고, 이러한 젖산의 축적으로 인해 근육의 pH가 저하된다.

29 근절(筋節)에 대한 설명으로 틀린 것은?

① 근육이 수축되면 근절이 짧아지고, 이완되면 근절이 길어진다.

② Z선으로 구분된다.

③ 근절에는 명대와 암대가 포함된다.

④ 사후경직이 발생되면 근절이 길어진다.

> **해설**
> ④ 사후경직이 발생되면 근절이 짧아진다.

30 사후경직 과정에서 일어나는 당의 분해 (해당작용)란?

① ATP가 ADP와 AMP로 분해
② 포도당(Glucose)이 젖산으로 분해
③ 포스포크레아틴(Phosphocreatine) 이 인(P)과 크레아틴(Creatine)으로 분해
④ 액토마이오신(Actomyosin)이 액틴 (Actin)과 마이오신(Myosin)으로 분해

해설
식육의 안정성 확보를 위해 도축 후 냉각과정을 필수적으로 거치게 되는데, 이 과정에서 사후경직 현상이 발생하여 근육의 수축에 의해 식육이 매우 질겨진다. 또한 당의 분해로 생성된 젖산에 의하여 산도가 저하되어 도축 후 1~2일 경에 식육의 조리 시 맛에 관계되는 물리적 특성이 가장 나빠지게 된다.

31 다음 중 우리나라 도시지역의 도매시장에서 같은 등급의 쇠고기 중 평균 경락가격이 가장 높은 부위는?

① 등 심   ② 안 심
③ 채 끝   ④ 양 지

32 위생학적으로 방혈이 신속하게 이루어져야 하는 이유로 가장 알맞은 것은?

① 근육으로의 산소 공급을 중단시켜 사후경직을 빠르게 하기 위해
② 방혈되면 순환체계가 더 이상 작용하지 않으므로 젖산을 근육에 축적시키기 위해
③ 절단육의 과다한 혈액은 소비자에게 불쾌감을 주기 때문에
④ 방혈시간이 지연되면 근육에 수많은 혈점이 발생하고 혈액은 부패세균의 성장에 좋은 배지가 되므로

33 가축의 도축 시 인체에 대한 위생적 위해 여부를 확인하기 위한 검사방법은?

① 생체검사와 해체검사
② 요검사
③ 육색검사
④ 탄력성 검사

34 식육의 오염에 관한 설명 중 잘못된 것은?

① 식육의 오염은 도살과 함께 시작된다.

② 미생물의 오염량과 오염 미생물의 종류는 도살방법에 따라 크게 영향을 받는다.

③ 원래 살아 있는 동물의 근육조직은 미생물의 오염이 없다.

④ 방혈, 박피, 도체의 절단 중의 주요 미생물 오염원은 피부, 발굽, 털 등이다.

35 살균제에 관한 설명 중 틀린 것은?

① 과산화수소는 강력한 산화작용을 하는 살균제이다.

② 염소계 살균제는 광선이 잘 드는 곳에 보관한다.

③ 유효염소와 발생기산소는 살균력을 가진다.

④ 적정 사용농도로 사용하지 않으면 살균효과가 저하되는 것도 있다.

36 원료 처리방법으로 적합하지 않은 것은?

① 육 온도는 항상 10℃ 이하가 되도록 한다.

② 처리실과 가공실은 분리되어야 한다.

③ 동결육의 해동은 찬 물통에 담가 신속히 수행하는 것이 효율적이다.

④ 원료처리용 기계, 기구류는 전용으로 사용한다.

37 작업자의 위생상태를 점검할 때 그 대상과 가장 거리가 먼 것은?

① 경구감염성 질병 감염 여부

② 손 부위의 화농성 상처 여부

③ 작업복의 청결 여부

④ 호흡기질환의 예방접종 여부

38 해체(발골 및 지방처리) 공정관리로 잘못된 것은?

① 종업원의 출입 시 손, 장화의 소독을 완전히 습관화시킨다.

② 해체실의 온도는 미생물의 오염을 줄이기 위해 0℃로 유지하여 작업한다.

③ 중간 휴식시간에 잔여육이 없도록 하고 테이블 위는 간이소독을 한다.

④ 조명은 밝게 하여 털, 이물질 제거 작업이 용이하게 한다.

39 소독액 희석 시 100ppm은 몇 %인가?

① 1%
② 0.1%
③ 0.01%
④ 0.001%

해설
피피엠(ppm)은 100만분율이다.

따라서 $100\text{ppm} = \dfrac{1}{1,000,000} \times 100 = 0.0001$이고,

$0.0001 \times 100\% = 0.01\%$이다.

40 냉장육을 진공포장하는 경우 저장성이 좋아지고 유통기간이 늘어나는 이유로 옳은 것은?

① 수분활성도가 떨어지기 때문이다.
② pH가 상대적으로 낮아지기 때문이다.
③ 호기성 미생물들이 자라지 못하기 때문이다.
④ 미생물에 대한 삼투압이 증가하기 때문이다.

41 식육의 냉장 저장 시 일어나는 변화와 거리가 먼 것은?

① 육색의 변화
② 저온성 미생물의 성장
③ 드립의 발생
④ 지방의 변화

해설
드립은 해동 과정에서 발생한다.

42 우지육과 돈지육을 온도 2℃, 습도 85~90℃의 냉장고에서 동일한 조건으로 저장할 때 저장 가능한 기간은?

① 돈지육이 우지육보다 저장기간이 5배 정도 더 길다.
② 돈지육이 우지육보다 저장기간이 2배 정도 더 길다.
③ 우지육과 돈지육의 저장기간이 동일하다.
④ 우지육이 돈지육보다 저장기간이 2배 정도 더 길다.

43 고기를 장시간 냉장할 때 일어나는 현상이 아닌 것은?

① 지방의 산패
② 미생물의 성장
③ 육색의 변화
④ 무게의 증가

44 냉동육을 해동할 때 이용하는 방법이 아닌 것은?

① 공기해동
② 침수해동
③ 고온고압해동
④ 전자파해동

45 식육의 동결저장 중 동결속도가 빠를수록 나타나는 현상은?

① 복원성이 저하된다.
② 해동 시 분리육즙이 적다.
③ 조직에 대한 손상이 크다.
④ 큰 얼음결정이 산발적으로 분포한다.

해설
식육의 동결저장 중 동결속도가 빠를수록 복원성이 높아지고, 해동 시 분리육즙이 적고 조직에 대한 손상이 적다.

46 포장의 목적이 아닌 것은?

① 품질 변화 촉진
② 취급의 용이
③ 상품가치 향상
④ 제품의 규격화

해설
포장의 목적과 기능
• 품질 변화 방지
• 생산제품의 규격화
• 취급의 편리성
• 상품가치의 향상

47 신선육을 진공포장할 때 발생되는 문제점과 거리가 먼 것은?

① 드립(Drip) 발생
② 변색
③ 이취 발생
④ 호기성 세균 증식

해설
진공포장의 주된 목적은 포장 내 산소를 제거함으로써 호기성 미생물의 성장과 지방 산화를 지연시켜 저장성을 높이는 데 있다. 그러나 진공상태에서 보관된 고기의 색이 암적색으로 나타나는 표면변색과 진공에 의한 찌그러짐 등의 포장육 형태 변화, 식육으로부터 유리되는 육즙량 증가 등 여러 가지 문제점들이 발생되고 있다.

48 고기 유화물의 보수력과 유화력에 영향을 주는 요인이 아닌 것은?

① 원료육의 보수력
② 세절온도와 세절시간
③ 배합성분과 비율
④ 건조와 훈연

해설
고기 유화물의 보수력과 유화력에 영향을 주는 요인은 원료육의 보수력, 세절온도와 세절시간, 배합성분과 비율 등이다.

49 육제품의 내포장재로 이용되는 식육케이싱의 장점이 아닌 것은?

① 훈연성이 좋다.
② 저장성이 좋다.
③ 밀착성이 좋다.
④ 제품의 외관이 좋다.

식육케이싱은 외관이 우수하나 직경이 균일하지 않고 쉽게 터지며 가격이 비싼 단점을 가지고 있어서, 저장을 잘해야 한다.

50 식품의 기준 및 규격상 식육가공품 및 포장육의 보존온도는?

① 냉장제품 : -2~10℃
② 냉동제품 : -20℃ 이하
③ 냉장제품 : 0~10℃
④ 냉동제품 : -20℃ 이상

식품의 기준 및 규격(식품의약품안전처고시 제2024-35호)
식육(분쇄육, 가금육 제외), 포장육(분쇄육 또는 가금육의 포장육 제외), 식육가공품(분쇄가공육제품 제외)은 냉장(-2~10℃) 또는 냉동에서 보존 및 유통하여야 한다.

51 식품의 기준 및 규격상 보존 및 유통기준으로 틀린 것은?

① 즉석섭취·편의식품류의 냉장은 0~10℃, 온장은 60℃ 이상을 유지할 수 있어야 한다.
② 유통기간의 산출은 포장완료 시점으로 한다.
③ 식용란은 가능한 한 냉소(0~15℃)에, 알가공품은 10℃ 이하에서 냉장 또는 냉동보존·유통하여야 한다.
④ 포장축산물을 재분할 판매할 때는 보존 및 유통기준에 준하여 한다.

식품의 기준 및 규격(식품의약품안전처고시 제2024-35호)
포장축산물은 다음의 경우를 제외하고는 재분할 판매하지 말아야 하며, 표시대상 축산물인 경우 표시가 없는 것을 구입하거나 판매하지 말아야 한다.
• 식육판매업 또는 식육즉석판매가공업의 영업자가 포장육을 다시 절단하거나 나누어 판매하는 경우
• 식육즉석판매가공업 영업자가 식육가공품(통조림·병조림은 제외)을 만들거나 다시 나누어 판매하는 경우

52 공기가 있어야만 증식이 가능하므로, 식육이나 육제품의 표면에서만 자랄 수 있는 미생물은?

① 곰팡이 　　② 세 균
③ 박테리아 　　④ 효 모

53 식육에 물리적인 힘(절단, 분쇄, 압착 등)을 가하였을 때 식육 내의 수분을 유지하려는 성질은?

① 결착성　　② 유화성
③ 친수성　　④ 보수성

해설

보수성은 식육이 수분을 잃지 않고 보유하는 능력으로 제품의 생산량, 조직, 기호성에 영향을 준다.

54 훈연의 목적이 아닌 것은?

① 풍미 증진
② 보수성 증진
③ 색도 증진
④ 산화방지

해설

훈연의 기본적인 목적은 제품의 보존성 부여, 육색 향상, 풍미와 외관의 개선 그리고 산화의 방지 등이다. 보수성 증진과는 거리가 멀다.

55 염지와 관련된 재료의 기능으로 틀린 것은?

① 소금은 염용성 단백질을 추출하여 유화력을 증진시킨다.
② 당류는 맛과 색을 개선시키나 미생물과는 관련되지 않는다.
③ 에리토브산나트륨은 산화방지제이다.
④ 아질산염은 유해미생물 성장 억제와 육색의 발달에 관여한다.

해설

염지에서 당류의 효과
• 풍미 증진 : 소금 첨가에 따른 거친 맛을 순화시키고, 수분의 건조를 막고 고기를 연하게 한다.
• 육색 향상 : 단백질의 아미노산기와 반응하여 가열 시 갈변현상으로 육색을 향상시키고, 건염 시에는 환원미생물이 잘 자라게 하여 이 미생물들이 질산염을 아질산염으로 환원시키는 역할을 하도록 한다.
• 미생물 발육 억제 : 소금 성분과 복합으로 미생물의 성장을 지연시킨다. 그러나 실제로 사용하는 농도가 낮으므로 미생물 성장 억제 효과를 기대하기는 어렵다.

56 다음 중 원료육의 유화력에서 가장 중요한 단백질은?

① 당단백질
② 염용성 단백질
③ 지용성 단백질
④ 수용성 단백질

해설

원료육의 유화력은 원료육에서 추출된 염용성 단백질의 양에 좌우된다.

57 열과 소금에 대한 저항성이 강하고, 절임육을 녹색으로 변화시키는 것으로 알려진 세균은?

① 살모넬라(*Salmonella*)
② 슈도모나스(*Pseudomonas*)
③ 락토바실러스(*Lactobacillus*)
④ 바실러스(*Bacillus*)

해설

락토바실러스 속은 미호기성이며 운동성이 없고 색소를 생성하지 않는 무포자균이다. 젖산균으로 유익한 세균이 많은데, 특히 락토바실러스 불가리쿠스(*L. bulgaricus*), 락토바실러스 애시도필러스(*L. acidophilus*), 락토바실러스 카제이(*L. casei*) 등은 치즈나 젖산음료의 발효균으로 맛, 향, 보존성 등을 향상시킨다. 다만, 우유와 버터를 변패시키고 육류, 소시지, 햄 등의 표면에 점질물(녹색 형광물)을 생성하는 등 부패를 일으키기도 한다.

58 다음 중 염지의 효과로 가장 거리가 먼 것은?

① 발색 증진
② 풍미 증진
③ 건강성 증진
④ 보수성 증진

해설

염지의 목적
• 고기의 색소를 고정시켜 염지육 특유의 색을 나타내게 함
• 염용성 단백질 추출성을 높여 보수성 및 결착성을 증가시킴
• 보존성을 부여하고 고기를 숙성시켜 독특한 풍미를 갖게 함

59 저렴한 각종 원료육을 활용하고, 육괴끼리 결합시킬 결착육을 사용하며, 다양한 풍미, 모양, 크기로 제조한 육제품은?

① Press Ham
② Salami
③ Tongue Sausage
④ Belly Ham

해설

프레스 햄(Press Ham) : 햄과 소시지의 중간적인 제품으로 햄과 베이컨의 잔육이나 적육, 경우에 따라서는 다른 축육의 적육을 잘게 썰어 결착육과 함께 조미료, 향신료를 섞어 압력을 가하여 케이싱에 충전하고 열로 굳혀 제조한 것이다.

60 다음 식육가공에 관한 내용 중 식육상품의 유통 특성으로 바르지 않은 것은?

① 생산자로부터 소비자까지의 유통은 가축의 수집, 도축, 가공, 판매 등 여러 단계를 거치며, 각 단계별로 시설 및 비용 등이 소요된다.
② 생축의 이동 시에는 체중감소 등의 경제적 손실이 발생하지 않는다.
③ 식육상품의 유통에는 위생안전성 확보를 위하여 현대적 시설과 품질 확보를 위한 기술이 요구된다.
④ 유통 초기단계에는 생축형태로 거래되며, 유통 마지막 단계는 지육 및 정육형태로 거래된다.

해설

생축의 이동 시에는 체중감소 등의 경제적 손실이 발생될 수 있다.

2019년 제 4 회 과년도 기출복원문제

01
판매를 목적으로 식육을 절단(세절 또는 분쇄를 포함한다)하여 포장한 상태로 냉장 또는 냉동한 것으로서 화학적 합성품 등 첨가물 또는 다른 식품을 첨가하지 아니한 것을 말하는 것은?

① 햄
② 소시지
③ 베이컨
④ 포장육

해설

정의(축산물 위생관리법 제2조제4호)
포장육이란 판매(불특정다수인에게 무료로 제공하는 경우를 포함한다)를 목적으로 식육을 절단(세절 또는 분쇄를 포함한다)하여 포장한 상태로 냉장하거나 냉동한 것으로서 화학적 합성품 등의 첨가물이나 다른 식품을 첨가하지 아니한 것을 말한다.

02
식육의 가열처리 효과가 아닌 것은?

① 조직감 증진
② 기호성 증진
③ 다즙성 증진
④ 저장성 증진

03
포장육의 성분규격에 관한 설명 중 맞는 것은?

① 포장육은 발골한 것으로 육함량이 50% 이상 함유되어야 한다.
② 포장육의 보존료는 1g/kg 이하여야 한다.
③ 포장육의 휘발성 염기질소는 20mg% 이하여야 한다.
④ 포장육의 대장균군은 양성이어야 한다.

해설

식품의 기준 및 규격(식품의약품안전처고시 제2024-35호)
• 포장육의 정의 : 판매를 목적으로 식육을 절단(세절 또는 분쇄를 포함한다)하여 포장한 상태로 냉장 또는 냉동한 것으로서 화학적 합성품 등 첨가물 또는 다른 식품을 첨가하지 아니한 것을 말한다(육함량 100%).
• 포장육의 성분규격
  - 성상 : 고유의 색택을 가지고 이미·이취가 없어야 한다.
  - 타르색소 : 검출되어서는 아니 된다.
  - 휘발성 염기질소(mg%) : 20 이하
  - 보존료(g/kg) : 검출되어서는 아니 된다.
  - 장출혈성 대장균 : n=5, c=0, m=0/25g(다만, 분쇄에 한한다)

1 ④ 2 ③ 3 ③ 정답

04 근육조직을 미세구조적으로 볼 때 망상 구조를 가지며 근육수축 시 Ca^{2+}를 세포 내로 방출하는 것은?

① 근 절
② 근 초
③ 근소포체
④ 근원섬유

05 가축의 종류에 따라 식육의 풍미가 달라지는 것은 식육의 어떤 성분에 기인하기 때문인가?

① 수 분　　② 비타민
③ 지 질　　④ 무기질

06 다음 중 돼지고기의 저온숙성기간으로 적합한 것은?

① 1~2일　　② 5~6일
③ 10일　　④ 7~14일

> **해설**
> 돼지고기는 4℃에서 1~2일이면 숙성이 완료된다.

07 다음 식육의 구성성분 중 가장 변화가 심한 것은?

① 지 방　　② 단백질
③ 비타민　　④ 탄수화물

> **해설**
> 식육의 구성성분 중 수분과 지방은 품종, 연령, 성별, 비육 정도, 부위 등에 따라 함량의 차이가 크다.

08 소독제는 바이러스 특성에 따라 Category A와 B로 분류(FAO 기준)하여 희석배수를 정하고 있다. 이때 Category 가 다른 것은?

① 아프리카돼지열병(ASF)
② 조류인플루엔자(AI)
③ 뉴캐슬병(ND)
④ 구제역(FMD)

> **해설**
> **바이러스 특성에 따른 분류(FAO 기준)**
> • Category A : 아프리카돼지열병(ASF), 조류인플루엔자(AI), 돼지열병(CSF), 뉴캐슬병(ND), 광견병(Rabies) 등
> • Category B : 구제역(FMD), 돼지수포병(Swine Vesicular Disease), 블루텅병(Bluetongue) 등

09 다음 설명 중 틀린 것은?

① 돼지고기는 쇠고기나 다른 고기에 비해 필수지방산이 많이 함유되어 있다.

② 비타민 A는 간에 특히 많으며, 살코기에는 거의 없다.

③ 식육 내 미네랄 함량은 약 1% 정도이다.

④ 일반적으로 뼈와 함께 붙어 있는 고기 또는 정육은 평활근이다.

해설

④ 골격근에 대한 설명이다.

10 돼지 부산물의 요리 특성에 관한 설명 중 틀린 것은?

① 심장은 비타민 B_1을 돼지내장 중에서 가장 많이 함유하고 있다.

② 소장은 소창이라고도 하며 순대재료로 쓰이고 꼬들꼬들해 씹는 맛이 일품이다.

③ 대장은 대창이라고도 하며 지방이 많고 단백질은 적은 편이며 비타민 A, 칼슘이 많다.

④ 위는 막창이라고도 하며 알코올 분해, 소화 촉진 등의 효과가 있다.

해설

돼지 막창은 소에서와 달리 직장을 말하며 알코올 분해, 소화 촉진 등의 효과가 있다. 소에서는 제4위를 막창이라고 부른다.

11 미생물검사 결과의 대장균수 권장기준이 잘못 연결된 것은?(단, 장소에 상관없이 최하 기준을 말함)

① 쇠고기 − 10^2CFU/g, cm^2 이하

② 돼지고기 − 10^4CFU/g, cm^2 이하

③ 닭고기 − 10^2CFU/g, cm^2 이하

④ 오리고기 − 10^3CFU/g, cm^2 이하

해설

모니터링 검사 권장기준(식육 중 미생물 검사에 관한 규정 제11조)

구 분	일반세균수 (CFU/g, cm^2)			대장균수 (CFU/g, cm^2)		
	도축장	식육포장처리장	식육판매장	도축장	식육포장처리장	식육판매장
쇠고기, 양고기	10^5 이하	$5×10^6$ 이하	$5×10^6$ 이하	10^2 이하	10^3 이하	10^3 이하
돼지고기	10^5 이하	$5×10^6$ 이하	$5×10^6$ 이하	10^4 이하	10^4 이하	10^4 이하
닭고기, 오리고기	10^5 이하	$5×10^6$ 이하	$5×10^6$ 이하	10^3 이하	10^4 이하	10^4 이하

12 평활근에 대한 설명으로 옳은 것은?

① 골격에 부착되어 있어 골격근이라고도 한다.

② 수축과 이완에 의하여 운동을 하는 기관이다.

③ 소화관, 혈관, 자궁 등의 벽에 분포되어 있다.

④ 운동에 필요한 에너지원을 저장하고 있다.

해설

①, ②, ④는 횡문근에 대한 설명이다.

13 식품의 기준 및 규격에 따른 유통기간의 산출에 관한 설명으로 틀린 것은?

① 유통기간의 산출은 포장완료 시점으로 한다.
② 포장 후 제조공정을 거치는 제품은 포장완료 시점으로 한다.
③ 캡슐제품은 충전·성형완료시점으로 한다.
④ 원료 제품의 저장성이 변하지 않는 단순가공처리만을 하는 제품은 유통기한이 먼저 도래하는 원료 제품의 유통기한을 최종제품의 유통기한으로 정하여야 한다.

> **해설**
> 포장 후 제조공정을 거치는 제품은 최종공정 종료 시점으로 한다.
> ※ 2023년 1월 1일부터 '소비기한 표시제'가 적용되어 식품에 '유통기한' 대신 '소비기한'이 표기되고 있다.

14 삼겹살 또는 베이컨을 생산할 때 가장 적합한 돼지 품종은?

① 중국종
② 듀 록
③ 햄프셔
④ 랜드레이스

> **해설**
> 랜드레이스종은 체장이 길며 후구가 발달(삼겹살 스펙 형성에 좋음)하고 번식력이 좋아 새끼를 잘 보는 특성이 있어 주로 교잡용 암컷으로 쓰인다.

15 우리나라에서 삼원교잡종 생산에 많이 이용되지 않는 것은?

① 듀록(Duroc)
② 랜드레이스(Landrace)
③ 폴란드차이나(Poland China)
④ 요크셔(Yorkshire)

16 식품의 기준 및 규격에 따른 보존 및 유통기준에 관한 설명으로 맞는 것은?

① 표시대상 축산물인 경우 표시가 없는 것을 상황에 따라 구입할 수 있다.
② 식육판매업의 영업자가 포장육을 다시 절단하거나 나누어 판매하는 경우 재분할 판매할 수 없다.
③ 식육즉석판매가공업의 영업자가 포장육을 다시 절단하거나 나누어 판매하는 경우 재분할 판매할 수 없다.
④ 식육즉석판매가공업 영업자가 식육가공품(통조림·병조림은 제외)을 만들거나 다시 나누어 판매하는 경우 재분할 판매할 수 있다.

> **해설**
> ① 표시대상 축산물인 경우 표시가 없는 것을 구입하거나 판매하지 말아야 한다.
> ② 식육판매업의 영업자가 포장육을 다시 절단하거나 나누어 판매하는 경우 재분할 판매할 수 있다.
> ③ 식육즉석판매가공업의 영업자가 포장육을 다시 절단하거나 나누어 판매하는 경우 재분할 판매할 수 있다.

17 고기의 숙성 중 발생하는 변화가 아닌 것은?

① 단백질의 자기소화가 일어난다.
② 수용성 비단백태질소화합물이 증가한다.
③ 풍미가 증진된다.
④ 보수력이 감소한다.

식육의 숙성 중에 일어나는 변화로 사후경직에 의해 신전성을 잃고 단단하게 경직된 근육은 시간이 지남에 따라 점차 장력이 떨어지고 유연해져 연도와 보수력이 증가한다.

18 2019년 기준 돼지고기 도체율은 몇 %인가?(탕박 기준)

① 55%   ② 65%
③ 75%   ④ 85%

도체율 = 도체중/생체중 × 100
※ 2019년 기준 대체로 도체율은 탕박 기준으로 75~77% 수준이다(축산물품질평가원).

19 쇠고기 앞다리의 소분할 세부 부위명에 해당하는 것은?

① 설깃살   ② 도가니살
③ 부채살   ④ 보섭살

쇠고기 및 돼지고기의 분할상태별 부위명칭(소·돼지 식육의 표시방법 및 부위 구분기준 별표 1)
• 쇠고기의 앞다리 : 꾸리살, 부채살, 앞다리살, 갈비덧살, 부채덮개살
• 쇠고기의 설도 : 보섭살, 설깃살, 설깃머리살, 도가니살, 삼각살

20 축산물의 영양성분별 세부표시방법에 대한 설명으로 틀린 것은?

① 열량의 단위는 kcal이다.
② 5kcal 미만은 "0"으로 표시할 수 있다.
③ 지방은 불포화지방만을 표시한다.
④ 지방은 1g당 9kcal를 곱한다.

지방은 포화지방 및 트랜스지방을 구분하여 표시하여야 한다.

21 쇠고기 등급기준에 대한 설명으로 틀린 것은?

① 육질등급과 육량등급으로 구분하여 판정한다.
② 방혈이 불량하거나 외부가 오염되어 육질이 극히 떨어진다고 인정되는 도체는 등외등급으로 판정한다.
③ 등급판정부위는 소를 도축한 후 2등분할 된 왼쪽 반도체의 마지막 등뼈(흉추)와 제1허리뼈(요추) 사이를 절개한 후 등심 쪽 절개면으로 한다.
④ 육량등급은 1^{++}, 1^+, 1, 2, 3등급으로 판정한다.

소도체의 육량등급 판정기준(축산물 등급판정 세부기준 제4조제1항)
소도체의 육량등급판정은 등지방 두께, 배최장근단면적, 도체의 중량을 측정하여 규정에 따라 산정된 육량지수에 따라 A, B, C의 3개 등급으로 구분한다.

22 생체 중 100kg인 비거세돈에서 가장 문제가 될 수 있는 육특성은?

① 육 색   ② 풍 미
③ 다즙성   ④ 지방색

해설

거세하지 않은 수퇘지의 경우 웅취라는 독특한 냄새를 유발해 소비자에게 불쾌감을 줄 소지가 있는데, 이는 풍미와 연관이 깊다. 풍미란 음식의 고상한 맛을 일컫는다.

23 국내 도축장에서 가축 기절에 사용되지 않는 방법은?

① 전살법   ② 가스마취법
③ 타격법   ④ 목 절단법

해설

④ 목 절단은 포유류와 가금류의 도살 시 방혈을 시키기 위한 방법이다.
가축의 도살·처리 및 집유의 기준(축산물 위생관리법 시행규칙 별표 1)
소·말·양·돼지 등 포유류(토끼는 제외한다)의 도살은 타격법, 전살법, 총격법, 자격법 또는 CO_2 가스법을 이용하여야 하며, 닭·오리·칠면조 등 가금류는 전살법, 자격법, CO_2 가스법을 이용하여야 한다.

24 돼지도체 결함의 종류에 대한 설명으로 옳은 것은?

① 근출혈 – 화상, 피부질환 및 타박상 등으로 겉지방과 고기의 손실이 큰 경우
② 골절 – 돼지도체 2분할 절단면에 뼈의 골절로 피멍이 근육 속에 침투되어 손실이 확인되는 경우
③ 농양 – 호흡기 질환 등으로 갈비 내벽에 제거되지 않는 내장과 혈흔이 많은 경우
④ 척추이상 – 돼지도체 2분할 작업이 불량하여 등심부위가 손상되어 손실이 많은 경우

해설

돼지도체 결함의 종류(축산물 등급판정 세부기준 별표 9)
• 근출혈 : 고기의 근육 내에 혈반이 많이 발생되어 고기의 품질이 좋지 않은 경우
• 농양 : 도체 내외부에 발생한 농양의 크기가 크거나 다발성이어서 고기의 품질에 좋지 않은 영향이 있는 경우 및 근육 내 염증이 심한 경우
• 척추이상 : 척추이상으로 심하게 휘어져 있거나 경합되어 등심 일부가 손실이 있는 경우

25 우리나라 소도체 육질등급 판정기준이 아닌 것은?

① 근내지방도   ② 성숙도
③ 등지방 두께   ④ 육 색

해설

소도체의 육질등급 판정기준(축산물 등급판정 세부기준 제5조제1항)
소도체의 육질등급판정은 등급판정부위에서 측정되는 근내지방도(Marbling), 육색, 지방색, 조직감, 성숙도에 따라 1^{++}, 1$^+$, 1, 2, 3의 5개 등급으로 구분한다.

26 돼지의 대분할 부위 중 돈가스 용도에 가장 적합한 것은?

① 갈 비　　② 등 심
③ 삼겹살　　④ 안 심

돼지의 등심은 육질이 부드럽고 맛이 좋아 돈가스나 스테이크 등에 이용되고, 안심은 지방이 가장 적은 부위로 담백하고 부드러워 구이나 볶음, 전골 등에 이용된다.

27 만 3세 이상 우리나라 국민이 통상적으로 소비하는 1회 섭취량과 시장조사 결과 등을 바탕으로 설정한 축산물별 1회 섭취 참고량이 다음의 식육가공품 중에서 가장 높은 것은?

① 햄 류
② 소시지류
③ 건조저장육류
④ 양념육

축산물별 1회 섭취 참고량(식품 등의 표시기준 별표 3)
• 햄류 : 30g
• 소시지류 : 30g
• 건조저장육류 : 15g
• 양념육 : 100g

28 다음 중 살코기 속에 가장 풍부한 영양성분은?

① 지 방　　② 탄수화물
③ 단백질　　④ 비타민

29 식육의 숙성이 지나치게 이루어져서 최종산물로 황화수소 등으로 분해됨으로써 불쾌한 냄새를 발생하는 성분은?

① 단백질　　② 탄수화물
③ 지 질　　④ 비타민

30 방혈은 몇 초 이내에 이루어지는 것이 좋은가?

① 5초　　② 10초
③ 20초　　④ 25초

방혈은 짧은 시간 내에 이루어지는 것이 좋다. 경동맥 절단 후 방혈에 이르는 시간과 함께 시간이 길면 길수록 근육 내 잔류혈액이 많거나 모세혈관의 파괴(근출혈)를 일으킬 가능성이 높아진다.

26 ②　27 ④　28 ③　29 ①　30 ①　**정답**

31 pH와 산도와의 관계 중 맞는 것은?

① pH가 낮을수록 산도가 높다.
② pH가 낮을수록 산도가 낮다.
③ pH와 산도는 관계가 없다.
④ pH가 일정 범위에서는 산도와 비례하지만 일정 범위를 벗어나면 상관관계가 없다.

32 소 위 중 제1위와 제2위의 명칭 연결이 옳은 것은?

① 곱창, 천엽
② 양, 벌집위
③ 천엽, 벌집위
④ 양, 천엽

33 식육의 숙성 시 나타나는 현상이 아닌 것은?

① Z-선의 약화
② Actin과 Myosin 간의 결합 약화
③ Connectin의 결합 약화
④ 유리아미노산의 감소

34 다음 중 저온장시간살균법의 가열처리 조건으로 옳은 것은?

① 33~35℃, 15분
② 48~50℃, 20분
③ 63~65℃, 30분
④ 82~85℃, 45분

35 절단육보다 분쇄육에서 미생물이 더 잘 자라는 이유로 부적합한 것은?

① 표면적 증가로 산소와 접할 기회가 많아지기 때문에
② 물과 영양소의 유용성이 증대되기 때문
③ 표면 미생물이 고기 전체에 골고루 확산되기 때문
④ 지방이 표면을 골고루 감싸기 때문

36 신선육으로 인한 세균성 식중독 예방방법으로 가장 바람직한 것은?

① 진공포장하여 실온에 보관한다.
② 항상 4℃ 이하에서 보관하고 잘 익혀 먹는다.
③ 물로 깨끗이 씻어서 날것으로 먹는다.
④ 먹기 전에 항상 육안으로 잘 살펴본다.

37 도축과정 중의 미생물의 오염에 대한 설명으로 잘못된 것은?

① 미생물의 오염은 도살방법에 따라 가장 크게 영향을 받고 도축 후 처리방법의 영향은 적다.

② 식육의 오염은 도살과 함께 시작되며, 방혈, 도체처리, 가공 중에도 일어난다.

③ 방혈, 박피, 도체절단 중의 주요 미생물 오염원은 동물의 피부, 털과 장내용물 등이다.

④ 도축장에서 사용하는 칼, 작업복, 공기, 장갑 등은 물, 사료, 분뇨로부터 오염될 수 있다.

38 다음 중 미생물의 번식에 미치는 영향이 가장 적은 것은?

① 영양원
② 온 도
③ 습 도
④ 기 압

39 pH에 관련된 설명 중 틀린 것은?

① 식중독균은 낮은 pH에서 잘 자라지 못한다.

② 곰팡이나 효모는 세균보다 넓은 pH 범위에서 자랄 수 있다.

③ pH가 낮은 PSE육은 pH가 높은 DFD육보다 저장성이 좋다.

④ 고기의 pH는 높을수록 저장성이 좋아진다.

40 돼지 도축 공정 중 지육의 미생물 오염을 줄이는 데 기여하는 공정은?

① 방 혈
② 분 할
③ 잔모 소각
④ 내장 적출

41 식육의 진공포장에 관한 설명으로 틀린 것은?

① 진공상태로 장기간 보관 시 육즙의 삼출량이 많아진다.

② 진공포장육은 공기 공급의 차단으로 인한 호기성 미생물의 성장이 억제되기 때문에 저장성이 향상된다.

③ 진공포장된 식육 제품에서 주요 우세균은 혐기성 내냉성균인 슈도모나스(*Pseudomonas*)균이다.

④ 진공포장은 젖산균의 성장에 영향을 미치지 못한다.

42 건조 및 반건조 육제품이 아닌 것은?

① 육 포
② 비엔나 소시지
③ 살라미
④ 페퍼로니

해설
비엔나 소시지는 가열소시지이다.

43 지육을 급속동결시킬 때 가장 적합한 방법은?

① 접촉식 동결법
② 공기 동결법
③ 송풍 동결법
④ 침지식 동결법

해설
송풍 동결법: 급속한 공기의 순환을 위한 송풍기가 설치된 방이나 터널에서 냉각공기 송풍으로 냉동하는 것으로, 30~1,000m/분의 공기속도와 −40~ −10℃ 정도의 온도로 냉동한다.

44 신선육의 냉동 중 일어나는 주요 변화가 아닌 것은?

① 지방의 산화
② 단백질의 변성
③ 변 색
④ 자가분해(숙성)

45 냉장육을 진공포장하면 저장성이 향상되는 가장 큰 이유는?

① 식육의 pH가 증가하여 미생물이 잘 자라지 못하므로
② 산소가 제거되어 호기성 미생물이 생육하지 못하므로
③ 식육 취급 시의 오염이 감소하기 때문
④ 수분활성도가 낮아져 미생물의 생육이 억제되기 때문

46 지육의 냉각속도에 영향을 미치는 요인과 거리가 먼 것은?

① 공기의 상대습도
② 공기의 유속
③ 지육의 무게
④ 냉각실의 조명 밝기

47 비포장 식육의 냉장 저장 중에 일어날 수 있는 변화가 아닌 것은?

① 육색의 변화
② 지방산화
③ 감 량
④ 미생물 사멸

48 식육은 냉장 저장 중 변색으로 인해 그 상품가치가 떨어질 수 있다. 이를 방지하기 위한 대책으로 적합하지 않은 것은?

① 건조한 공기와의 접촉을 피할 것
② 저장 온도는 가급적 낮게 유지할 것
③ 미생물의 오염 및 증식을 최소화할 것
④ 표면 지방의 제거를 철저히 할 것

50 고기의 동결에 대한 설명으로 틀린 것은?

① 최대빙결정생성대 통과시간이 30분 이내이면 급속동결이라 한다.
② 완만동결을 할수록 동결육 내 얼음의 개수가 적고 크기도 작다.
③ 완만동결을 할수록 동결육의 물리적 품질은 저하한다.
④ 동결속도가 빠를수록 근육 내 미세한 얼음결정이 고루 분포하게 된다.

> 해설
> 급속히 냉동시킨 식육에는 크기가 작은 빙결정이 다수 존재하고, 완만하게 냉동시킨 식육에는 크기가 큰 빙결정이 적은 개수로 존재한다. 완만냉동에서는 형성되는 빙결정의 개수가 적고 성장이 심하게 일어나지만, 급속냉동에서는 많은 빙결정이 형성되고 한정된 크기까지만 성장하기 때문이다.

49 소와 돼지의 적당한 계류시간은?

① 소 12시간 정도, 돼지 12시간 정도
② 소 24시간 정도, 돼지 24시간 정도
③ 소 24시간 정도, 돼지 12시간 정도
④ 소 12시간 정도, 돼지 24시간 정도

> 해설
> 일반적으로 소와 돼지는 개체와 수송거리, 피로의 상태에 따라 계류시간이 다르지만, 돼지는 약 4~12시간, 소는 24시간 전후가 적당한 것으로 알려져 있다.

51 동결저장 중 지속적으로 일어나는 변화가 아닌 것은?

① 산 패
② 변 색
③ 탈수건조
④ 육즙 증가

> 해설
> 동결저장 중 산패, 변색, 탈수건조는 지속적으로 일어나는 변화이다.

52 식용이 가능한 포장재(Casing)는?

① 콜라겐(Collagen) 케이싱
② 셀룰로스(Cellulose) 케이싱
③ 셀로판(Cellophan) 케이싱
④ 파이브러스(Fibrous) 케이싱

해설
콜라겐 케이싱 : 천연 콜라겐을 변성시킨 제품으로 육·어육 제품에 공통으로 이용되고 있다.

53 식품저장 시 수분활성도를 낮추는 방법으로 적합하지 않은 것은?

① 소금을 첨가한다.
② 설탕을 첨가한다.
③ 식품을 얼려서 저장한다.
④ 물을 첨가한다.

해설
수분활성도를 낮추는 방법으로 염장, 담장의 방법이 있다. 식염이나 당분을 첨가하면 식품 속의 유리수가 결합수로 변하기 때문에 수분활성도(Aw)가 낮아진다. 또한 건조, 동결의 경우에도 동일한 결과를 얻을 수 있어 소비기한을 연장할 수 있다.

54 육의 저장법으로 이용되지 않는 방법은?

① 염장법
② 냉동법
③ 훈연법
④ 주정처리법

55 염지의 효과가 아닌 것은?

① 육제품의 색을 좋게 한다.
② 세균 성장을 억제시킨다.
③ 원료육의 저장성을 증가시킨다.
④ 원료육의 풍미를 감소시킨다.

해설
염지의 목적
• 고기의 색소를 고정시켜 염지육 특유의 색을 나타내게 함
• 염용성 단백질 추출성을 높여 보수성 및 결착성을 증가시킴
• 보존성을 부여하고 고기를 숙성시켜 독특한 풍미를 갖게 함

56 육제품 제조 시 사용되는 아질산염의 주된 기능으로 틀린 것은?

① 미생물 성장 억제
② 풍미 증진
③ 염지육색 고정
④ 산화 촉진

해설
염지 시 아질산염의 효과 : 육색의 안정, 독특한 풍미 부여, 식중독 및 미생물 억제, 산패의 지연 등

57 뼈가 있는 채로 가공한 햄은?

① Loin Ham
② Shoulder Ham
③ Picnic Ham
④ Bone In Ham

본인 햄(Bone In Ham) : 돈육의 햄 부위를 뼈가 있는 그대로 정형하여 조미료, 향신료 등으로 염지시킨 후 훈연하여 가열하거나 또는 가열하지 않은 것

58 식육이나 식육가공품을 그대로 또는 염지하여 분쇄 세절한 것에 식품 또는 식품첨가물을 가한 후 훈연 또는 가열처리한 것이거나, 저온에서 발효시켜 숙성 또는 건조처리한 것이거나 또는 케이싱에 충전하여 냉장·냉동한 것을 말하는 것은?

① 햄 류　　② 소시지류
③ 베이컨류　　④ 건조저장육류

식품의 기준 및 규격(식품의약품안전처고시 제2024-35호)
소시지류라 함은 식육이나 식육가공품을 그대로 또는 염지하여 분쇄 세절한 것에 식품 또는 식품첨가물을 가한 후 훈연 또는 가열처리한 것이거나, 저온에서 발효시켜 숙성 또는 건조처리한 것이거나 또는 케이싱에 충전하여 냉장·냉동한 것을 말한다(육함량 70% 이상, 전분 10% 이하의 것).

59 다음 육가공품 중 제조 시에 결착력이 필요한 것은?

① 햄
② 베이컨
③ 통조림
④ 소시지

60 해동과정 중 고려해야 할 사항이 아닌 것은?

① 미생물이 번식하지 않도록 주의한다.
② 드립이 적게 발생하도록 주의한다.
③ 조직감의 변화를 최소화하여야 한다.
④ 내외 온도차를 크게 유지한다.

2020년 제2회 과년도 기출복원문제

01 축산업의 변경허가를 받지 아니하는 등 법령 위반행위의 과태료 상한액을 1천만원으로 단일하게 정하던 것을, 개정하여 유사한 행위별로 과태료 상한액을 1천만원과 500만원으로 세분화하였다. 이에 해당하지 않는 것은?

① 영업 승계의 신고를 하지 아니한 자
② 가축사육업으로 3개월 이상 휴업한 경우 그 사유가 발생한 날부터 30일 이내에 시장·군수 또는 구청장에게 신고하지 아니한 자
③ 정당한 사유 없이 가축사육업으로 등록을 한 날부터 6개월 이내에 영업을 시작하지 아니한 자
④ 축산업 허가 준수사항을 위반한 자

해설

축산법에 따른 과태료 개정항목(축산법 제56조 참고)

구 법	현행(개정)법
• 제17조제1항 및 제4항에 따른 신고를 하지 아니한 자(1천만원→500만원)	다음의 어느 하나에 해당하는 자에게는 1천만원 이하의 과태료를 부과한다.
• 제22조제1항 후단을 위반하여 변경허가를 받지 아니한 자(1천만원→1천만원)	• 제22조제1항 후단을 위반하여 변경허가를 받지 아니한 자
• 제22조제3항에 따른 등록을 하지 아니하고 가축사육업을 경영한 자(1천만원→500만원)	• 제22조제6항에 따른 신고를 하지 아니한 자
	• 제24조제2항에 따른 신고를 하지 아니한 자

구 법	현행(개정)법
• 거짓이나 그 밖의 부정한 방법으로 제22조제3항에 따른 가축사육업을 등록한 자(1천만원→500만원)	• 제25조제1항 및 제2항에 따른 명령을 위반한 자
• 제22조제6항에 따른 신고를 하지 아니한 자(1천만원→1천만원)	• 제25조제4항에 따른 시정명령을 이행하지 아니한 자
• 제24조제2항에 따른 신고를 하지 아니한 자(1천만원→1천만원)	• 제26조제1항에 따른 준수사항을 위반한 자
• 제25조제1항 및 제2항에 따른 명령을 위반한 자(1천만원→1천만원)	• 제28조제1항 및 제2항에 따른 정기점검 등을 거부·방해 또는 기피하거나 명령을 위반한 자(제34조의6에서 준용하는 경우를 포함한다)

02 훈연의 목적이 아닌 것은?

① 풍미의 증진
② 저장성의 증진
③ 색택의 증진
④ 지방산화 촉진

03 다음 중 순서대로 맞게 나열한 것은?

> 소 도체는 도축한 후 0℃ 내외의 냉장시설에서 냉장하여 등심부위의 내부온도가 (   )℃ 이하가 된 이후에 반도체(도체를 2등분으로 절단한 것) 중 좌반도체의 제1허리뼈와 (   ) 사이를 절개하여 (   )분이 지난 후 절개면을 보고 판정한다. 다만, 도축과정에서 좌반도체의 소 등급판정부위가 훼손되어 판정이 어려울 경우에는 우반도체로 판정할 수 있다.

① 10, 제2 등뼈, 60
② 5, 제2 등뼈, 60
③ 10, 마지막 등뼈, 30
④ 5, 마지막 등뼈, 30

해설

등급판정의 방법·기준 및 적용조건(축산법 시행규칙 별표 4)

소 도체는 도축한 후 0℃ 내외의 냉장시설에서 냉장하여 등심부위의 내부온도가 5℃ 이하가 된 이후에 반도체(도체를 2등분으로 절단한 것) 중 좌반도체의 제1허리뼈와 마지막 등뼈 사이(소 등급판정부위)를 절개하여 30분이 지난 후 절개면을 보고 판정한다. 다만, 도축과정에서 좌반도체의 소 등급판정부위가 훼손되어 판정이 어려울 경우에는 우반도체로 판정할 수 있다.

04 아질산염의 첨가로 아민류와 반응하여 생성되는 발암 의심물질은?

① Nitrosyl Hemochrome
② Nitrosomyochromogen
③ Nitrosamine
④ Nitrosomyoglobin

05 축산법 시행규칙에 따른 돼지도체에 관한 설명으로 옳지 않은 것은?

① 도체의 중량과 등 부위 지방두께에 따라 1차 등급을 판정한다.
② 비육 상태, 삼겹살 상태, 지방부착 상태, 지방 침착 정도, 고기의 색깔·조직감, 지방의 색깔·질, 결함 상태 등에 따라 2차 등급을 판정하여 최종 1^+, 1, 2등급으로 판정한다.
③ 도축과정에서 우반도체의 돼지 등급 판정부위가 훼손되어 판정이 어려울 경우에는 좌반도체의 절개면을 보고 판정한다.
④ 비육 상태 및 육질이 불량한 경우에는 등외등급으로 판정한다.

해설

도축한 후 냉장하지 않은 상태에서 반도체 중 좌반도체(도축과정에서 좌반도체의 돼지 등급판정부위가 훼손되어 판정이 어려울 경우에는 우반도체를 말함)의 절개면을 보고 판정한다(축산법 시행규칙 별표 4).

06 다음 중 육가공제품의 포장방법으로 가장 알맞은 것은?

① 통기성 포장
② 진공포장
③ 랩 포장
④ 가스치환 포장

해설

식육의 진공포장은 산소를 차단하여 호기성 세균의 발육을 억제한다.

07 2019년 12월부터 변경된 식육판매표지판 표시사항과 관련된 설명으로 옳지 않은 것은?

① 1^{++}, 1$^+$, 1, 2, 3, 등외로 나열한 후 해당하는 등급에 동그라미 표시

② 1^{++}(9, 8, 7), 1$^+$, 1, 2, 3, 등외로 나열한 후 해당하는 등급과 번호에 동그라미 표시

③ 1^{++}(7)로 표시하고 1$^+$, 1, 2, 3, 등외를 함께 표시(해당 근내지방도가 7인 경우)

④ 1^{++}(9)로 표시하고 1$^+$, 1, 2, 3, 등외를 함께 표시(해당 근내지방도가 9인 경우)

해설
②처럼 표시하도록 변경되었으며, 9, 8, 7을 모두 표시하기 어려운 경우에는 ③, ④처럼 해당하는 근내지방도 번호만 표시해도 가능하다.
※「소·돼지 식육의 표시방법 및 부위 구분기준」 제7조 참고

08 다음 중 유화물에 대한 설명으로 옳은 것은?

① 탄수화물과 단백질의 혼합물
② 물과 지방이 골고루 섞인 혼합물
③ 단백질과 물이 골고루 섞인 혼합물
④ 지방과 탄수화물의 혼합물

해설
유화물은 물과 지방이 골고루 잘 섞인 혼합물이다.

09 최근 쇠고기를 그대로 구워먹는 소비 트렌드를 반영하여 구이용 쇠고기 중심으로 등급 표시를 확대하고, 그동안 찜·구이용·탕 등을 대상으로 등급표시를 적용하여 왔으나, 앞으로는 구이용으로 많이 사용되는 부위 중심으로 등급 표시를 하도록 변경되었다. 추가된 부위가 아닌 것은?

① 설 도
② 앞다리
③ 보섭살
④ 치마살

해설
설도, 앞다리가 표시부위에 추가되고, 이에 해당하는 세부부위(보섭살, 삼각살, 부채살)가 추가되었다. 치마살은 종전 표시대상 부위이다.
※「소·돼지 식육의 표시방법 및 부위 구분기준」 별표 2 참고

10 축산법상 "축산물"이란 가축에서 생산된 고기·젖·알·꿀과 이들의 가공품·원피[가공 전의 가죽을 말하며, 원모피(原毛皮)를 포함한다]·원모, 뼈·뿔·내장 등 가축의 부산물, 로열젤리·화분·봉독·프로폴리스·밀랍 및 수벌의 번데기를 말한다. 다음 중 축산물 등급판정 대상품목이 아닌 것은?

① 말의 도체
② 소의 도체
③ 닭의 부분육
④ 오리의 부분육

해설
축산물 등급판정은 소·돼지·말·닭·오리의 도체, 닭의 부분육, 계란 및 꿀을 대상으로 한다(축산물 등급판정 세부기준 제3조).
※ 말의 도체는 2018년, 꿀은 2023년에 추가되었다.

11 축산물 영업자는 가축을 구입하여 등급 판정을 의뢰할 때 수수료를 납부해야 한다. 수수료의 연결이 바른 것은?

① 소 – 1,000원/두
② 돼지 – 500원/두
③ 닭 – 70천원/7천수
④ 계란 – 50천원/100천개

해설

축산물 등급판정 수수료(농림축산식품부고시 제2020-113호)

대상품목	기 준	수수료
소	1두	2,000원
돼 지	1두	400원
닭	7천수 (부분육 1kg = 1수)	70천원(1일 7천수 초과물량에 대하여는 마리당 8원 가산, 10천수 초과물량에 대해서는 마리당 6원 가산)
계 란	50천개	50천원(1일 50천개 이상 판정 시 초과물량에 대하여는 개당 1원 가산)
오 리	5천수	100천원(1일 5천수 초과물량에 대하여는 마리당 10원 가산, 10천수 초과물량에 대해서는 마리당 8원 가산)
소 부분육	1박스	300원
말	1두	2,000원

12 축육 가공에서 발색제로 사용하는 것은?

① 질산칼륨
② 황산칼륨
③ 아질산염
④ 벤조피렌

13 다음 중 진공포장된 신선육의 색깔로 옳은 것은?

① 적자색
② 황 색
③ 선홍색
④ 청자색

해설

진공포장된 신선육은 산소가 없기 때문에 데옥시마이오글로빈의 적자색을 나타낸다.

14 케이싱의 종류 중 연기투과성이 있으며 먹을 수 있는 것은?

① 식육케이싱
② 파이브러스 케이싱
③ 셀룰로스 케이싱
④ 재생콜라겐 케이싱

해설

식육케이싱은 양, 돼지 창자에서 내외층의 용해성 물질을 제거하고 불용성 성분인 콜라겐으로 만든다.

15 다음 중 발효소시지의 특징이 아닌 것은?

① 유화형 소시지이다.
② 수분함량에 따라 건조소시지와 반건조소시지로 구분된다.
③ 새큼한 맛을 가진다.
④ 씹는 맛이 있다.

해설

발효소시지는 조분쇄 소시지이다.

16 다음 중 육제품 제조 시 소금을 첨가하는 이유가 아닌 것은?

① 염용성 단백질 추출
② 보수력 향상
③ 단백질 감소
④ 저장성 향상

해설
육제품 제조 시 소금을 첨가하는 이유는 보수력을 향상시키고 염용성 단백질을 추출하며, 저장성 및 맛을 향상시키기 위해서이다.

17 다음 중 가열에 의한 변화로 맞지 않는 것은?

① 미생물의 억제
② 발 색
③ 효소의 활성화
④ 풍미의 개선

해설
가열에 의한 변화
• 단백질의 열변성
• 풍미의 개량
• 미생물의 억제
• 효소의 불활성화
• 표면의 건조
• 발색

18 만 3세 이상 우리 국민이 통상적으로 소비하는 1회 섭취량과 시장조사 결과 등을 바탕으로 설정한 축산물별 1회 섭취 참고량이 다음의 식육가공품 중에서 가장 높은 것은?

① 햄 류
② 소시지류
③ 건조저장육류
④ 양념육류

해설
1회 섭취 참고량(식품 등의 표시기준 별표 3)

축산물군	축산물종	축산물유형	1회 섭취 참고량
식육가공품 및 포장육	햄 류	햄	30g
		프레스 햄	
	소시지류	소시지	
		발효소시지	
		혼합소시지	
	베이컨류	베이컨류	
	건조저장육류	건조저장육류	15g
	양념육류	양념육	100g
		분쇄가공육제품	50g
		갈비가공품	100g
	식육추출가공품	식육추출가공품	240g
	식육함유가공품	육포 등 육류 말린 것	15g
		그 밖의 해당 식품	50g
	포장육	–	–

19 육가공의 주요 대상이 되는 근육은?

① 심 근
② 골격근
③ 신경근
④ 평활근

육가공 분야에는 생체량의 30~40%를 차지하는 골격근이 주요한 대상이 된다. 횡문근인 골격근은 일명 수의근이라고도 불리며 근육의 수축과 이완에 의해 동물의 운동을 수행하는 기관인 동시에 운동에 필요한 에너지원을 저장하고 있기 때문에 식품으로서 귀중한 영양소를 함유하고 있다.

20 식품의 기준 및 규격상 식육이나 식육가공품을 그대로 또는 염지하여 분쇄 세절한 것에 식품 또는 식품첨가물을 가한 후 훈연 또는 가열처리한 것이거나, 저온에서 발효시켜 숙성 또는 건조처리한 것이거나, 또는 케이싱에 충전하여 냉장·냉동한 것은?(단, 육함량 70% 이상, 전분 10% 이하의 것을 말한다)

① 햄 류
② 베이컨류
③ 소시지류
④ 건조저장육류

21 식품의 기준 및 규격상 식육가공품 및 포장육의 보존온도는?

① 냉장제품 : −2~10℃
② 냉동제품 : −20℃ 이하
③ 냉장제품 : 0~10℃
④ 냉동제품 : −20℃ 이상

식품의 기준 및 규격(식품의약품안전처고시 제2024-35호)

식육(분쇄육, 가금육 제외), 포장육(분쇄육 또는 가금육의 포장육 제외), 식육가공품(분쇄가공육제품 제외)은 냉장(−2~10℃) 또는 냉동에서 보존 및 유통하여야 한다.

22 비정상육의 발생을 방지하는 방법 중 가장 알맞은 것은?

① 스트레스에 강한 품종을 개발한다.
② 예랭실에서 지육의 간격을 밀착시킨다.
③ 계류를 하지 않고 도축한다.
④ 운송거리나 시간에 관계없이 가축을 이동시킨다.

예랭실에서 지육은 적당한 간격을 유지하는 것이 중요하며, 도축 전 계류는 운송거리나 운송시간을 고려하여 동물의 심신을 안정시키기 위해 반드시 필요하다.

23 식육에 가장 많이 함유되어 있는 비타민은?

① 비타민 A ② 비타민 B군
③ 비타민 C ④ 비타민 D

> **해설**
> 고기는 양질의 단백질, 상당량의 비타민 B군(티아민, 리보플라빈, 나이아신 등) 그리고 철분과 아연의 우수한 급원이다.

24 사후 6~8시간 후에 근육의 pH 5.6~5.7에 이르는 돼지고기는 다음 중 무엇에 해당하는가?

① 정상 돈육 ② PSE돈육
③ DFD돈육 ④ 물돼지고기

25 글리코겐(Glycogen)에 대한 설명으로 틀린 것은?

① 분해되어 젖산이 된다.
② 무정형의 백색 분말로서 무미, 무취이고 물에 녹아 콜로이드용액을 이룬다.
③ 근육이 움직일 때 신속히 분해되어 에너지원이 된다.
④ 고기 속에 존재하는 단백질로서 맛에 중요한 영향을 미친다.

> **해설**
> 글리코겐은 백색·무정형·무미의 다당류로 고등동물의 중요한 탄수화물(단백질이 아님) 저장형태로 간 및 근육에서 주로 만들어지며, 세균·효모를 포함한 균류와 같은 다양한 미생물에서도 발견된다. 글리코겐은 필요할 때 포도당으로 분해되는 에너지 저장원으로서의 역할을 한다.

26 식품의 수분활성도란?

① 식품이 나타내는 수증기압
② 순수한 물이 나타내는 수증기압
③ 식품의 수분함량
④ 식품이 나타내는 수증기압에 대한 순수한 물의 수증기압의 비율

27 숙성에 대한 다음 설명 중 틀린 것은?

① 단백질이 분해효소들의 작용으로 연도가 좋아진다.
② 근육의 사후경직이 해제되어 연해지는 현상이다.
③ 지육이나 분할육을 빙점 이상의 온도에 장시간 보관한다.
④ 단백질 분해효소들의 자가소화로 풍미가 감소된다.

> **해설**
> 숙성 중 근절이 늘어나고 단백질 분해효소들의 자가소화로 연도가 좋아지고 풍미가 증진된다.

28 식품 미생물의 생육 최저 수분활성도 (Aw)가 일반적으로 높은 것부터 낮은 순으로 바르게 나열한 것은?

① 세균 > 효모 > 곰팡이
② 세균 > 곰팡이 > 효모
③ 곰팡이 > 효모 > 세균
④ 곰팡이 > 세균 > 효모

해설

식품의 수분 중에서 미생물의 증식에 이용될 수 있는 상태인 자유수의 함량을 나타내는 척도로 수분활성도(Aw) 개념이 사용된다. 일반적으로 수분활성도는 호염세균이 0.75이고, 곰팡이 0.80, 효모 0.88, 세균 0.91의 순으로 높아진다. 그러므로 식품을 건조시키면 세균, 효모, 곰팡이의 순으로 생육하기 어려워지며 수분활성도 0.65 이하에서는 곰팡이가 생육하지 못한다.

29 사후경직에 대한 설명으로 틀린 것은?

① 사후근육은 혐기적 대사로 바뀌고 생성된 젖산은 근육에 축적되어 근육의 pH가 강하한다.
② 사후경직 동안 식육이 나타내는 극한 산성은 pH 5.4 부근이다.
③ 사후 도체온도는 일시적인 상승현상을 나타내는데 이를 사후경직이라 한다.
④ 근육은 도축 후 혈액순환이 중단되고 사후경직이 일어난 다음 단백질 분해 효소들에 의한 자가소화과정을 거쳐 경직이 해제된다.

해설

③ 사후 도체온도의 일시적인 상승현상을 경직열이라 한다.

30 신선육의 부패를 억제하기 위한 방법이 아닌 것은?

① 4℃ 이하로 냉장한다.
② 포장을 하여 15℃ 이상에서 저장한다.
③ 진공 포장을 하여 냉장한다.
④ 냉동 저장을 한다.

31 고온단축(Heat Shortening)에 대한 설명으로 틀린 것은?

① 고기의 육질이 연화된다.
② 닭고기에서 많이 발생한다.
③ 사후경직이 빨리 일어난다.
④ 근섬유의 단축도가 증가한다.

해설

저온단축과 고온단축의 공통점은 근섬유가 강하게 수축(단축)된다는 점이다. 저온단축은 주로 적색근 섬유에서 발생하는 것에 반해, 고온단축은 닭의 가슴살, 토끼의 안심과 같은 백색근섬유에서 발생한다. 16℃ 이상의 고온에서 오래 방치할 경우 고온단축이 일어나는데, 근육 내 젖산이 축적된 상태에서 열을 가하면, 즉 산과 열의 복합작용으로 근육의 과도한 수축을 나타낼 때 이를 고온단축이라 한다.

32 식육 단백질의 부패 시 발생하는 물질이 아닌 것은?

① 알코올(Alcohol)
② 스카톨(Scatole)
③ 아민(Amine)
④ 황화수소(H_2S)

부패는 단백질이 많이 함유된 식품(식육, 달걀, 어패류)에 혼입된 미생물의 작용에 의해 질소를 함유하는 복잡한 유기물(단백질)이 혐기적 상태에서 간단한 저급 물질로 퇴화·분해되는 과정을 말한다. 즉, 호기성 세균에 의해 단백질이 분해되는 것을 부패라고 하며, 이 과정에서 아민과 아민산이 생산되며 황화수소, 메르캅탄, 암모니아, 메탄 등과 같은 악취가 나는 가스를 생성한다. 인돌은 불쾌한 냄새가 나며, 스카톨과 함께 대변 냄새의 원인이 되지만, 순수한 상태나 미량인 경우는 꽃냄새와 같은 향기가 난다.

33 다음 중 식육 미생물의 생육과 가장 관계가 먼 것은?

① 온 도   ② 영양소
③ 조 도   ④ pH

미생물의 생장에 영향을 미치는 환경요인에는 영양소(탄소원, 질소원, 무기염류 등), 수분, 온도, 수소이온 농도(pH), 산소, 산화환원전위 등이 있다.

34 다음 중 포도상구균 식중독의 예방법으로 적당하지 않은 것은?

① 예방접종
② 식품의 냉동 및 냉장 보관
③ 식품 및 기구의 살균
④ 작업자의 위생교육 실시

포도상구균 식중독은 세균이 생성한 독소에 의하여 일어나는 독소형 식중독으로, 작업자의 위생관리가 중요하다.

35 다음 중 식육 표면에 점액질이 형성되기 시작하는 표면 미생물의 수는?

① $10^5 \sim 10^6/\text{cm}^2$
② $10^6 \sim 10^7/\text{cm}^2$
③ $10^7 \sim 10^8/\text{cm}^2$
④ $10^9 \sim 10^{10}/\text{cm}^2$

식육의 부패는 대수기 말기에 시작되는데, 이 시기의 세균수는 대략 $10^7 \sim 10^8/\text{cm}^2$이다.

36 황색포도상구균에 대한 설명으로 옳은 것은?

① 편성 혐기성 병원성균이다.
② 포자를 형성한다.
③ 독소를 생산하는 식중독의 원인균이다.
④ 사람에 의해 오염되지 않는다.

황색포도상구균 식중독의 원인균은 *Staphylococcus aureus*로 인체의 화농 부위에 다량 서식하는 그람 양성의 통성혐기성 세균이다. 식중독의 원인이 되는 장독소(Enterotoxin)를 생성한다.

37 덜 익은 닭고기 섭취로 감염될 수 있는 기생충은?

① 유구초충
② manson 열두조충
③ 선모충
④ 이형흡충

manson 열두조충은 제1 중간숙주(물벼룩)와 제2 중간숙주(닭, 개구리, 뱀 등)를 충분히 가열하지 않고 생식하였을 때 감염된다.

38 육제품 제조과정에서 염지를 실시할 때 아질산염의 첨가로 억제되는 식중독균은?

① *Clostridium botulinum*
② *Salmonella* spp.
③ *Pseudomonas aeruginosa*
④ *Listeria monocytogenes*

39 다음 중 환원성 표백제가 아닌 것은?

① 메타중아황산칼륨
② 과산화수소
③ 아황산나트륨
④ 차아황산나트륨

과산화수소는 산화형 표백제이다.

40 식육가공 공장의 청결과 위생을 위한 기구, 기계 및 용기 등을 세척하는 방법으로 옳은 것은?

① 단백질류의 오염물은 알칼리성 세제로 세척하는 것이 좋다.
② 바닥이나 벽에 묻은 혈액은 60℃ 이상의 고온의 물로 예비 세척한 후에 세제로 세척한다.
③ 지방은 융점 이하의 온수로 예비 세척한다.
④ 전분은 건조되면 세척하기 용이하므로 건조될 때까지 기다린다.

41 식육 및 육가공 제품의 위생에 특히 유의해야 하는 이유가 아닌 것은?

① 식육은 미생물의 성장에 좋은 영양소가 있기 때문이다.
② 식육의 pH는 강알칼리이므로 미생물의 성장이 용이하기 때문이다.
③ 식육은 직접적으로 식중독을 일으키는 원인균의 오염에 노출되어 있기 때문이다.
④ 식육은 수분이 많아서 미생물의 번식이 매우 빠르기 때문이다.

42 식육의 부패가 진행되면 pH의 변화는?

① 산 성
② 중 성
③ 알칼리성
④ 변화 없다.

> **해설**
> 신선한 육류의 pH는 7.0~7.3으로, 도축 후 해당작용에 의해 pH는 낮아져 최저 5.5~5.6에 이른다. 식육의 부패는 미생물의 번식으로 단백질이 분해되어 아민, 암모니아, 악취 등이 발생하는 현상으로 pH는 산성에서 알칼리성으로 변한다.

43 소독액으로 적당한 것은?

① 50% 에틸알코올
② 70% 에틸알코올
③ 80% 에틸알코올
④ 90% 에틸알코올

> **해설**
> 70% 알코올 용액이 살균력이 강하며 주로 손 소독에 이용한다.

44 축산물에 대한 공통기준 및 규격의 용어에 대한 설명으로 적합하지 않은 것은?

① '보관하여야 한다'는 원료 및 제품의 특성을 고려하여 그 품질이 최대로 유지될 수 있는 방법으로 보관하여야 함을 말한다.
② 정의 또는 식품유형에서 '○○%, ○○% 이상, 이하, 미만' 등으로 명시되어 있는 것은 원료 또는 성분배합 시의 기준을 말한다.
③ '건조물(고형물)'은 원료를 건조하여 남은 고형물로서 별도의 규격이 정하여지지 않은 한, 수분함량이 15% 이하인 것을 말한다.
④ '규격'이라 함은 원료에 대한 규격을 말한다.

> **해설**
> '규격'은 최종제품에 대한 규격을 말한다.

45 즉석섭취·편의식품류는 제조된 식품을 가장 짧은 시간 내에 소비자에게 공급하도록 하고 냉장 및 온장으로 운반 및 유통 시에는 일정한 온도 관리를 위하여 온도 조절이 가능한 설비 등을 이용하여야 한다. 이때 냉장과 온장은 몇 ℃ 이상을 유지할 수 있어야 하는가?

① 냉장 −5~5℃, 온장 20℃ 이상
② 냉장 −5~5℃, 온장 40℃ 이상
③ 냉장 0~10℃, 온장 60℃ 이상
④ 냉장 0~10℃, 온장 80℃ 이상

46 육색에 관한 설명 중 틀린 것은?

① 방혈이 잘된 고기의 붉은색은 80~90%가 마이오글로빈에 의한다.
② 마이오글로빈은 햄링(Heme Ring)을 가지고 있다.
③ 햄링(Heme Ring) 한 가운데에 철원자(Fe)가 존재한다.
④ 고기의 색깔은 마이오글로빈의 철원자가 2가(Fe^{2+})이면 갈색이 되고 3가(Fe^{3+})이면 적색이 된다.

해설

식육의 적색은 일차적으로 육색소의 함량에 따라 차이를 나타내지만, 같은 함량을 가진 식육일지라도 마이오글로빈의 화학적 상태에 따라 육색은 다르게 나타날 수 있다. 마이오글로빈에 철원자가 2가(Fe^{2+})로 존재하면 데옥시마이오글로빈이라 부르고 자색을 띤다. 철원자가 3가로 존재하면 메트마이오글로빈이라 부르고 갈색을 나타낸다. 한편, 산소분자가 부착하면 옥시마이오글로빈이라 부르며 밝은 선홍색을 보인다.

47 어육의 자기소화의 원인은?

① 공기 중의 산소에 의해 일어난다.
② 어육 내에 염류에 의해 일어난다.
③ 어육 내에 효소에 의해 일어난다.
④ 어육 내에 유기산에 의해 일어난다.

해설

어육 내에 있는 각종 효소들의 작용에 의해 어육의 분해가 발생되는 것을 자기소화라고 한다. 이는 온도, pH의 등에 영향을 받는다.

48 식육의 고깃덩어리를 염지한 것이나 이에 식품 또는 식품첨가물을 가한 후 숙성·건조하거나 훈연 또는 가열처리한 것을 프레스 햄이라고 하는데, 프레스 햄의 육함량과 전분 함량이 알맞게 연결된 것은?

① 육함량 75% 이상, 전분 8% 이하
② 육함량 65% 이상, 전분 6% 이하
③ 육함량 55% 이상, 전분 4% 이하
④ 육함량 50% 이상, 전분 2% 이하

해설

식품의 기준 및 규격(식품의약품안전처고시 제2024-35호)
프레스 햄은 식육의 고깃덩어리를 염지한 것이나 이에 식품 또는 식품첨가물을 가한 후 숙성·건조하거나 훈연 또는 가열처리한 것으로 육함량 75% 이상, 전분 8% 이하의 것을 말한다.

49 냉동·냉장축산물의 보존온도는 식품의 기준 및 규격에서 따로 정하여진 것을 제외하고 각각 몇 ℃로 규정하는가?

① 냉동 -20℃ 이하, 냉장 0~4℃
② 냉동 -18℃ 이하, 냉장 0~10℃
③ 냉동 0℃ 이하, 냉장 0~4℃
④ 냉동 -18℃ 이하, 냉장 2~5℃

해설

식품의 기준 및 규격(식품의약품안전처고시 제2024-35호)
'냉장' 또는 '냉동'이라 함은 이 고시에서 따로 정하여진 것을 제외하고는 냉장은 0~10℃, 냉동은 -18℃ 이하를 말한다.

50 소의 품종 중 육용종이 아닌 것은?

① 샤롤레이
② 애버딘 앵거스
③ 홀스타인
④ 화 우

51 살균이 부적당한 육가공 통조림 제품에서 식중독을 일으키는 균은?

① 보툴리누스균
② 결핵균
③ 탄저균
④ 비브리오균

52 대장균검사의 확정시험에 사용하는 배지는?

① 표준한천 배지
② LB 배지
③ BGLB 배지
④ TCBS 배지

53 소독액 희석 시 100ppm은 몇 %인가?

① 1%
② 0.1%
③ 0.01%
④ 0.001%

> **해설**
> 100ppm = 1/1,000,000 × 100 = 0.0001
> 0.0001 × 100% = 0.01%

54 일반적으로 사용하는 소독제의 성분이 아닌 것은?

① I(아이오딘)
② Cl(염소)
③ NH_4^+(암모늄이온)
④ CO_3(탄산)

55 매출액이 2,000만원이고 매출이익이 700만원일 때 매출이익률은?

① 25%
② 30%
③ 35%
④ 40%

> **해설**
> 매출이익률 = 매출이익/매출액 × 100

56 원가요소 중 판매관리비와 제조원가를 합한 것은?

① 총원가
② 판매가격
③ 제조원가
④ 직접원가

> **해설**
> • 제조원가 = 직접원가 + 제조간접비
> • 총원가 = 제조원가 + 판매관리비

57 쇠고기 이력제에 대한 설명으로 틀린 것은?

① 소의 출생에서부터 도축·가공·판매에 이르기까지의 정보를 기록·관리한다.

② 위생·안전에 문제가 발생할 경우 그 이력을 추적하여 신속하게 대처하기 위한 제도이다.

③ 개체식별번호는 사육자(사육농가)마다 부여되는 고유번호이다.

④ 소의 혈통, 사양정보 등을 이력제와 함께 통합 관리하여 가축개량, 경영 개선 등에 기여함으로써 소 산업의 경쟁력을 강화시킨다.

58 도축 전 생축을 계류시키는 목적은?

① 체중을 늘리기 위해

② 가축이 도망가는 것을 막기 위해

③ 생축을 안정시켜 생산되는 고기의 품질을 좋게 하기 위해

④ 가축의 털을 보호하기 위해

59 돼지도체 결함의 종류에 대한 설명으로 옳은 것은?

① 근출혈 - 화상, 피부질환 및 타박상 등으로 겉지방과 고기의 손실이 큰 경우

② 골절 - 돼지도체 2분할 절단면에 뼈의 골절로 피멍이 근육 속에 침투되어 손실이 확인되는 경우

③ 농양 - 호흡기 질환 등으로 갈비 내벽에 제거되지 않는 내장과 혈흔이 많은 경우

④ 척추이상 - 돼지도체 2분할 작업이 불량하여 등심부위가 손상되어 손실이 많은 경우

> 해설
> ①은 피부질환, ③은 호흡기불량, ④는 이분할불량에 대한 설명이다.
> ※ 축산물 등급판정 세부기준 별표 9 참고

60 소의 육량등급 판정기준에 사용되는 것은?

① 육 색

② 배최장근단면적

③ 성숙도

④ 근육 내 지방침착도

> 해설
> **소도체의 육량등급 판정기준(축산물 등급판정 세부기준 제4조제1항)**
> 소도체의 육량등급판정은 등지방두께, 배최장근단면적, 도체의 중량을 측정하여 규정에 따라 산정된 육량지수에 따라 A, B, C의 3개 등급으로 구분한다.

2020년 제 4 회

과년도 기출복원문제

01 최근 식품의약품안전처는 소비자가 쇠고기 등급과 지방 함량을 확인하고 선택할 수 있도록 식육정보 제공을 강화하는 한편 식육판매업 등 영업자가 준수해야 하는 쇠고기 등급표시 대상부위와 표시방법을 변경하였는데, 그 내용과 맞지 않는 것은?

① 1^{++}등급 쇠고기에 등급과 함께 근내지방도(마블링) 병행 표시

② 쇠고기의 등급 표시대상 부위 확대

③ 최근 찜, 탕을 즐겨먹는 소비 트렌드 반영

④ 설도, 앞다리가 표시부위에 추가되고, 이에 해당하는 세부부위 추가

해설

최근 쇠고기를 그대로 구워먹는 소비 트렌드를 반영하여 구이용 쇠고기 중심으로 등급 표시를 확대하였다.

02 축산법 시행규칙에 따른 소도체에 관한 설명으로 맞지 않는 것은?

① 육량(고기량)등급은 도체의 중량, 등심 부위의 외부지방 등의 두께, 등심 부위 근육의 크기 등을 종합적으로 고려하여 A·B·C등급으로 판정한다.

② 육질(고기질)등급은 근내지방도를 9단계로 측정한다.

③ 육질(고기질)등급은 고기의 색깔, 고기의 조직 및 탄력, 지방의 색깔과 성숙도 등을 종합적으로 고려하여 1^{+}·1·2·3등급으로 판정한다.

④ 비육 상태 및 육질이 불량한 경우에는 등외등급으로 판정한다.

해설

육질(고기질)등급은 근내지방도를 9단계로 측정하고, 고기의 색깔, 고기의 조직 및 탄력, 지방의 색깔과 뼈의 성숙도 등을 종합적으로 고려하여 1^{++}·1^{+}·1·2·3등급으로 판정한다(축산법 시행규칙 별표 4).

정답 1 ③ 2 ③

03 2019년 12월 1일부터 생산농가의 경쟁력을 높이고, 소비자의 선택기준을 넓히도록 쇠고기 등급기준을 개정·시행하였다. 이에 대한 설명으로 맞지 않는 것은?

① 1^{++}등급은 근내지방도 No.8, No.9만 해당한다.

② 근내지방도 No.6은 1^{+}등급에 해당한다.

③ 종전 근내지방도 우선 평가방식에서 항목별 개별평가 후 최하위 결과를 최종등급으로 결정하는 방식으로 변경되었다.

④ 성별, 품종별로 달리하여 육량산식을 적용한다.

해설
쇠고기 1^{++}등급은 근내지방도 No.7, No.8, No.9에 해당한다.

05 2020년 11월 27일부터 축산농가의 가축시장에 대한 선택권을 확대하고 출하의 편리함을 도모하기 위하여 가축시장을 개설·관리할 수 있는 법인을 확대하였다. 이에 해당하는 내용으로 옳지 않은 것은?

① 「농업협동조합법」에 따른 축산업의 품목조합

② 「민법」에 따라 설립된 비영리법인

③ 「민법」 제32조에 따라 설립된 축산을 주된 목적으로 하는 법인(비영리법인의 지부 불포함)

④ 「농업협동조합법」 제2조에 따른 지역축산업협동조합

해설
가축시장의 개설 등(축산법 제34조제1항)
다음의 어느 하나에 해당하는 자로서 가축시장을 개설하려는 자는 농림축산식품부령으로 정하는 시설을 갖추어 시장·군수 또는 구청장에게 등록하여야 한다.
• 「농업협동조합법」 제2조에 따른 지역축산업협동조합 또는 축산업의 품목조합
• 「민법」 제32조에 따라 설립된 비영리법인으로서 축산을 주된 목적으로 하는 법인(비영리법인의 지부를 포함한다)

04 2019년 12월 1일부터 「소·돼지 식육의 표시방법 및 부위 구분기준」에 추가된 쇠고기 등급표시 대상 부위가 아닌 것은?

① 보섭살   ② 삼각살
③ 부채살   ④ 갈비살

해설
갈비살은 종전 표시대상 부위이다. 설도, 앞다리가 표시부위에 추가되고, 이에 해당하는 세부부위(보섭살, 삼각살, 부채살)가 추가되었다.

06 가축 및 축산물 이력관리에 관한 법률에 따르면 "이력관리"란 가축의 출생·수입 등 사육과 축산물의 생산·수입부터 판매에 이르기까지 각 단계별로 정보를 기록·관리함으로써 가축과 축산물의 이동경로를 관리하는 것을 말한다. 다음 중 이력관리대상가축이 아닌 것은?

① 말   ② 소
③ 돼 지   ④ 오 리

해설
이력관리대상가축이란 소, 돼지, 닭, 오리를 말한다 (가축 및 축산물 이력관리에 관한 법률 제2조제1항제 4호).

07 가축을 거래하면 신고를 기한 내 하여야 한다. 이에 대한 설명으로 적절한 것은?

① 양도·양수 신고 – 양도·양수한 날부터 7일 이내(공휴일과 토요일은 제외한다)
② 수입·수출 신고 – 검역절차가 완료된 날
③ 출생·폐사 신고 – 출생·폐사한 날부터 5일 이내(공휴일과 토요일은 제외한다)
④ 이동 신고 – 이동한 날부터 3일 이내(공휴일과 토요일은 제외한다)

해설
출생 등 신고의 방법과 절차 등(가축 및 축산물 이력관리에 관한 법률 시행규칙 제6조제2항)
• 출생·폐사 신고 : 출생·폐사한 날부터 5일 이내 (공휴일과 토요일은 제외한다). 다만, 종돈의 폐사는 14일 이내(공휴일과 토요일은 제외한다)
• 양도·양수·이동 신고 : 양도·양수·이동한 날부터 5일 이내(공휴일과 토요일은 제외한다)
• 수입·수출 신고 : 통관절차가 완료된 날

08 고품질 소시지 생산을 위해 유화공정에서 특히 고려해야 할 요인이 아닌 것은?

① 세절온도
② 세절시간
③ 원료육의 보수력
④ 아질산염의 첨가량

09 다음 중 인산염이 보수성을 향상시키는 이유로 거리가 먼 것은?

① 고기의 pH를 증가시켜서
② 고기의 이온강도를 증가시켜서
③ 근원섬유 단백질의 결합을 분리시켜서
④ 단백질 함량을 감소시켜서

해설
인산염이 보수성(보수력)을 향상시키는 이유로는 ①, ②, ③의 3가지가 있다.

10 원료육의 유화성에 대한 설명으로 옳은 것은?

① 내장기관육은 골격근에 비해 유화성이 우수하다.
② 기계적 발골육은 수동 발골육보다 유화성이 높다.
③ 냉동육은 신선육에 비해 유화성이 높다.
④ PSE근육은 DFD근육보다 유화성이 떨어진다.

해설

pH가 낮은 PSE근육은 단백질의 변성이 많고 단백질 용해도가 떨어져 pH가 높은 DFD근육이나 정상근육에 비해 유화성이 떨어진다.

11 다음 중 훈연 연기 생산 시 400℃ 이상에서 가장 많이 생성되는 발암성분은?

① 폼알데하이드
② 카보닐
③ 벤조피렌
④ 페 놀

해설

벤조피렌(Benzopyrene)은 400℃ 이상 연소시킬 때 발생되는 발암성분이다.

12 다음 중 건조소시지의 특징에 해당하지 않는 것은?

① 냉동하지 않으면 쉽게 부패한다.
② 표면에 곰팡이가 자랄 수 있다.
③ 실온에서 저장이 가능하다.
④ 살균처리를 하지 않으므로 안전성에 유의하여야 한다.

해설

건조제품은 실온에서 저장이 가능하므로 냉동이나 냉장을 할 필요가 없다.

13 건조저장육에 대한 설명으로 틀린 것은?

① 육포도 건조저장육의 일종이다.
② 건조저장육은 육의 수분함량을 줄인 제품을 의미한다.
③ 건조저장육은 온도, 열기, 공기의 속도 등에 의하여 육을 건조한 것을 의미한다.
④ 냉동 저장과정 중 수분 증발로 발생된 건조육을 의미한다.

해설

식품의 기준 및 규격(식품의약품안전처고시 제2024-35호)
• 건조저장육류는 식육을 그대로 또는 이에 식품 또는 식품첨가물을 가하여 건조하거나 열처리하여 건조한 것을 말한다(육함량 85% 이상의 것).
• 건조저장육류는 수분을 55% 이하로 건조하여야 한다.

14 소시지류의 제조 공정에서 사용되는 설비로서 세절과 혼합을 하는 것은?

① 분쇄기(Chopper)
② 사일런트 커터(Silent Cutter)
③ 혼합기(Mixer)
④ 텀블러(Tumbler)

해설

세절과 혼합은 원료육, 지방, 빙수 및 부재료를 배합하여 만들어지는 소시지류의 제조에 있어 중요한 공정으로 주로 사일런트 커터에서 이루어진다. 세절공정을 통해 원료육과 지방은 입자가 매우 작은 상태가 되어 교질상의 반죽상태가 된다.

15 식육의 부위를 염지한 것이나 이에 식품첨가물을 가하여 저온에서 훈연 또는 숙성·건조한 것을 무엇이라고 하는가?

① 햄   ② 생 햄
③ 프레스 햄   ④ 소시지

해설

식품의 기준 및 규격(식품의약품안전처고시 제2024-35호)
• 햄 : 식육을 부위에 따라 분류하여 정형 염지한 후 숙성·건조하거나 훈연 또는 가열처리하여 가공한 것을 말한다(뼈나 껍질이 있는 것도 포함한다).
• 생햄 : 식육의 부위를 염지한 것이나 이에 식품첨가물을 가하여 저온에서 훈연 또는 숙성·건조한 것을 말한다(뼈나 껍질이 있는 것도 포함한다).
• 프레스 햄 : 식육의 고깃덩어리를 염지한 것이나 이에 식품 또는 식품첨가물을 가한 후 숙성·건조하거나 훈연 또는 가열처리한 것을 말한다(육함량 75% 이상, 전분 8% 이하의 것).

16 육제품 중 소시지 제조에 있어서 가장 기본적인 공정은?

① 염지 – 충전 – 유화 – 가열처리 – 훈연 – 포장
② 염지 – 세절 – 유화 – 충전 – 훈연 – 가열처리 – 포장
③ 유화 – 염지 – 세절 – 훈연 – 충전 – 가열처리 – 포장
④ 유화 – 염지 – 세절 – 충전 – 훈연 – 가열처리 – 포장

17 식육가공 시 육제품의 보수력을 향상시키기 위한 방법으로 잘못된 것은?

① 보수성이 우수한 원료육을 선택한다.
② 인산염을 소량 첨가한다.
③ 적당한 시간 동안 마사지를 시켜 준다.
④ 소브산을 3.0g/kg 정도 첨가한다.

해설

식품의 기준 및 규격(식품의약품안전처고시 제2024-35호)
식육가공품의 규격 : 소브산, 소브산칼륨, 소브산칼슘 2.0g/kg 이하 이외의 보존료가 검출되어서는 아니 된다(양념육류와 포장육은 보존료가 검출되어서는 아니 된다).

18 유연성과 산소투과성이 좋아 생육의 랩 필름용으로 가장 적합한 포장재는?

① 저밀도 폴리에틸렌(LDPE)
② 폴리프로필렌(PP)
③ 염화비닐(PVC)
④ 폴리아마이드(PA)

해설

폴리에틸렌(Polyethylene, PE)은 선상저밀도 폴리에틸렌(LLDPE), 저밀도 폴리에틸렌(LDPE)과 고밀도 폴리에틸렌(HDPE)으로 구분하며, 저밀도 폴리에틸렌은 유연성과 산소투과성이 좋고, 고밀도 폴리에틸렌은 내열성이 좋으나 산소투과성은 저밀도 폴리에틸렌보다 낮다. 그래서 저밀도 폴리에틸렌은 생육의 랩포장, 냉동육용, 진공포장재와 가스 포장재의 봉함면에 주로 사용된다.

19 신선육을 진공포장할 때 발생되는 문제점과 거리가 먼 것은?

① 드립(Drip) 발생
② 변 색
③ 이취 발생
④ 호기성 세균 증식

해설

진공포장의 주된 목적은 포장 내 산소를 제거함으로써 호기성 미생물의 성장과 지방산화를 지연시켜 저장성을 높이는 데 있다. 그러나 진공상태에서 보관된 고기의 색이 암적색으로 나타나는 표면 변색(Surface Discoloration)과 진공에 의한 찌그러짐(Distortion) 등의 포장육 형태 변화, 식육으로부터 유리되는 육즙량 증가(Purge Loss) 등 여러 가지 문제점들이 발생되고 있다.

20 육가공제품의 분류로 틀린 것은?

① 햄류는 식육을 정형, 염지한 후 훈연, 가열한 것이다.
② 베이컨류는 돼지의 복부육을 정형, 염지한 후 훈연, 가열한 것이다.
③ 프레스 햄은 육괴를 염지한 것에 결착제, 조미료 등을 첨가한 후 훈연, 가열한 것으로 돼지고기 함량은 전체 함유량의 75% 이상인 것이다.
④ 소시지류는 식육에 조미료 및 향신료 등을 첨가한 후 훈연, 가열처리한 것으로 수분 70%, 지방 20% 이하인 것이다.

해설

식품의 기준 및 규격(식품의약품안전처고시 제2024-35호)
소시지류라 함은 식육이나 식육가공품을 그대로 또는 염지하여 분쇄 세절한 것에 식품 또는 식품첨가물을 가한 후 훈연 또는 가열처리한 것이거나, 저온에서 발효시켜 숙성 또는 건조처리한 것이거나 또는 케이싱에 충전하여 냉장·냉동한 것을 말한다(육함량 70% 이상, 전분 10% 이하의 것).

21 건조 및 반건조 육제품이 아닌 것은?

① 육 포
② 비엔나소시지
③ 살라미
④ 페퍼로니

해설

비엔나소시지는 가열소시지이다.

22 생육의 육색 및 보수력과 가장 관계가 깊은 것은?

① pH
② ATP 함량
③ 마이오글로빈 함량
④ 헤모글로빈 함량

해설
산도(pH)는 지육의 근육 내 산성도를 측정하는 것으로, 도축 후 24시간 후의 산도는 5.4~5.8이어야 한다. 산도가 높은 육류는 육색이 짙어지며 녹색 박테리아에 의해 변색될 수 있다. 육색이 짙은 제품은 3주가 지나면 부패한 달걀 냄새를 풍긴다.

23 근육단백질 중에서 고농도의 염용액으로 추출되는 염용성 단백질은?

① 근장단백질
② 근원섬유 단백질
③ 육기질단백질
④ 결합조직 단백질

해설
근원섬유 단백질은 식육을 구성하고 있는 주요 단백질로 높은 이온강도에서만 추출되므로 염용성 단백질이라고도 한다. 근육의 수축과 이완의 주역할을 하는 수축단백질(마이오신과 액틴), 근육 수축기작을 직간접으로 조절하는 조절단백질(트로포마이오신과 트로포닌) 및 근육의 구조를 유지시키는 세포골격 단백질(타이틴, 뉴불린 등)로 나눈다.

24 다음 중 식육, 정육 및 어육 등 제품의 육색을 안정되게 유지하기 위하여 사용하는 식품첨가물은?

① 질산나트륨
② 이산화염소
③ 브로민산칼륨
④ 아황산나트륨

해설
질산나트륨은 식품 중에 첨가했을 때 그 자체가 색을 내는 것이 아니고, 식품 중의 유색성분과 반응하여 색을 안정화시키는 육류발색제이다.

25 지방질의 자동산화를 일으키는 요인은?

① 항산화제의 첨가
② 비타민 C의 첨가
③ 산소와의 접촉
④ 효소의 반응

해설
지방의 자동산화는 상온에서 산소가 존재하면 자연스럽게 일어나는 산화반응이다.

26 가축 도축 후 고기가 질겨지는 근육수축과 가장 관계가 깊은 것은?

① Fe   ② Cu
③ Ca   ④ Mg

27 pH에 대한 설명 중 틀린 것은?

① 일반적인 식중독균은 낮은 pH에서 잘 자라지 못한다.
② 곰팡이나 효모는 세균보다 넓은 pH 범위에서 자랄 수 있다.
③ pH가 낮은 PSE육은 pH가 높은 DFD육보다 저장성이 좋다.
④ 고기의 pH는 높을수록 저장성이 좋다.

해설
고기의 부패와 병원성 물질의 발생은 대개 박테리아, 효모, 곰팡이의 증식에 의한 것으로, 미생물의 생장에 영향을 미치는 요인으로는 수분활성도(상대습도), 온도, 수소이온농도(pH), 산화환원전위, 생장억제 물질 등이 있다. 일상생활에서는 건조와 염장 등의 방법으로 미생물이 이용할 수 있는 유리수를 줄임으로써 저장성 및 보존성을 높이고 있다. 그 외에 저장온도와 pH를 낮추고 산화환원전위를 방지하기 위하여 혐기상태를 유지하며 미생물의 생장억제 물질을 첨가하는 등의 방법이 활용되고 있다.

28 수분활성도(Aw)에 영향을 미치는 요인과 거리가 먼 것은?

① 식품 내의 불용성 물질의 함량
② 대기 중의 상대습도
③ 식품에 녹아 있는 용질의 종류
④ 식품에 녹아 있는 용질의 양

해설
• 수분활성(Aw)는 어떤 임의의 온도에서 식품이 나타내는 수증기압을 그 온도에서 순수한 물의 최대 수증기압으로 나눈 값이다.
• 식품의 수증기압은 대기 중의 상대습도, 식품에 녹아 있는 용질의 종류와 양에 영향을 받는다.

29 단백질에 대한 설명으로 틀린 것은?

① 염산으로 가수분해하면 아미노산이 생성된다.
② 아미노산은 한 분자 내에 카복실기와 아미노기를 모두 가지고 있다.
③ 아미노산이 펩타이드결합을 하고 있다.
④ 단백질을 구성하고 있는 아미노산은 대부분 D−형이다.

해설
단백질(Protein)을 구성하는 아미노산의 거의 대부분은 L−아미노산 형태로 존재한다. 아미노산 D형은 인공합성에 의하며 자연계에는 없거나 극히 일부 특이한 바다생물(청자고둥)에서만 발견되었다.

26 ③ 27 ④ 28 ① 29 ④ **정답**

30 쇠고기의 대분류 중 제비추리, 안창살, 토시살 등이 포함되어 있는 부위는?

① 우 둔　　② 갈 비
③ 양 지　　④ 등 심

해설
대분류 중 안창살, 토시살, 제비추리는 갈비에 속하며 생산량이 적고 구이용으로 많이 쓰인다.

31 식육이 부패에 도달하였을 때 나타나는 현상이 아닌 것은?

① 부패취
② 점질 형성
③ 산패취
④ pH 저하

해설
고기 표면에 오염된 미생물이 급격히 생장하여 부패를 일으키며, 주로 점질 형성, 부패취, 산취 등의 이상취를 발생시킨다.

32 쇠고기의 경우 10℃에서 숙성을 요하는 기간은?

① 7~14일　　② 4~5일
③ 1~2일　　④ 8~24시간

해설
고기의 숙성기간은 육축의 종류, 근육의 종류, 숙성온도 등에 따라 다르다. 일반적으로 쇠고기나 양고기의 경우, 4℃ 내외에서 7~14일의 숙성기간이 필요하나 10℃에서는 4~5일, 16℃의 높은 온도에서는 2일 정도에서 숙성이 대체로 완료된다. 돼지고기는 4℃에서 1~2일, 닭고기는 8~24시간이면 숙성이 완료된다.

33 사후경직기를 지나 조직 속에 함유되어 있는 효소의 작용에 의해 분해되는 현상은?

① 변 패　　② 자기소화
③ 부 패　　④ 가수분해

34 미생물에 의한 부패 시 생성되어 육색을 저하시키는 물질은?

① 전분 분해효소
② 황화수소(H_2S)
③ 육색소(Myoglobin)
④ 혈색소(Hemoglobin)

35 미생물 성장곡선에 대한 설명으로 옳지 않은 것은?

① 미생물의 성장은 유도기 → 대수기 → 정체기 → 사멸기를 거친다.
② 미생물을 배지에 접종했을 때의 시간과 생균수(대수) 사이의 관계이다.
③ S자형 곡선을 나타낸다.
④ 정체기에는 미생물의 수가 급격히 감소한다.

해설
미생물의 수가 급격히 감소되는 시기는 사멸기이다.

36 다음 중 심한 열을 동반하는 식중독 증상을 나타내는 균은?

① 살모넬라균
② 포도상구균
③ 보툴리누스균
④ 버섯 중독균

해설

살모넬라균은 복통, 설사, 발열을 일으키며 발열 시 39℃까지 상승한다.

37 살모넬라균을 사멸하기 위한 조건은?

① 60℃에서 30분간
② 70℃에서 15분간
③ 80℃에서 10분간
④ 90℃에서 5분간

해설

살모넬라균은 60℃에서 30분간 가열하면 사멸한다.

38 식육을 통해 감염되는 질병을 일으키는 미생물 중 성질이 다른 것은?

① 살모넬라
② 웰치균
③ 브루셀라
④ 보툴리누스

해설

①, ②, ④는 세균성 식중독을 일으키고, ③은 인수공통감염병을 일으킨다.

39 다음 중 식육으로부터 유래될 수 있는 인수공통감염병에 속하지 않는 것은?

① 결 핵
② 간 염
③ 돈단독
④ 탄 저

해설

식육으로부터 유래될 수 있는 인수공통감염병에는 결핵, 탄저, 브루셀라, 돈단독, 야토병 등이 있다.

※ 인수공통감염병의 종류 : 장출혈성대장균감염증, 일본뇌염, 브루셀라증, 탄저, 공수병, 동물인플루엔자인체감염증, 중증급성호흡기증후군(SARS), 변종크로이츠펠트-야콥병(vCJD), 큐열, 결핵, 중증열성혈소판감소증후군(SFTS) 등

40 쇠고기를 생식함으로서 감염될 수 있는 기생충은?

① 유구조충
② 광절열두조충
③ 무구조충
④ 십이지장충

해설

돼지고기를 덜 익히거나 생식할 경우 유구조충(갈고리촌충)에 감염될 수 있고, 쇠고기를 덜 익히거나 생식할 경우 무구조충(민촌충)에 감염될 수 있다.

36 ① 37 ① 38 ③ 39 ② 40 ③ **정답**

41 다음 중 도축단계에서 오염을 주도하는 미생물 종류는?

① 중온균과 호냉성균
② 고온균과 혐기성균
③ 중온균과 혐기성균
④ 고온균과 호냉성균

> **해설**
> 도축단계에서의 오염은 주로 중온균과 호냉성균이다.

42 도축장까지 가축을 수송하는 과정에서 주의하여야 할 사항으로 잘못된 것은?

① 운송 차량의 바닥에 버팀목을 설치한다.
② 다른 축종을 함께 적재시킨다.
③ 과속이나 난폭 운전을 피한다.
④ 장시간 수송 시에는 중간에 급수시킨다.

43 가축의 사육, 축산물의 원료관리·처리·가공·포장·유통 및 판매까지 전 과정에서 위해물질이 해당 축산물에 혼입되거나 오염되는 것을 사전에 방지하기 위하여 각 과정을 중점적으로 관리하는 기준은?

① RECALL
② HACCP
③ PL법
④ GMP

44 식품제조에 투입되는 물질로서 식용이 가능한 동물, 식물 등이나 이를 가공 처리한 것, 「식품첨가물의 기준 및 규격」에 허용된 식품첨가물 그리고 또 다른 식품의 제조에 사용되는 가공식품 등을 무엇이라고 말하는가?

① 원 료
② 주원료
③ 단순추출물
④ 첨가물

> **해설**
> ② 주원료는 해당 개별식품의 주용도, 제품의 특성 등을 고려하여 다른 식품과 구별, 특징짓게 하기 위하여 사용되는 원료를 말한다.
> ③ 단순추출물은 원료를 물리적으로 또는 용매(물, 주정, 이산화탄소)를 사용하여 추출한 것으로 특정한 성분이 제거되거나 분리되지 않은 추출물(착즙 포함)을 말한다.

45 '차고 어두운 곳' 또는 '냉암소'라 함은 따로 규정이 없는 한 빛이 차단된 몇 ℃의 장소를 말하는가?

① −5~5℃　　② 0~15℃
③ 5~20℃　　④ 10~25℃

> **해설**
> 식품의 기준 및 규격(식품의약품안전처고시 제2024-35호)
> '차고 어두운 곳' 또는 '냉암소'라 함은 따로 규정이 없는 한 0~15℃의 빛이 차단된 장소를 말한다.

46 원료 등의 구비요건에 대한 설명으로 맞지 않는 것은?

① 식품의 제조에 사용되는 원료는 식용을 목적으로 채취, 취급, 가공, 제조 또는 관리된 것이어야 한다.

② 식품제조·가공영업등록대상이 아닌 천연성 원료를 직접처리하여 가공식품의 원료로 사용하는 때에는 흙, 모래, 티끌 등과 같은 이물을 충분히 제거하고 필요한 때에는 식품용수로 깨끗이 씻어야 하며 비가식 부분도 충분히 씻어주어야 한다.

③ 식품용수는 「먹는물관리법」의 먹는물 수질기준에 적합한 것이거나, 「해양심층수의 개발 및 관리에 관한 법률」의 기준·규격에 적합한 원수, 농축수, 미네랄탈염수, 미네랄농축수이어야 한다.

④ 식품의 제조·가공 중에 발생하는 식용가능한 부산물을 다른 식품의 원료로 이용하고자 할 경우 식품의 취급기준에 맞게 위생적으로 채취, 취급, 관리된 것이어야 한다.

> **해설**
>
> 식품의 기준 및 규격(식품의약품안전처고시 제2024-35호)
>
> 식품제조·가공영업등록대상이 아닌 천연성 원료를 직접처리하여 가공식품의 원료로 사용하는 때에는 흙, 모래, 티끌 등과 같은 이물을 충분히 제거하고 필요한 때에는 식품용수로 깨끗이 씻어야 하며 비가식부분은 충분히 제거하여야 한다.

47 다음 보존 및 유통기준에 대한 설명으로 틀린 것은?

① 모든 식품은 위생적으로 취급하여야 하며, 보존 및 유통장소가 불결한 곳에 위치하여서는 아니 된다.

② 식품은 제품의 풍미에 영향을 줄 수 있는 다른 식품 또는 식품첨가물이나 식품을 오염시키거나 품질에 영향을 미칠 수 있는 물품 등과는 분리하여 보존 및 유통하여야 한다.

③ 따로 보관방법을 명시하지 않은 제품은 직사광선을 피한 실온에서 보관 유통하여야 하며 상온에서 10일 이상 보존성이 없는 식품은 가능한 한 냉장 또는 냉동시설에서 보관 유통하여야 한다.

④ 냉장제품은 0~10℃에서 냉동제품은 −18℃ 이하에서 보관 및 유통하여야 한다.

> **해설**
>
> 식품의 기준 및 규격(식품의약품안전처고시 제2024-35호)
>
> **보존 및 유통온도**
>
> • 따로 보존 및 유통방법을 정하고 있지 않은 제품은 직사광선을 피한 실온에서 보존 및 유통하여야 한다.
>
> • 상온에서 7일 이상 보존성이 없는 식품은 가능한 한 냉장 또는 냉동시설에서 보존 및 유통하여야 한다.

48 식품의 기준 및 규격상 설명하는 용어의 뜻이 틀린 것은?

① 표준온도는 20℃이다.
② 따로 규정이 없는 한 찬물은 15℃ 이하, 열탕은 약 100℃의 물을 말한다.
③ 시험에 쓰는 물은 따로 규정이 없는 한 증류수 또는 정제수로 한다.
④ 감압은 따로 규정이 없는 한 10mmHg 이하로 한다.

해설
식품의 기준 및 규격(식품의약품안전처고시 제2024-35호)
감압은 따로 규정이 없는 한 15mmHg 이하로 한다.

49 식품의 기준 및 규격에 의거하여 정의에 훈연이 포함되지 않는 것은?

① 분쇄가공육제품
② 생 햄
③ 건조저장육류
④ 발효소시지

해설
식품의 기준 및 규격(식품의약품안전처고시 제2024-35호)
• 건조저장육류는 식육을 그대로 또는 이에 식품 또는 식품첨가물을 가하여 건조하거나 열처리하여 건조한 것을 말한다(육함량 85% 이상의 것).
• 건조저장육류는 수분을 55% 이하로 건조하여야 한다.

50 다음 중 고기형 돼지에 해당하는 것은?

① 듀 록
② 랜드레이스
③ 요크셔
④ 쇼트혼

51 미생물 등이 분비하는 효소로 고기를 산패시키는 데 관계하는 것은?

① 라이페이스(Lipase)
② 프로테이스(Protease)
③ 셀룰레이스(Cellulase)
④ 카복실레이스(Carboxylase)

52 식육의 냉장유통과정 중에 문제가 될 소지가 가장 적은 미생물은 어느 것인가?

① 슈도모나스균
② 비브리오균
③ 살모넬라균
④ 보툴리누스균

53 세척순서를 가장 효과적으로 나타낸 것은?

① 예비세척 → 세제로 세척 → 헹굼
② 헹굼 → 예비세척 → 세제로 세척
③ 예비세척 → 헹굼 → 세제로 세척
④ 세제로 세척 → 예비세척 → 헹굼

54 생육을 진공포장한 후 저장 시 녹변을 야기하는 세균속은?

① 락토바실러스
② 마이크로코커스
③ 스트렙토코커스
④ 살모넬라

55 미생물 증식곡선의 순서가 옳은 것은?

① 대수기 – 정지기 – 유도기 – 사멸기
② 정지기 – 대수기 – 유도기 – 사멸기
③ 유도기 – 대수기 – 정지기 – 사멸기
④ 대수기 – 유도기 – 사멸기 – 정지기

56 산소가 있거나 또는 없는 환경에서도 잘 자랄 수 있는 균은?

① 혐기성균
② 호기성균
③ 편성혐기성균
④ 통성혐기성균

해설
미생물은 유리산소가 존재하는 환경에서만 발육할 수 있는 호기성균과 이와 같은 환경에서는 발육할 수 없는 혐기성균 그리고 호기적 및 혐기적 조건 어느 곳에서도 발육할 수 있는 통성혐기성균으로 나뉜다.

57 200kg 소지육을 구입하여 발골한 후 등심 17.8kg을 상품화하였다. 이 등심의 생산수율은?

① 7.9% ② 8.4%
③ 8.9% ④ 9.4%

59 쇠고기의 대분할 부위명이 아닌 것은?

① 채 끝
② 설 깃
③ 목 심
④ 사 태

58 생우로 수입하여 국내산 육우고기로 판매하려면 검역계류장 도착일로부터 국내에서 최소 몇 개월 이상 사육되어야 하는가?

① 3개월 ② 6개월
③ 12개월 ④ 18개월

해설

식육 종류의 표시(소·돼지 식육의 표시방법 및 부위 구분기준 제4조제2항)
국내산 쇠고기의 종류를 구분하는 경우, 한우고기는 한우에서 생산된 고기, 젖소고기는 송아지를 낳은 경험이 있는 젖소암소에서 생산된 고기, 육우고기는 육우종, 교잡종, 젖소수소 및 송아지를 낳은 경험이 없는 젖소암소에서 생산된 고기와 검역계류장 도착일로부터 6개월 이상 국내에서 사육된 수입생우에서 생산된 고기를 말한다.

60 소도체 등급판정 시 등외판정하는 경우가 아닌 것은?

① 도체중량이 150kg 미만인 왜소한 도체로서 비육상태가 불량한 경우
② 지방색이 기준 No.7보다 지나치게 노랗거나 연지방인 도체
③ 화농 등으로 도려내는 정도가 심하다고 인정되는 도체
④ 방혈이 불량하거나 외부가 오염되어 육질이 극히 떨어진다고 인정되는 도체

해설

② 별표 2에 따른 성숙도 구분기준 번호 8, 9에 해당하는 경우로서 늙은 소 중 비육상태가 매우 불량한 (노폐우) 도체이거나, 성숙도 구분기준 번호 8, 9에 해당되지 않으나 비육상태가 불량하여 육질이 극히 떨어진다고 인정되는 도체
※ 축산물 등급판정 세부기준 제6조 참고

과년도 기출복원문제

2021년 제 1 회

---

01 다음은 식품 일반에 대한 공통기준 및 규격에 관한 설명이다. 맞지 않는 것은?

① 원료육으로 사용하는 돼지고기는 도살 후 24시간 이내에 10℃ 이하로 냉각·유지하여야 한다.

② 원료육의 정형이나 냉동 원료육의 해동은 고기의 중심부 온도가 10℃를 넘지 않도록 하여야 한다.

③ 식육가공품 및 포장육의 작업장의 실내온도는 15℃ 이하로 유지 관리하여야 한다(가열처리작업장은 제외).

④ 식육가공품 및 포장육의 공정상 특별한 경우를 제외하고는 가능한 한 신속히 가공하여야 한다.

> **해설**
>
> **식품의 기준 및 규격(식품의약품안전처고시 제2024-35호)**
>
> 원료육으로 사용하는 돼지고기는 도살 후 24시간 이내에 5℃ 이하로 냉각·유지하여야 한다.

---

02 제조·가공업 영업자가 냉동제품을 단순해동하거나 해동 후 분할포장하여 식육간편조리세트의 재료로 구성하는 경우로서, 해당 재료가 냉동제품을 해동한 것임을 표시한 경우에는 냉동제품을 해동하여 냉장제품의 구성 재료로 사용할 수 있다. 이와 관련한 설명으로 맞는 것은?

① 식육 함량이 구성재료 함량의 60% 이상인 제품에 한한다.

② 식육간편조리세트의 주재료로 구성되는 냉동식육은 제외된다.

③ 식육간편조리세트의 주재료로 구성되는 냉동식육의 경우 함량 60% 미만이어야 한다.

④ 즉석조리식품의 냉장제품에 구성재료로 사용하는 경우는 해당하지 않는다.

> **해설**
>
> **식품의 기준 및 규격(식품의약품안전처고시 제2024-35호)**
>
> 제조·가공업 영업자가 냉동제품을 단순해동하거나 해동 후 분할포장하여 간편조리세트, 식육간편조리세트, 즉석조리식품, 식단형 식사관리식품의 냉장제품에 구성재료로 사용하는 경우로서 해당 재료가 냉동제품을 해동한 것임을 표시한 경우에는 냉동제품을 해동하여 냉장제품의 구성 재료로 사용할 수 있다(다만, 식육간편조리세트의 주재료로 구성되는 냉동식육은 제외).

---

03 다음은 식육 중 잔류물질검사에 관한 설명이다. 잘못된 것은?

① "모니터링 검사"라 함은 유해성 잔류물질에 대한 오염 또는 잔류 여부를 확인하기 위하여 실시하는 검사이다.

② "출하 전 잔류검사"라 함은 양축가가 출하예정가축군의 오줌, 혈액, 근육, 지방 등의 시료를 채취하여 지방자치단체가 축산물에 대한 위생검사를 하기 위하여 설립한 축산물 시험·검사기관에 의뢰할 경우 실시하는 잔류물질검사를 말한다.

③ "도축 후 도체잔류검사"라 함은 시·도 축산물 시험·검사기관의 검사관이 도축 시 식육의 근육, 지방 등을 채취하여 식육 내 유해물질의 잔류 여부에 대해 실시하는 잔류물질검사를 말한다.

④ "탐색조사"라 함은 국내 잔류허용기준이 설정되어 있지 않거나 잔류허용기준이 설정되어 있더라도 모니터링 검사 및 규제검사 대상 항목에 포함되어 있지 않은 물질을 대상으로 실시하는 검사이다.

해설
③ 도축 후 식육잔류검사라 함은 시·도 축산물 시험·검사기관의 검사관이 도축 시 식육의 근육, 지방 등을 채취하여 식육 내 유해물질의 잔류 여부에 대해 실시하는 잔류물질 검사를 말한다.
※ 「식육 중 잔류물질검사에 관한 규정」 개정에 따라 식육 잔류물질검사 관련 용어가 도체에서 식육으로 변경되었다(21. 7. 6.).

04 식용란수집판매업 영업자가 실시하는 식용란에 대한 자가품질검사 주기는?

① 1개월에 1회 이상
② 3개월에 1회 이상
③ 6개월에 1회 이상
④ 12개월에 1회 이상

해설
자가품질검사 주기(축산물의 자가품질검사 규정 제7조제2항)
식용란수집판매업 영업자가 실시하는 식용란에 대한 검사 주기는 6개월에 1회 이상으로 한다. 이 경우 검사 주기의 적용시점은 산란일을 기준으로 한다.

05 축산법상 '축산물'과 축산물 위생관리법상 '축산물'에서 차이가 나는 품목은?

① 식육 또는 고기
② 식육가공품
③ 가축의 부산물
④ 알과 알가공품

해설
• 축산법상 "축산물"이란 가축에서 생산된 고기·젖·알·꿀과 이들의 가공품·원피(가공 전의 가죽을 말하며, 원모피를 포함한다)·원모, 뼈·뿔·내장 등 가축의 부산물, 로열젤리·화분·봉독·프로폴리스·밀랍 및 수벌의 번데기를 말한다.
• 축산물 위생관리법상 "축산물"이란 식육·포장육·원유·식용란·식육가공품·유가공품·알가공품을 말한다.

06 조리되지 않은 손질된 농·축·수산물과 가공식품 등 조리에 필요한 정량의 식재료와 양념 및 조리법으로 구성되어, 제공되는 조리법에 따라 소비자가 가정에서 간편하게 조리하여 섭취할 수 있도록 제조한 제품을 무엇이라 하는가?

① 신선편의식품
② 즉석섭취식품
③ 즉석조리식품
④ 간편조리세트

해설

① 신선편의식품 : 농·임산물을 세척, 박피, 절단 또는 세절 등의 가공공정을 거치거나 이에 단순히 식품 또는 식품첨가물을 가한 것으로서 그대로 섭취할 수 있는 샐러드, 새싹채소 등의 식품을 말한다.
② 즉석섭취식품 : 동·식물성 원료를 식품이나 식품첨가물을 가하여 제조·가공한 것으로서 더 이상의 가열, 조리과정 없이 그대로 섭취할 수 있는 도시락, 김밥, 햄버거, 선식 등의 식품을 말한다.
③ 즉석조리식품 : 동·식물성 원료에 식품이나 식품첨가물을 가하여 제조·가공한 것으로서 단순 가열 등의 가열조리과정을 거치면 섭취할 수 있도록 제조된 국, 탕, 수프, 순대 등의 식품을 말한다. 다만, 간편조리세트에 속하는 것은 제외한다.

07 식육의 연화제로 주로 사용되는 식물성 효소는?

① 파파인
② 라이페이스
③ 펩 신
④ 크레아틴

해설

식육의 연화제로 파인애플이 연화효과가 가장 좋으며, 파파야, 무화과, 키위, 배 순으로 효과가 있는 것으로 나타났다.

08 육의 보수성을 높이기 위한 방법은?

① 육의 pH를 5.0으로 맞춘다.
② 인산염을 첨가한다.
③ 소브산을 첨가한다.
④ 아질산나트륨을 첨가한다.

09 다음 소시지 중 간을 가지고 만드는 소시지는 어느 것인가?

① 혈액소시지
② 리버소시지
③ 생돈육소시지
④ 볼로냐

해설
간을 이용한 소시지로는 리버소시지, 브라운슈바이거가 있다.

11 식육을 다루는 작업원의 위생관리에 대한 설명으로 틀린 것은?

① 질병이 있는 사람은 반드시 마스크를 쓰고 작업해야 한다.
② 흡연을 하거나 껌을 씹어서는 안 된다.
③ 손톱은 짧고 청결하게 유지한다.
④ 머리는 자주 감아야 한다.

해설
질병이 있는 사람은 작업을 해서는 안 된다.

10 냉장·냉동설비의 관리에 대한 설명 중 옳은 것은?

① 냉동실 내면에 낀 서리는 칼끝으로 떼어내거나 뜨거운 물로 녹여 낸다.
② 냉장·냉동실과 주방 바닥의 연결은 수평면이어야 한다.
③ 냉동실에 식품을 저장할 때 공간을 효율적으로 사용하기 위해 윗면까지 꽉 채운다.
④ 뜨거운 식품을 식힐 때는 뜨거운 상태에서 냉장·냉동설비에 넣는다.

해설
냉장고 및 냉동고를 설치할 때 바닥면은 수평으로 유지되어야 한다.

12 신선육의 부패 억제를 위한 방법이 아닌 것은?

① 4℃ 이하로 냉장한다.
② 포장을 하여 15℃ 이상에서 저장한다.
③ 진공 포장을 하여 냉장한다.
④ 냉동 저장을 한다.

13 육제품 제조 시 첨가되는 소금의 역할이 아닌 것은?

① 결착력 증가
② 향미 증진
③ 저장성 증진
④ 지방산화 억제

> **해설**
> 소금은 육가공 제품의 향기를 증진시키고 염용성 단백질을 용해시키며, 미생물의 성장 억제와 저장성 증진에 기여한다.

14 식육의 취급 · 관리에 관한 내용이다. 옳지 않은 것은?

① 미생물의 번식을 막아 식육을 최상의 상태로 유지하기 위함이다.
② 냉장고의 온도와 습도는 외부 상황에 따라 달리 적용한다.
③ 작업장의 온도는 최대한 저온을 유지하여 작업의 전 공정을 10℃ 이하에서 실시하는 것이 가장 바람직하다.
④ 냉동육류를 해동할 경우 반드시 4℃ 이하에서 서서히 진행하며, 다른 제품과 접촉을 피하고 2차 오염방지를 위해 해동 전용 냉장고를 사용한다.

> **해설**
> 냉장고의 온도와 습도는 일정하게 유지되도록 한다.

15 어육을 혼합하여 프레스 햄을 제조하는 경우 어육은 전체 육함량의 몇 % 미만이어야 하는가?

① 5%   ② 10%
③ 15%   ④ 20%

> **해설**
> 식품의 기준 및 규격(식품의약품안전처고시 제2024-35호)
> 어육을 혼합하여 프레스 햄을 제조하는 경우 어육은 전체 육함량의 10% 미만이어야 한다.

16 식육의 부패가 진행되면 pH의 변화는?

① 산 성
② 중 성
③ 알칼리성
④ 변화 없다.

> **해설**
> 신선한 육류의 pH는 7.0~7.3으로, 도축 후 해당작용에 의해 pH는 낮아져 최저 5.5~5.6에 이른다. 식육의 부패는 미생물의 번식으로 단백질이 분해되어 아민, 암모니아, 악취 등이 발생하는 현상으로 pH는 산성에서 알칼리성으로 변한다.

13 ④ 14 ② 15 ② 16 ③ **정답**

17 쇠고기 육회를 할 때 특히 주의해야 할 기생충은?

① 무구조충
② 유구조충
③ 광절열두조충
④ 편 충

해설

돼지고기를 덜 익히거나 생식할 경우 유구조충(갈고리촌충)에 감염될 수 있고, 쇠고기를 덜 익히거나 생식할 경우 무구조충(민촌충)에 감염될 수 있다.

18 건조저장육류에 대한 설명 중 틀린 것은?

① 식육을 그대로 또는 이에 식품 또는 식품첨가물을 가하여 건조하거나 열처리하여 건조한 것을 말한다.
② 육함량 75% 이상이다.
③ 수분을 55% 이하로 건조하여야 한다.
④ 타르색소는 검출되어서는 아니 된다.

해설

식품의 기준 및 규격(식품의약품안전처고시 제2024-35호)
건조저장육류라 함은 식육을 그대로 또는 이에 식품 또는 식품첨가물을 가하여 건조하거나 열처리하여 건조한 것을 말한다(수분함량 55% 이하, 육함량 85% 이상의 것).

19 포장육이나 분쇄육의 유통과정에서 중량 감소가 발생하는 이유로 옳은 것은?

① 지방의 산화
② 수분의 손실
③ 탄수화물의 분해
④ 단백질의 부패

해설

식육 및 육제품의 중량 감소가 일어나는 원인은 바로 수분의 손실이다.

20 식품첨가물에 대한 설명 중 맞는 것은?

① 식품첨가물은 천연물도 있으나 대부분은 화학적 합성품이다. 화학적 합성품의 경우 위생상 지장이 없다고 인정되어 지정고시된 것만을 사용할 수 있다.
② 식품첨가물 중 화학적 합성품이란 화학적 수단에 의하여 분해하거나 기타의 화학적 반응에 의해 얻어지는 모든 물질을 말한다.
③ 식품은 부패나 변질이 매우 쉬운 제품이므로 어떤 식품이든 미생물의 증식이 효과적으로 억제될 수 있는 보존료를 사용하여야만 제조가 허가될 수 있다.
④ 타르(Tar)색소란 천연에서 추출한 색소를 말하며 대부분의 타르색소는 안정성이 인정되어 식품에 사용하는 데 제한이 없다.

해설

화학적 합성품의 경우 위생상 지장이 없다고 지정고시된 것만 사용할 수 있으며, 대부분 화학적으로 만들어진 합성품이다.

21 다음과 같은 목적과 기능을 갖는 식품첨가물은 무엇인가?

> • 식품의 제조과정이나 최종제품의 pH 조절을 위한 완충제
> • 부패균이나 식중독 원인균을 억제하는 식품보존제

① 증점제 ② 보존료
③ 산미료 ④ 유화제

산미료는 식품을 가공하거나 조리할 때 적당한 신맛을 주어 청량감과 상쾌감을 주는 식품첨가물로, 소화액의 분비 촉진과 식욕 증진효과가 있다. 산미료는 보존료의 효과를 조장하고 향료나 유지 등 산화방지에 기여한다.

22 고기의 숙성 중 발생하는 변화가 아닌 것은?

① 단백질의 자기소화가 일어난다.
② 수용성 비단백태질소화합물이 증가한다.
③ 풍미가 증진된다.
④ 보수력이 감소한다.

사후경직에 의해 신전성을 잃고 단단하게 경직된 근육은 시간이 지남에 따라 점차 장력이 떨어지고 유연해져 연도와 보수력이 증가한다.

23 다음 중 가축의 내장에서 서식하는 주요 미생물은?

① 클로스트리듐(*Clostridium*)
② 대장균(E. *coli*)
③ 락토바실러스(*Lactobacillus*)
④ 슈도모나스(*Pseudomonas*)

대장균은 사람이나 포유동물의 장내에 서식하며 세균 자체에는 병원성이 없다.

24 식육의 냉장 시 호기성 부패를 일으키는 대표적인 호냉균은?

① 젖산균
② 슈도모나스균(*Pseudomonas*)
③ 클로스트리듐균(*Clostridium*)
④ 비브리오균(*Vibrio*)

25 HACCP의 개념으로 틀린 설명은?

① 예방적인 위생관리체계이다.
② HA와 CCP로 구성된다.
③ 기업의 이미지 제고와 신뢰성 향상 효과가 있다.
④ 사후에 발생할 우려가 있는 위해요소를 규명한다.

해설

HACCP(Hazard Analysis Critical Control Point)은 식품의 원재료 생산에서부터 제조, 가공, 보존, 조리 및 유통단계를 거쳐 최종 소비자가 섭취하기 전까지 각 단계에서 위해물질이 해당 식품에 혼입되거나 오염되는 것을 사전에 방지하기 위하여 발생할 우려가 있는 위해요소를 규명하고 이들 위해요소 중에서 최종 제품에 결정적으로 위해를 줄 수 있는 공정, 지점에서 해당 위해요소를 중점적으로 관리하는 예방적인 위생관리체계이다.

26 근육의 수축 기작이 일어나는 기본적인 단위는?

① 근 절
② 근형질
③ 핵
④ 암 대

27 세균성 식중독에 대한 설명 중 틀린 것은?

① 식품에 오염된 병원성 미생물이 주요 원인이 된다.
② 오염된 미생물이 생산한 독소를 먹을 때 발생할 수 있다.
③ 식중독 미생물이 초기 오염되어 있는 식육은 육안으로 판별이 가능하다.
④ 식중독 미생물의 초기 오염은 식육의 맛, 냄새 등을 거의 변화시키지 않는다.

해설

식중독 미생물이 초기 오염되어 있는 식육은 육안으로 판별이 불가능하다.

28 산소가 있거나 또는 없는 환경에서도 잘 자랄 수 있는 균은?

① 혐기성균
② 호기성균
③ 편성혐기성균
④ 통성혐기성균

해설

미생물은 유리산소가 존재하는 환경에서만 발육할 수 있는 호기성균(Aerobes)과 이와 같은 환경에서는 발육할 수 없는 혐기성균(Anaerobes) 그리고 호기적 및 혐기적 조건 어느 곳에서도 발육할 수 있는 통성혐기성균으로 나뉜다. 통상, 혐기성균이란 편성혐기성균을 의미하며, 공중산소의 존재가 유해하여 발육할 수 없는 균을 말한다. 세균이나 효모의 대부분은 통성혐기성이나 이들은 혐기적 상태보다 유리산소의 존재하에서 더 잘 증식한다.

29 산화방지제의 특성은?

① 카보닐화합물 생성 억제
② 아미노산 생성 억제
③ 유기산의 생성 억제
④ 지방산의 생성 억제

31 다음 중 연결이 틀린 것은?

① 부패 - 단백질
② 변패 - 탄수화물
③ 산패 - 지방
④ 발효 - 무기질

30 축산물 유통의 특성에 대한 설명으로 옳지 않은 것은?

① 축산물의 수요·공급은 비탄력적이다.
② 축산물의 생산체인 가축은 성숙되기 전에는 상품적인 가치가 없다.
③ 축산물 생산농가가 영세하고 분산적이기 때문에 유통단계상 수집상 등 중간상인이 개입될 소지가 많다.
④ 축산물은 부패성이 강하기 때문에 저장 및 보관에 비용이 많이 소요되고 위생상 충분한 검사를 필요로 한다.

32 훈연의 목적이 아닌 것은?

① 풍미의 증진
② 저장성의 증진
③ 색택의 증진
④ 지방산화 촉진

33 식육을 자외선으로 살균할 때 생기는 부작용으로 적절한 것은?

① 단백질의 결착력을 떨어뜨린다.
② 지방산패의 촉진으로 변색이 쉽게 온다.
③ 미생물의 번식이 촉진된다.
④ 육의 저장성을 떨어뜨리고, 고기가 익는 경우가 있다.

해설
식육을 자외선으로 살균하면 지방산화를 촉진시켜 식육의 변색을 초래하기 쉽다.

34 지육을 급속동결시킬 때 가장 적합한 방법은?

① 접촉식 동결법
② 공기 동결법
③ 송풍 동결법
④ 침지식 동결법

해설
송풍 동결법 : 급속한 공기의 순환을 위한 송풍기가 설치된 방이나 터널에서 냉각공기 송풍으로 냉동을 진행한다.

35 다음 중 고기의 동결저장에서 급속동결의 목적에 해당하는 것은?

① 보수력의 증가
② 육색의 보존
③ 미세한 빙결정의 형성
④ 친화력 및 유화력의 향상

해설
동결저장에서 급속동결의 목적은 미세한 빙결정체를 형성하는 데 있다.

36 지난 1주 동안 비육돈의 체중이 75kg에서 80kg으로 증체되었고, 그동안 사료가 20kg 급여되었다. 이때 비육돈 1kg(생체중)당 판매가격은 1,000원이고, 사료 1kg당 구입가격은 250원이며, 사료 이외에는 사육비용이 없는 것으로 가정한다면, 이 돼지의 처리는?

① 계속 더 사육하는 것이 좋다.
② 바로 판매하는 것이 좋다.
③ 좀 더 일찍 판매하는 것이 좋았을 것이다.
④ 아무 때나 판매해도 상관없다.

해설
• 일당 증체량 = 1두당 비육기 증체량 / 1두당 비육일수
 = 5/7 ≒ 0.71
• 사료요구율 = 사료섭취량 / 증체량 = 20/5 = 4
∴ 일당 증체량보다 사료요구율이 더 크므로 바로 판매하는 것이 좋다.

37 염지액을 제조할 때 주의사항으로 틀린 것은?

① 염지액 제조 시에는 미생물에 오염되지 않은 깨끗한 물을 이용한다.

② 천연 향신료를 사용할 경우에는 천으로 싸서 끓는 물에 담가 향을 용출시킨 후 여과하여 사용한다.

③ 염지액 제조를 위해 아스코브산과 아질산염을 함께 물에 넣어 충분히 용해시킨 후에 사용한다.

④ 염지액을 사용하기 전 염지액 내에 존재하는 세균과 잔존하는 산소를 배출하기 위해 끓여서 사용한다.

해설
염지액 제조 시 염지보조제인 아스코브산염을 제외한 나머지 첨가물들을 물에 넣어 잘 용해시키고 아스코브산염은 사용 직전 투입하도록 한다. 만일 아질산염을 아스코브산염과 동시에 물에 첨가하면 아질산염과 아스코브산염이 화학반응을 일으키게 되며 여기서 발생된 일산화질소의 많은 양이 염지액 주입 전 이미 공기 중으로 날아가 버려 발색이 불충분하게 되기 때문이다.

38 식품의 가공기준으로 틀린 것은?

① 축산물의 처리·가공·포장·보존 및 유통 중에는 항생물질, 합성항균제, 호르몬제를 사용할 수 있다.

② 냉동된 원료의 해동은 위생적으로 실시하여야 한다.

③ 원유는 이물을 제거하기 위한 청정공정과 필요한 경우 유지방구의 입자를 미세화하기 위한 균질공정을 거쳐야 한다.

④ 축산물의 처리·가공에 사용하는 물은「먹는물관리법」의 수질기준에 적합한 것이어야 한다.

해설
식품의 기준 및 규격(식품의약품안전처고시 제2024-35호)
식품의 제조, 가공, 조리, 보존 및 유통 중에는 동물용 의약품을 사용할 수 없다.

39 식육가공품의 휘발성 염기질소의 법적 성분규격은?

① 5mg% 이하

② 10mg% 이하

③ 15mg% 이하

④ 20mg% 이하

해설
식품의 기준 및 규격(식품의약품안전처고시 제2024-35호)
식육가공품 중 포장육의 경우 휘발성 염기질소 : 20mg% 이하

40 다음은 소, 말, 양, 돼지 등 포유류(토끼는 제외)의 도살방법에 대한 설명이다. 올바르지 아니한 것은?

① 소·말의 도살은 타격법, 전살법, 총격법, 자격법 또는 CO_2 가스법을 이용하여야 한다.

② 식육포장처리업의 영업자가 포장육의 원료로 사용하기 위하여 돼지의 식육을 자신의 영업장 냉장시설에 보관할 목적으로 반출하려는 경우에는 냉각하지 않을 수 있다.

③ 도축장에서 반출되는 식육은 5℃ 이하로 냉각하여야 한다.

④ 앞다리 처리는 앞발목뼈와 앞발허리뼈 사이를 절단한다. 다만, 탕박을 하는 돼지의 경우에는 절단하지 아니할 수 있다.

> **해설**
>
> **가축의 도살·처리 및 집유의 기준(축산물 위생관리법 시행규칙 별표 1)**
> 도축장에서 반출되는 식육은 10℃ 이하로 냉각하여야 한다. 다만, 소·말의 식육 중 가열을 하지 않고 바로 섭취할 용도로 식육의 일부를 반출하려는 경우와 식육포장처리업의 영업자가 포장육의 원료로 사용하기 위하여 돼지의 식육을 자신의 영업장 냉장시설에 보관할 목적으로 반출하려는 경우에는 그러하지 아니하다.

41 가축의 도살·처리, 집유, 축산물의 가공·포장 및 보관은 관련 법에 따라 허가를 받은 작업장에서 하여야 한다. 다만, 그러하지 아니할 수 있는데 예외사항에 해당되는 것은?

① 학술연구용으로 사용하기 위하여 도살·처리하는 경우

② 시·도지사가 소·말 및 돼지를 제외한 가축의 종류별로 정하여 고시하는 지역에서 그 가축을 자가소비(自家消費)하기 위하여 도살·처리하는 경우

③ 시·도지사가 소·말 및 돼지를 제외한(양은 포함) 가축의 종류별로 정하여 고시하는 지역에서 그 가축을 소유자가 해당 장소에서 소비자에게 직접 조리하여 판매하기 위하여 도살·처리하는 경우

④ 등급판정을 받고자 하는 경우

> **해설**
>
> **가축의 도살 등(축산물 위생관리법 제7조제1항)**
> 가축의 도살·처리, 집유, 축산물의 가공·포장 및 보관은 관련 규정에 따라 허가를 받은 작업장에서 하여야 한다. 다만, 다음의 어느 하나에 해당하는 경우에는 그러하지 아니하다.
> * 학술연구용으로 사용하기 위하여 도살·처리하는 경우
> * 특별시장·광역시장·특별자치시장·도지사 또는 특별자치도지사가 소와 말을 제외한 가축의 종류별로 정하여 고시하는 지역에서 그 가축을 자가소비(自家消費)하기 위하여 도살·처리하는 경우
> * 특별시장·광역시장·특별자치시장·도지사 또는 특별자치도지사가 소·말·돼지 및 양을 제외한 가축의 종류별로 정하여 고시하는 지역에서 그 가축을 소유자가 해당 장소에서 소비자에게 직접 조리하여 판매하기 위하여 도살·처리하는 경우

42 품질이 가장 좋은 제품을 만들기 위해 사용하는 건조방법은?

① 저온 단시간 건조
② 저온 장시간 건조
③ 고온 단시간 건조
④ 고온 장시간 건조

> **해설**
> 저온 건조에 의해서 미생물이나 효소의 작용을 억제하고, 장시간 건조로 겉마르기 현상을 방지할 수 있다.

43 다음 훈연과정에 대한 설명 중 틀린 것은?

① 공기의 흐름이 빠를수록 연기의 침투가 빠르다.
② 연기의 밀도가 높을수록 연기의 침착이 작다.
③ 연기 발생에 사용하는 재료는 수지함량이 적은 것이 좋다.
④ 훈연은 항산화 작용에 의하여 지방의 산화를 억제한다.

> **해설**
> 연기의 밀도가 높을수록 연기의 침착이 크다.

44 가공육의 결착력을 높이기 위해 첨가되는 것은?

① 단백질
② 수 분
③ 지 방
④ 회 분

> **해설**
> 근육의 수축과 이완에 직접 관여하는 근원섬유 단백질은 가공특성이나 결착력에 크게 관여하는데, 재구성육 제품이나 유화형 소시지 제품에서 근원섬유 단백질의 추출량이 증가할수록 결착력이 높아진다.

45 다음 설명 중에서 옳지 않은 것은?

① 이산화탄소는 호기성 미생물의 성장을 억제하지만 고농도에서는 변색을 유발한다.
② 가스치환포장은 냉동저장에 적합하다.
③ 포장 내 공기 조성은 포장재의 공기투과율에 영향을 받는다.
④ 산소는 육색을 위해서는 바람직하지만 호기성 미생물의 발육을 촉진한다.

> **해설**
> 부분육의 포장방법에 쓰이는 가스치환방법은 냉동저장에 적합하지 않다. 가스치환방법은 포장용기 내 공기를 모두 제거하고 인위적으로 조성된 가스를 채워 포장을 하는 방식이다.

46 다음 중 도축단계의 위생관리 시 고려해야 할 사항이 아닌 것은?

① 먹이를 주지 않는다.
② 운반 후 적절한 휴식시간을 준다.
③ 급수를 자유롭게 한다.
④ 가능한 수송거리와 수송시간을 늘려 가축을 안정시킨다.

해설
가축의 수송거리와 수송시간은 짧은 것이 좋다.

47 HACCP 도입 효과에 대한 설명으로 틀린 것은?

① 위생관리의 효율성이 도모된다.
② 적용 초기에는 시설·설비 등 관리에 비용이 적게 들어 단기적인 이익의 도모가 가능하다.
③ 체계적인 위생관리 체계가 구축된다.
④ 회사의 이미지 제고와 신뢰성 향상에 기여한다.

48 소의 고온숙성 조건을 변하게 하는 요인 중에서 특히 중요한 역할을 하는 것은?

① 지방의 두께
② 지방의 질
③ 도체 크기
④ 도체 모양

해설
소에 있어서는 연령, 도체 크기, 도체 모양, 지방 두께에 의해 고온숙성 조건이 변하게 되는데, 특히 지방의 두께가 중요한 역할을 한다.

49 다음 중 열접착성이 가장 우수한 포장재는?

① 폴리에틸렌
② 폴리프로필렌
③ 폴리스타이렌
④ 나일론

50 식육에 이물이 혼입된 경우 1차 위반 시 행정처분기준은?

① 경 고
② 영업정지 7일
③ 영업정지 15일
④ 영업정지 30일

해설
행정처분기준(축산물 위생관리법 시행규칙 별표 11)

위반행위	행정처분기준		
	1차 위반	2차 위반	3차 이상 위반
식육에 이물이 혼입된 경우	경 고	영업정지 7일	영업정지 15일
식육가공품에 기생충 또는 그 알, 금속, 유리가 혼입된 경우	영업정지 2일과 해당 제품 폐기	영업정지 5일과 해당 제품 폐기	영업정지 10일과 해당 제품 폐기
식육가공품에 칼날이나 동물의 사체가 혼입된 경우	영업정지 5일과 해당 제품 폐기	영업정지 10일과 해당 제품 폐기	영업정지 20일과 해당 제품 폐기

51 국내 도축장에서 가축 기절에 사용되지 않는 방법은?

① 전살법 ② 가스마취법
③ 타격법 ④ 목 절단법

해설

④ 목 절단은 포유류와 가금류의 도살 시 방혈시키기 위한 방법이다.

가축의 도살 · 처리 및 집유의 기준(축산물 위생관리법 시행규칙 별표 1)

소 · 말 · 양 · 돼지 등 포유류(토끼는 제외한다)의 도살은 타격법, 전살법, 총격법, 자격법, 또는 CO_2 가스법을 이용하여야 하며 닭 · 오리 · 칠면조 등 가금류는 전살법, 자격법, CO_2 가스법을 이용하여야 한다.

52 안전한 칼 관리방법으로 잘못된 것은?

① 정기적으로 갈아서 사용한다.
② 자주 사용하는 칼은 칼꽂이에 넣지 않고 작업대에 비치한다.
③ 사용할 때는 보호용 장갑을 착용한다.
④ 크기에 따라 보관한다.

53 DFD육의 품질 특성으로 옳은 것은?

① 중량 감소가 크다.
② 저장성이 짧다.
③ 육색이 창백하다.
④ 소매진열 시 변색속도가 빠르다.

해설

①, ③, ④는 PSE육의 품질 특성이다.

54 다음 중 사후 근육의 pH 변화와 밀접한 관계가 있는 것은?

① 에키스분 ② 비타민 B_1
③ 글리코겐 ④ 철(Fe)

해설

글리코겐은 근육 내 탄수화물로서 사후 젖산으로 변해 근육의 pH를 저하시킨다.

55 다음 근육 내 수분의 존재상태 중 제거할 수 없는 것은?

① 결합수
② 자유수
③ 고정수
④ 동결수

해설

결합수는 탄수화물이나 단백질 분자들과 결합하여 그 일부분을 형성하거나 그 행동에 구속받고 있는 물이며, 수소결합에 의해서 결합되어 있어서 수화수라고도 한다. 결합수는 대기상에서 100℃ 이상으로 가열하여도 완전히 제거할 수 없으며, 0℃ 이하에서도 얼지 않아 식품에서 제거할 수 없는 물이다.

56 근육의 수축이완에 직접적인 영향을 미치는 무기질은?

① 인(P)
② 칼슘(Ca)
③ 마그네슘(Mg)
④ 나트륨(Na)

57 다음 식품의 기준 및 규격 내용에서 ( ) 안에 알맞은 것은?

> ( )류라 함은 식육이나 식육가공품을 그대로 또는 염지하여 분쇄 세절한 것에 식품 또는 식품첨가물을 가한 후 훈연 또는 가열처리한 것이거나, 저온에서 발효시켜 숙성 또는 건조처리한 것이거나, 또는 케이싱에 충전하여 냉장·냉동한 것을 말한다(육함량 70% 이상, 전분 10% 이하의 것).

① 베이컨
② 소시지
③ 편 육
④ 분쇄가공육제품

58 다음 중 식육의 위생지표로 이용되는 미생물은?

① 클로스트리듐(*Clostridium*)
② 대장균(*E. coli*)
③ 비브리오(*Vibrio*)
④ 바실러스(*Bacillus*)

해설
대장균이 검출되었다면 가열 공정이 불충분했거나 제품의 취급, 보존방법이 잘못되었다는 의미이다.

59 식육, 포장육 및 식육가공품의 냉장 제품은 몇 ℃에서 보존 및 유통하여야 하는가?(단, 분쇄육, 가금육은 제외한다)

① −2~5℃
② −2~7℃
③ −2~10℃
④ −2~12℃

해설
식품의 기준 및 규격(식품의약품안전처고시 제2024-35호)
보존 및 유통 온도

식품의 종류	보존 및 유통 온도
• 식육(분쇄육, 가금육 제외) • 포장육(분쇄육 또는 가금육의 포장육 제외) • 식육가공품(분쇄가공육제품 제외) • 기타 식육	냉장 (−2~10℃) 또는 냉동
• 식육(분쇄육, 가금육에 한함) • 포장육(분쇄육 또는 가금육의 포장육에 한함) • 분쇄가공육제품	냉장 (−2~5℃) 또는 냉동

60 식품 공장에서 오염되는 미생물의 오염경로 중 1차적이며 가장 중시되는 오염원은?

① 원재료 및 부재료의 오염
② 가공 공장의 입지 조건
③ 천장, 벽, 바닥 등의 재질
④ 공기 중의 세균이나 낙하균

2021년 제2회 과년도 기출복원문제

01 다음은 식육 중 잔류물질검사에 관한 설명이다. 맞는 것은?

① "출하 전 잔류검사"는 시·도지사, 시·도 축산물 시험·검사기관장 또는 시장·군수·구청장이 시료의 오염방지 및 효율적인 채취 등을 위해 필요한 경우 가축의 근육, 지방 등의 시료는 검사관 또는 관계공무원으로 하여금 채취하도록 할 수 없다.

② "도축 후 식육잔류검사"는 검사 시작 전까지 도축장 출고보류 조치를 할 수 있다.

③ "규제검사"는 검사 시작 전까지 도축장 출고보류 조치를 전제로 한다.

④ "탐색조사" 결과는 차후 검사계획 수립 등의 기초 자료로 활용한다.

해설
① 출하 전 잔류검사는 시·도지사, 시·도 축산물 시험·검사기관장 또는 시장·군수·구청장이 시료의 오염방지 및 효율적인 채취 등을 위해 필요한 경우 가축의 근육, 지방 등의 시료는 검사관 또는 관계공무원으로 하여금 채취하도록 할 수 있다(식육 중 잔류물질검사에 관한 규정 제2조제1호가목).
② 도축 후 식육잔류검사는 검사 결과 판정 시까지 도축장 출고보류 조치를 전제로 한다(식육 중 잔류물질 검사에 관한 규정 제2조제1호나목).
③ "규제검사"는 검사 결과 판정 시까지 도축장 출고보류 조치를 전제로 한다(식육 중 잔류물질검사에 관한 규정 제2조제2호).

02 축산물의 자가품질검사에 관한 내용으로 잘못된 것은?

① 축산물가공업 영업자 등이 제조·가공·포장하는 축산물가공품·포장육을 적용대상으로 한다.

② 식용란수집판매업 영업자가 판매하는 식용란은 적용대상이 아니다.

③ 영·유아 또는 고령자를 섭취대상으로 표시하여 판매하는 식품에 해당하는 경우에는 축산물가공품의 유형별 검사 항목 외에 영·유아 또는 고령자를 섭취대상으로 표시하여 판매하는 식품의 검사항목을 적용한다.

④ 축산물가공업·식육포장처리업 영업자가 생산하는 축산물가공품·포장육에 대한 검사 주기는 매월 1회 이상으로 한다.

해설
①, ② 축산물가공업 영업자 등이 제조·가공·포장하는 축산물가공품·포장육 및 식용란수집판매업 영업자가 판매하는 식용란을 적용대상으로 한다(축산물의 자가품질검사 규정 제3조).
③ 축산물의 자가품질검사 규정 제5조제2항
④ 축산물의 자가품질검사 규정 제7조제1항

1 ④ 2 ② **정답**

03 식품의 기준 및 규격에 따라 보존 및 유통 온도를 규정하고 있는 제품은 규정된 온도에서 보존 및 유통하여야 한다. 다음 중 나머지 식품과 냉장온도가 다르면서 2022년 1월부터 적용되는 품목은?

① 간편조리세트 중 식육을 구성재료로 포함하는 제품
② 식육(분쇄육, 가금육 제외)
③ 포장육(분쇄육 또는 가금육의 포장육 제외)
④ 식육가공품(분쇄가공육제품 제외)

해설
「식품의 기준 및 규격」 개정(21. 1. 1. 시행)에 따라 간편조리세트(특수의료용도식품 중 간편조리세트형 제품 포함) 중 식육, 기타 식육 또는 수산물을 구성재료로 포함하는 제품이 냉장 또는 냉동으로 보존 및 유통하여야 하는 품목으로 추가되었다. 이 고시에서 별도로 보존 및 유통온도를 정하고 있지 않은 경우, 실온제품은 1~35℃, 상온제품은 15~25℃, 냉장제품은 0~10℃, 냉동제품은 −18℃ 이하, 온장제품은 60℃ 이상에서 보존 및 유통하여야 한다.

식품의 종류	보존 및 유통 온도
• 원료육 및 제품 원료로 사용되는 동물성 수산물 • 신선편의식품(샐러드 제품 제외) • 간편조리세트(특수의료용도식품 중 간편조리세트형 제품 포함) 중 식육, 기타 식육 또는 수산물을 구성재료로 포함하는 제품	냉장 또는 냉동
• 식육(분쇄육, 가금육 제외) • 포장육(분쇄육 또는 가금육의 포장육 제외) • 식육가공품(분쇄가공육제품 제외) • 기타 식육	냉장 (−2~10℃) 또는 냉동
• 식육(분쇄육, 가금육에 한함) • 포장육(분쇄육 또는 가금육의 포장육에 한함) • 분쇄가공육제품	냉장 (−2~5℃) 또는 냉동

04 즉석섭취·편의식품류라 함은 소비자가 별도의 조리과정 없이 그대로 또는 단순 조리과정을 거쳐 섭취할 수 있도록 제조·가공·포장한 즉석섭취식품, 신선편의식품, 즉석조리식품, 간편조리세트를 말한다. 제조 및 가공기준에 대한 설명 중 틀린 것은?

① 가열, 세척 또는 껍질제거 과정 없이 그대로 섭취하도록 제공되는 채소류 또는 과일류는 살균·세척하여야 한다.
② 식용란을 포함하는 경우 물로 세척된 식용란을 사용하여야 한다.
③ '가금육'은 다른 재료와 접촉하여 포장할 수 있다.
④ 비가열 섭취재료와 가열 후 섭취재료는 서로 섞이지 않도록 구분하여 포장하여야 한다.

해설
식품의 기준 및 규격(식품의약품안전처고시 제2024-35호)
'식용란', '가금육' 및 '가열조리 없이 섭취하는 농·축·수산물'은 다른 재료와 직접 접촉하지 않도록 각각 구분 포장하여야 하고, 그 외 재료의 경우에도 비가열 섭취재료와 가열 후 섭취재료는 서로 섞이지 않도록 구분하여 포장하여야 한다.

05 2022년 1월부터 식육가공품의 유형에 식육 또는 식육가공품을 주원료로 하여 소비자가 가정에서 간편하게 조리하여 섭취할 수 있도록 가공된 제품인 식육간편조리세트를 추가하였다. 이와 관련한 내용 중 틀린 것은?

① 식육간편조리세트는 식육, 햄류, 소시지류, 베이컨류, 건조저장육류, 양념육류 등을 주원료로 하고 손질된 농산물, 수산물 등을 함께 넣어 소비자가 가정에서 간편하게 조리하여 섭취할 수 있도록 한 것을 말한다.
② 식육가공업은 식육가공품을 만드는 영업을 말한다.
③ 식육포장처리업은 포장육 또는 식육간편조리세트를 만드는 영업을 말한다.
④ 식육간편조리세트의 경우 식육 또는 식육가공품을 구입하여 만든 것으로 한다.

> **해설**
> **영업의 세부 종류와 범위(축산물 위생관리법 시행령 제21조)**
> **식육가공업** : 식육가공품(식육간편조리세트의 경우 자신이 절단한 식육 또는 자신이 만든 식육가공품을 주원료로 하여 만든 것으로 한정한다)을 만드는 영업

06 육가공 제조에서 세절 및 혼합에 대한 설명으로 틀린 것은?

① 세절 시 빙수의 첨가가 금지되어 있다.
② 소시지 제조의 중요 공정으로 사일런트 커터에서 이루어진다.
③ 세절 시 가능한 한 작업장 온도나 최종 고기 혼합물의 온도는 15℃ 이하를 권장한다.
④ 세절은 유화상태, 결착성 및 보수성 등 조직감에 큰 영향을 미친다.

07 염지 시 사용되는 염지재료와 그 사용 목적이 옳게 연결된 것은?

① 구연산염 – 결착성 증진
② 아질산염 – 육색 고정
③ 탄산염 – 보수력 증진
④ 인산염 – 풍미 향상

08 축산물 위생관리법상 식육가공품에 속하지 않는 것은?

① 햄 류
② 치즈류
③ 소시지류
④ 건조저장육류

② 치즈류는 유가공품이다.
정의(축산물 위생관리법 제2조제8호)
"식육가공품"이란 판매를 목적으로 하는 햄류, 소시지류, 베이컨류, 건조저장육류, 양념육류, 그 밖에 식육을 원료로 하여 가공한 것으로서 대통령령이 정하는 것을 말한다.

09 훈연(Smoking)의 효과로 적합하지 않은 것은?

① 풍미 향상
② 저장성 향상
③ 육색의 고정
④ 산화 방지

훈연법
• 식품에 목재연소의 연기를 쐬어 저장성과 기호성을 향상시키는 방법이다(소시지, 햄, 베이컨).
• 훈연재료 : 수지가 적고 단단한 벚나무, 참나무, 떡갈나무 및 왕겨
• 종류 : 냉훈법(저장성이 높음), 온훈법(풍미가 좋음)
• 건조효과뿐만 아니라 살균효과도 있다.
• 연기성분 : 개미산, 페놀, 폼알데하이드 → 산화방지제 역할

10 발효소시지나 베이컨과 같은 수분활성도가 낮은 육제품을 부패시키는 미생물은?

① 박테리아
② 효 모
③ 곰팡이
④ 바이러스

효모는 수분활성도에 대한 내성이 강하므로 보존기간이 긴 육제품의 부패를 야기시킨다.

11 식육의 숙성 중 일어나는 변화가 아닌 것은?

① 자가소화
② 풍미 성분의 증가
③ 일부 단백질의 분해
④ 경도의 증가

식육의 숙성 중 사후경직에 의해 신전성을 잃고 단단하게 경직된 근육은 시간이 지남에 따라 점차 장력이 떨어지고 유연해져 연도가 증가한다. 즉, 경도가 증가하는 것은 아니다.

12 식육의 선도 유지에 관한 내용으로 옳지 않은 것은?

① 온도 상승에 따라 박테리아가 증식하여 변색이 되며 육즙(Drip)이 발생하여 동시에 부패가 시작된다.

② 작업장은 15℃ 이하로 유지하고, 더 낮은 온도이면서 건조한 곳일수록 좋다.

③ 식육에 포함된 색소가 환원되어 색이 변하는데, 온도가 높을수록 진행이 더욱 빠르다.

④ 박테리아 번식은 고온에서 가속된다. 박테리아 번식을 억제하여 고기의 선도 저하를 막을 수 있다.

> **해설**
> 식육에 포함된 색소가 산화되어 색이 변하는데, 온도가 높을수록 진행이 더욱 빠르다.

13 착색료인 베타카로틴에 대한 설명 중 틀린 것은?

① 치즈, 버터, 마가린 등에 많이 사용된다.

② 비타민 A의 전구물질이다.

③ 산화되지 않는다.

④ 자연계에 널리 존재하고 합성에 의해서도 얻는다.

> **해설**
> 베타카로틴(β-Carotene)은 붉은색 계통의 천연색소인 카로티노이드 중의 하나이며, 주로 녹황색 채소에 많이 함유되어 있으며, 산화된다.

14 진공포장육에 관한 설명 중 틀린 것은?

① DFD육은 진공포장육의 원료로 사용하기에 적합하지 않다.

② pH가 정상적인 고기를 진공포장육의 원료로 사용하면 녹변현상이 전혀 일어나지 않는다.

③ 진공포장을 할 때 탈기가 불충분하게 이루어지면 갈변현상이 일어나기 쉽다.

④ 진공포장육에서는 저장기간이 경과됨에 따라 유산균의 증식에 의하여 산패취가 발생될 수 있다.

15 육제품 제조에 사용되는 원료육의 풍미에 영향을 미치는 요인과 가장 거리가 먼 것은?

① 동물의 종류

② 도체중

③ 동물의 연령

④ 사 료

> **해설**
> **원료육의 풍미에 영향을 미치는 요인** : 동물의 종류, 품종, 성별, 연령, 사료, 이상취 등

16 다음 중 미생물 증식 억제를 위한 저장방법으로 올바르지 않은 것은?

① 가열법
② 중온저장법
③ 냉장법
④ 방사선조사법

해설

미생물 증식 억제를 위한 저장방법에는 가열, 건조, 냉장, 냉동, 방사선조사 등이 있다.

18 식품첨가물로 허용되어 있는 유지 추출제는?

① n-헥산(Hexane)
② 글리세린(Glycerin)
③ 프로필렌글리콜(Propylene Glycol)
④ 규소수지(Silicone Resin)

해설

n-헥산(Hexane)은 유지 추출제 중에서 유일하게 허용되는 첨가물이며, 완성 전에 제거해야 한다.

17 식육 내 미생물이 쉽게 이용하는 영양원 순서는?

① 탄수화물 > 단백질 > 지방
② 단백질 > 탄수화물 > 지방
③ 탄수화물 > 지방 > 단백질
④ 지방 > 단백질 > 탄수화물

해설

식육 내 미생물이 쉽게 이용하는 영양원의 순서는 탄수화물 > 단백질 > 지방 순이다.

19 다음 중 케이싱이 필요하지 않은 육가공제품은?

① 페퍼로니
② 프랑크푸르트
③ 베이컨
④ 위 너

해설

베이컨은 케이싱이 필요하지 않은 육가공제품이다.

20 다음 중 결합조직에 포함되지 않는 것은?

① 교원섬유
② 탄성섬유
③ 세망섬유
④ 지방섬유

22 다음 중 훈연액에 반드시 들어 있어야 하는 성분은 어느 것인가?

① 유기산
② 페 놀
③ 벤조피렌
④ 알코올

해설
유기산은 케이싱을 쉽게 벗겨지게 하므로 훈연액에 꼭 들어 있어야 한다.

21 식품 대상의 미생물학적 검사를 하기 위한 검체는 반드시 무균적으로 채취하여야 한다. 이때 기준 온도는?

① −5℃
② 0℃
③ 5℃
④ 10℃

해설
식품의 기준 및 규격(식품의약품안전처고시 제2024-35호)
부패·변질 우려가 있는 검체 : 미생물학적인 검사를 하는 검체는 멸균용기에 무균적으로 채취하여 저온 (5℃±3 이하)을 유지시키면서 24시간 이내에 검사 기관에 운반하여야 한다. 부득이한 사정으로 이 규정에 따라 검체를 운반하지 못한 경우에는 재수거하거나 채취일시 및 그 상태를 기록하여 식품 등 시험·검사기관 또는 축산물 시험·검사기관에 검사 의뢰한다.

23 다음 중 병원성 대장균에 대한 설명이 아닌 것은?

① 경구적으로 침입한다.
② 주증상은 급성 위장염이다.
③ 분변 오염의 지표가 된다.
④ 독소형 식중독이다.

해설
병원성 대장균은 감염형 식중독균이다.

24 식육의 부패 진행을 측정하기 위한 판정 방법으로 옳지 않은 것은?

① 관능검사
② 휘발성 염기질소 측정
③ 세균수 측정
④ 단백질 측정

해설

부패육 검사법(신선도 검사법): pH, 암모니아 시험, 유화수소검출시험, Walkiewicz반응, 휘발성 염기질소, 트라이메틸아민 측정 등이 있다. 이외 관능검사, 생균수 측정 등도 이용된다. 미생물의 작용으로 부패가 일어나므로 생균수는 식품의 부패 진행과 밀접한 관계가 있고, 식품 신선도 판정의 유력한 지표가 된다.

25 다음 중 소독효과가 거의 없는 것은?

① 알코올
② 석탄산
③ 크레졸
④ 중성세제

해설

① 에틸알코올 70% 용액이 가장 살균력이 강하며 주로 손 소독에 이용한다.
② 세균단백질의 응고, 용해작용을 하며 평균 3% 수용액을 사용한다.
③ 석탄산의 약 2배의 소독력이 있으며 비누에 녹여 크레졸비누액으로 만들어 3% 용액으로 사용한다.

26 다음 중 냉장육을 진공포장하면 저장성이 향상되는 가장 큰 이유는?

① 식육의 pH가 감소하여 미생물이 잘 자라지 못하므로
② 산소가 제거되어 호기성 미생물들이 생육하지 못하므로
③ 식육의 수분 증발을 막기 때문에
④ 수분활성도가 낮아져 미생물의 생육이 억제되기 때문에

해설

진공포장은 산소를 제거하여 호기성 미생물의 성장을 억제한다.

27 다음 중 열에 가장 강한 성질을 나타내는 식중독 원인균은?

① 포도상구균
② 장염 비브리오균
③ 살모넬라균
④ 보툴리누스균

해설

Clostridium Botulinum: 식중독을 일으키는 균으로 편성혐기성균이며 아포를 형성하고 내열성이 있다. 특히 A형, B형의 아포는 내열성이 강하여 100℃로 6시간 이상 또는 120℃로 4분 이상 가열해야 사멸시킬 수 있다.

28 다음 설명 중 틀린 것은?

① 냉장육의 부패와 관련 있는 주요 미생물은 그람 음성균이다.

② 육가공제품의 부패를 일으키는 주요 미생물은 그람 양성균이다.

③ 발골작업 시 미생물의 오염원은 작업도구, 작업자의 손, 작업대 등이다.

④ 진공포장육에서 신 냄새를 유발하는 것은 대장균이다.

해설

신 냄새를 유발하는 것은 젖산을 생산하는 젖산균이다.

29 다음 축산물 유통에 관련한 내용 중 적절하지 않은 것은?

① 생산의 경우에는 연중 가능하지만, 수요의 경우에는 계절에 따라 변동된다.

② 상품의 부패성이 강하다.

③ 공급이 비탄력적이다.

④ 유통절차가 단순해 비용은 적게 소요된다.

해설

유통절차가 복잡해서 비용이 과다로 소용된다.

30 식육이 부패에 도달하였을 때 나타나는 현상이 아닌 것은?

① 부패취

② 점질 형성

③ 산패취

④ pH 저하

해설

고기 표면에 오염된 미생물이 급격히 생장하여 부패를 일으키며, 주로 점질 형성, 부패취, 산취 등의 이상취를 발생시킨다.

31 식육의 냉동저장 중 가장 문제가 되는 것은?

① 수분의 증발

② 지방의 산화

③ 미생물의 번식

④ 육색의 변화

해설

식육의 냉동저장 시 지방의 산화가 일어나 산패취를 발생시킨다.

32 고기의 동결에 대한 설명으로 틀린 것은?

① 최대빙결정생성대 통과시간이 30분 이내이면 급속동결이라 한다.

② 완만동결을 할수록 동결육 내 얼음의 개수가 적고 크기도 작다.

③ 완만동결을 할수록 동결육의 물리적 품질은 저하한다.

④ 동결속도가 빠를수록 근육 내 미세한 얼음결정이 고루 분포하게 된다.

해설

급속히 냉동시킨 식육에는 크기가 작고 많은 숫자의 빙결정이 존재하고, 완만하게 냉동시킨 식육에는 크기가 크고 개수가 적은 빙결정이 존재하게 된다. 완만 냉동에서는 형성되는 빙결정의 개수가 적고 성장이 심하게 일어나지만, 급속냉동에서는 많은 빙결정이 형성되고 한정된 크기까지만 성장하기 때문이다.

33 육제품 제조용 원료육의 결착력에 영향을 미치는 염용성 단백질 구성성분 중 가장 함량이 높은 것은?

① 액 틴

② 레타큘린

③ 마이오신

④ 엘라스틴

해설

근원섬유 단백질은 식육을 구성하고 있는 주요 단백질로 높은 이온강도에서만 추출되므로 염용성 단백질이라고도 한다. 근육의 수축과 이완의 주역할을 하는 수축단백질(마이오신과 액틴), 근육 수축기작을 직간접으로 조절하는 조절단백질(트로포마이오신과 트로포닌) 및 근육의 구조를 유지시키는 세포골격 단백질(타이틴, 뉴불린 등)로 나눈다.

34 돼지고기의 육색이 창백하고, 육조직이 무르고 연약하여, 육즙이 다량으로 삼출되어 이상육으로 분류되는 돈육은?

① 황지(黃脂)돈육

② 연지(軟脂)돈육

③ PSE돈육

④ DFD돈육

해설

PSE육은 고기색이 창백하고(Pale), 조직의 탄력성이 없으며(Soft), 육즙이 분리되는(Exudative) 고기를 말하며, 주로 스트레스에 민감한 돼지에서 발생한다.

35 저렴한 각종 원료육을 활용하고, 육괴끼리 결합시킬 결착육을 사용하며 다양한 풍미, 모양, 크기로 제조한 육제품은?

① Pressed Ham

② Salami

③ Tongue Sausage

④ Belly Ham

해설

프레스 햄(Pressed Ham) : 햄과 소시지의 중간적인 제품으로, 햄과 베이컨의 잔육이나 적육, 경우에 따라서는 다른 축육의 적육을 잘게 썰어 결착육과 함께 조미료・향신료를 섞어 압력을 가하여 케이싱에 충전하고 열로 굳혀 제조한 것이다.

36 식육즉석판매가공업의 위생관리기준에 대한 설명으로 틀린 것은?

① 종업원은 위생복·위생모·위생화 및 위생장갑 등을 깨끗한 상태로 착용하여야 하며, 항상 손을 청결히 유지하여야 한다.

② 진열상자 및 전기냉장시설·전기냉동시설 등의 내부는 축산물의 가공기준 및 성분규격 중 축산물의 보존 및 유통 기준에 적합한 온도로 항상 청결히 유지되어야 한다.

③ 작업을 할 때에는 오염을 방지하기 위하여 수시로 칼·칼갈이·도마 및 기구 등을 100% 알코올 또는 동등한 소독효과가 있는 방법으로 세척·소독하여야 한다.

④ 영업자는 매일 자체위생관리기준의 준수 여부를 점검하여 이를 점검일지에 기록하여야 하고, 점검일지는 최종 기재일부터 3개월간 보관하여야 한다.

해설

영업장 또는 업소의 위생관리기준(축산물 위생관리법 시행규칙 별표 2)
작업을 할 때에는 오염을 방지하기 위하여 수시로 칼·칼갈이·도마 및 기구 등을 70% 알코올 또는 동등한 소독효과가 있는 방법으로 세척·소독하여야 한다.
④ 축산물 위생관리법 시행규칙 제6조제4항

37 식육가공품의 검사시료 채취(수거)량은?

① 200(g, mL)
② 500(g, mL)
③ 800(g, mL)
④ 1,000(g, mL)

해설

검사시료의 채취 및 축산물의 수거기준(축산물 위생관리법 시행규칙 별표 6)

축산물의 종류	채취·수거량(단위)
식육·포장육	500(g)
원 유	500(mL)
식용란	20(개)
식육가공품	500(g, mL)
유가공품	500(g, mL)
알가공품	200(g, mL)

38 축산물 위생관리법에 따른 가축 등의 출하 전 준수사항에 대한 설명으로 맞는 것은?

① 가축을 도축장에 출하하기 전 6시간 이상 절식(絶食)할 것. 다만, 가금류는 3시간 이상으로 하며, 물은 제외한다.

② 「동물용 의약품 등 취급규칙」에 따라 농림축산검역본부장이 고시한 동물용 의약품 안전사용기준 중 휴약기간 및 출하제한기간을 준수할 것

③ 거래명세서에 냉장보관으로 표시한 경우 냉동차량 등을 이용하여 냉동상태로 출하할 것

④ 거래명세서에는 식용란의 산란일·세척방법, 냉장보관 여부, 사육환경, 산란주령(産卵週齡) 등에 대한 정보를 포함할 것. 이 경우 산란일은 알을 낳은 날을 적되, 산란 시점으로부터 24시간 이내 채집한 경우에는 채집한 날을 산란일로 본다.

> **해설**
>
> **가축 등의 출하 전 준수사항(축산물 위생관리법 시행규칙 제18조의2)**
>
> 가축 등의 출하 전에 준수하여야 하는 사항은 다음과 같다.
> - 가축을 도축장에 출하하기 전 12시간 이상 절식(絶食)할 것. 다만, 가금류는 3시간 이상으로 하며, 물은 제외한다.
> - 「동물용 의약품 등 취급규칙」에 따라 농림축산검역본부장이 고시한 동물용 의약품 안전사용기준 중 휴약기간 및 출하제한기간을 준수할 것
> - 거래명세서에 냉장보관으로 표시한 경우 냉장차량 등을 이용하여 냉장상태로 출하할 것

39 식육케이싱에 대한 설명 중 틀린 것은?

① 불가식성 케이싱이다.
② 수분과 연기가 투과한다.
③ 강도가 약하다.
④ 항상 냉장온도에서 저장되어야 한다.

> **해설**
>
> 식육케이싱은 가축의 내장을 주로 이용하는 가식성 케이싱이다.

40 다음 중 염지육색의 안정을 위해 사용되는 물질이 아닌 것은?

① 에리토브산
② 아스코브산
③ 인산염
④ 글루탐산나트륨

> **해설**
>
> 염지육색의 안정을 위해 사용되는 염지촉진제로는 인산염, 아스코브산, 에리토브산 등이 있다. 글루탐산나트륨은 염지 시 사용되는 풍미물질이다.

41 고기의 연화제로 쓰이는 식물계 효소는?

① 파파인
② 라이페이스
③ 포스파테이스
④ 아밀레이스

해설
고기 연화제는 보통 포도나무의 생과일에서 나오는 단백질 분해효소인 파파인과 같은 식물성 물질이다.

42 식육단백질의 열응고 온도보다 높은 온도 범위에서 훈연을 행하기 때문에 단백질이 거의 응고되고 표면만 경화되어 탄력성이 있는 제품을 생산할 수 있어서 일반적인 육제품의 제조에 많이 이용되는 훈연법은?

① 냉훈법
② 온훈법
③ 열훈법
④ 배훈법

해설
① 냉훈법 : 30℃ 이하에서 훈연하는 방법으로 별도의 가열처리 공정을 거치지 않는 것이 일반적이다. 훈연시간이 길어 중량감소가 크지만 건조, 숙성이 일어나서 보존성이 좋고 풍미가 뛰어나다.
② 온훈법 : 30~50℃에서 행하는 훈연법으로, 본리스 햄, 로인 햄 등 가열처리 공정을 거치는 제품에 이용된다. 이 온도 범위는 미생물이 번식하기에 알맞은 조건이므로 주의하여야 한다.

43 「식품의 기준 및 규격」에 따른 산화방지제가 아닌 것은?

① 소브산
② 다이뷰틸하이드록시톨루엔
③ 터셔리뷰틸하이드로퀴논
④ 몰식자산프로필

해설
식품의 기준 및 규격(식품의약품안전처고시 제2024-35호)
산화방지제라 함은 "다이뷰틸하이드록시톨루엔, 뷰틸하이드록시아니솔, 터셔리뷰틸하이드로퀴논, 몰식자산프로필, 이·디·티·에이·이나트륨, 이·디·티·에이·칼슘이나트륨"을 말한다.

44 식육의 진공포장에 대한 설명으로 옳지 않은 것은?

① 곰팡이나 효모 등이 증식한다.
② 진공포장은 호기성인 슈도모나스(*Pseudomonas*)균의 생장을 억제한다.
③ 진공포장된 식육제품에서 주요 우세균은 젖산균이다.
④ 진공상태로 오래 두면 육즙의 삼출량이 많아진다.

해설
곰팡이나 효모는 산소 없이는 성장하지 못한다.

45 식육에서 발생하는 산패취는 어느 구성 성분에서 기인하는가?

① 무기질
② 지 방
③ 단백질
④ 탄수화물

해설

식육에서 발생하는 산패취는 지방에서 기인하며, 동결육이 오랫동안 저장되었을 때 나는 냄새이다.

46 신선육의 부패를 방지하는 대책 중 적절하지 못한 것은?

① 온도를 0℃ 가까이 유지하거나 냉동 저장한다.
② 습도 조절을 위해 응축수를 이용한다.
③ 자외선 조사로 공기와 고기 표면의 미생물을 사멸시킨다.
④ 각종 도살용 칼이 주된 오염원이 될 수 있으므로 철저히 위생관리를 한다.

해설

습기를 조절하여 응축수가 생기지 않도록 한다.

47 다음 중 포장된 식육제품의 저장성에 영향을 미치는 요인은?

① 고기의 육색
② 포장지의 두께
③ 저장기간과 이산화탄소의 유무
④ 저장온도와 포장 내 산소의 유무

해설

포장된 식육제품에는 산소나 질소가 포함되지 않도록 하는 것이 중요하다.

48 축산물의 가공 또는 포장처리를 축산물가공업의 영업자 또는 식육포장처리업의 영업자에게 의뢰하여 가공 또는 포장처리된 축산물을 자신의 상표로 유통·판매하는 영업은 무엇인가?

① 도축업
② 식육포장처리업
③ 식육판매업
④ 축산물유통전문판매업

해설

영업의 세부 종류와 범위(축산물 위생관리법 시행령 제21조)
축산물유통전문판매업 : 축산물(포장육·식육가공품·유가공품·알가공품을 말한다)의 가공 또는 포장처리를 축산물가공업의 영업자 또는 식육포장처리업의 영업자에게 의뢰하여 가공 또는 포장처리된 축산물을 자신의 상표로 유통·판매하는 영업

49 축산물 위생관리법에 따라 시·도지사 또는 시장·군수·구청장은 영업자가 정당한 사유 없이 몇 개월 이상 계속 휴업하는 경우 영업허가를 취소하거나 영업소 폐쇄를 명할 수 있는가?

① 3개월 이상
② 6개월 이상
③ 12개월 이상
④ 24개월 이상

해설

허가의 취소 등(축산물 위생관리법 제27조제3항)
시·도지사 또는 시장·군수·구청장은 영업자가 정당한 사유 없이 6개월 이상 계속 휴업하는 경우 영업허가를 취소하거나 영업소 폐쇄를 명할 수 있다.

50 보존 및 유통 기준을 위반한 경우 3차 위반 시 행정처분기준은?

① 영업정지 7일
② 영업정지 15일
③ 영업정지 1개월
④ 영업정지 2개월

해설

행정처분기준(축산물 위생관리법 시행규칙 별표 11)
보존 및 유통 기준을 위반한 경우
• 1차 위반 : 영업정지 7일
• 2차 위반 : 영업정지 15일
• 3차 이상 위반 : 영업정지 1개월

51 판매를 목적으로 식육을 절단하여 포장한 상태로 냉장·냉동한 것으로서 화학적 합성품 등의 첨가물이나 다른 식품을 첨가하지 아니한 것은?

① 정 육
② 포장육
③ 양념육
④ 지 육

52 축산물 위생관리법규상 소·말·양·돼지 등 포유류(토끼 제외)의 도살방법으로 틀린 것은?

① 도살 전에 가축의 몸의 표면에 묻어 있는 오물을 제거한 후 깨끗하게 물로 씻어야 한다.
② 방혈 시에는 앞다리를 매달아 방혈함을 원칙으로 한다.
③ 도살은 타격법, 전살법, 총격법, 자격법 또는 CO_2 가스법을 이용한다.
④ 방혈은 목동맥을 절단하여 실시한다.

해설

가축의 도살·처리 및 집유의 기준(축산물 위생관리법 시행규칙 별표 1)
• 방혈은 목동맥을 절단하여 실시한다.
• 목동맥 절단 시에는 식도 및 기관이 손상되어서는 아니 된다.
• 방혈 시에는 뒷다리를 매달아 방혈함을 원칙으로 한다.

53 가축을 도살 전에 물로 깨끗이 해 주는 주된 이유는?

① 도축장 바닥을 미끄럽게 하기 위해서
② 미생물의 오염을 방지하기 위해서
③ 스트레스를 풀어주기 위해서
④ 육색을 선명하게 하기 위해서

해설

동물의 피모에 붙어 있는 오물과 진애물 등은 도살 해체에 있어서 고기에 오염되어 품질을 저하시키게 되므로 도살 전에 깨끗이 씻어주는 것이 바람직하다.

54 이물에 속하지 않는 것은?

① 절지동물 및 그 알
② 유충과 배설물
③ 동물의 털
④ 비가식 부분

해설

식품의 기준 및 규격(식품의약품안전처고시 제2024-35호)
• '이물'이라 함은 정상 식품의 성분이 아닌 물질을 말하며 동물성으로 절지동물 및 그 알, 유충과 배설물, 설치류 및 곤충의 흔적물, 동물의 털, 배설물, 기생충 및 그 알 등이 있고, 식물성으로 종류가 다른 식물 및 그 종자, 곰팡이, 짚, 겨 등이 있으며, 광물성으로 흙, 모래, 유리, 금속, 도자기파편 등이 있다.
• '비가식 부분'이라 함은 통상적으로 식용으로 섭취하지 않는 원료의 특정 부위를 말하며, 가식 부분 중에 손상되거나 병충해를 입은 부분 등 고유의 품질이 변질되었거나 제조공정 중 부적절한 가공처리로 손상된 부분을 포함한다.

55 쇠고기의 다이옥신 기준은?

① 4.0 pg TEQ/g fat 이하
② 3.0 pg TEQ/g fat 이하
③ 2.0 pg TEQ/g fat 이하
④ 1.0 pg TEQ/g fat 이하

해설

식품의 기준 및 규격(식품의약품안전처고시 제2024-35호)
다이옥신
• 쇠고기 : 4.0 pg TEQ/g fat 이하
• 돼지고기 : 2.0 pg TEQ/g fat 이하
• 닭고기 : 3.0 pg TEQ/g fat 이하

56 다음 중 결합조직 단백질에 대한 설명으로 틀린 것은?

① 운동을 많이 하는 다리와 같은 근육에 많이 있다.
② 육단백질의 약 30%에 해당된다.
③ 나이가 많은 늙은 가축에 그 함량이 많다.
④ 물과 함께 끓이면 수용성의 젤라틴으로 변한다.

해설

결합조직 단백질은 육단백질의 약 20%를 차지하고 있으며 질기고 단단하다.

57 다음 무기물 중 육색과 밀접한 관련이 있는 것은?

① P
② Fe
③ Ca
④ Mg

해설

Fe는 헤모글로빈과 마이오글로빈에 함유되어 있으며 육색과 밀접한 관련이 있다.
①, ③, ④는 뼈와 치아의 주요 성분이다.

58 다음 근육구조 중 근절과 근절 사이를 구분하는 것은?

① 명 대
② 암 대
③ M-line
④ Z-line

해설

Z선(Z-line) : 근원섬유가 반복되는 단위인 근절을 구분하는 원반 형태의 선을 말한다.

59 다음 중 골격근의 특징이 아닌 것은?

① 뼈에 부착되어 있다.
② 수의근이다.
③ 근육조직의 대부분을 차지한다.
④ 평활근이다.

해설

골격근은 길이가 길며(최대 30cm) 직경이 $10\sim100$ μm인 원통형의 다핵세포들이 다발을 이루고 있는 구조이다. 이 세포를 근섬유(Muscle Fibers)라고 한다. 골격근 세포는 배자발생 중 핵이 하나인 근모세포(Myoblasts)들이 서로 융합하여 형성한 다핵세포(Multinucleated Cell)이다. 핵은 타원형으로 대부분 세포막 아래에서 관찰된다. 이와 같이 핵이 위치하는 부위가 특징적이므로 심장근 및 평활근과 쉽게 구별된다.

60 식품 위생검사와 관계가 없는 것은?

① 관능검사
② 이화학적 검사
③ 독성검사
④ 혈청학적 검사

해설

식품 위생검사에는 관능검사, 화학적 검사, 물리적 검사, 생물학적 검사, 독성검사 등이 있다.

2022년 제 2 회 과년도 기출복원문제

01 최근 2019년 개정된 「소·돼지 식육의 표시방법 및 부위 구분기준」과 관련한 설명으로 맞지 않는 것은?

① 기존 대분할 부위인 안심, 등심, 채끝, 양지, 앞다리에 설도, 갈비를 신설하였다.
② 대분할에 해당하는 표시대상 소분할 부위를 일부 조정하였다.
③ 쇠고기 1⁺⁺등급의 경우 등급표시 뒤에 축산물등급판정확인서에 표기된 근내지방도(마블링)를 함께 표시하도록 하였다.
④ 식육판매표지판 예시에 마블링 표시방법 추가 및 일부 자구를 수정하였다.

해설
기존 대분할 부위인 안심, 등심, 채끝, 양지, 갈비에 설도, 앞다리를 신설하였다.

02 도체의 육질과 가장 관계가 깊은 것은?

① 복강지방 ② 피하지방
③ 근육간지방 ④ 근육내지방

해설
근육내지방(근내지방 또는 마블링)은 쇠고기의 육질 등급을 결정하는 데 중요한 역할을 한다.

03 다음은 돼지도체 중량과 등지방두께 등에 따른 1차 등급판정 기준에 대한 표이다. ㉠과 ㉡이 순서대로 바르게 연결된 것은?

1차 등급	탕박도체		박피도체	
	도체중 (kg)	등지방 두께 (mm)	도체중 (kg)	등지방 두께 (mm)
1⁺등급	이상 미만	이상 미만	이상 미만	이상 미만
	㉠ – 93	17 – ㉡	74 – 83	12 – 20
1등급	80 – ㉠	15 – 28	71 – 74	10 – 23
	㉠ – 93	15 – 17	74 – 83	10 – 12
	㉠ – 93	㉡ – 28	74 – 83	20 – 23
	93 – 98	15 – 28	83 – 88	10 – 23
2등급	1⁺·1등급에 속하지 않는 것		1⁺·1등급에 속하지 않는 것	

① ㉠ 85kg, ㉡ 23mm
② ㉠ 84kg, ㉡ 24mm
③ ㉠ 83kg, ㉡ 25mm
④ ㉠ 82kg, ㉡ 26mm

해설
축산물 등급판정 세부기준 별표 7 참고

04 다음 가축 및 축산물 이력에 관한 설명으로 옳지 않은 것은?

① 전산신고 의무대상인 식육판매업자란 식육판매업의 신고를 한 자 또는 식육즉석판매가공업의 신고를 한 자를 대상으로 한다.

② 식품위생법에 따른 300m² 이상의 기타식품판매업으로 신고한 영업장에서 영업을 하는 자로서 종업원이 5인 이상이거나 영업장 면적이 50m² 이상인 자는 전산신고 대상이다.

③ 일반 식당은 이력제 대상이 아니며, 정육판매와 식당을 함께 운영하는 정육점식당 또한 이력번호를 표시하지 않아도 된다.

④ 판매하는 쇠고기에 이력번호를 표시하고, 매입·반입실적을 장부에 날짜별로 기록해서 1년간 보관·관리해야 한다.

> **해설**
> 정육점식당은 식육판매업 영업신고 대상이므로 보관하거나 판매하는 쇠고기에 이력번호를 표시하고, 매입·반입실적을 장부에 날짜별로 기록해서 1년간 보관·관리해야 한다(축산물이력제 업무편람).

05 식육에서 발생하는 산패취는 어느 구성성분에서 기인하는가?

① 무기질 ② 지 방
③ 단백질 ④ 탄수화물

> **해설**
> 식육에서 발생하는 산패취는 지방에서 기인하며, 동결육이 오랫동안 저장되었을 때 나는 냄새이다.

06 돼지의 도살·처리에 관한 설명으로 맞는 것은?

① 탕박은 도축과정에서 인력이나 기계로 돼지가죽을 벗기는 작업 방식이고, 박피는 뜨거운 물에 담그거나 물을 뿌려 털을 뽑는 도축 방식이다.

② 앞(뒷)발목뼈와 앞(뒷)발허리뼈 사이를 절단한다. 다만, 박피를 하는 돼지의 경우에는 절단하지 아니할 수 있다.

③ 동일한 돼지를 박피로 도살하면 탕박으로 처리한 것보다 무게가 덜 나간다.

④ 박피와 탕박으로 인한 지육률에는 차이가 없다.

> **해설**
> ① 박피는 도축과정에서 인력이나 기계로 돼지가죽을 벗기는 작업 방식이고, 탕박은 뜨거운 물에 담그거나 물을 뿌려 털을 뽑는 도축 방식이다.
> ② 앞(뒷)발목뼈와 앞(뒷)발허리뼈 사이를 절단한다. 다만, 탕박을 하는 돼지의 경우에는 절단하지 아니할 수 있다.
> ④ 박피와 탕박의 가장 큰 차이는 앞(뒷)다리와 피부의 탈부착 여부이다. 약 9kg 차이가 나며, 지육률에서도 69%와 77%로 차이를 보이게 된다.

07 소시지 제조 시 근원섬유 단백질을 파괴함으로써 보수력을 높여 주기 위한 과정은?

① 세 절 ② 혼 합
③ 건 조 ④ 훈 연

> **해설**
> 세절은 유화상태, 결착성 및 보수성 등 조직감에 큰 영향을 미친다.

08 다음은 소도체의 근내지방도(BMS) 기준이다. 1⁺등급에 해당하는 것은?

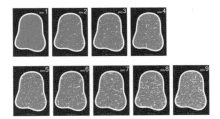

① 근내지방도 4번
② 근내지방도 5번
③ 근내지방도 6번
④ 근내지방도 7번

> **해설**
> 축산물 등급판정 세부기준 별도 4 참고

09 축산물 위생관리법 중 안전관리인증기준에는 국제식품규격위원회(Codex Alimentarius Commission)의 안전관리인증기준의 적용에 관한 지침에 따른 내용이 포함되어야 한다. 이와 관련된 내용으로 맞지 않는 것은?

① 가축의 사육부터 축산물의 원료관리・처리・가공・포장・유통 및 판매까지의 모든 과정에서 위생상 문제가 될 수 있는 생물학적・화학적・물리학적 위해요소의 분석
② 위해의 발생을 방지・제거하기 위하여 중점적으로 관리하여야 하는 단계・공정
③ 중요관리점별 위해요소의 한계기준
④ 중요관리점이 한계기준에 부합되는 경우 하여야 할 조치

> **해설**
> ④ 중요관리점이 한계기준에 부합되지 아니할 경우 하여야 할 조치

10 영업의 신고에 관한 설명 중 맞는 것은?

① 축산물판매업의 경우 동일인이 같은 시설에서 식육판매업의 영업을 하려는 경우 영업별로 각각 영업의 신고를 하지 않아도 된다.
② 축산물판매업의 경우 동일인이 같은 시설에서 식육부산물전문판매업의 영업을 하려는 경우 영업별로 각각 영업의 신고를 하지 않아도 된다.
③ 식육판매업의 영업자가 같은 시설에서 식육부산물을 판매하는 경우 영업의 신고를 하지 않아도 된다.
④ 식육즉석판매가공업의 영업자가 같은 시설에서 식육부산물을 판매하는 경우 식육부산물전문판매업 영업신고를 하여야 한다.

> **해설**
> 영업의 신고 등(축산물 위생관리법 시행규칙 제35조 제3항・제5항)
> 축산물판매업의 경우 동일인이 같은 시설에서 식육판매업 및 식육부산물전문판매업의 영업을 하려는 경우에도 영업별로 각각 영업의 신고를 하여야 한다. 다만, 식육판매업의 영업자가 같은 시설에서 식육부산물을 판매하는 때에는 그러하지 아니한다. 식육즉석판매가공업의 영업자가 같은 시설에서 식육부산물을 판매하는 경우에는 식육부산물전문판매업 영업신고를 하지 아니할 수 있다.

11 돼지 농가에서 다 키운 돼지를 경매시장에 출하한 것을 살펴보니, 출하체중 평균이 115kg, 한 번 출하할 때 80마리 1차량으로 거래한 것으로 파악되었다. 이와 관련한 설명 중 맞는 것은?(단, 지육률은 탕박 77% 적용한다)

① 경매시장에서 정산 받는 기준은 도축한 후 정육중량이다.

② 경매시장에서 정산은 총 출하중량에 평균 경매가격을 곱하여 산출한다.

③ 출하한 1마리 평균 경매가격이 6,000원/kg이고 평소보다 등급이 하락하여 평균 100원/kg만큼 손해를 보았다면 이는 1마리를 더 키워 출하할 때 받는 정산가격보다 손해는 아니다.

④ 출하한 1마리 평균 경매가격이 4,000원/kg일 때 평균 100원/kg만큼 이득을 보았다면 이는 2마리를 더 키워 출하할 때 받는 정산가격만큼의 이득과 동일하다.

해설

① 경매시장에서 정산 받는 기준은 지육중량이다.
② 경매시장에서 정산은 1마리당 지육중량과 각각의 경매가격을 곱하여 산출한다.
③ 1마리를 더 키워 출하할 때 받는 정산가격보다 손해가 더 크다.

TIP

출하두수가 변수이다. 문제에서 출하두수 80마리에 평균 100원/kg 차이는 8,000원/kg(1차량 80마리 ×100원/kg)이므로 경매가격이 8,000/kg일 때 1마리를 더 키워 출하할 때와 효과가 같아진다. 다시 말해, 1⁺등급과 1등급 간 경매가격이 보통 100원/kg 차이가 나는데 이때 경매가격이 8,000원/kg이 되어야만 1마리를 10개월 더 키운 값만큼 받을 수 있다는 것이고, 경매가격이 8,000원/kg 이하라면 무조건 손해다. 만약 경매가격이 4,000원/kg이 되었는데 평균 100원/kg만큼 손해를 보았다면 2마리를 10개월 더 키워 출하할 때의 노력과 같은 결과를 나타내므로 돼지를 출하할 때 100원/kg의 가치가 무척 크다.

12 다음은 식육판매표지판(예시)이다. 이와 관련한 설명으로 맞는 것은?

원산지 · 식육의 종류	
식육명/부위 명칭	
등급(마블링)	1⁺⁺(9, 8, 7), 1⁺, 1, 2, 3, 등외 또는 1⁺⁺( ), 1⁺, 1, 2, 3, 등외
도축장명	
이력번호	
100g당 가격	

① 글자 크기는 16포인트 이상으로 하여야 한다.

② 표지판은 정해진 규격보다 크게 하거나 모양 등을 변경할 수 없다.

③ 검역계류장 도착일로부터 3개월 미만 동안 국내에서 사육된 수입생우를 포함한다.

④ 육우고기 중 수입생우에서 생산된 고기는 ( ) 내에 그 생우의 수입국을 함께 표시한다.

해설

② 식육판매표지판은 정해진 규격보다 크게 하거나 모양 등을 변경할 수 있다.
③ 검역계류장 도착일로부터 6개월 미만 동안 국내에서 사육된 수입생우를 포함한다.
④ 육우고기 중 수입생우에서 생산된 고기는 ( ) 내에 그 생우의 수출국을 함께 표시한다.
※ 「소·돼지 식육의 표시방법 및 부위 구분기준」 별표 4 참고

13 출하가축을 절식시키는 이유가 아닌 것은?

① 소화기관과 배설기관의 체적을 작게 하기 위해
② 해체작업 시 내장 적출을 쉽게 하기 위해
③ 내장 파열 시 오염을 최소화하기 위해
④ 소화기관에 있는 미생물을 혈액 중에 침입시키기 위해

14 신선육을 절단, 정형한 후 랩이나 포장지에 포장하는 이유와 가장 거리가 먼 것은?

① 감량의 발생을 적게 하기 위하여
② 변색의 발생을 억제하기 위하여
③ 부패를 완전히 막기 위하여
④ 미생물의 오염 증식을 억제하기 위하여

해설

신선육을 절단, 정형한 후 포장하는 것은 감량의 발생을 줄이고, 변색의 발생과 미생물의 오염 증식을 억제하기 위함이다.

15 사후경직 과정 중 고기가 가장 질겨지는 단계는?

① 경직 전 단계
② 경직 개시 단계
③ 경직 완료 단계
④ 경직 해제 단계

해설

사후경직은 근육이 질겨지며 탄력성이 없어지는 현상이다.

16 미생물 교차오염의 정의를 가장 바르게 설명한 것은?

① 한 사람이 한 단계에서만 작업함으로써 발생되는 오염
② 도축과정에서 여러 사람이 위생적인 작업을 함으로써 발생되는 오염
③ 골발용 칼 하나로 여러 도체를 골발함으로써 발생되는 오염
④ 방혈용 칼을 계속 소독한 후 사용하여도 발생되는 오염

해설

교차오염이란 식재료, 기구, 용수 등에 오염되어 있던 미생물이 작업과정 중 오염되지 않은 식재료, 기구 등에 전이되는 것을 말한다. 교차오염은 맨손으로 식품을 취급할 때, 손 씻기가 부적절할 때, 식품 쪽에 기침을 할 때, 칼·도마 등을 혼용 사용할 때 등에 일어난다.

17 다음 중 수분활성도(Aw)가 가장 낮은 환경(Aw=0.65)에서도 성장이 가능한 것은?

① 세 균
② 곰팡이
③ 대장균
④ 살모넬라균

해설

세균, 대장균, 살모넬라균은 수분활성도(Aw)가 가장 낮은 환경(Aw = 0.65)에서 성장할 수 없다.

18 원가의 3요소로 분류되지 않는 것은?

① 재료비
② 노무비
③ 경 비
④ 영업비

해설

원가의 3요소 : 재료비, 노무비, 경비

19 호기성 식중독균이 고기 표면에 자라면 어떤 현상이 발생하는가?

① 고기가 질겨진다.
② 고기의 색깔이 좋아진다.
③ 고기의 표면에 점질물이 생성된다.
④ 고기의 냄새가 좋아진다.

해설

호기성 부패 : 고기의 표면에 *Pseudomonas, Alcaligenes, Streptococcus, Leuconostoc, Bacillus, Micrococcus* 등의 박테리아가 자라서 표면 점질물을 생성한다.

20 1kg의 유지 중에 함유되어 있는 Malonaldehyde의 mg수로 식육의 저장 중에 일어나는 지질산패의 정도를 나타내는 것은?

① 검화가
② TBA가
③ VBN
④ 아이오딘가

해설

TBA(Thiobarbituric Acid) : 유지의 산패도를 측정하는 척도

21 소독에 대한 설명으로 옳은 것은?

① 오염물질을 깨끗이 제거하는 것
② 미생물의 발육을 완전 정지시키는 것
③ 이화학적 방법으로 병원체를 파괴시키는 것
④ 모든 미생물을 전부 사멸시키는 것

해설

소독 : 살균과 멸균을 의미(병원미생물의 생육 저지 및 사멸)

22 다음 중 식육의 초기 오염도에 가장 큰 영향을 미치는 것은?

① 도살방법
② 해체방법
③ 방혈 정도
④ 도축장 위생상태

해설

청결한 식육을 위해서 가장 먼저 가축이 도살되는 도축장의 위생상태가 깨끗해야 한다.

23 감염형 세균성 식중독을 가장 잘 설명한 것은?

① 식품에 유해한 식품첨가물이 혼입되어 발생하는 것

② 식품에 오염된 곰팡이 대사산물에 의해 발생하는 것

③ 식품에 증식된 미생물이 생성한 독소에 의해 발생하는 것

④ 식품과 함께 섭취된 미생물이 체내 증식하여 발생하는 것

해설

감염형 식중독은 식품에 증식한 다량의 원인 세균 섭취에 의해 주로 발병하고, 면역성이 없으며, 잠복기가 짧다.

24 프레스 햄의 제조공정 순서로 가장 적합한 것은?

① 원료육 – 염지 – 충전 – 혼합 – 가열 – 훈연 – 냉각 – 포장 – 냉장

② 원료육 – 혼합 – 염지 – 충전 – 가열 – 훈연 – 냉각 – 포장 – 냉장

③ 원료육 – 염지 – 혼합 – 충전 – 훈연 – 가열 – 냉각 – 포장 – 냉장

④ 원료육 – 염지 – 혼합 – 훈연 – 충전 – 가열 – 포장 – 냉각 – 냉장

25 식육 및 식육제품의 저장 중에 발생하는 부패나 변질과 관련된 미생물의 생장에 영향을 미치는 요인에 해당되지 않는 것은?

① 근내지방도

② 수분활성도

③ 저장온도

④ 수소이온농도(pH)

해설

미생물 발육에 필요한 조건 : 영양소, 수분, 온도, 산소, 수소이온농도

26 고기의 동결에 대한 설명으로 틀린 것은?

① 최대빙결정생성대 통과시간이 30분 이내이면 급속동결이라 한다.

② 완만동결을 할수록 동결육 내 얼음의 개수가 적고 크기도 작다.

③ 완만동결을 할수록 동결육의 물리적 품질은 저하한다.

④ 동결속도가 빠를수록 근육 내 미세한 얼음결정이 고루 분포하게 된다.

해설

급속히 냉동시킨 식육에는 크기가 작고 많은 숫자의 빙결정이 존재하고, 완만하게 냉동시킨 식육에는 크기가 크고 개수가 적은 빙결정이 존재하게 된다. 완만 냉동에서는 형성되는 빙결정의 개수가 적고 성장이 심하게 일어나지만, 급속냉동에서는 많은 빙결정이 형성되고 한정된 크기까지만 성장하기 때문이다.

27 근육조직을 미세구조적으로 볼 때 망상 구조를 가지며 근육수축 시 Ca^{2+}를 세포 내로 방출하는 것은?

① 근 절
② 근 초
③ 근소포체
④ 근원섬유

28 다음 중 분쇄기(Chopper)의 용도는?

① 원료육을 잘게 부순다.
② 원부재료를 배합하고 교질상의 안정 된 반죽 상태를 만든다.
③ 덩어리 육이나 작은 육을 잘 섞어서 결착을 좋게 한다.
④ 일정한 양의 육을 노즐을 통해서 압출 한다.

> 해설
> 분쇄기(Chopper)는 고기나 생선, 채소 등을 다질 때 사용하는 주방 도구이다.

29 축산물안전관리인증기준(HACCP)에 의 거 도축장의 미생물 검사 결과 대장균수 의 부적합 판정기준은?

① 최근 10회 검사 중 2회 이상에서 최대 허용한계치를 초과하는 경우
② 최근 10회 검사 중 3회 이상에서 최대 허용한계치를 초과하는 경우
③ 최근 13회 검사 중 1회 이상에서 최대 허용한계치를 초과하는 경우
④ 최근 13회 검사 중 3회 이상에서 최대 허용한계치를 초과하는 경우

> 해설
> **도축장의 미생물학적 검사요령(식품 및 축산물 안전 관리인증기준 별표 3)**
> 대장균수 검사에 의한 판정기준은 다음과 같다.
> • 최근 13회 검사 중 1회 이상에서 대장균수가 최대 허용한계치를 초과하는 경우에는 부적합으로 판정 한다.
> • 최근 13회 검사 중 허용기준치 이상이면서 최대 허용한계치 이하인 시료가 3회를 초과하는 경우에 는 부적합으로 판정한다.

30 식육 내 미생물이 쉽게 이용하는 영양원 순서는?

① 탄수화물 > 단백질 > 지방
② 단백질 > 탄수화물 > 지방
③ 탄수화물 > 지방 > 단백질
④ 지방 > 단백질 > 탄수화물

> 해설
> 식육 내 미생물이 쉽게 이용하는 영양원의 순서는 탄수화물 > 단백질 > 지방 순이다.

31 다음 중 세균성 식중독의 예방법으로 적당하지 않은 것은?

① 실온에서 잘 보존한다.
② 손을 깨끗이 씻는다.
③ 가급적이면 조리 직후에 먹는다.
④ 가열조리를 철저히 하여 2차 오염을 방지한다.

> **해설**
> ① 세균의 증식을 방지하기 위하여 저온 보존한다.

32 고기 저장 시 육색의 변색에 영향을 미치는 요인으로 가장 부적절한 것은?

① 미생물
② pH
③ 온 도
④ 근섬유 굵기

> **해설**
> 고기 저장 시 육색의 변색에는 미생물, pH, 온도와 같은 여러 요인들이 영향을 끼친다. 근섬유의 굵기는 육색의 변색에 영향을 끼치는 요인이라기보다는 육색의 발현과 같은 상태를 나타내는 요인으로 보는 것이 타당하다.

33 단기적으로 축산물의 판매가격으로는 평균 가변비용만 회수가 가능하다. 이때의 생산에 대한 합리적인 의사결정으로 옳은 것은?

① 생산을 확대한다.
② 생산을 중단한다.
③ 생산을 지속한다.
④ 생산을 감소한다.

> **해설**
> 가변비용은 생산량의 증감에 따라 변동하는 비용이다.

34 축산물의 거래는 일반적으로 완전경쟁시장에서 이루어진다. 그 특징에 대한 설명 중 틀린 것은?

① 판매방법은 경매가 아닌 홍보활동에 의해 이루어짐
② 생산자와 소비자의 수가 매우 많음
③ 동질적인 축산물 생산
④ 생산자의 자유로운 진입과 이탈 가능

35 다음 중 병원성 세균의 성장을 고려하여 식육을 보존하기에 가장 적합한 냉장온도는?

① −5~−2℃
② −1~5℃
③ 5~10℃
④ 10~15℃

> **해설**
> 온도가 낮아지면 화학반응이 느려지고 효소 활성이 떨어지며 미생물의 성장이나 증식이 억제된다.

36 미생물에 대한 설명으로 틀린 것은?

① 염분에 약해 식염수에서는 살지 못한다.
② 대사생리의 유연성이 매우 크다.
③ 생태적으로 널리 분포되어 있다.
④ 심해세균과 같이 극한 조건에서도 생
   육할 수 있는 종류가 있다.

해설
① 염분 농도가 높은 환경에서 생육 가능한 미생물도
   있다.

37 다음 중 근육의 미세구조와 그 설명이 가
장 적절하지 않은 것은?

① 근원섬유 – 근육수축에 관여
② 근초 – 근섬유를 싸고 있는 막
③ 근주막 – 근육을 싸고 있는 막
④ 근장 – 근원섬유 사이의 교질용액

해설
근주막 : 근속을 싸고 있는 결합조직의 막

38 쇠고기 생산을 위해 사육되는 종류와 가
장 거리가 먼 것은?

① 한 우
② 홀스타인 암컷
③ 홀스타인 수컷
④ 앵거스

39 식육의 숙성 중 일어나는 변화가 아닌
것은?

① 자가소화
② 풍미 성분의 증가
③ 일부 단백질의 분해
④ 경도의 증가

해설
식육의 숙성 중에 일어나는 변화로 사후경직에 의해
신전성을 잃고 단단하게 경직된 근육은 시간이 지남
에 따라 점차 장력이 떨어지고 유연해져 연도가 증가
한다. 즉, 경도가 증가하는 것이 아니다.

40 신선육의 부패 억제를 위한 방법이 아닌
것은?

① 4℃ 이하로 냉장한다.
② 포장하여 15℃ 이상에서 저장한다.
③ 진공 포장을 하여 냉장한다.
④ 냉동 저장을 한다.

해설
도체가 즉각 냉각되지 않고 습기가 높고, 저장고의
온도가 10℃ 이상이면 미생물은 급격히 생장하여 부
패를 일으킨다.

504 / PART 04 기출복원문제   36 ① 37 ③ 38 ② 39 ④ 40 ②   **정답**

41 육류의 저온단축(Cold Shortening)에 대한 설명으로 틀린 것은?

① 고기의 연도가 저하된다.
② 냉동저장 시 발생한다.
③ 돼지고기보다 쇠고기에서 그 정도가 심하다.
④ 경직 전 근육을 저온(0~5℃)에 노출 시 발생한다.

해설

사후경직 전 근육을 0~16℃ 사이의 저온으로 급속히 냉각시키면 불가역적이고 반영구적으로 근섬유가 강하게 수축되는 현상을 저온단축이라 한다. 저온단축은 적색근섬유에서 주로 발생하는 것에 반해, 고온단축은 닭의 가슴살, 토끼의 안심과 같은 백색근섬유에서 주로 발생한다.

42 돼지고기의 육색이 창백하고, 육조직이 무르고 연약하여, 육즙이 다량으로 삼출되어 이상육으로 분류되는 돈육은?

① 황지(黃脂)돈육
② 연지(軟脂)돈육
③ PSE돈육
④ DFD돈육

해설

PSE육 : 고기의 pH가 낮아 보수성이 적고 유화성이 떨어지며, 가공적성이 부적합하다.

43 지방질의 자동산화를 일으키는 요인은?

① 항산화제의 첨가
② 비타민 C의 첨가
③ 산소와의 접촉
④ 효소의 반응

해설

지방의 자동산화는 상온에서 산소가 존재하면 자연스럽게 일어나는 반응이다.

44 고기를 훈연하는 목적으로 가장 적합한 것은?

① 수율 향상
② 결착력의 증대
③ 유익한 미생물의 성장 촉진
④ 풍미 향상과 보존성 증대

해설

훈연의 목적
• 제품의 보존성 부여
• 제품의 육색 향상
• 풍미와 외관의 개선
• 산화의 방지

45 식육 내에 존재하는 물 중 식육의 구성성분과 매우 강한 결합을 하고 있어 분리가 거의 불가능한 것은?

① 고정수   ② 결합수
③ 유리수   ④ 자유수

해설

결합수는 식육 내 물분자 중에서 매우 강한 결합상태를 유지한다. 외부의 물리적인 힘이나 심한 기계적인 작용에도 단백질 분자와 결합상태로 남아 있다.

46 육제품 제조를 위해 사용되는 결착제 중 주성분이 Globulin이며, 90% 이상의 단백질을 함유하고 있고 물과 기름의 결합능력이 좋지만 가열에 의해 암갈색으로 변하기 때문에 다량 사용하지 못하는 것은?

① 우유단백질 ② 혈장단백질
③ 난백 ④ 분리대두단백질

해설
육제품에서 결착제로 사용되는 대두단백의 주성분은 글로불린(Globulin)으로, 단백질 함량에 따라 대두분말, 농축대두단백, 분리대두단백 등으로 구분된다.

47 다음 축산물 유통주체 중 도매에 해당하지 않는 것은?

① 축산물시장 ② 집하장
③ 정육점 ④ 계란유통업체

해설
정육점은 소매에 해당한다.

48 다음 축산물의 유통에 관한 내용 중 그 특징으로 바르지 않은 것은?

① 상품화에 있어 많은 시간이 소요된다.
② 공급은 탄력적이다.
③ 품질의 다양성이 존재한다.
④ 생산은 연중 가능하나 수요는 계절에 따라 변동된다.

해설
② 공급은 비탄력적이다.

49 식육은 냉장저장 중 변색으로 인해 그 상품 가치가 떨어질 수 있다. 이를 방지하기 위한 대책으로 적합하지 않은 것은?

① 건조한 공기와의 접촉을 피할 것
② 저장 온도는 가급적 낮게 유지할 것
③ 미생물의 오염 및 증식을 최소화할 것
④ 표면 지방의 제거를 철저히 할 것

해설
변색이란 육색이 밝은 적색이나 적자색이 아닌 비정상의 색깔(갈색 등)을 보이는 것을 말한다. 변색은 글로빈의 변성, 환원기전의 존재 유무, 산소압의 정도, 온도, pH, 수분함량, 미생물의 존재, 금속이온, 광선, 산화제 등에 의해 영향을 받는다.

50 육류의 가열에 대한 설명 중 틀린 것은?

① 가열온도가 높을수록 육류의 보수성은 감소된다.
② 가열시간이 길수록 육류의 보수성은 증가된다.
③ 가열 시 단단해지는 것은 단백질의 응고 때문이다.
④ 신선육류를 가열하여 섭취 시 익히는 정도에 따라 Rare, Medium, Well-done의 3단계로 분류할 수 있다.

46 ④ 47 ③ 48 ② 49 ④ 50 ② **정답**

51 다음 설명 중 틀린 것은?

① 식중독균의 오염은 육안으로 판단이 불가능하다.

② 식중독균에 오염되면 맛, 냄새 등이 달라진다.

③ 신선육에서 주로 발견되는 것은 살모넬라이다.

④ 세균성 식중독은 감염형 식중독과 독소형 식중독으로 구분된다.

> **해설**
> 식중독 미생물은 아무리 많이 증식되어도 식육의 외관, 맛, 냄새 등에는 영향을 미치지 않는다.

52 축산물안전관리인증기준과 관련된 용어의 정의 중 "HACCP을 적용하여 축산물의 위해요소를 예방 · 제거하거나 허용수준 이하로 감소시켜 축산물의 안전을 확보할 수 있는 단계 · 과정 또는 공정"을 의미하는 것은?

① 검 증

② 선행요건프로그램

③ 한계기준

④ 중요관리점

> **해설**
> 중요관리점(CCP ; Critical Control Point)은 해당 위해요소를 방지 · 제거하고 안전성을 확보하기 위하여 중점적으로 다루어야 할 관리점을 말한다.

53 생육 관련 유통판매 기준에 관한 설명 중 맞지 않는 것은?

① 냉장제품을 실온에서 유통시켜서는 아니 된다.

② 냉동제품을 해동시켜 실온 또는 냉장제품으로 유통할 수 없다.

③ 해동된 냉동제품을 재냉동하여서는 아니 된다.

④ 냉동식육의 절단 또는 뼈 등의 제거를 위해 해동하는 것은 아니 된다.

> **해설**
> **식품의 기준 및 규격(식품의약품안전처고시 제2024-35호)**
> 해동된 냉동제품을 재냉동하여서는 아니 된다. 다만, 냉동식육의 절단 또는 뼈 등의 제거를 위해 해동하는 경우에는 그러하지 아니할 수 있으나, 작업 후 즉시 냉동하여야 한다.

54 도축 전 체중을 측정하는 이유와 거리가 먼 것은?

① 경제적 가치를 평가하는 요소로 이용

② 지육률 산출근거 자료로 이용

③ 내장 및 부산물 산출근거로 활용

④ 중량 미달 여부 확인

> **해설**
> 도살 전의 생체중은 도살 해체 후에 정육량을 알기 위하여 반드시 필요하다. 정육량은 보통 도체율 또는 지육률로 표시되며 이것은 생체중을 기준으로 하여 계산한다.

55 육의 저장법으로 이용되지 않는 것은?

① 염장법   ② 냉동법

③ 훈연법   ④ 주정처리법

56 인공 케이싱이 아닌 것은?

① 돈장 케이싱
② 콜라겐 케이싱
③ 셀룰로스 케이싱
④ 플라스틱 케이싱

57 장시간 저장에 의해 산화되어 갈색으로 생성되는 마이오글로빈의 상태를 무엇이라고 하는가?

① 헤모글로빈
② 옥시마이오글로빈
③ 메트마이오글로빈
④ 디옥시마이오글로빈

58 다음 중 가축의 내장에서 서식하는 주요 미생물은?

① 클로스트리듐   ② 대장균
③ 락토바실러스   ④ 슈도모나스

59 다음 중 육제품의 천연 충전재료로 부적합한 것은?

① 돼지의 소장
② 돼지의 대장
③ 양의 소장
④ 소의 위

60 도축 전 가축의 취급요령으로 부적절한 것은?

① 도축 전에 8~12시간 정도 안정된 상태에서 휴식시킨다.
② 도축하기 위해 수송 전에 사료를 많이 급여해야 수송 시 감량으로 인한 고기 생산에 영향을 줄일 수 있다.
③ 동물이 휴식하는 동안 물은 자유롭게 먹게 하고 사료는 주지 않는다.
④ 동물이 휴식하는 동안 생체 검사를 실시하여 필요한 조치를 취한다.

과년도 기출복원문제

01 다음 소도체의 근내지방도 기준에 대한 설명으로 옳지 않은 것은?

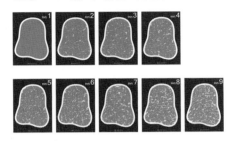

① 근내지방도 1번은 3등급에 해당한다.
② 쇠고기 1⁺등급의 경우 등급표시 뒤에 축산물등급판정확인서에 표기된 근내지방도(마블링)를 함께 표시하여야 한다.
③ 근내지방도 6번만 1⁺등급에 해당한다.
④ 근내지방도 8번과 9번은 1⁺⁺등급에 해당한다.

> **해설**
> 등급 표시방법 등(소 · 돼지 식육의 표시방법 및 부위 구분기준 제7조제3항)
> 쇠고기의 등급은 1⁺⁺등급, 1⁺등급, 1등급, 2등급, 3등급, 등외로 표시하고, 돼지고기의 등급은 1⁺등급, 1등급, 2등급, 등외로 표시한다. 다만, 쇠고기 1⁺⁺등급의 경우 등급표시 뒤에 괄호로 축산물등급판정확인서에 표기된 근내지방도(마블링)를 표시하여야 한다.

02 다음 소분할 부위 중 축종이 다른 것은?

① 부채덮개살
② 항정살
③ 주걱살
④ 꾸리살

> **해설**
> 쇠고기 및 돼지고기의 분할상태별 부위명칭(소 · 돼지 식육의 표시방법 및 부위 구분기준 별표 1)
> • 쇠고기의 앞다리 : 꾸리살, 부채살, 앞다리살, 갈비 덧살, 부채덮개살
> • 돼지고기의 앞다리 : 꾸리살, 부채살, 앞다리살, 앞 사태살, 항정살, 주걱살

03 종전 소비자에게 판매가 가능한 기간이 2023년부터 식품에 표시된 보관방법을 준수할 경우 섭취하여도 안전에 이상이 없는 기한으로 변경되는데 이를 말하는 것은?

① 유통기한　　② 소비기한
③ 섭취기한　　④ 안전기한

> **해설**
> 축산물 위생관리법 및 식품의 기준 및 규격 참고

04 다음은 「축산물 등급판정 세부기준」 중 돼지 냉도체 육질측정기준에 관한 설명이다. 맞는 것은?

① 돼지 냉도체 육질 측정은 도축한 후 −2℃ 내외의 냉장시설에서 냉장하여 등심부위 내부온도가 5℃ 이하가 된 이후에 적용한다.

② 반도체 중 우반도체의 제4등뼈와 제5등뼈 사이 또는 제5등뼈와 제6등뼈 사이를 절개하여 15분이 경과한 후 절개면을 보고 측정한다.

③ 근간지방두께는 냉도체 육질측정부위에서 보이는 넓은등근과 몸통피부근 사이의 근간지방 1/3 지점을 측정자를 이용하여 mm 단위로 측정한다.

④ 육조직감은 냉도체 육질측정부위에서 보이는 배최장근, 등세모근, 넓은등근 등에 대하여 탄력도와 수분삼출도 등을 종합하여 1, 2, 3으로 구분하여 측정한다.

해설
① 돼지 냉도체 육질 측정은 도축한 후 0℃ 내외의 냉장시설에서 냉장하여 등심부위 내부온도가 5℃ 이하가 된 이후에 적용한다.
② 반도체 중 좌반도체의 제4등뼈와 제5등뼈 사이 또는 제5등뼈와 제6등뼈 사이를 절개하여 15분이 경과한 후 절개면을 보고 측정한다.
③ 근간지방두께는 냉도체 육질측정부위에서 보이는 넓은등근과 몸통피부근 사이의 근간지방 1/2 지점을 측정자를 이용하여 mm 단위로 측정한다.
※ 축산물 등급판정 세부기준 제11조 참고

05 다음 가축 및 축산물 이력에 관한 설명으로 옳지 않은 것은?

① 판매업소에서는 라벨지나 식육표지판 등에 이력번호를 정확하게 표시하고, 거래내역을 날짜별로 구분해 장부에 기록(전자적 처리방식 포함)해야 한다.

② 판매업소에서 진열판매대의 식육판매표지판에 이력번호를 표시하였다면 포장하는 비닐봉투 등에 이력번호를 별도로 표시할 필요는 없다.

③ 냉장고에 보관 중인 쇠고기에는 이력번호를 표시하지 않고 판매하려고 할 때 표시하면 된다.

④ 사업자번호가 있는 업체끼리의 거래내역만 신고하면 되고, 일반 소비자에게 판매한 건은 신고 또는 기록·관리할 필요가 없다.

해설
냉장고에 보관 중인 쇠고기에도 모두 이력번호를 표시해야 한다(축산물이력제 업무편람).

06 축산물 위생관리법상 영업의 신고에 관한 설명으로 맞지 않는 것은?

① 축산물운반업·축산물판매업 또는 식육즉석판매가공업의 신고를 하려는 자는 시설사용계약서 사본을 반드시 신고관청에 제출하여야 한다.

② 축산물판매업 중 식육판매업의 신고를 한 영업자가 식육즉석판매가공업 영업자로 전환하기 위하여 식육즉석판매가공업의 신고를 하는 경우에는 식품의약품안전처장이 정하는 서류는 제출하지 아니할 수 있다.

③ 영업자가 신고필증을 잃어버리거나 헐어 못 쓰게 되어 신고필증의 재발급을 받으려는 때에는 재발급신청서를 신고관청에 제출하여야 한다.

④ 축산물판매업의 경우 동일인이 같은 시설에서 식육판매업 및 식육부산물전문판매업의 영업을 하려는 경우에도 영업별로 각각 영업의 신고를 하여야 한다.

> **해설**
> ① 시설사용계약서 사본(시설을 임대하여 사용하는 경우만 해당)
> ② 축산물 위생관리법 시행규칙 제35조제1항
> ③ 축산물 위생관리법 시행규칙 제35조제7항
> ④ 축산물 위생관리법 시행규칙 제35조제3항

07 다음은 식육판매업자가 사물인터넷 자동판매기를 설치하여 영업을 하고자 할 때 신고할 내용이다. 맞는 것은?

① 식육판매업의 경우 사물인터넷 자동판매기를 영업장에 설치하려는 경우에는 사물인터넷 자동판매기의 설치대수 및 설치장소를 함께 신고하여야 한다.

② 영업장의 장소는 영업신고한 영업장과 같은 특별자치시·특별자치도·시·군·구인 경우만 해당한다.

③ 3대 이상의 사물인터넷 자동판매기의 설치신고를 하려면 사물인터넷 자동판매기의 설치대수 및 각각의 설치된 장소가 기재된 서류를 첨부하여 제출하여야 한다.

④ 2023년 이후에는 유통기한이 아닌 밀봉한 포장육의 보관온도, 소비기한 등의 정보를 실시간으로 확인·관리할 수 있어야 한다.

> **해설**
> ① 영업장 외의 장소에 설치하려는 경우 사물인터넷 자동판매기의 설치대수 및 설치장소를 함께 신고하여야 한다.
> ② 영업장 외의 장소는 영업신고한 영업장과 같은 특별자치시·특별자치도·시·군·구인 경우만 해당한다.
> ③ 3대 이상이 아닌 2대 이상이다.
> ※ 축산물 위생관리법 시행규칙 제35조제4항 참고

08 다 자란 한우와 돼지는 출하하게 되는데 현재 한우 생체중량은 약 710kg이고, 돼지 생체중량은 약 115kg이다. 도축장에서 한우는 주로 박피로 처리되며, 돼지는 주로 탕박으로 처리된다. 설명이 맞지 않는 것은?

① 한우 지육중량은 약 426kg을 기대할 수 있다(생체중량의 약 60% 수준).
② 한우 정육중량은 약 284kg을 기대할 수 있다(생체중량의 약 40% 수준).
③ 돼지 지육중량은 약 81kg을 기대할 수 있다(생체중량의 약 70% 수준).
④ 돼지 정육중량은 약 58kg을 기대할 수 있다(생체중량의 약 50% 수준).

> **해설**
> 돼지 지육중량은 약 89kg을 기대할 수 있다(생체중량의 약 77% 수준).

09 다음 식육판매표지판의 예시로 맞지 않는 것은?

① 국내산(쇠고기)
② 국내산(육우고기)
③ 국내산(육우고기, 호주)
④ 외국산(돼지고기, 벨기에)

> **해설**
> ① 국내산(한우고기)로 표시한다. 국내산의 경우는 한우고기, 육우고기, 젖소고기로 표시해야 한다.

10 식육 중의 탄수화물의 함량은?

① 1% 이하
② 5% 정도
③ 10% 정도
④ 15% 이상

> **해설**
> 동물체에 들어 있는 탄수화물은 소량이며 대부분이 근육과 간장에 존재한다.

11 축산물 등급판정 세부기준에 따른 용어의 정의로 틀린 것은?

① 축산물이라 함은 소·돼지·말·닭·오리의 도체, 닭의 부분육, 계란 및 꿀을 말한다.
② 벌크포장이라 함은 도축장에서 도살·처리된 닭 및 돼지를 중량에 따라 일정 수량으로 포장한 것을 말한다.
③ 로트라 함은 등급판정 신청자가 등급판정 신청을 위하여 닭·오리의 도체 및 닭부분육 또는 계란의 품질수준, 중량규격, 종류 등의 공통된 특성에 따라 분류한 제품의 무더기를 말한다.
④ 축산물등급판정은 소·돼지·말·닭·오리의 도체, 닭의 부분육, 계란 및 꿀을 대상으로 한다.

> **해설**
> **정의(축산물 등급판정 세부기준 제2조)**
> 벌크(Bulk)포장이라 함은 가금 도축장에서 도살·처리된 닭·오리를 중량에 따라 일정 수량으로 포장한 것을 말한다.

12 비정상육 중 물퇘지 고기에 대한 설명으로 틀린 것은?

① 돼지에게 스트레스를 주었을 때 도살 후 PSE 돈육이 생긴다.
② PSE 돈육의 최종 pH가 정상적인 고기에서보다 높다.
③ PSE 근육은 낮은 보수성을 갖는다.
④ PSE 근육은 육색이 창백하다.

13 냉장온도(4℃)에서 쇠고기의 숙성기간은?

① 0~1주 ② 1~2주
③ 2~3주 ④ 3~4주

고기의 숙성기간은 육축의 종류, 근육의 종류, 숙성 온도 등에 따라 다르다. 일반적으로 쇠고기나 양고기의 경우, 4℃ 내외에서 7~14일의 숙성기간이 필요하다.

14 돼지고기 대분할 부위명은?

① 뒷다리 ② 사 태
③ 설 도   ④ 양 지

쇠고기 및 돼지고기의 분할상태별 부위명칭(소·돼지 식육의 표시방법 및 부위 구분기준 별표 1)
돼지고기는 7개의 대분할과 25개의 소분할로 구분한다. 안심(안심살), 등심(등심살, 알등심살, 등심덧살), 목심(목심살), 앞다리(앞다리살, 앞사태살, 항정살, 꾸리살, 부채살, 주걱살), 뒷다리(볼깃살, 설깃살, 도가니살, 홍두깨살, 보섭살, 뒷사태살), 삼겹살(삼겹살, 갈매기살, 등갈비, 토시살, 오돌삼겹), 갈비(갈비, 갈비살, 마구리)로 나눈다.

15 도축 후 1시간 이내에 근육의 pH가 6.0 이하로 급격히 떨어지는 경우에 해당하는 고기의 특성이 아닌 것은?

① 고기의 표면에 물기가 많다.
② 고기의 색깔이 창백하다고 할 정도로 육색이 연하다.
③ 고기의 보수성이 낮아서 가공육 제품의 원료육으로 부적합하다.
④ 돼지에서보다는 소에서 자주 발생한다.

PSE육은 돼지에서 자주 발생한다.

16 식육의 보수성이 낮은 경우에 발생하는 현상이 아닌 것은?

① 수분을 많이 함유하고 있어 육색이 짙어진다.
② 가공육제품의 생산수율이 낮아진다.
③ 다즙성이 저하되어 유리되는 육즙이 많아진다.
④ 수분 손실이 많아 가열 감량이 커진다.

보수성이 나쁜 식육은 수분의 손실이 많아 감량이 크고 영양적 손실도 크다.

17 다음 돼지의 품종 중 국내에서 교잡종 생산에 많이 이용되지 않는 것은?

① 듀록(Duroc)
② 랜드레이스(Landrace)
③ 폴란드차이나(Poland China)
④ 햄프셔(Hampshire)

18 염지의 효과가 아닌 것은?

① 육제품의 색을 좋게 한다.
② 세균성장을 억제시킨다.
③ 원료육의 저장성을 증가시킨다.
④ 원료육의 풍미를 감소시킨다.

> **해설**
> **염지의 목적**
> • 고기의 색소를 고정시켜 염지육 특유의 색을 나타내게 함
> • 염용성 단백질 추출성을 높여 보수성 및 결착성을 증가시킴
> • 보존성을 부여하고 고기를 숙성시켜 독특한 풍미를 갖게 함

19 다음 육제품 중 공장에서 2차 오염 가능성이 가장 높은 제품은?

① 프랑크푸르트 소시지
② 슬라이스 햄
③ 장조림 통조림
④ 피크닉 햄

20 다음 중 수용성 단백질은?

① 마이오글로빈
② 마이오신
③ 콜라겐
④ 액토마이오신

> **해설**
> 마이오글로빈은 색소단백질로서 수용성 단백질에 속한다.

21 식품의 기준 및 규격상 미생물의 영양세포 및 포자를 사멸시켜 무균상태로 만드는 것을 말하는 것은?

① 이 물
② 밀 봉
③ 살 균
④ 멸 균

> **해설**
> **식품의 기준 및 규격(식품의약품안전처고시 제2024-35호)**
> '멸균'이라 함은 따로 규정이 없는 한 미생물의 영양세포 및 포자를 사멸시키는 것을 말한다.

22 근육조직의 숙성과정과 관련된 설명으로 틀린 것은?

① 숙성의 목적은 연도를 증가시키고 풍미를 향상시키기 위함이다.

② 숙성기간은 0℃에서 1~2주로 소와 돼지고기 모두 조건이 같다.

③ 쇠고기는 사후경직과 저온단축으로 인해 질겨지므로 숙성이 필요하다.

④ 고온숙성은 16℃ 내외에서 실시하는데 빠른 부패를 야기할 수도 있으므로 주의한다.

해설

식육의 숙성시간은 식육동물의 종류, 근육의 종류 및 숙성온도에 따라 달라지는데 사후경직 후 쇠고기의 경우 4℃ 내외의 냉장숙성은 약 7~14일이 소요되나 10℃에서는 4~5일, 15℃ 이상의 고온에서는 2~3일 정도가 대체로 요구된다. 사후 해당속도가 빠른 돼지고기의 경우 4℃ 내외에서 1~2일, 닭고기는 8~24시간 이내에 숙성이 완료된다.

23 식육의 숙성 시 나타나는 현상이 아닌 것은?

① Z-선의 약화

② Actin과 Myosin 간의 결합 약화

③ Connectin의 결합 약화

④ 유리아미노산의 감소

해설

사후 근육의 숙성 중에는 근섬유의 미세구조에 많은 변화가 일어나는데, 그 첫 번째 변화는 Z-선의붕괴가 시작된다는 것이다. Z-선의 구조가 완전히소실되는 것은 Z-선과 관련된 데스민과 타이틴 같은 단백질이 붕괴되는 자가소화(Autolysis)의 결과이다. 사후 저장기간 동안 연도가 증진되는 것은 거의 전적으로 근원섬유 단백질이 붕괴되는 자가소화에 기인하지만, 콜라겐의 붕괴도 식육의 연도를 증진시킨다.

24 돼지도체의 등급판정 중 거세하지 않은 수퇘지로 근육특성에 따른 성징 구분방법에 따라 성징 2형으로 분류된 경우의 육질 등급은?

① 1등급

② 2등급

③ 3등급

④ 등외등급

해설

돼지도체의 등외등급 판정기준(축산물 등급판정 세부기준 제12조)

부도 13의 돼지도체 근육특성에 따른 성징 구분 방법에 따라 '성징 2형'으로 분류되는 도체는 등외등급으로 판정한다.

25 식육가공품 중 포장육의 휘발성 염기질소의 법적 성분규격은?

① 5mg% 이하

② 10mg% 이하

③ 15mg% 이하

④ 20mg% 이하

해설

식품의 기준 및 규격(식품의약품안전처고시 제2024-35호)

포장육의 휘발성 염기질소(mg%) : 20 이하

26 쇠고기 육회를 할 때 특히 주의해야 할 기생충은?

① 무구조충
② 유구조충
③ 광절열두조충
④ 편 충

해설
돼지고기를 덜 익히거나 생식할 경우 유구조충(갈고리촌충)에 감염될 수 있고, 쇠고기를 덜 익히거나 생식할 경우 무구조충(민촌충)에 감염될 수 있다.

27 다음 중 육류의 사후경직 시 일어나는 현상이 아닌 것은?

① 혐기적 해당작용이 일어난다.
② 글리코겐이 젖산으로 분해된다.
③ 근육의 pH가 점차 높아진다.
④ 근육의 보수성이 낮아지고 단단해진다.

해설
도살 전의 근육 산도는 pH 7.0~7.4 정도이지만, 도살 후에는 글리코겐이 혐기적 상태에서 젖산(Lactic Acid)을 생성하기 때문에 pH가 낮아지게 된다.

28 다음의 식품의 기준 및 규격 내용에서 ( ) 안에 알맞은 것은?

> ( )류라 함은 식육이나 식육가공품을 그대로 또는 염지하여 분쇄 세절한 것에 식품 또는 식품첨가물을 가한 후 훈연 또는 가열 처리한 것이거나, 저온에서 발효시켜 숙성 또는 건조처리한 것이거나, 또는 케이싱에 충전하여 냉장·냉동한 것을 말한다(육함량 70% 이상, 전분 10% 이하의 것).

① 베이컨
② 소시지
③ 편 육
④ 분쇄가공육제품

29 소독액 희석 시 100ppm은 몇 %인가?

① 1%
② 0.1%
③ 0.01%
④ 0.001%

해설
ppm은 100만분율이다. 어떤 양이 전체의 100만분의 몇을 차지하는가를 나타낼 때 사용된다.

30 식품 보존 시 사용이 제한된 첨가물은?

① 항생제
② 보존료
③ 결착제
④ 항산화제

해설
항생제는 내성균 문제로 사용이 엄격히 제한된다.

31 경구감염병의 예방 대책으로 가장 중요한 것은?

① 식품을 냉동 보관한다.
② 보균자의 식품 취급을 막는다.
③ 식품 취급장소의 공기 정화를 철저히 한다.
④ 가축 사이의 질병을 예방한다.

해설
경구감염병이란 병원체가 식품, 손, 기구, 음료수, 위생동물 등을 매개로 입을 통해서 소화기로 침입하여 발생하는 감염으로, 병원체는 주로 환자 또는 보균자의 분변과 분비액에 존재한다. 그러므로 보균자는 식품 취급을 하여서는 안 된다.

32 사후경직에 대한 설명으로 옳은 것은?

① 사후 근육 내 Ca이 많아져서 부드러워지는 현상이다.
② 근육 중 효소의 활성으로 맛이 좋아지는 현상이다.
③ 근육이 질겨지며 탄력성이 없어지는 현상이다.
④ 도살 후 냉각으로 고기가 부드러워지는 현상이다.

해설
도축 직후 근육은 부드럽고 탄력성이 좋고 보수력도 높으나, 일정 시간이 지나면 굳어지고 보수성도 크게 저하되는 사후경직이 일어난다.

33 식육의 부패 진행을 측정하기 위한 판정 방법으로 옳지 않은 것은?

① 관능검사
② 휘발성 염기질소 측정
③ 세균수 측정
④ 단백질 측정

해설
부패는 주로 단백질의 변질(사람에게 유리한 경우도 있음), 변패는 탄수화물이나 지질의 변질, 산패는 지질의 분해, 발효는 주로 탄수화물의 분해(사람에게 유리한 경우)를 말한다.
부패육 검사법(신선도 검사법) : pH, 암모니아 시험, 유화수소검출시험, Walkiewicz반응, 휘발성염기질소, 트라이메틸아민 측정 등이 있다. 이외 관능검사, 생균수 측정 등도 이용된다. 미생물의 작용으로 부패가 일어나므로 생균수는 식품의 부패 진행과 밀접한 관계가 있고, 식품 신선도 판정의 유력한 지표가 된다.

34 살균 소독제의 사용상 주의사항으로 잘못된 것은?

① 살균제는 지속성과 즉효성이 있어야 한다.
② 살균제의 살포는 정기적으로 하여야 한다.
③ 약제 살포는 실내에서만 하여야 한다.
④ 제품의 유효기간이 있는 경우 이를 지켜야 한다.

35 다음 중 열에 가장 강한 식중독 원인균은?

① 보툴리누스균
② 살모넬라균
③ 병원성 대장균
④ 장염 비브리오균

해설

보툴리누스균은 그람양성 간균으로 내열성 아포를 형성하고, 편성 혐기성이다. 열에 가장 강하며, 치사율 또한 가장 높고, 신경마비가 특징적 증상이며 살균이 불충분한 통조림 식품이나 진공포장식품에서 잘 번식한다.

36 닭, 오리, 칠면조 등 가금류의 도살방법 중 맞지 않는 것은?

① 도살은 전살법, 자격법 또는 CO_2 가스법을 이용한다.
② 도축장에서 반출되는 식육의 심부온도는 2℃ 이하로 유지되어야 한다.
③ 식육가공품 또는 포장육의 원료로 사용하는 식육은 5℃ 이하의 온도를 유지할 수 있는 냉각탱크에 24시간까지 보관할 수 있다.
④ 세척냉각수는 포장 시의 습기흡수율 및 수분함유율을 최대한으로 하도록 하여야 한다.

해설

가축의 도살 · 처리 및 집유의 기준(축산물 위생관리법 시행규칙 별표 1)
세척냉각수는 포장 시의 습기흡수율 및 수분함유율을 최소한으로 하도록 하여야 한다.

37 매출액이 2,000만원이고 매출이익이 700만원일 때 매출이익률은?

① 25% ② 30%
③ 35% ④ 40%

해설

매출이익률 = 매출이익 / 매출액 × 100

38 소의 육량등급 판정기준에 사용되는 것은?

① 육 색
② 배최장근단면적
③ 성숙도
④ 근육 내 지방침착도

해설

소도체의 육량등급 판정기준(축산물 등급판정 세부기준 제4조제1항)
소도체의 육량등급판정은 등지방두께, 배최장근단면적, 도체의 중량을 측정하여 규정에 따라 산정된 육량지수에 따라 A, B, C의 3개 등급으로 구분한다.

39 작업실 안은 작업과 검사가 용이하도록 자연채광 또는 인공조명장치를 하고 환기장치를 하여야 한다. 검사장소의 경우 밝기의 권장기준은?

① 220lx 이상 ② 320lx 이상
③ 540lx 이상 ④ 640lx 이상

해설

검사장소의 경우에는 540lx 이상 권장한다(축산물 위생관리법 시행규칙 별표 10).

40 영업소 또는 업소의 위생관리에 관한 설명 중 틀린 것은?

① 작업실, 작업실의 출입구, 화장실 등은 청결한 상태를 유지하여야 한다.
② 축산물과 직접 접촉되는 장비·도구 등의 표면은 흙, 고기 찌꺼기, 털, 쇠붙이 등 이물질이나 세척제 등 유해성 물질이 제거된 상태이어야 한다.
③ 작업실은 축산물의 오염을 최소화하기 위하여 가급적 바깥쪽부터 처리·가공·유통공정의 순서대로 설치한다.
④ 작업 중 화장실에 갈 때에는 앞치마와 장갑을 벗어야 한다.

> **해설**
> 작업실은 축산물의 오염을 최소화하기 위하여 가급적 안쪽부터 처리·가공·유통공정의 순서대로 설치하고, 출입구는 맨 바깥쪽에 설치하여 출입 시 발생할 수 있는 축산물의 오염을 최소화하여야 한다(축산물 위생관리법 시행규칙 별표 2).

41 열과 소금에 대한 저항성이 강하고, 절임육을 녹색으로 변화시키는 것으로 알려진 세균은?

① 살모넬라(*Salmonella*)
② 슈도모나스(*Pseudomonas*)
③ 락토바실러스(*Lactobacillus*)
④ 바실러스(*Bacillus*)

> **해설**
> 락토바실러스 속은 미호기성이며 운동성이 없고 색소를 생성하지 않는 무포자균이다. 다만, 우유와 버터를 변패시키고 육류, 소시지, 햄 등의 표면에 점질물(녹색 형광물)을 생성하는 등 부패를 일으키기도 한다.

42 가축 도축 후 고기가 질겨지는 근육수축과 가장 관계가 깊은 것은?

① Fe ② Cu
③ Ca ④ Mg

43 식육의 연화제로 주로 사용되는 식물성 효소는?

① 파파인 ② 라이페이스
③ 펩 신 ④ 크레아틴

> **해설**
> 식육 연화제로 파인애플(파파인)이 연화효과가 가장 좋고, 파파야, 무화과, 키위, 배 순으로 효과가 있는 것으로 나타났다.

44 육제품 제조 시 원료육에 요구되는 기능적 특성이 아닌 것은?

① 보수성
② 결착력
③ 유화력
④ 수분활성도

> **해설**
> **원료육의 기능적 특성** : 보수성, 육색, 연도, 구조·조직·견도, 풍미 등

45 육제품 제조 시 첨가되는 소금의 역할이 아닌 것은?

① 결착력 증가 ② 향미 증진
③ 저장성 증진 ④ 지방산화 억제

해설

소금은 육가공 제품의 향기를 증진시키고 염용성 단백질을 용해시키며, 미생물의 성장 억제와 저장성 증진에 기여한다.

46 축산물가공업 영업자 및 식육포장처리업 영업자는 이물이 검출되지 아니하도록 필요한 조치를 하여야 한다. 소비자로부터 이물 검출 등 불만사례 등을 신고 받은 경우 행동요령에 대해 잘못 설명한 것은?

① 소비자로부터 이물 검출 등 불만사례 등을 신고 받은 경우 그 내용을 기록하여 1년간 보관하여야 한다.
② 소비자가 제시한 이물 등의 증거품은 6개월간 보관하여야 한다.
③ 부패·변질의 우려가 있는 경우에는 2개월간 보관할 수 있다.
④ 부패·변질의 우려가 있는 경우에는 4개월간은 사진으로 보관하여야 한다.

해설

축산물가공업 영업자 및 식육포장처리업 영업자는 이물이 검출되지 아니하도록 필요한 조치를 하여야 하고, 소비자로부터 이물 검출 등 불만사례 등을 신고 받은 경우 그 내용을 기록하여 2년간 보관하여야 하며 이 경우 소비자가 제시한 이물 등의 증거품은 6개월간 보관하여야 한다. 다만, 부패·변질의 우려가 있는 경우에는 2개월간 보관할 수 있으며 남은 4개월간은 사진으로 보관하여야 한다(축산물 위생관리법 시행규칙 별표 12).

47 식육즉석판매가공업에서 식육에 이물이 혼입된 경우 1차 위반 시 행정처분기준은?

① 경 고
② 영업정지 7일
③ 영업정지 15일
④ 영업정지 30일

해설

식육즉석판매가공업의 행정처분기준(축산물 위생관리법 시행규칙 별표 11)

위반행위	행정처분기준		
	1차 위반	2차 위반	3차 이상 위반
이물이 혼입된 경우			
1) 식육에 이물이 혼입된 경우	경 고	영업정지 7일	영업정지 15일
2) 식육가공품에 기생충 또는 그 알, 금속, 유리가 혼입된 경우	영업정지 2일과 해당 제품 폐기	영업정지 5일과 해당 제품 폐기	영업정지 10일과 해당 제품 폐기
3) 식육가공품에 칼날이나 동물(쥐 등 설치류 및 바퀴벌레)의 사체가 혼입된 경우	영업정지 5일과 해당 제품 폐기	영업정지 10일과 해당 제품 폐기	영업정지 20일과 해당 제품 폐기
4) 식육가공품에 2) 및 3) 외의 이물이 혼입된 경우	경 고	영업정지 2일	영업정지 3일

45 ④ 46 ① 47 ① **정답**

48 축산물(포장육·식육가공품·유가공품·알가공품을 말함)의 가공 또는 포장처리를 축산물가공업의 영업자 또는 식육포장처리업의 영업자에게 의뢰하여 가공 또는 포장처리된 축산물을 자신의 상표로 유통·판매하는 영업은 무엇인가?

① 도축업
② 식육포장처리업
③ 식육판매업
④ 축산물유통전문판매업

> **해설**
> 영업의 세부 종류와 범위(축산물 위생관리법 시행령 제21조제7호)
> 축산물유통전문판매업 : 축산물(포장육·식육가공품·유가공품·알가공품을 말함)의 가공 또는 포장처리를 축산물가공업의 영업자 또는 식육포장처리업의 영업자에게 의뢰하여 가공 또는 포장처리된 축산물을 자신의 상표로 유통·판매하는 영업

49 뼈가 있는 채 가공한 햄은?

① Loin Ham
② Shoulder Ham
③ Picnic Ham
④ Bone-in Ham

> **해설**
> 레귤러 햄(Regular Ham) : 돼지 뒷다리를 이용하여 뼈가 있는 상태에서 정형, 훈연, 가열처리하여 제조된 햄이다. 뼈를 제거하지 않았기 때문에 본인 햄(Bone-in Ham)이라고도 한다.

50 고기를 숙성시키는 가장 중요한 목적은?

① 육색의 증진
② 보수성 증진
③ 위생안전성 증진
④ 맛과 연도의 개선

> **해설**
> 숙성의 목적은 연도를 증가시키고 풍미를 향상시키기 위함이다.

51 다음 축산물 유통에 관련한 내용 중 가장 바르지 않은 것은?

① 생산의 경우에는 연중 가능하지만, 수요의 경우에는 계절에 따라 변동된다.
② 상품의 부패성이 강하다.
③ 공급이 비탄력적이다.
④ 유통절차가 단순해 비용은 적게 소요된다.

> **해설**
> 유통절차가 복잡해서 비용이 과다로 소용된다.

52 식육의 부패가 진행되면 pH의 변화는?

① 산 성
② 중 성
③ 알칼리성
④ 변화 없다.

> **해설**
> 식육의 부패는 미생물의 번식으로 단백질이 분해되어 아민, 암모니아, 악취 등이 발생하는 현상으로 pH는 산성에서 알칼리성으로 변한다.

53 반응속도에 영향을 미치는 환경적 인자 중 가장 중요한 것은?

① 온 도
② 습 도
③ pH
④ 수 분

> **해설**
> 반응속도에 영향을 미치는 환경적 인자 중 가장 중요한 것이 온도이다.

54 소의 고온숙성 조건을 변하게 하는 요인 중에서 특히 중요한 역할을 하는 것은?

① 지방의 두께
② 지방의 질
③ 도체 크기
④ 도체 모양

> **해설**
> 소에 있어서는 연령, 도체 크기, 도체 모양, 지방 두께에 의해 고온숙성 조건이 변하게 되는데, 특히 지방의 두께가 중요한 역할을 한다.

55 생육인데도 불구하고 삶은 것과 같은 검푸른 외관을 나타내며 심한 냄새가 나는 육은?

① 성취(Sex Odor)육
② Two Toning육
③ PSE육
④ 질식육(Suffocated Meat)

56 온도 조절에 의한 식품저장에 대한 설명 중 맞는 것은?

① 통조림 식품의 내용물이 액체이든 고체이든 냉점의 위치는 변하지 않는다.
② 냉장고 기본 원리는 압축 – 응축 – 팽창 – 증발이다.
③ 식품의 pH가 4.5 이상인 저산성식품은 100℃ 이하에서 가열 살균한다.
④ 식품의 pH가 4.5 미만인 산성식품 또는 고산성식품은 121℃에서 가열 살균한다.

> **해설**
> ① 통조림 식품의 내용물이 액체인지 고체인지에 따라 냉점의 위치는 변한다.
> ③ 식품의 pH가 4.5 이상인 저산성식품은 121℃에서 가열 살균한다.
> ④ 식품의 pH가 4.5 미만인 산성식품 또는 고산성식품은 100℃ 이하에서 가열 살균한다.

57 식육시설 위생으로 부적절한 것은?

① 바닥은 세정하기 쉽게 미끄럼이 좋은 재료를 사용한다.

② 기계부품은 10% 정도의 예비품을 비축한다.

③ 방충을 위한 시설을 갖추어야 한다.

④ 바닥과 벽의 이음 부분은 둥글게 하여 세정이 용이하도록 한다.

해설

식육시설은 기계부품의 10% 정도의 예비품을 비축해야 하고, 방충을 위한 시설을 갖추어야 하며 바닥과 벽의 이음 부분을 둥글게 하여 세정이 용이하도록 해야 한다.

58 산화방지제에 해당하는 식품첨가물은?

① 에리토브산나트륨

② 아질산이온

③ 소브산

④ 프로피온산

해설

식품첨가물의 가장 중요한 역할은 '식품의 보존성을 향상시켜 식중독을 예방한다'는 것이다. 식품에 포함되어 있는 지방이 산화되면 과산화지질이나 알데하이드가 생성되어 인체 위해요소가 될 수 있으며, 또한 식품 중 미생물은 식품의 변질을 일으킬 뿐 아니라 식중독의 원인이 되므로, 이를 방지하기 위해 산화방지제, 보존료, 살균제 등의 식품첨가물이 사용되고 있다. 산화방지제는 산소에 의해 지방성 식품과 탄수화물 식품의 변질을 방지하는 화학물질이다. 식품첨가물로 BHA(뷰틸하이드록시아니솔), BHT(다이뷰틸하이드록시톨루엔), 에리토브산, 에리토브산나트륨, 구연산이 해당된다.

59 훈연 연기성분과 거리가 먼 것은?

① 폼알데하이드(Formaldehyde)

② 페놀(Phenol)

③ 말론알데하이드(Malonaldehyde)

④ 알코올(Alcohol)

해설

훈연 연기성분 : 페놀류, 유기산, 카보닐, 알코올 등

60 다음 축산물 유통에 관한 내용 중 도매시장의 필요성으로 바르지 않은 것은?

① 국가 유사시 식육배급기지의 역할

② 소량거래 및 거래욕구의 충족

③ 정부의 식육유통정책의 구현

④ 거래총수의 최소화

해설

대량거래 및 거래욕구의 충족이다. 이외에 매점매석의 가능성 억제도 있다.

2023년
제 1 회

과년도 기출복원문제

01
다음은 2019년 8월 23일부터 본격 시행된 산란일자 표시내용이다. 사육환경 2번에 해당하는 것은?

① 방사 사육　　② 축사 내 평사
③ 개선된 케이지　④ 기존 케이지

해설

달걀 껍데기의 사육환경번호 표시방법(식품 등의 표시기준 별도 5)

번 호	사육환경	내 용
1	방사 사육	「동물보호법 시행규칙」 별표 6의 산란계의 자유방목 기준을 충족하는 경우
2	축사 내 평사	「축산법 시행령」 별표 1에서 정한 가축 마리당 사육시설 면적 중 산란계 평사 기준 면적을 충족하는 시설에서 사육한 경우. 다만, 축사 내 개방형 케이지를 포함
3	개선된 케이지 ($0.075m^2$/마리)	「축산법 시행령」 별표 1에서 정한 가축 마리당 사육시설 면적 중 산란계 케이지 기준면적을 충족하는 시설에서 사육한 경우로서 사육밀도가 마리당 $0.075m^2$ 이상인 경우
4	기존 케이지 ($0.05m^2$/마리)	「축산법 시행령」 별표 1에서 정한 가축 마리당 사육시설 면적 중 산란계 케이지 기준면적을 충족하는 시설에서 사육한 경우로서 사육밀도가 마리당 $0.075m^2$ 미만인 경우

02
다음 영문명 및 약자의 예시 중 가장 거리가 먼 것은?

① Best before date
② Date of Minimum Durability
③ BBE
④ Exp(Expire)

해설

• '소비기한'이라 함은 식품 등에 표시된 보관방법을 준수할 경우 섭취하여도 안전에 이상이 없는 기한을 말한다(소비기한 영문명 및 약자 예시 : Use by date, Expiration date, EXP, E).
• '품질유지기한'이라 함은 식품의 특성에 맞는 적절한 보존방법이나 기준에 따라 보관할 경우 해당 식품 고유의 품질이 유지될 수 있는 기한을 말한다(품질유지기한 영문명 및 약자 예시 : Best before date, Date of Minimum Durability, Best before, BBE, BE). "Best before ○○"(약칭 BE, BBE), "CONSUME BEFORE ○○", "Best if used by ○○", "Best by ○○" 등은 모두 "○○일 이전에 섭취하는 게 좋음", "○○일 이전에 섭취하시오"라는 뜻을 갖고 있다.

03 한우의 등급이 아닌 것은?

① 1^{++}등급
② A등급
③ 등외등급
④ D등급

해설

소도체의 육질등급판정은 등급판정부위에서 측정되는 근내지방도(Marbling), 육색, 지방색, 조직감, 성숙도에 따라 1^{++}, 1^+, 1, 2, 3의 5개 등급으로 구분하고, 소도체의 육량등급판정은 등지방두께, 배최장근단면적, 도체의 중량을 측정하여 육량지수에 따라 A, B, C의 3개 등급으로 구분한다. 소도체가 도체중량이 150kg 미만인 왜소한 도체로서 비육상태가 불량한 경우 등에 해당하는 경우에는 육량등급과 육질등급에 관계없이 등외등급으로 판정한다.
※ 축산물 등급판정 세부기준 제4조~제6조 참고

04 1995년 2월 6일 서울특별자치시와 제주특별자치시를 시작으로 축산물 등급 거래 지역이 지정·시행되었다. 축산법 제35조제3항의 규정에 따른 축산물 등급 거래 지역 내 축산물의 종류에 해당하는 것은?

① 소·돼지의 도체
② 소·돼지·닭의 도체
③ 소·돼지·닭·말의 도체
④ 계란과 소·돼지·닭·말의 도체와 닭의 부분육

해설

축산법 제35조제3항의 규정에 따라 농림축산식품부장관은 등급판정을 받은 축산물 중 농림축산식품부령으로 정하는 축산물(소 및 돼지의 도체)에 대하여는 그 거래 지역 및 시행 시기 등을 정하여 고시하여야 한다.

05 현행 이력관리대상가축이 아닌 것은?

① 소
② 돼지
③ 오리
④ 말

해설

이력관리대상가축이란 소, 돼지, 닭, 오리를 말한다(가축 및 축산물 이력관리에 관한 법률 제2조제1항).

06 도체중량이 150kg 미만인 왜소한 소도체로서 비육상태가 불량한 경우 부여되는 등급은?

① 1등급
② 2등급
③ 3등급
④ 등외등급

해설

소도체의 등외등급 판정기준(축산물 등급판정 세부기준 제6조)
소도체가 다음의 하나에 해당하는 경우에는 육량등급과 육질등급에 관계없이 등외등급으로 판정한다.
• 성숙도 구분기준 번호 8, 9에 해당하는 경우로서 늙은 소 중 비육상태가 매우 불량한(노폐우) 도체이거나, 성숙도 구분기준 번호 8, 9에 해당되지 않으나 비육상태가 불량하여 육질이 극히 떨어진다고 인정되는 도체
• 방혈이 불량하거나 외부가 오염되어 육질이 극히 떨어진다고 인정되는 도체
• 상처 또는 화농 등으로 도려내는 정도가 심하다고 인정되는 도체
• 도체중량이 150kg 미만인 왜소한 도체로서 비육상태가 불량한 경우
• 재해, 화재, 정전 등으로 인하여 특별시장·광역시장 또는 도지사가 냉도체 등급판정방법을 적용할 수 없다고 인정하는 도체

07 해당 식품의 원래 표시사항을 변경하여서는 아니 되는 경우로 맞지 않는 것은? (다만, 내용량, 영업소의 명칭 및 소재지, 용기 · 포장재질, 영양성분 표시는 소분 또는 재포장에 맞게 표시하여야 한다)

① 즉석판매제조 · 가공업소에서 식품제조 · 가공업 영업자가 제조 · 가공한 식품을 최종 소비자에게 덜어서 판매하는 경우

② 식육즉석판매가공업소에서 식육가공업 영업자가 제조 · 가공한 축산물을 최종 소비자에게 덜어서 판매하는 경우

③ 식용란수집판매업의 영업자가 달걀을 재포장하여 판매하는 경우. 다만, 제품명의 경우(수입달걀 포함)에는 재포장에 따라 변경하여 표시할 수 있다.

④ 식품소분업소에서 식품을 소분하여 재포장한 경우

> **해설**
> ③ 식용란수집판매업의 영업자가 달걀을 재포장하여 판매하는 경우. 다만, 제품명의 경우(수입달걀 제외)에는 재포장에 따라 변경하여 표시할 수 있다(식품 등의 표시기준).

08 다음 소의 품종 중 비육우는?

① 앵거스(Angus)
② 건지(Guernsey)
③ 저지(Jersey)
④ 홀스타인(Holstein)

> **해설**
> ②, ③, ④는 유용종이다.

09 신맛과 청량감을 부여하고 염지반응을 촉진시켜 가공시간을 단축할 수 있어 주로 생햄이나 살라미 제품에 이용되는 것은?

① 염미료
② 감미료
③ 산미료
④ 지미료

> **해설**
> 산미료는 식품을 가공하거나 조리할 때 적당한 신맛을 주어 청량감과 상쾌감을 주는 식품첨가물로, 소화액의 분비 촉진과 식욕 증진효과가 있다.

10 다음 중 식육에서 발생하는 병원성 미생물에 속하지 않는 것은?

① 스타필로코커스(Staphylococcus)속 균
② 클로스트리듐(Clostridium)속 균
③ 슈도모나스(Pseudomonas)속 균
④ 살모넬라(Salmonella)속 균

> **해설**
> 슈도모나스(Pseudomonas)속 균은 부패성 미생물이다.

11 다음 중 식육의 화학적 식중독과 관련된 화학물질과 가장 거리가 먼 것은?

① 향신료   ② 보존제
③ 표백제   ④ 소 금

> **해설**
> 식육의 화학적 식중독은 색소, 보존제, 표백제, 향신료 등 화학적 식품첨가물의 법적 허용기준을 초과한 과다 사용, 사용금지된 첨가물의 사용 등이 원인이다.

12 다음 중 염지의 효과로 가장 거리가 먼 것은?

① 발색 증진
② 풍미 증진
③ 건강성 증진
④ 보수성 증진

해설
식육 염지의 효과
• 육제품의 색을 아름답게 한다.
• 육제품의 풍미를 증진시킨다.
• 세균 성장을 억제한다.
• 염지육의 저장성을 증가시킨다.

13 돼지의 품종에 해당하는 것은?

① 버크셔
② 흑모화종
③ 갈모화종
④ 무각화종

해설
버크셔종(Berkshire)은 영국이 원산지이고, 검은 피모색에 6군데의 흰 부위를 가지고 있는 품종이다.

14 다음 미생물 중 그람 양성 포자형성 간균은?

① 클로스트리듐(*Clostridium*)
② 마이크로코커스(*Micrococcus*)
③ 스타필로코커스(*Staphylococcus*)
④ 엔테로박테리아(*Enterobacteria*)

해설
②·③은 그람 양성구균, ④는 통성혐기성 그람 음성 간균이다.

15 다음 중 쇠고기를 생식하거나 완전히 익히지 않고 섭취한 경우 감염되는 기생충은?

① 선모충
② 유구조충
③ 무구조충
④ 갈고리촌충

해설
무구조충은 민촌충이라고도 하며 근육 속에 낭충의 형태로 존재하는데, 감염된 쇠고기를 생식하거나 완전히 익히지 않고 섭취하면 감염된다.

16 보존료의 구비조건이 아닌 것은?

① 미생물의 발육 저지력이 강할 것
② 독성이 없고 값이 저렴할 것
③ 색깔이 양호할 것
④ 미량으로 효과가 있을 것

17 다이옥신이 인체 내에 잘 축적되는 이유는?

① 물에 잘 녹기 때문
② 지방에 잘 녹기 때문
③ 극성을 갖고 있기 때문
④ 주로 호흡기를 통해 흡수되기 때문

18 방혈공정에 대한 주의사항으로 틀린 것은?

① 칼날은 너무 깊게 들어가지 않게 한다.
② 한 번 사용한 자도는 매번 뜨거운 물로 소독한다.
③ 자도의 삽입 시 절개 부위는 가능한 적게 한다.
④ 방혈은 미생물의 오염을 방지하기 위해 천천히 작업한다.

해설
도살 후 방혈은 가능한 빨리 실시하여야 한다.

19 다음 중 도축단계의 위생관리 시 고려해야 할 사항이 아닌 것은?

① 먹이를 주지 않는다.
② 운반 후 적절한 휴식시간을 준다.
③ 급수를 자유롭게 한다.
④ 가능한 거리와 수송시간을 늘려 가축을 안정시킨다.

해설
가축의 수송거리와 수송시간은 짧은 것이 좋다.

20 HACCP 도입 효과에 대한 설명으로 틀린 것은?

① 위생관리의 효율성이 도모된다.
② 적용 초기 시설·설비 등 관리에 비용이 적게 들어 단기적인 이익의 도모가 가능하다.
③ 체계적인 위생관리 체계가 구축된다.
④ 회사의 이미지 제고와 신뢰성 향상에 기여한다.

해설
② 위해요소 관리 및 개선조치 등에 소요되는 시간, 비용, 인원 등의 부담이 가중될 수 있다. 소규모 업체의 경우 시설 투자를 필요로 함으로써 많은 자본금이 소요된다.

21 식품의 기준 및 규격상 식육가공품 및 포장육 작업장의 실내온도는 몇 ℃ 이하로 유지 관리하여야 하는가?(단, 가열처리 작업장은 제외)

① 5℃ 이하
② 10℃ 이하
③ 15℃ 이하
④ 18℃ 이하

해설
식품의 기준 및 규격(식품의약품안전처고시 제2024-35호)
식육가공품 또는 포장육 작업장의 실내온도는 15℃ 이하로 유지 관리하여야 한다(다만, 가열처리작업장은 제외).

22 포자형성균의 멸균에 가장 좋은 방법은?

① 자비소독법
② 저온살균법
③ 고압증기멸균법
④ 초고온순간살균법

해설
고압증기멸균법 : 고압솥 이용, 2기압 121℃에서 15~20분간 소독 → 아포를 포함한 모든 균 사멸(고무제품, 유리기구, 의류, 시약, 배지 등)

23 식품위생법의 목적이 아닌 것은?

① 식품으로 인하여 생긴 위생상의 위해를 방지
② 식품의 양적 소비 진작
③ 식품에 관한 올바른 정보 제공
④ 국민 건강의 보호·증진에 이바지

해설
식품위생법은 식품으로 인하여 생기는 위생상의 위해를 방지하고 식품영양의 질적 향상을 도모하며 식품에 관한 올바른 정보를 제공함으로써 국민 건강의 보호·증진에 이바지함을 목적으로 한다(식품위생법 제1조).

24 부분육의 장기 저장을 위한 포장방법으로 부적합한 것은?

① 진공 포장
② 가스치환 포장
③ 수축 포장
④ 랩 포장

해설
랩 포장은 저장기간이 짧지만 소비자가 선호하는 선홍색의 육색을 부여하기 위하여 포장 내의 산소 농도를 높게 유지시킬 수 있다.

25 고기의 급속동결 시 최대빙결정생성대는?

① 0~1℃
② −1~0℃
③ −5~−1℃
④ −10~−5℃

해설
최대빙결정생성대 : 냉동 저장 중 빙결정(얼음결정)이 가장 크고 많이 생성되는 온도 구간(−5~−1℃)

26 식육을 냉장 보관함으로써 얻을 수 있는 효과가 아닌 것은?

① 부패성 세균의 사멸
② 자가소화 효소의 활성 억제
③ 식중독균의 증식 저지
④ 부패균의 증식 억제

해설
식육을 냉장 보관한다고 하여 세균이 사멸하는 것은 아니다. 증식을 억제하는 효과를 얻는 것이다.

27 육제품의 내포장재로 이용되는 식육케이싱의 장점이 아닌 것은?

① 훈연성이 좋다.
② 저장성이 좋다.
③ 밀착성이 좋다.
④ 제품의 외관이 좋다.

해설
식육케이싱은 저장기간이 짧으므로 저장 중 위생적인 취급이 필요하다.

28 아질산염의 첨가로 아민류와 반응하여 생성되는 발암 의심 물질은?

① Nitrosyl Hemochrome
② Nitroso-myochromogen
③ Nitrosamine
④ Nitroso Metmyoglobin

해설
나이트로사민(Nitrosamine)은 강력한 발암물질로, 토양이나 음식물의 저장 상태에 존재하거나, 구워 먹는 육류나 생선 등 각종 음식물에 광범위하게 존재하는 제2급 아민류와 아질산염이 반응하여 가열하는 과정 중에 생성된다.

29 도축 시 클린존(청정지역)에서 작업하는 공정은?

① 머리절단 공정
② 탈모작업 공정
③ 항문 및 내장적출 공정
④ 도체의 기계박피작업 공정

30 육의 저장법으로 이용되지 않는 방법은?

① 염장법   ② 냉동법
③ 훈연법   ④ 주정처리법

해설
육의 저장법 : 염장법, 냉동법, 훈연법, 건조법 등

31 다음 중 보수성이 낮아 가공적성이 가장 부적합한 것은?

① 정상육
② PSE육
③ DFD육
④ pH가 높은 육

해설
PSE육 : 색이 창백하고(Pale), 조직의 탄력성이 없으며(Soft), 육즙이 분리되는(Exudative) 고기로 주로 돼지에서 발생한다.

32 일반 가공 육제품의 훈연방법 중 15~30℃에서 훈연하여 처리시간이 길어 감량이 크다는 결점이 있으나 건조·숙성이 일어나 보존성이 좋고 풍미가 뛰어난 것은?

① 냉훈법   ② 고훈법
③ 온훈법   ④ 액훈법

해설
육제품의 훈연방법에는 냉훈법(10~30℃), 온훈법(30~50℃), 열훈법(50~80℃), 액훈법, 정전기적 훈연법 등이 있다.

33 소시지 표면에 녹변현상이 발생하는 원인은?

① 훈연기 내 제품 과다 투입
② 염지액의 분포 불량
③ 냉장보관상태 불량으로 인한 2차 오염
④ PSE 이상육을 다량 사용

해설

헴(Heme)을 함유하는 식품, 특히 식육, 육제품에서 볼 수 있는 초록 또는 초록회색의 변색을 녹변현상이라고 한다. 이는 식육에 함유된 마이오글로빈 중의 힘의 포르피린 링이 산화적 변화를 받거나 파괴됨으로써 녹색 물질이 생기는 것에 의한다. 따라서 냉장보관상태 불량으로 인한 2차 오염이 원인이 된다.

34 원료육의 보수력을 높여주는 요인이 아닌 것은?

① 아질산염 첨가
② 식염 첨가
③ 인산염 첨가
④ 온도체 가공

해설

아질산염은 아질산나트륨 또는 아질산칼륨을 말한다. 햄, 소시지, 이크라(Ikura) 등에 색소를 고정시키기 위해 사용되며, 가열조리 후 선홍색의 유지에도 도움이 된다.

35 소금 첨가로 미생물 생육이 억제되는 이유가 아닌 것은?

① 탈수작용으로 미생물 세포 내 수분을 빼앗는다.
② 원료육의 효소 활성을 저해한다.
③ 염지육의 산소 용해도를 증가시킨다.
④ 삼투압을 높여 미생물 세포의 원형질을 분리한다.

36 식육의 고깃덩어리를 염지한 것이나 이에 식품 또는 식품첨가물을 가한 후 숙성·건조하거나 훈연 또는 가열처리한 것은? (단, 육함량 75% 이상, 전분 8% 이하의 것을 말한다)

① 식육추출가공품
② 건조저장육
③ 프레스 햄
④ 베이컨류

해설

프레스 햄 : 식육의 고깃덩어리를 염지한 것이나 이에 식품 또는 식품첨가물을 가한 후 숙성·건조하거나 훈연 또는 가열처리한 것으로 육함량 75% 이상, 전분 8% 이하의 것을 말한다.

37 육조직 중의 결체조직인 콜라겐은 가열에 의해 무엇으로 변하는가?

① 엘라스틴   ② 알부민
③ 젤라틴   ④ 글로불린

해설

젤라틴은 동물의 뼈, 가죽, 결합조직에 함유된 경단백질인 콜라겐이 물과 함께 가열될 때, 변성하여 용해되어 콜로이드상으로 용출한 것이다.

38 신선육을 가공할 때 기능적 특성에 속하지 않는 것은?

① 보수성 ② 유화성
③ 결착성 ④ 정형성

39 세균의 분류 시 이용되는 기본 성질이 아닌 것은?

① 세포의 형태
② 포자의 형성 유무
③ 그람 염색성
④ 항생물질에 대한 반응성

> **해설**
> 세균의 분류 항목으로 균의 형태, 그람 염색성, 산소 요구성, 포자의 형성 유무, 호염성 또는 내염성 및 삼투압성 등이 있다.

40 식육의 위생, 부패와 관련된 균 중에서 중온균의 최적 성장온도는 몇 도인가?

① 4~10℃
② 10~20℃
③ 25~40℃
④ 40~50℃

> **해설**
> 일반적으로 미생물은 생육에 가장 적당한 온도가 있고, 그 온도보다 높거나 낮으면 발육이 늦어진다. 최적온도는 저온균(수중세균, 발광세균, 일부 부패균 등) 15~20℃, 중온균(곰팡이, 효모, 병원균 등) 25~40℃, 고온균 50~60℃이다.

41 식품공장에서 오염되는 미생물의 오염 경로 중 1차적이며 가장 중시되는 오염원은?

① 원재료 및 부재료의 오염
② 가공공장의 입지 조건
③ 천장, 벽, 바닥 등의 재질
④ 공기 중의 세균이나 낙하균

42 다음 중 열에 가장 강한 성질을 나타내는 식중독 원인균은?

① 포도상구균
② 장염 비브리오균
③ 살모넬라균
④ 보툴리누스균

> **해설**
> 클로스트리듐 보툴리눔균(*Clostridium Botulinum*)은 식중독을 일으키는 균으로, 편성혐기성균이며 아포를 형성하고 내열성이 있다. 특히, A형, B형의 아포는 내열성이 강하여 100℃로 6시간 이상 또는 120℃로 4분 이상 가열해야 사멸시킬 수 있다.

43 캔 제품에서도 포자의 형태로 생존할 수 있어 심각한 식중독 원인이 될 수 있으며, 특히 아질산염에 약한 병원성 세균은?

① 살모넬라
② 리스테리아
③ 대장균
④ 클로스트리듐 보툴리눔

해설
클로스트리듐 보툴리눔균은 육제품 제조과정에서 염지를 실시할 때 아질산의 첨가로 억제된다.

44 산소가 있거나 또는 없는 환경에서도 잘 자랄 수 있는 균은?

① 혐기성균
② 호기성균
③ 편성혐기성균
④ 통성혐기성균

해설
미생물은 유리산소가 존재하는 환경에서만 발육할 수 있는 호기성균과 이와 같은 환경에서는 발육할 수 없는 혐기성균 그리고 호기적 및 혐기적 조건 어느 곳에서도 발육할 수 있는 통성혐기성균으로 나뉜다.

45 식품의 점도를 증가시키고 교질상의 미각을 향상시키는 효과가 있는 첨가물은?

① 증점제   ② 유화제
③ 품질개량제   ④ 산화방지제

해설
증점제 : 식품에 점착성을 증가시키고 유화, 안정성을 좋게 하여 식품가공에서 가열이나 보존 중에 선도를 유지하거나 형체를 보존

46 식육의 작업장 조건 중 병원성 미생물의 교차오염 및 성장에 영향을 미치는 요인이 아닌 것은?

① 보관온도
② 성분표시
③ 청소관리
④ 작업자 위생관리

47 동결저장 중 지속적으로 일어나는 변화가 아닌 것은?

① 산 패   ② 변 색
③ 탈수 건조   ④ 육즙 증가

해설
동결저장 중 산패, 변색, 탈수 건조는 지속적으로 일어나는 변화이다.

48 분할된 부분육의 보관과 유통 시 외부로부터 오염을 방지하고 수분 증발을 방지하기 위한 생육의 포장재료로 가장 부적당한 것은?

① 폴리에틸렌(PE)

② 염화비닐(PVC)

③ 염화비닐라이덴(PVDC)

④ 기름종이

해설

생육의 포장재로는 폴리에틸렌(PE), 폴리프로필렌(PP), 연질염화비닐(Plasticized PVC)과 같은 플라스틱 필름이나 마대 등이 이용된다.

49 육가공의 주요 대상이 되는 근육은?

① 심 근

② 골격근

③ 신경근

④ 평활근

해설

골격근은 액틴이나 마이오신과 같은 근원섬유 단백질이 주종을 이루고 있어 운동에 필요한 에너지원을 저장하고 있다.

50 근육의 수축 기작이 일어나는 기본적인 단위는?

① 근 절

② 근형질

③ 핵

④ 암 대

해설

근육이 수축되면 근절이 짧아지고 이완되면 근절이 길어진다.

51 다른 식육에 비하여 돼지고기에 특히 많이 함유된 비타민은?

① 비타민 A

② 비타민 B_1

③ 비타민 C

④ 비타민 E

해설

비타민 B군은 돼지고기에 가장 많이 함유되어 있는 비타민이다.

52 생육인데도 불구하고 삶은 것과 같은 검푸른 외관을 나타내며 심한 냄새가 나는 육은?

① 성취(Sex Odor)육

② Two Toning육

③ PSE육

④ 질식육(Suffocated Meat)

53 다음 육류 중 고기의 육색이 가장 짙은 것은?

① 송아지고기
② 쇠고기
③ 돼지고기
④ 닭고기

해설
가축별 전형적인 육색
• 쇠고기 : 선홍색
• 돼지고기 : 회홍색
• 닭고기 : 흰회색에서 어두운 적색
• 송아지 : 갈홍색

54 생체중 100kg인 비거세돈에서 가장 문제가 될 수 있는 육특성은?

① 육 색
② 풍 미
③ 다즙성
④ 지방색

해설
거세하지 않은 수퇘지의 경우 웅취라는 독특한 냄새를 유발해 소비자에게 불쾌감을 줄 소지가 있는데, 이는 풍미와 연관이 깊다.

55 일반적인 식육은 수분을 몇 % 정도 함유하는가?

① 약 50%
② 약 60%
③ 약 70%
④ 약 80%

해설
고기에는 70~75%의 수분이 들어 있으며 이는 육질에 커다란 영향력을 미친다.

56 다음 중 식육의 숙성을 가장 올바르게 설명한 것은?

① 근육 내의 pH가 최종 pH로 저하되는 것
② 근육 내의 ATP 수준이 높게 유지되는 과정
③ 근육의 장력이 떨어지고 육질이 유연해지는 현상
④ 근육의 신전성 및 유연성이 상실되는 시기

해설
식육의 숙성 중 사후경직에 의해 신전성을 잃고 단단하게 경직된 근육은 시간이 지남에 따라 점차 장력이 떨어지고 유연해져 연도가 증가한다.

57 소의 부위 중 생산수율(중량비율)이 가장 낮은 것은?

① 안 심
② 채 끝
③ 우 둔
④ 양 지

58 다음 중 결합조직이 아닌 것은?

① 교원섬유(Collagenous Fiber)
② 근섬유(Muscle Fiber)
③ 탄성섬유(Elastic Fiber)
④ 세망섬유(Reticular Fiber)

해설
식육이 질겨지는 원인인 결합조직은 교원섬유, 세망섬유, 탄성섬유이다.

59 쇠고기의 숙성에 대한 설명으로 옳은 것은?

① 도체 상태로 0℃ 이하에 보존한다.
② 사후경직이 끝난 도체를 부분육으로 분할, 진공포장 후 저온숙성으로 0~5℃에 보존한다.
③ 진공포장된 쇠고기 부분육을 -5~-2℃에 보존한다.
④ 부분육을 급속 동결하여 -18℃에 보존한다.

60 경직이 완료되고 최종 pH가 정상보다 높은 근육의 색은?

① 선홍색
② 암적색
③ 창백색
④ 적자색

57 ① 58 ② 59 ② 60 ② 정답

2023년 제2회

과년도 기출복원문제

01 식품 등의 표시기준 중 공통표시기준에 관한 내용이다. 맞지 않는 것은?

① 주표시면에는 제품명, 내용량 및 내용량에 해당하는 열량을 표시하여야 한다.

② 정보표시면에는 식품유형, 영업소(장)의 명칭(상호) 및 소재지, 소비기한(제조연월일 또는 품질유지기한), 원재료명, 주의사항 등을 표시사항 별로 표 또는 단락 등으로 나누어 표시하되, 정보표시면 면적이 100cm² 미만인 경우에는 표 또는 단락으로 표시하지 아니할 수 있다.

③ 달걀 껍데기의 표시사항은 6포인트 이상으로 할 수 있다.

④ 용기나 포장은 다른 업소의 표시가 있는 것을 사용할 수 있다.

해설

④ 용기나 포장은 다른 업소의 표시가 있는 것을 사용하여서는 아니 된다(식품 등의 표시기준).

02 다음은 '제조연월일'에 관한 설명이다. 맞지 않는 것은?

① 포장육은 원료포장육의 제조연월일로 한다.

② 식육즉석판매가공업 영업자가 식육가공품을 다시 나누어 판매하는 경우는 원료제품의 포장시점으로 한다.

③ 원료제품의 저장성이 변하지 않는 단순 가공처리만을 하는 제품은 원료제품의 포장시점으로 한다.

④ '제조연월일'이라 함은 포장을 제외한 더 이상의 제조나 가공이 필요하지 아니한 시점(포장 후 멸균 및 살균 등과 같이 별도의 제조공정을 거치는 제품은 최종공정을 마친 시점)을 말한다.

해설

② 식육즉석판매가공업 영업자가 식육가공품을 다시 나누어 판매하는 경우는 원료제품에 표시된 제조연월일로 한다(식품 등의 표시기준).

03 다음은 소도체의 근내지방도(BMS) 기준이다. 1등급에 해당하는 것은?

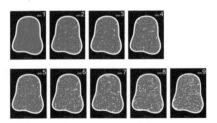

① 근내지방도 2번
② 근내지방도 4번
③ 근내지방도 6번
④ 근내지방도 8번

해설

근내지방도에 의한 등급기준(축산물 등급판정 세부기준 별도 4)
• 1^{++}등급 : No.7~No.9
• 1^{+}등급 : No.6
• 1등급 : No.4, No.5
• 2등급 : No.2, No.3
• 3등급 : No.1

04 닭의 등급이 아닌 것은?

① 1^{++}등급
② 1^{+}등급
③ 1등급
④ 2등급

해설

닭도체의 품질등급은 1^{+}등급, 1등급, 2등급으로 구분한다(축산법 시행규칙 별표 4).

05 다음은 축산법 제35조(축산물의 등급판정)에 관한 설명이다. 맞지 않는 것은?

① 농림축산식품부장관은 축산물의 품질을 높이고 유통을 원활하게 하며 가축 개량을 촉진하기 위하여 농림축산식품부령으로 정하는 축산물에 대하여는 그 품질에 관한 등급을 판정받게 할 수 있다.
② 등급판정의 방법·기준 및 적용조건, 그 밖에 등급판정에 필요한 사항은 농림축산식품부령으로 정한다.
③ 농림축산식품부장관은 등급판정을 받은 축산물 중 농림축산식품부령으로 정하는 축산물(소, 돼지, 닭, 말의 도체 및 정육)에 대하여는 그 거래 지역 및 시행 시기 등을 정하여 고시하여야 한다.
④ 고시지역 안에서 「축산물 위생관리법」에 따른 도축장을 경영하는 자는 그 도축장에서 처리한 축산물로서 등급판정을 받지 아니한 축산물을 반출하여서는 아니 된다. 다만, 학술연구용·자가소비용 등 농림축산식품부령으로 정하는 축산물은 그러하지 아니하다.

해설

농림축산식품부장관은 등급판정을 받은 축산물 중 농림축산식품부령으로 정하는 축산물(소 및 돼지의 도체)에 대하여는 그 거래 지역 및 시행 시기 등을 정하여 고시하여야 한다(축산법 제35조제3항).
※ 축산물 등급거래 규정(농림축산식품부고시) 참고

06 「물가안정에 관한 법률」제3조 규정에 의한 축산물의 가격표시제 실시요령에 관한 내용 중 틀린 것은?

① '사업자'란 상품을 일반 소비자에게 직접 판매하는 소매업자를 말한다.
② '단위가격'이란 상품의 가격을 단위당 (예시 : 1L, 100g)으로 나타내어 표시하는 가격을 말한다.
③ '권장소비자가격 등'이란 권장소비자 가격, 희망소비자가격 등의 명칭 여하를 불문하고 사업자가 표시하는 가격을 말한다.
④ 개개점포의 업태나 취급상품의 종류 및 내부 진열상태 등에 따라 개별상품에 표시하는 것이 곤란할 경우에는 종합적으로 제시하는 등 소비자가 가장 쉽게 알아볼 수 있는 방법으로 판매가격을 별도로 표시할 수 있다.

해설
정의(가격표시제 실시요령 제2조)
• '사업자'란 상품을 제조(가공 및 포장을 포함)·유통·수입하는 자로서 자신의 상품을 소비자에게 직접 판매하는 것을 업으로 하지 않는 자를 말한다.
• '판매업자'란 상품을 일반 소비자에게 직접 판매하는 소매업자를 말한다.

07 다음 중 닭고기 생산용 품종이 아닌 것은?

① 레그혼
② 코니시
③ 로드아일랜드레드
④ 플리머스록

해설
① 레그혼은 난용종이다.

08 현행 이력관리대상축산물에 대한 설명으로 적절한 것은?

① 개체식별번호가 부여된 이력관리대상가축이나 농장식별번호가 부여된 가축사육시설에서 사육한 돼지, 닭, 오리를 도축 처리하여 얻은 축산물로서 식용 및 가공용으로 제공되는 것
② 이력번호가 부여된 수입 쇠고기나 수입 돼지고기로서 가공용으로 제공되는 것
③ 농장식별번호가 부여된 가축사육시설에서 사육한 닭에서 판매를 목적으로 생산된 계란 중 식용 및 가공용으로 제공되는 것
④ 이력번호가 부여된 수입 돼지고기로서 식용으로 제공되는 것

해설
① 개체식별번호가 부여된 이력관리대상가축이나 농장식별번호가 부여된 가축사육시설에서 사육한 돼지, 닭, 오리를 도축 처리하여 얻은 축산물[지육(枝肉)이나 지육을 이용하여 생산한 정육 또는 포장육]로서 식용으로 제공되는 것
② 이력번호가 부여된 수입 쇠고기나 수입 돼지고기(지육이나 지육을 이용하여 생산한 정육 또는 포장육 및 그 밖에 농림축산식품부령으로 정하는 부산물)로서 식용으로 제공되는 것
③ 농장식별번호가 부여된 가축사육시설에서 사육한 닭에서 판매를 목적으로 생산된 계란 중 식용으로 제공되는 것
※ 가축 및 축산물 이력관리에 관한 법률 제2조 참고

09 고품질 소시지 생산을 위해 유화공정에서 특히 고려해야 할 요인이 아닌 것은?

① 세절온도
② 세절시간
③ 원료육의 보수력
④ 아질산염의 첨가량

> **해설**
> 고기 유화물에 영향을 주는 요인 : 원료육의 보수력, 세절온도, 세절시간, 배합성분과 비율, 가열 등

10 다음 중 소독효과가 거의 없는 것은?

① 알코올
② 석탄산
③ 크레졸
④ 중성세제

> **해설**
> ① 에틸알코올 70% 용액이 가장 살균력이 강하며 주로 손 소독에 이용한다.
> ② 세균단백질의 응고, 용해작용을 하며 평균 3% 수용액을 사용한다.
> ③ 석탄산의 약 2배의 소독력이 있으며 비누에 녹여 크레졸비누액으로 만들어 3% 용액으로 사용한다.

11 다음 식중독 중 감염형이 아닌 것은?

① 살모넬라균 식중독
② 포도상구균 식중독
③ 장염 비브리오균 식중독
④ 병원성 대장균 식중독

> **해설**
> ②는 독소형 식중독균이다.

12 다음 미생물 중 가장 넓은 pH 범위에서 생육하는 것은?

① 유산균
② 효 모
③ 곰팡이
④ 포도상구균

> **해설**
> pH 생육 범위 : 곰팡이 > 효모 > 유산균 > 포도상구균

13 어깨등심 부위를 가공한 햄은?

① 로인 햄(Loin Ham)
② 본인 햄(Bone in Ham)
③ 안심 햄(Tenderloin Ham)
④ 피크닉 햄(Picnic Ham)

> **해설**
> 피크닉 햄 : 목등심 또는 어깨등심 부위육을 가공한 햄

14 산화방지제의 특성은?

① 카보닐화합물 생성 억제
② 아미노산 생성 억제
③ 유기산 생성 억제
④ 지방산 생성 억제

15 식육을 다루는 작업원의 위생관리에 대한 설명으로 틀린 것은?

① 질병이 있는 사람은 반드시 마스크를 쓰고 작업해야 한다.
② 흡연을 하거나 껌을 씹어서는 안 된다.
③ 손톱은 짧고 청결하게 유지한다.
④ 머리는 자주 감아야 한다.

해설
질병이 있는 사람은 작업을 해서는 안 된다.

16 다음 중 자외선 살균 시 가장 효과적인 살균 대상은?

① 조리기구   ② 공기와 물
③ 작업자   ④ 식 기

해설
자외선 살균 시 살균효과는 대상물의 자외선 투과율과 관계가 있으며, 가장 유효한 살균 대상은 공기와 물이다.

17 육가공 공장에서 식육의 직접적인 오염원이 아닌 것은?

① 미생물   ② 농 약
③ 작업자   ④ 먼 지

해설
작업자는 간접적인 오염원으로 두발, 손톱 또는 취급 부주의로 식육을 오염시킬 수 있다.

18 다음 중 무구조충과 유구조충에 대한 감염방지책은?

① 채소의 충분한 세척
② 손, 발의 깨끗한 세척
③ 육류의 충분한 가열
④ 육류의 충분한 세척

해설
돼지고기를 덜 익히거나 생식할 경우 유구조충에 감염될 수 있고, 쇠고기를 덜 익히거나 생식할 경우 무구조충에 감염될 수 있다.

19 HACCP의 설명으로 틀린 것은?

① 예방적인 위생관리체계이다.
② HA와 CCP로 구성된다.
③ 기업의 이미지 제고와 신뢰성 향상 효과가 있다.
④ 사후에 발생할 우려가 있는 위해요소를 규명한다.

해설
HACCP(Hazard Analysis Critical Control Point)은 식품의 원재료 생산에서부터 제조, 가공, 보존, 조리 및 유통단계를 거쳐 최종 소비자가 섭취하기 전까지 각 단계에서 위해물질이 해당 식품에 혼입되거나 오염되는 것을 사전에 방지하기 위하여 발생할 우려가 있는 위해요소를 규명하고 이들 위해요소 중에서 최종 제품에 결정적으로 위해를 줄 수 있는 공정, 지점에서 해당 위해요소를 중점적으로 관리하는 예방적인 위생관리체계이다.

20 식육의 초기 부패판정과 거리가 먼 것은?

① 인 돌　　② 암모니아
③ 황화수소　④ 포르말린

해설

식육의 부패 시 단백질이 분해되어 아민, 암모니아, 인돌, 스카톨, 황화수소, 메탄 등이 생성된다.

21 돼지고기를 잘 익히지 않고 먹을 때 감염되는 기생충은?

① 회 충　　② 십이지장충
③ 요 충　　④ 선모충

해설

선모충은 사람, 개, 돼지, 쥐 등에 기생하며, 사람에게는 주로 날돼지고기를 통해서 감염된다.

22 냉장육을 진공포장하면 저장성이 향상되는 가장 주된 이유는?

① 식육의 pH가 저하되어 미생물이 잘 자라지 못하므로
② 산소가 제거되어 호기성 미생물이 생육하지 못하므로
③ 수분활성도가 낮아져 미생물의 생육이 억제되기 때문
④ 식육취급 시의 오염요인이 제거되므로

해설

진공포장은 산소를 제거하여 호기성 미생물의 성장을 억제한다.

23 식육을 동결시킬 때 급속 동결을 권장하는 이유는?

① 근육 섬유 외부에 큰 얼음결정을 형성하기 위해
② 근육 섬유 내부에 큰 얼음결정을 형성하기 위해
③ 해동 시 육즙 손실(Drip)을 최소화하기 위해
④ 냉동실 면적을 최소화하기 위해

24 식육의 냉장 시 호기성 부패를 일으키는 대표적인 호냉균은?

① 젖산균
② 슈도모나스균(*Pseudomonas*)
③ 클로스트리듐균(*Clostridium*)
④ 비브리오균(*Vibrio*)

해설

Pseudomonas spp.는 저온성 미생물로 호기성 세균이며 주로 식품 부패의 원인이 된다.

25 육제품의 포장재로 이용되는 셀로판의 특징이 아닌 것은?

① 광택이 있고 투명하다.
② 기계적 작업성이 우수하다.
③ 인쇄적성이 좋다.
④ 열 접착성이 좋다.

해설
셀로판은 열 접착성이 없다.

26 식육의 동결저장 중 고기 표면의 탈수 건조로 표면에 하얀 가루가 형성되는 것은?

① 산 패
② 동결소(Freezer Burn)
③ 변 성
④ 변색(Two-toning)

해설
동결소(Freezer Burn) : 식육의 동결 중 육표면 건조로 인하여 육표면이 회색, 백색 또는 갈색으로 변하는 현상

27 돼지고기 뒷다리의 소분할 세부 부위명은?

① 볼깃살   ② 우둔살
③ 항정살   ④ 치마살

해설
돼지고기 뒷다리의 소분할 부위 명칭으로 볼깃살, 설깃살, 도가니살, 홍두깨살, 보섭살, 뒷사태살이 있다.
※ 소·돼지 식육의 표시방법 및 부위 구분기준 별표 1 참고

28 신선육으로 인한 세균성 식중독 예방방법으로 가장 바람직한 것은?

① 진공포장하여 실온에 보관한다.
② 4℃ 이하에서 보관하고 잘 익혀 먹는다.
③ 물로 깨끗이 씻어 날것으로 먹는다.
④ 먹기 전에 항상 육안으로 잘 살펴본다.

29 축산물 HACCP 가공장에서 지켜야 할 위생 규칙이 아닌 것은?

① 출입 시 손 세척과 위생복, 위생모, 위생화 착용을 철저히 한다.
② 작업 중 바닥에 떨어진 식육은 잘 닦아서 사용한다.
③ 포장 전에 이물질 확인을 위해 금속탐지기를 통과시킨다.
④ 작업 전 가공장 내의 온도가 15℃가 넘지 않는지 확인하고 CCP 심의 온도도 기준에 맞는지 확인한다.

30 비포장 식육의 냉장저장 중에 일어날 수 있는 변화가 아닌 것은?

① 육색의 변화
② 지방산화
③ 감 량
④ 미생물 사멸

해설
비포장 식육은 냉장저장 중에 미생물이 번식한다.

31 식용착색제의 구비조건이 아닌 것은?

① 체내에 축적되지 않을 것
② 독성이 없을 것
③ 영양소를 함유하지 않을 것
④ 미량으로 착색효과가 클 것

해설
③ 식용착색제는 영양소를 함유하면 더욱 좋다.

32 돼지의 품종 중 등심이 굵고 햄 부위가 충실하며 근내지방의 침착이 우수하여 육량과 육질이 좋기 때문에 삼원교잡종의 생산 시에 부계용(父系用)으로 많이 이용되는 것은?

① 대형 요크셔(Large Yorkshire)종
② 랜드레이스(Landrace)종
③ 듀록(Duroc)종
④ 체스터 화이트(Chester White)종

해설
듀록종 : 일당 증체량과 사료 이용성이 양호하여 1대 잡종이나 3대 교잡종의 생산을 위한 부돈(父豚)으로 널리 이용되고 있다.

33 작업자의 위생 준수사항으로 틀린 것은?

① 작업을 할 때마다 신체검사를 받는다.
② 작업 전 항상 손을 깨끗이 닦는다.
③ 작업장 내에서 잡담이나 흡연을 하지 않는다.
④ 손에 상처가 있으면 작업을 하지 않는다.

해설
신체검사는 작업할 때마다 받는 것이 아니고 정기적으로 받아야 한다.

34 식육의 가열처리 효과로 볼 수 없는 것은?

① 조직감 증진
② 기호성 증진
③ 다즙성 증진
④ 저장성 증신

해설
다즙성이란 입안에서 느끼는 식품의 수분 함유량의 다소를 나타내는 관능적인 지표이다.

35 15℃ 이하의 냉장저장 중인 도체의 표면에서 우세하게 나타나는 미생물은?

① 아시네토박터(*Acinetobacter*)균
② 모락셀라(*Moraxella*)균
③ 마이크로코커스(*Micrococcus*)균
④ 슈도모나스(*Pseudomonas*)균

해설
냉장온도에서는 *Pseudomonas*, *Alcaligenes* 등이 주로 관여하고, 냉장온도 이상부터 실온까지는 *Micrococcus* 및 기타 중온성 박테리아가 주로 관여한다.

36 다음 중 식육의 위생지표로 이용되는 미생물은?

① 클로스트리듐(*Clostridium*)
② 대장균(*E. coli*)
③ 비브리오(*Vibrio*)
④ 바실러스(*Bacillus*)

해설
대장균이 검출되었다면 가열 공정이 불충분했거나 제품의 취급, 보존방법이 잘못되었다는 의미이다.

37 육류의 동결방법 중 가장 보편적이고 상업적인 동결방식은?

① 공기 동결법
② 송풍 동결법
③ 접촉식 동결법
④ 액체질소 동결법

해설
송풍 동결법 : 급속한 공기의 순환을 위한 송풍기가 설치된 방이나 터널에서 냉각공기 송풍으로 냉동을 진행한다.

38 식육포장의 목적이 아닌 것은?

① 식육의 상품가치 향상
② 식육의 품질변화 방지
③ 식육의 취급 편리
④ 육질 향상

해설
포장의 목적과 기능
• 품질변화 방지
• 생산제품의 규격화
• 취급의 편리성
• 상품가치의 향상

39 고기의 저장방법이 아닌 것은?

① 훈연법
② 수분 첨가법
③ 건조법
④ 냉장 냉동법

해설
고기의 저장법으로 염장법, 냉장법, 냉동법, 훈연법, 건조법 등이 있다.

40 가축의 도축 시 유의해야 할 사항과 관계가 없는 것은?

① 박피 후 다리와 머리 부분을 절단한다.
② 두부의 절단은 두개골과 제2경추 사이를 절단한다.
③ 경동맥을 절단하여 방혈을 철저히 해야 한다.
④ 도축 전 휴식과 안정을 주어야 한다.

해설
두부의 절단은 두개골과 제1경추 사이이다.

41 식육의 염지효과가 아닌 것은?

① 발색작용
② 세균증식 작용
③ 풍미증진 작용
④ 항산화 작용

식육 염지의 효과
• 육제품의 색을 아름답게 한다.
• 육제품의 풍미를 증진시킨다.
• 세균 성장을 억제한다.
• 염지육의 저장성을 증가시킨다.

42 식육가공품에 첨가하는 소브산칼륨의 용도는?

① 보존료
② 산화방지제
③ 발색제
④ 착향료

식품의 기준 및 규격(식품의약품안전처고시 제2024-35호)
식육가공품의 규격 : 소브산, 소브산칼륨, 소브산칼슘 2.0g/kg 이하 이외의 보존료가 검출되어서는 아니 된다(양념육류와 포장육은 보존료가 검출되어서는 아니 된다).

43 다음 중 분쇄기(Chopper)의 용도는?

① 원료육을 잘게 부순다.
② 원료재료를 배합하고 교질상의 안정된 반죽 상태를 만든다.
③ 덩어리 육이나 작은 육을 잘 섞어서 결착을 좋게 한다.
④ 일정한 양의 육을 노즐을 통해서 압출한다.

분쇄기(Chopper)는 고기나 생선, 채소 등을 다질 때 사용하는 주방 도구이다.

44 육괴(고깃덩어리) 간의 결착력은 식육에 염지제를 첨가하여 마사지 또는 텀블링할 때 식육 표면에 추출되는 단백질에 의하여 형성되는데, 이 단백질은?

① 수용성 단백질
② 염용성 단백질
③ 불용성 단백질
④ 육기질 단백질

염용성 단백질의 추출량에 의해 좌우되는 특성 : 유화력, 결착력, 보수력(보수성) 등

45 다음 설명에 해당하는 근육은?

> 미토콘드리아는 크고 수가 많으며 근장에 많은 글리코겐 입자를 가지고 있다.

① 골격근
② 평활근
③ 심 근
④ 배최장근

46 통상적으로 부패의 초기로 판정되는 식육 1g 내의 세균수는 얼마인가?

① $10^3 \sim 10^4$
② $10^4 \sim 10^5$
③ $10^5 \sim 10^6$
④ $10^7 \sim 10^8$

식육의 부패는 대수기 말기에 시작되는데 이 시기의 세균수는 대략 $10^7 \sim 10^8$이다.

47 식육에 존재하는 수분에 관한 설명으로 가장 적합하지 않은 것은?

① 결합수는 0℃ 이하에서도 얼지 않는 물이다.
② 식육의 수분은 일반적으로 70% 이상을 차지하고 있다.
③ 자유수는 결합수 표면의 수분분자들과 수소결합을 이루고 있다.
④ 식육에서 수분의 존재 상태는 자유수, 결합수, 고정수로 구성되어 있다.

자유수와 결합수
• 자유수(유리수) : 식품 중에 유리상태로 존재하고 있는 보통의 수분으로 자유롭게 이동할 수 있는 물
• 결합수 : 탄수화물이나 단백질 등의 유기물과 결합되어 있는 수분으로 조직과 든든하게 결합한 물

48 돼지고기의 육색이 창백하고, 육조직이 무르고 연약하여, 육즙이 다량으로 삼출되어 이상육으로 분류되는 돈육은?

① 황지(黃脂)돈육
② 연지(軟脂)돈육
③ PSE돈육
④ DFD돈육

PSE육 : 색이 창백하고(Pale), 염용성 단백질인 근원섬유 단백질의 변성으로 조직은 무르고(Soft), 육즙이 많이 나와 있는(Exudative) 고기를 말한다.

49 다음 중 사후경직 개시 시간이 가장 늦는 것은?

① 소
② 돼 지
③ 닭
④ 칠면조

사후경직은 근육의 온도가 낮은 부위부터 개시되며 쇠고기, 양고기의 경우 6~12시간, 돼지고기는 1/4~3시간, 칠면조 고기는 1시간 이내, 닭고기는 1/2시간 등 많은 변이를 보이고 있다.

50 다음 중 가축이 심한 자극을 받을 때 분비되는 호르몬이 아닌 것은?

① ACTH
② Epinephrine
③ Growth Hormone
④ Thyroid Hormone

51 근육의 수축이완에 직접적인 영향을 미치는 무기질은?

① 인(P)
② 칼슘(Ca)
③ 마그네슘(Mg)
④ 나트륨(Na)

52 경직해제 또는 숙성 중에 일어나는 변화가 아닌 것은?

① 근육 내 단백질 분해효소에 의한 자가소화로 근원섬유 단백질이 일부 분해된다.
② 연도와 다즙성이 떨어진다.
③ 일부 단백질의 변성과 분해를 촉진한다.
④ 보수력이 증진된다.

해설
식육의 숙성 중 일어나는 변화 : 자가소화, 풍미 성분의 증가, 일부 단백질의 분해, 연도 증가

53 돼지 도체 분할 시 가장 많은 정육이 생산되는 부위는?

① 등 심   ② 뒷다리
③ 삼겹살   ④ 앞다리

해설
돼지고기를 분할하면 뒷다리, 앞다리, 삼겹살, 등심, 목심 순으로 고기량이 많이 나온다.

54 소의 도체 특성 중 연골의 경화 정도에 의해서 간접적으로 판단될 수 있는 것은?

① 성숙도
② 보수성
③ 탄력성
④ 육 량

해설
성숙도 : 왼쪽 반도체의 척추 가시돌기에서 연골의 골화 정도 등을 성숙도 구분기준과 비교하여 해당되는 기준의 번호로 판정한다.

55 지육의 냉각속도에 영향을 미치는 요인과 거리가 먼 것은?

① 공기의 상대습도
② 공기의 유속
③ 지육의 무게
④ 냉각실의 조명

56 계류장에서 생축의 도축 전 처리 조건으로 맞는 것은?

① 휴식하는 동안 물과 먹이는 자유롭게 먹게 한다.
② 휴식하는 동안 물은 자유롭게 먹게 하되 먹이는 주지 않는다.
③ 휴식하는 동안 물과 먹이는 주지 않는다.
④ 휴식하는 동안 먹이는 자유롭게 먹게 하되 물은 주지 않는다.

해설

가축은 출하할 때 한두 끼니를 굶겨 몸을 가볍게 하여 운송 중 멀미를 하지 않도록 하고, 도축 시 위 내용물에 미처 소화되지 못한 사료가 낭비되지 않도록 절식을 한다. 물은 가볍게 축일 정도로 급여하고 계류를 통해 심신의 안정을 꾀하는 것이 근육을 이완하는 데 좋다.

57 소 지육의 육질등급 판정기준이 아닌 것은?

① 근육 내의 지방분포도
② 고기의 색택
③ 지육의 골격 크기
④ 지방의 색택

해설

소도체의 육질등급 판정기준(축산물 등급판정 세부기준 제5조제1항)
소도체의 육질등급판정은 등급판정부위에서 측정되는 근내지방도(Marbling), 육색, 지방색, 조직감, 성숙도에 따라 1^{++}, 1^+, 1, 2, 3의 5개 등급으로 구분한다.

58 도체의 수세방법으로 틀린 것은?

① 10~20ppm 정도의 염소수를 사용한다.
② 열수로 고압 살수한다.
③ 유기산을 사용하여 세척한다.
④ 지하수를 사용한다.

59 쇠고기 부위 중 구이나 스테이크용으로 가장 적합한 것은?

① 사 태　　　② 등 심
③ 우 둔　　　④ 앞다리

해설

② 등심 : 스테이크, 불고기, 주물럭
① 사태 : 육회, 탕, 찜, 수육, 장조림
③ 우둔 : 산적, 장조림, 육포, 육회, 불고기
④ 앞다리 : 육회, 탕, 스튜, 장조림, 불고기

60 닭고기 중 피부를 윤택하게 하고 노화를 방지해 주는 콜라겐이 많이 함유되어 있는 부위는?

① 다리살　　　② 가슴살
③ 안심살　　　④ 날개살

해설

닭날개살은 콜라겐이 가장 풍부한 닭고기 부위 중 하나이다.

2024년 제 1 회 최근 기출복원문제

01 럼피스킨병(LSD) 발병 시 식육 처리에서 가장 중요한 위생관리 방법은 무엇인가?

① 감염된 소는 피부 소독 후 사용한다.
② 감염된 소의 육류는 열처리 후 사용한다.
③ 도축장 및 장비를 철저하게 소독한다.
④ 감염된 소는 치료 후 출하한다.

해설

럼피스킨(LSD ; Lumpy Skin Disease)이란 소 및 물소 등에서 주로 발생하는 질병으로서 피부, 점막, 내부장기의 결절과 여윔, 림프절 종대, 피부부종을 특징으로 하는 바이러스성 질병이다. 럼피스킨병에 감염된 소는 즉시 격리하고 도축장을 철저히 소독해야 한다.

02 소 및 돼지의 품종에 대한 설명으로 올바른 것은?

① 한우는 한국의 재래 품종으로, 고급육 생산에 적합하다.
② 앵거스는 우유 생산에 주로 사용된다.
③ 저지(Jersey)는 돼지 품종이다.
④ 듀록은 소 품종 중 하나이다.

해설

② 앵거스는 고기 생산에 적합한 품종이다.
③ 저지는 젖소 품종이다.
④ 듀록은 돼지 품종이다.

03 다음 중 고객 응대 시 적절한 행동은?

① 고객이 제품에 대해 질문하면 다른 직원에게 넘긴다.
② 고객이 원하는 부위를 정확하게 이해하고 추천한다.
③ 고객에게 제품의 단점을 먼저 설명한다.
④ 제품이 부족할 때 고객을 돌려보낸다.

해설

고객의 요구를 잘 파악하고 제품을 추천하는 것은 좋은 응대의 기본이다.

04 판매장에서 원가를 계산할 때 가장 중요한 요소는?

① 인테리어 비용
② 판매 직원의 급여
③ 재료비와 인건비
④ 물류비와 포장비

해설

원가 계산은 주로 재료비와 인건비가 핵심 요소로, 이를 기준으로 가격을 책정해야 한다.

정답 1 ③ 2 ① 3 ② 4 ③

05 판매장 운영 시 위생관리를 철저히 해야 하는 이유는?

① 고객이 청결한 환경을 선호하기 때문
② 제품의 신선도를 유지하기 위해
③ 법적으로 규정된 사항이기 때문
④ 위의 모든 이유

해설

위생관리는 법적 요구사항일 뿐만 아니라 고객 만족과 제품 품질 유지에 필수적이다.

06 고병원성 조류인플루엔자(HPAI)에 대한 설명으로 맞는 것은?

① 감염된 닭의 알은 조리하면 안전하게 먹을 수 있다.
② 조류인플루엔자는 사람에게 절대 전염되지 않는다.
③ HPAI 발생 시 발생 지역 내 모든 가금류는 예방적 도살이 필요하다.
④ 가벼운 증상이 나타나므로 폐사율은 낮다.

해설

HPAI는 전염력이 매우 강하고 확산 속도가 빨라 신속하게 예방적 도살이 이루어져야 한다.

07 축산물 관련 법에 따라 반드시 확인해야 하는 사항이 아닌 것은?

① 도축 날짜
② 도축장 위치
③ 식육등급
④ 판매처 정보

해설

축산물 관련 법에 따라 도축과 관련된 정보와 등급을 확인해야 한다.

08 럼피스킨병(LSD)이 소에 미치는 영향으로 옳은 것은?

① 피부에 궤양성 병변이 생기며, 도축 후 육질이 악화된다.
② 주로 신경계에 영향을 미쳐 갑작스러운 마비를 일으킨다.
③ 소에서 주로 발생하지만, 다른 동물에도 쉽게 전염된다.
④ 럼피스킨병은 예방이 불가능하여 감염된 소는 모두 도살해야 한다.

해설

②·③ 럼피스킨병은 소에서 발생하며, 주로 피부와 관련된 증상이 나타난다.
④ 예방접종으로 관리할 수 있다.

09 소의 도축 과정 중 품질을 유지하기 위한 적절한 온도 관리는 어느 단계에서 가장 중요한가?

① 도축 전
② 도축 중
③ 도축 후 냉각
④ 판매 직전

해설

도축 후 냉각 단계에서 적절한 온도를 유지하여 육질을 보호하고 미생물 번식을 방지할 수 있다.

10 돼지의 부위별 용도에 대한 설명으로 적절한 것은?

① 앞다리는 스테이크용으로 가장 많이 사용된다.
② 소시지용으로 뒷다리가 주로 사용된다.
③ 삼겹살은 찌개용으로만 사용된다.
④ 항정살은 햄버거 패티로만 사용된다.

해설
① 앞다리는 국거리, 장조림, 구이용으로 많이 쓰인다.
③ 삼겹살은 구이용으로도 인기가 많다.
④ 항정살은 구이 외에도 다양한 용도로 사용된다.

11 다음 중 육류의 품질을 보존하고 미생물 증식을 억제하는 방법이 아닌 것은?

① 냉동 보관
② 염 지
③ 훈 연
④ 고온에서의 장시간 가열

해설
고온 장시간 가열은 미생물 사멸을 도와주지만, 육류의 품질 저하를 초래할 수 있다.

12 아프리카돼지열병(ASF) 발생 지역에서 식육 판매자가 준수해야 할 사항으로 적절한 것은?

① 감염된 돼지를 열처리하여 판매한다.
② 감염된 돼지를 섞어서 유통하지 않도록 관리한다.
③ 감염 지역 외부로의 판매를 즉시 중지해야 한다.
④ 감염이 의심되는 돼지를 신속하게 가공하여 판매한다.

해설
아프리카돼지열병(ASF)은 급속히 전파되므로 감염 지역 외부로의 유통을 막는 것이 중요하다.

13 고병원성 조류인플루엔자(HPAI) 예방을 위해 국민이 지켜야 할 사항으로 적절한 것은?

① 감염 지역을 자주 방문하여 상황을 직접 확인한다.
② 감염 의심 조류를 발견하면 직접 포획하여 당국에 신고한다.
③ 가금류 제품을 충분히 익혀 섭취한다.
④ 감염 조류의 알을 익히지 않고 섭취한다.

해설
조류인플루엔자는 열에 약하므로 충분히 가열 조리를 한 경우 감염 가능성이 없다.

14 다음은 소, 말, 양, 돼지 등 포유류(토끼는 제외한다)의 도살 및 처리방법에 대한 설명이다. 옳지 않은 것은?

① 도살은 타격법, 전살법, 충격법, 자격법 또는 CO_2 가스법을 이용하여야 한다.
② 식육포장처리업의 영업자가 포장육의 원료로 사용하기 위하여 돼지의 식육을 자신의 영업장 냉장시설에 보관할 목적으로 반출하려는 경우에는 냉각하지 않을 수 있다.
③ 도축장에서 반출되는 식육은 5℃ 이하로 냉각하여야 한다.
④ 앞다리는 앞발목뼈와 앞발허리뼈 사이를 절단한다. 다만, 탕박을 하는 돼지의 경우에는 절단하지 아니할 수 있다.

> **해설**
> ③ 도축장에서 반출되는 식육은 10℃ 이하로 냉각하여야 한다.
> ※ 축산물 위생관리법 시행규칙 별표 1 참고

15 진공 상태로 밀봉된 식품의 부패로 야기되는 식중독균은?

① 살모넬라균
② 웰치균
③ 포도상구균
④ 보툴리누스균

> **해설**
> **보툴리누스균 식중독의 원인 식품** : 어육제품, 식육제품, 통조림, 병조림 등

16 다음은 도축하는 소·말(당나귀 포함)·양·돼지 등 포유류의 검사기준에 대한 설명이다. 옳지 않은 것은?

① 검사는 도축장 안의 계류장에서 가축을 일정 기간 계류한 후에 생체검사장에서 실시한다.
② 검사 대상 가축이 정보시스템을 통하여 도축검사가 신청된(정보시스템이 정상적으로 운영되지 않을 경우에는 서면으로 신청된) 가축인지의 여부를 확인한다.
③ 반드시 눈꺼풀·비강·구강·항문·생식기·직장검사를 실시한다.
④ 검사관은 생체검사 결과 분변 등으로 체표면 오염이 심하여 교차오염이 우려된다고 판단되는 가축은 그 오염원이 적절하게 제거될 때까지 도축을 보류하거나 도축 공정 중 그 오염원이 제거될 수 있도록 조치를 취할 수 있다.

> **해설**
> 필요한 경우 눈꺼풀·비강·구강·항문·생식기·직장검사를 실시한다.
> ※ 축산물 위생관리법 시행규칙 별표 3 참고

17 육제품 제조 시 사용되는 아질산염의 주된 기능이 아닌 것은?

① 미생물 성장 억제
② 풍미 증진
③ 염지육색 고정
④ 산화 촉진

> **해설**
> **염지 시 아질산염의 효과** : 육색의 안정, 독특한 풍미 부여, 식중독 및 미생물 억제, 산패 지연 등

18 식육즉석판매가공업의 위생관리기준에 대한 설명으로 옳지 않은 것은?

① 종업원은 위생복·위생모·위생화 및 위생장갑 등을 깨끗한 상태로 착용하여야 한다.

② 진열상자 및 전기냉장시설·전기냉동시설 등의 내부는 축산물의 가공기준 및 성분규격 중 축산물의 보존 및 유통 기준에 적합한 온도로 항상 청결히 유지되어야 한다.

③ 작업을 할 때에는 오염을 방지하기 위하여 수시로 칼·칼갈이·도마 및 기구 등을 100% 알코올 또는 동등한 소독효과가 있는 방법으로 세척·소독하여야 한다.

④ 식육가공품을 만들거나 나누는 데 사용되는 장비, 작업대 및 그 밖에 식육가공품과 직접 접촉되는 시설 등의 표면은 깨끗하게 유지되어야 한다.

해설
③ 작업을 할 때에는 오염을 방지하기 위하여 수시로 칼·칼갈이·도마 및 기구 등을 70% 알코올 또는 동등한 소독효과가 있는 방법으로 세척·소독하여야 한다.
※ 축산물 위생관리법 시행규칙 별표 2 참고

19 식육의 휘발성 염기질소를 측정하는 주된 이유는 무엇을 알기 위한 것인가?

① 기생충 유무
② 부패 정도
③ 부정도살 확인
④ 방부제의 사용 유무

20 근육의 수축 기작이 일어나는 기본적인 단위는?

① 근 절
② 근형질
③ 핵
④ 암 대

해설
근육이 수축되면 근절이 짧아지고 이완되면 근절이 길어진다.

21 다음 설명 중 옳지 않은 것은?

① 그람 양성균은 그람 음성균보다 수분활성도(Aw)에 대한 내성이 약하다.
② 미생물은 생육 최적온도에서 생육속도가 가장 빠르다.
③ 곰팡이는 수분활성도에 대한 내성이 강하다.
④ 주요 부패균인 슈도모나스균은 호기성이다.

해설
일반적으로 그람 양성균은 그람 음성균보다 내성이 강하다.

18 ③ 19 ② 20 ① 21 ①   정답

22 다음 중 미생물의 오염에 의해 발생하는 가축 오염의 중요한 원인으로 보기 어려운 것은?

① 가 죽
② 내 장
③ 근 육
④ 배설물

동물의 근육조직에는 미생물이 존재하지 않으며 주요 오염원은 피부, 털, 장내용물, 배설물 등이다.

23 돼지고기를 잘 익히지 않고 먹을 때 감염되는 기생충은?

① 회 충
② 십이지장충
③ 요 충
④ 선모충

선모충 : 사람은 주로 돼지고기에 의하여 감염되며 한 숙주에서 성충과 유충을 발견할 수 있는 것이 특징이다. 피낭유충의 형태로 기생하고 있는 돼지고기를 사람이 섭취함으로써 인체 기생이 이루어지는데 소장벽에 침입한 유충 때문에 미열, 오심, 구토, 설사, 복통 등이 일어난다.

24 작업자의 위생관리방법 중 적절하지 않은 것은?

① 화장실 출입 시 미생물의 오염을 막기 위하여 작업복(위생복)을 입고 간다.
② 정기적인 의료검진을 실시한다.
③ 눈, 코, 머리카락 등을 만진 후에는 항상 손을 씻는다.
④ 작업 중에는 가능한 대화를 자제하고 마스크를 착용한다.

작업자 위생관리
• 작업장에 출입하는 사람은 항상 손을 씻도록 하여야 한다.
• 위생복·위생모 및 위생화 등을 착용하고, 항상 청결히 유지하여야 하며, 위생복 등을 입은 상태에서 작업장 밖으로 출입을 하여서는 아니 된다.
• 작업 중 화장실에 갈 때에는 앞치마와 장갑을 벗어야 한다.
• 작업 중 흡연·음식물 섭취 및 껌을 씹는 행위 등을 하여서는 아니 된다.
• 시계, 반지, 귀걸이 및 머리핀 등의 장신구가 축산물에 접촉되지 아니하도록 하여야 한다.

25 식육의 구성 성분 중 일반 미생물의 영양원으로 가장 쉽게 이용되는 것은?

① 비타민
② 단백질
③ 지 방
④ 탄수화물

식육 내 미생물이 쉽게 이용하는 영양원의 순서는 탄수화물 > 단백질 > 지방 순이다.

26 고기를 숙성시키는 가장 중요한 목적은?

① 육색의 증진
② 보수성 증진
③ 위생안전성 증진
④ 맛과 연도의 개선

해설

숙성의 목적은 연도를 증가시키고 풍미를 향상시키기 위함이다.

27 쇠고기 육회를 섭취할 때 특히 주의해야 할 기생충은?

① 무구조충
② 유구조충
③ 광절열두조충
④ 편 충

해설

쇠고기를 덜 익히거나 생식할 경우 무구조충(민촌충)에 감염될 수 있다.

28 식중독균이 오염된 식품을 끓여도 안심할 수 없는 주된 이유는?

① 식중독균 자체가 대부분 내열성이 강하기 때문이다.
② 포자나 독소 중 내열성이 강한 종류가 있기 때문이다.
③ 균체는 사멸한 뒤에도 위험하기 때문이다.
④ 식중독균에 의하여 유해 가스(Gas)가 발생되기 때문이다.

29 식육 및 육가공 제품의 위생에 특히 유의해야 하는 이유가 아닌 것은?

① 식육은 미생물의 성장에 좋은 영양소가 있기 때문이다.
② 식육의 pH는 강알칼리이므로 미생물의 성장이 용이하기 때문이다.
③ 식육은 직접적으로 식중독을 일으키는 원인균의 오염에 노출되어 있기 때문이다.
④ 식육은 수분이 많아서 미생물의 번식이 매우 빠르기 때문이다.

해설

식육의 최종 pH는 대개 5.5 내외이다.

30 가축을 도살 전에 물로 깨끗이 해주는 주된 이유는?

① 도축장 바닥을 미끄럽게 하기 위해서
② 미생물의 오염을 방지하기 위해서
③ 스트레스를 풀어주기 위해서
④ 육색을 선명하게 하기 위해서

해설

효과적인 식육의 보존을 위해서는 제일 먼저 식육의 미생물 오염량을 최소로 줄여야 하며, 이를 위해서는 도살 전 동물체를 청결히 하고 도살장도 항상 깨끗이 소독하여야 한다.

31 미생물의 생육에 영향을 주는 인자가 아닌 것은?

① 온 도
② 수 분
③ 효 소
④ pH

해설

미생물이 증식하기 위해서는 대사활동에 필요한 에너지원과 세포성분의 합성과 유지에 필요한 영양소를 주위 환경에서 얻어야 한다. 미생물 균종에 따라 온도, pH, 수분, 산소, 탄소, 질소, 황, 인, 미량물질 등의 환경에 대한 적응성이 다양하다.

32 식품 저장방법의 종류와 분류가 바르지 않게 연결된 것은?

① 화학적 저장 – 방사선조사
② 물리적 저장 – 가열살균
③ 생물학적 저장 – 발효
④ 화학적 저장 – 염장

해설

방사선조사는 물리적 저장에 해당한다.
식품 저장방법의 종류와 분류

종류	저장방법
화학적 저장	당절임, 염장, 산절임, 훈연, 보존료 사용
생물학적 저장	발효(유기산발효, 알코올발효, 박테리오신 생산)
물리적 저장	건조, 농축, 냉장, 냉동, 가열살균, 방사선조사, 포장

33 식육에서 발생하는 산패취는 어느 구성 성분에서 기인하는가?

① 무기질
② 지 방
③ 단백질
④ 탄수화물

해설

식육에서 발생하는 산패취는 지방에서 기인하며, 동결육이 오랫동안 저장되었을 때 나는 냄새이다.

34 식품의 변질과 관련한 성분 연결로 틀린 것은?

① 부패 – 단백질
② 변패 – 탄수화물
③ 산패 – 지방
④ 발효 – 무기질

해설

발효 : 탄수화물이 미생물의 분해작용을 거치면서 유기산, 알코올 등이 생성되어 인체에 이로운 식품이나 물질을 얻는 현상

35 다음 중 도체의 냉각감량과 가장 관계가 먼 것은?

① 습 도
② 공기의 유속
③ 도체의 크기
④ 도체의 단백질 함량

해설

냉각감량에 영향을 미치는 요인 : 냉각시간, 냉각온도, 습도, 공기의 유속, 도체의 크기, 지방부착도 등

36 돼지의 복부육(삼겹살) 또는 특정부위육(등심육, 어깨부위육)을 정형한 것을 염지한 후 그대로 또는 식품 또는 식품첨가물을 가하여 훈연하거나 가열처리한 것을 말하는 것은?

① 햄 류
② 소시지류
③ 베이컨류
④ 건조저장육류

해설

식품의 기준 및 규격(식품의약품안전처고시 제2024-35호)
베이컨류라 함은 돼지의 복부육(삼겹살) 또는 특정부위육(등심육, 어깨부위육)을 정형한 것을 염지한 후 그대로 또는 식품 또는 식품첨가물을 가하여 훈연하거나 가열처리한 것을 말한다.

37 도축장에서 내장 적출 시 주의사항과 가장 거리가 먼 것은?

① 내장 적출 전 지육의 세척을 철저히 하여 잔모나 오물이 없도록 한다.
② 내장 적출은 신속하게 하며 내장이 터져 그 내용물에 의해 오염되지 않도록 한다.
③ 항문 주위를 제거할 때는 방광이나 수뇨관에 상처가 나지 않도록 한다.
④ 내장은 적출하여 모두 폐기처분한다.

해설

④ 우리나라는 부속물들을 곱창, 순대 등으로 활용하기 때문에 따로 모아 가공과정을 거친다.

38 고깃덩어리끼리의 결착은 가열에 의해 완성된다. 이때 관여하는 성분으로 옳은 것은?

① 단백질
② 탄수화물
③ 무기질
④ 비타민

해설

고깃덩어리끼리의 결착은 가열에 의해 단백질이 서로 결착되어 이루어진다.

39 돈육만을 쓰며, 프레시소시지 중 가장 보편적인 제품은?

① 스위디시포테이토소시지
② 캠브리지소시지
③ 프레시포크소시지
④ 프레시더링거

해설

프레시포크소시지는 돈육만을 쓰며, 프레시소시지 중 가장 보편적인 제품이다.

40 다음 중 육가공제품에 대한 훈연의 효과로 옳은 것은?

① 풍미 개선
② 보수력 증진
③ 점도의 증가
④ 유화력 향상

해설

훈연은 풍미를 개선시키는 효과가 있다.

41 햄의 종류와 일반적으로 사용되는 부위가 서로 맞게 연결된 것은?

① 등심 - 로인 햄(Loin Ham)
② 삼겹살 - 락스 햄(Lachs Ham)
③ 목심 - 레귤러 햄(Regular Ham)
④ 뒷다리 - 피크닉 햄(Picnic Ham)

해설

로인 햄 : 돈육의 등심 부위를 정형하여 조미료(식염, 당류, 동식물의 추출 농축물 및 단백 가수분해물에 한함), 향신료 등으로 염지시킨 후 케이싱 등에 포장하거나 또는 포장하지 않고 훈연하거나 또는 훈연하지 않고 수증기로 찌거나 끓는 물에 삶은 것(단, 증량 결착제로서 표준 제품에 한하여 사용하되 동식물성 단백, 탈지분유, 난백에 한함)

42 비포장 식육의 냉장저장 중에 일어날 수 있는 변화가 아닌 것은?

① 육색의 변화
② 지방산화
③ 감 량
④ 미생물 사멸

해설

비포장 식육은 냉장저장 중에 미생물이 번식한다.

43 식육의 보수성이 낮은 경우에 나타나는 현상이 아닌 것은?

① 가열하게 되면 감량이 커진다.
② 육제품 생산 시 수율이 낮아진다.
③ 육질이 저하된다.
④ 식육의 육색이 향상된다.

44 DFD육에 대한 설명으로 옳은 것은?

① 돼지고기와 암소에서 주로 발생한다.
② 육색이 어둡고 건조하다.
③ pH는 5.4를 나타낸다.
④ 신선육으로 적합하다.

해설

DFD육 : 표면은 건조하고(Dry), 조직은 촘촘해져 (Firm) 산소의 침투가 힘들고 빛의 산란도 적어 색깔은 짙게 된다(Dark).

45 신선육인데도 불구하고 마치 삶은 것과 같은 검푸른 외관을 보이며 심한 이취가 나는 비정상육은?

① 질식육   ② 연지돈
③ Two-toning   ④ PSE육

해설

신선육인데도 불구하고 마치 삶은 것과 같은 검푸른 외관을 보이며 심한 이취가 나는 것을 질식육이라고 한다. 질식육은 도살공정이 길어져 방냉이 지연되었을 경우 또는 운반된 지육이 공기에 충분히 노출되지 않을 경우에 발생한다.

46 근절(筋節)에 대한 설명으로 틀린 것은?

① 근육이 수축되면 근절이 짧아지고 이완되면 근절이 길어진다.
② Z선으로 구분된다.
③ 근절에는 명대와 암대가 포함된다.
④ 사후경직이 발생되면 근절이 길어진다.

해설

④ 사후경직이 발생되면 근절이 짧아진다.

47 다음 중 골격근의 설명으로 틀린 것은?

① 수의근이다.
② 주로 뼈에 연결된 근육이다.
③ 근육의 수축과 이완을 담당하고 있다.
④ 평활근이다.

해설
심근과 평활근은 불수의근이고 골격근은 수의근이다.

48 PSE 발생의 주원인이 아닌 것은?

① 스트레스
② 품 종
③ 도축처리방법
④ 방 혈

해설
PSE육의 발생
• 돼지가 도살되기 전에 흥분하거나 스트레스를 받으면 도체 내에 젖산의 축적속도가 빨라진다.
• 이러한 현상은 도살 전의 근육 내에 글리코겐이 충분히 남아 있는 돼지에서만 발생한다.

49 다음 중 진공포장육에서 신 냄새를 유발하는 미생물은?

① 젖산균
② 대장균
③ 비브리오균
④ 슈도모나스균

해설
진공포장육은 호기성균보다는 젖산균과 같은 혐기성균에 의해 주로 부패가 이루어진다.

50 고온단축에 관한 설명으로 옳은 것은?

① 적색근보다 백색근에서 심하게 일어난다.
② 육질이 질기며 상품적 가치가 없다.
③ 전기자극을 실시하면 막을 수 있다.
④ 지육을 도축한 후 바로 낮은 온도에 저장하면 발생한다.

해설
②, ③, ④는 저온단축에 대한 설명이다.

51 사후경직 또는 육가공에 있어서 결착성을 지배하는 근원섬유 단백질은?

① 마이오신(Myosin)
② 알파 액티닌(α-actinin)
③ 트로포닌(Troponin)
④ 콜라겐(Collagen)

해설
마이오신(Myosin)은 근수축이라고 하는 중요한 생리적 기능을 수행하고, 사후경직 또는 육가공에 있어서 결착성을 지배하는 단백질이다.

52 식육이 심하게 부패할 때 수소이온농도
(pH)의 변화는?

① 변화가 없다.
② 산성이다.
③ 중성이다.
④ 알칼리성이다.

> **해설**
> 신선한 육류의 pH는 7.0~7.3으로, 도축 후 해당작용
> 에 의해 pH는 낮아져 최저 5.5~5.6에 이른다. 식육
> 의 부패는 미생물의 번식으로 단백질이 분해되어 아
> 민, 암모니아, 악취 등이 발생하는 현상으로 pH는
> 산성에서 알칼리성으로 변한다.

53 쇠고기의 숙성에 대한 설명으로 적절한
것은?

① 도체 상태로 0℃ 이하에 보존한다.
② 사후경직이 끝난 도체를 부분육으로
분할, 진공포장 후 저온숙성으로 0~5
℃에 보존한다.
③ 진공포장된 쇠고기 부분육을 −5~−2
℃에 보존한다.
④ 부분육을 급속 동결하여 −18℃에 보
존한다.

54 경직이 완료되고 최종 pH가 정상보다 높
은 근육의 색은?

① 선홍색
② 암적색
③ 창백색
④ 적자색

55 닭고기를 취급할 때 특히 조심해야 하는
식중독 세균은?

① 클로스트리듐 퍼프린젠스균(*Clos-
tridium perfringens*)
② 에로모나스균(*Aeromonas*)
③ 살모넬라균(*Salmonella*)
④ 황색포도상구균(*Staphylococcus
aureus*)

> **해설**
> 살모넬라균은 장내세균과에 속하는 그람음성 호기
> 성간균이다. 생닭에는 식중독 원인균인 살모넬라가
> 있다.

56 pH값에 따른 세균의 내열성에 관한 설명
중 옳은 것은?

① 중성에서 내열성이 크다.
② 알칼리성에서 내열성이 크다.
③ 산성에서 내열성이 크다.
④ 내열성은 pH 변화와 관련이 없다.

> **해설**
> 세균의 내열성은 일반적으로 중성 가까이에서 가장
> 크며, 가열액의 pH가 중성 근처에서 산성 또는 알칼
> 리성 쪽으로 기울게 되면 내열성은 급격히 약해진다.

57 세균성 식중독에 대한 설명 중 옳지 않은 것은?

① 식품에 오염된 병원성 미생물이 주요 원인이 된다.
② 오염된 미생물이 생산한 독소를 먹을 때 발생할 수 있다.
③ 식중독 미생물이 초기 오염되어 있는 식육은 육안으로 판별이 가능하다.
④ 식중독 미생물의 초기 오염은 식육의 맛, 냄새 등을 거의 변화시키지 않는다.

해설
식중독 미생물이 초기 오염되어 있는 식육은 육안으로 판별이 불가능하다.

58 식육의 미생물학적 위해 발생을 방지하는 방법에 대한 설명으로 틀린 것은?

① 도체의 운반 시 냉장 온도(−2~10℃)를 유지한다.
② 도체의 운반 시 현수걸이를 이용하며, 도체 간 간격을 유지한다.
③ 도체를 운반하는 차량의 내부를 특별히 세정 및 소독할 필요는 없다.
④ 도체를 받을 때는 운반 차량의 온도 및 도체의 심부온도를 점검하는 것이 필요하다.

해설
③ 도체를 운반하는 차량의 내부를 세정 및 소독해야 한다.

59 식품위생의 지표균은?

① 대장균(*Escherichia coli*)
② 살모넬라균(*Salmonella*)
③ 비브리오균(*Vibrio*)
④ 황색포도상구균(*Staphylococcus*)

해설
위생지표균 : 식품 전반에 대한 위생수준을 나타내는 지표로, 통상적으로 병원성을 나타내지는 않는 세균수, 대장균군 및 대장균 등을 의미한다.

60 축산물 등급제도의 의의가 아닌 것은?

① 통일된 거래규격의 확립
② 식육유통구조의 근대화
③ 위생검사의 강화로 위해물질 제거
④ 소비자의 구입 선택폭 확대

해설
축산물 등급제도는 식육의 유통을 합리적으로 유도하기 위해 도입되었다. 적정한 기준에 의해 생산물이 상품화되어 시장에서 편리하게 유통됨으로써 생산자에게는 생산의 기준이 되고, 유통업자는 거래의 공정성을 기할 수 있으며, 소비자는 생산물의 가치에 따라서 구입할 수 있게 된다.

2024년 제2회 최근 기출복원문제

01 2024년 개정된 법규에 따라 생식용 식용란을 취급할 때 주의해야 할 사항으로 적절한 것은?

① 알껍질의 표면만 세척하면 된다.
② 살모넬라 검사 기준이 완화되어 관리가 덜 중요해졌다.
③ 살모넬라 검사를 철저히 수행해야 한다.
④ 생식용으로 사용될 경우, 살균처리를 생략할 수 있다.

> **해설**
> 2024년 식품의 기준 및 규격 개정에 따라 생식용 식용란의 살모넬라 기준이 강화되었기 때문에, 살모넬라 검사가 더욱 철저하게 이루어져야 한다.

02 식육을 구매한 고객의 재방문을 유도할 수 있는 효과적인 방법은?

① 일정 금액 이상 구매 시 무료 쿠폰을 제공한다.
② 제품에 대한 불만을 신속하게 처리하지 않는다.
③ 가격을 자주 올려 고객의 관심을 끈다.
④ 제품 정보는 필요할 때만 제공한다.

> **해설**
> 재방문을 유도하기 위해서는 혜택을 제공하거나 고객 서비스를 강화하는 것이 효과적이다.

03 육류의 사후경직과 숙성에 대한 설명 중 틀린 것은?

① 사후경직은 도축 후 즉시 일어난다.
② 사후경직 및 숙성이 끝나면 육질이 부드러워진다.
③ 숙성은 육류의 풍미를 향상시킨다.
④ 숙성기간 동안 육색이 밝아진다.

> **해설**
> 숙성 과정에서 육색은 다소 어두워질 수 있다.

04 아프리카돼지열병(ASF)의 전파를 막기 위한 가장 효과적인 방법은?

① 돼지고기의 완전 조리
② 감염된 돼지의 격리
③ 방역 및 소독 강화
④ 돼지의 수입 금지

> **해설**
> ASF는 돼지 간 직접적인 전파 외에도 사료, 차량 등을 통해 전파될 수 있으므로 철저한 방역과 소독이 중요하다.

정답 1 ③ 2 ① 3 ④ 4 ③

05 다음 중 HACCP의 주요 목표는?

① 식육의 품질을 개선하는 것
② 식육 제품의 영양가를 높이는 것
③ 식육의 안전성을 확보하는 것
④ 식육의 유통 속도를 높이는 것

해설

HACCP은 위해요소 중점관리 시스템으로, 식품 안전을 최우선으로 관리한다.

06 식육의 품질 변화를 일으킬 수 있는 주요 요인이 아닌 것은?

① 온 도
② 습 도
③ 시 간
④ 포장 재질

해설

포장 재질은 미생물의 번식과는 관련이 없지만, 온도와 습도는 품질 변화에 중요한 역할을 한다.

07 육색과 관련된 다음 설명 중 맞는 것은?

① 육색은 가축의 연령과는 상관이 없다.
② 근육의 마이오글로빈 함량이 높을수록 육색은 진해진다.
③ 운동량이 많은 부위일수록 육색은 옅다.
④ 비정상육은 항상 육색이 진하다.

해설

마이오글로빈은 육색의 진하기와 연관이 있으며, 연령과 부위도 육색에 영향을 미친다.

08 아프리카돼지열병(ASF)에 대한 설명 중 올바른 것은?

① 사람에게 전염될 수 있어 돼지고기 섭취를 금지해야 한다.
② 바이러스성 질병으로, 발병 시 치사율이 매우 높다.
③ 항생제로 치료가 가능하다.
④ 감염된 돼지는 격리 후 치료할 수 있다.

해설

ASF는 사람에게 전염되지 않으며, 예방과 관리가 중요하다. 항생제로는 치료가 불가능하며 감염된 돼지는 도살해야 한다.

09 럼피스킨병(LSD)의 주요 전파 경로는 무엇인가?

① 공기를 통한 감염
② 진드기 및 모기에 의한 매개
③ 오염된 물 섭취
④ 감염된 육류 섭취

해설

럼피스킨병은 진드기, 모기 등 해충에 의해 전파된다.

10 식육 판매장에서 원가를 계산할 때 포함해야 할 비용이 아닌 것은?

① 냉장보관 비용
② 광고비
③ 고객의 구매 후 리뷰
④ 매장 임대료

해설
원가 계산에는 물리적인 비용만 포함되며, 리뷰는 비용 항목에 포함되지 않는다.

11 다음 중 마케팅에서 가장 중요한 목표는?

① 제품의 가치를 고객에게 효과적으로 전달하는 것
② 다른 판매장과 경쟁하지 않는 것
③ 매출을 올리지 않더라도 고객을 끌어모으는 것
④ 광고비를 절약하는 것

해설
마케팅의 핵심은 고객에게 제품의 가치를 제대로 전달하여 구매를 유도하는 것이다.

12 식육 판매자가 수입 축산물을 판매할 때 주의해야 할 법적 사항은?

① 수입 축산물의 생산국 정보 확인
② 국내 축산물과 혼합 판매 가능
③ 수입 국가와 관계없이 품질 등급만 확인
④ 판매 후 위생검사만 수행

해설
수입 축산물의 생산국 및 위생평가 정보를 확인하여 안전한 유통을 보장해야 한다.

13 고병원성 조류인플루엔자(HPAI) 감염 조류의 육류를 섭취할 때 발생할 수 있는 위험성은?

① 고병원성 조류인플루엔자는 열에 의해 사멸되지 않는다.
② 감염된 육류는 가열 조리 후에도 사람에게 전염될 수 있다.
③ 충분한 가열 조리 시 안전하게 섭취할 수 있다.
④ 감염된 육류는 색이 변하지 않아 식별이 불가능하다.

해설
조류인플루엔자는 고온에서 사멸하므로 충분한 가열이 안전성을 보장한다.

14 가축 질병이 발생한 상황에서 소비자가 식육을 구매할 때 주의해야 할 사항은?

① 저렴한 가격의 육류를 구매한다.
② 식육의 생산 이력 및 도축 정보를 확인한다.
③ 반드시 유기농 인증을 받은 가공제품을 구매한다.
④ 구매한 냉동육은 반드시 해동 후 섭취해야 한다.

해설
가축 질병 발생 시 생산 이력 및 도축 정보를 확인하는 것이 중요하다.

15 가축의 도살·처리, 집유, 축산물의 가공·포장 및 보관은 관련법에 따라 허가를 받은 작업장에서 하여야 한다. 다만, 그러하지 아니할 수 있는데 그 예외사항에 해당되는 것은?

① 학술연구용으로 사용하기 위하여 도살·처리하는 경우

② 시·도지사가 소·말 및 돼지를 제외한 가축의 종류별로 정하여 고시하는 지역에서 그 가축을 자가소비(自家消費)하기 위하여 도살·처리하는 경우

③ 시·도지사가 소·말 및 돼지를 제외한(양은 포함) 가축의 종류별로 정하여 고시하는 지역에서 그 가축을 소유자가 해당 장소에서 소비자에게 직접 조리하여 판매하기 위하여 도살·처리하는 경우

④ 등급판정을 받고자 하는 경우

해설

가축의 도살 등(축산물 위생관리법 제7조제1항)
가축의 도살·처리, 집유, 축산물의 가공·포장 및 보관은 허가를 받은 작업장에서 하여야 한다. 다만, 다음의 어느 하나에 해당하는 경우에는 그러하지 아니하다.
• 학술연구용으로 사용하기 위하여 도살·처리하는 경우
• 특별시장·광역시장·특별자치시장·도지사 또는 특별자치도지사(이하 "시·도지사")가 소와 말을 제외한 가축의 종류별로 정하여 고시하는 지역에서 그 가축을 자가소비(自家消費)하기 위하여 도살·처리하는 경우
• 시·도지사가 소·말·돼지 및 양을 제외한 가축의 종류별로 정하여 고시하는 지역에서 그 가축을 소유자가 해당 장소에서 소비자에게 직접 조리하여 판매하기 위하여 도살·처리하는 경우

16 젖산균 발효에 의해 pH를 저하시켜 가열 처리한 후, 단기간의 건조로 수분 함량이 50% 전후가 되도록 만든 소시지에 해당하는 것은?

① 가열건조 소시지
② 스모크 소시지
③ 비훈연 건조 소시지
④ 프레쉬 소시지

17 영업자는 검사에 불합격한 가축 또는 축산물을 소각·매몰 등의 방법에 의한 폐기나 식용 외 다른 용도로 전환하는 방법으로 처리하여야 한다. 이때 용도전환대상 축산물에 해당하지 않는 것은?

① 항생물질·농약 등 유해성물질의 잔류허용기준 및 병원성미생물의 검출기준을 초과한 축산물

② 부정행위로 중량이 늘어난 식육

③ 회수하는 축산물

④ 가축의 도살·처리과정에서 발생되는 것으로서 식용용 지방

해설

가축의 도살·처리과정에서 발생되는 것으로서 식용에 제공되지 아니하는 가축의 털·내장·피·가죽·발굽·머리·유방 등은 용도전환대상 축산물이다. 식용용 지방은 용도전환 축산물이 아니다.
※ 축산물 위생관리법 시행규칙 별표 9 참고

18 식육에 함유되어 있는 일반적인 수분 함량은?

① 45~50% ② 55~60%

③ 70~75% ④ 80% 이상

> **해설**
> 식육에는 수분이 70~75% 들어 있으며, 육질에 대한 영향이 크다.

19 가축의 종류에 따라 식육의 풍미가 달라지는 것은 식육의 어떤 성분에 기인하기 때문인가?

① 수 분 ② 비타민

③ 지 질 ④ 무기질

> **해설**
> 지방은 고기 성분 중 가장 함량 변동이 크고, 그 성질도 동물의 종류, 조직의 차이, 연령, 영양조건, 도체 부위 등에 따라 다르다.

20 냉동육과 냉장육 유통 특성에 대한 설명으로 틀린 것은?

① 소량구매는 냉동육 유통 특성 중 하나이다.

② 부위별 구분판매에 따라 잡육 및 비인기부위가 발생되는 것은 냉장육 유통 특성이다.

③ 정형 및 상품화 과정이 불필요한 것은 냉동육 유통 특성이다.

④ 보관 목적의 대량판매는 냉동육 유통 특성이다.

21 식육의 부패균은 호냉성균이다. 호냉성균의 생육온도와 증식 최고온도로 올바른 것은?

생육 적온	증식 최고온도
① 15℃ 이하	20℃ 이하
② 10℃ 이하	15℃ 이하
③ 10℃ 이하	20℃ 이하
④ 15℃ 이하	25℃ 이하

> **해설**
> 호냉성균(저온균)은 생육 적온이 15℃이며, 증식 최고온도가 20℃ 이하인 균이다.

22 다음 설명 중 옳지 않은 것은?

① 미생물은 최적 pH 이상이 되면 자기용해가 발생하여 사멸한다.

② 육제품에 존재하는 유리수는 전해질을 용해시킨다.

③ 최적 pH는 효모와 곰팡이는 중성 부근, 세균은 약산성이다.

④ 최적온도란 미생물의 생육에 가장 알맞은 온도를 말한다.

> **해설**
> 최적 pH는 세균이 중성 부근(pH 7.0)이고, 효모와 곰팡이가 약산성이다.

23 다음 미생물 중 가장 낮은 수분활성도 (Aw) 범위에서 생육하는 것은?

① 효 모
② 세 균
③ 곰팡이
④ 황색포도상구균

해설
식품의 수분 중에서 미생물의 증식에 이용될 수 있는 상태인 자유수의 함량을 나타내는 척도로서 수분활성도(Aw ; Water Activity) 개념이 사용된다. 미생물은 일정 수분활성도 이하에서는 증식할 수 없으며, 일반적으로 호염세균이 0.75이고, 곰팡이 0.80, 효모 0.88, 세균 0.91의 순으로 높아진다. 그러므로 식품을 건조시키면 세균, 효모, 곰팡이의 순으로 생육하기 어려워지며 수분활성도 0.65 이하에서는 곰팡이가 생육하지 못한다.

24 HACCP 도입 효과에 대한 설명으로 틀린 것은?

① 위생관리의 효율성이 도모된다.
② 적용 초기 시설·설비 등 관리에 비용이 적게 들어 단기적인 이익의 도모가 가능하다.
③ 체계적인 위생관리 체계가 구축된다.
④ 회사의 이미지 제고와 신뢰성 향상에 기여한다.

25 다음 중 일반적으로 성장에 수분을 가장 많이 필요로 하는 것은?

① 세 균
② 곰팡이
③ 효 모
④ 뜸팡이

해설
곰팡이나 효모는 세균에 비하여 생장에 수분을 덜 필요로 한다.

26 미생물에 의한 부패 시 생성되어 육색을 저하시키는 물질은?

① 전분 분해효소
② 황화수소(H_2S)
③ 육색소(Myoglobin)
④ 혈색소(Hemoglobin)

27 식육의 세균오염 확산에 영향을 미치는 요소로 영향력이 가장 작은 것은?

① 도축 전 생축의 오염 정도
② 도축 처리과정의 위생 적절성
③ 식육 유통과정의 온도관리 상태
④ 식육조리 시 조명 세기

해설
식육 오염과 위생상태, 온도관리의 상태에 따라 세균의 증식과 확산에 영향을 미친다.

28 다음 중 미생물이 가장 왕성하게 증식하는 시기는?

① 정상기
② 대수기
③ 유도기
④ 사멸기

미생물의 증식 곡선
• 유도기 : 미생물이 식품에 침입하여 새로운 환경에 적응하는 시기
• 대수기 : 미생물이 식품의 영양분을 이용하여 급격히 증가하는 시기
• 정지기 : 수적으로 증가한 미생물이 상호 경쟁으로 수적인 증가가 멈추는 시기
• 감소기 : 영양분의 부족과 미생물 자신의 폐기물에 의한 독성으로 사멸되는 시기

29 육의 변색에 직접적으로 영향을 주는 요인이 아닌 것은?

① 미생물의 증식
② 건조 공기와의 접촉
③ 저장온도
④ 부분육의 절단방법

변색은 글로빈의 변성, 환원기전의 존재 유무, 산소압의 정도, 온도, pH, 수분함량, 미생물의 존재, 금속이온, 광선, 산화제 등에 의해 영향을 받는다.

30 육가공품을 위생적으로 생산하기 위하여 고려해야 할 사항 중 가장 중요한 것은?

① 가축 생존 시 병원균의 감염 여부
② 육가공 기술자의 가공 기술
③ 도살하는 가축의 종류
④ 도살 후 작업 중 작업기구 및 작업자의 위생관리

31 일반 미생물의 생육에 미치는 요인 중 가장 거리가 먼 것은?

① 수분활성도
② pH
③ 자외선
④ 온 도

미생물의 생육조건으로 온도, 수분, pH, 산소, 영양소, 식육의 물리적 상태 등이 있다.

32 식육의 냉장 시 호기성 부패를 일으키는 대표적인 호냉균은?

① 젖산균
② 슈도모나스균
③ 클로스트리듐균
④ 비브리오균

슈도모나스(*Pseudomonas*) 속 균은 부패성 미생물이다.

33 신선육의 부패에 대한 설명으로 옳지 않은 것은?

① 미생물에 의해 단백질이 분해되는 것
② 미생물이나 그들이 내는 효소에 의해 지방이 분해되는 것
③ 고기에 점액질 생성이나 변색을 가져오는 것
④ 표면이 건조되는 것

34 다음 중 식육의 초기 부패판정과 거리가 먼 것은?

① 인 돌
② 암모니아
③ 황화수소
④ 포르말린

> **해설**
> 식육의 부패 시 단백질이 분해되어 아민, 암모니아, 인돌, 스카톨, 황화수소, 메탄 등이 생성된다.

35 신선육의 부패를 방지하는 대책 중 적절하지 못한 것은?

① 온도를 0℃ 가까이 유지하거나 냉동 저장한다.
② 습도 조절을 위해 응축수를 이용한다.
③ 자외선 조사로 공기와 고기 표면의 미생물을 사멸시킨다.
④ 각종 도살용 칼이 주된 오염원이 될 수 있으므로 철저히 위생관리를 한다.

> **해설**
> ② 습기를 조절하여 응축수가 생기지 않도록 한다.

36 식육의 연화작용에 관여하는 효소가 아닌 것은?

① 시니그린(Sinigrin)
② 파파인(Papain)
③ 피신(Ficin)
④ 브로멜린(Bromelin)

> **해설**
> ① 시니그린은 겨자의 매운맛 성분이다.

37 지방질의 산화를 촉진하는 요소로 볼 수 없는 것은?

① 광 선
② 가 열
③ 금 속
④ 토코페롤

> **해설**
> 온도, 금속, 광선, 산소분압, 수분 등이 지방질의 산화 반응에 영향을 준다.

38 다음 중 고기의 동결저장에서 급속동결의 목적에 해당하는 것은?

① 보수력의 증가
② 육색의 보존
③ 미세한 빙결정의 형성
④ 친화력 및 유화력의 향상

해설
동결저장에서 급속동결의 목적은 미세한 빙결정체를 형성하는 데 있다.

39 식육제품에 사용되는 아질산나트륨의 주된 용도는?

① 용매제 ② 영양제
③ 강화제 ④ 발색제

해설
아질산나트륨 : 발색제, 보존료로서 식육가공품(식육추출가공품 제외), 기타 동물성가공식품(기타 식육이 함유된 제품에 한함), 어육소시지, 명란젓, 연어알젓에 한하여 사용된다.

40 다음 중 미생물 증식 억제를 위한 저장방법으로 올바르지 않은 것은?

① 가열법
② 중온저장법
③ 냉장법
④ 방사선조사법

해설
미생물 증식 억제를 위한 저장방법에는 가열, 건조, 냉장, 냉동, 방사선조사 등이 있다.

41 다음 중 식육의 냉장저장 시에 발생하는 문제점에 해당하지 않는 것은?

① 미생물 사멸
② 변 색
③ 부 패
④ 중량 감소

해설
식육의 냉장저장 시에 발생하는 문제점으로는 지방 산화, 변색, 중량 감소, 미생물에 의한 부패 등이 있다. 냉장저장으로 미생물의 생장속도를 제한하거나 유도기를 연장할 수는 있지만 완전하게 미생물 증식을 억제할 수는 없기 때문이다.

42 동결저장 중 지속적으로 일어나는 변화가 아닌 것은?

① 산 패
② 변 색
③ 탈수 건조
④ 육즙 증가

해설
동결저장 중 산패, 변색, 탈수 건조는 지속적으로 일어나는 변화이다.

43 축산물 위생관리법상 식육가공품에 속하지 않는 것은?

① 햄 류
② 치즈류
③ 소시지류
④ 건조저장육류

② 치즈류는 유가공품이다.
정의(축산물 위생관리법 제2조제8호)
"식육가공품"이란 판매를 목적으로 하는 햄류, 소시지류, 베이컨류, 건조저장육류, 양념육류, 그 밖에 식육을 원료로 하여 가공한 것으로서 대통령령으로 정하는 것을 말한다.

44 식육 또는 식육가공품을 부위에 따라 분류하여 정형 염지한 후 숙성, 건조한 것, 훈연, 가열처리한 것이거나 식육의 고깃덩어리에 식품 또는 식품첨가물을 가한 후 숙성, 건조한 것이거나 훈연 또는 가열처리하여 가공한 것을 무엇이라고 하는가?

① 햄 류
② 소시지류
③ 베이컨류
④ 건조저장육류

식품의 기준 및 규격(식품의약품안전처고시 제2024-35호)
햄류라 함은 식육 또는 식육가공품을 부위에 따라 분류하여 정형 염지한 후 숙성, 건조한 것, 훈연, 가열처리한 것이거나 식육의 고깃덩어리에 식품 또는 식품첨가물을 가한 후 숙성, 건조한 것이거나 훈연 또는 가열처리하여 가공한 것을 말한다.

45 다음 중 안정된 유화물을 생산하는 데 가장 중요한 역할을 하는 구성성분은?

① 탄수화물
② 지 방
③ 단백질
④ 무기질

유화력이 좋으려면 염용성 단백질이 많아야 한다.

46 훈연과정에 대한 설명 중 틀린 것은?

① 공기의 흐름이 빠를수록 연기의 침투가 빠르다.
② 연기의 밀도가 높을수록 연기의 침착이 작다.
③ 연기 발생에 사용하는 재료는 수지함량이 적은 것이 좋다.
④ 훈연은 항산화 작용에 의하여 지방의 산화를 억제한다.

② 연기의 밀도가 높을수록 연기의 침착이 크다.

47 가공육의 결착력을 높이기 위해 첨가되는 것은?

① 단백질
② 수 분
③ 지 방
④ 회 분

근육의 수축과 이완에 직접 관여하는 근원섬유 단백질은 가공 특성이나 결착력에 크게 관여하는데, 재구성육 제품이나 유화형 소시지 제품에서 근원섬유 단백질의 추출량이 증가할수록 결착력이 높아진다.

48 식육단백질의 열응고 온도보다 높은 온도 범위에서 훈연을 행하기 때문에 단백질이 거의 응고되고 표면만 경화되어 탄력성이 있는 제품을 생산할 수 있어서 일반적인 육제품의 제조에 많이 이용되는 훈연법은?

① 냉훈법　　　② 온훈법
③ 열훈법　　　④ 배훈법

해설
① 냉훈법 : 30℃ 이하에서 훈연하는 방법으로 별도의 가열처리 공정을 거치지 않는 것이 일반적이다. 훈연시간이 길어 중량감소가 크지만 건조, 숙성이 일어나서 보존성이 좋고 풍미가 뛰어나다.
② 온훈법 : 30~50℃의 온도에서 행하는 훈연법으로, 본리스 햄, 로인 햄 등 가열처리 공정을 거치는 제품에 이용된다. 온도 범위가 미생물이 번식하기에 알맞은 조건이므로 주의하여야 한다.
④ 배훈법 : 100℃ 내외의 온도에서 2~4시간 동안 훈연하는 방법이다.

49 소도체의 결함을 표시하는 항목이 아닌 것은?

① 미거세　　　② 근출혈
③ 근 염　　　④ 수 종

해설
소도체의 결함 내역 및 표시방법(축산물 등급판정 세부기준 별표 5)

결함 내역	표시방법
근출혈(筋出血)	ㅎ
수종(水腫)	ㅈ
근염(筋炎)	ㅇ
외상(外傷)	ㅅ
근육제거	ㄱ
기 타	ㅌ

50 햄, 소시지 제조에 있어 고기 입자 간의 결착력에 영향을 미치는 요인과 가장 거리가 먼 것은?

① 천연 향신료의 배합비율
② 원료육의 보수력과 유화력
③ 혼합 시간과 온도
④ 인산염의 사용 여부

해설
결착력은 육괴(작게 잘린 고깃덩어리)가 서로 결착하는 능력이다.

51 식육의 식중독 미생물 오염 방지를 위한 대책으로 적합하지 않은 것은?

① 철저한 위생관리
② 20~25℃에서 보관
③ 충분한 조리
④ 적절한 냉장

52 다음 근육구조 중 근절과 근절 사이를 구분하는 것은?

① 명 대
② 암 대
③ M-line
④ Z-line

해설
Z선(Z-line) : 근원섬유가 반복되는 단위인 근절을 구분하는 원반 형태의 선을 말한다.

53 DFD육의 품질 특성으로 옳은 것은?

① 중량 감소가 크다.
② 저장성이 짧다.
③ 육색이 창백하다.
④ 소매진열 시 변색속도가 빠르다.

해설

①·③·④는 PSE육의 품질 특성이다.

54 다음 무기물 중 육색과 밀접한 관련이 있는 것은?

① P   ② Fe
③ Ca   ④ Mg

해설

Fe는 헤모글로빈과 마이오글로빈에 함유되어 있으며 육색과 밀접한 관련이 있다.
①·③·④는 뼈와 치아의 주요 성분이다.

55 다음 근수축에 관계하는 근원섬유 단백질 중 수축단백질은?

① 트로포닌
② 액 틴
③ 알파 액티닌
④ 트로포마이오신

해설

• 수축단백질 : 액틴, 마이오신
• 조절단백질 : 트로포마이오신, 트로포닌, 알파 액티닌, 베타 액티닌

56 근육의 수축 및 이완에 직접적인 영향을 미치는 무기질은?

① 인(P)
② 칼슘(Ca)
③ 마그네슘(Mg)
④ 나트륨(Na)

해설

근육의 이완은 이완인자가 작용한다. 즉, 근소포체는 칼슘이온을 받아들이며 그 농도를 저하시키고 다시 마그네슘 - ATP를 형성하여 마이오신 - ATPase의 활성은 저지되고, 액토마이오신을 액틴 필라멘트와 마이오신 필라멘트로 해리시킨다.

57 지육으로부터 뼈를 분리한 고기를 일컫는 용어는?

① 정 육
② 내 장
③ 도 체
④ 육 류

해설

지육은 머리, 꼬리, 발 및 내장 등을 제거한 도체를, 정육은 지육으로부터 뼈를 분리한 고기를 말한다.

58 돼지 도살 전 스트레스로 고기의 pH가 낮아 보수성이 낮고 유화성이 떨어지는 상태의 돈육은?

① DFD육
② PSE육
③ 암적색육
④ 숙성육

해설
스트레스에 민감한 돼지에서 가장 크게 문제가 되는 돈육상태는 PSE육이다.

59 다음 중 지방조직이 가장 단단한 축종은?

① 소
② 돼 지
③ 닭
④ 오 리

60 식육에는 비타민 B군이 많은 편인데, 그 중에서도 비타민 B_1의 함량이 높은 것은?

① 쇠고기
② 돼지고기
③ 닭고기
④ 양고기

해설
돼지고기에는 비타민 B군이 많이 들어 있으며, 특히 B_1이 많이 함유되어 있다.

참 / 고 / 문 / 헌

- 교육부(2013). **NCS 학습모듈(축산식품 저장).** 한국직업능력개발원.

- 농림축산식품부(2021). **돼지고기이력제 업무편람.** 농림축산식품부.

- 농림축산식품부(2021). **쇠고기이력제 업무편람.** 농림축산식품부.

- 축산물품질평가원(2024). **2023년 축산물 유통정보조사 보고서.** 축산물품질평가원.

우리 인생의 가장 큰 영광은 결코 넘어지지 않는 데 있는 것이 아니라

넘어질 때마다 일어서는 데 있다.

– 넬슨 만델라 –

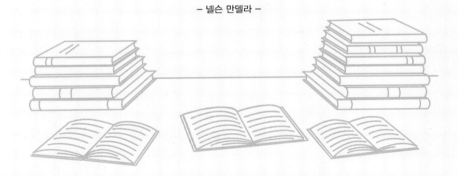

얼마나 많은 사람들이 책 한권을 읽음으로써

인생에 새로운 전기를 맞이했던가.

– 헨리 데이비드 소로 –

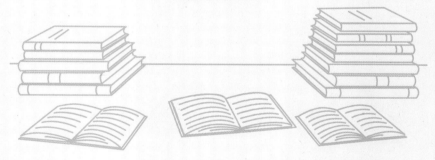

식육처리기능사 한권으로 끝내기

개정22판1쇄 발행	2025년 01월 10일 (인쇄 2024년 10월 17일)
초 판 발 행	2003년 01월 10일 (인쇄 2002년 11월 15일)
발 행 인	박영일
책 임 편 집	이해욱
편 저	식육처리연구회
편 집 진 행	윤진영 · 김미애
표 지 디 자 인	권은경 · 길전홍선
편 집 디 자 인	정경일 · 심혜림
발 행 처	(주)시대고시기획
출 판 등 록	제10-1521호
주 소	서울시 마포구 큰우물로 75 [도화동 538 성지 B/D] 9F
전 화	1600-3600
팩 스	02-701-8823
홈 페 이 지	www.sdedu.co.kr
I S B N	979-11-383-8026-3(13570)
정 가	28,000원

산림 · 조경 국가자격 시리즈

산림기능사 필기 한권으로 끝내기
최근 기출복원문제 및 해설 수록

- 빨리보는 간단한 키워드 : 시험 전 필수 핵심 키워드
- 최고의 산림전문가가 되기 위한 필수 핵심이론
- 적중예상문제와 기출복원문제를 자세한 해설과 함께 수록
- 4×6배판 / 592p / 28,000원

산림기사 · 산업기사 필기 한권으로 끝내기
최근 기출복원문제 및 해설 수록

- 한권으로 산림기사 · 산업기사 대비
- 〈핵심이론 + 적중예상문제 + 과년도, 최근 기출복원문제〉의 이상적인 구성
- 농업직 · 환경직 · 임업직 공무원 특채 응시자격 및 공채시험 가산점 인정
- 기사 20학점, 산업기사 16학점 인정
- 4×6배판 / 1,172p / 45,000원

식물보호기사 · 산업기사 필기 한권으로 끝내기

- 한권으로 식물보호기사 · 산업기사 필기시험 대비
- 〈핵심이론 + 적중예상문제 + 과년도, 최근 기출복원문제〉의 최적화 구성
- 농업직 · 환경직 · 임업직 공무원 특채 응시자격 및 공채시험 가산점 인정
- 기사 20학점, 산업기사 16학점 인정
- 4×6배판 / 980p / 37,000원